Springer-Lehrbuch

Harald Ibach Hans Lüth

# FESTKÖRPER-PHYSIK

## Einführung in die Grundlagen

Dritte Auflage
mit 230 Abbildungen und 16 Tabellen

Springer-Verlag Berlin Heidelberg New York
London Paris Tokyo Hong Kong

Professor Dr. *Harald Ibach*

Institut für Grenzflächenforschung und Vakuumphysik, Forschungszentrum Jülich GmbH (KFA), D-5170 Jülich 1 und
Rheinisch-Westfälische Technische Hochschule, D-5100 Aachen

Professor Dr. *Hans Lüth*

Institut für Schicht- und Ionentechnik, Forschungszentrum Jülich GmbH (KFA), D-5170 Jülich 1 und
Rheinisch-Westfälische Technische Hochschule, D-5100 Aachen

ISBN 3-540-52193-3 3. Auflage Springer-Verlag Berlin Heidelberg New York
ISBN 0-387-52193-3 3rd edition Springer-Verlag New York Berlin Heidelberg

ISBN 3-540-19087-2 2. Auflage Springer-Verlag Berlin Heidelberg New York
ISBN 0-387-19087-2 2nd edition Springer-Verlag New York Berlin Heidelberg

CIP-Titelaufnahme der Deutschen Bibliothek
Ibach, Harald: Festkörperphysik: Einführung in die Grundlagen/Harald Ibach; Hans Lüth.
3. Aufl. – Berlin; Heidelberg; New York; London; Paris; Tokyo; Hong Kong: Springer 1990
ISBN 3-540-52193-3 (Berlin ...)
ISBN 0-387-52193-3 (New York ...)
NE: Lüth, Hans:



Gesamtherstellung: Brühlsche Universitätsdruckerei, Gießen
2154/3130-543210 – Gedruckt auf säurefreiem Papier

# Vorwort zur dritten Auflage

Entsprechend dem kurzen zeitlichen Abstand zur 2. Auflage ist die 3. Auflage im wesentlichen ein unveränderter Nachdruck. Allerdings haben wir zahlreichen Anregungen von Kollegen und Studenten folgend die Gelegenheit wahrgenommen, Druckfehler zu beseitigen und die Darstellung in einigen Punkten zu ändern. Die Glühemission aus Metallen wird jetzt so behandelt, daß unmittelbar eine Applikation auf die aktuellere Anwendung im Bereich von Halbleiterheterostrukturen möglich ist. Die direkte störungstheoretische Herleitung des Imaginärteils der Dielektrizitätskonstante erwies sich als problematisch und wurde durch eine störungstheoretische Behandlung der Dispersion ersetzt. Einem Vorschlag unseres Kollegen W. Mönch folgend wird der *pn*-Übergang nicht mehr nur bei $T=0$ sondern auch für den realistischeren Fall der Störstellenerschöpfung behandelt.

Jülich, im Dezember 1989 *H. Ibach · H. Lüth*

# Vorwort zur zweiten Auflage

Die erste Auflage unseres Lehrbuches hat bei Fachkollegen und Studenten eine überaus positive Resonanz gefunden. Insbesondere wurde die gleichrangige Behandlung theoretischer und experimenteller Aspekte der Festkörperphysik sowie die neuartige Darstellung wichtiger Experimente und aktueller Forschungsgebiete in der Form von Experimenttafeln gelobt. Neben spezifischer Kritik wurde vor allem der Wunsch nach Vervollständigung geäußert und das Fehlen der wichtigen Gebiete des Magnetismus und der Supraleitung bemängelt. Letztere Kritik wog um so schwerer, als es sich bei diesen beiden Gebieten um besonders aktuelle und wichtige Forschungsgebiete in der gegenwärtigen Festkörperphysik handelt. Die zweite Auflage wurde deshalb durch je ein Kapitel über Magnetismus und Supraleitung ergänzt. Wir haben uns bemüht, einfache Grundmodelle für die Vielteilchenwechselwirkung vorzustellen und zu diskutieren. Im Kapitel über Magnetismus wird die magnetische Kopplung sowohl lokalisierter Elektronen als auch delokalisierter Elektronen besprochen, und der Leser wird bis an moderne Dünnschichtexperimente herangeführt. In der Supraleitung wird vor allem die klassische Supraleitung im Rahmen einer einfachen Darstellung der BCS-Theorie behandelt. Den neuen Hochtemperatur-Supraleitern wird ebenfalls ein Abschnitt gewidmet. Allerdings ist die Entwicklung hier noch so im Fluß, daß wir uns auf eine Darlegung experimenteller Ergebnisse und einiger Grundgedanken beschränken mußten. Selbst hierbei ist zu erwarten, daß bis zur Veröffentlichung des Buches neue wichtige Resultate aus Experiment und Theorie vorliegen, auf die noch nicht eingegangen werden konnte. Das Kapitel über Halbleiter wurde gegenüber der ersten Auflage wesentlich erweitert und vor allem durch die Themen Halbleiter-Heterostrukturen, Übergitter, Epitaxie und Quanten-Hall-Effekt ergänzt.

Durch die umfangreichen Erweiterungen hat sich der Charakter des Buches dahingehend geändert, daß Gebiete aktueller Forschung eine deutlich stärkere Betonung erfahren haben. Darüber hinaus haben wir die Gelegenheit benutzt, Druckfehler und Unschönheiten der ersten Auflage zu beseitigen. Für die vielen Anregungen von Kollegen, die wir hierzu in den vergangenen Jahren erhielten, bedanken wir uns herzlich. Dank gilt insbesondere den Kollegen A. Stahl und W. Zinn, die durch einige Ratschläge und Bereitstellung von experimentellem Material zu den beiden neuen Kapiteln Supraleitung und Magnetismus beigetragen haben. Für die kritische Durchsicht von Teilen des Manuskriptes und der Druckfahnen bedanken wir uns bei Frau Dr. Angela Rizzi und den Herren W. Daum, Ch. Stuhlmann, und M. Wuttig. Die Zeichnungen haben Frau U. Marx-Birmans und Herr H. Mattke mit dankenswerter Geduld angefertigt. Das Manuskript schrieben die Sekretärinnen Frau D. Krüger, M. Jürss-Nysten und G. Offermann. Den Herren Dr. H. Lotsch und C.-D. Bachem vom Springer-Verlag danken wir für die erfreuliche Zusammenarbeit.

Jülich, im September 1988 *H. Ibach · H. Lüth*

# Vorwort zur ersten Auflage

Ein neues Buch neben vielen vorhandenen, ausgezeichneten Lehrbüchern bedarf wohl der Rechtfertigung. Wir meinen, sie ist in der Entwicklung der Festkörperphysik als Wissensgebiet und Unterrichtsfach begründet. Die Festkörperphysik hat sich in den letzten Jahrzehnten zu einer eigenständigen Disziplin innerhalb der Physik entwickelt und ein nicht unerheblicher Teil der aktuellen physikalischen Forschung ist auf sie konzentriert. Gleichzeitig hat sich die Festkörperphysik ausgedehnt auf Bereiche, die vormals den Ingenieurwissenschaften, der Chemie oder empirischen Wissensgebieten vorbehalten waren. Als Folge dieser Entwicklung vermag heute weder der einzelne Dozent das Gesamtgebiet zu überschauen und in seiner Entwicklung zu verfolgen, noch ist die Festkörperphysik als solche dem Studenten vermittelbar. Wir haben geglaubt, daß in dieser Situation ein Lehrbuch, welches sich radikal auf wesentliche Elemente der Festkörperphysik beschränkt, nützlich sein könnte. Aufbauend auf dieser Grundlage können dann Spezialvorlesungen angeboten werden, die sich an den jeweiligen Forschungsschwerpunkten der einzelnen Hochschulen ausrichten. Ein weiterer Gesichtspunkt für die Gestaltung dieses Buches war die Beobachtung, daß Festkörperphysik aus technischen Gründen kaum als klassische Experimentalphysik-Vorlesung mit Demonstrationsexperimenten gelesen werden kann. Aus diesem Grunde und wegen der Eigentümlichkeit der Festkörperphysik, eine starke Verbindung von Theorie und Experiment herzustellen, ist eine strenge Trennung zwischen experimenteller und theoretischer Festkörperphysik unseres Erachtens nicht zweckmäßig.

Das vorliegende Buch basiert auf dem Stoff einer Vorlesung, die ein Semester vierstündig bzw. zwei Semester zweistündig gehalten wurde. Im Zentrum der Darstellung steht der periodische Festkörper in der Einteilchen-Näherung. Von daher ist es verständlich, daß so wichtige Gebiete wie z. B die Supraleitung nicht behandelt werden konnten. Das Buch versucht zwischen Experimentalphysik und theoretischer Physik eine Mittellinie einzuhalten. Dort wo theoretische Betrachtungen ohne allzu großen Aufwand möglich und hilfreich sind, haben wir uns nicht gescheut, stärkere Anforderungen an das Abstraktionsvermögen zu stellen. Wir haben ferner versucht, Begriffsbildungen, Modelle und Bezeichnungen, deren Kenntnis für das Verständnis gegenwärtiger Originalliteratur der theoretischen Festkörperphysik unumgänglich ist, mit in dieses Buch aufzunehmen. Wir haben uns andererseits bemüht, dort wo ein klassisches Bild möglich und vertretbar ist, in diesem Bilde zu arbeiten.

In der Reihenfolge der Darstellung folgt das Buch dem Schema: chemische Bindung, Struktur, Gittereigenschaften, elektronische Eigenschaften. Wir glauben, daß diese Reihenfolge aus didaktischen Gründen zweckmäßig ist, weil sie es ermöglicht, besonders schwierige festkörperphysikalische Begriffsbildungen zu einem späteren Zeitpunkt einzuführen, wenn wichtige Fundamente bereits an einfacheren Modellen bzw. Beispielen erarbeitet worden sind.

Die verhältnismäßig straffe und auf das Wesentliche konzentrierte Darstellung wird ergänzt durch Experimenttafeln, in denen jeweils einige ausgewählte Experimente der Festkörperphysik dargestellt sind. Hier hat der Leser Gelegenheit, sein bisher erarbeitetes Wissen zu überprüfen bzw. Anregungen für sein weiteres Selbststudium zu empfangen.

Die Auswahl des Stoffes in den Kapiteln und in den Experimenttafeln erfolgte in dem Bemühen der Konzentration und andererseits im Hinblick darauf, das zu erfassen, was didaktisch gut darstellbar und zu verstehen ist. Daß Auswahl und Auswahlkriterien nicht frei von subjektiven Einflüssen sind und andere Autoren die Akzente anders gesetzt hätten, ist wohl unvermeidbar.

Das Buch wäre nicht entstanden ohne die Unterstützung durch Kollegen und Mitarbeiter. Auch ist viel Gedankengut unserer akademischen Lehrer G. Heiland und G. Leibfried eingeflossen. Für die Experimenttafeln haben insbesondere die Kollegen U. Bonse, G. Comsa, W. Hartmann, B. Lengeler, H. Raether, W. Richter, W. Sander, H. H. Stiller Bild- und Literaturmaterial ausgewählt und zur Verfügung gestellt. Für die kritische Durchsicht einzelner Abschnitte danken wir den Kollegen G. Comsa und W. Sander sowie Herrn R. Matz. Weiterer Dank gilt Frl. M. Mattern für ihre intensive Mitarbeit bei der Korrektur der letzten Manuskriptfassung.

Das Manuskript haben die Sekretärinnen Frau H. Dohmen, I. Kratzenberg, D. Krüger und G. Offermann geschrieben. Besonderer Dank gilt Frl. U. Marx, die alle Zeichnungen anfertigte und unseren vielfältigen Änderungswünschen große Geduld entgegenbrachte. Dem Springer-Verlag, insbesondere den Herren Dr. H. Lotsch und R. Michels, danken wir für die ausgezeichnete Zusammenarbeit.

Jülich, Aachen im November 1980 *H. Ibach · H. Lüth*

# Inhaltsverzeichnis

## 5. Thermische Eigenschaften von Kristallgittern



## 6. „Freie" Elektronen im Festkörper



## 7. Elektronische Bänder in Festkörpern



## 8. Magnetismus



## 9. Bewegung von Ladungsträgern und Transportphänomene

# 1. Die chemische Bindung in Festkörpern

Festkörperphysik ist die Physik des festen Aggregatzustandes einer großen Zahl chemisch gebundener Atome. Die Betonung liegt dabei auf der großen Zahl der beteiligten Atome. Typische Volumen von „Festkörpern" liegen im Bereich von $cm^3$. Die Zahl beteiligter Atome ist deshalb von der Größenordnung $10^{23}$. Es erscheint hoffnungslos, mit einer solchen Zahl von Atomen auf das quantitative Verständnis ausgerichtete Wissenschaft betreiben zu wollen. Jedoch gerade die große Zahl beteiligter Atome ermöglicht in vielen Fällen die quantitative Beschreibung durch neue, festkörpertypische Modelle. Voraussetzung ist allerdings, daß sich die beteiligten Atome nicht willkürlich aus dem gesamten Periodensystem rekrutieren, sondern daß der Festkörper sich aus einer *begrenzten Anzahl von Elementen* in *bestimmter Ordnung* aufbaut. Schaustücke der Festkörperphysik in diesem Sinne sind die Elementkristalle, d. h. dreidimensional periodische Anordnungen von Atomen einer Sorte, oder auch die Verbindungen von zwei Elementen.

Wenn wir also den Festkörper mit seinen besonderen Eigenschaften verstehen wollen, müssen wir uns ein Basisverständnis zunächst im Hinblick auf zwei Fragestellungen verschaffen: Die erste ist die Frage nach den Kräften, die die Atome im Festkörper zusammenhalten, also die Frage nach der chemischen Bindung. Die zweite ist die Frage nach der strukturellen Ordnung. Die Erarbeitung dieses Basiswissens ist der Gegenstand der ersten beiden Kapitel. Beide Kapitel können dazu nur eine kurze Einführung geben. Für genauere Darstellungen sei auf Lehrbücher der Quantenchemie und Kristallographie verwiesen.

## 1.1 Das Periodensystem

Zur Einführung in das Verständnis der chemischen Bindung wollen wir uns kurz noch einmal den Aufbau des Periodensystems der Elemente vor Augen führen.

Die Elektronenterme eines Atoms werden klassifiziert nach den Einelektronenzuständen des radial-symmetrischen Potentials. Es gibt demnach $1s$, $2s$, $2p$, $3s$, $3p$, $3d$, $4s$, $4p$, $4d$, $4f$ ... Zustände, wobei die Zahl der Hauptquantenzahl $n$ und die Buchstaben $s, p, d, f$ den Werten der Bahndrehimpulsquantenzahl entsprechen ($l = 0, 1, 2, 3$ ...). Dieser Klassifizierung entspricht die Vorstellung, daß für ein jeweils betrachtetes Elektron die Wirkung der übrigen Elektronen durch eine kontinuierliche, feste Ladungsverteilung mit abschirmender Wirkung auf das Kernpotential beschrieben werden kann. Zusätzlich zur Hauptquantenzahl $n$ und zur Bahndrehimpulsquantenzahl $l$ gibt es noch die magnetische Quantenzahl $m$, die $(2l+1)$Werte annehmen kann. Nach dem Pauli-Prinzip ist jeder Elektronenzustand mit zwei Elektronen entgegengesetzten Spins besetzbar. Dadurch ergibt sich mit steigender Kernladungszahl der in Tabelle 1.1 dargestellte Aufbau des Periodensystems. Wie wir aus der Tabelle entnehmen, werden nach den $3p$ Zuständen

**Tabelle 1.1.** Aufbau des Periodensystems durch Füllung der Schalen mit Elektronen. Zu den Elementen sind jeweils die äußeren Elektronenniveaus angegeben, die gerade aufgefüllt werden. Die maximale Besetzung der Niveaus ist in Klammern angegeben

| | | |
|---|---|---|
| 1*s* (2) H, He | 4*s* (2) K, Ca | 5*p* (6) In→Xe |
| 2*s* (2) Li, Be | 3*d* (10) Übergangsmetalle Sc→Zn | 6*s* (2) Cs, Ba |
| 2*p* (6) B→Ne | 4*p* (6) Ga→Kr | 4*f* (14) Seltene Erden Ce→Lu |
| 3*s* (2) Na, Mg | 5*s* (2) Rb, Sr | 5*d* (10) Übergangsmetalle La→Hg |
| 3*p* (6) Al→Ar | 4*d* (10) Übergangsmetalle Y→Cd | 6*p* (6) Tl→Rn |

nicht, wie man nach den Energieniveaus des Wasserstoffatoms annehmen könnte, die 3*d*-Zustände aufgefüllt, sondern zunächst die 4*s*-Zustände. Mit der nachfolgenden Auffüllung der 3*d*-Zustände entsteht die erste Serie der Übergangsmetalle (3*d*-Metalle). Entsprechend gibt es 4*d*- und 5*d*-Übergangsmetalle. Der gleiche Effekt bei den *f*-Zuständen führt zu den sogenannten seltenen Erden. Der Grund für diese Anomalie liegt darin, daß *s*-Zustände eine nichtverschwindende Aufenthaltswahrscheinlichkeit am Ort des Kernes haben, wodurch sich die abschirmende Wirkung der übrigen Elektronen weniger bemerkbar macht und deshalb die Energie der *s*-Terme niedriger liegt.

Bringt man in einem Gedankenexperiment mehrere Atome allmählich näher zusammen, so entsteht durch die Wechselwirkung der Atome untereinander eine Aufspaltung der Terme. Ist eine große Zahl von Atomen beteiligt wie im festen Körper, so liegen die Elektronenterme auf der Energieskala quasikontinuierlich verteilt, und man spricht deshalb von Bändern (Abb. 1.1). Die Größe der Aufspaltung hängt vom Überlapp der betreffenden Wellenfunktionen ab. Sie ist also klein für tiefliegende Energieniveaus, die ihren Schalencharakter auch im festen Körper behalten. Bei den höchsten noch besetzten Elektronentermen ist dagegen die Aufspaltung so groß, daß *s*- und *p*- und ggf. auch *d*-Zustände ein gemeinsames Band bilden. Die Elektronen in diesem Band sind für die chemische Bindung verantwortlich, weshalb man auch vom Valenzband spricht. Ursache für die Bindung ist letztlich die durch die Aufspaltung ermöglichte Absenkung

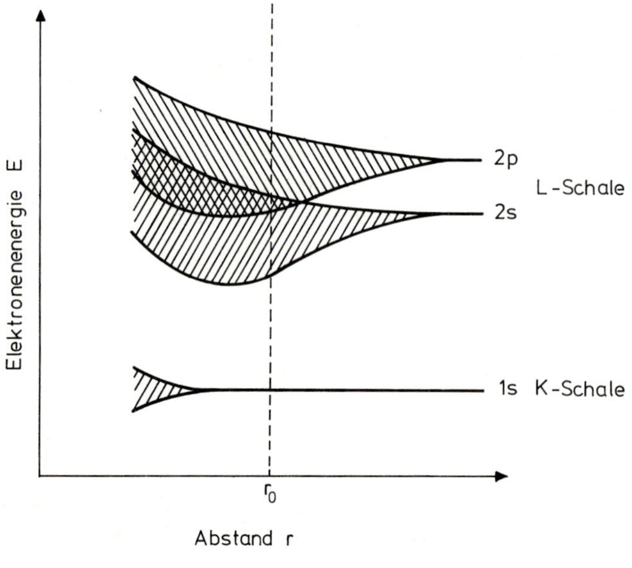


**Abb. 1.1.** Aufspaltung der Energieniveaus bei Annäherung einer großen Zahl gleicher Atome der ersten Reihe des Periodensystems aneinander (schematisch). Der Abstand $r_0$ soll etwa den Gleichgewichtsabstand in einer chemischen Bindung charakterisieren. Durch die Überlappung der 2*s* und 2*p* Bänder wird auch das Element Be mit zwei *s*-Elektronen zum Metall. Tiefliegende Atomniveaus spalten wenig auf und behalten deshalb weitgehend ihren atomaren Charakter

der Elektronenenergie, welche trotz erhöhter Repulsion der Kerne (bis zum Gleichgewichtsabstand) zu einer Verminderung der Gesamtenergie führt.

Von wesentlicher Bedeutung für die Art der Bindung ist es, ob im Gleichgewichtsabstand der Überlapp von Wellenfunktionen im wesentlichen nur zwischen benachbarten Atomen stattfindet oder ob die Ausdehnung der Wellenfunktionen so groß ist, daß zugleich viele Atome mit erfaßt werden. Im ersten Fall sind für die Stärke des Überlapps und damit für die Bindungsstärke nicht nur die Abstände der Atome voneinander, sondern auch die Bindungswinkel von Bedeutung. Man spricht in diesem Sinne von gerichteter Bindung. Sie wird auch als *kovalente* Bindung bezeichnet.

Die kovalente Bindung wird zwar in ihrer reinsten Form zwischen einigen Elementen gleicher „Valenz", d. h. gleicher Elektronenkonfiguration realisiert, doch ist gleiche Elektronenkonfiguration weder notwendige noch hinreichende Voraussetzung für kovalente Bindung. Wichtig ist lediglich die relative Ausdehnung der Wellenfunktionen im Vergleich zum interatomaren Abstand. Ist die Ausdehnung der Wellenfunktion groß im Vergleich zum Abstand zwischen nächsten Nachbarn, so spielt die Position der nächsten Nachbarn eine geringere Rolle bei der Erzielung eines möglichst großen Überlapps mit vielen Atomen. Die Packungsdichte ist dann also wichtiger als die relative Lage der nächsten Nachbarn. In diesem Sinne spricht man hier auch von einer „ungerichteten" Bindung. Der Fall großer Ausdehnung der Wellenfunktion im Verhältnis zu den atomaren Abständen ist charakteristisch für die *metallische* Bindung.

Eine ebenfalls ungerichtete Bindung jedoch mit extrem geringem Überlapp der Wellenfunktion ist die *Ionenbindung*. Sie entsteht, wenn ein Elektronentransfer von einer Atomsorte auf eine andere energetisch genügend günstig ist. Ionenbindung setzt also die Verschiedenheit der beteiligten Atome notwendig voraus.

In den folgenden Abschnitten wollen wir die verschiedenen Bindungstypen etwas detaillierter kennenlernen.

## 1.2 Kovalente Bindung

Wir hatten die kovalente Bindung im Festkörper als eine Bindung charakterisiert, bei der die Wechselwirkung zwischen den nächsten Nachbarn dominiert. Deshalb können wesentliche Eigenschaften dieser Festkörperbindung aus der Quantenchemie der Moleküle übernommen werden. Zur Erläuterung wollen wir das einfachste Modell für die Bindung in einem zweiatomigen Molekül mit einem Bindungselektron diskutieren.

Der Hamiltonoperator $\mathscr{H}$ für dieses Molekül enthält die kinetische Energie des Elektrons und die Coulomb-Wechselwirkung zwischen allen Partnern (Abb. 1.2a).

$$\mathscr{H} = -\frac{\hbar^2}{2m}\Delta - \frac{Ze^2}{4\pi\varepsilon_0 r_A} - \frac{Z'e^2}{4\pi\varepsilon_0 r_B} + \frac{ZZ'e^2}{4\pi\varepsilon_0 R}\,. \tag{1.1}$$

Das richtige Molekülorbital für das Elektron $\psi_{\mathrm{Mo}}$ würde die Schrödinger-Gleichung

$$\mathscr{H}\psi_{\mathrm{Mo}} = E\psi_{\mathrm{Mo}} \tag{1.2}$$

lösen. Allerdings muß man schon in diesem einfachen Fall auf Näherungslösungen zurückgreifen. Mit einer solchen Näherungslösung $\psi$ berechnet sich der Erwartungswert

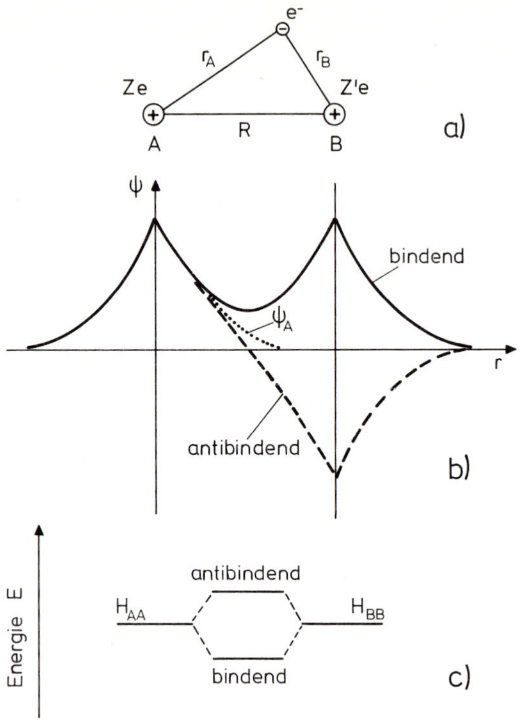


**Abb. 1.2a–c.** Einfachstes Modell der kovalenten Bindung (das $H_2^+$ Molekül). (**a**) Definition der Symbole in (1.1). (**b**) Bindende und antibindende Kombination von Atomorbitalen. Die bindende Kombination führt zu einer Anhäufung der Elektronendichte zwischen den Kernen, was zu einer Absenkung der Coulomb-Energie führt. (**c**) Aufspaltung der Atomniveaus in bindenden und antibindenden Zustand. Die größte Bindungsenergie wird gewonnen, wenn gerade der bindende Zustand voll, d.h. mit zwei Elektronen, besetzt ist und der antibindende leer ist („Elektronenpaarbindung")

der Energie für den Grundzustand

$$E' = \frac{\int \psi^* \mathscr{H} \psi d\boldsymbol{r}}{\int \psi^* \psi d\boldsymbol{r}} . \tag{1.3}$$

Ein Ansatz für die Näherungslösung $\psi$ ist die Linearkombination von Zuständen der beiden getrennten Einzelatome

$$\psi = c_A \psi_A + c_B \psi_B . \tag{1.4}$$

Man kann zeigen, daß die Energie $E'$ mit einer solchen Versuchsfunktion stets über dem wahren Wert $E$ liegt. Die besten Werte für die Koeffizienten $c_A$ und $c_B$ erhält man, wenn man sie so wählt, daß sie zu einem minimalen Wert von $E'$ führen.

Mit Hilfe der Abkürzungen

$$S = \int \psi_A^* \psi_B d\boldsymbol{r} \quad \text{(Überlappungsintegral)}, \tag{1.5a}$$

$$H_{AA} = \int \psi_A^* \mathscr{H} \psi_A d\boldsymbol{r} \tag{1.5b}$$

$$H_{AB} = \int \psi_A^* \mathscr{H} \psi_B d\boldsymbol{r} \tag{1.5c}$$

folgt für das zu minimalisierende $E'$

$$E' = \frac{c_A^2 H_{AA} + c_B H_{BB} + 2 c_A c_B H_{AB}}{c_A^2 + c_B^2 + 2 c_A c_B S} . \tag{1.6}$$

Für das Minimum von $E'$ bezüglich $c_A$ und $c_B$ wird verlangt

$$\frac{\partial E'}{\partial c_A} = \frac{\partial E'}{\partial c_B} = 0, \tag{1.7}$$

d. h., es folgen die Säkulargleichungen

$$c_A(H_{AA} - E') + c_B(H_{AB} - E'S) = 0, \tag{1.8a}$$

$$c_A(H_{AB} - E'S) + c_B(H_{BB} - E') = 0, \tag{1.8b}$$

deren Lösungen durch des Verschwinden der Determinante bestimmt sind:

$$(H_{AA} - E')(H_{BB} - E') - (H_{AB} - E'S)^2 = 0. \tag{1.9}$$

Nehmen wir der Einfachheit halber gleiche Kerne (z. B. $H_2^+$) an, d. h. $H_{AA} = H_{BB}$, dann ergeben sich durch das Zusammenfügen aus dem einen atomaren Eigenwert $H_{AA} = H_{BB}$ der freien Einzelatome zwei neue Molekularorbitale mit den Energien

$$E_{\pm} \lesssim E'_{\pm} = \frac{H_{AA} \pm H_{AB}}{1 \pm S}. \tag{1.10}$$

Hierbei ist wegen (1.5a) $S = 0$ für unendlich weit voneinander entfernte Kerne gegeben, während beim Zusammenfallen beider Zentren $S = 1$ wird. Aus (1.10) folgt, daß durch den räumlichen Überlapp der Wellenfunktionen $\psi_A$ und $\psi_B$ eine Aufspaltung des Energieniveaus $H_{AA}$ bzw. $H_{BB}$ in ein etwas höher und in ein etwas tiefer liegendes Niveau des Moleküls resultiert (Abb. 1.2c). Das zum energetisch höher liegenden Energieniveau gehörende Molekülorbital nennt man *antibindend*, das andere *bindend*. Im Molekül findet das Elektron auf dem energetisch etwas niedriger liegenden bindenden Orbital Platz, was insgesamt zu einer Absenkung der Energie bei der Bindung führt. Diese Absenkung entspricht der in der kovalenten Bindung steckenden Bindungsenergie.

Weiter erkennt man, daß nur unvollständig besetzte, also mit weniger als zwei Elektronen besetzte Orbitale von Einzelatomen kovalente Bindungen eingehen können: Da das bindende Molekülorbital nur zwei Elektronen (Pauli-Prinzip erlaubt zwei Spineinstellungen) aufnehmen kann, würde sonst das energetisch höher liegende antibindende Orbital besetzt, was die Energieabsenkung wieder kompensieren würde.

Bei zweiatomigen Molekülen, wie hier betrachtet, gehört zum bindenden Molekülorbital die additive Überlagerung von $\psi_A$ und $\psi_B$, d. h. $\psi_{Mo} = \psi_A + \psi_B$ [in (1.4) ist $c_A = c_B$ für Moleküle mit gleichen Kernen]. Dies führt, wie in Abb. 1.2b gezeigt, zu einer Anhebung der Ladungsdichte zwischen den Kernen. Dadurch wird die Coulomb-Repulsion der Kerne gemindert. Die antibindende Kombination $\psi_{Mo} = \psi_A - \psi_B$ führt dagegen zu einer Absenkung der Ladungsdichte.

Man sieht, daß kovalente Bindung mit einer Anhäufung von elektronischer Ladung zwischen den das Molekül oder den Festkörper bildenden Atomen verknüpft ist. Der dafür verantwortliche räumliche „Überlapp" der Wellenfunktion bestimmt die Stärke der energetischen Absenkung der bindenden Molekül- oder Kristallatom-Orbitale und damit die Bindungsenergie. Wie Abb. 1.3 zeigt, gibt es bei gegebenen Atomorbitalen ($s, p, d$, etc.) für den Überlapp günstige und ungünstige Orientierungen. Hieraus erklärt sich der stark gerichtete Charakter der kovalenten Bindung, der insbesondere bei den

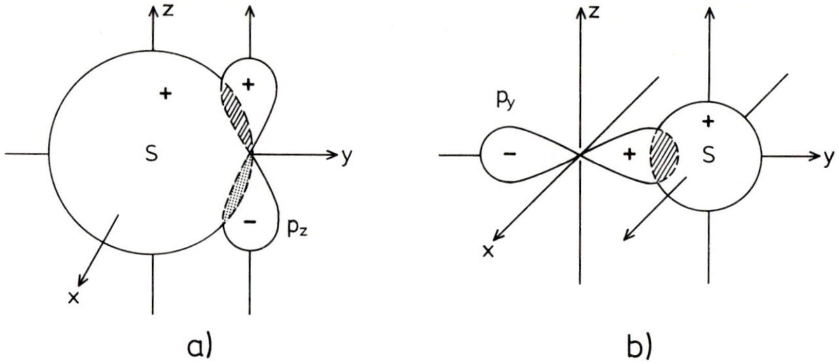


**Abb. 1.3a, b.** Anschauliche Darstellung des räumlichen Überlapps zwischen je einer $s$ und einer $p$-Wasserstoffwellenfunktion. Die räumliche Ausdehnung der Orbitale ist dargestellt in Form von Flächen gleicher Wellenamplitude. (**a**) Sich gegenseitig kompensierender Überlapp zwischen $s$ und $p_z$. (**b**) Nichtverschwindender Überlapp zwischen $s$ und $p_y$

kovalent gebundenen Kristallen Diamant (C), Si, Ge mit ihrer tetraedrischen Nahordnung (Abb. 1.4) gegeben ist.

Diese kovalente tetraedrische Bindung sei am Beispiel des Diamanten etwas näher betrachtet: Aufgrund seiner Elektronenkonfiguration $1s^2$, $2s^2$, $2p^2$ wäre C nur in der Lage, zwei kovalente Bindungen (2 nur mit einem Elektron besetzte $p$-Orbitale) einzugehen. Offenbar tritt beim Einbau in einen Kristall aber eine stärkere Energieabsenkung insgesamt ein, wenn der Überlapp von vier Bindungsorbitalen ermöglicht wird. Im Einelektronenbild stellt man sich dies vereinfacht so vor, daß aus dem $2s$-Orbital ein Elektron in das leere $2p$-Orbital angeregt wird. Die nun jeweils nur mit einem Elektron besetzten drei $2p$ und $2s$-Orbitale können vier Bindungen eingehen. Maximaler Überlapp zu den nächsten Nachbarn wird erreicht, wenn man aus den vier Wellenfunktionen $2s$, $2p_x$, $2p_y$, $2p_z$ vier neue Linearkombinationen bildet. Diese neuen Molekularorbitale nennt man $sp^3$-Hybride und den Vorgang auch „Rehybridisierung“. Der durch sie ermöglichte Überlapp zu den nächsten Nachbarn in den tetraedrischen Richtungen führt zu einer Energieabsenkung, die die notwendige Anregung des $2s$-Elektrons in das $2p$-Orbital überkompensiert.

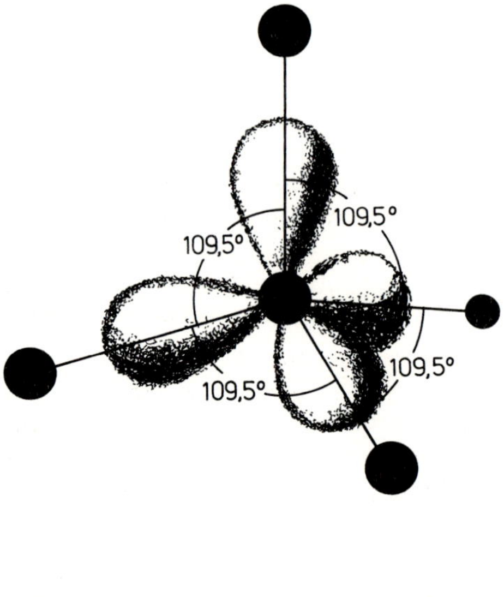


**Abb. 1.4.** Die tetraedrische Konfiguration nächster Nachbarn in den Gittern von C, Si, Ge und α-Sn. Sie ist eine Folge der dadurch ermöglichten periodischen Anordnung im dreidimensionalen Raum und der Ausbildung von $sp^3$-Hybrid Orbitalen aus den Wellenfunktionen $s$, $p_x$, $p_y$ und $p_z$

Fügt man nun Kohlenstoffatome zur Diamant-Struktur zusammen, bei der jedes Atom gerade von vier weiteren in tetraedrischer Konfiguration umgeben ist (Abb. 2.12), kann sich im $sp^3$-Hybrid jedes Kohlenstoffatom mit seinem Nachbarn die verfügbaren Elektronen so teilen, daß gerade nur die bindenden Terme besetzt sind. Dadurch entsteht ein vollgefülltes Valenzband, welches vom nächsten darüberliegenden leeren (antibindenden) Band durch eine Lücke getrennt ist. Energie kann nur noch in Form großer Quanten zugeführt werden, die es gestatten, die Bandlücke zu überspringen. Deshalb sind solche kovalent gebundenen Festkörper bei genügend tiefen Temperaturen Nichtleiter. Ist die Bandlücke nicht zu groß, kann die thermische Anregung von Elektronen zu einer meßbaren Leitfähigkeit führen. Man spricht dann von Halbleitern. Eine genauere Definition wird in den Kapiteln 9 und 12 gegeben.

Eine vollständige Absättigung der kovalenten Bindung wird bei den Elementen der 4. Gruppe C, Si, Ge und $\alpha$-Sn in der den dreidimensionalen Raum erfüllenden, tetraedrischen Konfiguration ermöglicht. Die Elemente der 5. Gruppe P, As, Sb benötigen dazu nur eine Dreierkoordination. Sie bilden Schichtstrukturen. Entsprechend bilden die Elemente der 6. Gruppe Te und Se Kettenstrukturen mit Zweierkoordination.

Kovalent gebundene Festkörper lassen sich natürlich auch aus verschiedenen Elementen herstellen. Als Beispiel betrachten wir Bornitrit. Die Elemente haben dabei die Elektronenkonfiguration: $B(2s^2, 2p^1)$; $N(2s^2, 2p^3)$. Aus diesen Elementen läßt sich ebenfalls das Diamantgitter mit tetraedrischer Koordination aufbauen. Dabei ist jedes Boratom von 4 Stickstoffatomen umgeben und umgekehrt. Zur gemeinsamen Bindung steuert das Stickstoffatom 5 Elektronen und das Boratom 3 Elektronen bei. Insgesamt ergibt sich also dieselbe Elektronenzahl pro Atom wie beim Kohlenstoffgitter. Wegen der Verschiedenheit der Elemente hat die Verbindung aber einen Ionencharakter. Darüber soll im folgenden Abschnitt gesprochen werden.

Typische Bindungsenergien für rein kovalent gebundene Kristalle sind beispielsweise:

| | |
|---|---|
| C (Diamant): | 7.3 eV pro Atom (712 kJ/Mol); |
| Si: | 4.64 eV pro Atom (448 kJ/Mol); |
| Ge: | 3.87 eV pro Atom (374 kJ/Mol). |

## 1.3 Die Ionenbindung

Zur Erklärung der Ionenbindung werden zweckmäßigerweise die Ionisierungsenergie und die Elektronenaffinität von Atomen betrachtet. Die *Ionisierungsenergie I* ist dabei definiert als diejenige Energie, die aufgewendet werden muß, um ein Elektron von einem neutralen Atom zu entfernen. Die *Elektronenaffinität A* ist die Energie, die gewonnen wird, wenn man einem neutralen Atom ein zusätzliches Elektron hinzufügt. Die Ionenbindung bildet sich immer dann aus, wenn man Elemente mit vergleichsweise niedriger Ionisierungsenergie mit Elementen hoher Elektronenaffinität kombiniert. Als Beispiel betrachten wir die Elemente Natrium-Chlor. Die Ionisierungsenergie von Natrium beträgt 5,14 eV, die Elektronenaffinität von Chlor 3,71 eV. Beim Transfer von einem Elektron von einem Natriumatom auf ein Chloratom muß also die Energie von

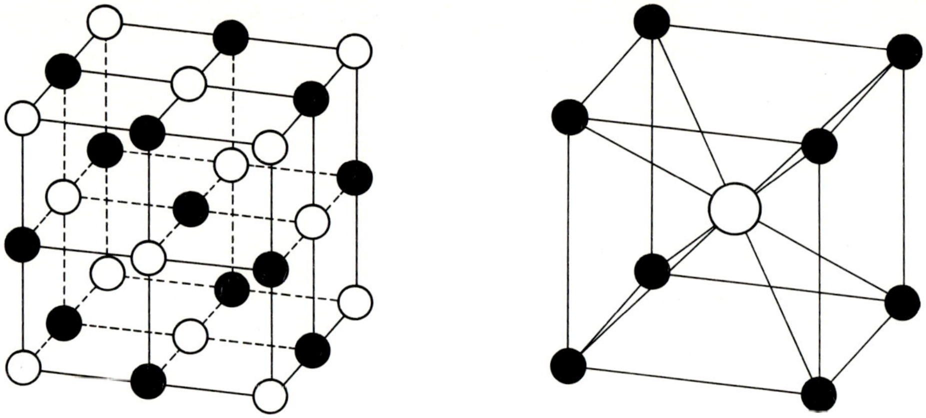

**Abb. 1.5.** Die beiden typischen Strukturen für Ionenbindung in Festkörpern, die NaCl-Struktur (*links*) und die CsCl-Struktur (*rechts*)

1,43 eV aufgewandt werden. Die elektrostatische Anziehung zwischen den beiden dabei entstandenen Ionen führt mit zunehmender Annäherung zu einem größer werdenden Energiegewinn, wobei der minimale Abstand durch die Summe der Ionenradien gegeben ist. Insgesamt läßt sich auf diese Weise eine Energie von 4,51 eV gewinnen, wodurch eine positive Energiebilanz von 3,08 eV verbleibt. Aus Natrium und Chlor kann also ein zweiatomiges Molekül mit starkem Ionencharakter gebildet werden. Auch räumliche Strukturen lassen sich auf diese Weise aufbauen, indem jedes Chloratom von Natriumatomen umgeben ist und umgekehrt. Die sich ergebende Struktur ist durch optimale Raumausnutzung bei gegebenen Ionenradien und durch die Bedingung bestimmt, daß die Coulomb-Anziehung durch ungleichnamige Ladungen stärker ist als die Coulomb-Abstoßung der Ionen gleicher Ladung. Die für Zwei-Ionenbindung typischen Strukturen, die Natriumchlorid- und die Cäsiumchloridstruktur, sind in Abb. 1.5 abgebildet.

Die Ionenradien bestimmen den minimalen Abstand deshalb, weil eine stärkere Annäherung zu einem starken Überlapp der ionischen Elektronenhüllen führen würde. Bei aufgefüllten Elektronenschalen führt dies (s. Abschn. 1.2) wegen des Pauli-Prinzips zur Auffüllung energetisch höher liegender antibindender Orbitale, was zu einem starken Ansteigen der Energie und damit zur Abstoßung führt.

Während sich dieser abstoßende Anteil des Gesamtpotentials analog zur kovalenten Bindung nur aus quantenmechanischen Rechnungen ergibt, läßt sich der anziehende Coulomb-Anteil der Energie in einer Ionenbindung einfach durch eine Summe über Coulomb-Potentiale an den Ionenplätzen angeben: Für das Potential zwischen zwei Ionen $i$ und $j$ mit dem Abstand $r_{ij}$ schreibt man

$$\varphi_{ij} = \pm \frac{e^2}{4\pi\varepsilon_0 r_{ij}} + \frac{B}{r_{ij}^n}\,; \tag{1.11}$$

hierbei ist der zweite, die Abstoßung der Elektronenhüllen beschreibende Anteil ein heuristischer Ansatz, der zwei freie Parameter $n$ und $B$ enthält. Diese Parameter müßten natürlich durch eine exakte quantenmechanische Behandlung des Problems geliefert werden. Sie können aber auch, wie häufig getan, durch Anpassung an experimentelle Meßgrößen (Ionenabstand, Kompressibilität usw.) gewonnen werden; $n$ liegt dabei in vielen Fällen zwischen 6 und 10.

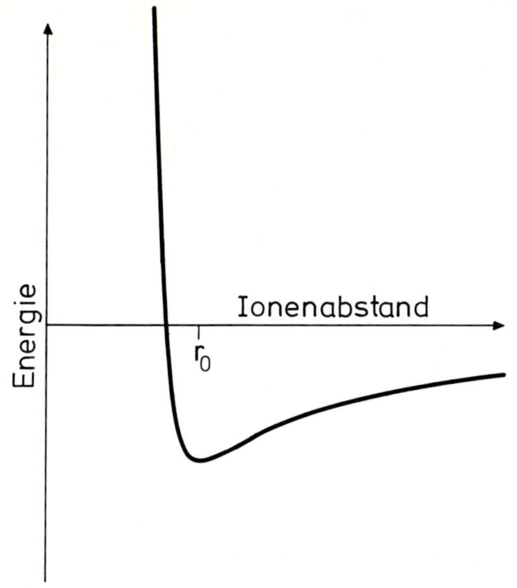


**Abb. 1.6.** Energie als Funktion des Abstandes zweier Ionen

Den typischen Verlauf eines solchen Potentials zeigt Abb. 1.6. Das Potential aller Ionen $j$ am Ort des Ions $i$ ergibt sich durch Summation:

$$\varphi_i = \sum_{i \neq j} \varphi_{ij}. \tag{1.12}$$

Mit $r$ als Abstand nächster Nachbarn schreibt man

$$r_{ij} = r p_{ij}, \tag{1.13}$$

wobei $p_{ij}$ spezifisch für die betreffende Struktur ist. Besteht der Kristall aus $N$ Ionenpaaren, so ergibt sich die gesamte potentielle Energie zu

$$\Phi - N\varphi_i = N\left(-\frac{e^2}{4\pi\varepsilon_0 r}\sum_{i \neq j}\frac{\pm 1}{p_{ij}} + \frac{B}{r^n}\sum_{i \neq j}\frac{1}{p_{ij}^n}\right). \tag{1.14}$$

Hierbei nennt man die für eine spezielle Struktur charakteristische Größe

$$A = \sum_{i \neq j}\frac{\pm 1}{p_{ij}} \tag{1.15}$$

*Madelung-Konstante.* Für die Natriumchloridstruktur ist $A = 1{,}748$, für die Cäsiumchloridstruktur 1.763.

Typische Bindungsenergien sind:

für NaCl 7.95 eV pro Molekül (764 kJ/Mol),
für NaI 7.1 eV pro Molekül (683 kJ/Mol) und
für KBr 6.92 eV pro Molekül (663 kJ/Mol).

| | | | | | | |
|---|---|---|---|---|---|---|
| H<br>2.1 | | | | | | |
| Li<br>1.0 | Be<br>1.5 | B<br>2.0 | C<br>2.5 | N<br>3.0 | O<br>3.5 | F<br>4.0 |
| Na<br>0.9 | Mg<br>1.2 | Al<br>1.5 | Si<br>1.8 | P<br>2.1 | S<br>2.5 | Cl<br>3.0 |
| K<br>0.8 | Ca<br>1.0 | Sc<br>1.3 | Ge<br>1.8 | As<br>2.0 | Se<br>2.4 | Br<br>2.8 |
| Rb<br>0.8 | Sr<br>1.0 | Y<br>1.3 | Sn<br>1.8 | Sb<br>1.9 | Te<br>2.1 | J<br>2.5 |

**Tabelle 1.2.** Die Elektronegativitäten einiger Elemente. (Nach *Pauling* [1.1])

Eine Wanderung von Elektronen in Ionenkristallen ist ohne erhebliche Energiezufuhr ($\sim 10\,\text{eV}$) nicht möglich. Festkörper mit Ionenbindung sind deshalb Nichtleiter. Allerdings ermöglichen Fehlstellen bei höheren Temperaturen eine Wanderung von Ionen und damit eine Ionenleitfähigkeit.

Ionenbindung und kovalente Bindung sind Grenzfälle, von denen nur der letztere im Falle der Verbindung von gleichen Atomen realisiert ist. Die Mehrzahl der Fälle stellt einen Mischtyp zwischen beiden Bindungsarten dar. Eine qualitative Abschätzung über den Ionencharakter einer Bindung ermöglicht die Skala der Elektronegativitäten. Diese Skala wurde zuerst von Pauling aus Betrachtungen über die Bindungsenergie entwickelt. Später hat Millikan eine aus den physikalischen Größen Ionisierungsenergie $I$ und Elektronenaffinität $A$ abgeleitete Definition der Elektronegativität eines Elementes gegeben.

$$X = 0.184(I + A)\,. \tag{1.16}$$

Werden Ionisierungsenergie und Affinität in eV eingesetzt, so ergibt sich die Paulingsche Elektronegativitätsskala (Tabelle 1.2). Je größer die Ionisierungsenergie und die Elektronenaffinität eines Atoms sind, desto stärkere Tendenz zeigt es, in einer Verbindung Elektronen an sich zu ziehen. In einer Verbindung ist deshalb das Element mit der größeren Elektronegativität stets das Anion. Die Elektronegativitätsdifferenz ist ein Maß für den Ionencharakter der Bindung.

Den Unterschied zwischen Ionenbindung und kovalenter Bindung auch in der Elektronendichteverteilung verdeutlicht Abb. 1.7. Dort sind die Linien konstanter Elektronendichte gezeichnet. Sie wurden durch Röntgenbeugung ermittelt. Während bei Ionenbindung die Elektronen auf die Ionen konzentriert sind, ist bei kovalenter Bindung die Elektronendichte zwischen den Atomen angehäuft.

## 1.4 Metallische Bindung

Als Extremfall einer durch Elektronenanhäufung zwischen den Kernen erzeugten Bindung läßt sich die Bindung bei Metallen auffassen. Im Gegensatz zur kovalenten Bindung sind hier aber die Wellenfunktionen sehr ausgedehnt im Vergleich zu den

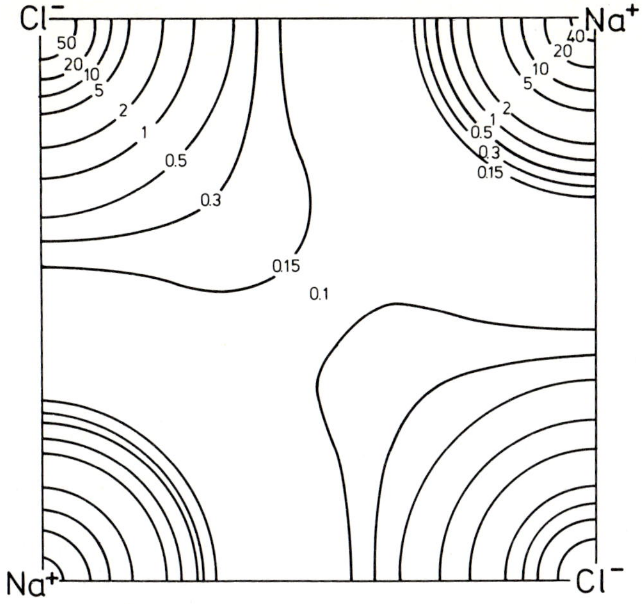


**Abb. 1.7.** Elektronendichten der Valenzelektronen in dem typischen Ionenkristall NaCl und in einem typischen kovalent gebundenen Kristall Si (nach *Göttlicher* [1.2] sowie *Young* u. *Coppens* [1.3]). Deutlich erkennt man die Konzentration der Ladung entlang der Bindungsrichtung zwischen den Si-Atomen, während bei der Ionenbindung die Elektronen im wesentlichen kugelsymmetrisch um die Ionen verteilt sind

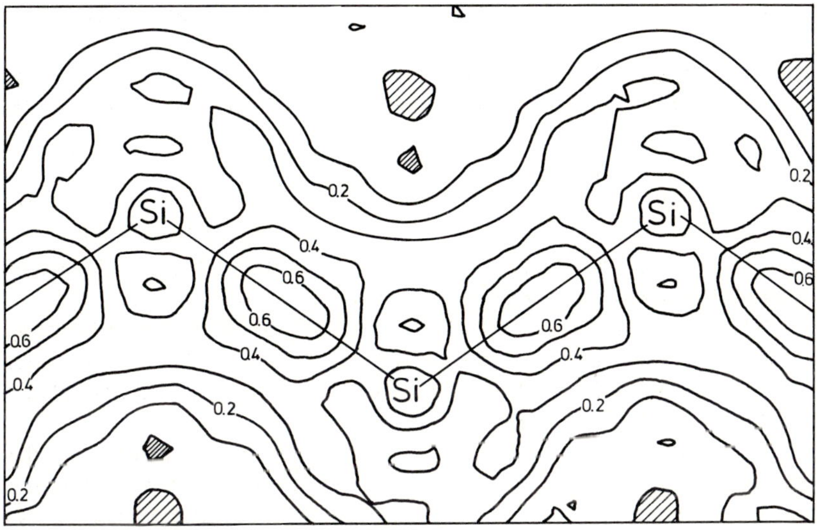


Bindungsabständen. In Abb. 1.8 sind als Beispiel die Radialanteile der $3d$ und $4s$ Wellenfunktionen von Nickel im Metallverband dargestellt. Die $4s$ Wellenfunktion hat merkliche Werte noch beim halben Abstand zu den drittnächsten Nachbarn und entsprechend tragen viele Nachbarn zur Bindung bei. Dies führt zu einer starken Abschirmung der positiven Kernladung und zu einer Bindung, die eine gewisse Ähnlichkeit mit der kovalenten Bindung besitzt; jedoch sind die Bindungskräfte wegen der starken „Verschmierung" der Valenzelektronen über den gesamten Kristall nicht gerichtet wie bei den kovalent-gebundenen Kristallen. Die Struktur von Metallen ist deshalb auch weitgehend durch die Bedingung optimaler Raumerfüllung bestimmt. (Siehe Abschn. 2.5.)

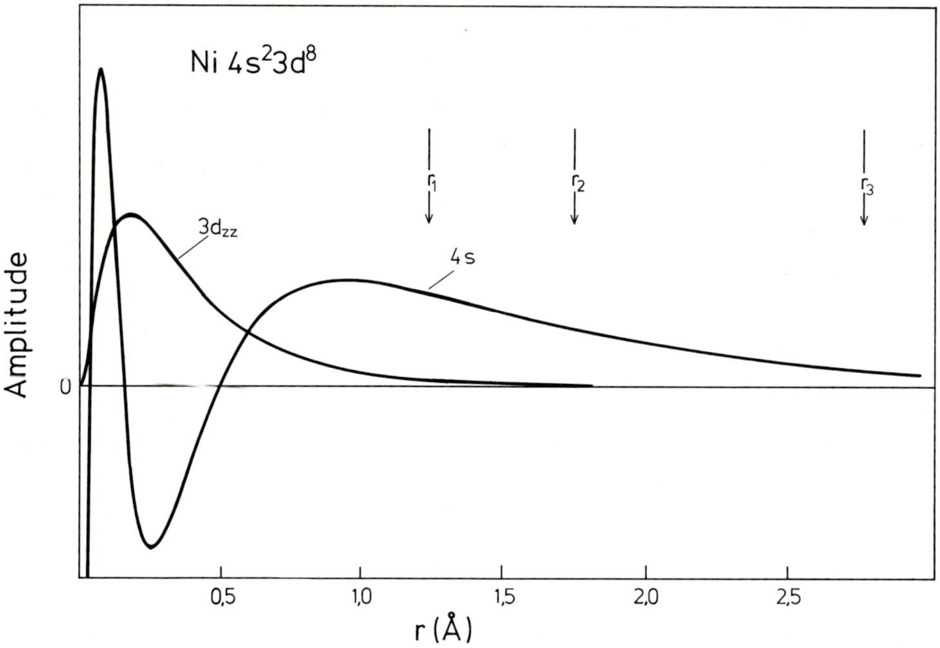


**Abb. 1.8.** Die Amplitude der $3d_{zz}$-Wellenfunktion und der 4*s*-Wellenfunktion von Ni nach *Walch* u. *Goddard* [1.4]. Die halbe Entfernung zu den nächsten, übernächsten und drittnächsten Nachbarn ($r_1$, $r_2$ und $r_3$) sind zum Vergleich mit eingetragen

Anders als die *s*-Elektronen sind die *d*-Elektronen der Übergangsmetalle lokalisiert. Der Überlapp ist entsprechend geringer. Die *d*-Elektronen stellen gewissermaßen ein kovalentes Gerüst in den Übergangsmetallen dar und leisten den größten Beitrag zur Bindungsenergie.

Das aus *s*, *p* und evtl. *d*-Elektronen gebildete Valenzband der Metalle ist nicht vollständig besetzt (vgl. Tabelle 1.1). Infolge der quasi-kontinuierlichen Verteilung der Zustände auf der Energieskala bei einer großen Zahl von Atomen kann man den Elektronen Energie in infinitesimal kleinen Portionen zuführen, insbesondere also sie in einem angelegten elektrischen Feld beschleunigen. Kennzeichen der Metalle ist also eine hohe elektrische Leitfähigkeit, die mit einer hohen thermischen Leitfähigkeit gekoppelt ist. In diesem Sinne ist die metallische Bindung eine besondere Eigenart des Festkörpers, also des Zusammenschlusses von vielen Atomen.

Wie ein Blick auf Tabelle 1.1 lehrt, kann bei den Metallen das partiell gefüllte Valenzband auf verschiedene Weise entstehen. Bei den Alkalimetallen (Li, Na, K, Rb, Cs) ist bereits der *s*-Zustand nur einfach besetzt. Bei den Erdalkalimetallen (Be, Mg, Ca, Sr, Ba) könnte man zunächst ein vollgefülltes Band, gebildet aus den *s*-Zuständen, erwarten. Wegen der Bandüberlappung mit den *p*-Bändern der gleichen Schale gibt es jedoch praktisch nur ein gemeinsames *sp*-Band. Einen Sonderfall bilden die Übergangsmetalle. Hier bilden die *s*- und *p*-Zustände wieder ein gemeinsames Band großer Breite. Wie besprochen, haben die *d*-Elektronen eine geringere räumliche Ausdehnung (s. Abb. 1.8). Durch den geringeren Überlapp mit den Nachbaratomen ist auch die energetische Aufspaltung geringer.

Die große Ausdehnung der Wellenfunktion der Valenzelektronen in Metallen macht eine theoretische Berechnung der Bindungsenergie besonders schwierig. Andererseits sind die Valenzelektronen zwischen den Atomen weitgehend frei beweglich. Dadurch vereinfacht sich die Beschreibung der elektrischen Leitfähigkeit und der spezifischen Wärme der Elektronen. Dies wird insbesondere in Kapitel 6 deutlich.

## 1.5 Die Wasserstoffbrückenbindung

Von Wasserstoffbrückenbindung spricht man, wenn ein Wasserstoffatom an zwei Atome gebunden ist. Eine solche Bindung scheint nicht möglich, da Wasserstoff doch nur ein Valenzelektron hat. Man kann sich die Wasserstoffbrückenbindung jedoch folgendermaßen veranschaulichen: Beim Eingehen einer kovalenten Bindung mit einem stark elektronegativen Atom, wie z. B. Sauerstoff, kommt es zu einem weitgehenden Ladungstransfer des einzigen Wasserstoffelektrons an den Bindungspartner. Das verbleibende Proton kann eine anziehende Wirkung auf einen zweiten negativ geladenen Partner ausüben. Wegen der räumlich weit ausladenden Elektronenwolke des elektronegativen Partners und der verschwindend geringen Ausdehnung des daran gebundenen Wasserstoffs (Proton mit geringer elektronischer Abschirmung) kann ein dritter Bindungspartner nicht mehr gebunden werden: Das bindende Wasserstoffatom tritt in Zweier-Koordination auf. Wasserstoffbrückenbindungen bilden sich also vorwiegend zwischen stark elektronegativen Atomen aus, sind aber nicht auf diese beschränkt. Sie können vom symmetrischen A–H–A und vom antisymmetrischen A–H ... B Typ sein. Als Kriterium für das Auftreten einer H-Brückenbindung kann angesehen werden, wenn der beobachtete Abstand der Atome A und B kleiner ist, als wenn lediglich Van der Waals-Bindung (Abschn. 1.6) vorläge. Weitere Anzeichen für das Auftreten einer H-Brücke ergeben sich aus der Infrarotspektroskopie, wo die der Wasserstoffschwingung zugeordneten Banden eine starke Verschiebung, häufig auch Verbreiterung, zeigen. Insgesamt ist das Erscheinungsbild der Wasserstoffbrückenbindung sehr vielfältig und weniger eindeutig abgrenzbar als im Falle der übrigen Bindungstypen. Typische Bindungsenergien liegen in der Größenordnung von 0.1 eV pro Bindung.

Indem die Wasserstoffbrückenbindung die Doppelhelix in der DNS miteinander verknüpft, spielt sie eine entscheidende Rolle beim Mechanismus der genetischen Reproduktion. Das bekannteste Beispiel aus dem Bereich der anorganischen Chemie ist das Wasser, insbesondere in der Form von Eis. Beim Eis ist jedes Sauerstoffatom tetraedrisch von weiteren Sauerstoffatomen umgeben, und die Verbindung wird durch H-Brücken hergestellt. Auch im flüssigen Wasser liegen noch Wasserstoffbrücken vor, woraus sich zum Beispiel die Ausdehnungsanomalie bei 4 °C erklärt.

## 1.6 Die Van der Waals-Bindung

Sie ist eine zusätzliche Bindung, die grundsätzlich immer auftritt. Sie wird aber nur bemerkt, wenn z. B. zwischen Atomen mit abgeschlossener Schale oder zwischen gesättigten Molekülen andere Bindungen nicht möglich sind. Die physikalische Ursache dieser Bindung sind Ladungsfluktuationen in den Atomen durch die Nullpunktunruhe. Die dabei entstehenden Dipolmomente bewirken eine zusätzliche anziehende Kraft. Die Van der Waals-Bindung ist für den festen Zustand von Molekülkristallen verantwortlich. Die Bindungsenergie ist abhängig von der Polarisierbarkeit der beteiligten Atome und von der Größenordnung 0,1 eV. Die typischen Bindungsradien der Atome für Van der Waals-Bindung sind deutlich größer als bei einer chemischen Bindung. Der Bindungsanteil im Potential der Van der Waals-Bindung hängt wie $r^{-6}$ vom Abstand der

Bindungspartner (Atome oder Moleküle) ab. Dies läßt sich sehr einfach durch die Art der Dipol-Wechselwirkung verstehen. Ein durch Ladungsfluktuation momentan entstandener Dipol $p_1$ erzeugt am Ort seines Nachbarn im Abstand $r$ ein elektrisches Feld $\mathscr{E} \sim p_1/r^3$, das über die Polarisierbarkeit $\alpha$ des dort befindlichen Atoms oder Moleküls an diesem ein Dipolmoment $p_2 \sim \alpha p_1/r^3$ induziert. Weil das Potential dieses Dipols im Feld proportional zu $\mathscr{E}$ und $p_2$ ist, folgt damit für den bindenden Anteil der Van der Waals-Wechselwirkung eine Abstandsabhängigkeit der Form $\sim r^{-6}$.

# 2. Kristallstrukturen

Gehen Atome eine chemische Verbindung ein, so ergeben sich wohldefinierte Gleichgewichtsabstände, die durch das Minimum der Gesamtenergie charakterisiert sind. Bei einem Festkörper, gebildet aus gleichen Atomen, kann deshalb das Energieminimum nur dann erreicht sein, wenn von jedem Atom aus betrachtet, die Umgebung gleich ist. Dies führt zu einer dreidimensional periodischen Anordnung, die man als kristallinen Zustand bezeichnet. Entsprechendes gilt für Festkörper, die aus mehreren Elementen gebildet werden: Dort wiederholen sich bestimmte Baugruppen in periodischen Abständen.

An die Periodizität knüpfen sich entscheidende festkörperphysikalische Eigenschaften und Untersuchungsmethoden. Im Hinblick auf die theoretische Beschreibung und das Verständnis ist die Periodizität eine außerordentliche Vereinfachung. Obgleich der reale Festkörper niemals exakt dreidimensional periodisch ist, benutzt man die ideale Periodizität als Beschreibungsmodell und behandelt Abweichungen von der Periodizität als Störung.

Im Gegensatz zum kristallinen Zustand steht der amorphe Zustand. Bei ihm ist die Fernordnung aufgehoben, die Nahordnung jedoch erhalten. Beispiele hierfür sind: Gläser, Keramiken, Gele, Polymere, rasch erstarrte Schmelzen und Aufdampfschichten. Die Untersuchung des amorphen Zustandes von Festkörpern für Metalle und Halbleiter stellt ein wichtiges Gebiet der aktuellen Forschung dar. Das Verständnis amorpher Festkörper ist jedoch schwierig und auch noch unvollkommen. Dies liegt einmal in der fehlenden Vereinfachung der Periodizität begründet, aber auch darin, daß die Kennzeichnung als amorph an sich noch keine Beschreibung darstellt und verschiedene Formen des Übergangs von der vorhandenen Nahordnung zur nichtvorhandenen Fernordnung möglich sind. Immerhin hat man aus dem Vergleich der Eigenschaften amorpher und kristalliner Festkörper gelernt, daß wesentliche Elemente der Elektronenstruktur und damit auch der makroskopischen Eigenschaften von der Nahordnung bestimmt werden, also für kristalline und amorphe Festkörper ähnlich sind. Im Rahmen dieses kurzen, einführenden Lehrbuches können wir auf die besonderen Eigenschaften des amorphen Zustandes nicht weiter eingehen, sondern werden uns ausschließlich mit kristallinen Festkörpern beschäftigen.

Dreidimensional periodische Anordnungen von Atomen lassen sich auf recht verschiedene Weise einrichten. Die sich ergebenden, verschiedenartigen geometrischen Strukturen werden in diesem Kapitel vorgestellt.

## 2.1 Translationsgitter

Ein zweidimensionales Gitter wird durch 2 Vektoren $\boldsymbol{a}$ und $\boldsymbol{b}$ aufgespannt. Jeden Punkt des Gitters kann man durch den Gittervektor

$$\boldsymbol{r_n} = n_1\boldsymbol{a} + n_2\boldsymbol{b} \tag{2.1}$$

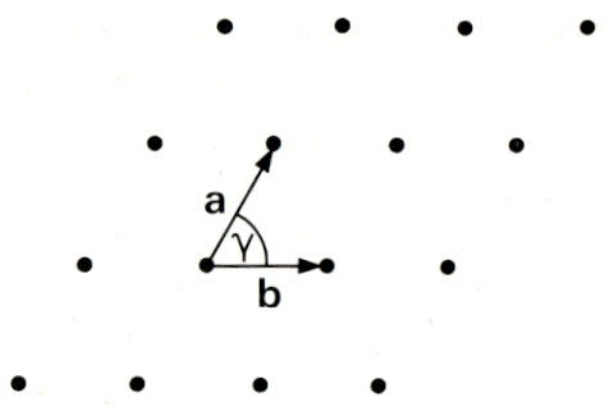


**Abb. 2.1.** Das ebene Parallelogrammgitter

erreichen mit beliebigen ganzen Zahlen $n_1$ und $n_2$. Je nach den Längenverhältnissen der Vektoren ***a*** und ***b*** und der Größe des von ihnen eingeschlossenen Winkels $\gamma$ lassen sich Gitter verschiedenartiger Geometrie aufbauen. Das allgemeinste Gitter ohne weitere Symmetrie ergibt sich für $a \neq b$, $\gamma \neq 90°$ (Abb. 2.1). Ein ebenes Kristallgitter entstünde aus diesem „Parallelogrammgitter", wenn man sich jeden Gitterpunkt mit einem Atom belegt denkt. In diesem Falle würde die von ***a*** und ***b*** aufgespannte Elementarzelle ein Atom enthalten. Solche Elementarzellen nennt man primitiv. Kristallgitter können aber auch mehr als 1 Atom in der Elementarzelle enthalten. In diesem Falle entsprechen die in Abb. 2.1 dargestellten Gitterpunkte solchen Punkten im Kristallgitter, von denen aus betrachtet die Umgebung jeweils identisch aussieht. Dieser Punkt kann, muß aber nicht, in das Zentrum eines Atoms gelegt werden.

Weitere Gitter der Ebene mit höherer Symmetrie erhält man durch Wahl spezieller Werte für $\gamma$, $a$ und $b$. Das Rechteckgitter ergibt sich für $\gamma = 90°$ (Abb. 2.2). Für $a = b$ wird daraus das quadratische Gitter. Man kann ferner eine Ebene regelmäßig mit Sechsecken überdecken. Die Einheitszelle ist dann durch $a = b$ und $\gamma = 60°$ charakterisiert. Ein solches Gitter wird z. B. durch eine dichteste Kugelpackung in der Ebene realisiert. Die Bedingung $a = b$ ($\gamma$ beliebig) führte ebenfalls auf einen neuen Gittertyp. Dieses Gitter wird jedoch besser als „zentriertes" Rechteckgitter mit $a \neq b$, $\gamma = 90°$ beschrieben (Abb. 2.2). Man behält so den Vorteil eines rechtwinkligen Koordinatensystems. Allerdings ist in dieser Beschreibung das Gitter nicht mehr primitiv.

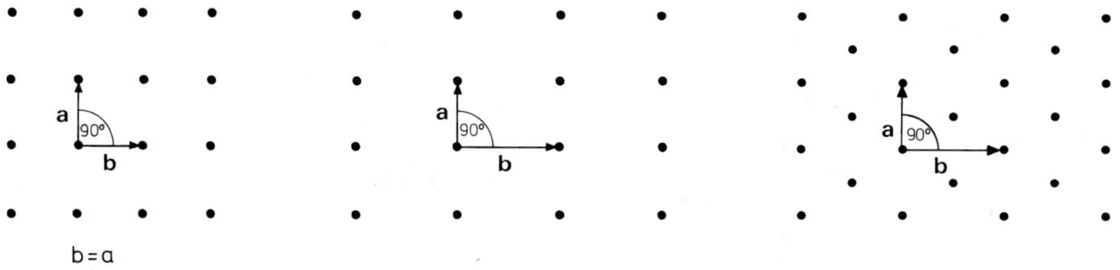


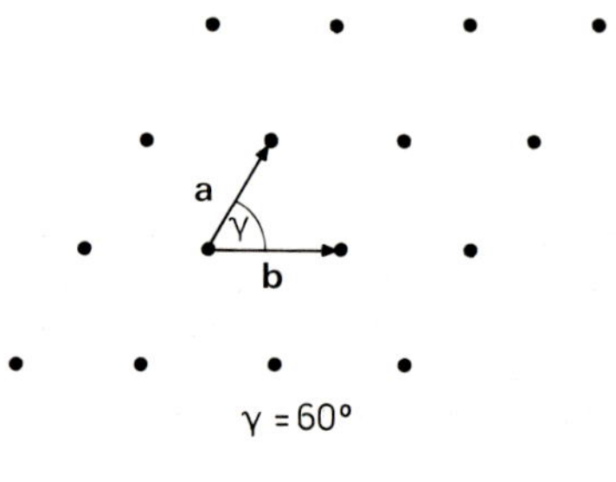


**Abb. 2.2.** Weitere Translationsgitter der Ebene: Quadratgitter, Rechteckgitter, zentriertes Rechteckgitter und hexagonales Gitter ($\gamma = 60°$)

| Basisvektoren bzw. Kristallachsen | Winkel | Kristallsystem |
|---|---|---|
| $a \neq b \neq c$ | $\alpha \neq \beta \neq \gamma \neq 90°$ | triklin |
| $a \neq b \neq c$ | $\alpha = \gamma = 90°\ \beta \neq 90°$ | monoklin |
| $a \neq b \neq c$ | $\alpha = \beta = \gamma = 90°$ | orthorhombisch |
| $a = b \neq c$ | $\alpha = \beta = \gamma = 90°$ | tetragonal |
| $a = b \neq c$ | $\alpha = \beta = 90°\ \gamma = 120°$ | hexagonal |
| $a = b = c$ | $\alpha = \beta = \gamma \neq 90°$ | rhomboedrisch |
| $a = b = c$ | $\alpha = \beta = \gamma = 90°$ | kubisch |

**Tabelle 2.1.** Die sieben verschiedenen Basisvektorsysteme bzw. Kristallsysteme. Die meisten Elemente kristallisieren mit kubischer oder hexagonaler Struktur. Aus diesem Grunde und wegen ihrer hohen Symmetrie sind das kubische und das hexagonale Achsensystem besonders wichtig

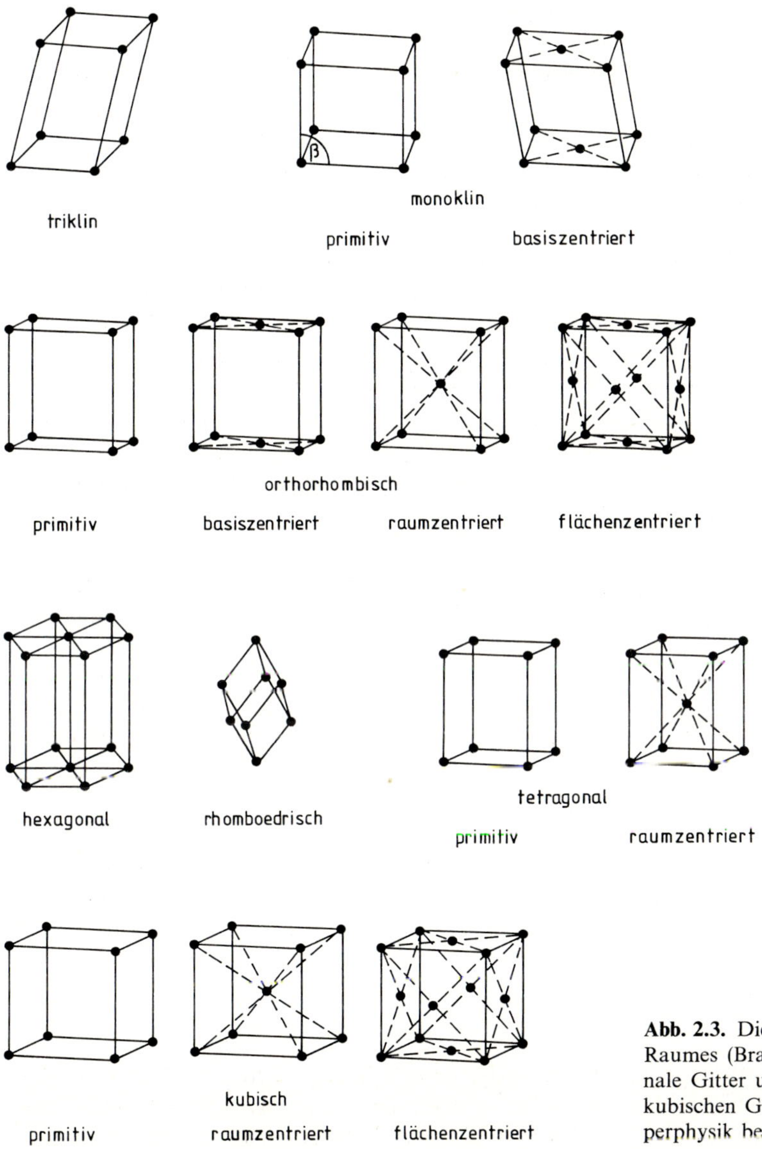


**Abb. 2.3.** Die 14 Translationsgitter des Raumes (Bravais-Gitter). Das hexagonale Gitter und die beiden zentrierten kubischen Gitter sind für die Festkörperphysik besonders wichtig

Es ist leicht zu sehen, daß nur für das Rechteckgitter eine Zentrierung sinnvoll ist. Führt man Zentrierungen beim quadratischen Gitter, beim Parallelogrammgitter oder beim hexagonalen Gitter ein, so läßt sich das entstandene Gitter jeweils durch einen Satz kleinerer Basisvektoren beschreiben. Man hätte also lediglich eine zu große Elementarzelle gezeichnet.

Die bisherigen Betrachtungen lassen sich auf den dreidimensionalen Raum erweitern. Anstelle der fünf verschiedenen Basisvektorsysteme in der Ebene treten die sieben verschiedenen Basisvektorsysteme des dreidimensionalen Raumes. Sie sind in Tabelle 2.1 aufgeführt. Die verschiedenen Basisvektorsysteme entsprechen den Kristallsystemen der Kristallographie. Wiederum kann man durch Hinzufügen von Zentrierungen aus den Basisvektorsystemen die möglichen Translationsgitter des Raumes aufbauen. Zusätzlich zur Flächenzentrierung gibt es im dreidimensionalen auch die Raumzentrierung (Abb. 2.3). Wie in der Ebene kann man sich davon überzeugen, daß nur bestimmte Zentrierungen sinnvoll sind. So wäre z. B. ein tetragonal basiszentriertes Gitter einem primitiven Gitter mit kleinerer Zelle äquivalent.

## 2.2 Punktsymmetrien

Jeder Punkt der eben besprochenen Translationsgitter symbolisiert ein Atom oder aber auch eine komplizierte Baugruppe, die ihrerseits bestimmte Symmetrieeigenschaften hat. Diese Symmetrien mit ihren Bezeichnungen sollen im folgenden vorgestellt werden:

### Spiegelung an einer Ebene

Sie wird mathematisch ausgedrückt durch eine Koordinatentransformation. Zum Beispiel läßt sich die Spiegelung an einer $yz$-Ebene durch die Transformation $y' = y$, $z' = z$, $x' = -x$ darstellen. Das Vorhandensein einer Spiegelebene in einer Kristallstruktur wird durch das Symbol $m$ angezeigt. Ein Molekül, welches zwei senkrecht zueinander stehende Spiegelebenen besitzt, ist z. B. das Wassermolekül (Abb. 2.7). Die eine Spiegelebene wird durch die Molekülebene selbst gebildet, die andere geht senkrecht dazu durch das Sauerstoffatom.

### Inversion

Die Inversion wird durch die Koordinatentransformation $y' = -y$, $x' = -x$, $z' = -z$ beschrieben. Sie stellt also gewissermaßen eine Spiegelung an einem Punkt dar. Ihr Symbol ist $\bar{1}$. Ein Beispiel für ein Molekül mit Inversionssymmetrie ist das Zyklohexan (Abb. 2.4). Auch gleichnamige, zweiatomige Moleküle haben ein Inversionszentrum, natürlich auch Spiegelebenen.

### Drehachsen

Eine Drehachse ist dann gegeben, wenn durch Rotation um einen bestimmten Winkel Deckungsgleichheit hergestellt wird. Selbstverständlich ist diese Deckungsgleichheit stets nach Rotation um 360° hergestellt. Die Zahl der dazwischenliegenden Drehungen,

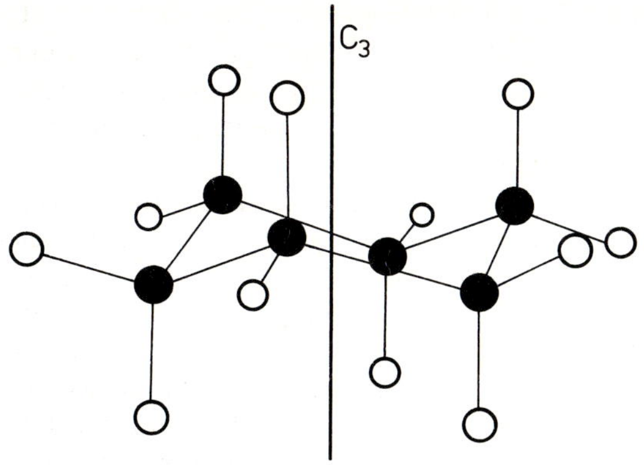


**Abb. 2.4.** Das Zyklohexanmolekül ($C_6H_{12}$). Hauptsymmetrieelement ist die dreizählige Drehachse $C_3$. Das Molekül hat ferner ein Inversionszentrum, drei Spiegelebenen und senkrecht zur Hauptachse drei zweizählige Drehachsen, die einen Winkel von jeweils 120° einschließen. Die Punktgruppe wird mit $D_{3d}$ bezeichnet (Tabelle 2.2)

die ebenfalls zur Deckung führen, wird als Zähligkeit bezeichnet. So gibt es z. B. 2-, 3-, 4- und 6-zählige Drehachsen, für die jeweils Deckungsgleichheit nach den Drehungen um 180°, 120°, 90° und 60° hergestellt wird. Bei Molekülen sind auch 5-zählige, 7-zählige, usw. Drehachsen möglich. Kleine Festkörperteilchen („cluster") können ebenfalls fünfzählige Drehachsen aufweisen. Ein Beispiel ist das besonders stabile Ikosaeder mit 13 Atomen. Ikosaeder bilden sich auch beim raschen Abkühlen von Schmelzen. Dabei kann der Festkörper eine quasikristalline Struktur mit scharfen Röntgenbeugungsreflexen einnehmen, welche die lokale fünfzählige Symmetrie widergeben [2.1]. Für streng periodisch aufgebaute Kristalle hingegen sind nur 2-, 3-, 4- und 6-zählige Drehachsen möglich, da andere Drehachsen nicht mit der Translationssymmetrie kompatibel sind. Die Bezeichnung der Drehachsen erfolgt durch die Zahlen 2, 3, 4 und 6.

Das in Abb. 2.4 gezeigte Zyklohexan hat z. B. eine 3-zählige Drehachse. Ein Molekül mit einer 6-zähligen Drehachse ist das Benzol ($C_6H_6$), dessen Kohlenstoffskelett aus einem ebenen, gleichseitigen Sechseck besteht.

**Drehinversionsachsen**

Drehung und gleichzeitige Inversion können zu einem neuen Symmetrieelement den Drehinversionsachsen, kombiniert werden. Ihre Bezeichnungen sind $\bar{2}$, $\bar{3}$, $\bar{4}$ und $\bar{6}$. In Abb. 2.5 ist eine 3-zählige Drehinversionsachse dargestellt. Man sieht daraus, daß die 3-zählige Drehinversionsachse äquivalent einer 3-zähligen Achse mit Inversion ist. Die 6-zählige Drehinversionsachse läßt sich auch darstellen durch eine 3-zählige Drehachse und eine Symmetrieebene.

## 2.3 Die 32 Kristallklassen (Punktgruppen)

Die besprochenen Symmetrieelemente können in verschiedenartiger Weise miteinander kombiniert werden. Umgekehrt wird jeder Kristall durch eine bestimmte Kombination von Punktsymmetrieelementen beschrieben. Eine vollständige Beschreibung muß einer Reihe von Bedingungen genügen. So muß z. B. die Ausführung zweier Symmetrieoperationen nacheinander durch ein weiteres Symmetrieelement beschreibbar sein, $A \otimes B = C$. Führt man 3 Symmetrieoperationen nacheinander aus, so muß das sogenannte assozia-

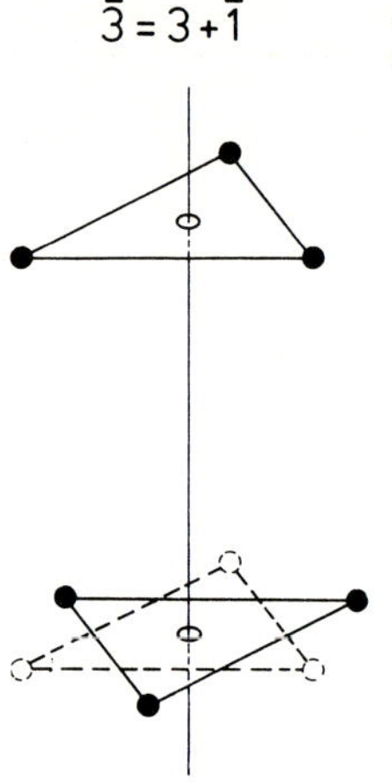


**Abb. 2.5.** Darstellung einer dreizähligen Drehinversionsachse. Die Wirkung kann auch durch die Zusammensetzung anderer Symmetrieelemente beschrieben werden

tive Gesetz erfüllt sein, $(A \otimes B) \otimes C = A \otimes (B \otimes C)$. Ferner gibt es ein Einheitselement $E$, das z. B. der Nichtausführung einer Operation bzw. einer Drehung um 360° entsprechen kann, $A \otimes E = A$. Weiter existiert das inverse Element, das in der Umkehrung der jeweiligen Operation besteht, $A^{-1} \otimes A = E$. Diese Eigenschaften definieren mathematisch eine Gruppe. Es gibt 32 verschiedene kristallographische Punktgruppen. Nimmt man die Translationen hinzu, so entstehen die 230 Raumgruppen. Wir bemerken, daß nicht notwendigerweise, wohl aber bei den Translationen $A \otimes B = B \otimes A$ gilt (Abelsche Gruppen).

Die Darstellung der 32 kristallographischen Punktgruppen erfolgt gewöhnlich in der sogenannten stereographischen Projektion. Diese Projektion wurde in der Kristallographie entwickelt, um die bei natürlich gewachsenen Kristallen vorkommenden Flächen in systematischer Weise zu erfassen. Es werden dabei die Durchstoßpunkte der Flächennormalen durch eine Kugel markiert und anschließend in die Ebene, die senkrecht auf der Achse höchster Zähligkeit steht, projiziert. Durchstoßpunkte von oberhalb werden durch einen Kreis, von unterhalb durch einen offenen Kreis oder ein Kreuz symbolisiert. Bei der systematischen Darstellung der Punktgruppen steht die Achse mit der höchsten Zähligkeit im Zentrum. Zwei stereographische Projektionen und Punktgruppen sind in Abb. 2.6 dargestellt. Die Bezeichnung der Punktgruppen kann auf drei verschiedene Arten erfolgen:

1. durch die Angabe eines Systems von erzeugenden Symmetrieoperationen
2. durch Angabe des internationalen Punktgruppensymbols
3. durch die Symbole nach Schönflies.

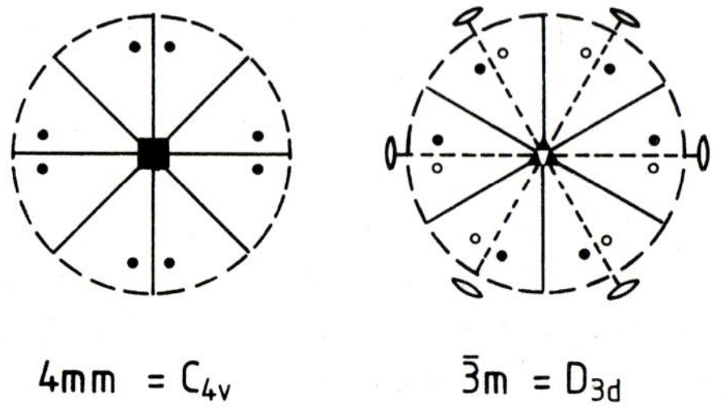


**Abb. 2.6.** Darstellung der Symmetrieelemente zweier Punktgruppen in der stereographischen Projektion. Die Symbole ○, ▲, ■ bedeuten zwei-, drei- und vierzählige Drehachsen. Die ausgezogenen Linien sind Spiegelebenen. Wenn der Kreis ausgezogen ist, stellt die Zeichenebene ebenfalls eine Spiegelebene dar

**Tabelle 2.2.** Die Punktgruppensymbole nach Schönflies

| | Symbol | Bedeutung |
|---|---|---|
| Klassifizierung nach Drehachsen bzw. Hauptsymmetrieebenen | $C_j$ | ($j=2, 3, 4, 6$) $j$-zählige Drehachse |
| | $S_j$ | $j$-zählige Drehinversionsachse |
| | $D_j$ | $j$ zweizählige Drehachsen $\perp$ zu einer ($j$-zähligen) Hauptdrehachse |
| | $T$ | 4 drei- und 3 zweizählige Drehachsen wie im Tetraeder |
| | $O$ | 4 drei- und 3 vierzählige Drehachsen wie im Oktaeder |
| | $C_i$ | ein Inversionszentrum |
| | $C_s$ | eine Symmetrieebene |
| Zusatzsymbol für Spiegelebenen | h | horizontal = senkrecht zur Drehachse |
| | v | vertikal = parallel zur Hauptdrehachse |
| | d | diagonal = parallel zur Hauptachse in der Winkelhalbierenden zwischen den zweizähligen Drehachsen |

Die Bezeichnung durch die erzeugenden Symmetrieelemente ist in der Kristallographie üblich, während die Symbole nach Schönflies sich in der Gruppentheorie und der Spektroskopie allgemein durchgesetzt haben. Sie sollen deshalb hier besprochen werden. Die Bezeichnung nach Schönflies erfolgt durch ein Hauptsymbol, welches die dem System zugeordneten Drehachsen (soweit vorhanden) charakterisiert und durch ein Zusatzsymbol, welches die Lage der Symmetrieebenen angibt. Die Bedeutung der Symbole kann Tabelle 2.2 entnommen werden. Betrachten wir als Beispiel das Wassermolekül, so ist dort die Achse mit der höchsten Zähligkeit eine zweizählige Achse. Die Symmetrieebenen liegen vertikal, d. h. parallel zur Hauptdrehachse. Entsprechend ist die Bezeichnung nach Schönflies $C_{2v}$. Ein Würfel hat drei vierzählige Drehachsen und vier dreizählige Drehachsen sowie eine Symmetrieebene senkrecht zur vierzähligen Drehachse. Entsprechend ist die Bezeichnung $O_h$.

## 2.4 Die Bedeutung der Symmetrie

Die richtige Einordnung und Bezeichnung der Symmetrie erscheint dem Anfänger häufig unübersichtlich und verwirrend. Es ist deshalb nützlich, kurz auf die überragende Bedeutung der Symmetrien für die Beschreibung des Festkörpers einzugehen. Wir müssen hierzu auf die Quantenmechanik zurückgreifen. Wie wir gesehen haben, hat z. B. das Wassermolekül zwei Spiegelebenen. Diese zwei Spiegelebenen müssen sich auch in allen physikalischen Eigenschaften des Moleküls ausdrücken. Beschreibt man die elektronischen oder auch Schwingungseigenschaften des Moleküls durch einen Hamilton-Operator, so hat dieser die zweifache Spiegelsymmetrie, d. h. er bleibt bei entsprechenden Koordinatentransformationen invariant. Die Invarianz kann man auch noch auf andere Weise ausdrücken. Man ordnet der Spiegelung einen Operator $\sigma$ zu. Dieser, angewandt auf den Hamiltonoperator $\mathscr{H}$, einen Eigenzustand $\psi$ oder einen Ortsvektor $\boldsymbol{R}$, soll gerade $\mathscr{H}$, $\psi$ und $\boldsymbol{R}$ in den gespiegelten Koordinaten beschreiben.

Dargestellt werden solche Operatoren durch Matrizen. So läßt sich z.B. die Spiegelung der Koordinaten and der $yz$-Ebene durch die Matrixoperation

$$\begin{pmatrix} -1 & 0 & 0 \\ 0 & 1 & 0 \\ 0 & 0 & 1 \end{pmatrix} \begin{pmatrix} x \\ y \\ z \end{pmatrix} = \begin{pmatrix} -x \\ y \\ z \end{pmatrix} \tag{2.2}$$

darstellen. Diese Darstellung ist dreidimensional. Sie läßt sich offenbar auf drei eindimensionale Matrizen reduzieren

$$[(-1)x;\ (1)y;\ (1)z] = (-x;\ y;\ z),$$

von denen jede nur auf eine Komponente wirkt. In diesem Fall heißt die dreidimensionale Darstellung „reduzibel", während die entsprechende eindimensionale „irreduzibel" heißt, da sie nicht weiter vereinfacht werden kann. Es ist leicht zu sehen, daß auch die irreduzible Darstellung einer Drehung um 180° (2-zählige Drehachse) eindimensional ist, da sie bei geeigneter Lage der Koordinaten durch Umkehrung eines Vorzeichens ausgedrückt werden kann. Bei einer 3-, 4- und 6-zähligen Drehachse sind dagegen außer bei der Drehung um 360° stets zwei Koordinaten betroffen. Die irreduzible Darstellung ist dann zweidimensional.

Hat der Hamiltonoperator eine bestimmte Symmetrie, z. B. die Spiegelsymmetrie, so ist es gleichgültig, ob die Spiegeloperation vor oder nach dem Hamiltonoperator $\mathscr{H}$ steht, d.h., die Operatoren sind vertauschbar. Wie in der Quantenmechanik gezeigt wird, haben solche Operatoren ein gemeinsames System von Eigenzuständen. Die möglichen Eigenzustände zu $\mathscr{H}$ können also nach den Eigenwerten, die sie bezüglich der Symmetrieoperatoren haben, klassifiziert werden. Da im Falle der Spiegelung und einer zweizähligen Drehachse $C_2$ stets $\sigma^2 = 1$ und $(C_2)^2 = 1$ gilt, so können die Eigenwerte nur $\pm 1$ sein:

$$\begin{aligned} &\sigma\Psi_+ = 1\Psi_+ \qquad && C_2\Psi_+ = +1\cdot\Psi_+ \\ &\sigma\Psi_- = -1\Psi_- \qquad && C_2\Psi_- = -1\cdot\Psi_-\,. \end{aligned} \tag{2.3}$$

Die Eigenzustände von $\mathscr{H}$ können sich also symmetrisch oder antisymmetrisch zu diesen Operatoren verhalten. Man sagt auch, die Zustände haben gerade oder ungerade „Parität". Ein Beispiel für Zustände gerader und ungerader Parität hatten wir bei der Diskussion der chemischen Bindung zwischen H-Atomen kennengelernt (Abschn. 1.2). Der bindende Zustand war eine symmetrische Kombination der Atomfunktionen, also ein Zustand gerader Parität. Wie in diesem Beispiel gehören die Eigenzustände $\Psi_+$ und $\Psi_-$ jeweils zu verschiedenen Eigenwerten von $\mathscr{H}$. Die entsprechenden Terme sind also nicht entartet. Wir lernen daraus, daß z. B. das Wassermolekül nur nichtentartete Terme haben kann (von zufälligem Zusammenfallen von Termen oder Eigenschwingungen wird dabei abgesehen).

Wir wollen das Gesagte zur Illustration noch auf die Eigenschwingungen des Wassermoleküls anwenden. Die Bewegungen der Atome können sich dann symmetrisch oder antisymmetrisch zu den beiden Spiegelebenen des Moleküls verhalten. Für Atome, die auf einer Spiegelebene liegen, müssen für die bezüglich dieser Spiegelebene antisymmetrische Eigenschwingung die Bewegungsrichtungen senkrecht zur Spiegelebene sein, da ja nur dann die Spiegelung die Bewegungsrichtung gerade umkehrt. Entsprechend muß eine symmetrische Bewegung in der Ebene liegen. Eine der beiden Spiegelebenen des $H_2O$-Moleküls ist die Molekülebene selbst (Abb. 2.7). Die zu dieser Ebene antisymmetrischen Bewegungsformen sind zwei Molekülrotationen und die Translation senkrecht zur Ebene. Die 6 symmetrischen Bewegungsformen mit Bewegungsrichtungen in der Molekülebene sind die zwei Translationen, eine Rotation um eine Achse senkrecht zur Ebene und die drei Eigenschwingungen (Abb. 2.7). Von diesen wiederum sind zwei symmetrisch und eine antisymmetrisch bezüglich der Spiegelebene *senkrecht* zur Molekülebene.

Auch für kompliziertere Moleküle als das Wassermolekül läßt sich eine Klassifikation der Eigenschwingungen bzw. Elektronenzustände durchführen. Allerdings sind die Verhältnisse etwas schwieriger bei Operatoren, die zweidimensionale irreduzible Darstellungen haben wie z. B. $C_3$. Ist $C_3$ mit $\mathscr{H}$ vertauschbar, so ist mit Zustand $\Psi$ auch $C_3\Psi$ ein Eigenzustand zu $\mathscr{H}$. Jetzt gibt es zwei Möglichkeiten

1) $C_3\Psi$ ist bis auf einen Zahlenfaktor, der bei geeigneter Normierung 1 gemacht werden kann, identisch mit $\Psi$. Dann ist $\Psi$ also total symmetrisch bezüglich $C_3$, und die Operation $C_3$ kann eindimensional, nämlich durch eine Zahl, dargestellt werden. Der Zustand $\Psi$ ist dann – jedenfalls bezüglich der Operation $C_3$ – nicht entartet.

2) $C_3\Psi$ erzeugt einen neuen, linear unabhängigen Zustand $\Psi'$, der aber wegen der Vertauschbarkeit von $C_3$ mit $\mathscr{H}$ auch Eigenzustand zu $\mathscr{H}$ mit gleichem Eigenwert $E$ sein muß. Die Terme sind damit entartet. Da die Drehung $C_3$ immer zwei Koordinaten betrifft, ist die irreduzible Darstellung eine zweidimensionale Matrix. Jeder Eigenzustand zu $C_3$ läßt sich dann als Linearkombination von zwei Funktionen aufbauen, die orthonormiert gewählt werden können. Die Energieterme sind also zweifach entartet. Solche entarteten Terme gibt es bei allen Punktgruppen, die eine mehr als zweizählige Drehachse enthalten.

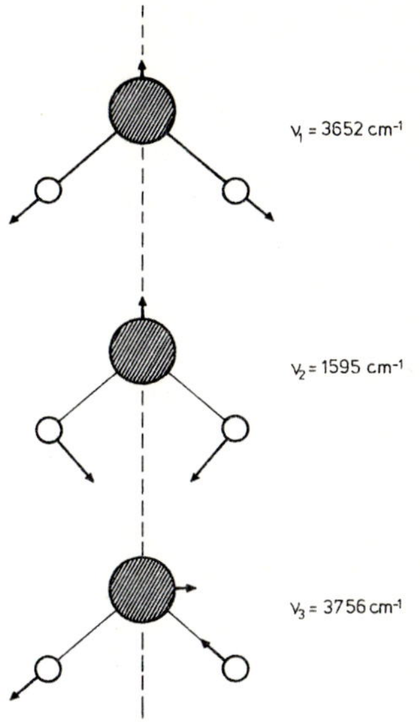


**Abb. 2.7.** Die beiden symmetrischen und die antisymmetrische Schwingungsform des Wassermoleküls. Zusammen mit den drei Rotationen und drei Translationen ergeben sich neun Bewegungsformen entsprechend den neun Freiheitsgraden

Die in der Festkörperphysik besonders wichtigen Gitter, das Diamantgitter und das kubisch flächen- oder raumzentrierte Gitter, gehören zu den Punktgruppen $T_\mathrm{d}$ bzw. $O_\mathrm{h}$, d. h. sie weisen eine tetraedrische bzw. oktaedrische Symmetrie auf (Abb. 2.8, 10, 12). Die Darstellung einer solchen Symmetrie betrifft drei Koordinaten. Die Punktgruppen $T_\mathrm{d}$ und $O_\mathrm{h}$ haben also dreidimensionale irreduzible Darstellungen. Entsprechend gibt es Zustände mit dreifacher Entartung. Wir werden solche Zustände in Gestalt der Eigenschwingungen dieser Gitter (Abschn. 4.5) und bei den Elektronenzuständen (Abschn. 7.4) kennenlernen.

Neben den symmetriebedingten Entartungen gibt es natürlich auch solche, die durch eine spezielle Gestalt von $\mathscr{H}$ verursacht werden. Die Entartung bezüglich der Bahndrehimpulsquantenzahl $l$ beim Wasserstoffatom ist bekanntlich eine Folge des $1/r$-Potentials, während die Entartung bezüglich der magnetischen Quantenzahl $m$ eine Symmetrieentartung ist. Die Kristallsymmetrie bestimmt auch die Zahl der unabhängigen Komponenten von makroskopischen Materialtensoren. Wir merken uns für später, daß Tensoren zweiter Stufe wie z. B. thermische Ausdehnung und Suszeptibilität in kubischen Kristallen eine und in hexagonalen Kristallen zwei unabhängige Komponenten haben.

## 2.5 Einfache Kristallstrukturen

### Das kubisch flächenzentrierte Gitter

Wir hatten dieses Gitter bereits als eines der 14 Bravais-Gitter kennengelernt. In ihm ist jedes Atom von 12 nächsten Nachbarn umgeben. Diese Zahl der nächsten Nachbarn in einem bestimmten Gittertyp wird auch als Koordinationszahl bezeichnet.

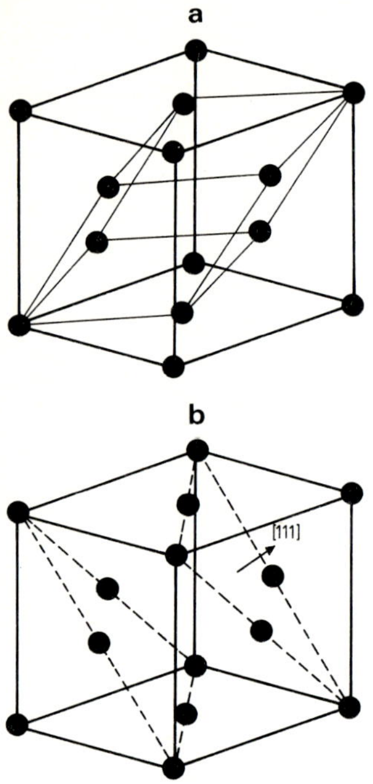


**Abb. 2.8.a, b.** Das kubisch flächenzentrierte Gitter mit einbeschriebener primitiver, rhomboedrischer Zelle (**a**). Die dichtest gepackten Ebenen sind durch strichpunktierte Linien angedeutet (**b**). Die Zahl der nächsten Nachbarn (= Koordinationszahl) ist 12

Die Koordinationszahl 12 entspricht einer dichtest möglichen Packung von Kugeln. Die Zahl der nächsten Nachbarn einer solchen Kugelpackung in einer Ebene beträgt 6. Hinzu kommen je 3 nächste Nachbarn der Ebene darüber und darunter. Bezeichnet man die Gitterkonstante des flächenzentrierten Gitters mit $a$, so beträgt der Abstand der nächsten Nachbarn, wie aus Abb. 2.8 ersichtlich $1/2a\sqrt{2}$. Die dichtest gepackten Ebenen sind ebenfalls in Abb. 2.8 gezeigt. Sie liegen senkrecht zur Raumdiagonalen des Würfels. Schreitet man in Richtung der Raumdiagonalen fort, so trifft man auf eine identische Ebene erst wieder, nachdem zwei weitere verschiedene dichtest gepackte Lagen durchschritten sind. Diese Packungsfolge wird durch Abb. 2.9 deutlicher. Eine dicht gepackte Ebene hat zwei Sorten von Lücken (in der Ebene $C$ sichtbar). Die 2. Ebene entsteht durch Plazierung weiterer Kugeln über der einen Lückensorte, die 3. Ebene durch Plazierung über der zweiten Lückensorte. Das kubisch flächenzentrierte Gitter entsteht also durch dichtest gepackte Ebenen in der Stapelfolge ABC, ABC.... Jede dieser Ebenen hat hexagonale Symmetrie. Gestapelt übereinander jedoch, reduziert sich die Symmetrie auf eine dreizählige Drehachse (Abb. 2.9). Das kubisch flächenzentrierte Gitter hat also drei vierzählige Drehachsen, vier dreizählige Drehachsen sowie eine Spiegelebene senkrecht zur vierzähligen Drehachse und gehört deshalb zur Punktgruppe $O_h$. Das kubisch flächenzentrierte Gitter wird abgekürzt als fcc (face centered cubic) Gitter bezeichnet. Im fcc Gitter kristallisieren z. B. die Metalle Cu, Ag, Au, Ni, Pd, Pt und Al. Diese Metalle sind trotz vergleichsweise hohen Schmelzpunktes ziemlich weich. Ursache dafür ist die Möglichkeit des Abgleitens der dichtest gepackten Ebenen aneinander. Dieses Abgleiten erfolgt bei der plastischen Verformung allerdings nicht für eine ganze Kristallebene auf einmal, sondern an sogenannten Versetzungen.

## Die hexagonal dichteste Kugelpackung

Die hexagonal dichteste Kugelpackung (abgekürzt: hcp: hexagonal close packed) entsteht aus Ebenen dichtester Kugelpackungen in der Packungsfolge AB, AB .... Im Gegensatz zur kubisch flächenzentrierten Struktur stellt sie kein Bravais-Gitter dar; denn eine hexagonale Zelle enthält ein zusätzliches Atom, hat also eine Basis (Baugruppe aus zwei Atomen). Die Hauptdrehachse ist deshalb auch nur dreizählig statt sechszählig. Wie aus Betrachtung der Lagen A und B (ohne Lage C) in Abb. 2.9 ersichtlich wird, existieren senkrecht zur dreizähligen Drehachse drei zweizählige Drehachsen. Ferner ist die hexagonal dichtest gepackte Schicht auch Spiegelebene. Die hexagonal dichteste Kugelpackung gehört deshalb zur Punktgruppe $D_{3h}$. Wie beim kubisch flächenzentrierten Gitter ist die Koordinationszahl 12. Wichtige Metalle, die in der hexagonal dichtesten Packung kristallisieren, sind Zn, Cd, Be, Mg, Re, Ru und Os.

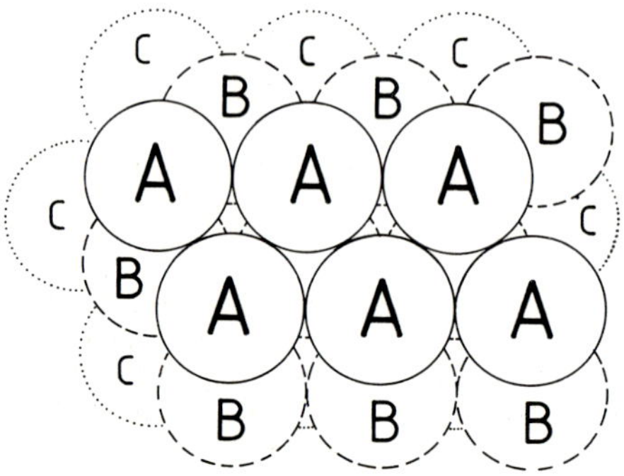


**Abb. 2.9.** Die dichtest gepackten Ebenen des kubisch flächenzentrierten Gitters in der Stapelfolge ABC ABC...

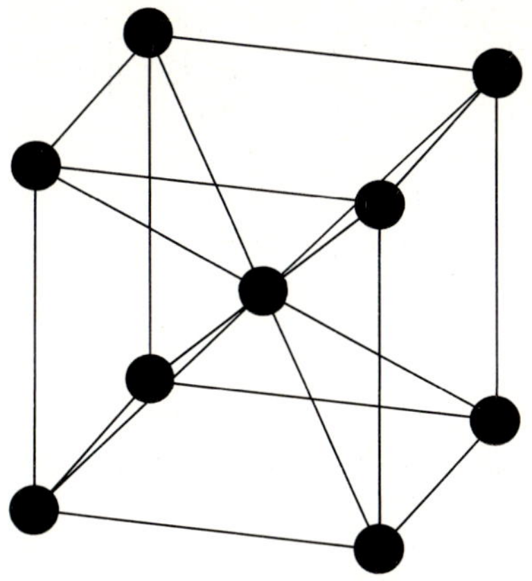

**Abb. 2.10.** Das kubisch raumzentrierte Gitter mit der Koordinationszahl 8

## Das kubisch raumzentrierte Gitter

Das kubisch raumzentrierte Gitter ist in Abb. 2.10 dargestellt. Hier beträgt die Koordinationszahl nur noch 8. Für ungerichtete Bindungen ist das raumzentrierte Gitter (bcc: body centered cubic) also scheinbar weniger bevorzugt. Trotzdem kristallisieren alle Alkali-Metalle, ferner Ba, V, Nb, Ta, W und Mo in diesem Gitter und von Cr und Fe existieren raumzentrierte Phasen. Dieses scheint zunächst schwer verständlich. Man muß jedoch beachten, daß im raumzentrierten Gitter die sechs übernächsten Nachbarn nur wenig weiter entfernt sind als die nächsten Nachbarn. Je nach räumlicher Ausdehnung und Art der an der Bindung beteiligten Wellenfunktion kann somit die effektive Koordination im bcc Gitter höher als im fcc Gitter sein. In Abb. 2.11 ist die Elektronen-Aufenthaltswahrscheinlichkeit als Funktion des Abstandes vom Atomkern für Lithium aufgetragen. Gleichfalls angegeben sind der halbe Abstand zu den nächsten Nachbarn $r_1$, den übernächsten Nachbarn $r_2$ und den drittnächsten Nachbarn $r_3$ für die tatsächlich eingenommene bcc Struktur und eine hypothetische fcc Struktur mit gleichem Abstand zu den nächsten Nachbarn. Es ist leicht erkennbar, daß unter Berücksichtigung der übernächsten Nachbarn in der bcc Struktur ein besserer Überlapp der Wellenfunktio-

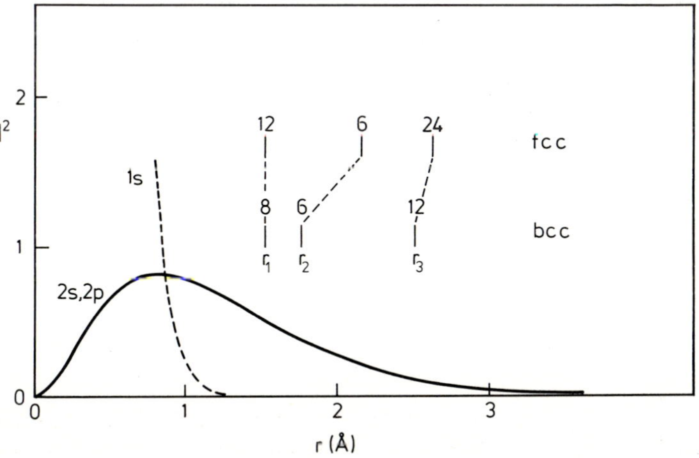


**Abb. 2.11.** Absolutquadrat des Radialanteils der Wellenfunktion für Lithium als Funktion des Abstandes vom Kern. Beim raumzentrierten Gitter fallen sowohl die 8 nächsten Nachbarn als auch die 6 übernächsten in einen Bereich hoher Aufenthaltswahrscheinlichkeit. Deswegen kann für ungerichtete metallische Bindung das kubisch raumzentrierte Gitter energetisch günstiger als das flächenzentrierte sein. Beispiele sind die Alkalimetalle Li, Na, K, Rb, Cs und Fr. Vergleichen Sie diese Auftragung auch mit Abb. 1.8, wo die Amplitude der Wellenfunktionen, nicht die Aufenthaltswahrscheinlichkeit, dargestellt wurde. Die Abnahme bei höheren Abständen erscheint dann geringer

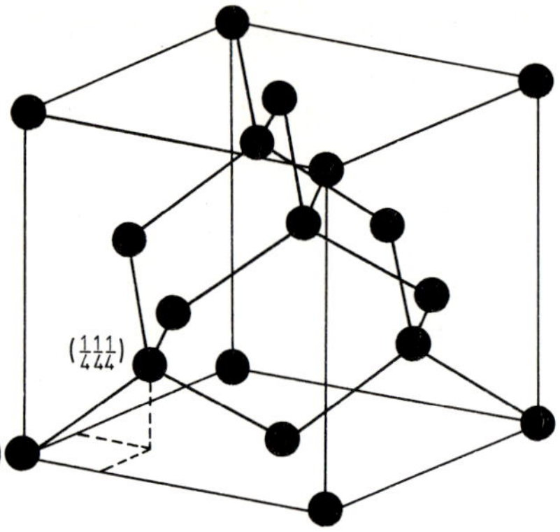


**Abb. 2.12.** Das Diamantgitter. Es entsteht durch zwei ineinandergestellte flächenzentrierte Gitter, die entlang der Raumdiagonalen um 1/4 der Diagonalenlänge gegeneinander verschoben sind. Es ist typisch für die kovalent gebundenen Elemente der IV-Gruppe des Periodensystems (C, Si, Ge, α-Sn) ferner für III–V–Verbindungen, wobei die Plätze (000) und (1/4 1/4 1/4) jeweils durch die beiden verschiedenen Atome besetzt sind (ZnS-Typ)

nen und damit erhöhte chemische Bindung erzielt wird. Dies gilt um so mehr, als für das kubische Gitter die *p*-Orbitale entlang der Kubuskanten orientiert sind und dementsprechend die *p*-Funktionen zur Bindung mit den übernächsten Nachbarn beitragen. Das Bild ändert sich, sobald *d*-Elektronen an der Bindung beteiligt werden. Die *d*-Orbitale sind sowohl entlang der Kubuskanten als auch entlang der Flächendiagonalen orientiert. Da *d*-Orbitale im Verhältnis stärker an den Atomen lokalisiert sind (s. Abb. 1.8), können sie nur zur Bindung beitragen, insoweit sie in Richtung auf die nächsten Nachbarn orientiert sind. Das fcc Gitter ermöglicht diese Bindung. Daraus erklärt sich, daß Metalle mit hohem Anteil von *d*-Elektronen häufig im fcc Gitter kristallisieren.

## Das Diamantgitter

Das Diamantgitter gehört zur Kristallklasse $T_d$. Es ermöglicht die dreidimensionale kovalente Bindung (vgl. Abschn. 1.2), bei der jedes Atom von vier nächsten Nachbarn in tetraedrischer Konfiguration umgeben ist (Abb. 2.12). Die Koordinationszahl beträgt also 4. Im Diamantgitter (von dem der Gittertyp seinen Namen hat) kristallisieren Kohlenstoff, Si, Ge, und α-Sn. Das Diamantgitter läßt sich darstellen als zwei ineinandergestellte, kubisch flächenzentrierte Gitter, die entlang der Raumdiagonalen verschoben sind. Die Position des Ursprungs des 2. Gitters ist, ausgedrückt in Komponenten der Basisvektoren, (1/4, 1/4, 1/4). Der Abstand zu den nächsten Nachbarn beträgt also $\sqrt{3}a/4$. Da der Abstand der dichtest gepackten Ebenen im kubisch flächenzentrierten Gitter entlang der Raumdiagonalen $\sqrt{3}a/3$ ist, ist die Höhe gegenüber der Basis des Zentralatoms in einem Tetraeder 1/4 der Höhe des Tetraeders gemessen von der Basis bis zur Spitze.

## Das Zinkblende Gitter

Das Zinkblende (ZnS) Gitter entsteht aus dem Diamantgitter, indem die beiden ineinandergestellten fcc Gitter mit verschiedenen Atomarten besetzt werden. Im Gitter vom ZnS-Typ kristallisieren die wichtigsten Verbindungen aus Elementen der III-ten und V-ten Gruppe, also z. B. GaAs, GaP, InSb etc. Ferner hat natürlich die Verbindung ZnS, von der ja das Gitter seinen Namen hat, die „Zinkblende Struktur". Die

Namensgebung nach der Verbindung ZnS ist allerdings insofern nicht ganz glücklich, als ausgerechnet die Verbindung ZnS auch in einer hexagonalen Phase, dem sog. Wurtzitgitter, existiert. Dieses Gitter hat tetraedrische Konfiguration wie der ZnS-Typ, jedoch ist die Packungsfolge der (111)-Ebenen nicht ABC ABC ..., sondern AB AB ..., wodurch die hexagonale Struktur entsteht. Das Wurtzitgitter wird auch von anderen Verbindungen der II-ten und VI-ten Gruppe des Periodensystems angenommen (ZnO, ZnSe, ZnTe, CdS, CdSe). Statt der geordneten Packungsfolgen AB AB ... bzw. ABC ABC ... kann man auch Mischformen mit zufälliger Stapelung oder langen Perioden beobachten, so z. B. bei SiC.

### Ionengitter

Als typische Ionengitter hatten wir schon in Abschn. 1.3 das CsCl- und das NaCl-Gitter kennengelernt (Abb. 1.5). Das CsCl-Gitter leitet sich vom kubisch raumzentrierten (bcc) Gitter ab, indem man die raumzentrierte Position mit der anderen Ionensorte besetzt. Das NaCl-Gitter ergibt sich durch Ineinanderstellen zweier kubisch flächenzentrierter Gitter. Die Koordinationszahl im CsCl-Gitter ist 8, im NaCl-Gitter nur 6. Wie wir schon in Abschn. 1.3 gesehen hatten, ist der Madelung-Faktor und damit die ionische Energie bezogen auf gleichen Ionenabstand im CsCl-Gitter größer. Die Unterschiede sind verhältnismäßig gering. Es scheint aber trotzdem verwunderlich, daß die meisten Ionenkristalle im NaCl-Typ kristallisieren. Jedoch läßt sich diese Tatsache verstehen: In den meisten Fällen ist der Radius des Kations sehr viel kleiner als der des Anions. Beispiel:

$$r_{\mathrm{Na}} = 0{,}98\,\text{Å}$$

$$r_{\mathrm{Cl}} = 1{,}81\,\text{Å}\,.$$

Ein großes Kation ist dagegen das Cäsium

$$r_{\mathrm{Cs}} = 1{,}65\,\text{Å}\,.$$

Mit kleiner werdendem Kation geraten im Gitter vom CsCl-Typ die Anionen in Kontakt. Dies geschieht bei einem Radienverhältnis $r^+/r^- = 0{,}732$. Bei weiterer Verkleinerung des Kations könnte sich dann die Gitterkonstante nicht mehr reduzieren und die Coulomb-Energie bliebe konstant. In diesem Fall ist der NaCl-Typ günstiger, bei dem Anionenkontakt erst bei $r^+/r^- = 0{,}414$ auftritt. Noch extremere Radienverhältnisse gestattet das ZnS-Gitter. Tatsächlich ist das Verhältnis der Ionenradien bei ZnS $r^+/r^- = 0{,}40$. Dies kann man als eine Erklärung dafür betrachten, daß ZnS nicht im NaCl-Gittertyp kristallisiert. Bei dieser Betrachtung wird allerdings der starke kovalente Anteil der Bindung vernachlässigt.

# 3. Die Beugung an periodischen Strukturen

Eine direkte Abbildung atomarer Strukturen wird durch das hochauflösende Elektronenmikroskop, das Feldionenmikroskop und das Tunnelmikroskop ermöglicht. Trotzdem ist man zur Aufklärung unbekannter Strukturen oder zur genauen Vermessung von Strukturparametern auf Beugungsexperimente angewiesen. Ihr größerer Informationsgehalt beruht letztlich darauf, daß in Beugungsexperimenten von der Eigenschaft der Periodizität des Festkörpers optimal Gebrauch gemacht wird. Die direkte Abbildung atomarer Strukturen hat dagegen ihr Hauptanwendungsfeld bei der Untersuchung von Punktdefekten, Versetzungen und Stufen, sowie Oberflächen und Grenzflächen, also bei Störungen der Periodizität.

Zu Beugungsexperimenten können Röntgenlicht, Elektronen, Neutronen und Atome herangezogen werden. Die verschiedenen Strahlungsarten unterscheiden sich allerdings erheblich hinsichtlich der Stärke der elastischen und inelastischen Wechselwirkung mit dem Festkörper, wodurch ihre Anwendungsfelder verschieden werden. Atome mit geeigneter Materie-Wellenlänge für Beugungsexperimente dringen nicht in den Festkörper ein, sind also nur für Oberflächenuntersuchungen geeignet. Abgeschwächt gilt dies auch für Elektronen niedriger Energie. Unterschiedlich für die Strahlungsarten ist auch die räumliche Ausdehnung der Streuzentren. Neutronen werden z. B. an den Kernen gestreut, Röntgenlicht und Elektronen an der $\sim 10^4$ mal größeren Elektronenhülle. Trotz dieser und anderer Verschiedenheiten, die im Abschn. 3.7 noch etwas eingehender diskutiert werden, läßt sich der wesentliche Aspekt der Beugung in einer für alle Strahlungsarten gemeinsamen Theorie behandeln. Selbstverständlich entfallen bei einer solchen Betrachtungsweise Unterschiede, die sich aus der Polarisation bzw. Spinpolarisation ergeben. Die nachfolgend beschriebene Beugungstheorie ist quasiklassisch, denn die Streuung selbst wird klassisch behandelt. Der quantenmechanische Aspekt liegt lediglich in der Beschreibung von Teilchen als Welle. Für eine genaue und strahlungsartspezifische Darstellung sei auf [3.1–3] verwiesen.

## 3.1 Die allgemeine Beugungstheorie

Wir wollen bei der mathematischen Beschreibung der Beugung die Voraussetzung der Einfachstreuung machen: Die einfallende Welle soll die streuende Materie an allen Orten $\boldsymbol{r}$ zur Emission von Kugelwellen mit unterschiedlicher Phase und Amplitude anregen. Diese Kugelwellen werden jedoch nicht mehr gestreut. Diese Näherung heißt auch die „kinematische" und entspricht der 1. Bornschen Näherung in der quantenmechanischen Streutheorie. Die Näherung gilt für Neutronen, Röntgenstreuung und mit Einschränkungen auch für die Streuung von Elektronen genügend hoher Energie. Bei Streuung an sehr guten Einkristallen können „nichtkinematische" („dynamische") Effekte auch mit Röntgenstrahlung beobachtet werden.

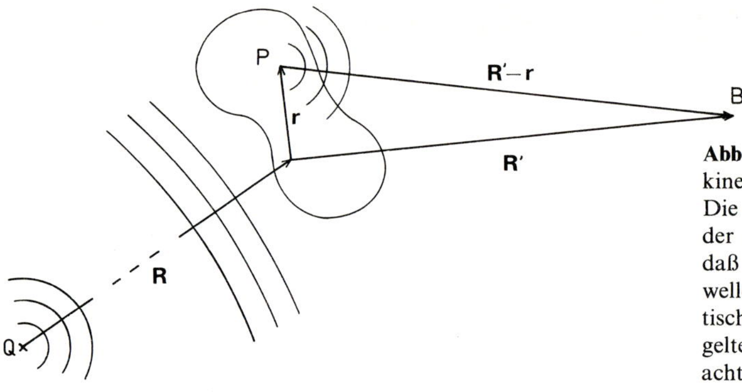

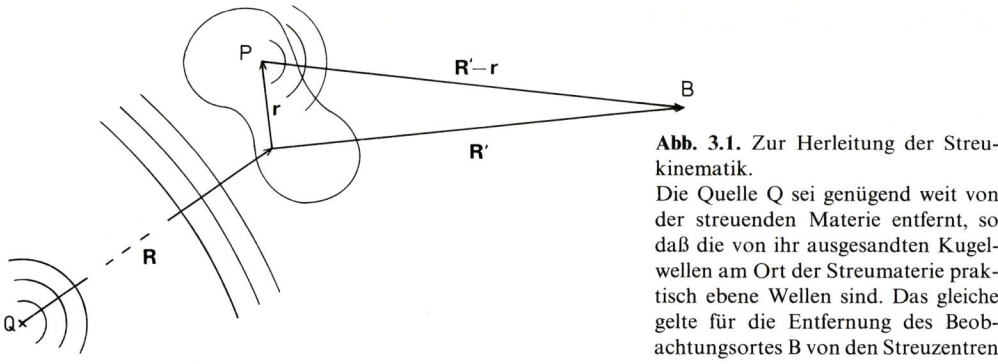

**Abb. 3.1.** Zur Herleitung der Streukinematik.
Die Quelle Q sei genügend weit von der streuenden Materie entfernt, so daß die von ihr ausgesandten Kugelwellen am Ort der Streumaterie praktisch ebene Wellen sind. Das gleiche gelte für die Entfernung des Beobachtungsortes B von den Streuzentren

Zur Herleitung der Streukinematik betrachten wir Abb. 3.1. Dabei sei $Q$ der Ort der Strahlungsquelle, $P$ der Ort eines der Streuzentren und $B$ der Beobachtungsort. Als Beispiel für eine Quelle diene die Emission von Licht in Form einer Kugelwelle durch einen Elektronenübergang im Atom. In genügend großer Entfernung von der Quelle ist die Welle nahezu eine ebene Welle. Die Amplitude (bei Röntgenlicht genauer: Komponente des Feldstärkevektors) am Ort $P$ zur Zeit $t$ kann also beschrieben werden durch

$$A_P = A_0 e^{i\boldsymbol{k}_0 \cdot (\boldsymbol{R}+\boldsymbol{r}) - i\omega_0 t}. \tag{3.1}$$

Denken wir uns die Welle zurückverfolgt zum Quellpunkt $Q$ ($\boldsymbol{R}+\boldsymbol{r}=0$), so ist die Amplitude als Funktion der Zeit hier $\sim\exp(+i\omega_0 t)$, hat also zu jeder Zeit eine feste Phase. Einen solchen Ansatz kann man also nur für *einen* Emissionsprozeß machen. In realen Strahlern emittieren viele Atome Photonen mit unkorrelierter Phase (Ausnahme Laser). Bei anderen Teilchen sind die Phasen ebenfalls unkorreliert. Wenn wir also mit einer Welle wie in (3.1) rechnen, müssen wir im Auge behalten, daß im Ergebnis die beobachtete Intensität durch Mittelung über viele einzelne Beugungsvorgänge entsteht.

Die Phasenlage der Welle in den Orten $P$ zu einer Zeit $t$ (Momentaufnahme des Wellenbildes) ist durch den ortsabhängigen Faktor in (3.1) gegeben. Die Primärwelle rege nun die Materie zur Streuung an. Jeder Punkt der streuenden Materie $P$ emittiert durch die Primärwelle ausgelöste Kugelwellen, deren Amplitude und Phasenlage relativ zur anregenden Strahlung durch eine komplexe Streudichte $\varrho(\boldsymbol{r})$ beschrieben wird. Das Zeitverhalten der Kugelwellen wird durch die Zeitabhängigkeit in (3.1) bestimmt (erzwungene Schwingung). Die Kugelwelle am Beobachtungspunkt $B$ wird also beschrieben durch

$$A_B = A_P(\boldsymbol{r},t)\,\varrho(\boldsymbol{r})\,\frac{e^{ik|\boldsymbol{R}'-\boldsymbol{r}|}}{|\boldsymbol{R}'-\boldsymbol{r}|}. \tag{3.2}$$

Für einen *festen* Ort $P$ hat $\boldsymbol{k}$ die Richtung von $\boldsymbol{R}'-\boldsymbol{r}$. Wir können deshalb auch schreiben

$$A_B = A_P(\boldsymbol{r},t)\,\varrho(\boldsymbol{r})\,\frac{e^{i\boldsymbol{k}\cdot(\boldsymbol{R}'-\boldsymbol{r})}}{|\boldsymbol{R}'-\boldsymbol{r}|}. \tag{3.3}$$

Für die großen Entfernungen vom Streuzentrum ist dann $A_B$

$$A_B = A_P(\boldsymbol{r}, t)\varrho(\boldsymbol{r}) \frac{1}{R'} e^{i\boldsymbol{k}\cdot(\boldsymbol{R}'-\boldsymbol{r})} \tag{3.4}$$

mit gleicher Richtung von $\boldsymbol{k}$ für *alle* Orte $P$.

Setzen wir (3.1) in (3.4) ein, so erhalten wir

$$A_B = \frac{A_0}{R'} e^{i(\boldsymbol{k}_0\cdot\boldsymbol{R}+\boldsymbol{k}\cdot\boldsymbol{R}')} e^{-i\omega_0 t} \varrho(\boldsymbol{r}) e^{i(\boldsymbol{k}_0-\boldsymbol{k})\cdot\boldsymbol{r}} . \tag{3.5}$$

Die gesamte Streuamplitude ergibt sich dann durch Integration über den streuenden Bereich

$$A_B(t) \propto e^{-i\omega_0 t} \int \varrho(\boldsymbol{r}) e^{i(\boldsymbol{k}_0-\boldsymbol{k})\boldsymbol{r}} d\boldsymbol{r} . \tag{3.6}$$

Bei der Streuung am starren Gitter ist $\varrho(\boldsymbol{r})$ zeitunabhängig und die Zeitabhängigkeit von $A_B$ enthält nur die Frequenz $\omega_0$. Im quantenmechanischen Bild entspricht dies der Energieerhaltung. Wir haben also elastische Streuung. Sie ist für die Strukturanalyse wichtig. Läßt man dagegen eine zeitabhängige Streudichte $\varrho(\boldsymbol{r}, t)$ zu, so ergeben sich auch Streuwellen mit $\omega \neq \omega_0$. Mit dieser, der inelastischen Streuung werden wir uns in Abschn. 4.4 beschäftigen.

In Beugungsexperimenten zur Strukturaufklärung beobachtet man nicht die Amplitude, sondern die Intensität der Streustrahlung

$$I(\boldsymbol{K}) \propto |A_B|^2 \propto \left|\int \varrho(\boldsymbol{r}) e^{-i\boldsymbol{K}\cdot\boldsymbol{r}} d\boldsymbol{r}\right|^2 . \tag{3.7}$$

Wir haben dabei den Streuvektor $\boldsymbol{K} = \boldsymbol{k} - \boldsymbol{k}_0$ eingeführt.

Wir sehen, daß die Intensität das Absolutquadrat der Fourier-Transformierten der Streudichte $\varrho(\boldsymbol{r})$ bezüglich des Streuvektors $\boldsymbol{K}$ ist. Daraus gewinnen wir eine wichtige Erkenntnis: je kleiner die Strukturen sind, die durch Beugungsexperimente aufgelöst werden sollen, desto größer muß $\boldsymbol{K}$ also auch der $\boldsymbol{k}$-Vektor der verwendeten Welle sein. Bei Strukturuntersuchungen von Festkörpergittern muß also die Wellenlänge in etwa der Gitterkonstanten entsprechen. Die Unmöglichkeit für solche Wellen, die Amplitude als Funktion von Ort und Zeit anstelle der Intensität zu messen, macht die wesentliche Schwierigkeit der Strukturanalyse aus. Könnte man statt der Intensität die Amplitude beobachten, so könnte man von der Umkehrung der Fourier-Transformation Gebrauch machen und die örtliche Verteilung der Streudichte unmittelbar dem Beugungsbild entnehmen. Da man aber auf die Beobachtung der Intensitäten beschränkt ist, kann man wegen der verlorengegangenen Information über die Streuphasen die örtliche Verteilung der Streudichte aus den beobachteten Intensitäten nicht ohne weiteres berechnen. Zur Ermittlung einer Struktur ist man darauf angewiesen, für einen bestimmten Strukturvorschlag die Beugungsintensitäten zu berechnen, mit den experimentellen Ergebnissen zu vergleichen und die Strukturparameter so lange zu variieren, bis optimale Übereinstimmung mit den experimentellen Ergebnissen besteht.

## 3.2 Periodische Strukturen und reziprokes Gitter

Für periodische Strukturen läßt sich $\varrho(\boldsymbol{r})$ in eine Fourier-Reihe entwickeln. Wir betrachten zunächst den eindimensionalen Fall, wobei sich $\varrho(x)$ mit einer Periode $a$ wiederholen soll

$$\varrho(x)=\varrho(x+na) \qquad n=0, \pm 1, \pm 2, \ldots . \tag{3.8}$$

Dann lautet die entsprechende Entwicklung in einer Fourier-Reihe

$$\varrho(x)=\sum_{n} \varrho_n \mathrm{e}^{\mathrm{i}(n2\pi/a)x} . \tag{3.9}$$

Es ist leicht zu sehen, daß die Verschiebung um einen beliebigen Gittervektor $x_m=ma$ wieder zum selben $\varrho(x)$ führt, die vorausgesetzte Translationinvarianz also gegeben ist. Die entsprechende Erweiterung auf den dreidimensionalen Fall ist

$$\varrho(\boldsymbol{r})=\sum_{\boldsymbol{G}} \varrho_{\boldsymbol{G}} \mathrm{e}^{\mathrm{i}\boldsymbol{G}\cdot\boldsymbol{r}} , \tag{3.10}$$

wobei an den Vektor $\boldsymbol{G}$ bestimmte Bedingungen geknüpft werden müssen, damit die Translationsinvarianz von $\varrho$ bezüglich aller Gittervektoren

$$\boldsymbol{r}_{\boldsymbol{n}}=n_1\boldsymbol{a}_1+n_2\boldsymbol{a}_2+n_3\boldsymbol{a}_3 \tag{3.11}$$

gegeben ist. Es muß nämlich gelten

$$\boldsymbol{G}\cdot\boldsymbol{r}_{\boldsymbol{n}}=2\pi m \tag{3.12}$$

mit einer ganzen Zahl $m$ für alle Werte von $n_1$, $n_2$, $n_3$. Wir zerlegen auch $\boldsymbol{G}$ nach zunächst nicht festgelegten Basisvektoren $\boldsymbol{g}_i$,

$$\boldsymbol{G}=h\boldsymbol{g}_1+k\boldsymbol{g}_2+l\boldsymbol{g}_3 \tag{3.13}$$

mit ganzen Zahlen $h$, $k$, $l$. Die Bedingung (3.12) besagt dann z. B. für den Fall $n_2=n_3=0$:

$$(h\boldsymbol{g}_1+k\boldsymbol{g}_2+l\boldsymbol{g}_3)n_1\boldsymbol{a}_1=2\pi m . \tag{3.14}$$

Das ist für beliebige $n_1$ nur zu erfüllen, wenn

$$\boldsymbol{g}_1\cdot\boldsymbol{a}_1=2\pi \quad \text{und} \quad \boldsymbol{g}_2\cdot\boldsymbol{a}_1=\boldsymbol{g}_3\cdot\boldsymbol{a}_1=0 \tag{3.15}$$

ist. Allgemein ausgedrückt muß also gelten

$$\boldsymbol{g}_i\cdot\boldsymbol{a}_j=2\pi\delta_{ij} . \tag{3.16}$$

Die damit definierte Basis $\boldsymbol{g}_1$, $\boldsymbol{g}_2$, $\boldsymbol{g}_3$ spannt das sogenannte *reziproke Gitter* auf. Das reziproke Gitter ist jedem Gitter eindeutig zugeordnet. Seine Gitterpunkte werden durch die Zahlen $h$, $k$, $l$ bezeichnet. Die Konstruktionsvorschrift ergibt sich unmittelbar aus (3.16): Der Vektor des reziproken Gitters $\boldsymbol{g}_1$ steht senkrecht auf der von den Vektoren $\boldsymbol{a}_2$ und $\boldsymbol{a}_3$ aufgespannten Ebene und sein Betrag ist $2\pi/a_1 \cos \sphericalangle(\boldsymbol{g}_1, \boldsymbol{a}_1)$. Für ein ebenes Parallelogrammgitter ist das reziproke Gitter in Abb. 3.2 gezeichnet. Man beachte aber, daß bei einer solchen Zeichnung Ortsraum und reziproker Raum (Dimension: $\mathrm{m}^{-1}$!) ineinander gezeichnet sind.

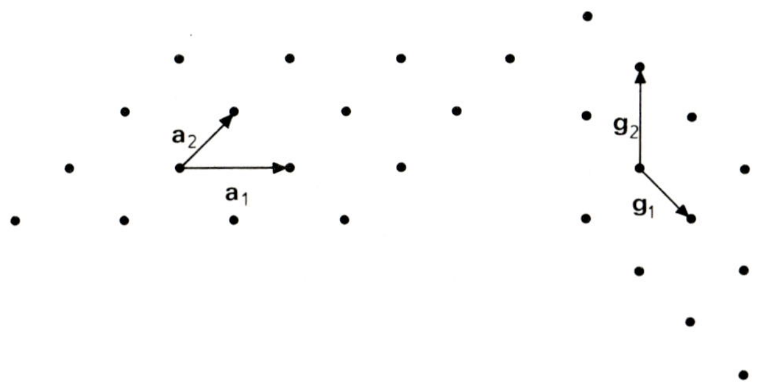


**Abb. 3.2.** Ein ebenes Parallelogramm und das dazugehörige reziproke Gitter. Die Vektoren $\boldsymbol{g}_1$ und $\boldsymbol{g}_2$ stehen senkrecht auf den Vektoren $\boldsymbol{a}_2$ und $\boldsymbol{a}_1$

Die Basisvektoren des reziproken Gitters lassen sich auch berechnen:

$$\boldsymbol{g}_1 = 2\pi \frac{\boldsymbol{a}_2 \times \boldsymbol{a}_3}{\boldsymbol{a}_1(\boldsymbol{a}_2 \times \boldsymbol{a}_3)} \quad \text{und zyklisch .} \tag{3.17}$$

Es ist leicht zu beweisen, daß (3.17) Bedingung (3.16) erfüllt.

Aus der eindeutigen Zuordnung von Gitter und reziprokem Gitter folgt, daß jede Deckoperation des Gitters auch zu einem deckungsgleichen reziproken Gitter führen muß. Das reziproke Gitter gehört also der gleichen Punktgruppe wie das Gitter an.

## 3.3 Die Streubedingung bei periodischen Strukturen

Wir setzen nunmehr die Fourierentwicklung für $\varrho(\boldsymbol{r})$ in die Gleichung für die Streuintensität (3.7) ein und erhalten mit der Abkürzung $\boldsymbol{K} = \boldsymbol{k} - \boldsymbol{k}_0$

$$I(\boldsymbol{K}) \propto \frac{|A_0|^2}{R'^2} \left| \sum_{\boldsymbol{G}} \varrho_{\boldsymbol{G}} \int e^{i(\boldsymbol{G}-\boldsymbol{K})\cdot \boldsymbol{r}} d\boldsymbol{r} \right|^2 . \tag{3.18}$$

Wenn der Kristall aus vielen Elementarzellen besteht, liefert das Integral nur wesentliche Beiträge, wenn $\boldsymbol{G} = \boldsymbol{K}$ ist. Das Integral, ausgeschrieben in den Komponenten, ist jeweils die Darstellung der $\delta$-Funktion. Sein Wert ist dann gleich dem Streuvolumen $V$

$$\int e^{i(\boldsymbol{G}-\boldsymbol{K})\cdot \boldsymbol{r}} d\boldsymbol{r} = \begin{cases} V & \text{für} \quad \boldsymbol{G} = \boldsymbol{K} \\ \sim 0 & \text{sonst} \end{cases} . \tag{3.19}$$

Die Beugung an Gittern führt also zu Beugungsreflexen, wenn die Differenz zwischen den $\boldsymbol{k}$-Vektoren der einfallenden und der gestreuten Welle gerade gleich $\boldsymbol{G}$ ist. Die gemessene Intensität ist

$$I(\boldsymbol{K}=\boldsymbol{G}) \propto \frac{|A_0|^2}{R'^2} |\varrho_{\boldsymbol{G}}|^2 V^2 . \tag{3.20}$$

Die Proportionalität zu $V^2$ ist allerdings nur scheinbar. Eine genaue Diskussion des Integrals zeigt, daß die Breite der Intensitätsverteilung um einen Beugungsreflex mit $V^{-1}$ abnimmt. Die gesamte Intensität ist also, wie zu erwarten, proportional zum Streuvolumen.

Der Vektor $\boldsymbol{G}$ ist eindeutig durch seine Komponenten $h, k, l$ bzgl. der Basisvektoren $\boldsymbol{g}_i$ des reziproken Gitters charakterisiert. Zur Kennzeichnung eines Beugungsreflexes kann man deshalb auch die Indizes $hkl$ verwenden. Negative Werte von $hkl$ werden dabei mit $\bar{h}\bar{k}\bar{l}$ bezeichnet

$$I_{hkl} \propto |\varrho_{hkl}|^2 . \tag{3.21}$$

Findet keine Absorption der Strahlung statt, so ist $\varrho(\boldsymbol{r})$ eine reelle Funktion und damit wegen (3.10)

$$\varrho_{hkl} = \varrho^*_{\bar{h}\bar{k}\bar{l}} . \tag{3.22}$$

Das heißt aber, für die Intensitäten gilt

$$I_{hkl} = I_{\bar{h}\bar{k}\bar{l}} \quad \text{(Friedelsche Regel).} \tag{3.23}$$

Dieser Satz hat einige interessante Folgen. Hat z.B. eine Struktur eine dreizählige Symmetrieachse, so hat das Röntgenreflexbild dieser Struktur eine sechszählige Symmetrie anstelle einer dreizähligen. Auch weist das Röntgenreflexbild stets ein Inversionszentrum auf, selbst wenn die Struktur kein solches Inversionszentrum hat. Bei Strukturen mit einer polaren Achse kann die Orientierung dieser Achse mit Hilfe der Röntgenbeugung nicht durchgeführt werden, es sei denn, man arbeitet in einem Bereich starker Absorption, in dem die o.g. Voraussetzung reeller Streudichte nicht mehr erfüllt ist.

Wir wollen noch ein wenig bei der Interpretation der Streubedingung verweilen:

$$\boldsymbol{K} = \boldsymbol{G} . \tag{3.24}$$

Sie ist von fundamentaler Bedeutung für alle Beugungserscheinungen an periodischen Strukturen unabhängig von der verwendeten Strahlung. Sie läßt sich in der Ewaldschen Konstruktion veranschaulichen (Abb. 3.3). Man zeichnet dazu den Vektor $\boldsymbol{k}_0$, von einem beliebig gewählten, reziproken Gitterpunkt als Ursprung ausgehend, in das reziproke Gitter ein. Da wir elastische Streuung vorausgesetzt haben, ist $k = k_0 = 2\pi/\lambda$ mit $\lambda$ der Wellenlänge der Strahlung. Alle Punkte auf der Kugel um die Spitze von $\boldsymbol{k}_0$ mit dem Radius $k_0 = k$ beschreiben die Endpunkte eines Vektors $\boldsymbol{K} = \boldsymbol{k}_0 - \boldsymbol{k}$. Die Bedingung $\boldsymbol{G} = \boldsymbol{K}$ ist dort erfüllt, wo der Kreis durch Punkte des reziproken Gitters geht. Es entsteht ein „Beugungsreflex", der nunmehr entsprechend dem Punkt des reziproken Gitters mit den Indizes $(hkl)$ versehen wird.

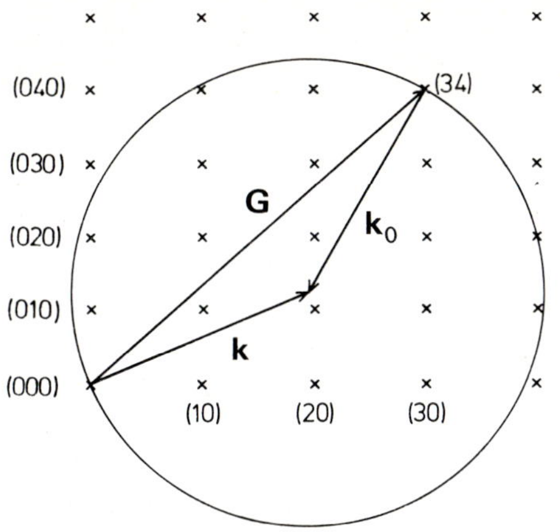


**Abb. 3.3.** Die Ewald-Kugel im reziproken Gitter zur Veranschaulichung der Streubedingung $\boldsymbol{k}-\boldsymbol{k}_0=\boldsymbol{G}$. Beugungsreflexe treten auf, wenn die Kugel durch einen Punkt des reziproken Gitters geht. Für beliebig gewählten Betrag und Richtung von $\boldsymbol{k}_0$ wird das i. a. nicht der Fall sein. Zur Beobachtung von Reflexen muß entweder ein Wellenlängenkontinuum eingestrahlt oder der Kristall bewegt werden

## 3.4 Die Braggsche Deutung der Beugungsbedingung

Drei nicht auf einer Gerade liegenden Punkte eines Gitters spannen eine sogenannte Netzebene auf (Abb. 3.4). Solche Netzebenen werden in bestimmter Weise bezeichnet, die eine besonders einfache Interpretation der Beugung am Gitter erlaubt. Wir nehmen an, die Achsenabschnitte der Netzebenen in Einheiten der Basisvektorenlängen seien $m$, $n$, $o$ (mit ganzen Zahlen $m$, $n$, $o$). Man bildet dann die reziproken Werte $h'=1/m$, $k'=1/n$, $l'=1/o$ und multipliziert $h'$, $k'$, $l'$ mit einer ganzen Zahl $p$, so daß ein Tripel ganzer, teilerfremder Zahlen $(h, k, l)$ entsteht. Die Zahlen $h$, $k$, $l$ heißen die Millerschen Indizes der Netzebenenschar $(hkl)$. Parallel zu den Netzebenen, die auf jeder der drei Achsen durch einen Gitterpunkt gehen (ausgezogene Linien in Abb. 3.4), lassen sich weitere, äquivalente Netzebenen zeichnen, und zwar gerade so viele, daß auf *jeder* der drei Achsen alle Gitterpunkte der Achse auch auf einer Netzebene liegen. Dies ist eine Folge der geforderten Translationssymmetrie (Abb. 3.4b). Die Zahl der nun gezeichneten Netzebenen ist dann gerade $p$ mal so groß wie die Zahl der ursprünglichen Netzebenen: die reziproken Achsenabschnitte dieser Netzebenen (gestrichelte und ausgezogene Linien in Abb. 3.4) bilden nämlich direkt das geforderte teilerfremde Indextripel ganzer Zahlen $(hkl)$.

Wir beweisen nun eine wichtige Aussage.

Der im vorigen Kapitel eingeführte reziproke Gittervektor $\boldsymbol{G}$ mit seinen Komponenten $(hkl)$ steht senkrecht auf den jetzt ebenfalls mit den Indizes $(hkl)$ bezeichneten Netzebenen. Der Betrag von $\boldsymbol{G}_{hkl}$ ist gleich dem $2\pi$-fachen des reziproken Abstandes der Netzebenen $(hkl)$.

Wir beweisen zunächst den ersten Teil dieser Aussage. Die Vektoren

$$\frac{\boldsymbol{a}_1}{h'}-\frac{\boldsymbol{a}_2}{k'} \quad \text{und} \quad \frac{\boldsymbol{a}_3}{l'}-\frac{\boldsymbol{a}_2}{k'}$$

spannen die Netzebene auf. Ihr Vektorprodukt ist normal zur Ebene $(hkl)$

$$\left(\frac{\boldsymbol{a}_1}{h'}-\frac{\boldsymbol{a}_2}{k'}\right)\times\left(\frac{\boldsymbol{a}_3}{l'}-\frac{\boldsymbol{a}_2}{k'}\right)=-\frac{1}{h'k'}(\boldsymbol{a}_1\times\boldsymbol{a}_2)-\frac{1}{k'l'}(\boldsymbol{a}_2\times\boldsymbol{a}_3)-\frac{1}{h'l'}(\boldsymbol{a}_3\times\boldsymbol{a}_1)\,. \qquad (3.25)$$

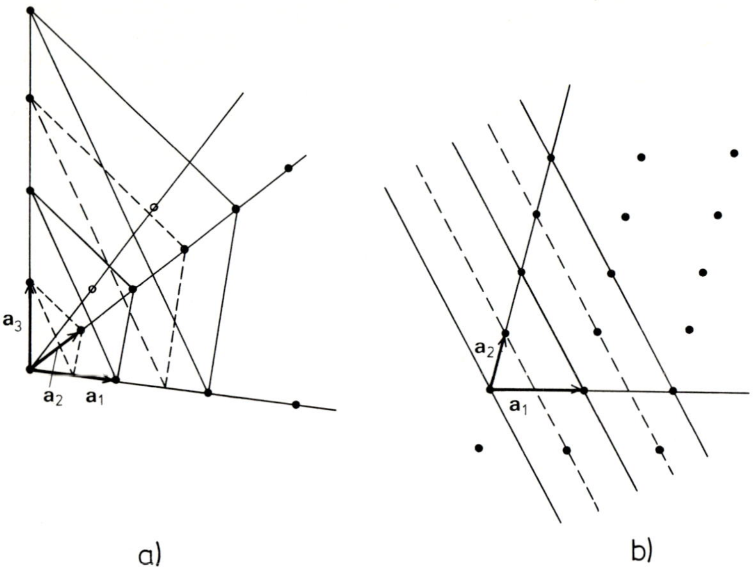


**Abb. 3.4a, b.** Zur Bezeichnung von Netzebenen im Gitter. Es sind die Netzebenen $m=1, n=2, o=2$ gezeichnet. Die entsprechenden Millerschen Indizes entstehen aus dem Zahlentripel $(1/m, 1/n, 1/o)$ durch Multiplikation mit einer ganzen Zahl $p=2$, also $(hkl)=(211)$. Zwischen die durch $m$, $n$, $o$ indizierten Netzebenen lassen sich zusätzliche Netzebenen (in Abb. 3.4. gestrichelt) legen. Diese haben die gleiche Besetzungsdichte mit Atomen, wie man aus Abb. 3.4b leicht ablesen kann, sind also den ursprünglichen völlig äquivalent. Der Abstand äquivalenter Netzebenen ist gerade um den Faktor $p=2$ kleiner als der Abstand, der sich aus der ursprünglichen Konstruktion durch die Achsenabstände ergibt

Wenn man diesen Vektor mit $-2\pi h'k'l'/\boldsymbol{a}_1(\boldsymbol{a}_2\times\boldsymbol{a}_3)$ multipliziert, erhält man

$$2\pi\left(h'\frac{\boldsymbol{a}_2\times\boldsymbol{a}_3}{\boldsymbol{a}_1(\boldsymbol{a}_2\times\boldsymbol{a}_3)}+k'\frac{\boldsymbol{a}_3\times\boldsymbol{a}_1}{\boldsymbol{a}_1(\boldsymbol{a}_2\times\boldsymbol{a}_3)}+l'\frac{\boldsymbol{a}_1\times\boldsymbol{a}_2}{\boldsymbol{a}_1(\boldsymbol{a}_2\times\boldsymbol{a}_3)}\right). \tag{3.26}$$

Das ist aber gerade bis auf den Zahlenfaktor $p$ gleich $\boldsymbol{G}_{hkl}$ [(3.13) und (3.17)]. Damit ist also bewiesen, daß $\boldsymbol{G}_{hkl}$ senkrecht auf der Ebene $(hkl)$ steht.

Wir beweisen nun, daß der Netzebenenabstand $d_{hkl}=2\pi/G_{hkl}$ ist. Der Abstand einer Netzebene $(hkl)$ vom Ursprung der Basis $\boldsymbol{a}_1$, $\boldsymbol{a}_2$, $\boldsymbol{a}_3$ ist

$$d'_{hkl}=\frac{a_1}{h'}\cos\sphericalangle(\boldsymbol{a}_1,\boldsymbol{G}_{hkl}) \tag{3.27}$$

$$=\frac{a_1}{h'}\,\frac{\boldsymbol{a}_1\cdot\boldsymbol{G}_{hkl}}{a_1G_{hkl}}=\frac{2\pi}{G_{hkl}}\,\frac{h}{h'}=\frac{2\pi}{G_{hkl}}\,p\,. \tag{3.28}$$

Der Abstand der *nächsten* Netzebenen ist also $d_{hkl}=d'_{hkl}/p=2\pi/G_{hkl}$.

Mit Hilfe der Netzebenen gelingt eine besonders anschauliche Deutung der Streubedingung. Wir nehmen den Betrag der Gleichung $\boldsymbol{G}=\boldsymbol{K}$

$$G_{hkl}=\frac{2\pi}{d_{hkl}}=2k_0\sin\Theta\quad\text{(Abb. 3.5)} \tag{3.29}$$

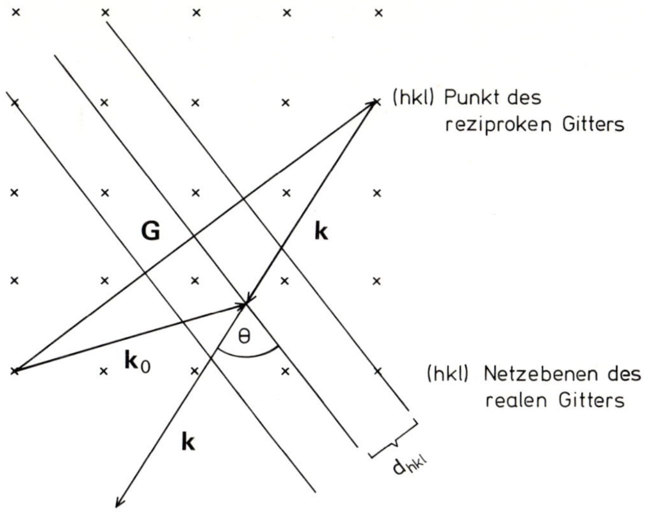


**Abb. 3.5.** Die Braggsche Deutung der Streubedingung.
Da der Vektor $\boldsymbol{G}_{hkl}$ senkrecht auf der Netzebene (*hkl*) des Ortsraumes steht, erscheint die Streuung als eine Spiegelung an der Netzebene. Man beachte, daß Ortsraum und reziproker Raum ineinander gezeichnet sind

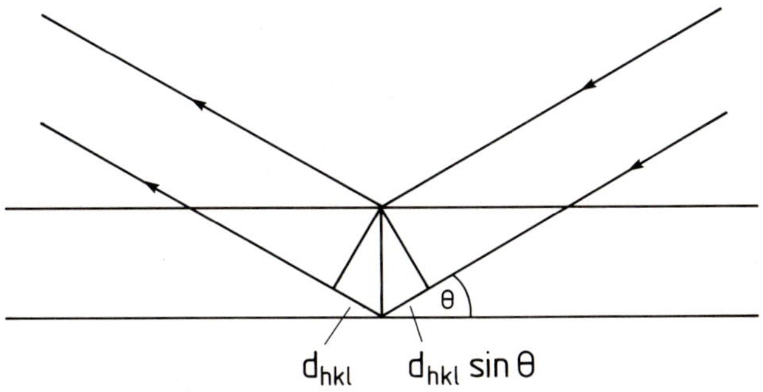


**Abb. 3.6.** Herleitung der Braggschen Gleichung: Der Gangunterschied der Wellen ist $2d_{hkl}\sin\Theta$

und erhalten damit die Braggsche Gleichung

$$\lambda = 2d_{hkl}\sin\Theta \ . \tag{3.30}$$

Diese Gleichung besagt, daß sich Wellen so verhalten, als würden sie an den Netzebenen (*hkl*) reflektiert (Abb. 3.5). Daher stammt auch der Ausdruck „Bragg Reflex". Die Streubedingung besagt dann nichts anderes, als daß der Gangunterschied zwischen den an der Netzebenenschar reflektierten Wellen gerade eine Wellenlänge oder ein Vielfaches davon betragen muß, wodurch konstruktive Interferenz auftritt (siehe Abb. 3.6).

## 3.5 Die Brillouinschen Zonen

Die Bedingung für das Auftreten eines Bragg-Reflexes war $\boldsymbol{k}_0 - \boldsymbol{k} = \boldsymbol{G}_{hkl}$. Die Endpunkte aller Vektorenpaare $\boldsymbol{k}$, $\boldsymbol{k}_0$, die der Streubedingung genügen, liegen (Abb. 3.3) auf der Mittelsenkrechten-Ebene von $\boldsymbol{G}_{hkl}$. Der kleinste von den Mittelsenkrechten-Ebenen um den Ursprung des reziproken Gitters aufgespannte Polyeder heißt Brillouinsche Zone (auch 1. Brillouinsche Zone). Die Konstruktion der Brillouinschen Zone macht man sich

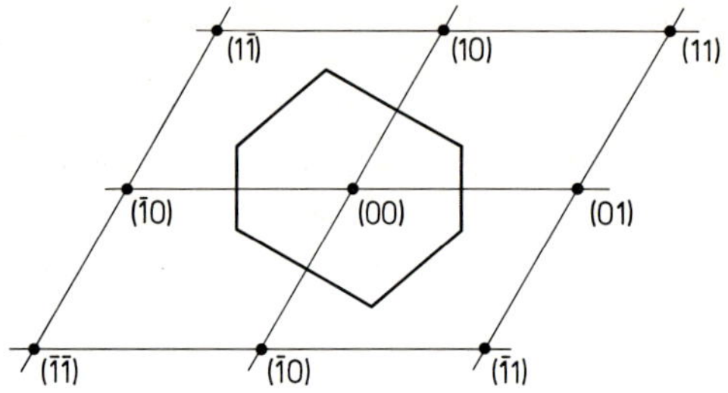


**Abb. 3.7.** Konstruktion der 1. Brillouinschen Zone für das ebene Parallelogrammgitter. Weitere Zonen kann man konstruieren durch die Mittelsenkrechten-Ebenen größerer reziproker Gittervektoren

am einfachsten am ebenen Parallelogrammgitter (Abb. 3.7) klar. Für einige einfache räumliche Gitter sind die Brillouinschen Zonen in Abb. 3.8 abgebildet. Punkte in der Brillouin-Zone werden mit Bezeichnungen versehen, die der Gruppentheorie entstammen und die Symmetrie charakterisieren. Wie das reziproke Gitter hat auch die Brillouinsche Zone die Punktsymmetrie des jeweiligen Gittertyps.

Ein Punkt auf der Zonengrenze ist dadurch ausgezeichnet, daß für jede Welle mit einem ***k***-Vektor, der vom Ursprung aus die Zonengrenze erreicht, eine Bragg-reflektierte Welle entsteht. Die Intensität dieser Welle ist für den Fall schwacher Streuung und kleiner Kristalle gering. Für große Einkristalle aber werden die Intensitäten von Primär- und Bragg-reflektierter Welle gleich. Dadurch entsteht ein Feld stehender Wellen. Die Lage

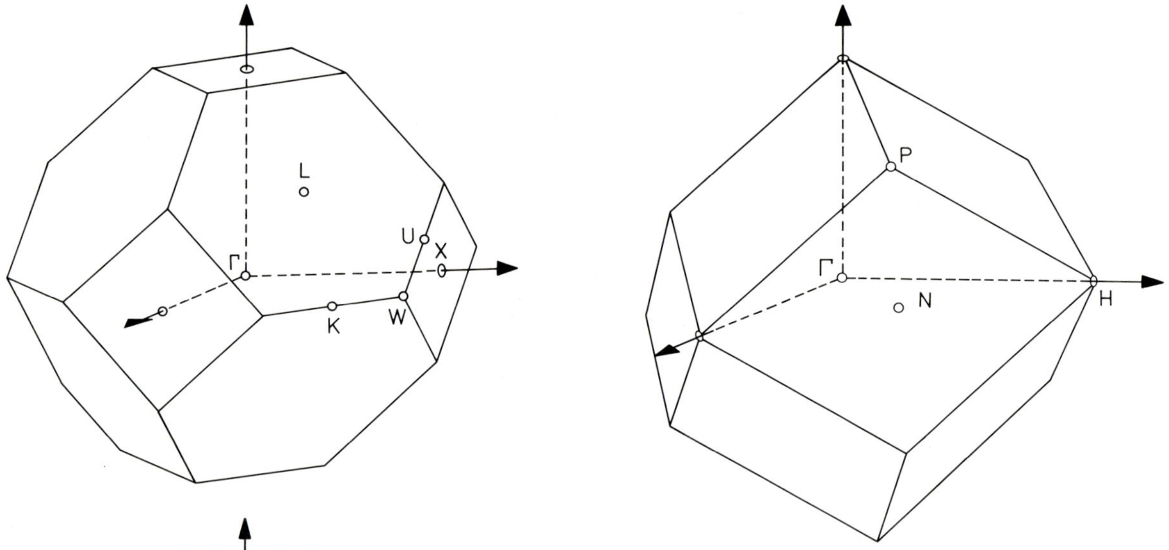


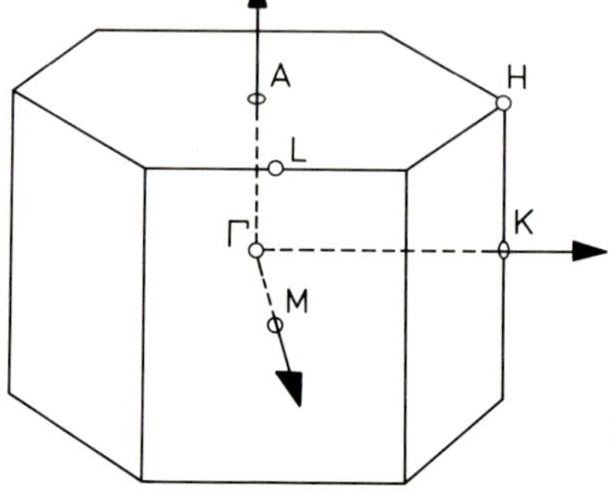


**Abb. 3.8.** Brillouinsche Zone für das kubisch-flächenzentrierte, das kubisch raumzentrierte und das hexagonale Gitter. Punkte hoher Symmetrie tragen Bezeichnungen wie $\Gamma$, $L$, $X$ etc. Die begrenzenden Flächen der Brillouinschen Zonen sind die Mittelsenkrechten-Ebenen zu den kleinsten reziproken Gittervektoren. Die durch die Konstruktionsvorschrift entstehenden Polyeder können um jeden Punkt des reziproken Gitters gezeichnet werden und füllen dann den gesamten reziproken Raum aus. Die Zelle nach derselben Konstruktionsvorschrift im Realraum heißt Wigner-Seitz Zelle. Sie kann benutzt werden, um den Raum zu beschreiben, der jedem Punkt des Translationsgitters zukommt

der Knoten und Bäuche ergibt sich aus der relativen Phasenlage beider Wellen und kann durch den Einschußwinkel des Primärstrahls variiert werden. Dieser Effekt kann z. B. durch Beobachtung der Röntgenfluoreszenz von Fremdatomen im Gitter zur Bestimmung von deren Lage benutzt werden. Die Ausbildung zweier Wellen gleicher Intersität mit fester Phasenbeziehung wird ferner zum Aufbau eines Röntgeninterferometers verwendet, mit dem einzelne Gitterfehler sichtbar gemacht werden können (Tafel II).

Für den Fall der Elektronen im periodischen Festkörper wird die Ausbildung der Bragg-reflektierten Welle und ihre Bedeutung für die Elektronenbänder des Festkörpers noch ausführlich diskutiert werden (Kap. 7).

## 3.6 Der Strukturfaktor

Die Streubedingung (3.20) besagt zunächst nur, wo Reflexe auftreten. Für die Berechnung ihrer Intensität aus (3.21) müssen wir die Fourier-Koeffizienten der Streudichte $\varrho_{hkl}$ berechnen.

$$\varrho_{hkl} = \frac{1}{V_Z} \int_{\text{Zelle}} \varrho(\boldsymbol{r}) e^{-i\boldsymbol{G}\cdot\boldsymbol{r}} d\boldsymbol{r} \ . \tag{3.31}$$

Das Integral ist dabei über die Elementarzelle zu erstrecken. Durch Einsetzen der Fourier-Entwicklung von $\varrho(\boldsymbol{r})$ (3.10) kann man sich von der Richtigkeit dieser Gleichung überzeugen. Die Streuung von Röntgenstrahlen erfolgt an den Elektronen der Atome. Mit Ausnahme der leichten Elemente ist auch im Festkörper die Mehrheit der Elektronen (Schalenelektronen) auf einen kleinen Bereich um die Atome konzentriert. Die Streuung an den Valenzelektronen, die sich auch auf den Bereich zwischen den Atomen erstrecken, kann dagegen vernachlässigt werden. Das Integral über die Streudichte $\varrho(\boldsymbol{r})$ kann deshalb aufgespalten werden in Einzelintegrale um die einzelnen Atome, die dann phasenrichtig überlagert werden müssen. Wir spalten dazu den Ortsvektor $\boldsymbol{r}$ auf einen Vektor $\boldsymbol{r}_n$, der zum Ursprung jeder Elementarzelle führt, einen Vektor $\boldsymbol{r}_\alpha$, der zu den Atomen innerhalb der Elementarzelle führt, und einen neuen Ortsvektor $\boldsymbol{r}'$, der jeweils vom Zentrum der Atome aus weg weist: $\boldsymbol{r} = \boldsymbol{r}_\alpha + \boldsymbol{r}'$ (siehe auch Abb. 4.1). Damit erhalten wir für die Fourier-Koeffizienten der Streudichte

$$\varrho_{hkl} = \frac{1}{V_Z} \sum_\alpha e^{-i\boldsymbol{G}\cdot\boldsymbol{r}_\alpha} \int \varrho_\alpha(\boldsymbol{r}') e^{-i\boldsymbol{G}\cdot\boldsymbol{r}'} d\boldsymbol{r}' \ . \tag{3.32}$$

Das Integral erstreckt sich jetzt nur noch über den Bereich eines Atoms. Es beschreibt offenbar die Interferenz der von verschiedenen Punkten eines Atoms ausgehenden Kugelwellen und wird Atomfaktor genannt.

Da die Verteilung der Streudichte um ein Atom kugelsymmetrisch ist, kann das Integral durch Übergang zu Kugelkoordinaten weiter ausgewertet werden

$$f_\alpha = \int \varrho_\alpha(\boldsymbol{r}') e^{-i\boldsymbol{G}\cdot\boldsymbol{r}'} d\boldsymbol{r}' = -\int \varrho_\alpha(r') e^{-iGr'\cos\vartheta} r'^2 dr' d\cos\vartheta d\varphi \ . \tag{3.33}$$

Dabei ist $\vartheta$ der Polarwinkel zwischen $\boldsymbol{G}$ und $\boldsymbol{r}'$. Durch Integration über $\vartheta$ und $\varphi$ erhält man

$$f_\alpha = 4\pi \int \varrho_\alpha(r')r'^2 \frac{\sin Gr'}{Gr'}\,dr' \,. \tag{3.34}$$

Bezeichnet man den Winkel zwischen $\boldsymbol{k}$ und $\boldsymbol{k}_0$ als den Streuwinkel $2\Theta$ (Vorwärtsstreuung: $\Theta = 0$) so folgt wegen

$$G = 2k_0 \sin\Theta \,, \tag{3.35}$$

$$f_\alpha = 4\pi \int \varrho_\alpha(r')r'^2 \frac{\sin 4\pi r' \dfrac{\sin\Theta}{\lambda}}{4\pi r' \dfrac{\sin\Theta}{\lambda}}\,dr' \,. \tag{3.36}$$

Der Atomfaktor ist also eine Funktion $f(\sin\Theta/\lambda)$, wobei die Vorwärtsstreuung den größten Wert für $f_\alpha$ liefert. Für $\Theta = 0$ wird $f = 4\pi \int \varrho(r')r'^2 dr'$, also gleich der über das Atomvolumen integrierten Streudichte. Für Röntgenstrahlung ist diese proportional $Z$, der Gesamtzahl der Elektronen pro Atom.

Die zweite Summe in (3.32) führt auf den sogenannten Strukturfaktor $S_{hkl}$. Sie beschreibt die Interferenzen zwischen Streuwellen von verschiedenen Atomen der Elementarzelle,

$$S_{hkl} = \sum_\alpha f_\alpha \mathrm{e}^{-\mathrm{i}\boldsymbol{G}_{hkl}\cdot \boldsymbol{r}_\alpha} \,. \tag{3.37}$$

Für primitive Gitter ist $S = f$. Weitere Spezialfälle ergeben sich für zentrierte Gitter. Beschreiben wir den Vektor $\boldsymbol{r}_\alpha$ in Einheiten der Basisvektoren des Gitters

$$\boldsymbol{r}_\alpha = u_\alpha \boldsymbol{a}_1 + v_\alpha \boldsymbol{a}_2 + w_\alpha \boldsymbol{a}_3 \,, \tag{3.38}$$

so sind die Zahlen $u, v, w < 1$ und die Strukturamplitude schreibt sich wegen der Definition des reziproken Gittervektors (3.17)

$$S_{hkl} = \sum_\alpha f_\alpha \mathrm{e}^{-2\pi\mathrm{i}(hu_\alpha + kv_\alpha + lw_\alpha)} \,. \tag{3.39}$$

Betrachten wir als Beispiel das kubisch raumzentrierte Gitter: Atome sitzen in den Positionen

$$r_1 = (0,0,0) \quad \text{und} \quad r_2 = (1/2, 1/2, 1/2) \,.$$

Beide haben den gleichen Atomfaktor $f$.

Es folgt für $S$

$$S_{hkl} = f(1 + \mathrm{e}^{-\mathrm{i}\pi(h+k+l)}) = \begin{cases} 0 & h+k+l \text{ ungerade} \\ 2f & h+k+l \text{ gerade} \,. \end{cases} \tag{3.40}$$

Es ergeben sich also systematische Auslöschungen. So gibt es z. B. keinen (100)-Reflex. Ursache ist die destruktive Interferenz der Bragg-Reflexe der Netzebenen, die die Würfelkanten ausmachen, und der zwischengeschobenen Netzebenen, die von den Atomen in der raumzentrierten Position eingenommen werden (siehe Abb. 2.10).

Voraussetzung für die vollständige Auslöschung ist, daß das Zentralatom wirklich identisch mit den Eckatomen ist, also wirklich ein raumzentriertes Bravais-Gitter vorliegt. Die CsCl Struktur führt nicht zu Auslöschungen außer beim CsI, wo die Elektronenzahl von $Cs^+$ und $I^-$ identisch ist.

Es ist leicht zu zeigen, daß auch andere zentrierte Gitter Auslöschungen aufweisen.

Auch wenn es nicht zu vollständigen Auslöschungen wie bei zentrierten Gittern kommt, wird doch die Intensität der Reflexe durch zusätzliche Atome in der Zelle moduliert. Lage und Verteilung der Atome in der Zelle können darum bestimmt werden. Wir merken uns also: *Gestalt* und *Abmessungen* der Elementarzelle können aus der *Lage* der Reflexe ermittelt werden, der *Inhalt* der Elementarzelle aus ihrer *Intensität*.

## 3.7 Methoden der Strukturanalyse

### Die Strahlungsarten

Zur Strukturanalyse können Elektronen, Neutronen, Atome und Röntgenstrahlung eingesetzt werden. Dabei muß die Wellenlänge in einem Bereich liegen, der es erlaubt, Bragg-Reflexe zu erzeugen. Durch diese Bedingung wird auch der Energiebereich der jeweiligen Strahlungsart festgelegt (Abb. 3.9). Dieser ist

10 eV – 1 keV für Elektronen
10 meV – 1 eV für Neutronen und leichte Atome
1 keV – 100 keV für Photonen.

Die tatsächlichen Einsatzmöglichkeiten dieser Strahlungsarten für die Strukturanalyse werden von den Wirkungsquerschnitten für elastische und inelastische Streuung und auch von der Verfügbarkeit und Intensität der Quellen bestimmt:

Für Elektronen zwischen 10 eV und 1 keV sind die Wirkungsquerschnitte so hoch, daß nur etwa 10–50 Å Festkörpermaterie durchstrahlt werden können. Elektronen werden also eingesetzt, wenn es um Fragen der Struktur von Oberflächen geht. Auch Beugungsexperimente mit Atomen sind ein Instrument zur Untersuchung der Oberfläche (Tafel I).

Bei Verwendung von Photonen können je nach Art der Probe und Strahlung Proben bis einige mm Stärke durchstrahlt werden. Als Quelle der Strahlung dient meistens die Emission von charakteristischen Röntgenlinien aus Festkörpern bei Elektronenbeschuß (Röntgenröhre). Man erhält dabei auch ein kontinuierliches Bremsspektrum. Das Spektrum charakteristischer Linien entsteht durch die Ionisation von Schalenelektronen und Emission von Licht beim Wiederauffüllen der Schalen mit Elektronen höherer Energieterme. Eine weitere hervorragende Röntgenquelle mit hoher Intensität, stark gerichteter Strahlung und 100%iger Polarisation ist das Elektronensynchroton (Desy in Hamburg, Bessy in Berlin, siehe Tafel XI). Wegen der leichten Verfügbarkeit von Röntgenquellen ist die Mehrzahl aller Strukturuntersuchungen mit Röntgenstrahlung ausgeführt worden. Nicht alle Fragen jedoch lassen sich durch Röntgenstrahlung lösen. Wir hatten gesehen, daß die Atomfaktoren $\propto Z$, der Kernladungszahl, sind. Die Streuintensitäten sind also $\propto Z^2$. Deshalb kann z. B. Wasserstoff mit Röntgenstrahlung neben anderen schweren Elementen nur schwer nachgewiesen werden. Hierzu wird

**Abb. 3.9.** Die Broglie-Wellenlänge für Photonen, Elektronen, Neutronen und Helium-Atome als Funktion der Teilchenenergie. Der Pfeil zeigt die Energie für einen thermischen Strahler mit Raumtemperatur (eV-Skala)

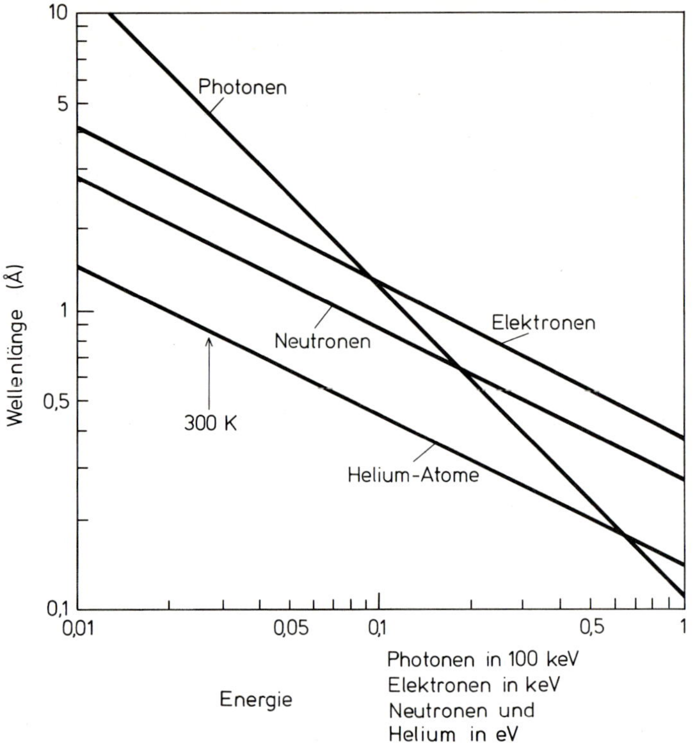


Neutronenstrahlung verwendet, bei der die Wirkungsquerschnitte für alle Elemente innerhalb etwa einer Größenordnung liegen.

Andererseits sind die Wirkungsquerschnitte von Elementen mit benachbarter Kernladungszahl, die sich in der Röntgenbeugung nur schwer unterscheiden lassen, deutlich verschieden. So gelingt z. B. die Trennung von Eisen, Kobalt und Nickel in der Neutronenstreuung (Tafel I). Genügend intensive Neutronenstrahlung steht aber nur aus Reaktoren zur Verfügung. Auch sind die Wirkungsquerschnitte klein und der Nachweis der Strahlung schwieriger. Der experimentelle Aufwand ist dadurch ungleich höher als bei Röntgen- oder Elektronenstreuung.

## Verschiedene Verfahren zur Strukturbestimmung

Die Einstrahlung einer monochromatischen ebenen Welle auf einen Kristall führt im allgemeinen zu keinem Beugungsreflex. Wir sehen dies sofort an der Ewaldschen Konstruktion (Abb. 3.3). Nur bei geeigneter Wahl der Wellenlänge, also des Betrages von $\boldsymbol{k}_0$, oder geeigneter Einstrahlrichtung fällt ein Punkt des reziproken Gitters auf die Ewald-Kugel. Die verschiedenen Verfahren der Strukturbestimmung unterscheiden sich durch die Methoden, mit denen das erreicht wird. So kann man z. B. den Kristall drehen (möglichst um eine Hauptachse und senkrecht zur Einstrahlrichtung). Da das reziproke Gitter starr mit dem Kristallgitter verbunden ist, stellt sich diese Drehung in der Ewaldschen Konstruktion als eine Drehung des reziproken Gitters durch die raumfeste Ewald-Kugel dar. Nacheinander treten dann die Punkte des reziproken Gitters durch die Kugeloberfläche. Damit ergeben sich für ganz bestimmte Drehwinkel in bestimmten Richtungen Beugungsreflexe, die durch einen um den Kristall gelegten Film auf fotografischem Wege sichtbar gemacht werden können. Dies ist das sogenannte Drehkristallverfahren. Für eine eindeutige Indizierung der Reflexe führt man noch eine zusätzliche Translationsbewegung längs der Drehachse aus (Weissenberg-Verfahren). Mit diesen beiden Verfahren können unbekannte Strukturen analysiert werden.

Eine genaue Ausmessung der Gitterkonstanten bis in die fünfte Dezimale erlaubt die Pulvermethode nach Debye-Scherrer. Hierbei wird der Strahl auf ein Kristallpulver geschickt und die verschiedenen Orientierungen der Kristallite im Pulver sorgen für die Ausbildung der Reflexe. Im Bilde der Ewald-Konstruktion im reziproken Gitter (Abb. 3.3) kann man sich die erlaubten Reflexe dadurch ermitteln, daß man sich das reziproke Gitter in allen Orientierungen um den Ursprung durch die Ewald-Kugel gedreht denkt. Es werden also alle Reflexe beobachtet, die innerhalb eines Radius von $2k_0$ im reziproken Gitter liegen. Die Pulvermethode wird eingesetzt, um z. B. die Veränderung der Gitterkonstanten mit der Temperatur oder bei Variation der Zusammensetzung einer Legierung zu messen.

Das allereinfachste Verfahren, Beugungsreflexe zu erzeugen, besteht darin, ein Wellenlängenkontinuum zu verwenden, wie z. B. das Röntgen-Bremsspektrum. Es werden dann alle Reflexe beobachtet, die zwischen der Ewald-Kugel mit minimalem und maximalem $k_0$ des verwendeten Röntgenlichtes liegen. Dieses sogenannte Laue-Verfahren hat den Vorteil, daß bei geeigneter Orientierung des Kristalls die Symmetrie des Kristalls unmittelbar im Beugungsbild erscheint. Strahlt man z. B. entlang einer $n$-zähligen Achse ein, so hat das Beugungsbild $n$-zählige Symmetrie. Das Laue-Verfahren wird deshalb zur Orientierung von Einkristallen bekannter Struktur eingesetzt und spielt eine wichtige Rolle bei der Probenpräparation. Eine Strukturuntersuchung ist aber damit nicht möglich.

# Tafel I **Beugungsexperimente mit verschiedenen Teilchen**

## I.1 Elektronen

Hier zeigen wir ein Experiment zur Beugung mit niederenergetischen Elektronen von 10–1000 eV (LEED · **L**ow **E**nergy **E**lectron **D**iffraction). Niederenergetische Elektronen werden vom Festkörper schon nach der Durchstrahlung von wenigen Netzebenen absorbiert. Beugungsexperimente sind deshalb nur als Reflexionsexperimente möglich und sie zeigen die Struktur der obersten Atomlagen eines Kristalls. Das erste Elektronenbeugungsexperiment wurde von *Davisson* u. *Germer* [I.1] 1927 ausgeführt, die damit die Wellennatur des Elektrons experimentell nachwiesen. Eine geeignete Anordnung, bei der die Beugungsreflexe direkt auf einem Fluoreszenzschirm sichtbar gemacht werden, zeigt Abb. I.1. Wegen der Oberflächenempfindlichkeit der Methode müssen LEED-Experimente im Ultrahochvakuum ($p < 10^{-8}$ Pa) mit reinen Oberflächen ausgeführt werden. Ein Beispiel für ein Beugungsbild einer (111) Oberfläche von Nickel zeigt Abb. I.2a. Die starke Absorption der Elektronen bringt mit sich, daß die dritte Laue-Bedingung der konstruktiven Interferenz zwischen den Netzebenen parallel zur Oberfläche, also den (111) Ebenen, nur von geringer Bedeutung ist. Als Resultat werden die Beugungsreflexe bei jeder Elektronenenergie (≙ Wellenlänge der Strahlung) beobachtet. Man beachte ferner, daß die Symmetrie des Beugungsbildes nur 3zählig,

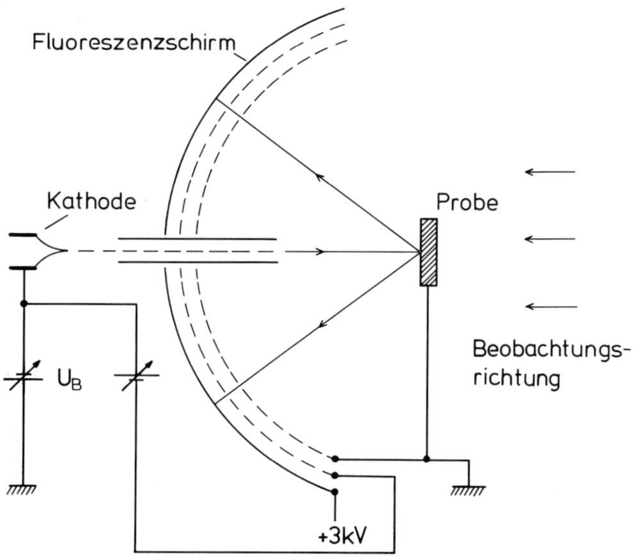


**Abb. I.1.** Schema einer Anordnung zur Beobachtung von LEED-Reflexion an einkristallinen Oberflächen

**Abb. I.2.** (**a**) Beugungsbild einer Nickel (111) Oberfläche bei einer Primärenergie von 205 eV, was einer Wellenlänge von 0.86 Å entspricht. Aus der Lage der Reflexe könnte man z. B. die Gitterkonstante ermitteln. Interessanter sind Adsorptionsexperimente, da Adsorbate häufig Überstrukturen bilden.
(**b**) zeigt das Beugungsbild nach Adsorption von Wasserstoff. Die extra Reflexe zeigen eine sogenannte (2×2) Überstruktur, d. h. die Elementarmasche ist in beiden Achsenrichtungen doppelt so groß

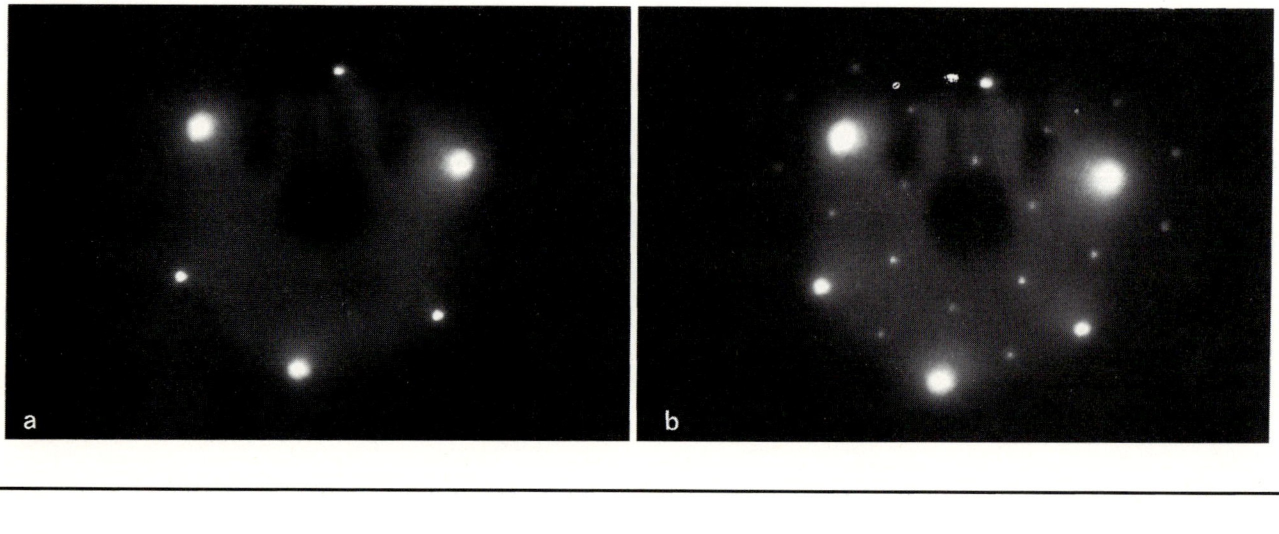

nicht 6zählig ist. Die für Beugung ohne Absorption hergeleitete Friedelsche Regel (3.23) gilt hier also nicht, und das Beugungsbild zeigt die wirkliche Zähligkeit der Raumdiagonalen im fcc Gitter. In Abb. I.2b ist das Beugungsbild der gleichen Oberfläche nach Adsorption von Wasserstoff zu sehen. Die zusätzlichen Beugungsreflexe zeigen, daß Wasserstoff – wie viele andere Adsorbate auf Oberflächen – eine Überstruktur aufbaut. Die Größe der Elementarmasche der Wasserstoffschicht ist hier gerade doppelt so groß wie die Elementarmasche der Nickel (111) Oberfläche. Die Zusatzreflexe liegen deshalb auf halber Position zwischen den Reflexen des Nickel Substrates.

## I.2 Atomstrahlen

Beugung von He und $H_2$-Strahlen an Festkörperoberflächen wurde erstmals in den Experimenten von *Estermann* u. *Stern* 1930 [I.2] nachgewiesen. Ein damals für die experimentelle Bestätigung der Quantentheorie wichtiges Resultat! Aus heutiger Sicht muß es als ein besonders glücklicher Umstand erscheinen, daß *Estermann* u. *Stern* mit Alkalihalogenid-Kristallen, (NaCl und LiF) arbeiteten. Geben doch die meisten anderen Oberflächen, insbesondere die Metalle, keine Beugungserscheinungen. Der Grund ist, daß He-Atome geeigneter Wellenlänge (siehe Abb. 3.9) nur mit der

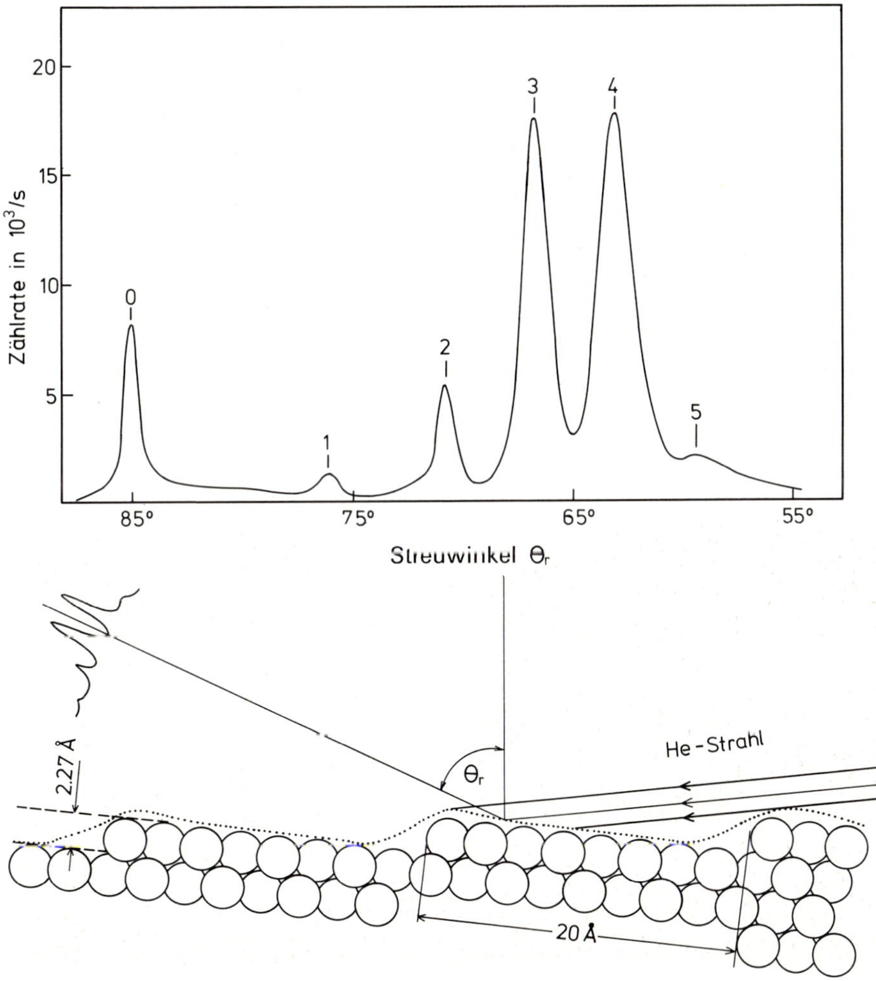


**Abb. I.3.** Beugung eines He-Strahls an einer gestuften Platinoberfläche nach *Comsa* [I.3]. Die Millerschen Indizes der Fläche sind (997). Wie bei einem Echelette-Gitter in der Lichtoptik erhält man maximale Intensität in den Beugungsordnungen, die in Richtung der Spiegelreflexion am Wechselwirkungspotential liegen. Allerdings ist dieses Potential nicht genau parallel zu den Terrassen

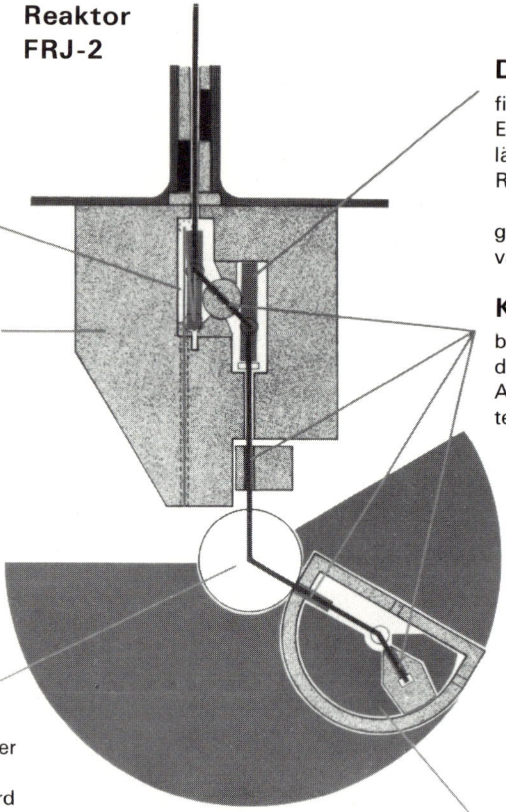


**Rückstreueinrichtung**

**Abschirmung**
gegen die Reaktorstrahlung

**Doppelmonochromator**

filtert mit Hilfe der Bragg-Reflexion an Einkristallen Neutronen mit Wellenlängen zwischen $\lambda_i$ und $\lambda_i+\Delta\lambda_i$ aus dem Reaktorspektrum heraus.

$\lambda_i$ läßt sich durch Drehung und gleichzeitige Verschiebung der Kristalle variieren

**Kollimatoren**

bestimmen Richtung und Divergenz des Strahls und beeinflussen damit das Auflösungsvermögen des Spektrometers

Kollimatortrommel zum automatischen Kollimatorwechsel

**Probentisch**

dient zur Lagerung und Orientierung der Probe.

Zur Veränderung des Streuwinkels wird der Analysator auf Luftkissen um den Probentisch herumgefahren

**Analysator**

filtert mit Hilfe der Bragg-Reflexion am Einkristall Neutronen mit Wellenlängen zwischen $\lambda_f$ und $\lambda_f+\Delta\lambda_f$ aus dem Streuspektrum heraus, die im Detektor nachgewiesen werden. $\lambda_f$ läßt sich durch Drehung des Kristalls und des Detektors variieren.

Der gesamte Analysator kann um seine eigene Achse um 90° bzw. 180° gedreht werden, so daß der Variationsbereich für den Analysatorwinkel erweitert werden kann

**Abb. I.4.** Das Jülicher Neutronen-Diffraktometer [I.4]

äußersten Oberfläche des Festkörpers wechselwirken und das Potential dort sehr glatt verläuft, also kaum etwas von der periodischen Anordnung der Kristallatome bemerkt. Weiterhin mußten Beugungsexperimente an Metallen und den meisten anderen Materialien schon deshalb erfolglos bleiben, als es erst die Entwicklung der Ultrahochvakuumtechnik erlaubt, deren Oberflächen in genügend reiner Form zu präparieren.

Wir zeigen hier ein Beispiel für Beugung von He-Atomen an einer gestuften Platin-Oberfläche (Abb. I.3 unten) nach *Comsa* et al. [I.3]. Oberflächen mit regelmäßigen monoatomaren Stufen lassen sich durch entsprechenden Anschnitt und Glühen im Vakuum herstellen. Der für die Beugungsversuche verwendete Atomstrahl wird durch Überschallexpansion aus einer Düse hergestellt. Durch die Wechselwirkung der Atome untereinander bei der Expansion wird die Geschwindigkeitsverteilung deutlich schärfer als die Maxwellsche Geschwindigkeitsverteilung vor der Expansion: Wie Fahrzeuge auf einer verkehrsreichen Autobahn müssen die Atome ihre Geschwindigkeit in Vorwärtsrichtung aneinander anpassen.

In Abb. I.3 wird die gebeugte Intensität als Funktion des Streuwinkels dargestellt. Der Einfallswinkel beträgt 85° zur Normalen auf die makroskopische Oberfläche. Die Intensitätsmaxima entsprechen den Beugungsordnungen am periodischen Gitter der Terrassen (nicht der Einzelatome!). Wie bei einem optischen Echelette-Gitter wird dabei die Richtung der Spiegelreflexion zu den Terrassen intensitätsmäßig bevorzugt. Allerdings zeigt das Wechselwirkungspotential (gepunktete Linie in Abb. I.3 unten) eine zusätzliche Aufwölbung in der Nähe der Stufenkante, wodurch sich der günstige Beugungswinkel zu kleinen Werten verschiebt.

## I.3 Neutronen

Erste Beugungsexperimente mit Neutronen wurden schon in den dreißiger Jahren unternommen, aber erst die hohen Neutronenflüsse, die an Kernreaktoren seit etwa 1945 zur Verfügung stehen, ermöglichten den Einsatz dieser Strahlung für Strukturuntersuchungen. Der Hauptteil der Neutronen steht dabei als sog. thermische Neutronen ($T \sim 400$ K) zur Verfügung. Wie wir aus Abb. 3.9 entnehmen können, fällt damit die de-Broglie-Wellenlänge in einen für Strukturuntersuchungen günstigen Bereich. Um zu einer definierten Wellenlänge für Strukturuntersuchungen nach dem Debye-Scherrer-Verfahren oder Drehkristallverfahren (Abschn. 3.7) zu gelangen, verwendet man Kristallmonochromatoren (Abb. I.4).

Die Beugung von Neutronen findet ihre Hauptanwendungsfelder bei Lokalisierung von Wasserstoff im Festkörper (und biologischen Systemen) bei der Untersuchung magnetischer Strukturen und Ordnungs-Unordnungsphasenübergängen [I.5]. Wir wollen ein Beispiel aus dem Bereich der Phasenübergänge diskutieren: Die Legierung FeCo mit je 50% Fe und Co kristallisiert im kubisch raumzentrierten (bcc) Gitter. Bei hohen Temperaturen oder bei abgeschreckten Proben sind die Fe und Co Atome statistisch auf die Plätze des bcc Gitters verteilt (Abb. I.5a). Bei langsamer Abkühlung jedoch bildet sich eine geordnete Phase, bei der die raumzentrierte Position von der anderen Atomsorte eingenommen wird (Abb. I.5a). Es entsteht also ein CsCl-Gitter. Entsprechende Ordnungsphänomene sind auch bei anderen Legierungen und anderen Gittern bekannt. Sie lassen sich durch Beugungsexperimente nachweisen.

In Abschn. 3.6 hatten wir die systematischen Auslöschungen des kubisch raumzentrierten Gitters kennengelernt. Sie betrafen alle Reflexe, bei denen die Summe $h+k+l$ ungerade ist, also (100), (111), (210), (300).... Entsprechend treten diese Reflexe für die ungeordnete Phase (Abb. I.5a) nicht auf, wohl dagegen für die geordnete Phase (Abb. I.5a), denn die Atomfaktoren von Fe und Co sind verschieden. Diese Aussage gilt im Prinzip für jede Strahlungsart. Für Röntgenstrahlen sind die Atomfaktoren von Fe und Co jedoch nahezu gleich, da es sich um benachbarte Elemente handelt und der Atomfaktor für Röntgenstrahlung in systematischer Weise in etwa proportional mit der Kernladungszahl $Z$ variiert. Wie aus (3.40) leicht ersichtlich wird, ist die Intensität des (100) Reflexes der CsCl-Struktur (geordnete Phase) proportional zu $(f_{Fe}-f_{Co})^2$. Der Ordnungszustand ist deshalb mit Röntgenbeugung üblicherweise nicht sichtbar. Anders dagegen bei Neutronenstreuung: Hier unterscheiden sich die Atomfaktoren für Fe und Co um einen Faktor 2,5.

Tafel I

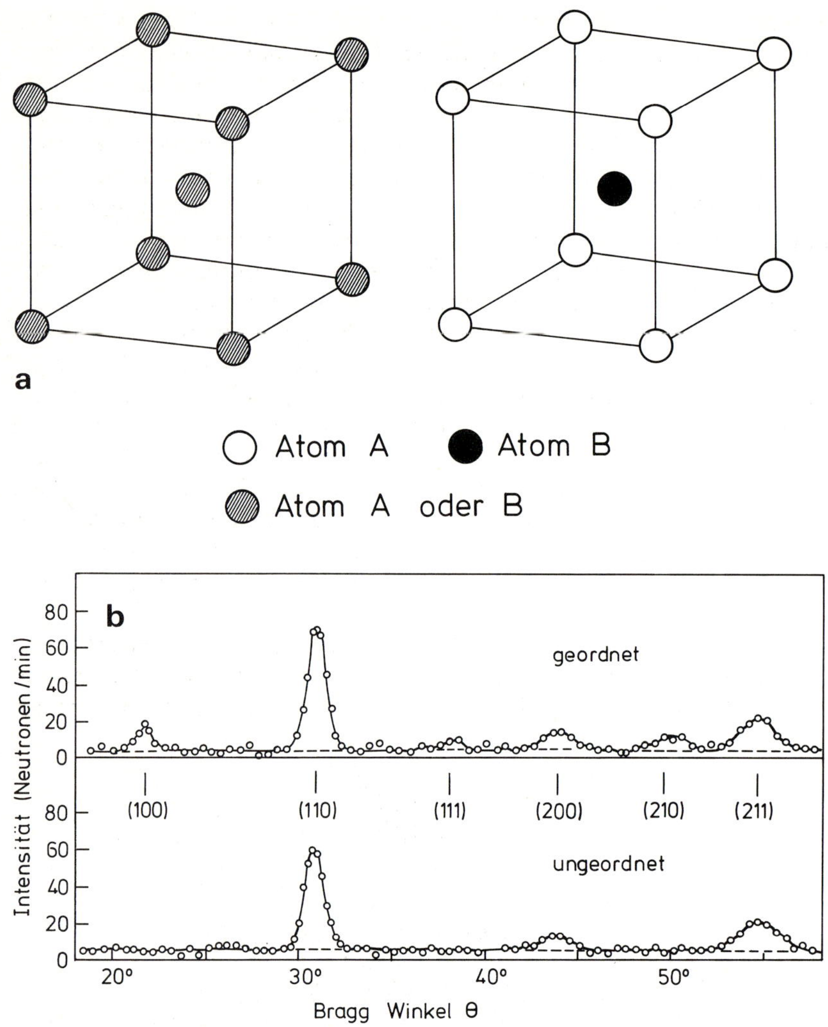


**Abb. I.5.** (**a**) Die ungeordnete und geordnete Phase von FeCo. (**b**) Neutronendiffraktogramm der geordneten und ungeordneten FeCo-Phase nach *Shull* u. *Siegel* [I.6]. Man beachte, welch geringe Zählraten in der Neutronenstreuung üblich sind. Für eine gute Statistik sind lange Meßzeiten erforderlich

Die Abb. I.5b zeigt eine Pulveraufnahme für geordnetes und ungeordnetes FeCo. Die für die bcc Struktur verbotenen Reflexe (100), (111), (210) sind in der geordneten Phase mit CsCl-Struktur deutlich sichtbar.

## Literatur

I.1 C.J. Davisson, L.H. Germer: Nature **119**, 558 (1927); Phys. Rev. **30**, 705 (1927)
I.2 I. Estermann, O. Stern: Z. Physik **61**, 95 (1930)
I.3 G. Comsa, G. Mechtersheimer, B. Poelsema, S. Tomoda: Suface Sci. **39**, 123 (1979)
I.4 H.H. Stiller: Private Mitteilung
I.5 G.F. Bacon: *Neutron Diffraction*, 2nd. ed. (Oxford University Press, Oxford 1962)
I.6 C.G. Shull, S. Siegel: Phys. Rev. **75**, 1008 (1949)

# Tafel II **Röntgeninterferometer und Röntgentopographie**

Röntgenstrahlen lassen sich nicht nur verwenden, um Strukturparameter von Einkristallen zu bestimmen, sondern auch um bestimmte Abweichungen von der periodischen Struktur und Baufehler sichtbar zu machen. Die Sichtbarmachung selbst geringfügiger Verspannungen eines Kristalls gelingt z. B. mit der Röntgeninterferometrie.

Interferenzerscheinungen werden bekanntlich beobachtet bei der Überlagerung von Wellen mit gleicher Frequenz und fester Phasenbeziehung zueinander. In der Lichtoptik erreicht man dies durch Teilung und Wiederzusammenführung eines Lichtbündels. Analog kann man auch mit Röntgenstrahlen verfahren. Man benutzt dazu eine Anordnung wie in Abb. II.1. Die mit *S*, *M* und *A* bezeichneten Platten sollen perfekte Einkristalle darstellen, die zueinander exakt parallel ausgerichtet sind. Im Strahlteiler *S* findet bei geeignetem Einschußwinkel Bragg-Reflexion an den Netzebenen statt. Wie in Abschn. 3.3 und 7.2 beschrieben, entstehen dabei im Kristall zwei Wellentypen, einer mit den Intensitätsknoten am Ort der Atome und ein zweiter mit den Knoten dazwischen (siehe auch Abb. 7.4). Nur ersterer bleibt bei größerer Kristalldicke übrig, während letzterer stark absorbiert wird. (Anomale Transmission bzw. Absorption.) Beim Austritt aus dem Kristall entstehen zwei Bündel gleicher Intensität, wovon eines dem transmittierten und das andere dem Bragg-reflektierten Strahl entspricht. Sie werden durch weitere Bragg-Reflexion im Spiegel *M* wieder zusammengeführt. Die Knoten und Bäuche der stehenden Welle haben die gleiche Position wie im Strahlteiler. Sofern im Analysator *A* die Netzebenen mit den Knoten wie in *S* übereinstimmen, erhalten wir, nach Passieren von *A*, Helligkeit, bei Verschiebung um eine halbe Gitterkonstante dagegen, wegen der jetzt starken Absorption, Dunkelheit. Passen die Gitter *S* und *A* nicht exakt zueinander, so entstehen Moiré-Streifen.

Die Abb. II.2 und II.3 zeigen ein Beispiel nach *Bonse* [II.1]. Das Interferometer (Abb. II.2) ist aus einem Silizium Kristall von 8 cm Durchmesser ge-

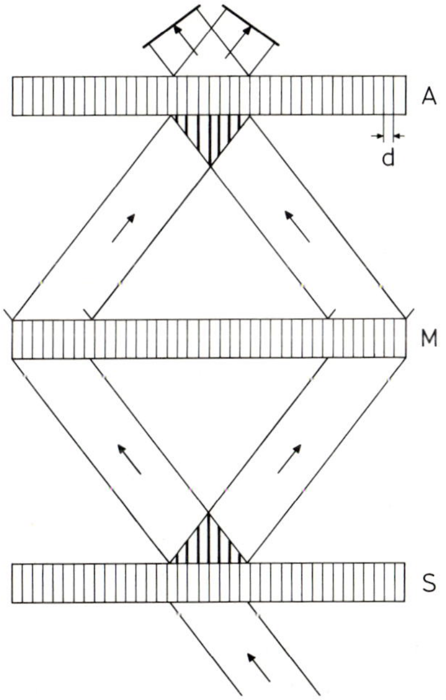


**Abb. II.1.** Eine Interferenzanordnung für Röntgenstrahlen nach *Bonse* [II.1]. *d* soll schematisch den Netzebenenabstand darstellen.

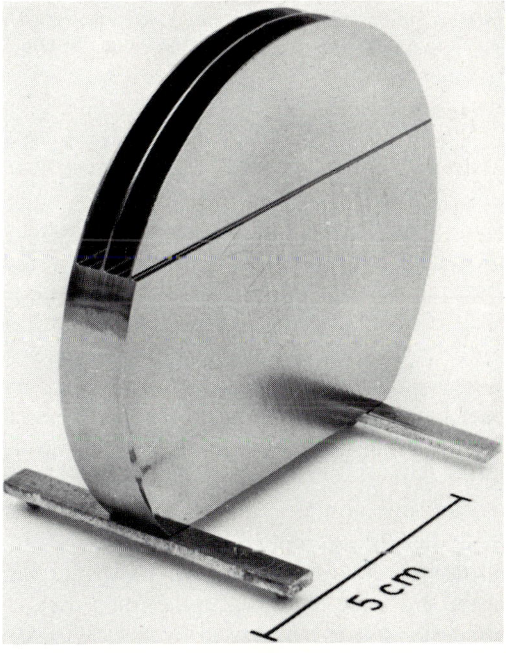


**Abb. II.2.** Röntgeninterferometer aus einer Siliziumscheibe

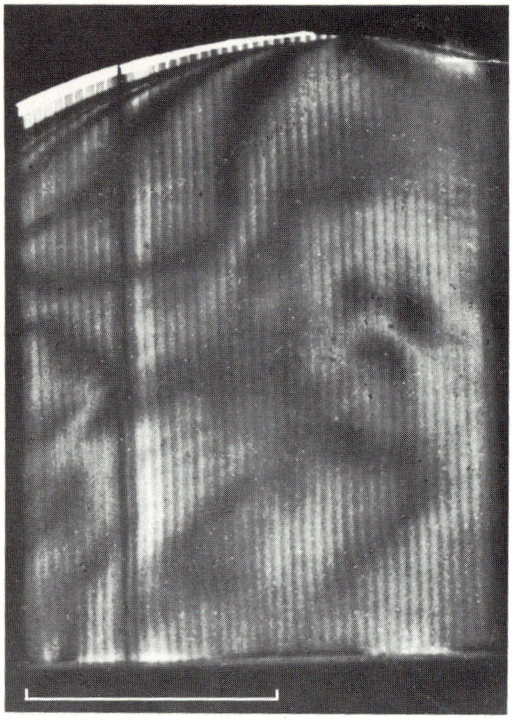


**Abb. II.3.** Moiré-Topographie des Siliziuminterferometers. Die vertikalen Linien sind durch die streifenweise Aufnahme bedingt

schnitten. Die zugehörige Moiré-Topographie zeigt deutlich, daß der Kristall großräumige Verzerrungen aufweist.

Die beim Verschieben von *A* gegen *S* (Abb. II.1) entstehenden Hell-Dunkelphasen können auch zur direkten Bestimmung der Gitterkonstanten verwendet werden. Man braucht dazu nur die mechanische Verschiebung durch die Zahl der Hell-Dunkelwechsel zu dividieren und erhält die Gitterkonstante ohne Verwendung der benutzten Wellenlänge des Röntgenlichtes. Damit ist z. B. ein genauer Anschluß der Skala der Röntgenwellenlängen an die Definition des Meters durch die rote Linie von $^{86}$Kr möglich.

Während die Röntgeninterferometrie ein Moiré-Bild der Gitterverzerrungen bzw. von Baufehlern erzeugt, erlaubt die Röntgentopographie auch eine direkte Beobachtung. Wir betrachten dazu eine experimentelle Anordnung nach *Hartmann* [II.2] (Abb. II.4).

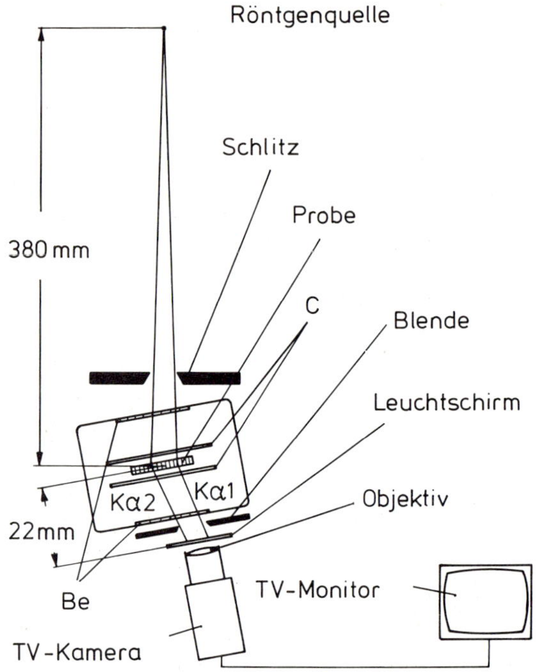


**Abb. II.4.** Röntgentopographie zur Direktabbildung von Gitterfehlern nach *Hartmann* [II.3]. Der Kristall befindet sich in einem Ofen mit Beryllium Fenstern. Beryllium hat wegen seiner kleinen Kernladungszahl nur eine geringe Absorption für Röntgenstrahlen. Der Ofen kann durch Graphitstäbe beheizt werden. Gitterfehler erscheinen als helle Flecke auf dem Leuchtschirm und können in ihrem zeitlichen Verlauf direkt auf dem Fernseh-Monitor verfolgt werden

Die Röntgenstrahlen einer Mo-$K_\alpha$-Quelle durchsetzen dabei einen Kristall und werden nach Bragg-Reflexion auf einem Leuchtschirm sichtbar gemacht. Bei ideal punktförmiger Lichtquelle würden nur die beiden in Abb. II.4 gezeichneten Strahlen die Bragg-Bedingung erfüllen. Bei endlicher Ausdehnung der Quelle entstehen auf dem Leuchtschirm helle Flecke, die bei geeigneter Wahl der Quellengröße so groß gemacht werden können, daß die Helligkeitsbereiche von $K_{\alpha_1}$ und $K_{\alpha_2}$ gerade ineinander übergehen. Für feste Wellenlänge der Strahlung entspricht also in dieser Anordnung ein Punkt des Leuchtschirmes einem Punkt der Quelle. Hat man dagegen Kristallstörungen, so ist die Bragg-Bedingung für einen Punkt des Leuchtschirmes nicht für einen Punkt der Quelle, sondern für einen größeren Bereich der Quelle oder sogar die ganze Quelle erfüllt. Kristallstörungen bewirken also eine weitere, zusätzliche Aufhellung. Abbildung II.5a zeigt dies für einen mittels eines Diamanten verursachten Eindruck auf einem Si-Kristall. Bei höheren Temperaturen können die Gitterdefekte teilweise wieder ausheilen. Es bleiben aber sog. Versetzungen übrig. Eine schematische Dar-

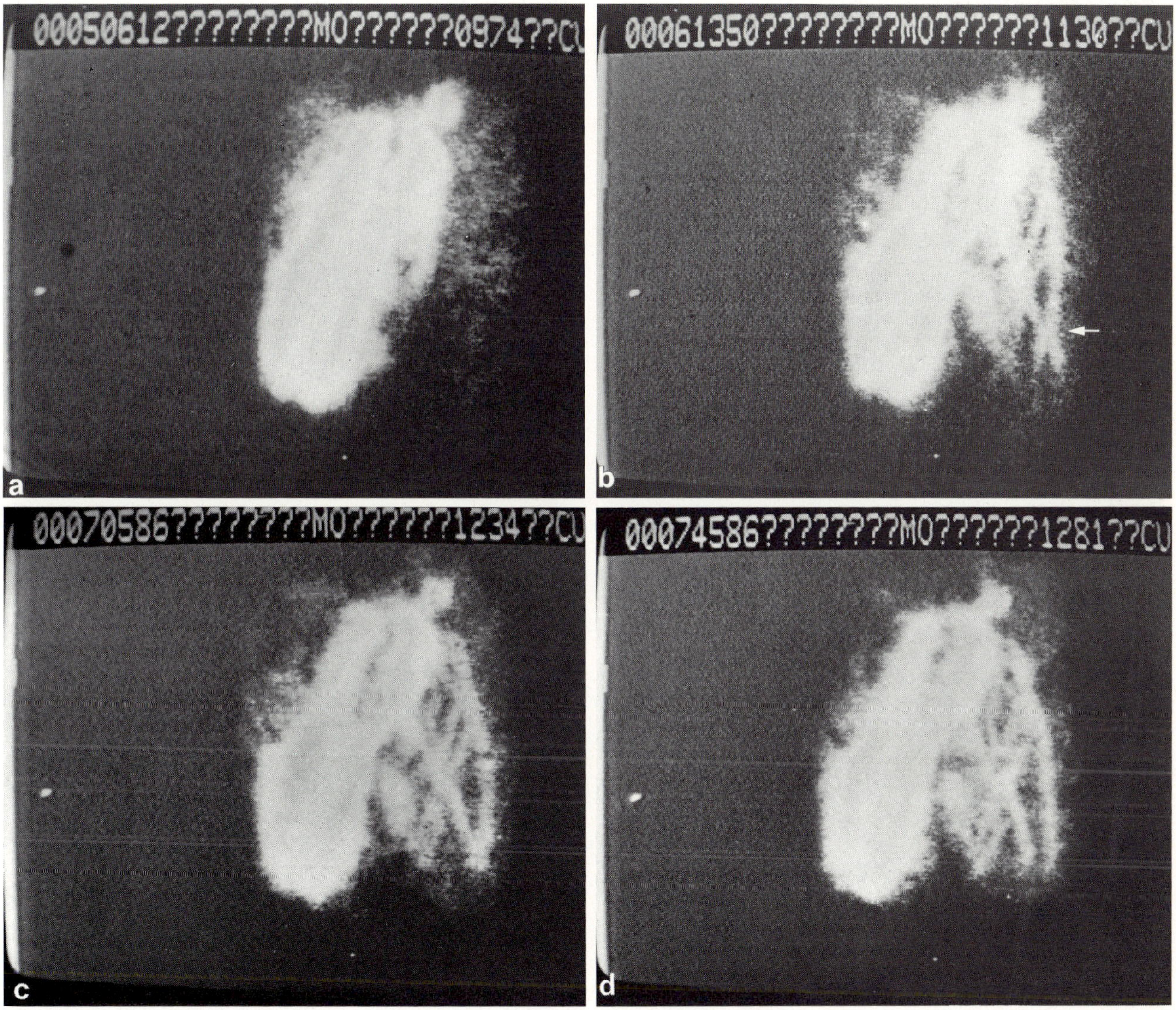


**Abb. II.5.** (**a**) Röntgentopographie eines durch Eindruck eines Diamanten gestörten Si-Kristalls (nach Hartmann).
(**b**) Nach Tempern auf 1130 °C wird die Ausbildung von Versetzungen beobachtet. Zwei Versetzungen (Pfeil) haben einen Knoten.
(**c**) Der Knoten ist zur Oberfläche gewandert. Die Temperatur beträgt jetzt 1234 °C.
(**d**) Die Versetzungen haben sich getrennt und bewegen sich weiter voneinander weg

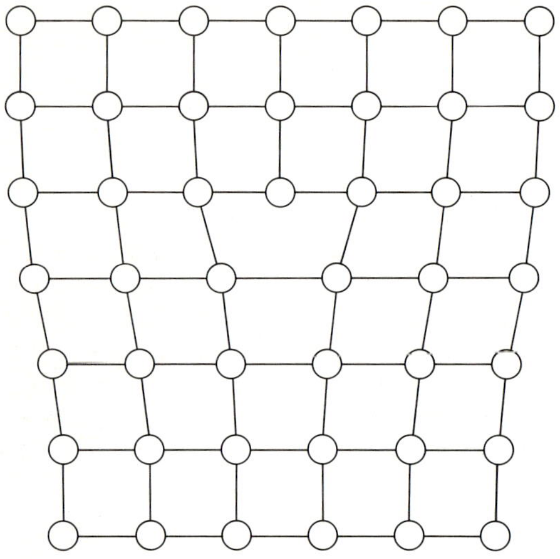

**Abb. II.6.** Schema einer einfachen Versetzung (Stufenversetzung). Nicht die hier gezeigte unmittelbare Umgebung der Versetzung ist in der Röntgentopographie sichtbar, sondern die großräumige elastische Verspannung eines Kristalls um die Versetzungslinie

stellung einer Versetzung zeigt Abb. II.6. Versetzungen erzeugen entlang einer Linie ein Verzerrungsfeld, das ebenfalls in der Topographie sichtbar wird. Abbildung II.5b zeigt solche Versetzungslinien nach Tempern des Si-Kristalls. Bei noch höheren Temperaturen wandern die Versetzungen schließlich auseinander, Abb. II.5c.

## Literatur

II.1 U. Bonse, W. Graeff, G. Materlik: Revue de Physique Appliquée **11**, 83 (1976)
U. Bonse: Private Mitteilung

II.2 W. Hartmann: *X-Ray Optics*, herausgegeben von H.J. Queisser, Topics Appl. Phys. **22** (Springer Berlin, Heidelberg, New York 1977) S. 191

II.3 W. Hartmann: Private Mitteilung

# 4. Dynamik von Kristallgittern

Die physikalischen Eigenschaften eines Festkörpers lassen sich grob unterteilen in solche, die vom Elektronensystem her bestimmt werden, und solche, die durch die Bewegungen der Atome um ihre Gleichgewichtslage gegeben sind. Zu letzteren gehören z. B. die Ausbreitungsgeschwindigkeit von Schallwellen, ferner die thermischen Eigenschaften: spezifische Wärme, thermische Ausdehnung und – bei Halbleitern und Isolatoren – die Wärmeleitfähigkeit. Auch die Härte eines Materials ist letztlich durch Bewegungen der Atome aus ihrer Gleichgewichtslage bestimmt, jedoch spielen hier Gitterfehler eine entscheidende Rolle.

Die Aufteilung der Festkörpereigenschaften in gitterdynamische und elektronische hat einen qualitativ leicht einsehbaren Grund: Die Bewegungen der Atomkerne im Festkörper sind wegen ihrer hohen Masse viel langsamer als die der Elektronen. Verschiebt man die Atome aus ihrer Gleichgewichtslage, so stellt sich eine neue Elektronenverteilung (mit höherer Gesamtenergie) ein. Das Elektronensystem bleibt bei dieser Verschiebung im Grundzustand. Bei Rückführung in die Ausgangslage wird also die volle aufgewandte Energie zurückgewonnen und es verbleibt keine Anregung des Elektronensystems. Die Gesamtenergie als Funktion der Koordinaten aller Atomkerne spielt also die Rolle eines Potentials für die Atombewegungen. Natürlich ist diese Betrachtungsweise nur eine Näherung. Es gibt auch Effekte, bei denen die Wechselwirkung zwischen Gitterdynamik und dem Elektronensystem wichtig ist (siehe Kap. 9). Die hier besprochene sogenannte „adiabatische" Näherung wurde von *Born* u. *Oppenheimer* [4.1] eingeführt.

Da das Potential für die Bewegung der Atomkerne durch die Gesamtenergie und damit letztlich durch die Eigenschaften des Elektronensystems gegeben ist, könnte man daran denken, zunächst die elektronischen Eigenschaften in allen Einzelheiten zu beschreiben, daraus das Potential für die Atombewegungen abzuleiten und schließlich daraus wieder alle jene Eigenschaften des Festkörpers, die durch die Atombewegungen bestimmt werden. Dieser Weg ist tatsächlich gangbar, jedoch mit einem für ein Lehrbuch unvertretbaren mathematischen Aufwand. Glücklicherweise lassen sich viele prinzipielle Aussagen über das thermische Verhalten von Festkörpern oder die Wechselwirkung mit elektromagnetischer Strahlung gewinnen, ohne daß die explizite Form des Potentials für die Kernbewegungen bekannt sein muß. Man benötigt lediglich einen allgemeinen Formalismus, mit dem für ein beliebiges Potential Bewegungsgleichungen aufgestellt und gelöst werden können. Mit diesem Formalismus wollen wir uns im folgenden beschäftigen. Seine Erarbeitung ist Voraussetzung für das Verständnis des folgenden Kapitels, in dem die thermischen Eigenschaften des Festkörpers besprochen werden.

## 4.1 Das Potential

Zunächst benötigen wir zur Kennzeichnung eines bestimmten Atomes eine geeignete Indizierung. Sie ist leider wegen der vielen Freiheitsgrade etwas kompliziert. Wie bisher numerieren wir die Elementarzelle durch das Zahlentripel $\boldsymbol{n}=(n_1, n_2, n_3)$ bzw. $\boldsymbol{m}=(m_1, m_2, m_3)$ und die Atome in der Zelle durch den Index $\alpha$ bzw. $\beta$. Die $i$-te Komponente des Ortsvektors in der Gleichgewichtslage wird dann mit $r_{\boldsymbol{n}\alpha i}$ und die Auslenkung aus der Gleichgewichtslage mit $s_{\boldsymbol{n}\alpha i}$ bezeichnet (Abb. 4.1). Wir entwickeln nun die Gesamtenergie des Kristalls $\Phi$, die eine Funktion aller Kernkoordinaten ist, in eine Taylorreihe um die Gleichgewichtslagen $r_{\boldsymbol{n}\alpha i}$

$$\Phi(r_{\boldsymbol{n}\alpha i}+s_{\boldsymbol{n}\alpha i})=\Phi(r_{\boldsymbol{n}\alpha i})+\tfrac{1}{2}\sum_{\substack{\boldsymbol{n}\alpha i\\ \boldsymbol{m}\beta j}}\frac{\partial^2\Phi}{\partial r_{\boldsymbol{n}\alpha i}\partial r_{\boldsymbol{m}\beta j}}s_{\boldsymbol{n}\alpha i}s_{\boldsymbol{m}\beta j}\ldots\;. \tag{4.1}$$

Der in den $s_{\boldsymbol{n}\alpha i}$ lineare Term verschwindet, da um die Gleichgewichtslage entwickelt wird. Die Summationsindizes $\boldsymbol{n}$, $\boldsymbol{m}$ zählen alle Elementarzellen ab, $\alpha$, $\beta$ die Atome in der Zelle und $i$, $j$ die drei Raumrichtungen. Höhere Glieder der Entwicklung sollen zunächst vernachlässigt werden. Die Gl. (4.1) stellt dann eine Erweiterung des Potentials eines harmonischen Oszillators auf viele Teilchen dar. Die Vernachlässigung höherer Terme in (4.1) heißt deshalb auch die „harmonische" Näherung. Effekte, die erst durch Hinzunahme weiterer Terme beschrieben werden können (z. B. die thermische Ausdehnung von Festkörpern, s. Kap. 5), werden als anharmonische Effekte bezeichnet.

Die Ableitungen des Potentials

$$\frac{\partial^2\Phi}{\partial r_{\boldsymbol{n}\alpha i}\partial r_{\boldsymbol{m}\beta j}}=\Phi_{\boldsymbol{n}\alpha i}^{\boldsymbol{m}\beta j} \tag{4.2}$$

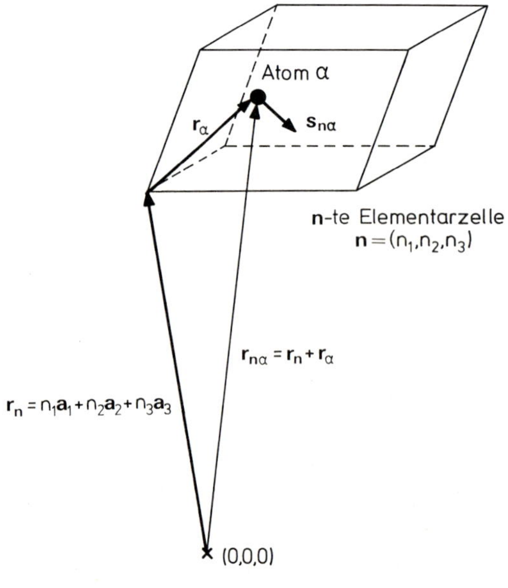


**Abb. 4.1.** Erklärung der Vektornomenklatur für Gitterschwingungen im dreidimensionalen periodischen Kristall: der Gittervektor $\boldsymbol{r}_{\boldsymbol{n}}$ führt vom willkürlich gewählten Gitterpunkt (0, 0, 0) zum Nullpunkt der $\boldsymbol{n}$-ten Elementarzelle $\boldsymbol{n}=(n_1, n_2, n_3)$, von wo aus die Lage des Atoms $\alpha$ durch $\boldsymbol{r}_\alpha$ beschrieben wird. Die Auslenkung des Atoms in der $\boldsymbol{n}$-ten Zelle sei dann $\boldsymbol{s}_{\boldsymbol{n}\alpha}$, so daß seine zeitabhängige Lage in bezug auf (0, 0, 0) $\boldsymbol{r}_{\boldsymbol{n}\alpha}+\boldsymbol{s}_{\boldsymbol{n}\alpha}(t)$ ist

heißen „Kopplungskonstanten". Sie haben die Dimension von Federkonstanten und stellen die Verallgemeinerung der Federkonstanten eines harmonischen Oszillators auf ein System mit vielen Freiheitsgraden dar. Die Größe $-\Phi_{\boldsymbol{n}\alpha i}^{\boldsymbol{m}\beta j} s_{\boldsymbol{m}\beta j}$ ist also die Kraft auf das Atom $\alpha$ in der Elementarzelle $\boldsymbol{n}$ in Richtung $i$, wenn das Atom $\beta$ in der Elementarzelle $\boldsymbol{m}$ in Richtung $j$ um die Strecke $s_{\boldsymbol{m}\beta j}$ verschoben wird. Bei positivem Wert von $\Phi_{\boldsymbol{n}\alpha i}^{\boldsymbol{m}\beta j}$ ist dabei die Kraft in negativer Richtung von $s$ wirksam. Wir sehen, daß die Beschreibung Wechselwirkungen zwischen beliebig weit entfernten Atomen zuläßt. Einfache Modelle begnügen sich häufig damit, nur die Wechselwirkung zwischen den nächsten Nachbarn zu berücksichtigen.

Die Kopplungskonstanten müssen einer Reihe von Bedingungen genügen, die sich aus der Isotropie des Raumes, der Translationsinvarianz und den Punktsymmetrien ergeben [4.2]. Aus der Translationsinvarianz bei Verschiebungen des Gitters um einen beliebigen Gittervektor folgt z. B., daß die Größe $\Phi_{\boldsymbol{n}\alpha i}^{\boldsymbol{m}\beta j}$ nur von der Differenz zwischen $\boldsymbol{m}$ und $\boldsymbol{n}$ abhängen darf.

$$\Phi_{\boldsymbol{n}\alpha i}^{\boldsymbol{m}\beta j} = \Phi_{0\alpha i}^{(\boldsymbol{m}-\boldsymbol{n})\beta j} . \tag{4.3}$$

## 4.2 Die Bewegungsgleichungen

Für die Auslenkung $s$ eines Atoms $\alpha$ in der Elementarzelle $\boldsymbol{n}$ in Richtung $i$ muß die Summe der Kräfte aus der Kopplung zu anderen Atomen und der Trägheitskraft Null sein:

$$M_\alpha \ddot{s}_{\boldsymbol{n}\alpha i} + \sum_{\boldsymbol{m}\beta j} \Phi_{\boldsymbol{n}\alpha i}^{\boldsymbol{m}\beta j} s_{\boldsymbol{m}\beta j} = 0 . \tag{4.4}$$

Für $N$ Elementarzellen und $r$ Atome in der Zelle sind dies $3rN$ gekoppelte Differentialgleichungen, die die Bewegung der Atome beschreiben. Für periodische Strukturen läßt sich glücklicherweise durch einen geeigneten Ansatz bereits eine weitgehende Entkopplung erzielen. Dieser besteht darin, den Auslenkungen $s_{\boldsymbol{n}\alpha i}$ bezüglich der Zellenkoordinaten die Form einer ebenen Welle zu geben:

$$s_{\boldsymbol{n}\alpha i} = \frac{1}{\sqrt{M_\alpha}} u_{\alpha i}(\boldsymbol{q}) \mathrm{e}^{\mathrm{i}(\boldsymbol{q}\cdot\boldsymbol{r}_{\boldsymbol{n}} - \omega t)} . \tag{4.5}$$

Im Gegensatz zu einer gewöhnlichen ebenen Welle ist diese Welle nur an den Gitterpunkten $\boldsymbol{r}_{\boldsymbol{n}}$ definiert. Setzt man den Ansatz in (4.4) ein, so erhält man eine Gleichung für die Amplituden $u_{\alpha i}$

$$-\omega^2 u_{\alpha i}(\boldsymbol{q}) + \sum_{\beta j} \underbrace{\sum_{\boldsymbol{m}} \frac{1}{\sqrt{M_\alpha M_\beta}} \Phi_{\boldsymbol{n}\alpha i}^{\boldsymbol{m}\beta j} \mathrm{e}^{\mathrm{i}\boldsymbol{q}\cdot(\boldsymbol{r}_{\boldsymbol{m}} - \boldsymbol{r}_{\boldsymbol{n}})}}_{D_{\alpha i}^{\beta j}(\boldsymbol{q})} u_{\beta j}(\boldsymbol{q}) = 0 \tag{4.6}$$

Wegen der Translationsinvarianz hängen die Glieder der Summe nach (4.3) nur von der Differenz $\boldsymbol{m}-\boldsymbol{n}$ ab. Nach Ausführung der Summation über $\boldsymbol{m}$ ergibt sich eine Größe $D_{\alpha i}^{\beta j}(\boldsymbol{q})$, die von $\boldsymbol{n}$ unabhängig ist. Sie koppelt also die Amplituden untereinander unabhängig von $\boldsymbol{n}$. Dies ist die Rechtfertigung dafür, daß in dem Ansatz (4.5) die Amplituden tatsächlich ohne den Index $\boldsymbol{n}$ geschrieben werden durften. Die Größen $D_{\alpha i}^{\beta j}(\boldsymbol{q})$ bilden die dynamische Matrix. Das Gleichungssystem

$$-\omega^2 u_{\alpha i}(\boldsymbol{q}) + \sum_{\beta j} D_{\alpha i}^{\beta j}(\boldsymbol{q}) u_{\beta j}(\boldsymbol{q}) = 0 \tag{4.7}$$

ist ein lineares homogenes Gleichungssystem von der Ordnung $3r$. Im Falle eines primitiven Gitters ist $r=1$ und für jeden Wellenvektor $\boldsymbol{q}$ ist nur noch ein System dreier Gleichungen zu lösen. Wir sehen, welche Vereinfachung die Translationssymmetrie bedeutet!

Ein lineares homogenes Gleichungssystem hat nur dann Lösungen (Eigenlösungen), wenn die Determinante verschwindet:

$$\mathrm{Det}\,\{D_{\alpha i}^{\beta j}(\boldsymbol{q}) - \omega^2 \mathbf{1}\} = 0\,. \tag{4.8}$$

Diese Gleichung hat für jeden Wellenzahlvektor $\boldsymbol{q}$ gerade $3r$ verschiedene Lösungen für $\omega(\boldsymbol{q})$. Die Abhängigkeit $\omega(\boldsymbol{q})$ wird als *Dispersionsrelation* bezeichnet. Die $3r$ verschiedenen Lösungen bezeichnet man als die „*Zweige*“ der Dispersionsrelation. Über diese Zweige lassen sich eine Reihe von allgemeinen Aussagen machen. Wir wollen diese Aussagen jedoch nicht mathematisch-allgemein aus (4.8) herleiten, sondern einen speziellen Fall, die lineare zweiatomige Kette, diskutieren. Wir können dann die Ergebnisse benutzen, um uns einen Überblick über die Dispersionszweige des dreidimensionalen Kristalles zu verschaffen.

## 4.3 Die lineare zweiatomige Kette

Die in (4.1) und (4.2) dargestellten Zusammenhänge werden an einem Modell verdeutlicht, das zwar für die Physik des realen Festkörpers kaum eine Bedeutung hat, wegen seiner einfachen Mathematik aber gerne herangezogen wird. Wir betrachten eine lineare Kette mit gleichen Federn zu den nächsten Nachbarn (Federkonstante $f$) und zwei Atomen in der Elementarzelle.

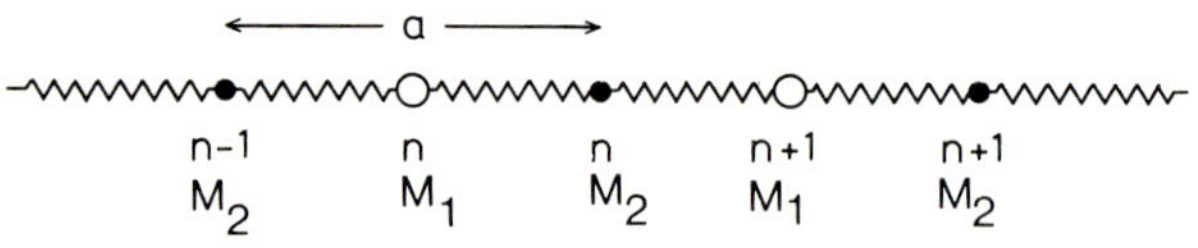


**Abb. 4.2.** Modell der zweiatomigen linearen Kette

Die Indizes $\alpha$, $\beta$ in (4.4) durchlaufen also die Werte 1 und 2, der Index $i$ hat nur einen Wert, kann also weggelassen werden. Da nur Wechselwirkung mit den nächsten Nachbarn angenommen wird, kann in der Summe in (4.4) der Index $m$ nur die Werte $n+1$, $n$, $n-1$ annehmen. Damit folgt

$$\begin{aligned} M_1 \ddot{s}_{n1} + \Phi_{n1}^{n-1,2} s_{n-1,2} + \Phi_{n1}^{n1} s_{n1} + \Phi_{n1}^{n2} s_{n2} &= 0 \\ M_2 \ddot{s}_{n2} + \Phi_{n2}^{n1} s_{n1} + \Phi_{n2}^{n2} s_{n2} + \Phi_{n2}^{n+1,1} s_{n+1,1} &= 0\,. \end{aligned} \tag{4.9}$$

Die Werte dieser verbleibenden Kopplungskonstanten sind

$$\Phi_{n1}^{n-1,2} = \Phi_{n1}^{n2} = \Phi_{n2}^{n1} = \Phi_{n2}^{n+1,1} = -f \tag{4.10}$$

und

$$\Phi_{n1}^{n1} = \Phi_{n2}^{n2} = +2f.$$

Damit erhalten wir

$$\begin{aligned} M_1 \ddot{s}_{n1} + f(2s_{n1} - s_{n2} - s_{n-1,2}) &= 0 \\ M_2 \ddot{s}_{n2} + f(2s_{n2} - s_{n1} - s_{n+1,1}) &= 0 . \end{aligned} \tag{4.11}$$

Der Ansatz ebener Wellen (4.5) lautet dann

$$s_{n\alpha} = \frac{1}{\sqrt{M_\alpha}} u_\alpha(q) e^{i(qan - \omega t)} . \tag{4.12}$$

Wir setzen (4.12) in (4.11) ein und erhalten

$$\begin{aligned} \left(\frac{2f}{M_1} - \omega^2\right) u_1 - f \frac{1}{\sqrt{M_1 M_2}} (1 + e^{-iqa}) u_2 &= 0 \\ -f \frac{1}{\sqrt{M_1 M_2}} (1 + e^{iqa}) u_1 + \left(\frac{2f}{M_2} - \omega^2\right) u_2 &= 0 . \end{aligned} \tag{4.13}$$

Die dynamische Matrix $D_{\alpha i}^{\beta j}(\boldsymbol{q})$ ist also

$$\begin{pmatrix} \dfrac{2f}{M_1} & \dfrac{-f}{\sqrt{M_1 M_2}} (1 + e^{-iqa}) \\ \dfrac{f}{\sqrt{M_1 M_2}} (1 + e^{iqa}) & \dfrac{2f}{M_2} \end{pmatrix} \tag{4.14}$$

Nullsetzen der Determinante des Gleichungssystems (4.13) führt auf die Dispersionsrelation

$$\omega^2 = f\left(\frac{1}{M_1} + \frac{1}{M_2}\right) \pm f\left[\left(\frac{1}{M_1} + \frac{1}{M_2}\right)^2 - \frac{4}{M_1 M_2} \sin^2 \frac{qa}{2}\right]^{1/2} . \tag{4.15}$$

Offenbar ist diese Dispersionsrelation periodisch in $q$ mit der Periode

$$\frac{qa}{2}=\pi \qquad q=\frac{2\pi}{a}. \tag{4.16}$$

Der Periodizitätsabstand in $q$ ist also gerade ein reziproker Gittervektor. Dies läßt sich auch allgemein für beliebige Gitter zeigen. Wir brauchen dazu nur auf die Definition der dynamischen Matrix zurückzugehen. Es gilt nämlich:

$$D^{\beta j}_{\alpha i}(\boldsymbol{q})=D^{\beta j}_{\alpha i}(\boldsymbol{q}+\boldsymbol{G}) \quad \text{wegen (3.12)} \quad \boldsymbol{G}\cdot\boldsymbol{r}_{\boldsymbol{n}}=2\pi m. \tag{4.17}$$

Also müssen auch die Eigenlösungen (4.7) bzw. (4.8) die Bedingung

$$\omega(\boldsymbol{q})=\omega(\boldsymbol{q}+\boldsymbol{G}). \tag{4.18}$$

erfüllen.

Es gilt ferner

$$\omega(-\boldsymbol{q})=\omega(\boldsymbol{q}), \tag{4.19}$$

denn $s(-\boldsymbol{q})$ stellt gerade die rücklaufende Welle zu $s(\boldsymbol{q})$ dar. Hin- und rücklaufende Welle gehen aber auch durch Zeitumkehr auseinander hervor. Andererseits sind die Bewegungsgleichungen zeitumkehrinvariant, woraus folgt, daß die Eigenfrequenzen für $+\boldsymbol{q}$ und $-\boldsymbol{q}$ gleich sein müssen. Wir können die Inversionssymmetrie von $\omega$ im $\boldsymbol{q}$-Raum (4.19) auch aus der entsprechenden Symmetrie der dynamischen Matrix (4.6) herleiten. Ersetzt man in (4.6) $\boldsymbol{q}$ durch $-\boldsymbol{q}$, so entspricht dies in der Definition der dynamischen Matrix lediglich einer Umbenennung der Indizes $\boldsymbol{m}$ und $\boldsymbol{n}$. Die dynamische Matrix hängt aber von diesen Indizes nicht ab. Bei der Darstellung von $\omega(\boldsymbol{q})$ genügt es also, sich auf den Bereich $0\leqq q\leqq G/2$ zu beschränken. Der Punkt $q=G/2$ liegt gerade auf dem Rand der in Abschn. 3.5 eingeführten Brillouin-Zone. Die Funktion $\omega(\boldsymbol{q})$ ist also durch Angabe ihrer Werte in einem Oktanten der Brillouin-Zone vollständig bestimmt.

Für das Beispiel der linearen Kette sind in Abb. 4.3 die beiden Zweige für ein Massenverhältnis $M_1/M_2=5$ dargestellt. Der Zweig, der für kleine $q$ gegen Null geht, heißt *akustischer* Zweig. Für diesen Zweig ist für kleine $q$ ($q\ll\pi/a$) die Kreisfrequenz $\omega$ proportional zum Wellenzahlvektor $q$. Der akustische Zweig beschreibt dann also die dispersionsfreie Ausbreitung von Schallwellen.

Der Zweig, für den $\omega(\boldsymbol{q})\neq 0$ für $\boldsymbol{q}=\boldsymbol{0}$ ist, heißt *optischer* Zweig. Seine Frequenzen an den Punkten $q=0$ und $q=\pi/a$ lassen sich einfach interpretieren: Bei $q=0$ sind die Auslenkungen in jeder Elementarzelle gleich. Die Untergitter aus leichter und schwerer Masse schwingen gegeneinander. Damit reduziert sich das System auf ein Zweimassensystem mit der Federkonstanten $2f$ und der reduzierten Masse $1/\mu=1/M_1+1/M_2$. Für $q=\pi/a$ ist entweder das Gitter mit der schweren Masse $M_1$ oder der leichten Masse $M_2$ in Ruhe. Dementsprechend sind die Frequenzen $(2f/M_2)^{1/2}$ und $(2f/M_1)^{1/2}$.

Das beschriebene Modell wird gerne herangezogen, um Schwingungen in Ionenkristallen zu beschreiben, wo benachbarte Gitterpunkte mit Ionen entgegengesetzter Ladung belegt sind. Beim Vorliegen einer optischen Mode bei $q\cong 0$ bewegen sich dann

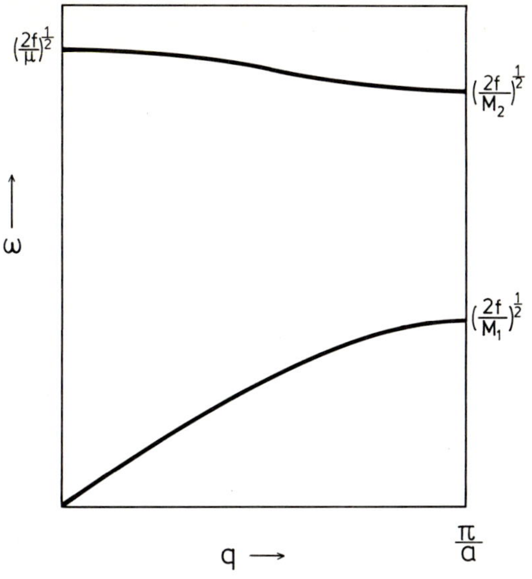


**Abb. 4.3.** Dispersionskurven einer zweiatomigen linearen Kette mit einem Massenverhältnis $M_1/M_2=5$. Mit zunehmendem Massenverhältnis verläuft der optische Zweig immer flacher

innerhalb einer Elementarzelle die positiven Ladungen entgegengesetzt zu den negativen, d.h., es entsteht ein Dipolmoment. Dieses koppelt an ein äußeres elektrisches Wechselfeld (z. B. Infrarotstrahlung) an, wodurch eine solche Schwingung infrarot-aktiv wird, d. h. infrarotes Licht absorbiert (siehe Kap. 11).

Bei der linearen Kette hatten wir nur Auslenkungen in Richtung der Kette zugelassen. Die Wellen sind also longitudinale Wellen. Beim dreidimensionalen Kristall gibt es zusätzlich noch jeweils zwei transversale Wellen. Allerdings ist die Trennung in longitudinal und transversal nur in bestimmten Symmetrierichtungen des Kristalls möglich. Für beliebige Richtung haben die Wellen einen Mischcharakter. Jeder Kristall hat drei akustische Zweige. Für kleinere $q$ (lange Wellen) entsprechen diese den Schallwellen der Elastizitätstheorie. Für jedes zusätzliche Atom in der Elementarzelle erhält man drei weitere optische Zweige. Die Abzählung der Zahl der Atome in der Elementarzelle muß dabei an der kleinstmöglichen Elementarzelle erfolgen. Beim kubischen fcc Gitter, in dem ja viele Metalle kristallisieren, enthält die kleinstmögliche Elementarzelle nur ein Atom (siehe Abb. 2.8a). Solche Kristalle haben also nur akustische Zweige. Das gleiche gilt für die kubischraumzentrierte Struktur.

Wenn man sagt, daß Kristalle drei akustische Zweige haben, so heißt das nicht, daß diese unter allen Umständen verschiedene Frequenzen haben müssen. In den kubischen Strukturen z. B. sind die beiden transversalen Zweige entlang der [001]- und [111]-Richtung entartet. Dies gilt auch für das Diamantgitter (siehe Abb. 4.4). Dieses Gitter enthält aber in der kleinstmöglichen Elementarzelle zwei Atome, weist also neben den akustischen Zweigen auch optische Zweige auf.

Man beachte, daß „optisch" alle Zweige genannt werden, die bei $q=0$ eine von Null verschiedene Frequenz aufweisen. Dies ist nicht gleichbedeutend mit optischer Aktivität, was gerade am Beispiel des Diamantgitters erläutert werden kann: Bei $q=0$ im optischen Zweig schwingen die beiden kubisch flächenzentrierten Untergitter des Diamantgitters gegeneinander. Da aber beide Untergitter gleich sind, entsteht bei dieser Schwingung kein Dipolmoment, und es findet keine Wechselwirkung mit Licht statt. Die optischen Zweige sind bei $q=0$ dreifach entartet. In Abschn. 2.4 hatten wir gesehen,

a

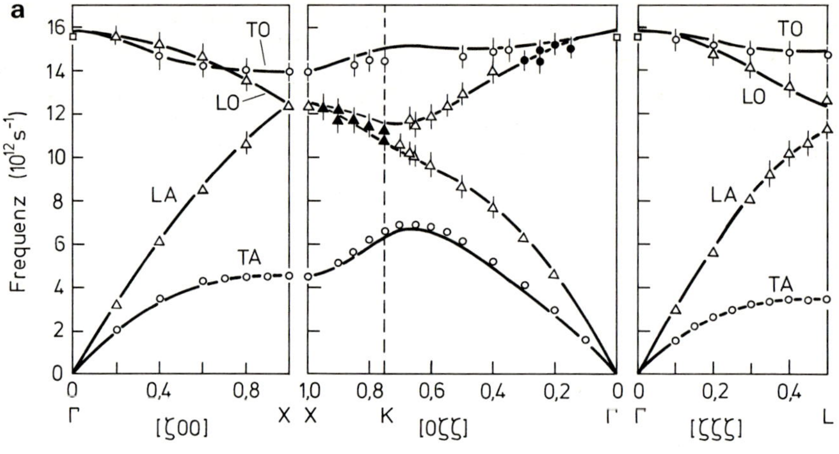


b

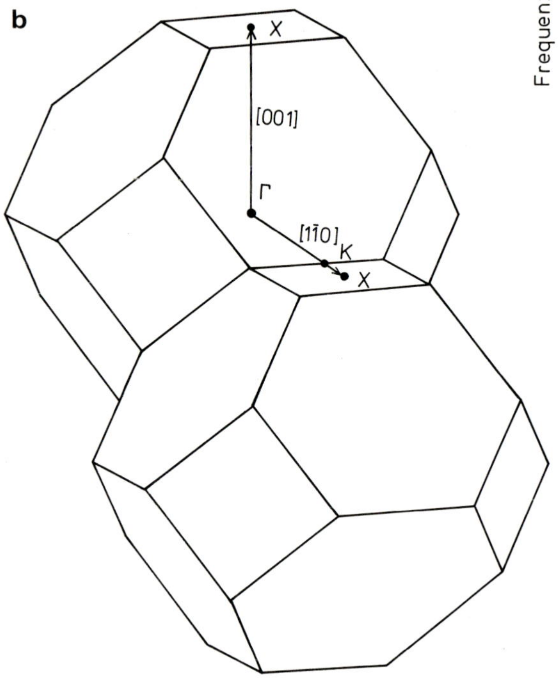


**Abb.4.4.** (**a**) Phonon Dispersionskurven von Si. Die Kreise und Dreiecke sind Meßpunkte, die ausgezogenen Linien das Ergebnis einer Modellrechnung nach *Dolling* u. *Cowley* [4.3]. Anstelle des Wellenzahlvektors $\boldsymbol{q}$ benutzt man häufig eine Auftragung in den Koordinaten des reduzierten Wellenzahlvektors $\boldsymbol{\zeta}=\boldsymbol{q}/(2\pi/a)$. Die gezeichneten Längen der Abszissen entsprechen den richtigen Entfernungen der Punkte in der Brillouin-Zone.

Die Zweige der Phonon Dispersionskurven tragen die Bezeichnungen TA (transversal akustisch), LA (longitudinal akustisch), TO (transversal optisch) und LO (longitudinal optisch). Entlang der [100] und der [111] Richtung sind die transversalen Zweige entartet. Zur Entartung von LO und TO in $\Gamma$ siehe auch Abschn. 11.4. (**b**) An diesen aneinander gezeichneten Brillouin-Zonen kann man sehen, daß man beim Fortschreiten entlang der [110]-Richtung von $\Gamma$ nach $K$ und von dort auf der angrenzenden Brillouin-Zone von $K$ nach $X$ gelangt. Man kann also den Punkt $X$ durch die Wellenzahlvektoren $\boldsymbol{q}=2\pi/a$ [001] und $\boldsymbol{q}=2\pi/a$ [1$\bar{1}$0] beschreiben. Man mache sich an Hand des fcc Gitters (Abb. 2.8 bzw. 2.12) klar, daß diese $\boldsymbol{q}$-Vektoren dieselben Atombewegungen beschreiben

daß solche dreifachen Entartungen nur bei den Punktgruppen kubischer Gitter möglich sind.

Im Gegensatz zum Diamantgitter sind beim Zinkblendegitter die beiden fcc-Untergitter mit verschiedenen Atomen besetzt. Dadurch entsteht mit der „optischen" Schwingung ein Dipolmoment, das zur Absorption elektromagnetischer Strahlung im Frequenzbereich dieser Schwingung Anlaß gibt. In Kap. 11 werden wir lernen, daß dadurch auch die Entartung zwischen der longitudinal optischen und den transversal optischen Wellen aufgehoben wird.

## 4.4 Streuung an zeitlich veränderlichen Strukturen

Die Lösungen der Bewegungsgleichungen des Gitters haben die Form ebener Wellen. In Analogie zum Wellen-Teilchen Dualismus in der Quantentheorie kann man sich fragen, ob auch Gitterwellen als Teilchen (Phononen) aufgefaßt werden können. Der Teilchenaspekt müßte sich dann z. B. in der Wechselwirkung mit anderen Teilchen, also Elektronen, Neutronen, Atomen und Photonen offenbaren. Wir erweitern deshalb die in Kap. 3 abgeleitete Streutheorie auf Strukturen, die einer zeitlichen Veränderung unterliegen. Die Behandlung des Problems erfolgt also wieder im Rahmen einer quasi-klassischen Betrachtung. Später bei der Elektron-Phonon Streuung (Kap. 9) werden wir auch die quantenmechanische Darstellung kennenlernen.

Wir gehen auf die mit Gl. (3.6) abgeleitete Streuamplitude $A_B$ zurück

$$A_B \propto e^{i\omega_0 t} \int \varrho[\boldsymbol{r}(t)] e^{i\boldsymbol{K}\cdot\boldsymbol{r}(t)} d\boldsymbol{r} . \tag{4.20}$$

Zur Vereinfachung der Mathematik betrachten wir jetzt ein primitives Gitter und die Atome als punktförmige Streuzentren an den zeitabhängigen Orten $\boldsymbol{r}_n(t)$. Wir setzen also $\varrho(\boldsymbol{r}(t)) \propto \sum_{\boldsymbol{n}} \delta(\boldsymbol{r}-\boldsymbol{r}_{\boldsymbol{n}}(t))$

$$A_B \propto e^{i\omega_0 t} \sum_{\boldsymbol{n}} e^{i\boldsymbol{K}\cdot\boldsymbol{r}_{\boldsymbol{n}}(t)} . \tag{4.21}$$

Wir zerlegen die zeitabhängigen Vektoren $\boldsymbol{r}_{\boldsymbol{n}}(t)$ in den Gittervektor $\boldsymbol{r}_{\boldsymbol{n}}$ und die Auslenkung aus der Ruhelage $\boldsymbol{s}_{\boldsymbol{n}}(t)$

$$\boldsymbol{r}_{\boldsymbol{n}}(t) = \boldsymbol{r}_{\boldsymbol{n}} + \boldsymbol{s}_{\boldsymbol{n}}(t) . \tag{4.22}$$

Damit erhält man

$$A \propto \sum_{\boldsymbol{n}} e^{i\boldsymbol{K}\cdot\boldsymbol{r}_{\boldsymbol{n}}} e^{i\boldsymbol{K}\cdot\boldsymbol{s}_{\boldsymbol{n}}(t)} e^{i\omega_0 t} . \tag{4.23}$$

Für kleine Auslenkungen $\boldsymbol{s}(t)$ können wir entwickeln [der Beweis ist für harmonische Systeme auch für beliebige $\boldsymbol{s}(t)$ zu führen]

$$A \propto \sum_{\boldsymbol{n}} e^{i\boldsymbol{K}\cdot\boldsymbol{r}_{\boldsymbol{n}}} [1 + i\boldsymbol{K}\cdot\boldsymbol{s}_{\boldsymbol{n}}(t) \ldots] e^{i\omega_0 t} . \tag{4.24}$$

Mit der allgemeinsten Form der Entwicklung nach ebenen Wellen

$$\boldsymbol{s}_{\boldsymbol{n}}(t) = \boldsymbol{u} \frac{1}{\sqrt{M}} e^{\pm i[\boldsymbol{q}\cdot\boldsymbol{r}_{\boldsymbol{n}} - \omega(\boldsymbol{q})t]} \tag{4.25}$$

erhalten wir neben der schon bekannten elastischen Streuung Terme

$$A_{\text{inel}} \propto \sum_{\boldsymbol{n}} e^{i(\boldsymbol{K}\pm\boldsymbol{q})\cdot\boldsymbol{r}_{\boldsymbol{n}}} i\boldsymbol{K}\cdot\boldsymbol{u} \frac{1}{\sqrt{M}} e^{-i[\omega_0 \pm \omega(\boldsymbol{q})]t} . \tag{4.26}$$

Es gibt also Streuwellen, für die die Frequenz $\omega$ gegenüber der Primärwelle gerade um die Frequenz der Gitterwelle verschoben ist. Für diese Streuwellen gilt auch hinsichtlich der Wellenzahlvektoren eine Streubedingung, da die Summe über $\boldsymbol{n}$ nur Beiträge liefert, wenn $\boldsymbol{K}\pm\boldsymbol{q}$ gleich einem reziproken Gittervektor $\boldsymbol{G}$ ist

$$\begin{aligned} \omega &= \omega_0 \pm \omega(\boldsymbol{q}) \\ \boldsymbol{k} - \boldsymbol{k}_0 \pm \boldsymbol{q} &= \boldsymbol{G} . \end{aligned} \tag{4.27}$$

Multipliziert man beide Gleichungen mit $\hbar$

$$\begin{aligned} &\hbar\omega - \hbar\omega_0 \mp \hbar\omega(\boldsymbol{q}) = 0\,, \\ &\hbar\boldsymbol{k} - \hbar\boldsymbol{k}_0 \mp \hbar\boldsymbol{q} + \hbar\boldsymbol{G} = \boldsymbol{0}\,, \end{aligned} \tag{4.28}$$

so erkennt man, daß die erste Gleichung in einer quantenmechanischen Interpretation dieses klassischen Ergebnisses einer Energieerhaltung entspricht. Das Plus-Zeichen steht für die Anregung einer Gitterwelle, das Minus-Zeichen für die Abgabe von Energie aus der Gitterwelle an die Primärwelle. Letzterer Prozeß verlangt natürlich zusätzlich, daß die Gitterwelle mit ausreichender Amplitude angeregt war, siehe (5.8). Die zweite Erhaltungsgleichung kann man als einen Quasiimpulssatz auffassen, wenn man $\hbar\boldsymbol{q}$ als Quasiimpuls der Gitterwelle bezeichnet. Im Sinne der Erhaltungssätze (4.28) kann man also die Gitterwelle als Teilchen auffassen. Für diese „Teilchen" ist der Ausdruck Phononen üblich. Der Quasiimpuls der Phononen ist allerdings, anders als ein gewöhnlicher Impuls, nur bis auf einen reziproken Gittervektor definiert. Auch hat er nichts mit dem Impuls der Atome zu tun. Hier gilt ja wegen der Periodizität der Gitterwellen $\sum_i m_i v_i \equiv 0$ für alle Zeiten. Wir haben deshalb die Größe $\hbar\boldsymbol{q}$ „Quasiimpuls" genannt.

Zum Abschluß sei betont, daß bei der Herleitung der Erhaltungssätze (4.28) die Bewegungen des Gitters rein klassisch beschrieben wurden. Das Teilchenmodell ist also hier kein Ergebnis der Quantenmechanik, kann aber quantentheoretisch begründet werden, wenn man von den allgemeinen Quantisierungsvorschriften für Bewegungsgleichungen ausgeht.

## 4.5 Phononenspektroskopie

Die Impuls- und Energieerhaltungssätze für die inelastische Wechselwirkung von Licht- und Materiewellen mit Phononen lassen sich dazu verwenden, Phonondispersionskurven experimentell zu ermitteln. Wir wollen zunächst die Wechselwirkung mit Licht diskutieren.

Die inelastische Streuung von Licht im Frequenzbereich um das sichtbare Licht wird als Raman-Streuung (bzw. auch Brillouin-Streuung bei Wechselwirkung mit akustischen Wellen) bezeichnet. Die Streuung entsteht dabei durch Polarisation der Atome im Strahlungsfeld und Abstrahlung als Dipolstrahlung. Für den Frequenzbereich des sichtbaren Lichtes ist der maximale Wellenzahlübertrag

$$2k_0 = \frac{4\pi}{\lambda} \sim 2 \cdot 10^{-3}\,\text{Å}^{-1}$$

also etwa gleich 1/1000 eines reziproken Gittervektors. Mit der Raman-Streuung werden also nur Gitterschwingungen in der Nähe des Zentrums der Brillouin-Zone erfaßt (Tafel III).

Anders sähe es mit inelastischer Streuung von Röntgenlicht aus. Mit Röntgenlicht kann man, wie wir schon aus der Diskussion der Beugung wissen, leicht Wellenzahlen von der Größenordnung reziproker Gittervektoren übertragen. Die Quantenenergie der

Röntgenstrahlen liegt dann aber bei $10^4$ eV. Die natürliche Breite charakteristischer Röntgenlinien ist ungefähr 1 eV, während Phononenenergien im Bereich von 1–100 meV liegen. Für eine Phononenspektroskopie müßte man also das Röntgenlicht auf ca. 1 meV monochromatisieren. Hierzu könnte man Kristallmonochromatoren verwenden. Dabei wird wie bei optischen Gittern (Tafel XII) die Wellenlängenabhängigkeit der Beugung ausgenutzt. Differenziert man die Braggsche Gleichung

$$\begin{aligned} \lambda &= 2d \sin\theta \\ \Delta\lambda &= 2\Delta d \sin\theta + 2d\Delta\theta \cos\theta\,, \end{aligned} \tag{4.29}$$

so erhält man einen Ausdruck für die Monochromasie der Strahlung als Funktion der Winkelapertur $\Delta\theta$ und der Abweichung $\Delta d$ der Gitterkonstanten vom mittleren Wert (Tafel II)

$$\frac{\Delta\lambda}{\lambda} = -\frac{\Delta E}{E} = \frac{\Delta d}{d} + \Delta\theta \operatorname{ctg}\theta\,. \tag{4.30}$$

Für Röntgenlicht müßte $\Delta\lambda/\lambda \sim 10^{-7}$ sein. Die entsprechende Winkelapertur würde keine Intensität mehr übrig lassen, ganz abgesehen davon, daß die Anforderung an die Perfektion bzw. Verspannungsfreiheit des Kristalls mit $\Delta d/d \sim 10^{-7}$ schwer erfüllbar ist (Tafel II).

Bedeutend günstiger liegen die Verhältnisse bei Neutronen (auch Atomen). Hier sind die Primärenergien, die zu genügend großen Wellenzahlüberträgen führen, im Bereich von 0,1–1 eV ($\Delta\lambda/\lambda \sim 10^{-2}$–$10^{-3}$). Entsprechende Neutronen stehen als thermische Neutronen an Reaktoren zur Verfügung. Das Prinzip eines vollständigen Neutronenspektrometers mit Monochromator, Probe und Analysator zeigt Abb. I.4. Mit inelastischer Neutronenstreuung sind die Phonon-Dispersionskurven für alle wichtigen Materialien bestimmt worden. Als Beispiel zeigt Abb. 4.4 die Dispersionskurven für Si.

# Tafel III Raman-Spektroskopie

Seit der Entwicklung der LASER hat sich die Raman-Spektroskopie [III.1] als ein wichtiges Hilfsmittel zur Untersuchung elementarer Anregungen des Festkörpers, wie Phononen, Plasmonen usw. durchgesetzt. Bei dieser Art der Spektroskopie wird die inelastische Lichtstreuung durch die betreffenden elementaren Anregungen untersucht. Im Zusammenhang mit der Streuung an Phononen wurde diese inelastische Streuung schon in Abschn. 4.5 erwähnt. Wie bei allen Streuprozessen an zeitlich sich ändernden periodischen Strukturen (z. B. schwingendes Gitter) müssen Energie und Wellenzahlvektor (bis auf einen reziproken Gittervektor $\boldsymbol{G}$) erhalten bleiben, d. h., es muß gelten

$$\hbar\omega_0 - \hbar\omega \pm \hbar\omega(\boldsymbol{q}) = 0\,, \qquad \text{(III.1)}$$

$$\hbar\boldsymbol{k}_0 - \hbar\boldsymbol{k} \pm \hbar\boldsymbol{q} + \hbar\boldsymbol{G} = 0\,, \qquad \text{(III.2)}$$

wobei $\omega_0$ und $\boldsymbol{k}_0$ bzw. $\omega$ und $\boldsymbol{k}$ die einfallende bzw. die gestreute Lichtwelle beschreiben; $\omega(\boldsymbol{q})$ und $\boldsymbol{q}$ sind Frequenz und Wellenzahlvektor der elementaren Anregung, z.B. des Phonons. Für Licht aus dem sichtbaren Spektralbereich ist nach Abschn. 4.5 $|\boldsymbol{k}_0|$ bzw. $|\boldsymbol{k}|$ von der Größenordnung 1/1000 eines reziproken Gittervektors, d. h. es nehmen an der Raman-Streuung nur Anregungen aus dem Zentrum der Brillouin-Zone ($|\boldsymbol{q}| \approx 0$) teil.

Die Wechselwirkung von Licht aus dem sichtbaren Spektralbereich mit dem Festkörper geschieht über die Polarisierbarkeit der Valenzelektronen. Eine einfallende Lichtwelle erzeugt mit ihrem elektrischen Feld $\mathscr{E}_0$ über den Suszeptibilitätstensor $\underset{\sim}{\chi}$ eine Polarisation $\boldsymbol{P}$, d. h.

$$\boldsymbol{P} = \varepsilon_0 \underset{\sim}{\chi} \mathscr{E}_0 \quad \text{bzw.} \quad P_i = \varepsilon_0 \sum_j \chi_{ij} \mathscr{E}_{j0}\,; \qquad \text{(III.3)}$$

die periodische Änderung von $\boldsymbol{P}$ wiederum hat die Ausstrahlung einer Welle, der gestreuten Welle, zur Folge. In klassischer Näherung läßt sich die Streustrahlung als Dipol-Strahlung der durch $\boldsymbol{P}$ gegebenen oszillierenden Dipole auffassen. Nach den Gesetzen der Elektrodynamik ergibt sich die pro Festkörpervolumen in eine Richtung $\hat{s}$ (Einheitsvektor) abgestrahlte Energiestromdichte (Poynting-Vektor) $\boldsymbol{S}$ im Abstand $r$ zu

$$\boldsymbol{S}(t) = \frac{\omega^4 P^2 \sin^2 \vartheta}{16\pi^2 \varepsilon_0 r^2 c^3}\,\hat{s}\,. \qquad \text{(III.4)}$$

Hierbei ist $\vartheta$ der von der Beobachtungsrichtung $\hat{s}$ und der Schwingungsrichtung der Polarisation $\boldsymbol{P}$ eingeschlossene Winkel. Die elektronische Suszeptibilität $\underset{\sim}{\chi}$ in (III.3) ist nun eine Funktion der Kernkoordinaten, d. h. also auch der Auslenkungen, die mit der Gitterschwingung $[\omega(\boldsymbol{q}), \boldsymbol{q}]$ gegeben sind. In gleicher Weise ist $\underset{\sim}{\chi}$ eine Funktion irgendwelcher anderen Kollektivanregungen $X[\omega(\boldsymbol{q}), \boldsymbol{q}]$, z. B. der Dichteschwankungen, die mit einer longitudinalen Elektronenplasmawelle (siehe Abschn. 11.9) gegeben sind, oder der wellenförmig sich ausbreitenden Abweichung der Magnetisierung von einer perfekten Anordnung in Ferromagneten (Magnon). Diese „Auslenkungen“ $X[\omega(\boldsymbol{q}), \boldsymbol{q}]$ sind als Störungen aufzufassen und in einer formalen Entwicklung nach $X$ kann man sich auf zwei Glieder beschränken

$$\underset{\sim}{\chi} = \underset{\sim}{\chi}^0 + (\partial\underset{\sim}{\chi}/\partial X)X\,. \qquad \text{(III.5)}$$

Weil nur Anregungen bei $\boldsymbol{q} \approx 0$ betrachtet werden müssen, schreiben wir vereinfachend $X = X_0 \cos[\omega(\boldsymbol{q}) \cdot t]$, und wenn das elektrische Feld $\mathscr{E}_0$ der einfallenden Lichtwelle als $\mathscr{E}_0 = \hat{\mathscr{E}}_0 \cos\omega_0 \cdot t$ beschrieben wird, ergibt sich nach (III.3) für die in (III.4) einzusetzende Polarisation:

$$\begin{aligned}\boldsymbol{P} &= \varepsilon_0 \underset{\sim}{\chi}^0 \hat{\mathscr{E}}_0 \cos\omega_0 t + \varepsilon_0 \frac{\partial\underset{\sim}{\chi}}{\partial X} X_0 \hat{\mathscr{E}}_0 \cos[\omega(\boldsymbol{q}) \cdot t] \cos\omega_0 t \\ &= \varepsilon_0 \underset{\sim}{\chi}^0 \hat{\mathscr{E}}_0 \cos\omega_0 t + \frac{1}{2}\varepsilon_0 \frac{\partial\underset{\sim}{\chi}}{\partial X} X_0 \hat{\mathscr{E}}_0 \\ &\quad \{\cos[\omega_0 + \omega(\boldsymbol{q})]t + \cos[\omega_0 - \omega(\boldsymbol{q})]t\}\,. \end{aligned} \qquad \text{(III.6)}$$

Die Streustrahlung, die sich nach (III.4) ergibt, enthält also neben dem elastischen Anteil mit der Frequenz $\omega_0$ (genannt *Rayleigh-Streuung*) die sog. Raman-Seitbanden mit den Frequenzen $\omega_0 \pm \omega(\boldsymbol{q})$ (siehe Abb. III.1). Plus- und Minuszeichen bedeuten Streuung des Lichtquants unter Aufnahme bzw. Abga-

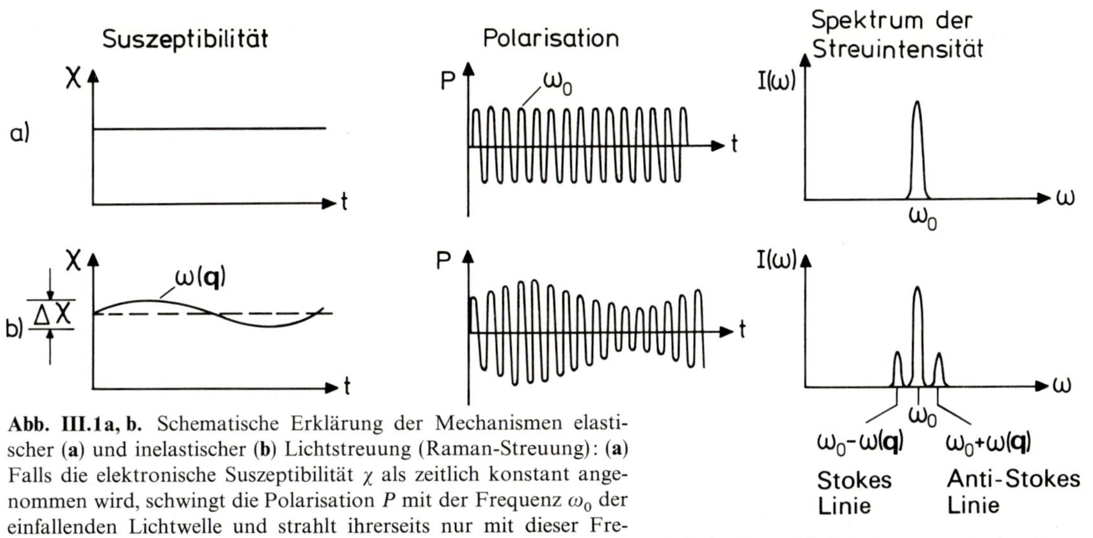


**Abb. III.1a, b.** Schematische Erklärung der Mechanismen elastischer (**a**) und inelastischer (**b**) Lichtstreuung (Raman-Streuung): (**a**) Falls die elektronische Suszeptibilität $\chi$ als zeitlich konstant angenommen wird, schwingt die Polarisation $P$ mit der Frequenz $\omega_0$ der einfallenden Lichtwelle und strahlt ihrerseits nur mit dieser Frequenz (elastischer Prozeß). (**b**) Falls die Suszeptibilität $\chi$ ihrerseits mit der Frequenz $\omega(\boldsymbol{q})$ einer Elementaranregung (z. B. Phonon) schwingt, ist die durch das Primärlicht (Frequenz $\omega_0$) angeregte Polarisations ($P$)-Schwingung mit der Frequenz $\omega(\boldsymbol{q})$ moduliert. Diese Schwingung der Polarisation führt im Streulicht zu den sog. Raman-Seitbanden mit den Frequenzen $\omega_0 \pm \omega(\boldsymbol{q})$

be der Energie der betreffenden Elementaranregung $[\omega(\boldsymbol{q}), \boldsymbol{q}]$. Die Linien mit niedrigerer Frequenz als $\omega_0$ heißen Stokes –, die mit erhöhter Frequenz Anti-Stokes-Linien. Zum Auftreten letzterer muß die elementare Anregung, z. B. das Phonon, bereits im Kristall angeregt sein. Bei Erniedrigung der Temperatur nimmt die Intensität der Anti-Stokes-Linien also stark ab, weil dann die betreffende elementare Anregung sich überwiegend im Grundzustand befindet. Die Intensität der inelastisch gestreuten Strahlung ist typischerweise um $10^6$ kleiner als die des erregenden Lichtes.

Maßgebend für das Auftreten einer sog. Raman-Linie ist das Nichtverschwinden der Suszeptibilitätsableitungen (III.5) $(\partial\chi_{ij}/\partial X)$ nach den Koordinaten $X$ der Elementaranregung. Wegen der Kristallsymmetrie und den daraus folgenden Symmetrieeigenschaften der Elementaranregung, die das Verschwinden oder Nichtverschwinden der Größen $(\partial\chi_{ij}/\partial X)$ bedingen, hängt die Beobachtbarkeit der entsprechenden Raman-Linien von der Versuchsgeometrie ab. Dies ist am Beispiel zweier Ramanspektren gezeigt, die an einem $Bi_2Se_3$ Einkristall aufgenommen wurden (Abb. III.2). $Bi_2Se_3$ besitzt eine trigonale $c$-Achse, längs derer der Kristall aus Schichten von Bi und Se aufgebaut ist. Unter anderem bedingt diese Kristallsymmetrie, daß der normale Suszeptibilitätstensor in der Hauptachsendarstellung die Gestalt

$$\underset{\sim}{\chi}^0 = \begin{bmatrix} \chi^0_{xx} & 0 & 0 \\ 0 & \chi^0_{xx} & 0 \\ 0 & 0 & \chi^0_{zz} \end{bmatrix} \qquad \text{(III.7)}$$

besitzt. Bei den Messungen der Abb. III.2 wurde längs der $c$-Achse ($z$-Achse des Koordinatensystems) eingestrahlt und in Rückstrahlrichtung längs $z$ das Streulicht analysiert. Wird sowohl für das eingestrahlte als auch für das Streulicht eine Polarisation in $x$-Richtung vorgegeben, so werden die mit $A^1_{1g}, A^2_{1g}$ und $E^2_g$ bezeichneten Phononen beobachtet (Abb. III.2b), während nur $E^2_g$ im Raman-Spektrum erscheint, wenn Streulicht mit einer Polarisation in $y$-Richtung untersucht wird (Abb. III.2c). Dies läßt sich aus der Art der Atomauslenkungen bei den beiden Typen von Phononen (Abb. III.2a) verstehen: Ist ein Phonon des Typs $A_{1g}$ angeregt, so wird dadurch die Symmetrie des Kristalls nicht verändert; die mit der Phononenauslenkung sich ergebende Änderung der Suszeptibilität $\chi_{ij}$, d. h. $(\partial\chi_{ij}/\partial X)\,dX$ führt also wieder auf einen Tensor, der die Gestalt von $\chi^0_{ij}$ (III.7) selbst hat. Über einen

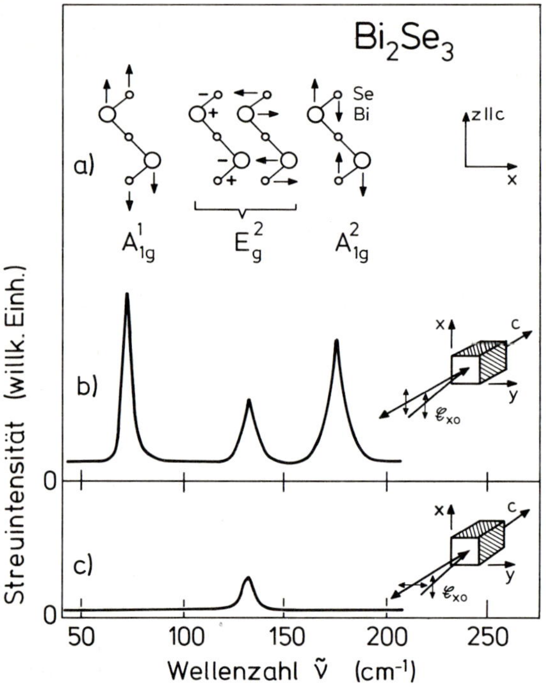


**Abb. III.2a–c.** Raman-Spektren von Phononen des Typs $A_{1g}$ und $E_g$, aufgenommen an einem $Bi_2Se_3$-Einkristall. Die trigonale $c$-Achse des Kristalls liegt parallel zur $z$-Richtung des Koordinatensystems. (**a**) Schwingungsformen der $A_{1g}$ und $E_g$ Phononen, dargestellt an einer der drei Basis-Atomkonfigurationen in der nichtprimitiven Elementarzelle. Pfeile bzw. Plus- und Minuszeichen geben die Richtung der Atomauslenkung in einer „Momentaufnahme“ wieder. (**b**) Raman-Spektrum, aufgenommen in der Geometrie $z(xx)\bar{z}$, d. h. das in $z$-Richtung einfallende Primärlicht ist in $x$-Richtung polarisiert und es wird Raman-Streulicht in Rückstreuung (längs $-z$ bzw. $\bar{z}$) mit einer Polarisation längs $x$ analysiert. (**c**) Raman-Spektrum aufgenommen in der Geometrie $z(xy)\bar{z}$. (Nach *Richter* et al. [III.2])

solchen Tensor wird aus einem elektrischen Feld des eingestrahlten Lichtes $\mathscr{E}_0 = (\mathscr{E}_{x0}, \mathscr{E}_{y0}, 0)$ eine Polarisation erzeugt, die die gleiche Richtung wie $\mathscr{E}_0$ hat, d. h. für Phononen des Typs $A_{1g}$ gilt $(\partial\chi_{xy}/\partial X) = 0$.

Nach Abb. III.2a enthält der allgemeine Schwingungszustand eines Phonons vom Typ $E_g$ Auslenkungen sowohl in $x$- wie auch in $y$-Richtung. Die trigonale Kristallsymmetrie wird durch diese Phononen gestört. Eine Modifikation der Suszeptibilität in $x$-Richtung durch dieses Phonon ist mit einer Änderung in $y$-Richtung verknüpft. Ein elektrisches Feld $\mathscr{E}_{x0}$ des einfallenden Lichtes erzeugt also Polarisationsänderungen in $x$- wie auch in $y$-Richtung. Das daraus resultierende Streulicht enthält Polarisationskomponenten in diesen beiden Richtungen, d. h. $(\partial\chi_{xx}/\partial X) \neq 0$, $(\partial\chi_{xy}/\partial X) \neq 0$.

Für Kristalle mit Inversionszentrum (z. B. NaCl und CsCl Struktur) gilt allgemein das Ausschließungsprinzip, daß die infrarot-aktiven transversal optischen (TO) Phononen (Abschn. 4.3, 11.3, 11.4) nicht Raman-aktiv und umgekehrt Raman-aktive Phononen nicht infrarot-aktiv sind.

Abbildung III.3 zeigt als weiteres experimentelles Beispiel ein Ramanspektrum, das an $n$-dotiertem GaAs mit einer Konzentration „freier“ Elektronen von $n \approx 10^{16}\,\mathrm{cm}^{-3}$ (siehe Abschn. 10.3) aufgenommen wurde. Neben den starken Linien zwischen 250 und $300\,\mathrm{cm}^{-1}$ Wellenzahl ($\tilde{\nu} = \lambda^{-1}$), die auf die Anregung von transversalen (TO) und longitudinalen (LO) optischen Phononen zurückzuführen sind, wird eine Struktur bei $40\,\mathrm{cm}^{-1}$ unmittelbar neben der Linie der elastischen Streuung ($\tilde{\nu} = 0$) beobachtet. Hier handelt es sich im wesentlichen um die Anregung von kollektiven Dichteschwankungen des „freien“ Elektronengases, sog. Plasmonen (siehe dazu Abschn. 11.9). Eine schwa-

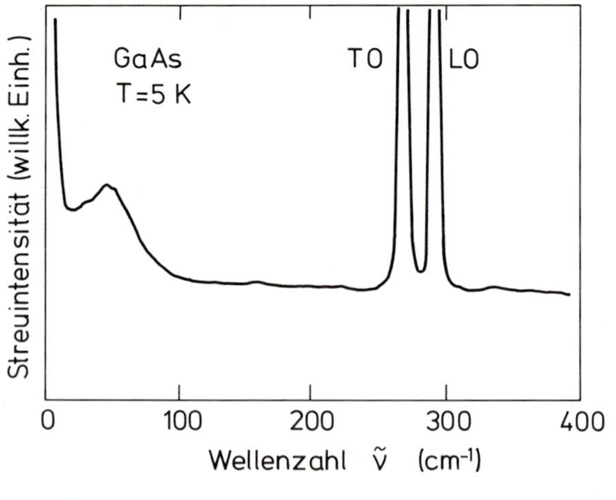


**Abb. III.3.** Raman-Spektrum, aufgenommen an $n$-dotiertem GaAs bei 5 K Probentemperatur (Konzentration freier Elektronen $n \approx 10^{16}\,\mathrm{cm}^{-3}$); TO und LO bezeichnen transversal bzw. longitudinal optische Phononen. Die Bande bei $40\,\mathrm{cm}^{-1}$ rührt im wesentlichen von Plasmon-Anregungen her. (Nach *Mooradian* [III.3])

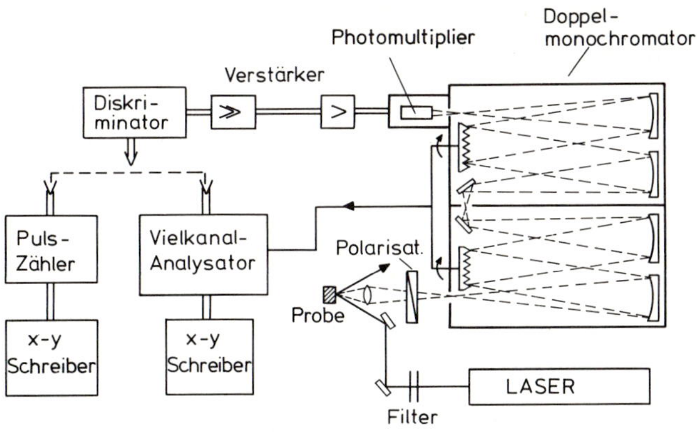


**Abb. III.4.** Schema einer Meßanordnung zur Beobachtung des Raman-Effektes: Zur Unterdrückung von Streulicht wird ein Doppelmonochromator verwendet und wegen der Kleinheit der Signale wird Pulszähltechnik angewandt. Der Strahlengang des Raman-Lichtes ist gestrichelt angedeutet

che Ankopplung an das LO Phonon bewirkt geringfügige Frequenzverschiebungen sowohl des Plasmons als auch des LO Phonons.

Die Abhängigkeit der Raman-Spektren von der Primärenergie $\hbar\omega_0$ ist ebenfalls von Interesse: Regt man mit Photonenenergien $\hbar\omega_0$ an, die gerade in einen elektronischen Übergang, d. h. in eine Resonanz von $\chi$ bzw. der Dielektrizitätskonstanten $\varepsilon(\omega)$ fallen, so erhält man enorm hohe Verstärkungen des Raman-Streuquerschnittes, sog. *Resonanz-Raman-Streuung*. Durch Variation der Primärenergie und Aufsuchen solcher Resonanzen im Raman-Streuquerschnitt lassen sich auch elektronische Übergänge untersuchen.

Aus (III.4) folgt, daß für Frequenzen unterhalb der elektronischen Resonanz die Intensität der gestreuten Strahlung wie $\omega^4$ bzw. $\lambda^{-4}$ von der Frequenz bzw. der Wellenlänge des verwendeten Lichtes abhängt; man ist dann also bestrebt, mit möglichst kurzwelligem Licht anzuregen. Dazu werden heute Hochleistungs-LASER (Neodym, Krypton, Argon-Ionen, usw.) verwendet. Insbesondere zur Resonanz-Raman-Spektroskopie werden auch begrenzt durchstimmbare Farbstoff-LASER verwendet. Ausgangsleistungen bis zu mehreren Watt im Violetten oder nahen UV-Spektralbereich werden angewandt. Zum Nachweis der Streustrahlung im Sichtbaren bzw. nahen UV-Bereich stehen hochempfindliche Photomultiplier zur Verfügung. Hohe Anforderungen sind an die verwendeten Spektrometer zur Analyse der Streustrahlung gestellt: Während das verwendete Primärlicht Photonenenergien im Bereich 2–4 eV, d. h. Frequenzen $\nu$ von der Größenordnung $10^{15}$ Hz hat, sollen Frequenzdifferenzen zwischen diesem und den Raman-Banden zwischen einigen Hertz und $10^{14}$ Hz ($\triangleq 3000\,\mathrm{cm}^{-1}$) gemessen werden. Insbesondere bei der Streuung an Schallwellen ist eine Auflösung bis zu $\omega_0/\Delta\omega = 10^8$ wünschenswert. Dies kann mit Fabry-Pérot-Interferometern erreicht werden. Die Methode wird dann häufig als *Brillouin-Streuung* bezeichnet. Wegen der Intensitätsschwäche der Raman-Linien darf in Spektralbereichen unmittelbar neben der Primärlinie kein Untergrund durch im Gerät vagabundierendes Streulicht der Primärenergie $\hbar\omega_0$ vorgetäuscht werden, d. h. hohe Anforderungen sind an den Kontrast der Spektren gestellt. Neben hoher Auflösung ist hohe Streulichtfreiheit erforderlich. Man verwendet heute Doppel- und Dreifach-Spektrometer (siehe Abb. III.4). Die verwendeten Gitter werden holografisch hergestellt, um unerwünschte fehlerhafte Beugungsordnungen, d. h. vorgetäuschte Strukturen (Geister) im spektralen Untergrund zu vermeiden. Abbildung III.4 zeigt schematisch eine moderne Anordnung zur Raman-Spektroskopie.

## Literatur


III.1 D. A. Long: *Raman-Spectroscopy* (McGraw-Hill, New York 1977)
W. Hayes, R. Loudon: *Scattering of Light by Crystals* (Wiley and Sons, New York 1978)

III.2 W. Richter, H. Köhler, C. R. Becker: Phys. Stat. Sol. (b) **84**, 619 (1977)

III.3 A. Mooradian: *Light Scattering Spectra of Solids*. Proc. Intern. Conf. on Light Scattering Spectra of Solids, ed. by G. B. Wright (Springer, Berlin, Heidelberg, New York 1969) p. 285


Tafel III

# 5. Thermische Eigenschaften von Kristallgittern

Im Abschn. 4.2 hatten wir gesehen, wie sich die $3rN$ Bewegungsgleichungen eines periodischen Festkörpers bei Annahme harmonischer Kräfte durch einen Wellenansatz weitgehend entkoppeln lassen. Wir waren dabei mit (4.7) zu einem Gleichungssystem der Ordnung $3r$ gelangt, welches zum gegebenen Wellenzahlvektor $\boldsymbol{q}$ die Wellenamplituden der Atome innerhalb einer Elementarzelle miteinander koppelt. Mathematisch läßt sich zeigen, daß sich ein solches Gleichungssystem durch eine lineare Koordinatentransformation auf sogenannte Normalkoordinaten weiter völlig entkoppeln läßt. Wir erhalten damit also insgesamt $3rN$ unabhängige Bewegungsformen des Kristalles mit harmonischer Zeitabhängigkeit und einer Frequenz, die durch die Dispersionsrelation $\omega(\boldsymbol{q})$ gegeben ist. Jeder dieser Bewegungsformen kann man unabhängig von allen anderen Energie zuführen oder entziehen. Allerdings sind die Energiebeträge gequantelt wie bei einem einzigen harmonischen Oszillator:

$$E_n = (n+\tfrac{1}{2})\hbar\omega \quad n=0,1,2,\ldots . \tag{5.1}$$

Klassisch entspricht der Quantenzahl $n$ die Amplitude der Schwingung gemäß

$$M\omega^2\langle s^2\rangle = (n+\tfrac{1}{2})\hbar\omega . \tag{5.2}$$

Will man jetzt also z. B. die thermische Energie eines Festkörpers pro Volumen in harmonischer Näherung berechnen, so muß man einerseits das Spektrum der Eigenfrequenzen des Festkörpers kennen, andererseits auch die Energie eines harmonischen Oszillators im Gleichgewicht mit einem Temperaturbad. Wir wollen zunächst überlegen, wie sich das Frequenzspektrum des Festkörpers wenigstens im Prinzip ermitteln läßt.

## 5.1 Die Zustandsdichte

Die $3rN$ Bewegungsgleichungen des Raumgitters (4.4) haben genau $3rN$ i.a. verschiedene Lösungen. Der Ansatz ebener Wellen (4.5) täuscht dagegen eine kontinuierliche Mannigfaltigkeit von Lösungen vor. Der Widerspruch rührt daher, daß wir einerseits volle Translationssymmetrie, d. h. ein unendlich ausgedehntes Gitter, andererseits aber eine endliche Zahl von Elementarzellen $N$ annehmen. Wir können das Verfahren widerspruchsfrei machen, indem wir uns einen endlichen Kristall mit dem Volumen $V$ und $N$ Elementarzellen denken, diesen aber in drei Dimensionen mit allen seinen Eigenschaften periodisch fortsetzen. Auf diese Weise entsteht einerseits ein Kristall endlicher Größe. Andererseits ist aber auch die volle Translationssymmetrie gewährleistet, die Voraussetzung für die ebenen Wellen als Lösung war. Die Betrachtung eines von vorneherein endlichen Kristalls führt dagegen zu Schwierigkeiten, weil zusätzliche, an den Oberflächen lokalisierte Lösungen auftreten. Eine explizite Berücksichtigung solcher Lösungen im Hinblick auf die thermischen Eigenschaften ist bei sehr kleinen Kristallen erforderlich, wenn die Zahl der Oberflächenatome vergleichbar mit der Zahl der Volumenatome ist.

Die Forderung, daß sich alle Eigenschaften des Gitters in jeder der Richtungen des Basisvektorsystems nach $N^{1/3}$-Elementarzellen wiederholen sollen, bedeutet, daß auch die Auslenkungen der Atome $\boldsymbol{s}_n$ sich wiederholen. Dies führt nach (4.5) auf die Bedingung

$$e^{iN^{1/3}\boldsymbol{q}\cdot(\boldsymbol{a}_1+\boldsymbol{a}_2+\boldsymbol{a}_3)}=1\,. \tag{5.3a}$$

Zerlegt man den Wellenvektor $\boldsymbol{q}$ nach den Basisvektoren des reziproken Gitters $\boldsymbol{g}_i$ (3.13), müssen die einzelnen Komponenten $q_i$ die Gleichung

$$q_i=\frac{n_i}{N^{1/3}} \quad \text{mit} \quad \begin{cases} n_i=0,1,2,\dots,N^{1/3} \\ n_i=0,\ \pm 1,\ \pm 2,\dots \quad \text{mit der Bedingung} \quad \boldsymbol{G}\cdot\boldsymbol{q}\leq\frac{1}{2}G^2 \end{cases} \tag{5.3b}$$

erfüllen. Die Reihe der ganzen Zahlen $n_i$ kann entweder so gewählt werden, daß $\boldsymbol{q}$ eine Elementarmasche des reziproken Gitters durchläuft oder gerade die in Abschn. 3.5 eingeführte Brillouin-Zone, die im reziproken Raum das gleiche Volumen einnimmt. Im letzteren Falle sind die Maximalwerte der Zahlen $n_i$ durch die Bedingung $\boldsymbol{G}\cdot\boldsymbol{q}\leq\frac{1}{2}G^2$ festgelegt (siehe auch Abb. 3.7). Dieses Verfahren, ein endliches Gitter einzuführen, aber trotzdem die volle Translationssymmetrie zu gewährleisten, führt also auf diskrete $\boldsymbol{q}$-Werte. Die Zahl der $\boldsymbol{q}$-Werte ist insgesamt gleich der Zahl der Elementarzellen $N$. Die Dichte der erlaubten $\boldsymbol{q}$-Werte im reziproken Raum ist $N$ dividiert durch das Volumen der Einheitszelle des reziproken Gitters $\boldsymbol{g}_1\cdot(\boldsymbol{g}_2\times\boldsymbol{g}_3)$. Durch Verwendung von (3.17) erhält man für die Dichte der Zustände im reziproken Raum bzw. $\boldsymbol{q}$-Raum $V/(2\pi)^3$. In einem kubischen Gitter ist also der Abstand zwischen erlaubten $q$-Werten einfach $2\pi/L(=g/N^{1/3})$, wenn $L$ die Periodizitätslänge im Ortsraum ist. Dies Ergebnis können wir auch unmittelbar (5.3) entnehmen (Abb. 5.1).

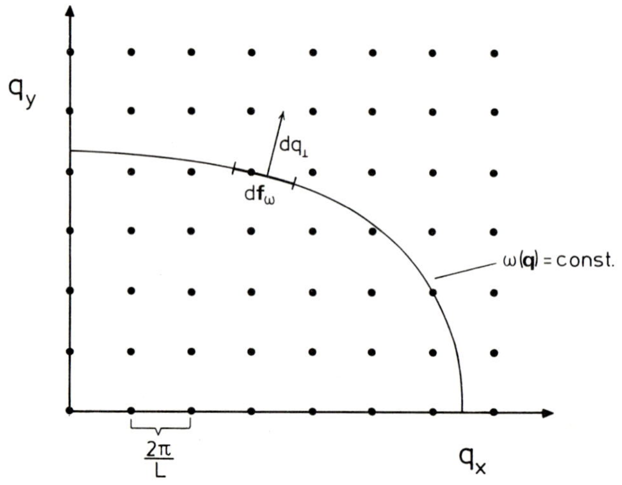


**Abb. 5.1.** Erlaubte Werte im $\boldsymbol{q}$-Raum bei einem quadratischen Gitter. $L$ ist die Periodizitätslänge im Ortsraum

Für große $N$ liegen die Zustände im $\boldsymbol{q}$-Raum sehr dicht und bilden eine homogene, *quasikontinuierliche* Verteilung. *Die Zahl der Zustände in einem Frequenzintervall* $d\omega$ ist dann gegeben durch das Volumen des $\boldsymbol{q}$-Raumes zwischen den Flächen $\omega(\boldsymbol{q}) = \text{const}$ und $\omega(\boldsymbol{q}) + d\omega(\boldsymbol{q}) = \text{const}$ multipliziert mit der Dichte der Zustände im $\boldsymbol{q}$-Raum

$$Z(\omega)d\omega = \frac{V}{(2\pi)^3} \int_{\omega}^{\omega + d\omega} d\boldsymbol{q}\,. \tag{5.4}$$

$Z(\omega)$ heißt auch die *Zustandsdichte.* Der Begriff der Zustandsdichte ist von zentraler Bedeutung in der Festkörperphysik, auch bei elektronischen Eigenschaften (Abschn. 6.1). Wir zerlegen das Element $d\boldsymbol{q}$ in einen Anteil senkrecht zur Fläche $\omega(\boldsymbol{q}) = \text{const}$ und ein Flächenelement dieser Fläche

$$d\boldsymbol{q} = d\boldsymbol{f}_\omega dq_\perp\,.$$

Mit $d\omega = |\text{grad}_{\boldsymbol{q}}\omega| dq_\perp$ erhält man

$$Z(\omega)d\omega = \frac{V}{(2\pi)^3} d\omega \int_{\omega = \text{const}} \frac{d\boldsymbol{f}_\omega}{|\text{grad}_{\boldsymbol{q}}\omega|}\,. \tag{5.5}$$

Die Zustandsdichte $Z(\omega)$ ist hoch, wo die Dispersionskurven flach verlaufen. Für Frequenzen, bei denen die Dispersionsrelation eine waagerechte Tangente hat, hat die Ableitung der Zustandsdichte nach der Frequenz eine Singularität (van Hove Singularität; s. Abb. S. 2). Im Falle der linearen Kette wird sogar die Zustandsdichte selbst singulär.

Wir berechnen als Beispiel die Zustandsdichte eines *elastisch isotropen Mediums* mit der Schallgeschwindigkeit $c_\text{L}$ für longitudinale Wellen und $c_\text{T}$ für die beiden (entarteten) transversalen Zweige. Für jeden Zweig ist dann die Fläche $\omega(\boldsymbol{q}) = \text{const}$ eine Kugel. Damit wird $|\text{grad}_{\boldsymbol{q}}\omega|$ für jeden Zweig $i$ gleich der Schallgeschwindigkeit $c_i$ unabhängig von $\boldsymbol{q}$ und das Flächenintegral in (5.5) ist einfach die Kugelfläche $4\pi q^2$. Damit ergibt sich für jeden Zweig

$$Z_i(\omega)d\omega = \frac{V}{2\pi^2} \frac{q^2}{c_i} d\omega = \frac{V}{2\pi^2} \frac{\omega^2}{c_i^3} d\omega \tag{5.6}$$

und für die gesamte Zustandsdichte

$$Z(\omega)d\omega = \frac{V}{2\pi^2} \left( \frac{1}{c_\text{L}^3} + \frac{2}{c_\text{T}^3} \right) \omega^2 d\omega\,. \tag{5.7}$$

Die Zustandsdichte für ein elastisch isotropes Medium bzw. für ein Kristallgitter im Bereich kleiner Frequenzen und Wellenzahlvektoren steigt also quadratisch mit der Frequenz. Sie würde also mit zunehmender Frequenz immer weiter wachsen. Am Beispiel der linearen Kette (Abb. 4.3) können wir aber erkennen, daß für jedes Gitter eine maximale Frequenz existiert. Das gilt auch für nichtperiodische Strukturen.

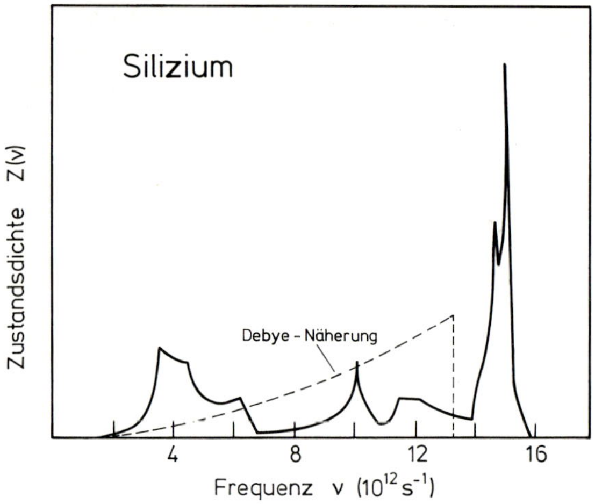


**Abb. 5.2.** Zustandsdichte von Si [5.1] (vgl. auch Abb. 4.4). Die gestrichelte Linie ist die Zustandsdichte, die sich ergäbe, wenn man ein elastisch isotropes Kontinuum ansetzt (Debyesche Näherung mit $\Theta = 640$ K, siehe Abschn. 5.3)

## 5.2 Thermische Energie eines harmonischen Oszillators

Wir betrachten nun einen Oszillator im Gleichgewicht mit einem Temperaturbad der Temperatur $T$. Der Oszillator befindet sich dann nicht in einem festen und bekannten Quantenzustand $n$ mit der Energie $E_n = (n + 1/2)\hbar\omega$, sondern man kann zu jedem Zustand $n$ nur die Wahrscheinlichkeit $P_n$ angeben, mit der er eingenommen wird. Diese Wahrscheinlichkeitsverteilung ist die *Boltzmann-Verteilung* (auch *kanonische* Verteilung genannt)

$$P_n \propto e^{-E_n/kT} \quad (k\text{: Boltzmann-Konstante}). \tag{5.8}$$

Die Proportionalitätskonstante ist durch die Bedingung gegeben, daß der Oszillator in irgendeinem Zustand sein muß.

$$\sum_{n=0}^{\infty} P_n = 1\,,$$

$$\begin{aligned}\sum_{n=0}^{\infty} e^{-E_n/kT} &= e^{-\hbar\omega/2kT} \sum_{n=0}^{\infty} (e^{-\hbar\omega/kT})^n \\ &= e^{-\hbar\omega/2kT}(1 - e^{-\hbar\omega/kT})^{-1}\,.\end{aligned} \tag{5.9}$$

Also ist

$$P_n = e^{-n\hbar\omega/kT}(1 - e^{-\hbar\omega/kT})\,. \tag{5.10}$$

Die mittlere Energie $\varepsilon(\omega, T)$ ist damit

$$\varepsilon(\omega, T) = \sum_{n=0}^{\infty} E_n P_n = (1 - e^{-\hbar\omega/kT})\hbar\omega \sum_{n=0}^{\infty} (n + \tfrac{1}{2})(e^{-\hbar\omega/kT})^n\,. \tag{5.11}$$

Wie man durch Differenzieren der Summenformel für die geometrische Reihe

$$\sum_{n=0}^{\infty} x^n = \frac{1}{1-x} \tag{5.12}$$

zeigen kann, ist

$$\sum_{n=0}^{\infty} n x^n = \frac{x}{(1-x)^2} \tag{5.13}$$

und damit

$$\varepsilon(\omega, T) = \hbar\omega\left(\frac{1}{2} + \frac{1}{e^{\hbar\omega/kT} - 1}\right). \tag{5.14}$$

Der Ausdruck hat eine ähnliche Form wie die Energieterme eines Oszillators (5.1). Deshalb kann man

$$\langle n \rangle_T = \frac{1}{e^{\hbar\omega/kT} - 1} \tag{5.15}$$

auch als den Erwartungswert der Quantenzahl $n$ für einen Oszillator im thermischen Gleichgewicht bezeichnen.

Entsprechend den Überlegungen in Abschn. 4.3 kann man die Gitterwellen auch als nicht wechselwirkende Teilchen (Phononen) betrachten, deren Zustand durch den Wellenvektor $\boldsymbol{q}$ und den Zweig $j$ festgelegt ist. Die Zahl $n$ ist dann die Zahl der Teilchen in einem Zustand $\boldsymbol{q}, j$ und $\langle n \rangle_T$ der Erwartungswert der Phononenzahl. Die Statistik solcher nichtwechselwirkender Teilchen ohne Beschränkung der Teilchenzahl in einem Zustand heißt *Bose-Statistik*. Gitterwellen verhalten sich also thermisch wie Bose-Teilchen.

Man beachte, daß die verschiedenen statistischen Verteilungen $P_n$ in (5.8) und $\langle n \rangle_T$ in (5.15) (Boltzmann-Verteilung bzw. Bose-Verteilung) durch die verschiedenen Fragestellungen ins Spiel kommen: Die Boltzmann-Verteilung gilt für die Frage mit welcher Wahrscheinlichkeit *ein* Teilchen Zustände einnimmt, die Bose Statistik für die *mittlere* Teilchenzahl nicht wechselwirkender Teilchen auf Zuständen, die von beliebig vielen Teilchen besetzt werden können.

## 5.3 Die spezifische Wärme des Gitters

Wir kennen nun die thermische Energie $\varepsilon(\omega, T)$ eines Oszillators der Frequenz $\omega$. Sie gibt uns auch den Energieinhalt einer jeden Gitterwelle des Kristalls. Die Gesamtenergie des Kristallgitters im thermischen Gleichgewicht, also die innere Energie $U(T)$, erhalten wir durch Summation über alle Eigenfrequenzen des Gitters. Mit der in Abschn. 5.1 eingeführten Zustandsdichte $Z(\omega)$ ist also die innere Energie

$$U(T) = \frac{1}{V} \int_0^{\infty} Z(\omega)\varepsilon(\omega, T) d\omega\,. \tag{5.16}$$

Die Ableitung dieser inneren Energie nach der Temperatur ist die spezifische Wärme. Es sei hier gleich erwähnt, daß im Rahmen der harmonischen Näherung die spezifische Wärme bei konstantem Volumen und die spezifische Wärme bei konstantem Druck gleich werden und wir deshalb weitere Parameter bei der Ableitung nicht zu berücksichtigen brauchen.

Die thermische Energie eines Kristallgitters bzw. die spezifische Wärme läßt sich also nach (5.16) aus der Zustandsdichte $Z(\omega)$ und diese wiederum im Prinzip aus den Kopplungsmatrizen des Gitters berechnen. Solche Rechnungen sind aber nur numerisch durchführbar. Zum Verständnis des qualitativen Verlaufes der spezifischen Wärme in Abhängigkeit von der Temperatur genügt es, ein einfaches Modell für die Zustandsdichte zu betrachten. Als solches kann die schon berechnete Zustandsdichte des elastisch isotropen Mediums dienen. Es wird also als Dispersionsrelation einfach $\omega = cq$ gesetzt. Die typische Gitterdispersion ist vernachlässigt. Dies ist das *Debyesche Modell* der spezifischen Wärme. Wir erhalten dafür mit (5.7) und (5.16)

$$c_v(T) = \frac{1}{2\pi^2}\left(\frac{1}{c_\mathrm{L}^3} + \frac{2}{c_\mathrm{T}^3}\right)\int\limits_0^{\omega_D} \omega^2 \frac{d}{dT}\varepsilon(\omega, T)d\omega\,. \tag{5.17}$$

Die Debyesche Abschneidefrequenz $\omega_D$ wird dabei so festgelegt, daß die Gesamtzahl der Zustände gerade $3rN$ ist

$$3rN = \frac{V}{2\pi^2}\left(\frac{1}{c_\mathrm{L}^3} + \frac{2}{c_\mathrm{T}^3}\right)\int\limits_0^{\omega_D} \omega^2 d\omega\,. \tag{5.18}$$

Die Festlegung einer gemeinsamen Abschneidefrequenz für alle drei akustischen Zweige ist dabei eine gewisse Inkonsequenz des Modells, die allerdings zu einer besseren Übereinstimmung mit den experimentellen Werten für $c_v(T)$ führt als die Einführung getrennter Abschneidefrequenzen für den longitudinalen Zweig und die transversalen Zweige.

Aus (5.14) und (5.17) ergibt sich

$$c_v = \frac{9rN}{V}\frac{1}{\omega_D^3}\frac{d}{dT}\int\limits_0^{\omega_D}\frac{\hbar\omega^3 d\omega}{\mathrm{e}^{\hbar\omega/kT}-1}\,. \tag{5.19}$$

Mit Einführung der Debye-Temperatur $\theta$ nach

$$\hbar\omega_D = k\Theta \tag{5.20}$$

ergibt sich daraus mit der Integrationsvariablen $y = \hbar\omega/kT$

$$c_v = \frac{3rNk}{V}\,3\left(\frac{T}{\Theta}\right)^3\int\limits_0^{\Theta/T}\frac{y^4\mathrm{e}^y dy}{(\mathrm{e}^y-1)^2}\,. \tag{5.21}$$

Der Verlauf $c_v(T)$ ist in Abb. 5.3 dargestellt. Wie aus (5.19) leicht ablesbar, wird für $kT > \hbar\omega_D$

$$c_v = \frac{1}{V}3rNk$$

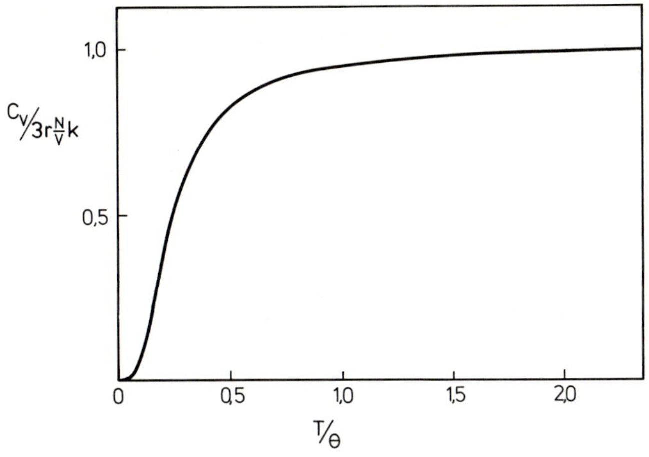


**Abb. 5.3.** Verlauf der spezifischen Wärme pro Volumen nach dem Debyeschen Modell. Die spezifische Wärme ist normiert auf Boltzmannkonstante $k$, Dichte der Elementarzellen $N/V$ und Zahl der Atome in der Elementarzelle $r$. In diesem Modell unterscheiden sich verschiedene Materialien nur durch den Wert der Debye-Temperatur $\Theta$

also temperaturunabhängig und auf die Dichte bezogen für alle Festkörper gleich, da die charakteristische Temperatur $\theta$ nicht mehr auftritt. Allerdings gilt dies nur im Rahmen der harmonischen Näherung. Experimentell beobachtet man einen zusätzlichen schwachen Anstieg der spezifischen Wärme etwa proportional zu $T$. Für tiefe Temperaturen kann die Integrationsgrenze in (5.21) nach $+\infty$ ausgedehnt werden und es ergibt sich für $c_v(T)$

$$c_v(T)=\frac{1}{V}\,3rNk\,\frac{4\pi^4}{5}\left(\frac{T}{\Theta}\right)^3 \qquad T\ll\Theta\,. \tag{5.22}$$

Da für genügend tiefe Temperaturen nur elastische Wellen angeregt sind und für diese die Zustandsdichte in realen Festkörpern tatsächlich $\propto\omega^2$ ist, gilt das $T^3$-Gesetz für den Gitterbeitrag zur spezifischen Wärme für alle Festkörper. Allerdings kann der Temperaturbereich, für den das $T^3$-Gesetz erfüllt ist, unter 1 K liegen.

Im Rahmen der Debyeschen Näherung ist die spezifische Wärme eines Festkörpers durch Angabe einer charakteristischen Temperatur $\Theta$ für alle $T$ festgelegt. Zum Vergleich verschiedener Materialien untereinander ist deshalb die Angabe von $\Theta$ nützlich (Tabelle 5.1). Da die spezifische Wärme in Wirklichkeit von der Debyeschen abweicht, ist nicht ganz klar, wie $\Theta$ zweckmäßig zu definieren ist. Üblich ist, dem gemessenen Wert von $c_v$ bei tiefen Temperaturen gemäß (5.22) ein $\Theta$ zuzuordnen. Dieser $\Theta$-Wert kann von dem $\Theta$-Wert für höhere Temperaturen nach (5.20) erheblich abweichen.

| | | | | | | | | | | | |
|---|---|---|---|---|---|---|---|---|---|---|---|
| Cs | 38 | In | 108 | ZnS | 315 | C | 420 | Fe | 467 |
| Hg | 72 | Te | 153 | NaCl | 321 | Ir | 420 | Cr | 630 |
| Se | 90 | Au | 165 | Cu | 343 | LiCl | 422 | Si | 640 |
| K | 91 | KCl | 235 | Li | 344 | Al | 428 | LiF | 732 |
| Ar | 93 | Pt | 240 | Ge | 370 | Mo | 450 | Be | 1440 |
| Pb | 105 | Nb | 275 | W | 400 | Ni | 450 | C | 2230 |

**Tabelle 5.1.** Beispiele für Debye-Temperaturen $\Theta$ in K [5.2]

## 5.4 Anharmonische Effekte

Wir haben bislang Gitterbewegungen in harmonischer Näherung betrachtet. Höhere Entwicklungsglieder im Gitterpotential (4.1) wurden vernachlässigt. Viele wichtige

Eigenschaften des Festkörpers werden jedoch im Rahmen dieser Näherung nicht beschrieben. Beispiele sind die thermische Ausdehnung, die Temperaturabhängigkeit elastischer Konstanten und der (geringfügige) Anstieg der spezifischen Wärme oberhalb von $\theta$. Auch hätte ein „harmonischer" Festkörper eine unendlich hohe Wärmeleitfähigkeit; denn die Lebensdauer eines einmal erzeugten Wellenpaketes elastischer Wellen wäre unbegrenzt. Der damit verbundene Wärmestrom würde also nicht gestört.

Leider ist die Beschreibung anharmonischer Festkörpereigenschaften nicht einfach. Eine exakte Behandlung wie im harmonischen Fall ist nicht möglich, da die schöne Entkopplung der Bewegungsgleichungen durch den Ansatz ebener Wellen entfällt. Deshalb betrachtet man auch im anharmonischen Fall die Lösungen des harmonischen Potentials, die Phononen, als erste Näherung für die Lösungen. Die Phononen sind nun aber nicht mehr die exakten Eigenlösungen der Bewegungsgleichungen. Selbst wenn man also zu einem bestimmten Zeitpunkt den Bewegungszustand eines realen Kristallgitters durch eine ebene Welle, ein Phonon, beschreiben könnte, würde diese Beschreibung nicht mehr für alle Zeiten gelten wie im harmonischen Fall, sondern im Laufe der Zeit immer unrichtiger. Stattdessen müßte man ein Spektrum anderer Phononen zur Beschreibung heranziehen. Dies nennt man auch einen „Phononenzerfall".

Ein Phonon kann in zwei oder mehrere andere Phononen zerfallen. Eine genaue, quantenmechanische Behandlung dieses Problems im Rahmen einer Störungsrechnung zeigt, daß der Zerfall eines Phonons in zwei andere bzw. der entsprechende inverse Prozeß gerade durch das dritte Entwicklungsglied der Potentialentwicklung hervorgerufen wird. Prozesse, an denen vier Phononen beteiligt sind, werden durch das nächst höhere Entwicklungsglied verursacht usw. Da die Größe höherer Entwicklungsglieder i. a. monoton abnimmt, werden solche Multiphononprozesse immer unwahrscheinlicher. Das hat z. B. Bedeutung für die inelastische Wechselwirkung mit Licht oder Materiewellen (siehe Abschn. 4.4): Am größten ist der inelastische Wirkungsquerschnitt für die Anregung *eines* Phonons. Der erste anharmonische Entwicklungsterm ermöglicht die gleichzeitige Anregung zweier Phononen. Die Absorption durch Anregung dreier Phononen dagegen ist sehr schwach. Nur dadurch sind Dispersionskurven wie in Abb. 4.4, die ja der Anregung oder Absorption eines Phonons entsprechen, überhaupt ausmeßbar.

Eine andere in diesem Zusammenhang interessante Frage ist, ob es auch für nichtlineare Kraftgesetze stationäre Lösungen geben kann. Für spezielle Fälle lassen sich in der Tat solche stationären Lösungen, Solitonen genannt, angeben. Solitonen spielen vor allem in der Elektrodynamik nichtlinearer Medien eine Rolle [5.3].

In den folgenden zwei Abschnitten werden die beiden wichtigsten anharmonischen Effekte besprochen und modellmäßig beschrieben: die thermische Ausdehnung und die Gitterwärmeleitfähigkeit.

## 5.5 Thermische Ausdehnung

Alle Stoffe verändern ihr Volumen oder ihre Abmessungen mit der Temperatur. Obgleich die Änderungen beim festen Körper verhältnismäßig klein sind, ist ihre technische Bedeutung hoch, besonders dann, wenn es darauf ankommt, Materialien mit verschiedenen Ausdehnungskoeffizienten dauerhaft miteinander zu verbinden. Um zu einer von den äußeren Abmessungen $l$ der Probe unabhängigen Definition zu gelangen, definiert man als den linearen Ausdehnungskoeffizienten

$$\alpha = \frac{1}{l}\frac{dl}{dT}. \tag{5.23}$$

Bei isotropen Körpern oder kubischen Kristallen ist er gleich einem Drittel des Volumenausdehnungskoeffizienten

$$\alpha_V = 3\alpha = \frac{1}{V}\frac{dV}{dT}. \tag{5.24}$$

Typische Werte für lineare Ausdehnungskoeffizienten liegen bei $10^{-5}\,\mathrm{K}^{-1}$. Selbstverständlich kann der Ausdehnungskoeffizient nur gemessen werden, wenn der Körper im spannungsfreien Zustand gehalten wird. Thermodynamisch bedeutet dies, daß die Ableitung der freien Energie nach dem Volumen, d. h. der Druck $p$, gleich Null sein muß für alle Temperaturen.

$$-\left(\frac{\partial F}{\partial V}\right)_T = p = 0. \tag{5.25}$$

Diese Gleichung kann zur Berechnung des Ausdehnungskoeffizienten benutzt werden. Gelingt es nämlich, die freie Energie als Funktion des Volumens auszudrücken, so liefert die Bedingung der Spannungsfreiheit für jede Temperatur eine Beziehung zwischen Volumen und Temperatur, also die thermische Ausdehnung. Wir wollen diesen Weg gehen und betrachten dazu zunächst die freie Energie eines einzigen Oszillators. Die Verallgemeinerung auf ein Gitter ist dann unmittelbar einzusehen.

Die freie Energie eines Systems läßt sich durch die Zustandssumme $Z$ ausdrücken

$$F = -kT \ln Z \quad \text{mit} \quad Z = \sum_i \mathrm{e}^{-E_i/kT}. \tag{5.26}$$

Dabei läuft der Index $i$ über alle quantenmechanisch unterscheidbaren Zustände des betrachteten Systems. Bei einem harmonischen Oszillator ist

$$Z = \sum_n \mathrm{e}^{-\hbar\omega(n+1/2)/kT} = \frac{\mathrm{e}^{-(\hbar\omega/kT)/2}}{1-\mathrm{e}^{-\hbar\omega/kT}}. \tag{5.27}$$

Der Schwingungsanteil der freien Energie $F_s$ ist dann also

$$F_s = \tfrac{1}{2}\hbar\omega + kT \ln(1-\mathrm{e}^{-\hbar\omega/kT}) \tag{5.28}$$

Zum Gesamtwert der freien Energie gehört noch der Wert der potentiellen Energie in der Ruhelage $\Phi$

$$F = \Phi + \tfrac{1}{2}\hbar\omega + kT \ln(1-\mathrm{e}^{-\hbar\omega/kT}). \tag{5.29}$$

Wie man sich leicht überzeugen kann, hängt bei einem *harmonischen* Oszillator die Frequenz $\omega$ nicht von einer Verschiebung $s$ aus der Gleichgewichtslage ab. Entsprechend liefert die Anwendung der Gleichgewichtsbedingung keine thermische Ausdehnung.

Wir gehen nun zum anharmonischen Oszillator über, indem wir zulassen, daß die Frequenzen sich mit einer Verschiebung aus der Gleichgewichtslage verändern. Die Energieterme seien weiter durch $E_n = (n+\frac{1}{2})\hbar\omega$ gegeben. Dieses Verfahren wird als die quasiharmonische Näherung bezeichnet. Für *einen* Oszillator läßt sich die Frequenzänderung leicht durch den dritten Koeffizienten der Potentialentwicklung (4.1) ausdrücken. Die entsprechende Rechnung braucht aber hier nicht durchgeführt zu werden. Für die einfache Berechnung der Ableitung (5.25) denken wir uns die freie Energie um die Gleichgewichtslage entwickelt. Wir wollen den Abstand im Potentialminimum mit $a_0$ bezeichnen. Der zeitliche Mittelwert der Lage des Oszillators für den anharmonischen Fall ist jetzt nicht mehr identisch mit $a_0$ sondern sei $a$. Damit erhalten wir für die Entwicklung mit der Federkonstanten $f$

$$\begin{aligned} \Phi &= \Phi_0(a_0) + \tfrac{1}{2} f (a-a_0)^2 \\ F_s &= F_s(a_0) + \left.\frac{\partial F_s}{\partial a}\right|_{a=a_0} (a-a_0) \end{aligned} \tag{5.30}$$

Die Gleichgewichtsbedingung (5.25) liefert dann mit (5.29)

$$f(a-a_0) + \frac{1}{\omega}\frac{\partial\omega}{\partial a}\,\varepsilon(\omega, T) = 0\,. \tag{5.31}$$

Diese Gleichung ist schon die Beziehung zwischen der mittleren Verschiebung und der Temperatur. Die Verschiebung is proportional der thermischen Energie $\varepsilon(\omega, T)$ des Oszillators. Wir erhalten also für den linearen Ausdehnungskoeffizienten

$$\alpha(T) = \frac{1}{a_0}\frac{da}{dT} = -\frac{1}{a_0^2 f}\frac{\partial \ln\omega}{\partial \ln a}\frac{\partial}{\partial T}\,\varepsilon(\omega, T)\,. \tag{5.32}$$

Zur Verallgemeinerung auf Festkörper brauchen wir nur $\alpha = a_0^{-1}(da/dT)$ durch $\alpha_V = V^{-1}(dV/dT)$ zu ersetzen und über alle Phononenwellenvektoren $\boldsymbol{q}$ und alle Zweige $j$ zu summieren. An die Stelle von $a_0^2 f$ tritt dann $V\cdot\kappa$ mit $\kappa = V(\partial p/\partial V)$, dem Kompressionsmodul,

$$\frac{1}{V}\frac{dV(T)}{dT} = \alpha_V = \frac{1}{V\kappa}\sum_{\boldsymbol{q},j} -\frac{\partial \ln\omega(\boldsymbol{q},j)}{\partial \ln V}\frac{\partial}{\partial T}\varepsilon(\omega(\boldsymbol{q},j), T)\,. \tag{5.33}$$

Dies ist die thermische Zustandsgleichung eines Gitters. Man kann daraus unmittelbar erkennen, daß im Grenzfall sehr tiefer und hoher Temperaturen der Ausdehnungskoeffizient dasselbe Temperaturverhalten hat wie die spezifische Wärme, also proportional $T^3$ für tiefe Temperaturen und konstant (im Rahmen dieser Näherung) für hohe Temperaturen ist. Für viele Gittertypen ist sogar die „Grüneisen-Zahl"

$$\gamma = -\frac{\partial \ln\omega(\boldsymbol{q},j)}{\partial \ln V} \tag{5.34}$$

nicht sehr stark von der Frequenz $\omega(\boldsymbol{q},j)$ abhängig. Dann läßt sich die Grüneisen-Zahl in Form eines mittleren Parameters aus der Summe in (5.33) herausziehen und der

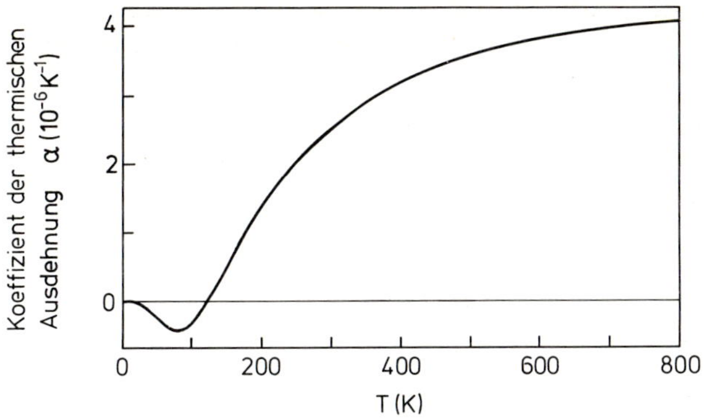


**Abb. 5.4.** Linearer Ausdehungskoeffizient von Silizium als Funktion der Temperatur [5.4]

Ausdehnungskoeffizient wird im ganzen Temperaturbereich näherungsweise proportional zur spezifischen Wärme. Typische Werte des *Grüneisen-Parameters* $\gamma$ liegen bei 2. Er ist relativ unabhängig vom Material. Daraus folgt wegen des Kompressionsmoduls im Nenner von (5.33) die Faustregel, daß weiche Materialien mit kleinem Kompressionsmodul einen hohen Ausdehnungskoeffizienten haben.

Die Proportionalität zwischen $\alpha_V$ und der spezifischen Wärme ist jedoch nicht für alle Gittertypen gegeben. Bei tetraedrisch koordinierten Gittern wechselt der Ausdehnungskoeffizient bei tiefen Temperaturen das Vorzeichen. Als Beispiel möge der in Abb. 5.4 aufgetragene Ausdehnungskoeffizient von Silizium dienen.

Wir haben in der Herleitung der thermischen Zustandsgleichung implizit vorausgesetzt, daß es sich um ein kubisches Gitter handelt. Hexagonale Gitter haben parallel und senkrecht zur hexagonalen $c$-Achse verschiedene Ausdehnungskoeffizienten. Sie können sogar ungleiche Vorzeichen haben wie beim Tellur: Mit zunehmender Temperatur dehnt sich ein Tellurkristall senkrecht zur $c$-Achse aus, schrumpft aber – um einen geringeren Betrag – in der Richtung parallel zur $c$-Achse. Trikline, monokline und rhombische Gitter schließlich haben drei verschiedene Ausdehnungskoeffizienten.

## 5.6 Wärmeleitung durch Phononen

Im festen Körper wird Wärme durch Phononen und durch freie Elektronen transportiert. Bei Metallen überwiegt der Elektronenanteil an der Wärmeleitfähigkeit. Daraus darf aber nicht geschlossen werden, daß Isolatoren unbedingt schlechtere Wärmeleiter sind. Die Wärmeleitfähigkeit von kristallinem $Al_2O_3$ und $SiO_2$ bei tiefen Temperaturen ist höher als die Wärmeleitfähigkeit von Kupfer. Von der Eigenschaft der elektrischen Isolation bei gleichzeitig guter Wärmeleitung wird in der experimentellen Tieftemperaturphysik häufig Gebrauch gemacht.

Im Gegensatz zu den bisher besprochenen thermischen Eigenschaften ist die Wärmeleitung ein Phänomen des Ungleichgewichts. Ein Wärmestrom tritt nur auf bei einem Temperaturgradienten und die Wärmestromdichte $\boldsymbol{Q}$ ist dem Temperaturgradienten proportional

$$\boldsymbol{Q} = -\lambda \operatorname{grad} T \tag{5.35}$$

Dabei ist $\lambda$ der Koeffizient der Wärmeleitfähigkeit.

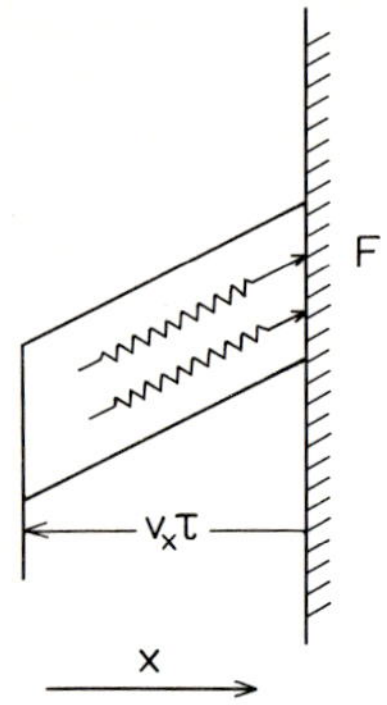


**Abb. 5.5.** Zur Herleitung des Wärmeflusses durch eine Querschnittsfläche $F$: Im Zeitintervall $\tau$ treffen auf die Fläche $F$ alle Phononen, die sich in einem Zylinder der Höhe $v_x\tau$ befinden

Die Tatsache, daß wir es mit Abweichungen vom thermischen Gleichgewicht und örtlich verschiedenen Temperaturen zu tun haben, bringt eine gewisse Schwierigkeit in der Beschreibung mit sich: Die thermischen Größen Energie $\varepsilon(\omega, T)$ und mittlere Phononenzahl $\langle n \rangle$ (Abschn. 5.2) waren bislang nur für homogene Temperaturen erklärt. Wir müssen deshalb voraussetzen, daß die örtliche Variation von $T$ gering ist, so daß in einem genügend großen, d.h. viele Atome enthaltenden Gebiet die Temperatur als homogen angesehen werden kann und deshalb eine Phononenzahl $\langle n \rangle$ auch in diesem Fall definierbar ist. Nachbargebiete sollen dann eine abweichende Temperatur haben. In diesem Sinne ist also jetzt die Phononenzahl eine Funktion des Ortes. Für die Berechnung der Wärmeleitfähigkeit müssen wir zunächst die Wärmestromdichte $\boldsymbol{Q}$ durch Eigenschaften der Phononen ausdrücken. Wie mit Hilfe von Abb. 5.5 ersichtlich, ist der durch die Fläche $F$ in der Zeit $\tau$ in $x$-Richtung hindurchtretende Wärmefluß gleich der Energiedichte mal dem Volumen des Zylinders mit der Höhe $v_x\tau$. Dabei ist $v$ die Energie-Transportgeschwindigkeit der Phononen. Diese ist nicht die Phasengeschwindigkeit der Gitterwellen $\omega/q$, sondern, wie z.B. in Lehrbüchern der Elektrodynamik für Licht bzw. in Lehrbüchern der Quantenmechanik für Elektronen gezeigt wird, ist sie gleich der Geschwindigkeit einer Wellengruppe $\partial\omega/\partial q$ (siehe Abschn. 9.1)

$$Q_x = \frac{1}{V} \sum_{\boldsymbol{q},j} \hbar\omega \langle n \rangle v_x, \quad v_x = \frac{\partial \omega}{\partial q_x}. \tag{5.36}$$

Hier wie im folgenden lassen wir in der Zwischenrechnung die Indizes $\boldsymbol{q}, j$ in $\omega$, $\langle n \rangle$ und $v_x$ zur kürzeren Schreibweise weg. Im thermischen Gleichgewicht ist der Wärmefluß $\boldsymbol{Q}$ natürlich Null. Das ist auch an dem Ausdruck für $\boldsymbol{Q}$ leicht zu sehen, denn im Gleichgewicht ist die Phononenbesetzungszahl für positive und negative $q$-Werte gleich. Wegen der Symmetrie der Dispersionskurven ist aber $v_x(\boldsymbol{q}) = -v_x(-\boldsymbol{q})$. Dadurch summiert sich der gesamte Wärmefluß zu Null. Ein Wärmefluß besteht also nur dann, wenn die Phononenzahl $\langle n \rangle$ vom Gleichgewichtswert $\langle n \rangle^0$ abweicht. Wir können deshalb den Wärmefluß auch durch die Abweichung der Phononenzahlen vom Gleichgewichtswert ausdrücken

$$Q_x = \frac{1}{V} \sum_{\boldsymbol{q},j} \hbar\omega (\langle n \rangle - \langle n \rangle^0) v_x. \tag{5.37}$$

Eine zeitliche Änderung der Phononenzahl $\langle n \rangle$ in einem Gebiet kann auf zweierlei Art zustandekommen: Aus den Nachbargebieten diffundieren Phononen in das betrachtete Gebiet hinein oder Phononen zerfallen in andere.

$$\frac{d\langle n \rangle}{dt} = \left.\frac{\partial \langle n \rangle}{\partial t}\right|_{\text{diff.}} + \left.\frac{\partial \langle n \rangle}{\partial t}\right|_{\text{Zerfall}}. \tag{5.38}$$

Dies ist eine spezielle Form einer sog. Boltzmann-Gleichung, die auch bei Elektronen-Transportproblemen Anwendung findet (Abschn. 9.4). Betrachten wir speziell stationäre Wärmeflüsse, bei denen also die Temperatur zeitlich konstant ist, so ändert sich auch die Phononenzahl nicht mit der Zeit. Die totale zeitliche Ableitung $d\langle n \rangle/dt$ ist also Null.

Für die zeitliche Veränderung durch Phononenzerfall kann man einen Relaxationsansatz mit einer Relaxationszeit $\tau$ machen

$$\left.\frac{\partial \langle n \rangle}{\partial t}\right|_{\text{Zerfall}} = -\frac{\langle n \rangle - \langle n \rangle^0}{\tau}. \tag{5.39}$$

Nach diesem Ansatz ist die zeitliche Änderung um so größer, je weiter die Phononenzahl vom Gleichgewicht entfernt ist. Der Diffusionsterm ist mit dem Temperaturgradienten verknüpft. In einer bestimmten Zeit $\Delta t$ gelangen alle die Phononen in das betrachtete Gebiet, die vorher am Ort $x - v_x \Delta t$ waren. Dann ist

$$\left.\frac{\partial\langle n\rangle}{\partial t}\right|_{\text{diff.}} = \lim_{\Delta t\to 0} \frac{1}{\Delta t}\left[\langle n(x-v_x\Delta t)\rangle - \langle n(x)\rangle\right]$$
$$= -v_x \frac{\partial\langle n\rangle}{\partial x} = -v_x \frac{\partial\langle n\rangle^0}{\partial T}\frac{\partial T}{\partial x}. \tag{5.40}$$

Entsprechend der Voraussetzung stationärer Verhältnisse und daß jedes Gebiet in sich im thermischen Gleichgewicht sein soll, haben wir nach Einführung des Temperaturgradienten $\langle n\rangle$ durch $\langle n\rangle^0$ ersetzt. Setzen wir nun (5.38–40) in (5.37) ein, so erhalten wir

$$Q_x = -\frac{1}{V}\sum_{\boldsymbol{q},j} \hbar\omega(\boldsymbol{q},j)\tau(\boldsymbol{q},j)v_x^2(\boldsymbol{q},j)\frac{\partial\langle n(\boldsymbol{q},j)\rangle^0}{\partial T}\frac{\partial T}{\partial x}. \tag{5.41}$$

Für kubische oder isotrope Systeme können wir weiterhin

$$\langle v_x^2\rangle = \tfrac{1}{3}v^2 \tag{5.42}$$

setzen. Durch Vergleich mit der phänomenologischen Gl. (5.35) erhalten wir für den Koeffizienten der Wärmeleitfähigkeit

$$\lambda = \frac{1}{3V}\sum_{\boldsymbol{q},j} v(\boldsymbol{q},j)\Lambda(\boldsymbol{q},j)\frac{\partial}{\partial T}\varepsilon(\omega(\boldsymbol{q},j),T). \tag{5.43}$$

Dabei ist $\Lambda = v\tau$ die freie Weglänge eines Phonons. Eine analoge Beziehung gilt auch für die Wärmeleitfähigkeit eines Gases oder des Elektronengases (Abschn. 9.7). Wie zu erwarten, spielt die spezifische Wärme der einzelnen Phononen eine wichtige Rolle beim Wärmetransport. Von Bedeutung ist ferner die Gruppengeschwindigkeit. Phononen in der Nähe der Zonengrenze oder optische Phononen tragen wenig zum Wärmefluß bei. Das Temperaturverhalten von $\lambda$ wird aber auch durch die freie Weglänge bestimmt. Hier muß man je nach Temperatur verschiedene Prozesse betrachten, die im folgenden näher diskutiert werden.

Wir müssen dazu den Zerfall von Phononen näher betrachten. Beim Zerfall durch anharmonische Wechselwirkung, die in Abschn. (5.4) schon beschrieben wurde, gelten Quasiimpulserhaltung und Energiehaltung.

$$\begin{aligned}\boldsymbol{q}_1 &= \boldsymbol{q}_2 + \boldsymbol{q}_3 + \boldsymbol{G}\\ \hbar\omega_1 &= \hbar\omega_2 + \hbar\omega_3.\end{aligned} \tag{5.44}$$

Für den Fall tiefer Temperaturen, wo nur Schallwellen thermisch angeregt sind, sind Impuls und Energiesatz nur mit $\boldsymbol{G} = 0$ erfüllbar. Solche Prozesse sind in Abb. 5.6a dargestellt. Man sieht, daß die Projektionen von $\boldsymbol{q}_1$ und $\boldsymbol{q}_2 + \boldsymbol{q}_3$ auf eine beliebige

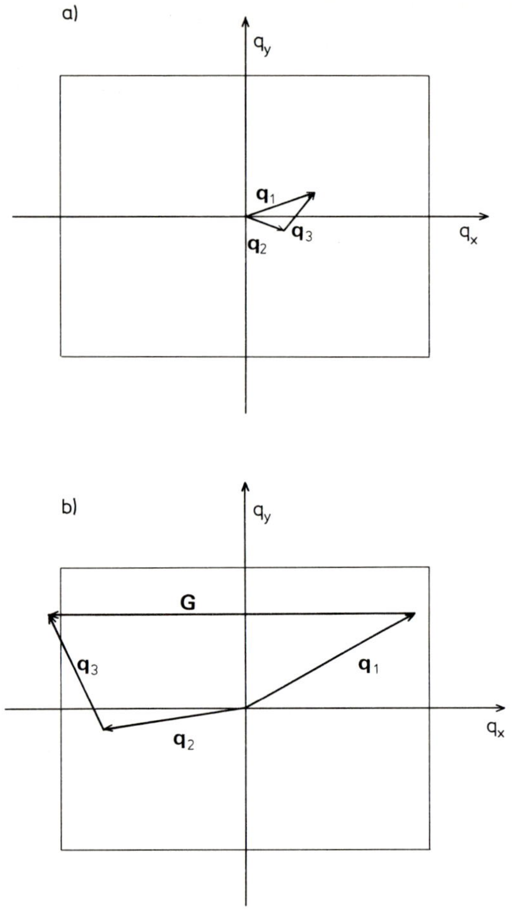


**Abb. 5.6a, b.** Normalprozesse (**a**) und Umklappprozesse (**b**) im $q$-Raum. Im Falle (**b**) wird der Vektor $\boldsymbol{q}_1$ unter Zuhilfenahme eines Vektors $\boldsymbol{G}$ in zwei Vektoren $\boldsymbol{q}_2$ und $\boldsymbol{q}_3$ zerlegt, für die die Gruppengeschwindigkeit in Richtung der negativen $q_x$-Achse verläuft. Dadurch tritt eine Umkehrung der Richtung des Energieflusses ein

Richtung in diesem Fall gleich sind. Da für elastische Wellen auch der Betrag der Gruppengeschwindigkeit unabhängig von $\boldsymbol{q}$ ist, wird also der Wärmefluß durch den Zerfallsprozeß gar nicht gestört. Bei tiefen Temperaturen (in der Praxis etwa unterhalb von 10 K) führt also die anharmonische Wechselwirkung nicht zu einer Begrenzung der freien Weglänge in (5.43). Nur Prozesse, bei denen die $\boldsymbol{q}$-Erhaltung nicht gilt, tragen hier zum Wärmewiderstand bei. Solche Prozesse sind die Streuung von Phononen an Defekten des Kristalls oder – bei einem sehr guten Einkristall – die Streuung an den Oberflächen des Kristalls. Wir haben dann die zunächst etwas seltsam anmutende, aber tatsächlich beobachtete Erscheinung, daß die Wärmeleitfähigkeit von den äußeren Abmessungen sowie der Beschaffenheit der Oberfläche abhängt. Die Temperaturabhängigkeit von $\lambda$ ist dann durch die spezifische Wärme gegeben, also proportional $T^3$.

Bei höheren Temperaturen können Impuls- und Energiesatz bei Phononenzerfall auch mit einem reziproken Gittervektor realisiert werden. Solche Prozesse können die Richtung des Energietransportes umkehren (siehe Abb. 5.6b). Sie heißen deshalb auch „Umklapp"-Prozesse. Bedingung für ihr Auftreten ist, daß Phononen mit genügend hohem $\boldsymbol{q}$-Vektor angeregt sind. Das zerfallende Phonon muß also ein $q_1$ von der Größenordnung des halben Durchmessers der Brillouin-Zone und somit eine Energie von $\sim k\Theta$ besitzen. Die Wahrscheinlichkeit dafür ist im Mittel etwa proportional

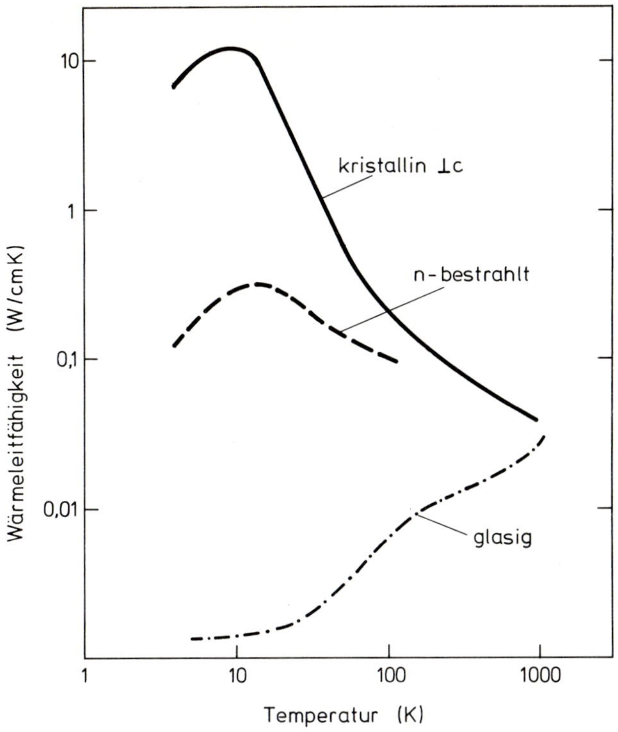


**Abb. 5.7.** Wärmeleitfähigkeit von einkristallinem $SiO_2$ (Quarz) senkrecht zur $c$-Achse, desselben Kristalls mit Defekten durch Neutronenbeschuß und von Quarzglas [5.5, 6]

$\exp(-\Theta/bT)$. Für die Konstante $b$ wird dabei experimentell ungefähr der Wert 2 gefunden. Die freie Weglänge wird damit also proportional zu

$$\Lambda \propto e^{\Theta/bT} . \tag{5.45}$$

Diese starke exponentielle Abhängigkeit bestimmt das Temperaturverhalten von $\lambda$ in einem mittleren Temperaturbereich.

Bei hohen Temperaturen sinkt $\Lambda$ nur noch langsam mit der Temperatur ($\propto T^{-1}$). Der sich insgesamt ergebende, charakteristische Verlauf der Wärmeleitfähigkeit eines (nichtleitenden) Einkristalls ist in Abb. 5.7 am Beispiel von $SiO_2$ (Quarz) dargestellt. Zum Vergleich ist auch das völlig andersartige Verhalten des gleichen Materials im amorphen Zustand (Quarzglas) aufgetragen. Hier ist die Streuung an Defekten schon bei der Debye-Temperatur überwiegend und $\lambda$ sinkt mit fallender Temperatur rasch ab ohne das für Einkristalle charakteristische Zwischenmaximum. Auch Strahlenschäden oder andere Defekte reduzieren die Wärmeleitfähigkeit von Einkristallen beträchtlich.

# Tafel IV **Experimente bei tiefen Temperaturen**

In der Geschichte der Festkörperphysik waren Fortschritte in der Herstellung und Messung tiefer Temperaturen und die Entdeckung neuer physikalischer Phänomene häufig miteinander verknüpft. So hat z. B. Kamerlingh Onnes 1911 kurz nach der ersten Verflüssigung von $^4$He (1908) die Supraleitung [IV.1] entdeckt. Es ist ja eine Besonderheit des Vielteilchensystems „Festkörper", elementare Anregungen mit kleiner Quantenenergie zu besitzen. Der Quantencharakter des Anregungsspektrums ist aber nur dann besonders ausgeprägt, wenn $kT$ klein gegen die Quantenenergien wird. In dem Bestreben, immer tiefere Temperaturen zu erzeugen, ist man heute bis in den Mikro-Kelvin-Bereich vorgestoßen (60 µK [IV.2]). Zur Herstellung solcher Temperaturen bedarf es des Zusammenwirkens vieler ausgefeilter Techniken. So darf z. B. die Wärmezufuhr zu der abzukühlenden Probe $10^{-9}$ W nicht überschreiten. Selbst elektromagnetische Einstrahlung im Radiofrequenzbereich oder Vibrationen müssen vermieden werden. Haupthilfsmittel bei der Erzeugung tiefster Temperaturen ist neben der Verwendung flüssiger Edelgase $^4$He ($T=4{,}2$–$1{,}2$ K) und $^3$He ($T=3{,}2$–$0{,}3$ K) zur Vorkühlung die sog. „adiabatische Entmagnetisierung" von Kernspinsystemen. Bei dieser Art der Kühlung läßt man bei höherer Temperatur im Milli-Kelvin-Bereich die Kernspins eines im Magnetfeld aufgespaltenen Spinsystems durch Wärmeentzug tiefere Zustände einnehmen. Anschließend fährt man das Magnetfeld langsam herunter, wodurch sich die Niveauabstände des Spinsystems verkleinern, bis schließlich bei der entsprechenden Temperatur einige Spins die Möglichkeit haben, höhere Zustände des Kernspinsystems einzunehmen. Die dafür aufzuwendende Energie wird als Wärme dem Elektronen- und (bei nicht zu niedrigen Temperaturen) auch dem Phononensystem des Festkörpers entzogen.

Wie in allen Grenzgebieten der Physik ist im µK-Bereich nicht nur die Erzeugung, sondern auch die Messung tiefster Temperaturen ein Problem. Allein der Temperaturausgleich zwischen Kernspin- und Elektronensystem kann Stunden in Anspruch nehmen.

Wir wollen in dieser Experimenttafel zwei Anordnungen kennenlernen, die es erlauben, die spezifische Wärme und die Wärmeleitfähigkeit von Festkörpern bis etwa 0,3 K zu messen. Verglichen mit der Arbeit im µK-Bereich sind dies vergleichsweise einfache Experimente. Sie lassen aber doch wesentliche Elemente der Tieftemperaturtechnik erkennen.

In Abb. IV.1 stellen wir ein sog. Nernst-Kalorimeter nach *Gmelin* [IV.3] zur Messung der spezifischen Wärme vor. Das Kalorimeter besteht aus einem zur Vermeidung der Gaswärmeleitung evakuierten Gefäß, welches in das Heliumbad eines konventionellen Kryostaten eingetaucht wird. Dieses ist seinerseits zur Verringerung der thermischen Zustrahlung von einem Mantel auf der Temperatur flüssigen Stickstoffs umgeben. Das Prinzip der Messung der spezifischen Wärme besteht in der Messung der Temperaturerhöhung der zu untersuchenden Probe bei bekannter Energiezufuhr meistens in der Form elektrisch erzeugter Wärme. Hauptproblem dabei ist die unerwünschte Wärmezufuhr zur Probe. Diese Wärmezufuhr erfolgt auf drei Wegen: Wärmeleitung durch Restgas im Kalorimeter, Wärmestrahlung und Wärmeleitung durch die Zuleitungen. Die Wärmeleitung durch das Restgas kann durch Evakuieren (möglichst bei höheren Temperaturen) weitgehend vermieden werden. Der Einfluß der Strahlung wird klein gehalten, wenn man die Probe mit einem Strahlungsschild umgibt, dessen Temperatur durch geeignete Beheizung stets in der Nähe der Temperatur der Probe gehalten wird (sog. „adiabatisches" Kalorimeter). Die Probe selbst wird – thermisch weitgehend isoliert – mit Baumwoll- oder Nylonfäden gehalten. Die Wärmeleitung durch die Zuleitungen ist nicht ganz vermeidbar, kann aber durch sorgfältige Auswahl der Materialien sowie durch sorgfältige thermische Ankopplung der Zuleitungen an das äußere Strahlungsschild klein gehalten werden. Zur Einstellung einer gewünschten Probentemperatur, insbesondere zum Abkühlen, kann ein Wärmeschalter verwendet werden. In dem Kalorimeter nach *Gmelin* in Abb. IV.1 ist dieser Wärmeschalter eine pneumatisch geschaltete Wärmebrücke, mit der die Probe an die Temperatur des Heliumbades angekoppelt werden kann. Die Temperatur der Probe wird durch den Widerstand von Kohlewiderständen oder, noch reproduzierbarer, durch den Widerstand eines dotierten

Abb. IV.1. Ein adiabatisches Nernst-Kalorimeter nach *Gmelin* [IV.3]

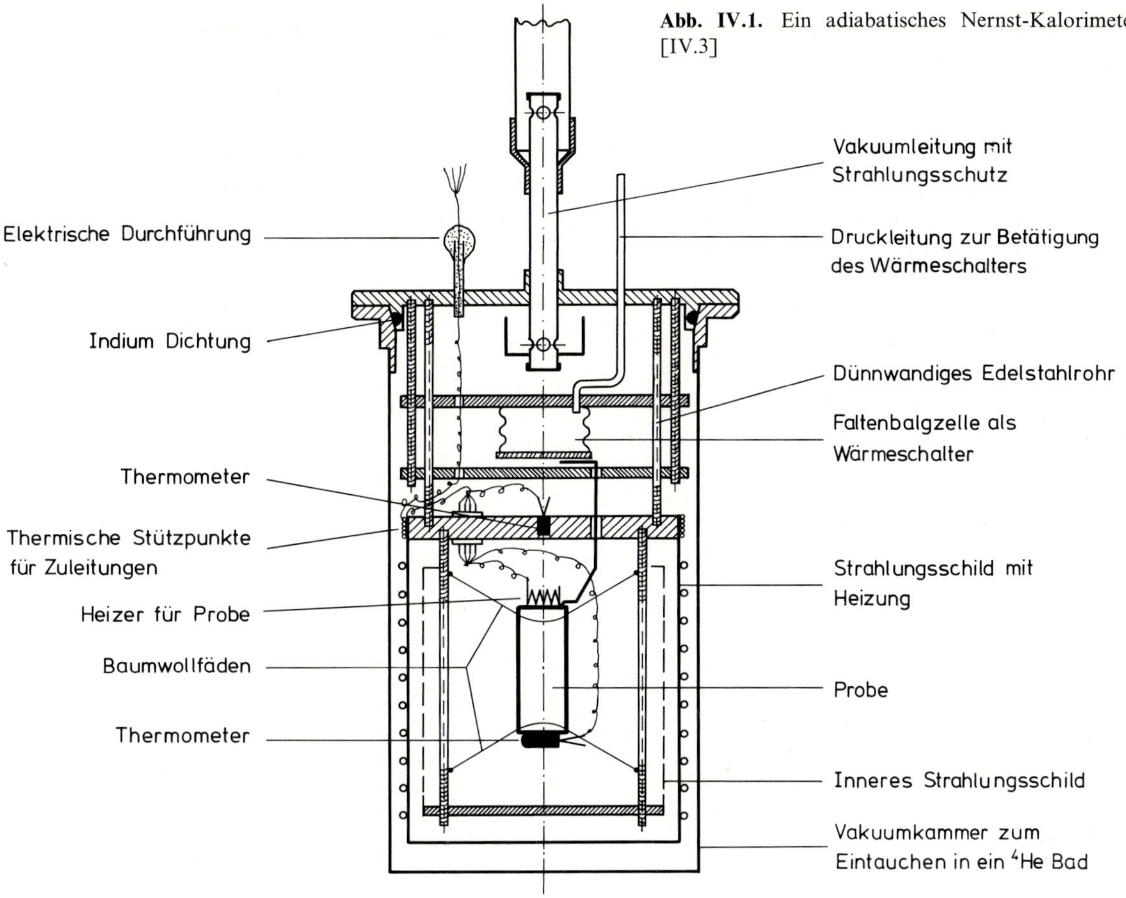


Germaniumkristalles gemessen, der ja exponentiell mit der Temperatur fällt (siehe Kap. 12). Solche Widerstandsthermometer müssen ihrerseits gegen die thermodynamischen Fixpunkte von $^3$He und $^4$He oder besser gegen ein Dampfdruckthermometer mit diesen Gasen geeicht werden. Als kleines Beispiel für die Raffinesse der Ausgestaltung der experimentellen Anordnung in Abb. IV.1 beachte man, wie durch spezielle Gestaltung der Vakuumleitung verhindert wird, daß die 300 K-Strahlung aus der Vakuumleitung in das Kalorimeter gelangt.

Trotz sorgfältiger Abschirmung ist ein Temperaturgang der Probe nicht zu vermeiden (Abb. IV.2). Nach erfolgter Wärmezufuhr $\Delta Q$ muß man deshalb die wahre Temperaturerhöhung durch Extrapolation der Temperaturgänge vor und nach der Wärmezufuhr

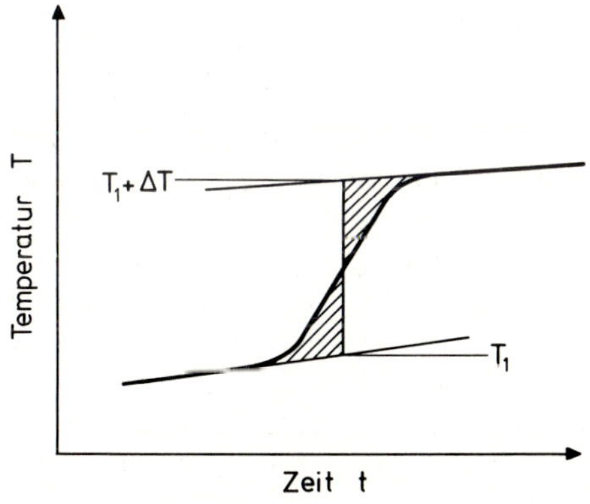


**Abb. IV.2.** Typischer Temperaturverlauf an der Probe bei der Ermittlung der spezifischen Wärme aus der Temperaturerhöhung bei bekannter Wärmezufuhr. Zur Ermittlung der wahren Temperaturerhöhung müssen die Temperaturgänge vor und nach der Messung in der angegebenen Weise extrapoliert werden

ermitteln (Abb. IV.2). Die spezifische Wärme errechnet sich dann nach

$$c_p = \frac{1}{m} \frac{\Delta Q}{\Delta T}. \quad \text{(IV.1)}$$

Mit einem Kalorimeter nach Abb. IV.1 läßt sich im Prinzip auch die Wärmeleitfähigkeit einer Probe messen. Eine etwas andere Anordnung aus dem Labor von *Pohl* [IV.4], die speziell für Wärmeleitungsuntersuchungen entwickelt wurde, zeigt Abb. IV.3. Wiederum kann die gesamte Anordnung in ein Bad aus $^4$He (4,2 K bei Normaldruck) eingetaucht werden. Dieses Bad ist seinerseits durch ein Strahlungsschild auf der Temperatur flüssigen Stickstoffs abgeschirmt. Zusätzlich enthält die Anordnung in Abb. IV.3 einen Tank für $^3$He. Durch Ausnutzung der Verdampfungswärme von $^3$He durch Abpumpen kann etwa 0,3 K erreicht werden. Die Vorrichtung zur Wärmeleitungsmessung in Abb. IV.3 enthält zwei Heizelemente, eines dient zur Einstellung einer Grundtemperatur der Probe, das zweite am oberen Ende der Kristallprobe erzeugt einen stationären Wärmestrom durch die Probe. Die Temperaturdifferenz wird durch die beiden Kohlewiderstände abgegriffen. Die Wärmeleitfähigkeit errechnet sich dann nach

$$\lambda = \frac{L}{F} \frac{\dot{Q}}{\Delta T}, \quad \text{(IV.2)}$$

wobei $L$ die Distanz zwischen den Kohlewiderständen, $F$ der Querschnitt der Probe und $\dot{Q}$ die dem Heizelement zugeführte Leistung ist.

## Literatur


IV.1 W. Buckel: *Supraleitung*, 2. Aufl. (Physik Verlag, Weinheim 1977)

IV.2 R.M. Mueller, L. H. Buchal, H.R. Folle, M. Kubota, F. Pobell: Cryogenics (in Vorbereitung)

IV.3 E. Gmelin: Thermochimica Acta **29**, 1 (1979)

IV.4 W.D. Seward, V. Narayanamurti: Phys. Rev. **148**, 463 (1966)


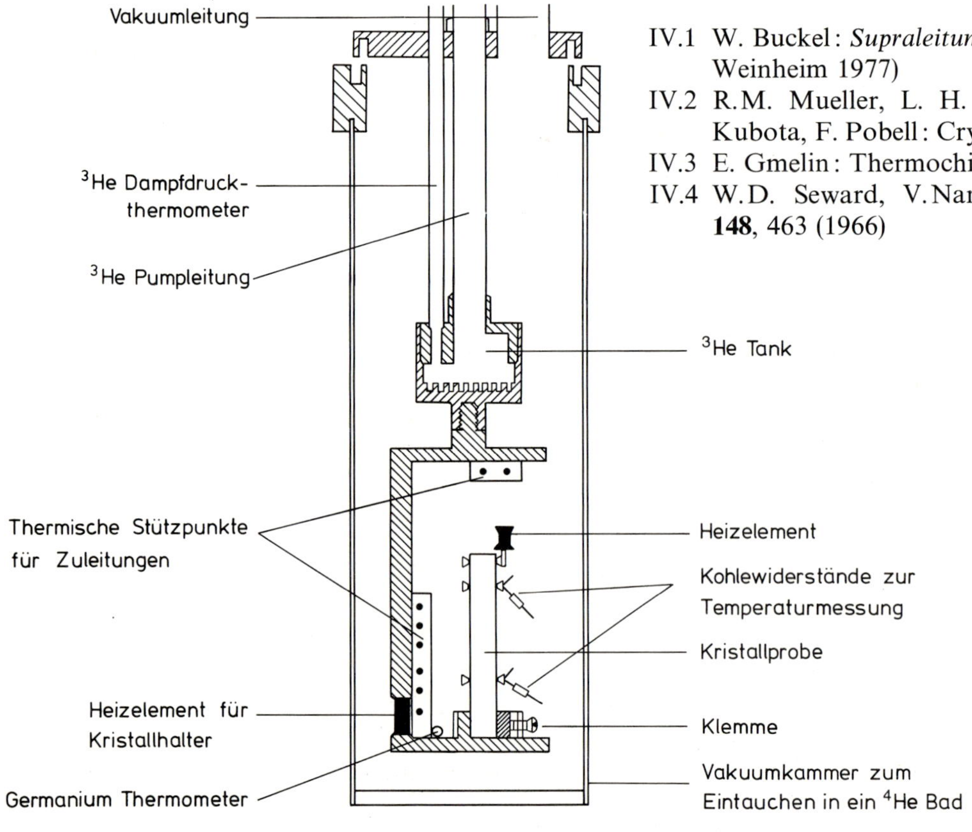


**Abb. IV.3.** Eine Anordnung zur Wärmeleitungsmessung (vereinfacht) nach *Seward* und *Narayanamurti* [IV.4]

# 6. „Freie“ Elektronen im Festkörper

Festkörpereigenschaften lassen sich näherungsweise in gitterdynamische und elektronische Eigenschaften aufteilen. Dieser sog. *adiabatischen Näherung* (Kap. 4) lag die Tatsache zugrunde, daß für die Dynamik der schweren Kerne oder auch der Kerne einschließlich der stark gebundenen Rumpfelektronen (man nennt diese Zusammenfassung „Atomrumpf“) die Energie als Funktion der Kern- oder Rumpfkoordinaten als zeitunabhängiges Potential aufgefaßt werden kann: Das Elektronensystem folgt wegen seiner so viel geringeren Masse fast augenblicklich der Kern- oder Rumpfbewegung. Vom Elektronensystem aus betrachtet, heißt das auch, daß für die Dynamik des Elektronensystems die Kern- oder Rumpfbewegungen als sehr langsam und im Grenzfall als nicht vorhanden betrachtet werden dürfen. Innerhalb der adiabatischen Näherung lassen sich dann die Anregungszustände des Elektronensystems im statischen Potential der positiv geladenen, periodisch angeordneten Kerne oder Atomrümpfe ermitteln. Man hat bei diesem Vorgehen dann Wechselwirkungen zwischen den sich bewegenden Atomrümpfen und den übrigen Elektronen des Kristalls vernachlässigt. Zur Behandlung von Transporterscheinungen der Elektronen im Kristall (Abschn. 9.3–5) müssen diese sog. Elektron-Gitterwechselwirkungen nachträglich wieder in Form einer Störung eingeführt werden.

Auch im Rahmen der adiabatischen Näherung mit ruhenden Kernen oder Rümpfen lassen sich Anregungszustände der Elektronen noch nicht quantitativ behandeln, denn man müßte immer noch die Schrödinger-Gleichung für etwa $10^{23}$ Elektronen (die untereinander auch wechselwirken) im periodischen, statischen Rumpfpotential lösen. Das Problem wird deshalb weiter vereinfacht:

Man betrachtet nur ein einziges Elektron in einem effektiven periodischen und zeitunabhängigen Potential. Dieses Potential wird dabei aus den ruhenden, sich in ihrer Gleichgewichtslage befindenden Atomkernen und allen anderen Elektronen gebildet. Diese Elektronen schirmen das Kernpotential weitgehend ab und es ergibt sich qualitativ bei einem Schnitt längs einer Atomreihe im Kristall für dieses Aufelektron ein Potentialverlauf wie in Abb. 6.1 (durchgezogene Linie) dargestellt. In dieser sog.

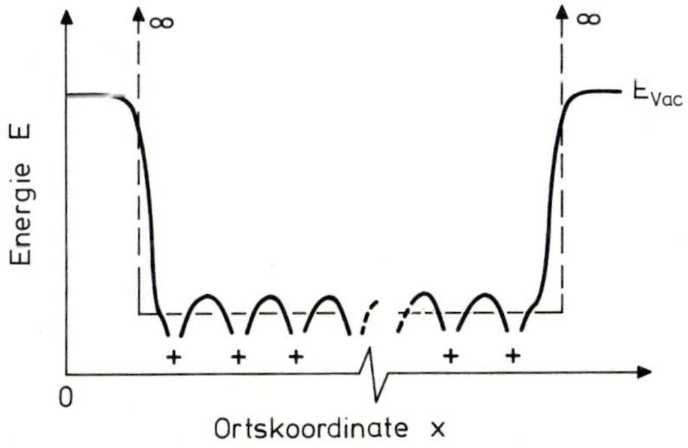


**Abb. 6.1.** Qualitativer Verlauf des Potentials für ein Kristallelektron im periodischen Gitter der positiven Rümpfe (+). $E_{Vac}$ ist das Vakuum-Energieniveau, auf das ein Elektron gebracht werden muß, wenn es aus dem Kristallinnern ins Unendliche gebracht wird. Die einfachste Näherung zur Beschreibung ist durch ein Kastenpotential (gestrichelt) mit unendlich hohen Energiewänden an der Oberfläche angedeutet

*Einelektronennäherung* sind alle Elektron-Elektronwechselwirkungen vernachlässigt, die sich nicht als lokales Potential für das betrachtete Aufelektron darstellen lassen, z. B. Wechselwirkungen, die auf Austausch zweier Elektronen zurückzuführen sind.

Im Rahmen dieses Lehrbuches beschränken wir uns also darauf, ein periodisches, lokales Potential anzunehmen und die Schrödinger-Gleichung für ein einziges Aufelektron in diesem Potential zu lösen. Für das eine Elektron ergeben sich Einelektronen-Quantenzustände, die dann sukzessive mit den zur Verfügung stehenden Elektronen aufgefüllt werden. Hierbei verlangt das Pauli-Prinzip, daß ein solcher Quantenzustand nur von einem einzigen Elektron eingenommen werden darf.

## 6.1 Das freie Elektronengas im Potentialkasten

Ein weiter vereinfachtes Modell, das zum erstenmal von *Sommerfeld* u. *Bethe* (1933) [6.1] betrachtet wurde, nimmt nicht einmal Notiz vom periodischen Potential im Kristall. Trotzdem hat dieses Modell zum ersten Mal ein vertieftes Verständnis vieler elektronischer Eigenschaften, insbesondere der Metalle gebracht. In dem Modell wird ein Metallkristall (Kubus mit den Längen $L$) durch einen dreidimensionalen „Potentialkasten“ mit unendlich hoher Energieschwelle an der Oberfläche beschrieben (Abb. 6.1); d.h., Elektronen können das Metall nicht verlassen, was sicherlich eine grobe Vereinfachung angesichts von Austrittsarbeiten im Bereich von 5 eV (Abschn. 6.6) darstellt. Die stationäre Schrödinger-Gleichung für das Aufelektron der Einelektronennäherung im Kastenpotential schreibt sich damit

$$-\frac{\hbar^2}{2m}\Delta\psi(\boldsymbol{r})+V(\boldsymbol{r})\psi(\boldsymbol{r})=E'\psi(\boldsymbol{r})\,, \tag{6.1}$$

wobei für ein Kastenpotential gilt:

$$V(x,y,z)=\begin{cases}V_0=\text{const für } 0\leqq x,y,z\leqq L\\ \infty \quad \text{sonst.}\end{cases} \tag{6.2}$$

Mit $E=E'-V_0$ gilt:

$$-\frac{\hbar^2}{2m}\Delta\psi(\boldsymbol{r})=E\psi(\boldsymbol{r})\,. \tag{6.3}$$

Da wegen der unendlich hohen Energieschwelle an den Oberflächen ($x,y,z=0$ und $L$) das Elektron den Kasten nicht verlassen kann, gelten die sog. *festen Randbedingungen* (vgl. die Begründung für periodische Randbedingungen in Abschn. 5.1)

$$\begin{aligned}\psi=0 \quad \text{für} \quad & x=0 \text{ und } L; && y,z \text{ beliebig zwischen 0 und } L;\\ & y=0 \text{ und } L; && x,z \text{ beliebig zwischen 0 und } L;\\ & z=0 \text{ und } L; && x,y \text{ beliebig zwischen 0 und } L.\end{aligned} \tag{6.4}$$

Da das Elektron mit Sicherheit im Kasten anzutreffen ist, schreibt sich die Normierungsbedingung für $\psi(\boldsymbol{r})$:

$$\int_{\text{Kasten}} d\boldsymbol{r}\psi^*(\boldsymbol{r})\psi(\boldsymbol{r}) = 1 \,. \tag{6.5}$$

Die Schrödinger-Gleichung (6.3) ergibt mit den Randbedingungen (6.4) als Lösung

$$\psi(\boldsymbol{r}) = \left(\frac{2}{L}\right)^{3/2} \sin k_x x \sin k_y y \sin k_z z \,. \tag{6.6}$$

Die möglichen Energiezustände ergeben sich durch Einsetzen von (6.6) in (6.3) zu

$$E = \frac{\hbar^2 k^2}{2m} = \frac{\hbar^2}{2m}(k_x^2 + k_y^2 + k_z^2) \,. \tag{6.7}$$

Die Energieeigenwerte sind, wie erwartet, die eines freien Elektrons (de Broglie Beziehung), wobei jedoch aus der Bedingung $\psi = 0$ bei $\boldsymbol{r} = (L, L, L)$ (6.4) folgende Einschränkungen für die Wellenzahlen $k_x$, $k_y$, $k_z$ folgen:

$$\begin{aligned} k_x &= \frac{\pi}{L} n_x \,, \\ k_y &= \frac{\pi}{L} n_y \,, \\ k_z &= \frac{\pi}{L} n_z \quad \text{mit} \quad n_x, n_y, n_z = 1, 2, 3, \ldots \,. \end{aligned} \tag{6.8}$$

Die Lösung mit $n_x$ oder $n_y$ oder $n_z = 0$ ist nicht normierbar über das Kastenvolumen und muß deshalb ausgeschlossen werden. Negative Wellenzahlvektoren ergeben keine linear unabhängigen Lösungen in (6.6). Die möglichen Zustände eines Elektrons im Potentialkasten (stehende Wellen, siehe Abb. 6.2) lassen sich ordnen nach ihren Quantenzahlen $(n_x, n_y, n_z)$ oder $(k_x, k_y, k_z)$. Eine Darstellung im dreidimensionalen Raum der Wellenzahlvektoren liefert als Flächen konstanter Energie Kugeln $E = \hbar^2 k^2/2m$.

Bei den beschriebenen „festen" Randbedingungen nehmen die möglichen Zustandsvektoren nur den positiven Oktanten des $\boldsymbol{k}$-Raumes ein. Im Vergleich zu den periodischen Randbedingungen Abschn. (5.1) liegen die Zustände aber in jeder Achsenrichtung doppelt so dicht. Einem Zustand kommt also das Volumen $V_k = (\pi/L)^3$ zu. Wieder liegen bei makroskopischen Dimensionen $L$ die Zustandspunkte quasikontinuierlich, so daß für viele Zwecke Summen im $\boldsymbol{k}$-Raum durch Integrale ersetzt werden können.

Wie im Fall der Phononen können wir eine Zustandsdichte berechnen. Dazu dividieren wir das Volumen eines Achtels der Kugelschale, begrenzt durch die Energieflächen $E(\boldsymbol{k})$ und $E(\boldsymbol{k}) + dE$, durch das Volumen $V_k$ eines $\boldsymbol{k}$ Punktes:

$$dZ' = \tfrac{1}{8} 4\pi k^2 dk/(\pi/L)^3 \,. \tag{6.9}$$

Wegen $dE = (\hbar^2 k/m)dk$ folgt für die Anzahl der Zustandspunkte pro Kristallvolumen $L^3$:

$$dZ = \frac{(2m)^{3/2}}{4\pi^2 \hbar^3} \cdot E^{1/2} dE \,. \tag{6.10}$$

In der Schrödingerschen Wellenmechanik, wie sie bisher benutzt wurde, wird dem Eigendrehimpuls, d.h. dem Spin des Elektrons, keine Rechnung getragen. Wie man schon am Aufbau des Periodensystems (Abschn. 1.1) sehen kann, muß man dem Elektron einen

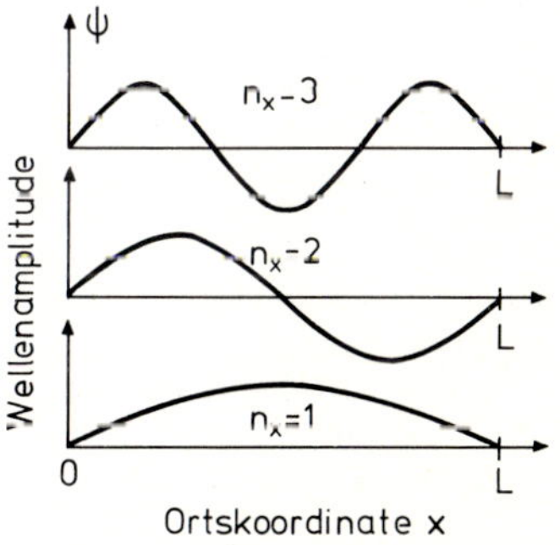


**Abb. 6.2.** Ortsabhängigkeit in $x$-Richtung für die ersten drei Wellenfunktionen eines freien Elektrons in einem rechteckigen Potentialkasten der Länge $L$ in $x$-Richtung. Die Wellenlängen zu den Quantenzahlen $n_x = 1, 2, 3, \ldots$ sind $\lambda = 2L, L, \frac{2}{3}L \ldots$

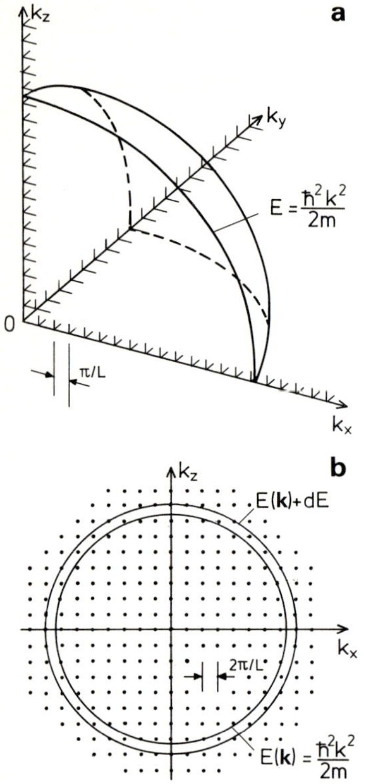


**Abb. 6.3a, b.** Darstellung der Zustände eines Elektrons im Potentialkasten durch das Punktgitter im $\boldsymbol{k}$-Raum der Wellenzahlvektoren. Wegen der beiden Spineinstellungen beschreibt ein Punkt 2 Zustände. (**a**) für „feste“ Randbedingungen liegen die Zustandspunkte nur in einem Oktanten und haben einen linearen Abstand von $\pi/L$. (**b**) für „periodische“ Randbedingungen wird der gesamte $\boldsymbol{k}$-Raum überdeckt, dafür ist der lineare Abstand zwischen 2 Punkten $2\pi/L$. Dargestellt ist ein Schnitt längs der $k_x$, $k_y$ Ebene (vgl. Abb. 5.1).

In beiden Fällen sind Kugeln konstanter Energie $E(\boldsymbol{k})$ bzw. $E(\boldsymbol{k}) + \mathrm{d}E$ dargestellt

Spin zuordnen, der in einem äußeren Magnetfeld zwei mögliche Einstellungen haben kann. Ohne äußeres Feld sind die Energieniveaus zu diesen beiden Einstellungen entartet, d.h. jeder Punkt des $\boldsymbol{k}$-Raumes in Abb. 6.3 beschreibt unter Berücksichtigung des Elektronenspins zwei mögliche Elektronenzustände. Aus (6.10) folgt somit für die Zustandsdichte des freien Elektronengases im Potentialtopf $D(E) = dZ/dE$

$$D(E) = \frac{(2m)^{3/2}}{2\pi^2\hbar^3} \cdot E^{1/2} . \tag{6.11}$$

$D(E)$ wird üblicherweise in den Einheiten $\mathrm{cm}^{-3}\,\mathrm{eV}^{-1}$ angegeben. Die gleiche Zustandsdichte (Abb. 6.4) und somit gleiche Ausdrücke für die makroskopischen Größen des Kristalls ergeben sich, wenn man die periodischen Randbedingungen verwendet:

$$\psi(x+L, y+L, z+L) = \psi(x, y, z) . \tag{6.12}$$

Die Bedingung liefert als Lösung von (6.3) laufende Elektronenwellen

$$\psi(\boldsymbol{r}) = \left(\frac{1}{L}\right)^{3/2} \mathrm{e}^{i\boldsymbol{k}\cdot\boldsymbol{r}} .$$

Da positive und negative $k$-Werte hier linear unabhängige Lösungen ergeben und die komplexe Welle für $k=0$ normierbar ist, nehmen die Zustandspunkte jetzt den gesamten $\boldsymbol{k}$-Raum der Wellenzahlen ein:

$$\begin{aligned} k_x &= 0, \quad \pm 2\pi/L, \quad \pm 4\pi/L, \ldots, 2\pi n_x/L, \ldots \\ k_y &= 0, \quad \pm 2\pi/L, \ldots, 2\pi n_y/L, \ldots \\ k_z &= 0, \quad \pm 2\pi/L, \ldots, 2\pi n_z/L, \ldots . \end{aligned} \tag{6.13}$$

Der lineare Abstand zweier $k$-Punkte ist jetzt $2\pi/L$ und das Volumen eines Zustandspunktes (2 Elektronenzustände wegen Spin)

$$(2\pi/L)^3 = 8V_{\boldsymbol{k}} .$$

Da aber statt eines Oktanten ein Raumwinkel von $4\pi$ zur Berechnung der Zustandsdichte herangezogen werden muß, ergibt sich auch bei periodischen Randbedingungen der Ausdruck (6.11) für $D(E)$.

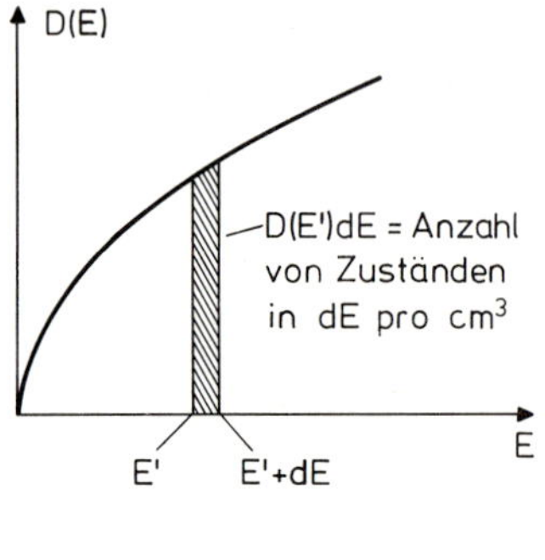


**Abb. 6.4.** Dichte von Einteilchenzuständen $D(E)$ eines freien Elektronengases in Abhängigkeit von der Energie $E$ im Dreidimensionalen

Berücksichtigung einer nur endlich hohen Potentialschwelle an der Kristalloberfläche (endliche Austrittsarbeit) bringt eine Modifizierung der abgeleiteten Ausdrücke: Die Elektronenwellen klingen außerhalb des Kristalls exponentiell ab, d. h. es liegt in der Nähe der Kristalloberfläche auch eine nicht verschwindende Aufenthaltswahrscheinlichkeit im Vakuum vor. Auch können besondere, an Oberflächen lokalisierte Zustände auftreten. Wir wollen uns hier aber nur für die Volumeneigenschaften genügend großer Kristalle interessieren, bei denen diese Effekte vernachlässigt werden können.

## 6.2 Das Fermi-Gas bei $T=0\,\mathrm{K}$

Die Zustände, die ein Elektron im Rahmen der Einelektronnäherung im Potentialtopf besetzen kann, sind auf die Energieachse entsprechend der Zustandsdichte $D(E)$ verteilt. Die Besetzung der Zustände mit den im Kristall zur Verfügung stehenden Elektronen muß nun so sein, daß sie der mittleren thermischen Energie des Systems entspricht, d. h., die Besetzung muß durch eine temperaturabhängige sog. Besetzungswahrscheinlichkeit $f(T, E)$ geregelt sein. Die Elektronendichte (bezogen auf die Volumeneinheit) ist damit

$$n=\int_0^\infty D(E)f(T,E)dE\,. \tag{6.14}$$

Für ein Gas klassischer Teilchen wäre diese Verteilungsfunktion $f(T, E)$ die bekannte Boltzmannsche Exponentialfunktion, die verlangen würde, daß bei Temperaturen $T\to 0\,\mathrm{K}$ alle Elektronen den tiefsten zur Verfügung stehenden Zustand besetzen.

Für alle Fermionen, d. h. Elementarteilchen mit halbzahligem Spin, zu denen die Elektronen gehören, gilt jedoch das Pauli-Prinzip, das im Rahmen der Einteilchennäherung für nicht wechselwirkende Teilchen so formuliert werden kann: In einem atomaren System können keine zwei Fermionen in allen Quantenzahlen übereinstimmen. Dieses Ausschließungsprinzip verlangt also, daß im Zustand niedrigster Energie, d. h. für $T\to 0\,\mathrm{K}$, alle zur Verfügung stehenden Elektronen des Kristalls die Energieterme von niedrigen Energien her sukzessive bis zu einer oberen Grenze auffüllen. Diese obere Grenzenergie, die bei $T\to 0\,\mathrm{K}$ besetzte von unbesetzten Zuständen trennt, heißt Fermi-Energie $E_\mathrm{F}^0$ bei der Temperatur $T=0\,\mathrm{K}$. Im Modell des freien Elektronengases im Potentialtopf stellt sich diese Energie als Kugelfläche $E_\mathrm{F}^0(\boldsymbol{k}_\mathrm{F})=\hbar^2k_\mathrm{F}^2/2m$ mit dem sogenannten Fermi-Radius $k_\mathrm{F}$ im $\boldsymbol{k}$-Raum dar.

Die Besetzungswahrscheinlichkeit für Elektronen im Potentialkasten bei $T=0\,\mathrm{K}$ ist eine Stufenfunktion mit $f=1$ für $E<E_\mathrm{F}^0$ und $f=0$ für $E>E_\mathrm{F}^0$ (Abb. 6.5 u. 6.6). Aus der Kugelgestalt der Fermi-Fläche $E_\mathrm{F}^0(k_\mathrm{F})$ bei $T\to 0\,\mathrm{K}$ folgt sofort ein einfacher Zusammenhang zwischen Elektronendichte $n$ und Fermi-Radius $k_\mathrm{F}$ bzw. Fermi-Energie $E_\mathrm{F}^0$:

$$nL^3=\frac{L^3k_\mathrm{F}^3}{3\pi^2}\,, \tag{6.15}$$

$$E_\mathrm{F}^0=\frac{\hbar^2}{2m}\cdot(3\pi^2n)^{2/3}\,. \tag{6.16}$$

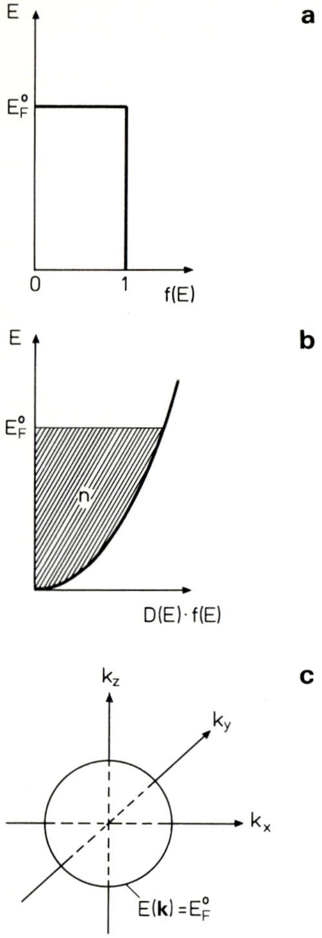


**Abb. 6.5a–c.** Beschreibung der quasifreien Metall-Valenzelektronen in der Näherung $T \ll T_F$: (**a**) Die „Aufweichung“ der Fermi-Funktion $f(E)$ innerhalb $\sim 4kT$ wird vernachlässigt. Für alle interessanten Temperaturen wird $f(E)$ als Stufenfunktion angenommen. (**b**) Die Konzentration $n$ aller Valenzelektronen ergibt sich als Fläche unterhalb der Zustandsdichte $D(E)$ bis zur festen Fermi-Energie $E_F^0$. (**c**) Im $\boldsymbol{k}$-Raum der Wellenzahlen trennt die Fermi-Kugel $E(\boldsymbol{k})=E_F^0$ besetzte von unbesetzten Zuständen, auch bei Temperaturen $T>0$ K

Werte für die Größe der Fermi-Energie kann man also abschätzen, wenn man die Elektronenkonzentration $n$ aus der Zahl der Valenzelektronen pro Atom errechnet. Einige Werte für $E_F^0$ sind in Tabelle 6.1 zusammengestellt. Wir sehen daran, daß die Fermi-Energie bei üblichen Temperaturen immer sehr groß gegen $kT$ ist. Um dieses noch augenfälliger zu machen, kann man eine Fermi-Temperatur $T_F = E_F^0/k$ definieren. Sie liegt etwa zwei Größenordnungen über der Schmelztemperatur der Metalle.

Eine interessante Folge des Pauli-Prinzips ist es, daß das Fermi-Gas im Gegensatz zum klassischen Gas bei $T=0$ K eine nichtverschwindende innere Energie besitzt. Die innere Energiedichte $U$ eines Systems ist bekanntlich der Mittelwert über alle Zustände. Wir erhalten also bei $T=0$ K

$$U = \int_0^{E_F^0} D(E) E dE = \tfrac{3}{5} n E_F^0 . \tag{6.17}$$

Wie wir gesehen hatten, liegt dieser Wert um viele Größenordnungen über der inneren Energie eines klassischen Gases bei 300 K. Für die Behandlung der Leitungselektronen in einem Metall genügt es also meistens, die Beschreibung bei $T=0$ K (Abb. 6.5) heranzuziehen, und dies eben auch bei endlichen Temperaturen $T>0$ K.

## 6.3 Fermi-Statistik

Wir wollen nunmehr das Fermi-Gas bei endlicher Temperatur betrachten. Wir müssen dazu die Verteilungsfunktion bzw. Besetzungswahrscheinlichkeit $f(E, T)$ für endliche Temperaturen ableiten. Dies ist ein Problem der Thermodynamik, denn wir fragen ja nach einer Verteilung, die sich einstellt, wenn verschiedene quantenmechanische Zustände miteinander im Gleichgewicht stehen. Zur Herleitung der Verteilung $f(E, T)$ müssen wir deshalb auf thermodynamische Begriffsbildungen zurückgreifen.

Wir betrachten dazu ein atomares System mit Einteilchenenergieniveaus $E_j$. Die Energieterme $E_j$ sollen wie im Festkörper sehr dicht liegen. Wir können uns dann viele $E_j$ zusammengefaßt denken zu neuen „Energietermen“ $E_i$. Deren Entartungsgrad sei $g_i$ und ihre Besetzungszahl $n_i$, wobei $g_i$ und $n_i$ große Zahlen sind. Wegen der Gültigkeit des Pauli-Prinzips muß dabei $n_i \leqq g_i$ sein. Aus der Thermodynamik kennen wir die Bedingung, die das System erfüllen muß, wenn alle Energieniveaus miteinander im Gleichgewicht sein sollen. Es muß nämlich die freie Energie $F$ des Gesamtsystems stationär sein gegenüber einer Variation der Besetzungszahlen der Niveaus untereinander. Es muß also gelten

$$\delta F = \sum_i \frac{\partial F}{\partial n_i} \delta n_i = 0 \tag{6.18}$$

mit der Nebenbedingung der Teilchenzahlerhaltung

$$\sum_i \delta n_i = 0 . \tag{6.19}$$

Betrachten wir speziell den Austausch von Elektronen zwischen zwei beliebigen Niveaus $k$ und $l$, so lauten die Gleichgewichtsbedingungen

$$\frac{\partial F}{\partial n_k}\delta n_k + \frac{\partial F}{\partial n_l}\delta n_l = 0, \tag{6.20}$$

$$\delta n_k + \delta n_l = 0. \tag{6.21}$$

Daraus folgt sofort, daß die Ableitungen der freien Energie nach den Besetzungszahlen gleich sein müssen

$$\frac{\partial F}{\partial n_k} = \frac{\partial F}{\partial n_l}. \tag{6.22}$$

Da die zwei Niveaus beliebig waren, sind im Gleichgewichtsfall die $\partial F/\partial n_i$ also alle gleich und wir führen dafür eine neue Konstante $\mu$ ein, die als das „chemische Potential" der Elektronen definiert ist.

Wir wollen nun die freie Energie des Elektronensystems wirklich berechnen. Aus der Thermodynamik entnehmen wir

$$F = U - TS \tag{6.23}$$

mit der inneren Energie $U$

$$U = \sum_i n_i E_i \tag{6.24}$$

und der Entropie $S$. Diese ist gleich

$$S = k \ln P, \tag{6.25}$$

wobei $P$ die Zahl der Möglichkeiten darstellt, die Elektronen auf die Zustände zu verteilen. Die Zahl der Möglichkeiten, ein Elektron auf $E_i$ unterzubringen, ist $g_i$, ein zweites Elektron ebenfalls auf $E_i$ unterzubringen, $g_i - 1$ usw. Es gäbe also

$$g_i(g_i-1)(g_i-2)\dots(g_i-n_i+1) = \frac{g_i!}{(g_i-n_i)!} \tag{6.26}$$

Möglichkeiten, $n_i$ Elektronen auf festen Plätzen auf dem Energieniveau $E_i$ unterzubringen. Anordnungen, die sich nur durch Vertauschung von Elektronen auf einem Energieniveau ergeben, sind allerdings nicht unterscheidbar. Da es dafür $n_i!$ Möglichkeiten gibt, erhalten wir für die Zahl der Möglichkeiten, $n_l$ Elektronen ununterscheidbar auf dem Niveau $E_i$ unterzubringen

$$\frac{g_i!}{n_i!(g_i-n_i)!}. \tag{6.27}$$

Die Zahl der Realisierungsmöglichkeiten $P$ für das gesamte System ist dann das Produkt aller Möglichkeiten, die sich für die Besetzung eines Niveaus ergaben:

$$P = \prod_i \frac{g_i!}{n_i!(g_i-n_i)!}. \tag{6.28}$$

Damit wird die Entropie

$$S = k \sum_i [\ln g_i! - \ln n_i! - \ln (g_i - n_i)!] , \tag{6.29}$$

wobei wir die Fakultäten durch Verwendung der Stirlingschen Näherungsformel

$$\ln n! \approx n \ln n - n \quad \text{(für große } n) \tag{6.30}$$

ersetzen können.

Damit läßt sich nun die Ableitung der freien Energie $F$ nach der Teilchenzahl in einem beliebigen Niveau $i$, also das chemische Potential, leicht berechnen

$$\mu = \frac{\partial F}{\partial n_i} = E_i + k T \ln \frac{n_i}{g_i - n_i} . \tag{6.31}$$

Für die Besetzungszahlen erhalten wir nach $n_i$ aufgelöst:

$$n_i = g_i \left( e^{\frac{(E_i - \mu)}{kT}} + 1 \right)^{-1} . \tag{6.32}$$

Die Wahrscheinlichkeit, daß ein quantenmechanischer Zustand (auch entartete Zustände werden als verschieden betrachtet) besetzt ist, und damit unsere Verteilungsfunktion $f(E, T)$ ist also (Abb. 6.6):

$$f(E, T) = \frac{1}{e^{\frac{(E-\mu)}{kT}} + 1} . \tag{6.33}$$

Diese Verteilungsfunktion heißt auch Fermi-Verteilung. Sie ist die Gleichgewichtsverteilung für Teilchen, wenn nicht mehr als ein Teilchen auf jeden Zustand gesetzt werden kann. Bei Elektronen, also Fermionen mit Spin 1/2, wird dies gerade durch das Pauli-Prinzip garantiert. Trotzdem wäre es falsch zu sagen, die Fermi-Verteilung gelte nur für Teilchen mit Spin 1/2, sie gilt genauso für die Verteilung von Atomen oder Molekülen auf feste, vorgegebene Plätze, wenn immer gerade nur ein Atom oder Molekül auf einen sol-

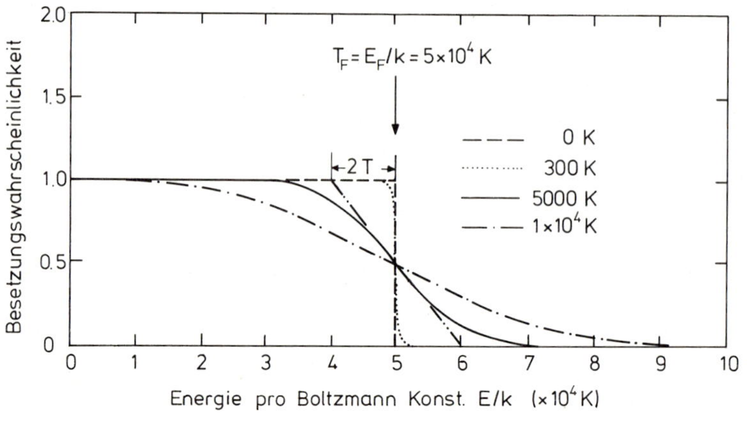


**Abb. 6.6.** Fermi-Verteilungsfunktion für verschiedene Temperaturen. Als Entartungstemperatur $T_F = E_F^0/k$ ist $5 \cdot 10^4$ K gewählt. Die Wendetangente an die Verteilung (–· · –) schneidet bei jeder Temperatur die Energieachse bei $2kT$ oberhalb von $E_F^0$

chen Platz paßt. Entsprechende Fragestellungen ergeben sich bei der Thermodynamik von Fehlstellen, bei der Löslichkeit von Gasen in Festkörpern und Adsorptionsvorgängen.

Die Bedeutung des chemischen Potentials $\mu$ in der Fermi-Verteilung ist am Grenzfall $T=0$ K besonders einfach zu sehen. Hier wird die Fermi-Verteilung nämlich gerade zu der schon diskutierten Stufenfunktion, die den Wert 1 für $E<\mu$, und den Wert 0 für $E>\mu$ hat. Bei $T=0$ K ist also das chemische Potential der Elektronen gleich der Fermi-Energie

$$\mu(T=0\,\mathrm{K})=E_\mathrm{F}^0 . \tag{6.34}$$

Wegen dieser Gleichheit spricht man statt vom chemischen Potential auch vom „Fermi-Niveau" und verwendet auch das Symbol $E_\mathrm{F}$, das dann aber eine temperaturabhängige Größe ist!

Für höhere Temperaturen weicht die scharfe Fermi-Kante der Verteilung auf; Zustände unterhalb von $E_\mathrm{F}$ werden mit einer gewissen Wahrscheinlichkeit nicht besetzt, während Zustände kurz oberhalb von $E_\mathrm{F}$ eine endliche Besetzungswahrscheinlichkeit bekommen. Die Größe der „Aufweichzone" ist dabei von der Größenordnung $2kT$, wie die Tangente an $f(E, T)$ bei $E_\mathrm{F}$ zeigt (Abb. 6.6). Bei einer Erhöhung der Temperatur kann also nur ein ganz geringer Bruchteil der Elektronen Energie aufnehmen. Das hat erhebliche Folgen, z. B. für die spezifische Wärme des Elektronengases (Abschn. 6.4).

Will man die Besetzungswahrscheinlichkeit $f(E, T)$ für Energie- bzw. Temperaturbereiche $E_\mathrm{F}-E \gg 2kT$ oder $E-E_\mathrm{F} \gg 2kT$ angeben, so können immer Näherungen der Fermi-Funktion (6.33) benutzt werden. Wie schon im Abschn. 6.2 ausgeführt, ist die Näherung von $f(E, T)$ durch die Fermi-Funktion bei $T=0$ K (Stufenfunktion), d. h. im Bereich $|E_\mathrm{F}-E| \gg 2kT$, üblicherweise zur Beschreibung der Leitungselektronen in Metallen anwendbar. Für die Leitungselektronen in Halbleitern dagegen kann häufig $E-E_\mathrm{F} \gg 2kT$ angenommen werden (siehe Abschn. 12.2). Für solche Energien $E$ weit oberhalb der Fermi-Kante kann dann die Fermi-Funktion $f(E, T)$ durch die klassische Boltzmann-Besetzungswahrscheinlichkeit [$f(E, T) \sim \exp(E_\mathrm{F}-E)/kT$, siehe (12.5)] angenähert werden.

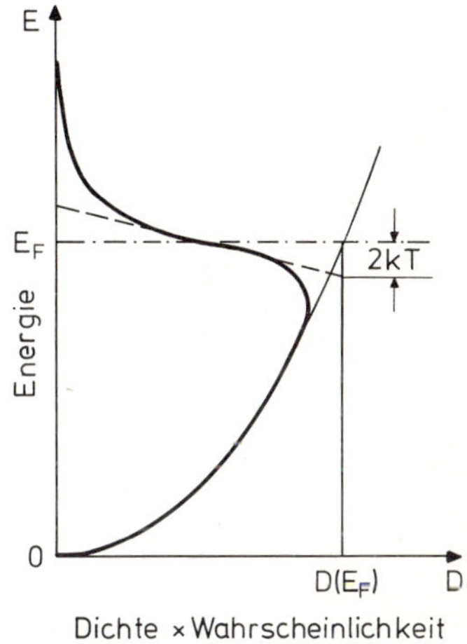


**Abb. 6.7.** Erklärung zur spezifischen Wärme der quasifreien Metallelektronen. Die Wirkung einer Temperaturerhöhung von 0 K auf $T$ kann dadurch veranschaulicht werden, daß die Elektronen aus einem Energiebereich der Größenordnung $2kT$ unterhalb der Fermi-Energie $E_\mathrm{F}$ auf einen Bereich von ungefähr $2kT$ oberhalb von $E_\mathrm{F}$ angehoben werden. Die Wendetangente (– – –) schneidet die Energieachse bei $E_\mathrm{F}+2kT$

## 6.4 Spezifische Wärme der Metallelektronen

Die Anwendung des Potentialtopfmodells auf die Leitungselektronen gestattet eine sehr einfache Beschreibung der spezifischen Wärme $c_V$ dieser Metallelektronen. Hierbei handelt es sich um ein altes Problem, das vor der Entwicklung der Quantenmechanik nicht lösbar schien. Bei einer Leitungselektronendichte von typischerweise $n=10^{22}\,\mathrm{cm}^{-3}$ hätte man zusätzlich zur Gitterwärme klassisch nach dem Gleichverteilungssatz zumindest für höhere Temperaturen einen Elektronenbeitrag von $c=3nk/2$ erwartet. Experimentell wurde aber bei Metallen keine Abweichung vom Dulong-Petitschen Wert gefunden. Der Grund ist einfach, daß Elektronen im Gegensatz zu einem klassischen Gas nur dann Energie aufnehmen können, wenn sie energetisch in ihrer Nachbarschaft freie Zustände finden. Der Bruchteil dieser Elektronen, bezogen auf die gesamte Dichte $n$, ist aber nur von der Größenordnung 1/100, wie folgende, einfache Abschätzung zeigt:

Die „Aufweichungszone" der Fermi-Funktion ist von der Größenordnung $4kT$, d. h., nach Abb. 6.7 kann also wegen der Gültigkeit des Pauli-Prinzips nur ein Bruchteil der Größenordnung $4kT/E_\mathrm{F}$ aller „freien" Elektronen (Dichte $n$) thermische Energie aufnehmen. Die Energie pro Elektron ist etwa $kT$. Die Gesamtenergie dieser Elektronen ist deshalb von der Größenordnung

$$U \sim 4(kT)^2 n/E_F . \tag{6.35}$$

Mit $T_F = E_F/k$ als Fermi-Temperatur folgt größenordnungsmäßig für die spezifische Wärme der Elektronen

$$c_V = \partial U/\partial T \sim 8knT/T_F . \tag{6.36}$$

Nach Tabelle 6.1 sind die Fermi-Temperaturen $T_F$ typischerweise in der Größenordnung von $10^5$ K, womit sich wegen des Faktors $T/T_F$ der verschwindend geringe Beitrag der Leitungselektronen zur spezifischen Wärme erklärt.

Die exakte Rechnung zur Ermittlung der spezifischen Wärme des Gases freier Elektronen verläuft wie folgt:

Beim Aufheizen eines Fermi-Gases von 0 K auf die Temperatur $T$ wird die innere Energie (pro Volumen) um folgenden Betrag $U$ erhöht:

$$U(T) = \int_0^\infty dE \cdot ED(E) f(E, T) - \int_0^{E_F^0} dE \cdot ED(E) . \tag{6.37}$$

**Tabelle 6.1.** Fermi-Energie $E_F^\circ$, Radius der Fermi-Kugel im $k$-Raum $k_F$, Fermi-Geschwindigkeit $v_F = \hbar k_F/m$ und Fermi-Temperatur $T_F = E_F^\circ/k$ für einige typische Metalle. $n$ ist die Konzentration der Leitungselektronen, ermittelt aus den Strukturdaten der Elemente [6.2]. Dabei ist zu beachten, daß die Elektronenkonfiguration von Cu, Ag und Au $3d^{10}4s^1$ ist, also jedes Atom ein „freies“ Elektron beiträgt (Abb. 7.12). Häufig wird auch der charakteristische Radius $r_s$ verwendet. Er ist definiert durch das Volumen einer gedachten Kugel, die jedes Elektron einnimmt, $4\pi r_s^3/3 = a_0^{-3} n^{-1}$, wobei $a_0$ der Bohrsche Radius ist, so daß $r_s$ dimensionslos wird. Werte für $r_s$ liegen zwischen 2 und 6 für typische Metalle

| Metall | $n(10^{22}\,cm^{-3})$ | $r_s(-)$ | $k_F(10^8\,cm^{-1})$ | $v_F(10^8\,cm/s)$ | $E_F^\circ$(eV) | $T_F(10^4\,K)$ |
|---|---|---|---|---|---|---|
| Li | 4,62 | 3,27 | 1,11 | 1,29 | 4,70 | 5,45 |
| Na | 2,53 | 3,99 | 0,91 | 1,05 | 3,14 | 3,64 |
| Cs | 0,86 | 5,71 | 0,63 | 0,74 | 1,53 | 1,78 |
| Al | 18,07 | 2,07 | 1,75 | 2,03 | 11,65 | 13,52 |
| Cu | 8,47 | 2,67 | 1,36 | 1,57 | 7,03 | 8,16 |
| Ag | 5,86 | 3,02 | 1,20 | 1,39 | 5,50 | 6,38 |
| Au | 5,9 | 3,01 | 1,20 | 1,39 | 5,52 | 6,41 |

Weiterhin gilt mit $n$ als Gesamtkonzentration der freien Elektronen:

$$E_F \cdot n = E_F \int_0^\infty dED(E) f(E, T) . \tag{6.38}$$

Differentiation von (6.37) und (6.38) ergibt:

$$c_V = \partial U/\partial T = \int_0^\infty ED(E)(\partial f/\partial T) dE , \tag{6.39}$$

$$0 = E_F(\partial n/\partial T) = \int_0^\infty E_F D(E)(\partial f/\partial T) dE . \tag{6.40}$$

Damit folgt durch Subtraktion von (6.40) und (6.39) für die spezifische Wärme $c_V$ der Elektronen

$$c_V = \partial U/\partial T = \int_0^\infty dE(E-E_F)D(E)(\partial f/\partial T). \tag{6.41}$$

Die Ableitung $\partial f/\partial T$ (Abb. 6.7) hat merkliche Werte nur in der „Aufweichungszone", d. h. $\pm 2kT$ um $E_F$ herum. In diesem Bereich ändert sich $D(E)$ nicht allzusehr und darf deshalb durch $D(E_F)$ angenähert werden, d. h.

$$c_V \approx D(E_F)\int_0^\infty dE(E-E_F)(\partial f/\partial T). \tag{6.42}$$

Hierbei gilt:

$$\frac{\partial f}{\partial T} = \frac{E-E_F}{kT^2}\cdot\frac{\exp[(E-E_F)/kT]}{\{\exp[(E-E_F)/kT]+1\}^2}. \tag{6.43}$$

Mit der Abkürzung $x=(E-E_F)/kT$ folgt:

$$c_V \approx k^2TD(E_F)\int_{-E_F/kT}^{\infty} dx x^2\cdot\exp x\cdot(\exp x+1)^{-2}. \tag{6.44}$$

Da der Faktor $\exp x$ im Integranden für $x \leqq -E_F/kT$ vernachlässigt werden kann, wird die untere Integrationsgrenze bis ins negativ Unendliche gezogen, denn das Integral

$$\int_{-\infty}^{\infty} dx x^2\cdot\exp x\cdot(\exp x+1)^{-2} = \pi^2/3 \tag{6.45}$$

ist aus einschlägigen Formeltabellen bekannt.

Es folgt allgemein für die spezifische Wärme der „freien" Metallelektronen:

$$c_V \approx \frac{\pi^2}{3}D(E_F)k^2T. \tag{6.46}$$

In der Ableitung von (6.46) wurde an keiner Stelle die explizite Form der Zustandsdichte $D(E)$ benutzt. Gleichung (6.46) gilt deshalb auch für den Fall, daß die Zustandsdichte, wie im allgemeinen zu erwarten, von der des „freien" Elektronengases abweicht. Die Messung der elektronischen spezifischen Wärme wird deshalb bei Metallen dazu benutzt, die Zustandsdichte $D(E_F)$ am Fermi-Niveau zu bestimmen.

Im Modell des „freien" Elektronengases läßt sich $D(E_F)$ sehr einfach durch die Elektronenkonzentration ausdrücken. Wegen der bei Metallen gültigen Näherung $0\,\mathrm{K} \approx T \ll T_F$ gilt

$$n = \int_0^{E_F} D(E)dE. \tag{6.47}$$

Hierbei läßt sich die Zustandsdichte schreiben

$$D(E) = D(E_F)(E/E_F)^{1/2}. \tag{6.48}$$

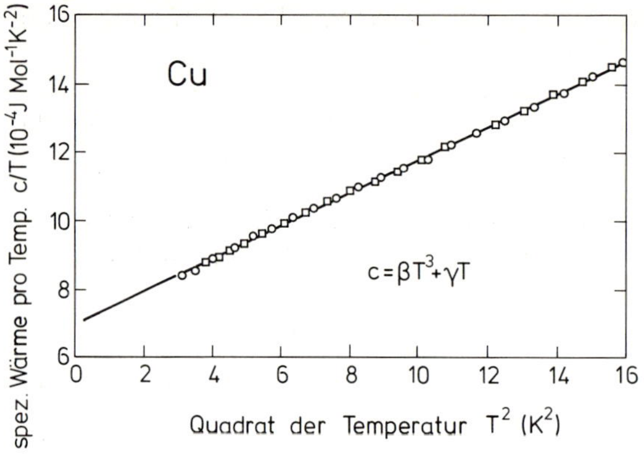


**Abb. 6.8.** Auftragung der auf die Temperatur bezogenen spezifischen Wärme $C$ über dem Quadrat der Temperatur $T$ für Kupfer. Die Meßpunkte stammen aus zwei verschiedenen Messungen. (Nach *Bailey* u. *Smith* [6.3])

Damit folgt

$$n = \tfrac{2}{3} D(E_F) E_F , \tag{6.49}$$

sowie aus (6.46)

$$c_V \approx \frac{\pi^2}{2} n k \frac{kT}{E_F} = \frac{\pi^2}{2} n k \frac{T}{T_F} . \tag{6.50}$$

Die exakte Rechnung liefert im Vergleich zur groben Abschätzung (6.36) also nur den Faktor $\pi^2/2$ statt 8.

Die hier abgeleitete lineare Abhängigkeit der elektronischen spezifischen Wärme von der Temperatur wird experimentell sehr gut bestätigt. Für niedrige Temperaturen, wo der zusätzlich vorhandene Phononenbeitrag zu $c_V$ die Debyesche $T^3$-Abhängigkeit zeigt, erwartet man im Experiment

$$c_V = \gamma T + \beta T^3 , \qquad \gamma, \beta = \text{const.} \tag{6.51}$$

Die Meßergebnisse der Abb. 6.8 liefern die aus (6.51) folgende lineare Abhängigkeit bei einer Auftragung von $c_V/T$ gegen $T^2$.

Zumindest für die Hauptgruppenmetalle stimmen die experimentell gefundenen $\gamma$ Werte mit den aus dem Elektronengas-Modell berechneten leidlich überein, wie Tabelle 6.2 zeigt:

| Metall | $\gamma_{exp.} \left(10^{-3} \dfrac{J}{Mol\,K^2}\right)$ | $\gamma_{exp.}/\gamma_{theoret.}$ |
|---|---|---|
| Li | 1.7 | 2.3 |
| Na | 1.7 | 1.5 |
| K | 2.0 | 1.1 |
| Cu | 0.69 | 1.37 |
| Ag | 0.66 | 1.02 |
| Al | 1.35 | 1.6 |
| Fe | 4.98 | 10.0 |
| Co | 4.98 | 10.3 |
| Ni | 7.02 | 15.3 |

**Tabelle 6.2.** Vergleich experimentell ermittelter mit aus dem Modell des „freien" Elektronengases errechneten Koeffizienten $\gamma$ der elektronischen spezifischen Wärme. Bei tiefen Temperaturen gilt $c_V = \gamma T + \beta T^3$ für den elektronischen ($\propto T$) und gitterdynamischen ($\propto T^3$) Anteil der spezifischen Wärme

Die starken Abweichungen bei Fe, Co und Ni sind darauf zurückzuführen, daß bei diesen Übergangsmetallen die *d*-Schale nur teilweise aufgefüllt ist, d.h., daß das entsprechende *d*-Band am Fermi-Niveau liegt. Wegen der stärkeren Lokalisierung der *d*-Elektronen an den Atomen ist der Überlapp zwischen den $\Psi$-Funktionen gering und damit das entsprechende Band relativ scharf. Diese *d*-Elektronen liefern also einen hohen Beitrag zur Zustandsdichte, wie Abb. 6.9 zeigt.

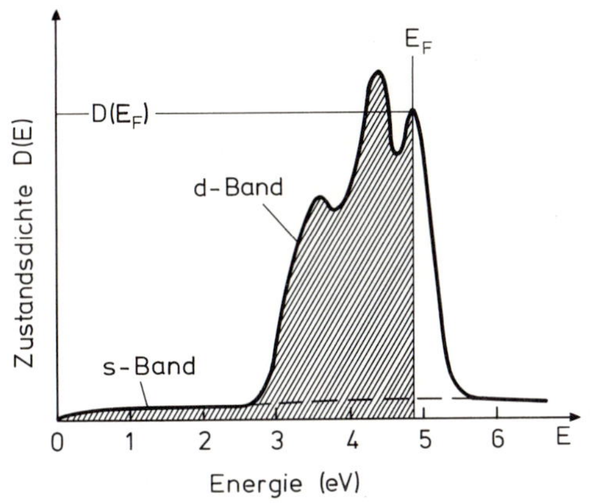


**Abb. 6.9.** Qualitativer Verlauf der Zustandsdichte $D(E)$ für das Leitungsband eines Übergangsmetalles. Dem *s*-Band (teilweise gestrichelt) ist in der Nähe des Fermi-Niveaus der starke Beitrag der *d*-Elektronen überlagert

## 6.5 Elektrostatische Abschirmung in einem Fermi-Gas–Mott-Übergang

Bringt man in ein Metall eine elektrische Ladung, z.B. durch Einbau einer geladenen Störstelle, so tritt in deren Nähe eine Störung der sonst homogenen Elektronenkonzentration auf, die das elektrische Feld dieser Ladung kompensiert bzw. abschirmt.

Dieses Problem läßt sich näherungsweise auch im Modell des quasifreien Elektronengases im Potentialtopf behandeln:

Ein lokales Störpotential $\delta U$ (es wird $|e\delta U| \ll E_F$ angenommen) hebt lokal die Zustandsdichteparabel $D(E)$ um $e\delta U$ an (Abb. 6.10). Betrachtet man den Augenblick des Einschaltens dieses Störpotentials, so müssen unmittelbar danach Elektronen in die Umgebung dieser Störung abfließen, damit das Fermi-Niveau als thermodynamische Zustandsgröße (elektrochemisches Potential) im ganzen Kristall homogen ist. Für nicht zu große $\delta U$ ist die Änderung der Elektronenkonzentration durch die Dichte am Fermi-Niveau $D(E_F)$ gegeben (analog zur spezifischen Wärme):

$$\delta n(\boldsymbol{r}) = D(E_F)|e|\delta U(\boldsymbol{r}) . \tag{6.52}$$

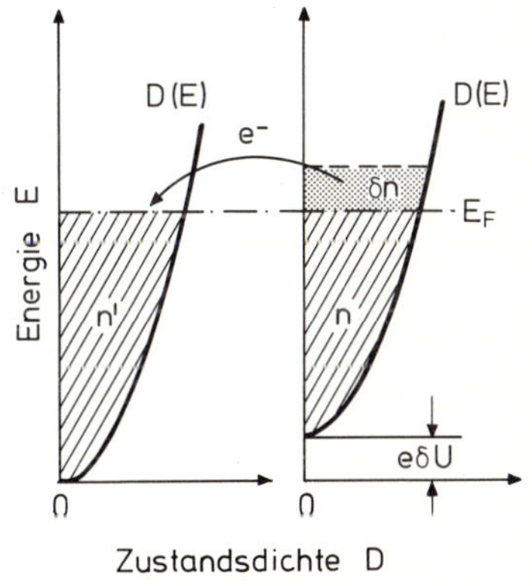


**Abb. 6.10.** Einfluß eines lokalen Störpotentials $\delta U$ auf das Fermi-Gas der „freien" Elektronen: Unmittelbar nach Einschalten der Störung müssen $\delta n$ Elektronen abfließen, damit das Fermi-Niveau $E_F$ im gesamten Festkörper im thermischen Gleichgewicht homogen ist

Nimmt man an, daß bis auf die unmittelbare Umgebung der Störladung $\delta U(\boldsymbol{r})$ im wesentlichen durch die entstandene Raumladung selbst verursacht wird, so ist $\delta n(\boldsymbol{r})$ mit $\delta U$ über die Poisson-Gleichung verknüpft:

$$\nabla^2(\delta U) = -\frac{\varrho}{\varepsilon_0} = \frac{e}{\varepsilon_0}\delta n = \frac{e^2}{\varepsilon_0} D(E_F)\cdot\delta U . \tag{6.53}$$

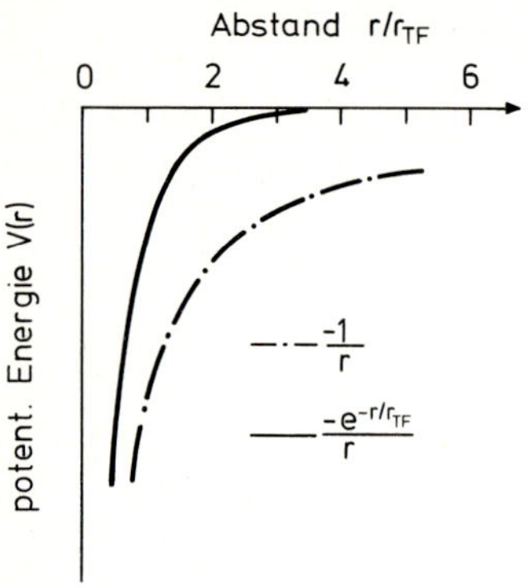


**Abb. 6.11.** Abgeschirmtes (—) und nicht abgeschirmtes (–·–) Coulomb-Potential einer positiven Einheitsladung in einem Fermi-Gas freier Elektronen. Der Abstand $r$ ist als Vielfaches der Thomas-Fermi-Abschirmlänge $r_{TF}$ ausgedrückt

Mit $\lambda^2 = e^2 D(E_F)/\varepsilon_0$ hat diese Differentialgleichung für das Abschirmpotential $\delta U$ eine nichttriviale Lösung in Kugelkoordinaten $[\nabla^2 = r^{-1}(\partial^2/\partial r^2)]$:

$$\delta U(\mathbf{r}) = \alpha\, e^{-\lambda r}/r\,. \tag{6.54}$$

Kugelkoordinaten bieten sich zur Lösung an, wenn man an punktförmige Störungen denkt; für eine Punktladung $e$ wäre dann auch $\alpha = e/(4\pi\varepsilon_0)$, da für $\lambda \to 0$ der Abschirmeffekt verschwände und sich das Potential dieser Punktladung ergeben muß. $r_{TF} = 1/\lambda$ heißt Thomas-Fermi Abschirmlänge:

$$r_{TF} = [e^2 D(E_F)/\varepsilon_0]^{-1/2}\,. \tag{6.55}$$

Speziell für das „freie Elektronengas“-Modell gilt nach (6.49) und (6.16)

$$D(E_F) = \tfrac{3}{2} n/E_F \quad \text{und} \quad E_F = \frac{\hbar^2}{2m}(3\pi^2 n)^{2/3}\,,$$

d. h.

$$D(E_F) = \frac{1}{2\pi^2}\frac{2m}{\hbar^2}(3\pi^2 n)^{1/3}\,. \tag{6.56}$$

Damit folgt für die Thomas-Fermi Abschirmlänge im Potentialtopfmodell:

$$\frac{1}{r_{TF}^2} = \lambda^2 = \frac{me^2}{\pi^2\hbar^2\varepsilon_0}(3\pi^2 n)^{1/3} = \frac{4}{\pi}(3\pi^2)^{1/3}\frac{n^{1/3}}{a_0}\,, \tag{6.57}$$

$$\frac{1}{r_{TF}} \simeq 2\frac{n^{1/6}}{a_0^{1/2}} \quad \text{oder} \quad r_{TF} \simeq 0{,}5 \cdot \left(\frac{n}{a_0^3}\right)^{-1/6}\,, \tag{6.58}$$

wo $a_0 = 4\pi\hbar^2\varepsilon_0/(me^2)$ der Bohrsche Radius ist.

Beispielsweise ist für Kupfer mit einer Elektronenkonzentration von $n = 8.5 \times 10^{22}\,\text{cm}^{-3}$ die Abschirmlänge $r_{TF} = 0{,}55$ Å.

Die hier beschriebene starke Abschirmung z. B. eines Coulomb-Potentials ist dafür verantwortlich, daß in einem Metall die energetisch höchsten Valenzelektronen nicht lokalisiert sind. Diese Elektronen können nicht mehr im Feld der Rumpfpotentiale gehalten werden. Mit abnehmender Elektronendichte wird die Abschirmlänge $r_{TF}$ immer größer.

Man kann sich auf diese Weise auch einen scharfen Übergang zwischen metallischen und Isolator- bzw. Halbleitereigenschaften veranschaulichen, den sog. *Mott-Übergang* [6.4].

Oberhalb einer kritischen Elektronenkonzentration $n_c$ wird die Abschirmlänge $r_{TF}$ so klein, daß Elektronen keinen gebundenen Zustand mehr einnehmen können: man hat metallisches Verhalten. Unterhalb dieser kritischen Elektronenkonzentration ist die Potentialmulde des abgeschirmten Feldes so weit, daß ein gebundener Elektronenzustand darin möglich ist. Das Elektron ist im wesentlichen in einer kovalenten oder ionogenen Bindung lokalisiert. Dieser lokalisierte Zustand ist gleichbedeutend mit isolatorischen Eigenschaften, wo die höchsten besetzten Orbitale lokalisierten Bindungen entsprechen. Für eine einfache Abschätzung, ab wo ein gebundener Zustand im abgeschirmten Potential möglich wird, nehmen wir an, daß die Abschirmlänge wesentlich größer als der Bohrsche Radius $a_0$ sein muß, d.h., daß ein an ein positives Zentrum gebundenes Elektron noch Platz in der Potentialmulde findet

$$r_{TF}^2 \simeq \tfrac{1}{4}\frac{a_0}{n^{1/3}} \gg a_0^2, \tag{6.59}$$

d. h.

$$n^{-1/3} \gg 4a_0. \tag{6.60}$$

Diese von Mott zum ersten Mal angegebene Abschätzung besagt also, daß der metallische Charakter eines Festkörpers zusammenbricht, wenn der mittlere Elektronenabstand $n^{-1/3}$ wesentlich größer als etwa 4 Bohr-Radien wird. Man hat es dann also mit einem abrupten Übergang in den Isolatorcharakter zu tun.

Man versucht heutzutage, bei Übergangsmetalloxiden, bei Gläsern und amorphen Halbleitern scharfe Leitfähigkeitssprünge auf die oben skizzierte Art zu erklären.

## 6.6 Glühemission aus Metallen

Erhitzt man ein Metall, so treten Elektronen aus. Dieser Effekt der Glühemission wird bei allen Elektronenröhren benutzt.

In der Schaltung nach Abb. 6.12 beobachtet man einen von der Kathodentemperatur $T$ abhängigen Sättigungsstrom $j_s$ in der Strom-Spannungscharakteristik (Abb. 6.12).

Die Existenz des Effektes zeigt, daß die Annahme eines Potentialtopfes mit unendlich hohen Wänden zur Beschreibung der Metallelektronen zu einfach ist. Der Potentialkasten muß endlich hohe Wände haben. Die Energiedifferenz $E_{\mathrm{Vac}} - E_F = \Phi$ wird Austrittsarbeit genannt. Diese Austrittsarbeit muß ein Elektron überwinden, wenn es vom „Fermi-See" im Metall bis zum Energieniveau des Vakuums $E_{\mathrm{Vac}}$ (weit entfernt von der Metallprobe) angehoben werden soll. Wenn das Elektron zusätzlich eine genügend große Impulskomponente senkrecht zur Oberfläche besitzt, kann es das Metall verlassen und trägt zum Sättigungsstrom $j_s$ bei.

Wir wollen den temperaturabhängigen Sättigungsstrom für das Modell des freien Elektronengases berechnen. Bei homogener Driftgeschwindigkeit $\boldsymbol{v}$ von Ladungsträgern ist die Stromdichte $\boldsymbol{j} = en\boldsymbol{v}$, wenn $n$ die Ladungsträgerkonzentration ist. (Das eigentlich erforderliche negative Vorzeichen lassen wir weg.) Wir können diesen Ausdruck verallgemeinern, wenn die Geschwindigkeit der Elektronen vom Wellenvektor $\boldsymbol{k}$ abhängt.

$$j_x = \frac{e}{V}\sum_{\boldsymbol{k}} v_x(\boldsymbol{k}) = \frac{e}{(2\pi)^3}\int\limits_{\substack{E > E_F + \Phi \\ v_x(\boldsymbol{k}) > 0}} v_x(\boldsymbol{k})\,d\boldsymbol{k}. \tag{6.61}$$

Hierbei wird berücksichtigt, daß die Dichte der Zustände im $\boldsymbol{k}$-Raum $V/(2\pi)^3$, bzw. $1/(2\pi)^3$ ist, wenn man auf das Volumen $V$ des Kristalles bezieht. Die Summe wie das Integral erstreckt sich dabei nur über besetzte Zustände gemäß der Fermi-Statistik. Wir können diese Bedingung dadurch einbringen, indem wir mit der Besetzungswahrscheinlichkeit gemäß (6.33) multiplizieren.

$$j_x = \frac{2e\hbar}{(2\pi)^3 m}\int\limits_{-\infty}^{\infty} dk_y\,dk_z \int\limits_{k_{x\,\min}}^{\infty} dk_x\,k_x\,f(E(\boldsymbol{k}),T). \tag{6.62}$$

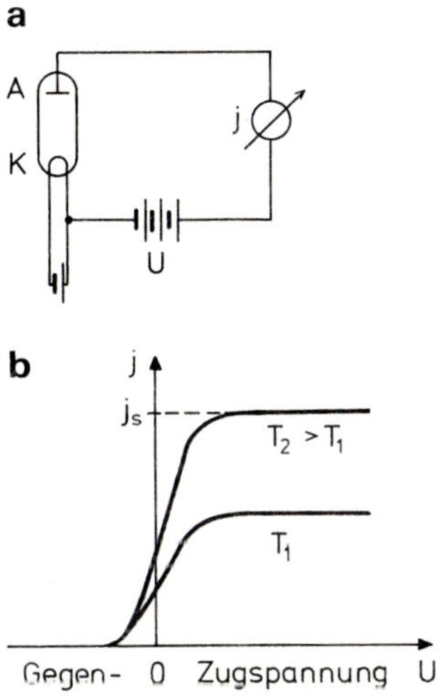


**Abb. 6.12.** (**a**) Schema einer Diodenschaltung zur Beobachtung der Glühemission von Elektronen aus der geheizten Kathode K (Anode: A). (**b**) Qualitativer Verlauf der Strom-Spannungskennlinie für zwei verschiedene Temperaturen $T_1$ und $T_2 > T_1$. Infolge ihrer thermischen Austrittsenergie können Elektronen schon eine Gegenspannung (A negativ gegen K) durchlaufen. Dieser Bereich der Kennlinie heißt Anlaufstrombereich

Hier haben wir $mv_x = \hbar k_x$ gesetzt und berücksichtigt, daß beim freien Elektronengas alle Zustände zweifach entartet sind. Da die Austrittsarbeit $\Phi$ groß gegen $kT$ ist, können wir die Fermi-Statistik durch die Boltzmann-Statistik nähern.

$$j_x = \frac{e\hbar}{4\pi^3 m} \int_{-\infty}^{\infty} dk_y \mathrm{e}^{-\hbar^2 k_y^2/2mkT} \int_{-\infty}^{\infty} dk_z \mathrm{e}^{-\hbar^2 k_z^2/2mkT} \int_{k_{x\,\mathrm{min}}}^{\infty} dk_x \mathrm{e}^{-\hbar^2 k_x^2/2mkT} \mathrm{e}^{E_\mathrm{F}/kT} . \tag{6.63}$$

Die Integrale sind also faktorisiert und können elementar ausgewertet werden. Bei dem letzten Integral müssen wir noch berücksichtigen, daß die kinetische Energie in $+x$-Richtung größer sein muß als $E_\mathrm{F} + \Phi$.

$$\int_{k_{x\,\mathrm{min}}}^{\infty} dk_x k_x \mathrm{e}^{-\hbar^2 k_x^2/2mkT} \mathrm{e}^{E_\mathrm{F}/kT} = \int_{(E_\mathrm{F}+\Phi)2m/\hbar}^{\infty} dk_x^2 \mathrm{e}^{-\hbar^2 k_x^2/2mkT} \mathrm{e}^{E_\mathrm{F}/kT}$$
$$= \frac{mkT}{\hbar^2} \mathrm{e}^{-\Phi/kT} . \tag{6.64}$$

Damit folgt die sog. Richardson-Dushman-Formel für die Sättigungsstromdichte:

$$j_\mathrm{s} = \frac{4\pi me}{h^3} (kT)^2 \mathrm{e}^{-\Phi/kT} . \tag{6.65}$$

Der universelle Faktor $4\pi mek^2/h^3$ hat den Wert $120\,\mathrm{A/(K^2\,cm^2)}$. Bei der Herleitung haben wir vereinfachend vorausgesetzt, daß Elektronen, die mit einer Energie $\hbar^2 k_x^2/2m \geqslant E_\mathrm{F} + \Phi$ auf die Oberfläche treffen, eine 100%ige Wahrscheinlichkeit haben, das Material zu verlassen. Diese Annahme ist auch im Modell des freien Elektronengases nicht korrekt. Die bekannte quantenmechanische Betrachtung der Reflexion und Transmission von Elektronen an einer Potentialschwelle lehrt uns, daß Elektronen, die genau die Schwellenenergie haben, eine Transmissionswahrscheinlichkeit von Null besitzen. Berücksichtigt man die Transmission für eine Schwelle, so erhält man einen zusätzlichen Faktor von $\sqrt{\pi kT/(E_\mathrm{F}+\Phi)}$, welcher die Sättigungsstromdichte deutlich reduziert. Die Richardson-Dushman-Formel kann auch auf den ballistischen Transport von Ladungsträgern in Halbleiter-Vielschichtstrukturen angewandt werden (vgl. Kap. 12.7).

Speziell bei der Glühemission muß noch die Abhängigkeit der Austrittsarbeit vom äußeren Feld $\mathscr{E}$ berücksichtigt werden. Eine entsprechende Korrektur verlangt statt der Materialkonstanten $\Phi$ im Exponenten die feldabhängige Größe

$$\Phi' = \Phi - \sqrt{\frac{e^3 \mathscr{E}}{4\pi\varepsilon_0}} = \Phi - \Delta\Phi . \tag{6.66}$$

Dieser Korrekturterm $\Delta\Phi$ kann leicht abgeleitet werden, wenn man als wesentlichen Anteil in der Austrittsarbeit die Coulomb-Bildkraft des vor der Metalloberfläche befindlichen Elektrons und die Wirkung des äußeren Feldes in einer Erniedrigung der Potentialschwelle berücksichtigt. Dies ist anschaulich durch Überlagerung des außen angelegten Potentials $\mathscr{E}x$ und des Bildkraftpotentials (strichpunktiert) in Abb. 6.13 dargestellt.

Man kann die Richardson-Dushman-Formel in dieser erweiterten Form zur Bestimmung der Austrittsarbeiten aus Metallen benutzen. Dazu muß man zuerst die Emissionssättigungsströme $j_{\mathrm{s}0}$ bei $\mathscr{E}=0$ durch Extrapolation der bei endlichem äußerem Feld

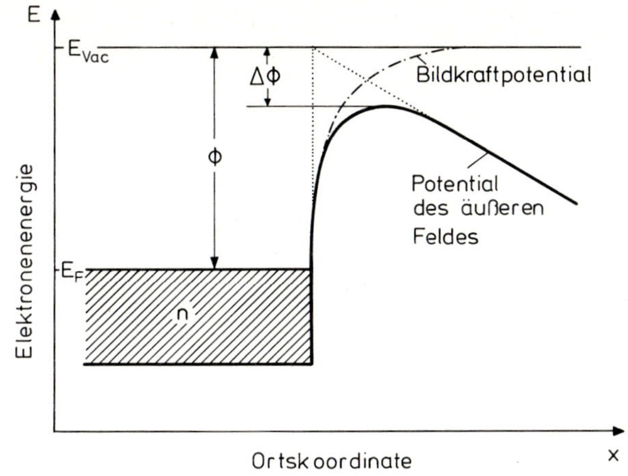


**Abb. 6.13.** Schema zur Glühemission von freien Elektronen (Dichte $n$) aus einem Metall: Ein Elektron aus dem Potentialtopf muß die Austrittsarbeit $\phi = E_{\rm Vac} - E_{\rm F}$ überwinden, um ins Vakuum (Energieniveau des Vakuums $E_{\rm Vac}$) angeregt zu werden. Als wesentlicher Anteil der Austrittsarbeit ist das Coulomb-Potential zwischen ausgetretenem Elektron und dazugehöriger positiver Bildladung im Metall angenommen (Bildkraftpotential –·–·–). Liegt ein äußeres elektrisches Feld an, so wird $\phi$ um den Betrag $\Delta\phi$ erniedrigt. Erniedrigungen der Austrittsarbeit von der dargestellten Größenordnung von 1 eV werden nur in extrem hohen äußeren Feldstärken von $10^7$–$10^8$ V/cm erreicht

$\mathscr{E}$ gemessenen Ströme $j_s$ bestimmen. Eine halblogarithmische Auftragung von $j_{s0}/T^2$ gegen $1/T$ liefert die Austrittsarbeit.

Einige typische Austrittsarbeiten für Metalle sind in der folgenden Tabelle 6.3 angegeben.

| Metall | $\Phi$ (eV) |
|---|---|
| Li | 2.4 |
| Na | 2.35 |
| Cs | 1.81 |
| Cu | 4.65 ± 0.05 |
| Au | 5.1 ± 0.1 |
| Ni | 5.15 ± 0.1 |
| Pd | 5.55 ± 0.1 |
| Pt | 5.65 ± 0.1 |
| Fe | 4.5 ± 0.15 |

**Tabelle 6.3.** Austrittsarbeiten einiger Metalle. Die mit Fehlerschranken angegebenen Werte stammen aus Photoemissionsmessungen (siehe Tafel V) an polykristallinen Filmen, die im Ultrahochvakuum ($p < 10^{-8}$ Pa) aufgedampft wurden. (Nach *Eastman* [6.5])

Es sei noch bemerkt, daß die Austrittsarbeit natürlich sehr stark von der kristallografischen Ebene eines Einkristalles, von Verunreinigung u. ä. abhängen kann. Die oben in der Tabelle 6.3 mit Fehlerschranken aufgeführten Werte wurden an polykristallinen Filmen unter extrem reinen Bedingungen, d. h. im Vakuum bei Drücken unterhalb von $10^{-8}$ Pa gemessen.

# 7. Elektronische Bänder in Festkörpern

Trotz der Erfolge, die das Modell des freien Elektronengases in der Beschreibung von Kristallelektronen gebracht hat (siehe Kap. 6), sind die Annahmen: I) Einelektronennäherung, II) keine Wechselwirkung zwischen den Elektronen, III) Kastenpotential natürlich zu stark vereinfachend, als daß man annehmen könnte, daß mit Hilfe dieses Modells z. B. wesentliche elektronische und optische Eigenschaften von Halbleitern beschrieben werden könnten. Stellt man sich insbesondere, wie in Abschn. 1.1 kurz angedeutet, den Festkörper durch allmähliche Annäherung von anfangs freien Atomen entstanden vor, so sollte sich auch im Festkörper noch die diskrete Natur der Energieniveaus des einzelnen freien Atoms widerspiegeln. Diskret liegende Energieniveaus müssen z. B. vorhanden sein, um scharfe, resonanzartige Strukturen in optischen Spektren zu erklären. Dem trägt das Modell des freien Elektronengases keine Rechnung. Auch die Natur von Halbleitern und Isolatoren läßt sich in diesem Modell nicht verstehen. Wie in Kap. 1 kurz angedeutet, muß hierzu berücksichtigt werden, daß im Festkörper die elektronischen Zustände sogenannte Bänder bilden, die aus Zuständen des freien Atoms entstanden gedacht werden können.

Wir werden im folgenden an der „Einelektronennäherung" (siehe Kap. 6) festhalten, unser Modell des Festkörpers aber insoweit verbessern, als das Kastenpotential durch ein *periodisches Potential* der positiven Atomrümpfe ersetzt wird, wie es schematisch in Abb. 6.1 angedeutet ist. Da der interatomare Abstand in der Größenordnung von Ångström ($10^{-8}$ cm) verschwindend klein ist gegen die makroskopischen Dimensionen des Festkörpers, werden wir in der formalen Beschreibung den Festkörper im allgemeinen als unendlich ausgedehnt ansehen können. Wieder liefert die Annahme strenger Periodizität wesentliche Vereinfachungen bei der Lösung des Problems.

In der jetzt benutzten Näherung werden alle Abweichungen von der strengen Periodizität, sei es statisch in Form von Gitterstörungen oder dynamisch in Form von Gitterschwingungen, vernachlässigt. Wegen der Annahme des unendlich ausgedehnten Potentials werden auch Oberflächeneffekte aller Art vernachlässigt. Zu einem endlichen Kristall, d. h. einer endlichen Anzahl von Freiheitsgraden, die mit der unendlichen Periodizität verträglich ist, kommt man wieder mit Hilfe von „periodischen Randbedingungen" (siehe Abschn. 5.1).

## 7.1 Allgemeine Symmetrieeigenschaften

Wir werden so zu dem Problem geführt, die stationäre Schrödinger-Gleichung für ein Elektron unter der Annahme zu lösen, daß das Potential $V(\boldsymbol{r})$ periodisch ist:

$$\mathscr{H}\psi(\boldsymbol{r}) = \left[-\frac{\hbar^2}{2m}\nabla^2 + V(\boldsymbol{r})\right]\psi(\boldsymbol{r}) = E\psi(\boldsymbol{r}), \tag{7.1}$$

wo

$$V(\boldsymbol{r}) = V(\boldsymbol{r}+\boldsymbol{r}_n); \qquad \boldsymbol{r}_n = n_1\boldsymbol{a}_1 + n_2\boldsymbol{a}_2 + n_3\boldsymbol{a}_3 . \tag{7.2}$$

Wie in Abschn. 3.2 beschreibt $\boldsymbol{r}_n$ einen beliebigen Translationsvektor im dreidimensionalen periodischen Gitter, d.h., $\boldsymbol{r}_n$ ist zusammengesetzt aus Vielfachen $(n_1, n_2, n_3)$ der drei Basisvektoren $\boldsymbol{a}_1, \boldsymbol{a}_2, \boldsymbol{a}_3$ des Realgitters.

Da das Potential $V(\boldsymbol{r})$ gitterperiodisch ist, läßt es sich in eine Fourier-Reihe entwickeln:

$$V(\boldsymbol{r}) = \sum_{\boldsymbol{G}} V_{\boldsymbol{G}} e^{i\boldsymbol{G}\cdot\boldsymbol{r}} . \tag{7.3}$$

Hierbei muß analog zu den Betrachtungen im Abschn. 3.2 wegen der Gitterperiodizität von $V(\boldsymbol{r})$ $\boldsymbol{G}$ ein reziproker Gittervektor

$$\boldsymbol{G} = h\boldsymbol{g}_1 + k\boldsymbol{g}_2 + l\boldsymbol{g}_3 , \qquad h, k, l \text{ ganzzahlig}, \tag{7.4}$$

sein (im Eindimensionalen: $\boldsymbol{G} \to G = h2\pi/a$).

Der allgemeinste Ansatz für die aufzufindende Wellenfunktion $\psi(\boldsymbol{r})$ in Form einer Entwicklung nach ebenen Wellen lautet:

$$\psi(\boldsymbol{r}) = \sum_{\boldsymbol{k}} C_{\boldsymbol{k}} e^{i\boldsymbol{k}\cdot\boldsymbol{r}} . \tag{7.5}$$

Hierbei ist $\boldsymbol{k}$ ein Punkt des reziproken Raumes, der mit den „periodischen" Randbedingungen verträglich ist (siehe Abschn. 5.1 u. 6.1). Mit (7.3) und (7.5) folgt aus der Schrödinger-Gleichung (7.1):

$$\sum_{\boldsymbol{k}} \frac{\hbar^2 k^2}{2m} C_{\boldsymbol{k}} e^{i\boldsymbol{k}\cdot\boldsymbol{r}} + \sum_{\boldsymbol{k}'\boldsymbol{G}} C_{\boldsymbol{k}'} V_{\boldsymbol{G}} e^{i(\boldsymbol{k}'+\boldsymbol{G})\cdot\boldsymbol{r}} = E \sum_{\boldsymbol{k}} C_{\boldsymbol{k}} e^{i\boldsymbol{k}\cdot\boldsymbol{r}} . \tag{7.6}$$

Nach Umbenennung der Summationsindizes folgt:

$$\sum_{\boldsymbol{k}} e^{i\boldsymbol{k}\cdot\boldsymbol{r}} \left[ \left( \frac{\hbar^2 k^2}{2m} - E \right) C_{\boldsymbol{k}} + \sum_{\boldsymbol{G}} V_{\boldsymbol{G}} C_{\boldsymbol{k}-\boldsymbol{G}} \right] = 0 . \tag{7.7}$$

Da diese Bedingung für jeden Ortsvektor $\boldsymbol{r}$ gilt, muß für jedes $\boldsymbol{k}$ der Ausdruck in der Klammer, der nicht von $\boldsymbol{r}$ abhängt, verschwinden, d.h.

$$\left( \frac{\hbar^2 k^2}{2m} - E \right) C_{\boldsymbol{k}} + \sum_{\boldsymbol{G}} V_{\boldsymbol{G}} C_{\boldsymbol{k}-\boldsymbol{G}} = 0 . \tag{7.8}$$

Dieser Satz von algebraischen Gleichungen, der nichts anderes als eine Darstellung der Schrödinger-Gleichung (7.1) im Wellenzahlraum ist, verkoppelt nur solche Entwicklungskoeffizienten $C_{\boldsymbol{k}}$ von $\psi(\boldsymbol{r})$ (7.5), deren $\boldsymbol{k}$-Vektoren sich um jeweils reziproke Gittervektoren $\boldsymbol{G}$ von diesem $\boldsymbol{k}$ unterscheiden, d.h., mit $C_{\boldsymbol{k}}$ sind verkoppelt $C_{\boldsymbol{k}-\boldsymbol{G}}$, $C_{\boldsymbol{k}-\boldsymbol{G}'}$, $C_{\boldsymbol{k}-\boldsymbol{G}''}$, ....

Das ursprüngliche Problem zerfällt also in $N$ ($N$: Zahl der Elementarzellen) Probleme, wobei jedes einem $\boldsymbol{k}$-Vektor aus der Elementarzelle des reziproken Gitters zugeordnet ist. Jedes der $N$ Gleichungssysteme liefert eine Lösung, die sich als Superposition von ebenen Wellen darstellen läßt, deren Wellenzahlvektoren $\boldsymbol{k}$ sich nur um reziproke Gittervektoren $\boldsymbol{G}$ unterscheiden. Die Eigenwerte $E$ der Schrödinger-Gleichung (7.1) lassen sich also nach $\boldsymbol{k}$ indizieren $E_{\boldsymbol{k}} = E(\boldsymbol{k})$ und die zu $E_{\boldsymbol{k}}$ zugehörige Wellenfunktion lautet:

$$\psi_{\boldsymbol{k}}(\boldsymbol{r}) = \sum_{\boldsymbol{G}} C_{\boldsymbol{k}-\boldsymbol{G}} \mathrm{e}^{\mathrm{i}(\boldsymbol{k}-\boldsymbol{G})\cdot\boldsymbol{r}} \tag{7.9}$$

oder

$$\psi_{\boldsymbol{k}}(\boldsymbol{r}) = \sum_{\boldsymbol{G}} C_{\boldsymbol{k}-\boldsymbol{G}} \mathrm{e}^{-\mathrm{i}\boldsymbol{G}\cdot\boldsymbol{r}} \mathrm{e}^{\mathrm{i}\boldsymbol{k}\cdot\boldsymbol{r}} = u_{\boldsymbol{k}}(\boldsymbol{r}) \mathrm{e}^{\mathrm{i}\boldsymbol{k}\cdot\boldsymbol{r}}. \tag{7.10a}$$

Hierbei ist die Funktion $u_{\boldsymbol{k}}(\boldsymbol{r})$ als Fourier-Reihe über reziproke Gitterpunkte $\boldsymbol{G}$ eine gitterperiodische Funktion. Der Wellenzahlvektor $\boldsymbol{k}$, dessen Komponenten bei „periodischen" Randbedingungen die Werte

$$\begin{aligned} k_x &= 0, \pm 2\pi/L, \pm 4\pi/L, \ldots, 2\pi n_x/L \\ k_y &= 0, \pm 2\pi/L, \pm 4\pi/L, \ldots, 2\pi n_y/L \\ k_z &= 0, \pm 2\pi/L, \pm 4\pi/L, \ldots, 2\pi n_z/L \end{aligned} \tag{7.10b}$$

($L$: makroskopische Länge des Kristallwürfels) annehmen können (siehe Abschn. 6.1), liefert die richtigen Quantenzahlen $k_x, k_y, k_z$ oder $n_x, n_y, n_z$, nach denen sich Energie-Eigenwerte und Quantenzustände indizieren lassen; d.h., wir haben gezeigt, daß die Lösung der Einelektronen-Schrödinger-Gleichung mit periodischem Potential als eine modulierte ebene Welle

$$\psi_{\boldsymbol{k}}(\boldsymbol{r}) = u_{\boldsymbol{k}}(\boldsymbol{r}) \mathrm{e}^{\mathrm{i}\boldsymbol{k}\cdot\boldsymbol{r}} \tag{7.10c}$$

mit einem gitterperiodischen Modulationsfaktor

$$u_{\boldsymbol{k}}(\boldsymbol{r}) = u_{\boldsymbol{k}}(\boldsymbol{r} + \boldsymbol{r}_{\boldsymbol{n}}) \tag{7.10d}$$

geschrieben werden kann. Diese Aussage heißt *Blochsches Theorem* und die durch (7.10a–d) gegebenen Wellenfunktionen *Bloch-Wellen* oder Blochsche Zustände eines Elektrons (siehe Abb. 7.1).

Die Forderung der strengen Periodizität für das Gitterpotential hat weitere Konsequenzen, die unmittelbar aus den Eigenschaften der Bloch-Zustände folgen. Aus der allgemeinen Darstellung einer Bloch-Welle (7.10a) folgt durch Umbenennung der reziproken Gittervektoren $\boldsymbol{G}'' = \boldsymbol{G}' - \boldsymbol{G}$:

$$\psi_{\boldsymbol{k}+\boldsymbol{G}}(\boldsymbol{r}) = \sum_{\boldsymbol{G}'} C_{\boldsymbol{k}+\boldsymbol{G}-\boldsymbol{G}'} \mathrm{e}^{-\mathrm{i}\boldsymbol{G}'\cdot\boldsymbol{r}} \mathrm{e}^{\mathrm{i}(\boldsymbol{k}+\boldsymbol{G})\cdot\boldsymbol{r}} = \left(\sum_{\boldsymbol{G}''} C_{\boldsymbol{k}-\boldsymbol{G}''} \mathrm{e}^{-\mathrm{i}\boldsymbol{G}''\cdot\boldsymbol{r}}\right) \mathrm{e}^{\mathrm{i}\boldsymbol{k}\cdot\boldsymbol{r}} = \psi_{\boldsymbol{k}}(\boldsymbol{r}), \tag{7.11a}$$

d. h.

$$\psi_{\boldsymbol{k}+\boldsymbol{G}}(\boldsymbol{r}) = \psi_{\boldsymbol{k}}(\boldsymbol{r}). \tag{7.11b}$$

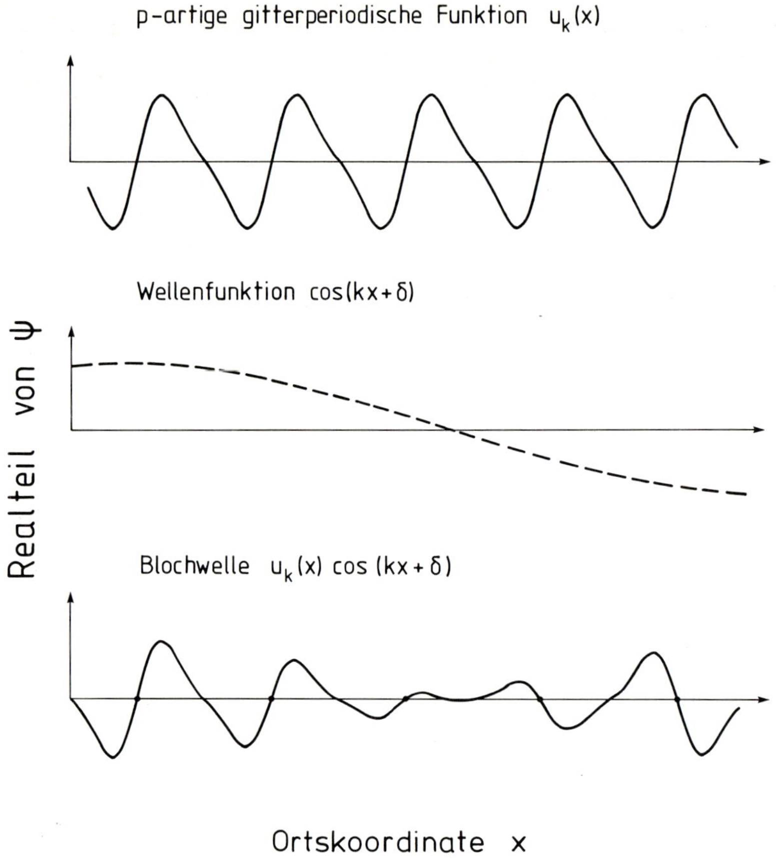


**Abb. 7.1.** Beispiel der Konstruktion einer Bloch-Welle $\psi_{\boldsymbol{k}}(\boldsymbol{r}) = u_{\boldsymbol{k}}(\boldsymbol{r})\,\mathrm{e}^{i\boldsymbol{k}\cdot\boldsymbol{r}}$ aus einer gitterperiodischen Funktion $u_{\boldsymbol{k}}(\boldsymbol{r})$ mit $p$-artigem, bindenden Charakter und einer Welle

Bloch-Wellen, deren Wellenzahlen sich also um einen reziproken Gittervektor unterscheiden, sind gleich. Daraus folgt unter Anwendung der Schrödinger-Gleichung (7.1):

$$\mathscr{H}\psi_{\boldsymbol{k}} = E(\boldsymbol{k})\psi_{\boldsymbol{k}} \tag{7.12}$$

bzw. für das um $\boldsymbol{G}$ verschobene Problem:

$$\mathscr{H}\psi_{\boldsymbol{k}+\boldsymbol{G}} = E(\boldsymbol{k}+\boldsymbol{G})\psi_{\boldsymbol{k}+\boldsymbol{G}} \tag{7.13}$$

und wegen (7.11b):

$$\mathscr{H}\psi_{\boldsymbol{k}} = E(\boldsymbol{k}+\boldsymbol{G})\psi_{\boldsymbol{k}}\,. \tag{7.14}$$

Aus (7.12) und (7.14) folgt:

$$E(\boldsymbol{k}) = E(\boldsymbol{k}+\boldsymbol{G})\,. \tag{7.15}$$

Die Eigenwerte $E(\boldsymbol{k})$ sind also im Raum der Quantenzahlen $\boldsymbol{k}$ bzw. der Wellenzahlvektoren der Bloch-Wellen periodisch.

Wie Phononen also durch Angabe von $\boldsymbol{q}$ und $\omega(\boldsymbol{q})$ im reziproken Raum mittels Dispersionsflächen beschrieben werden, lassen sich die Einelektronenzustände des periodischen Potentials durch Energieflächen $E = E(\boldsymbol{k})$ im reziproken Raum der Wellenzahlen (Quantenzahlen) $\boldsymbol{k}$ als periodische Funktion darstellen. Die Gesamtheit dieser Energieflächen heißt „*elektronisches Bänderschema*" des Kristalls. Da sowohl $\psi_{\boldsymbol{k}}(\boldsymbol{r})$ als auch $E(\boldsymbol{k})$ periodisch im reziproken Raum sind, genügt es, diese Funktionen für alle $\boldsymbol{k}$ in der ersten Brillouin-Zone (Abschn. 3.5) zu kennen. Durch periodische Fortsetzung lassen sich dann Aussagen über den ganzen $\boldsymbol{k}$-Raum gewinnen.

## 7.2 Näherung des quasifreien Elektrons

Besonders instruktiv für das allgemeine Konzept der elektronischen Bänder ist die Betrachtung des Grenzfalles eines verschwindend kleinen, periodischen Potentials. Wir denken uns z. B. das periodische Potential von null her kommend langsam angeschaltet. Was passiert mit den Energiezuständen der freien Elektronen, die im Kastenpotential der „Energieparabel" $E = \hbar^2 k^2/2m$ gehorchen? Im Grenzfall, wo das Potential noch null ist, d. h. auch alle Fourier-Koeffizienten $V_{\boldsymbol{G}}$ (7.3) verschwinden, soll aber noch die Symmetrie der Periodizität gefordert sein, da diese Forderung an das Problem schon bei dem kleinsten, nicht verschwindenden Potential entscheidend wird. Aus dieser allgemeinen Forderung der Periodizität ergibt sich dann unmittelbar wegen (7.15), daß die möglichen Einelektronenzustände nicht nur auf einer einzigen „Parabel" im $\boldsymbol{k}$-Raum zu finden sind, sondern auf allen um $\boldsymbol{G}$ gegeneinander verschobenen:

$$E(\boldsymbol{k}) = E(\boldsymbol{k}+\boldsymbol{G}) = \frac{\hbar^2}{2m}|\boldsymbol{k}+\boldsymbol{G}|^2 . \tag{7.16}$$

Für den eindimensionalen Fall ($\boldsymbol{G} \rightarrow G = h2\pi/a$) ist dies in Abb. 7.2 dargestellt.

Da der $E(\boldsymbol{k})$-Verlauf im $\boldsymbol{k}$-Raum periodisch ist, genügt auch eine Darstellung innerhalb der ersten Brillouin-Zone. Diese läßt sich leicht gewinnen durch Verschieben der entsprechenden Parabeläste um ein Vielfaches von $G = 2\pi/a$. Man nennt dies

„*Reduktion auf die 1. Brillouin-Zone*".

Im Dreidimensionalen wird das $E(\boldsymbol{k})$-Schema im Grenzfall des verschwindenden Potentials schon alleine dadurch kompliziert, daß nun in (7.16) $\boldsymbol{G}$-Beiträge aus drei Koordinatenrichtungen auftreten. Für ein einfaches kubisches Gitter mit verschwindendem Potential ist der $E(\boldsymbol{k})$-Verlauf längs $k_x$ innerhalb der ersten Brillouin-Zone in Abb. 7.3 dargestellt.

Der Effekt eines endlichen, wenn auch sehr kleinen Potentials läßt sich jetzt unmittelbar an den Abb. 7.2 u. 7.3 diskutieren:

Beim eindimensionalen Problem der Abb. 7.2 liegt an den Grenzen der 1. Brillouin-Zone, d. h. bei $+G/2 = \pi/a$ und $-G/2 = -\pi/a$ eine Entartung der Energiewerte vor, die aus dem Schnittpunkt jeweils zweier Parabeln herrührt. Die Beschreibung des Zustandes eines Elektrons mit diesen $k$-Werten besteht zumindest in einer Superposition der beiden

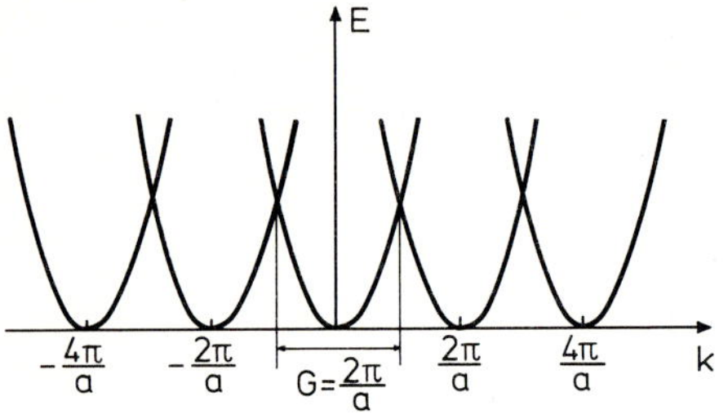


**Abb. 7.2.** Im reziproken Raum periodisch fortgesetzte Energieparabel des freien Elektrons in einer Dimension. Das Periodizitätsintervall im Realraum ist $a$. Diese $E(\boldsymbol{k})$-Abhängigkeit ergibt sich für ein periodisches Gitter mit verschwindendem Gitterpotential („leeres" Gitter)

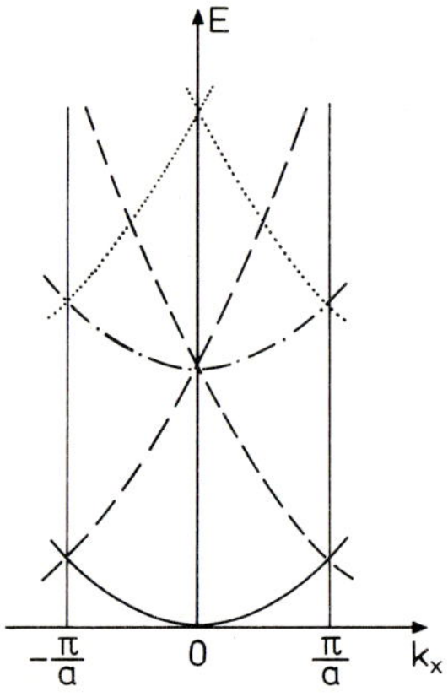


**Abb. 7.3.** Bänderschema für das freie Elektronengas in einem kubisch primitiven Gitter (Gitterkonstante a), dargestellt als Schnitt längs $k_x$ innerhalb der ersten Brillouin-Zone. Das periodische Potential ist als verschwindend angenommen („leeres" Gitter). Die verschieden dargestellten Äste rühren von Parabeln her, deren Ursprung im reziproken Raum mittels der Miller-Indizes $h\ k\ l$ angegeben ist. (——)000, (– –)100, $\bar{1}00$, (–·–) 010, $0\bar{1}0$, 001, $00\bar{1}$, (····) 110, 101, $1\bar{1}0$, $10\bar{1}$, $\bar{1}10$, $\bar{1}01$, $\bar{1}\bar{1}0$, $\bar{1}0\bar{1}$

entsprechenden ebenen Wellen. Für verschwindendes Potential (nullte Näherung) sind diese Wellen

$$e^{iGx/2} \text{ bzw. } e^{i[(G/2)-G]x} = e^{-iGx/2}. \tag{7.17}$$

Gleichung (7.8) verlangt zwar, daß auch Wellen mit größeren $G$-Werten als $2\pi/a$ berücksichtigt werden müssen.

Aus der Darstellung (7.8) folgt jedoch bei Division durch $[(\hbar^2k^2/2m)-E]$, daß solche $C_{\boldsymbol{k}}$ besonders groß werden, für die sowohl $E_{\boldsymbol{k}}$ als auch $E_{\boldsymbol{k}-\boldsymbol{G}}$ ungefähr gleich $\hbar^2k^2/2m$ und der Koeffizient $C_{\boldsymbol{k}-\boldsymbol{G}}$ von ungefähr gleicher absoluter Größe wie $C_{\boldsymbol{k}}$ wird. Dies ist gerade der Fall für die beiden ebenen Wellen an den Zonenkanten (7.17), gegen die also in erster Näherung Beiträge, von anderen reziproken Gittervektoren herrührend, vernachlässigt werden. Die „richtigen" Ansätze für eine Störungsrechnung zur Errechnung des Einflusses eines kleinen Potentials wären also

$$\psi_+ \sim (e^{iGx/2} + e^{-iGx/2}) \sim \cos\pi\frac{x}{a}, \tag{7.18a}$$

$$\psi_- \sim (e^{iGx/2} - e^{-iGx/2}) \sim \sin\pi\frac{x}{a}. \tag{7.18b}$$

Dies sind stehende Wellen, die ortsfeste Nulldurchgänge besitzen. Wie schon bei der Beugung an periodischen Strukturen (Kap. 3) behandelt, kann man sich diese stehenden Wellen aus der Überlagerung einer einlaufenden und der „Bragg-reflektierten", zurücklaufenden Welle entstanden denken. Die zu $\psi_+$ und $\psi_-$ gehörigen Wahrscheinlichkeitsdichten

$$\varrho_+ = \psi_+^*\psi_+ \sim \cos^2\pi\frac{x}{a}, \tag{7.19a}$$

$$\varrho_- = \psi_-^*\psi_- \sim \sin^2\pi\frac{x}{a} \tag{7.19b}$$

sind in Abb. 7.4 zusammen mit einem qualitativen Potentialverlauf dargestellt. Für ein Elektron im Zustand $\psi_+$ ist die Ladungsdichte jeweils maximal am Ort der positiven Rümpfe und minimal dazwischen. $\psi_-$ häuft die Ladung eines Elektrons gerade zwischen den Rümpfen. Verglichen mit einer laufenden ebenen Welle $\exp(ikx)$, wie sie in guter

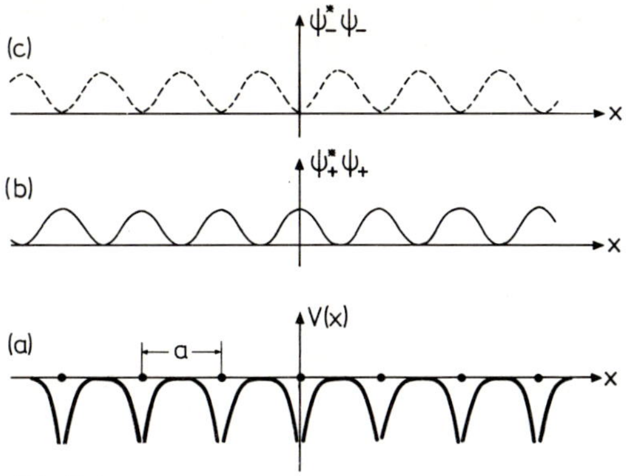


**Abb. 7.4**

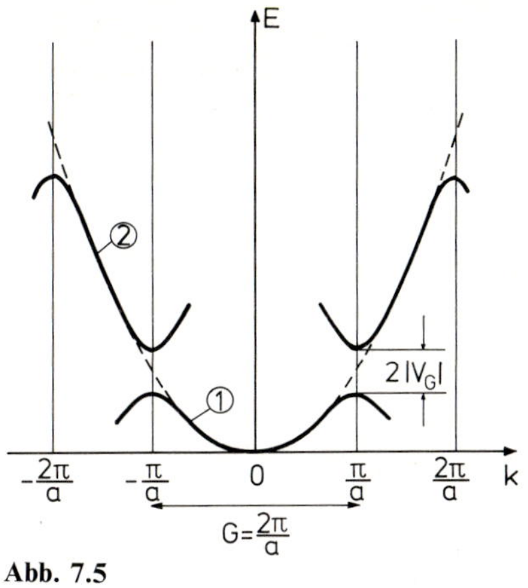


**Abb. 7.5**

**Abb. 7.4.** (**a**) Qualitativer Verlauf der potentiellen Energie $V(x)$ eines Elektrons in einem linearen Kristallgitter. Die Orte der Ionenrümpfe sind durch Punkte im Abstand $a$ (Gitterkonstante) gekennzeichnet. (**b**) Wahrscheinlichkeitsdichte $\varrho_+ = \psi_+^* \psi_+$ der sich durch Bragg-Reflexion bei $k = \pm\pi/a$ an der oberen Bandkante (Band ① in Abb. 7.5) ergebenden stehenden Welle. (**c**) Wahrscheinlichkeitsdichte $\varrho_- = \psi_-^* \psi_-$ der stehenden Welle an der unteren Bandkante (Band ② in Abb. 7.5) bei $k = \pm\pi/a$

**Abb. 7.5.** Aufspalten der Energieparabel des freien Elektrons (gestrichelt) an den Berandungen der ersten Brillouin-Zone (bei $k = \pm\pi/a$ im eindimensionalen Problem). Die Aufspaltung ist in erster Näherung durch den entsprechenden Fourier-Koeffizienten $V_G$ des Potentials gegeben. Durch periodische Fortsetzung in den gesamten $\boldsymbol{k}$-Raum entstehen die Bänder ① und ②, die hier nur in der Nähe der Energieparabel gezeichnet sind

Näherung weiter weg von der Brillouin-Zonenkante als Lösung existiert, bedeutet also $\psi_+$ eine Erniedrigung der Gesamtenergie (speziell der potentiellen) und $\psi_-$ eine Erhöhung im Vergleich zum Wert, der bei einem freien Elektron (verschwindendes Potential) auf der Energieparabel gegeben wäre. Diese Erhöhung bzw. Absenkung der Energie an der Zonengrenze führt zu den Abweichungen von der Energieparabel, wie sie in Abb. 7.5 gezeichnet sind.

Nach dieser für das Verständnis hilfreichen, qualitativen Betrachtung des Problems läßt sich die formale Rechnung, die die Größe der sog. *Bandaufspaltung* in Abb. 7.5 liefert, leicht ausführen:

Aus der allgemeinen Darstellung der Schrödinger-Gleichung im $\boldsymbol{k}$-Raum, (7.8), folgt durch Translation um einen reziproken Gittervektor

$$\left(E - \frac{\hbar^2}{2m}|\boldsymbol{k}-\boldsymbol{G}|^2\right) C_{\boldsymbol{k}-\boldsymbol{G}} = \sum_{\boldsymbol{G}'} V_{\boldsymbol{G}'} C_{\boldsymbol{k}-\boldsymbol{G}-\boldsymbol{G}'}$$
$$= \sum_{\boldsymbol{G}'} V_{\boldsymbol{G}'-\boldsymbol{G}} C_{\boldsymbol{k}-\boldsymbol{G}'}, \quad \text{d.h.} \tag{7.20a}$$

$$C_{\boldsymbol{k}-\boldsymbol{G}} = \frac{\sum_{\boldsymbol{G}'} V_{\boldsymbol{G}'-\boldsymbol{G}} C_{\boldsymbol{k}-\boldsymbol{G}'}}{E - \frac{\hbar^2}{2m}|\boldsymbol{k}-\boldsymbol{G}|^2}. \tag{7.20b}$$

Für kleine Störungen kann man in erster Näherung zur Berechnung der $C_{\boldsymbol{k}-\boldsymbol{G}}$ den richtigen, eigentlich zu ermittelnden Eigenwert $E$ gleich der Energie des freien Elektrons

$(=\hbar^2k^2/2m)$ setzen. Ferner sind für eine erste Näherung auch nur die größten Koeffizienten $C_{\boldsymbol{k}-\boldsymbol{G}}$ interessant; d.h., die stärksten Abweichungen vom Verhalten des freien Elektrons erwarten wir, wenn der Nenner in (7.20b) verschwindet, d.h. für

$$\boldsymbol{k}^2 \simeq |\boldsymbol{k}-\boldsymbol{G}|^2 . \tag{7.21}$$

Diese Beziehung ist identisch mit der Bragg-Beziehung (3.24). Stärkste Störungen der Energiefläche des freien Elektrons (Kugel im $\boldsymbol{k}$-Raum) durch das periodische Potential treten also auf, wenn die Bragg-Beziehung erfüllt ist, d.h. für die $\boldsymbol{k}$-Vektoren auf dem Rand der 1. Brillouin-Zone. Neben dem Koeffizienten $C_{\boldsymbol{k}-\boldsymbol{G}}$ ist aber, wie aus (7.20b) bei $\boldsymbol{G}=0$ folgt, der Koeffizient $C_{\boldsymbol{k}}$ von gleicher Bedeutung.

In dem Gleichungssystem (7.20a) brauchen also in dieser Näherung nur zwei Beziehungen berücksichtigt zu werden $(V_0=0)$:

$$\begin{aligned} &\left(E-\frac{\hbar^2}{2m}k^2\right)C_{\boldsymbol{k}}-V_{\boldsymbol{G}}C_{\boldsymbol{k}-\boldsymbol{G}}=0 \\ &\left[E-\frac{\hbar^2}{2m}|\boldsymbol{k}-\boldsymbol{G}|^2\right]C_{\boldsymbol{k}-\boldsymbol{G}}-V_{-\boldsymbol{G}}C_{\boldsymbol{k}}=0 . \end{aligned} \tag{7.22}$$

Das ergibt zur Bestimmung der Energiewerte die Determinantengleichung:

$$\begin{vmatrix} \left(\frac{\hbar^2}{2m}k^2-E\right) & V_{\boldsymbol{G}} \\ V_{-\boldsymbol{G}} & \left[\frac{\hbar^2}{2m}|\boldsymbol{k}-\boldsymbol{G}|^2-E\right] \end{vmatrix}=0; \tag{7.23}$$

mit $E^0_{\boldsymbol{k}-\boldsymbol{G}}=(\hbar^2/2m)|\boldsymbol{k}-\boldsymbol{G}|^2$ als Energie der freien Elektronen schreiben sich die beiden Lösungen dieses Säkulargleichungsproblems:

$$E^{\pm}=\tfrac{1}{2}(E^0_{\boldsymbol{k}-\boldsymbol{G}}+E^0_{\boldsymbol{k}})\pm[\tfrac{1}{4}(E^0_{\boldsymbol{k}-\boldsymbol{G}}-E^0_{\boldsymbol{k}})^2+|V_{\boldsymbol{G}}|^2]^{1/2} . \tag{7.24}$$

Das heißt, unmittelbar auf dem Brillouin-Zonenrand, wo die Beiträge der beiden Wellen mit $C_{\boldsymbol{k}}$ und $C_{\boldsymbol{k}-\boldsymbol{G}}$ gleich sind – siehe (7.21) – und $E^0_{\boldsymbol{k}-\boldsymbol{G}}=E^0_{\boldsymbol{k}}$ gilt, beträgt die Energieaufspaltung

$$\Delta E=E_+-E_-=2|V_{\boldsymbol{G}}| , \tag{7.25}$$

d.h., sie ist gleich der doppelten Fourier-Komponente des Potentials bei $\boldsymbol{G}$.

In der Nähe des Zonenrandes wird der Verlauf für beide Energieflächen, die durch die Aufspaltung entstehen, durch (7.24) beschrieben. (Man setze dazu wieder $E^0_{\boldsymbol{k}}=\hbar^2k^2/2m$.) Für den eindimensionalen Fall zeigt Abb. 7.5 die Verhältnisse in der Nähe der Brillouin-Zonengrenze bei $k=G/2$.

Der Zusammenhang zwischen der Energieparabel der freien Elektronen und der periodischen Bandstruktur, die sich unter Berücksichtigung der Aufspaltung an den Brillouin-Zonengrenzen ergibt, ist für das eindimensionale Problem in Abb. 7.5 u. 7.6 dargestellt.

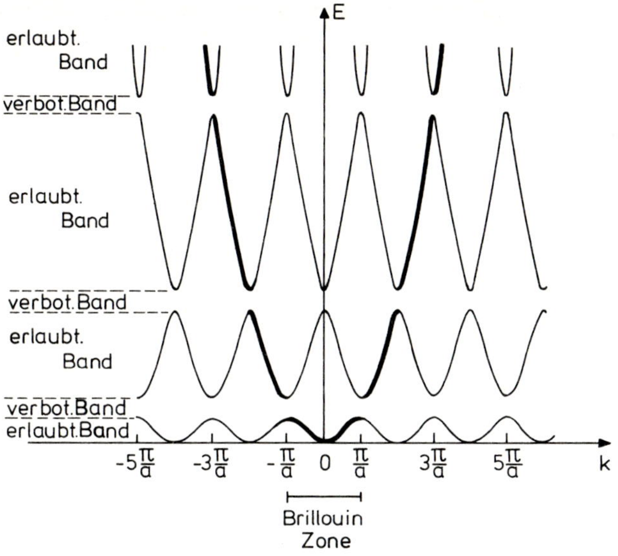


**Abb. 7.6.** Energiedispersionskurven $E(\boldsymbol{k})$ für das eindimensionale Gitter (Gitterabstand a) fortgesetzt über die erste Brillouin-Zone hinaus. Wie hier gezeigt, ergeben sich im Rahmen der Näherung vom freien Elektron her verbotene und erlaubte Energiebänder durch Aufspaltung nach Art der Abb. 7.5 und periodische Fortsetzung nach Abb. 7.2. Teile der Energieparabel des freien Elektrons sind verstärkt gezeichnet

## 7.3 Näherung vom „stark gebundenen“ Elektron her

Elektronen, die am freien Atom energetisch tief liegen und räumlich stark lokalisierte Rumpfniveaus besetzen, werden beim Zusammenbau eines Kristalls natürlich auch stärker lokalisiert sein, so daß die vorhin besprochene Beschreibung des Problems durch „quasifreie“ Elektronen nicht adäquat erscheint. Da solche Rumpfelektronen auch beim Zusammenbau zum Kristall die Eigenschaften, die sie im freien Atom haben, weit stärker behalten, besteht eine vernünftige Beschreibung darin, die Eigenschaften der Kristallelektronen durch lineare Superposition aus den Atomeigenfunktionen abzuleiten. Dieses Verfahren, das auch LCAO (linear combination of atomic orbitals)-Methode heißt, wurde qualitativ schon in Kap. 1 bei der chemischen Bindung diskutiert, um grundsätzlich das Zustandekommen elektronischer Bänder im Festkörper zu erläutern.

Zur Formulierung des Problems nimmt man an, daß für die freien Atome, aus denen der Kristall aufgebaut ist, die Schrödinger-Gleichung gelöst ist, d. h.

$$\mathscr{H}_A(\boldsymbol{r}-\boldsymbol{r}_n)\varphi_i(\boldsymbol{r}-\boldsymbol{r}_n)=E_i\varphi_i(\boldsymbol{r}-\boldsymbol{r}_n). \tag{7.26}$$

$\mathscr{H}_A(\boldsymbol{r}-\boldsymbol{r}_n)$ ist der Hamilton-Operator für das freie Atom am Gitterplatz $\boldsymbol{r}_n=n_1\boldsymbol{a}_1+n_2\boldsymbol{a}_2+n_3\boldsymbol{a}_3$, $\varphi_i(\boldsymbol{r}-\boldsymbol{r}_n)$ die Wellenfunktion für ein Elektron, das sich auf dem Energieniveau $E_i$ befindet. Den Gesamtkristall denke man sich aus den Einzelatomen aufgebaut, d.h., der Hamilton-Operator für ein Elektron (Einelektronennäherung!) im Gesamtpotential aller Atome läßt sich schreiben:

$$\mathscr{H}=\mathscr{H}_A+v=-\frac{\hbar^2}{2m}\Delta+V_A(\boldsymbol{r}-\boldsymbol{r}_n)+v(\boldsymbol{r}-\boldsymbol{r}_n). \tag{7.27}$$

Hierbei wird der Einfluß von Atompotentialen in der Nachbarschaft von $\boldsymbol{r}_n$, wo das betrachtete Aufelektron als relativ stark lokalisiert angenommen wird, als Störung

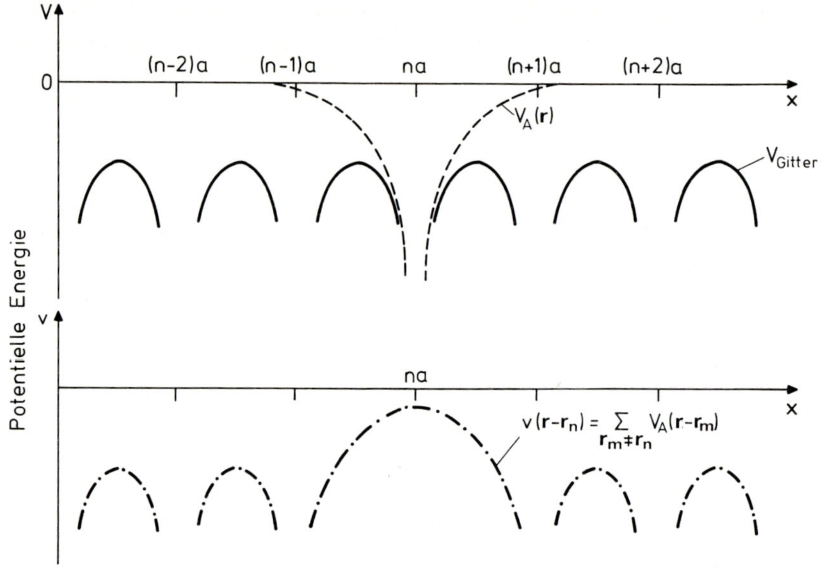


**Abb. 7.7.** Das in der Näherung vom stark gebundenen Elektron verwendete Potential (Schnitt längs $x$): Das Gitterpotential $V_{\text{Gitter}}$ (durchgezogene Linie) wird erhalten durch Aufsummation aller Potentiale der freien Atome $V_A(\boldsymbol{r})$ (gestrichelte Linie). Das Störpotential $v(\boldsymbol{r}-\boldsymbol{r}_n)$, das in der Näherungsrechnung verwendet wird, ist strichpunktiert eingezeichnet

$v(\boldsymbol{r}-\boldsymbol{r}_n)$ des Potentials $V_A$ des freien Atoms beschrieben, d.h., die Störung

$$v(\boldsymbol{r}-\boldsymbol{r}_n) = \sum_{m \neq n}{}' V_A(\boldsymbol{r}-\boldsymbol{r}_m) \tag{7.28}$$

wird durch Aufsummation der Atompotentiale am Ort $\boldsymbol{r}$ des Elektrons (außer dem an $\boldsymbol{r}_n$) erhalten (siehe Abb. 7.7).

Gesucht werden jetzt Lösungen der Schrödinger-Gleichung

$$\mathscr{H}\psi_{\boldsymbol{k}}(\boldsymbol{r}) = E(\boldsymbol{k})\psi_{\boldsymbol{k}}(\boldsymbol{r}) , \tag{7.29a}$$

wo $\mathscr{H}$ der durch (7.27) dargestellte Hamilton-Operator für das Kristallelektron ist und $\psi_{\boldsymbol{k}}(\boldsymbol{r})$ Bloch-Wellen mit den allgemeinen Eigenschaften aus Abschn. 7.1 sind.

Aus (7.29a) läßt sich durch Multiplikation mit $\psi_{\boldsymbol{k}}^*$ und Integration über den Definitionsbereich von $\psi_{\boldsymbol{k}}$ leicht erhalten

$$E(\boldsymbol{k}) = \frac{\langle\psi_{\boldsymbol{k}}|\mathscr{H}|\psi_{\boldsymbol{k}}\rangle}{\langle\psi_{\boldsymbol{k}}|\psi_{\boldsymbol{k}}\rangle} , \tag{7.29b}$$

wobei $\langle\psi_{\boldsymbol{k}}|\psi_{\boldsymbol{k}}\rangle = \int d\boldsymbol{r}\psi_{\boldsymbol{k}}^*\psi_{\boldsymbol{k}}$ und $\langle\psi_{\boldsymbol{k}}|\mathscr{H}|\psi_{\boldsymbol{k}}\rangle = \int d\boldsymbol{r}\psi_{\boldsymbol{k}}^*\mathscr{H}\psi_{\boldsymbol{k}}$ ist.

Aus der Darstellung (7.29b) für den Eigenwert $E(\boldsymbol{k})$ folgt eine Näherungsdarstellung für $E(\boldsymbol{k})$, die hier nicht näher bewiesen wird. (Man ziehe einschlägige Lehrbücher der Quantenmechanik heran):

$$E(\boldsymbol{k}) \lesssim \frac{\langle\Phi_{\boldsymbol{k}}|\mathscr{H}|\Phi_{\boldsymbol{k}}\rangle}{\langle\Phi_{\boldsymbol{k}}|\Phi_{\boldsymbol{k}}\rangle} . \tag{7.30}$$

Gleichung (7.30) besagt, daß der richtige Eigenwert $E(\boldsymbol{k})$ als Minimum angenähert wird, wenn in (7.29b) statt der richtigen Lösung $\psi_{\boldsymbol{k}}$ für das Eigenwertproblem (7.29a) sog.

Näherungs- oder Versuchsfunktionen $\Phi_k$ eingesetzt werden. Hat man also aus physikalischen Überlegungen eine gute Vorstellung gewonnen, wie die Lösung $\psi_k$ aussehen müßte, d.h., kennt man ein $\Phi_k(\boldsymbol{r}) \approx \psi_k(\boldsymbol{r})$, so ergibt (7.30) eine Abschätzung oder Näherung für den Energiewert. Dieses Näherungsverfahren hat in der Literatur den Namen „Ritzsches Verfahren“.

Im vorliegenden Fall nehmen wir an, daß eine gute Näherung für $\psi_k$ in einer linearen Superposition von Atomeigenfunktionen $\varphi_i(\boldsymbol{r}-\boldsymbol{r}_n)$ besteht, wenn wir die Kristallelektronen-Energiezustände $E(\boldsymbol{k})$ errechnen wollen, die sich aus dem Energieniveau $E_i$ des freien Atoms ergeben, d. h.

$$\psi_k \approx \Phi_k = \sum_n a_n \varphi_i(\boldsymbol{r}-\boldsymbol{r}_n) = \sum_n e^{i\boldsymbol{k}\cdot\boldsymbol{r}_n} \varphi_i(\boldsymbol{r}-\boldsymbol{r}_n) . \tag{7.31}$$

Die Festlegung der Entwicklungskoeffizienten $a_n = \exp(i\boldsymbol{k}\cdot\boldsymbol{r}_n)$ ergibt sich aus der Forderung, daß $\Phi_k$ eine Bloch-Welle sein soll. Es läßt sich leicht zeigen, daß $\Phi_k$ in (7.31) alle Eigenschaften von Bloch-Wellen (Abschn. 7.1) erfüllt, z. B.

$$\Phi_{k+G} = \sum_n e^{i\boldsymbol{k}\cdot\boldsymbol{r}_n} e^{i\boldsymbol{G}\cdot\boldsymbol{r}_n} \varphi_i(\boldsymbol{r}-\boldsymbol{r}_n) = \Phi_k . \tag{7.32}$$

$E(\boldsymbol{k})$ wird nun näherungsweise berechnet nach (7.30) durch Einsetzen der Näherungswellenfunktion (7.31): Der Nenner in (7.30) ergibt:

$$\langle \Phi_k | \Phi_k \rangle = \sum_{n,m} e^{i\boldsymbol{k}\cdot(\boldsymbol{r}_n-\boldsymbol{r}_m)} \int \varphi_i^*(\boldsymbol{r}-\boldsymbol{r}_m) \varphi_i(\boldsymbol{r}-\boldsymbol{r}_n) d\boldsymbol{r} . \tag{7.33}$$

$\varphi_k(\boldsymbol{r}-\boldsymbol{r}_m)$ nimmt bei hinreichender Lokalisierung des betrachteten Elektrons am Kristallatom nur merklich von Null verschiedene Werte in der Nähe des Gitterpunktes $\boldsymbol{r}_m$ an, d.h., in erster Näherung berücksichtigen wir in (7.33) nur Glieder mit $\boldsymbol{n}=\boldsymbol{m}$; d. h.

$$\langle \Phi_k | \Phi_k \rangle \simeq \sum_n \int \varphi_i^*(\boldsymbol{r}-\boldsymbol{r}_n) \varphi_i(\boldsymbol{r}-\boldsymbol{r}_n) d\boldsymbol{r} = N , \tag{7.34}$$

wo $N$ die Anzahl der Atome im Kristall darstellt.

Unter Berücksichtigung der Kenntnis der Verhältnisse für das freie Atom, d. h. (7.26), folgt

$$E(\boldsymbol{k}) \approx \frac{1}{N} \sum_{n,m} e^{i\boldsymbol{k}\cdot(\boldsymbol{r}_n-\boldsymbol{r}_m)} \int \varphi_i^*(\boldsymbol{r}-\boldsymbol{r}_m) [E_i + v(\boldsymbol{r}-\boldsymbol{r}_n)] \varphi_i(\boldsymbol{r}-\boldsymbol{r}_n) d\boldsymbol{r} . \tag{7.35}$$

In dem Term mit $E_i$ wird wieder der Überlapp zwischen nächsten Nachbaratomen vernachlässigt (nur Berücksichtigung der Glieder mit $\boldsymbol{n}=\boldsymbol{m}$). In dem Term, der die Störung $v(\boldsymbol{r}-\boldsymbol{r}_n)$ enthält, berücksichtigen wir nur Überlapp bis zu den nächsten Nachbarn. Für den einfachen Fall, daß der betrachtete Atomzustand $\varphi_i$ Kugelsymmetrie, d. h. $s$-Charakter besitzt, läßt sich dann das Ergebnis leicht mit Hilfe folgender beider Größen

$$A = -\int \varphi_i^*(\boldsymbol{r}-\boldsymbol{r}_n) v(\boldsymbol{r}-\boldsymbol{r}_n) \varphi_i(\boldsymbol{r}-\boldsymbol{r}_n) d\boldsymbol{r} , \tag{7.36a}$$

$$B = -\int \varphi_i^*(\boldsymbol{r}-\boldsymbol{r}_m) v(\boldsymbol{r}-\boldsymbol{r}_n) \varphi_i(\boldsymbol{r}-\boldsymbol{r}_n) d\boldsymbol{r} \tag{7.36b}$$

darstellen als:

$$E(\boldsymbol{k}) \approx E_i - A - B \sum_{\boldsymbol{m}} e^{i\boldsymbol{k}\cdot(\boldsymbol{r}_n - \boldsymbol{r}_m)} . \tag{7.37}$$

Hierbei läuft die Summe nur über Terme $\boldsymbol{m}$, wo $\boldsymbol{r}_m$ nächste Nachbarn zu $\boldsymbol{r}_n$ bezeichnet.

$A$ ist im vorliegenden Fall positiv, da $v$ negativ ist. Gleichung (7.37), angewandt auf den Fall eines primitiv kubischen Gitters, ergibt mit

$$\boldsymbol{r}_n - \boldsymbol{r}_m = (\pm a, 0, 0); \quad (0, \pm a, 0); \quad (0, 0, \pm a).$$

im Falle eines $s$-Atomzustandes:

$$E(\boldsymbol{k}) \approx E_i - A - 2B(\cos k_x a + \cos k_y a + \cos k_z a) . \tag{7.38}$$

Durch das „Zusammenfügen" der Atome zu einem Kristall (mit primitiv kubischem Gitter) entsteht also aus dem Energieniveau $E_i$ des freien Atoms ein elektronisches Band, dessen Schwerpunkt im Vergleich zu $E_i$ um $A$ abgesenkt ist und dessen Breite proportional zu $B$ ist. Die Verhältnisse sind in Abb. 7.8 dargestellt.

Folgende allgemeine Konsequenzen ergeben sich:

I) Da die Cosinus-Terme zwischen $\pm 1$ variieren, beträgt die Breite des Energiebandes $12\,B$. Für kleine $\boldsymbol{k}$-Werte lassen sich die Cosinus-Terme entwickeln und man erhält in der Nähe des $\Gamma$-Punktes (Zentrum der 1. Brillouinzone bei $\boldsymbol{k} = \boldsymbol{0}$):

$$E(\boldsymbol{k}) = E_i - A - 6\,B + B a^2 k^2 , \tag{7.39}$$

wo $k^2 = k_x^2 + k_y^2 + k_z^2$ ist. Diese $k^2$-Abhängigkeit entspricht der, die auch aus der Näherung für das quasifreie Elektron (Abschn. 7.2) folgt.

II) Aus (7.36b) folgt, daß ein Band energetisch um so breiter ist, je stärker der Überlapp zwischen benachbarten Wellenfunktionen des entsprechenden Atomzustandes

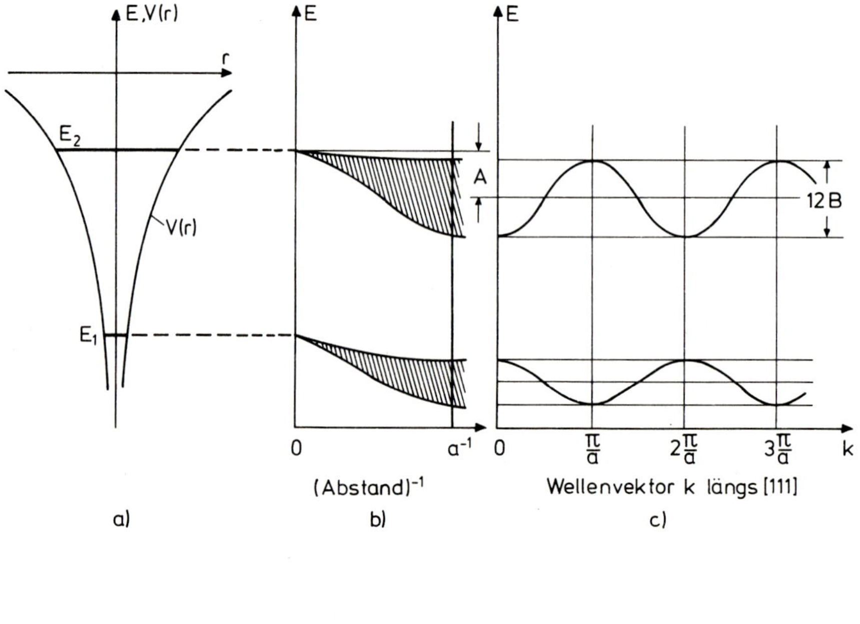


**Abb. 7.8a–c.** Qualitative Veranschaulichung der Ergebnisse einer Näherung für stark gebundene Elektronen in einem primitiv-kubischen Gitter mit dem Atom- bzw. Gitterabstand $a$. (**a**) Energetische Lage der Energieniveaus $E_1$ und $E_2$ im Potential $V(\boldsymbol{r})$ des freien Atoms. (**b**) Absenkung und Aufspaltung der Energieniveaus $E_1$ bzw. $E_2$ in Abhängigkeit vom reziproken Atomabstand $r^{-1}$. Beim Gleichgewichtsabstand $a$ ist die Absenkung $A$ und die Breite des Bandes $12B$. (**c**) Abhängigkeit der Einelektronen-Energie $E$ vom Wellenzahlvektor $k(1,1,1)$ in Richtung der Raumdiagonalen [111]

ist. Tiefer liegende Bänder, die von stärker lokalisierten Zuständen herrühren, werden also schmäler sein als Bänder, die von höher liegenden Atomniveaus mit ausgedehnten Wellenfunktionen herrühren.

III) Im Rahmen der hier betrachteten Einelektronennäherung ergibt sich die Besetzung der in Bändern angeordneten Einelektronenzustände, indem man sich jeden Zustand mit zwei der insgesamt zur Verfügung stehenden Elektronen besetzt denkt. Das Pauli-Prinzip läßt eine Doppelbesetzung wegen des Unterschiedes im Spinanteil der Wellenfunktion (2 mögliche Spineinstellungen) zu.

Bestehe ein Kristall mit primitiv kubischem Gitter aus $N$ Atomen, d. h. also auch $N$ primitiven Zellen, so spaltet ein atomares Niveau $E_i$ des freien Atoms durch Wechselwirkung mit den $(N-1)$ Atomen des Kristalls in $N$ Zuständen auf, die das entsprechende, quasikontinuierliche Band bilden. $2N$ Elektronen können also dieses Band besetzen. Zum gleichen Ergebnis führt die Betrachtung vom quasifreien Elektron her: Im $\boldsymbol{k}$-Raum nehmen die Elektronenzustände ein Volumen $(2\pi)^3/V$ ($V$: makroskopisches Kristallvolumen) ein. Das Volumen der 1. Brillouin-Zone ist hingegen $(2\pi)^3/V_z$ ($V_z$: Volumen der Elementarzelle); d.h., der in der 1. Brillouin-Zone verlaufende Teil eines Bandes liefert $V/V_z = N$ Zustände, also unter Berücksichtigung des Spins $2N$ besetzbare Plätze für Elektronen.

Das Entstehen einer Bandstruktur aus diskreten Termen isolierter Atome beim Zusammenfügen zum Kristall war schon in Abb. 1.1 qualitativ dargestellt worden: Bei Natrium z. B. entstehen aus den atomaren $3s$ und $3p$ Termen Bänder, die sich im Kristall (Gleichgewichtsabstand der Atome $r_0$) überlappen. Da die Besetzung der atomaren Niveaus bei Na $1s^2$, $2s^2$, $2p^6$, $3s^1$ ist, liefert das atomare $3s$ Niveau nur ein Elektron pro Elementarzelle in das $3s$ Band des Kristalls, das aber 2 Elektronen pro Zelle Platz bietet; d.h., auch ohne den $3s-3p$ Überlapp (analog zu $2s-2p$ in Abb. 1.1) wäre das $3s$-Band des Na nur halb besetzt. In Abschn. 8.2 werden wir sehen, daß diese nur teilweise Besetzung eines Bandes die metallisch-leitenden Eigenschaften des Na erklärt. Qualitative Argumente dafür sind schon im Abschn. 1.4 gegeben worden.

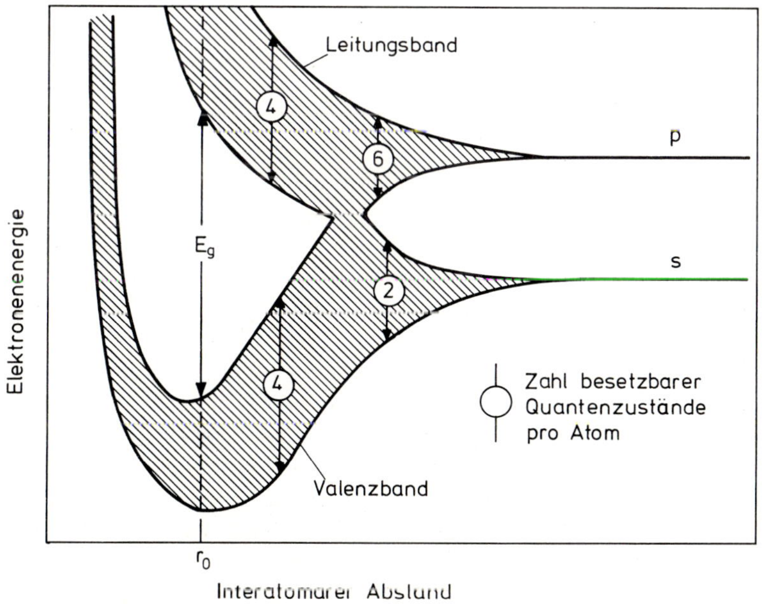


**Abb. 7.9.** Schematischer Verlauf der Bandaufspaltung als Funktion des interatomaren Abstandes für die tetraedrisch gebundenen Halbleiter Diamant (C), Si und Ge. Beim Gleichgewichtsabstand $r_0$ existiert zwischen dem besetzten und unbesetzten Band, die aus den $sp^3$-Hybridorbitalen resultieren, eine verbotene Zone $E_g$. Bei Diamant entsteht der $sp^3$-Hybrid aus den atomaren $2s$, $2p^3$, bei Si aus $3s$, $3p^3$ und bei Ge aus $4s$, $4p^3$ Atomwellenfunktionen. Aus diesem Schema ersieht man, daß die Existenz einer verbotenen Zone nicht an die Periodizität des Gitters gekoppelt ist. Auch amorphe Materialien können eine Bandlücke aufweisen. (Nach *Shockley* [7.1])

Beim Diamanten – Kohlenstoff hat bekanntlich die Elektronenkonfiguration $1s^2$, $2s^2$, $2p^2$ – tritt infolge der Ausbildung des $sp^3$-Hybrids (Mischung der $2s$ und $2p$ Wellenfunktionen mit tetraedrischer Bindungsanordnung, siehe Kap. 1) eine Umlagerung der $s$- und $p$-Terme auf, die sich in einer Wiederaufspaltung des $sp^3$-Hybridbandes in 2 Bänder mit je 4 zu besetzenden Einelektronenzuständen (einschl. Spin) zeigt (Abb. 7.9). Die in der $2s$ und $2p$ Schale pro Atom vorhandenen 4 Elektronen füllen also den unteren Teil des $sp^3$-Bandes vollständig auf, wobei der obere Teil unbesetzt bleibt. Zwischen beiden $sp^3$-Teilbändern existiert eine verbotene Zone $E_g$. Dies führt, wie im Abschn. 9.2 u. 12.1 gezeigt wird, zum Isolator- bzw. Halbleitercharakter des Diamanten. Ähnliche Verhältnisse liegen bei den Halbleitern Si und Ge vor (siehe Kap. 12).

Die in Abb. 7.9 gezeigten Verhältnisse beim Entstehen einer Bandstruktur lassen sich natürlich nicht mit den im Abschn. 7.2 u. 3 dargestellten einfachen Rechenverfahren gewinnen. Komplizierte Näherungsverfahren zur Berechnung der Bandstruktur mit Hilfe moderner Großrechenanlagen sind dazu erforderlich. Hierzu sei auf einschlägige theoretische Artikel und Lehrbücher verwiesen.

## 7.4 Beispiele von Bandstrukturen

In den vorigen Abschnitten wurde das Zustandekommen einer elektronischen Bandstruktur (Bändermodell), d.h. die Aufeinanderfolge von erlaubten und verbotenen Energiebereichen für ein Kristallelektron, zurückgeführt auf das Auftreten von Bragg-Reflexionen, die aus dem kontinuierlichen Spektrum freier Elektronenzustände verbotene Bereiche herausschneiden. Die andere, ebenso wichtige Betrachtungsweise geht von den diskreten Energieniveaus der freien Atome aus und erklärt das Zustandekommen von Bändern als Aufspaltung der Atomterme durch Wechselwirkung im Gitter. In diesem Bild entspricht jedes Band des Bänderschemas einem Term des freien Atoms und man klassifiziert deshalb die Bänder auch als $s$, $p$, $d$, ... Bänder. Nach der mehr qualitativen Darstellung der Beispiele in Abb. 1.1 u. 7.9 eines typischen Metalls und eines typischen Isolators seien in diesem Kapitel einige weitere realistische Beispiele von Bandstrukturen vorgestellt. Abbildung 7.10 zeigt, wie man sich die energetisch höchsten besetzten Bänder des Ionenkristalls KCl aus dem Termschema von $K^+$ und $Cl^-$-Ionen bei Annäherung der Ionen bis in den Gleichgewichtsabstand entstanden denken kann. Auch im Gleichgewichtsabstand, der beim Kristall aus Röntgenbeugungsdaten bekannt ist, sind die besetzten Bänder extrem schmal, was auf einen geringen Überlapp der Ladungsverteilung zwischen den einzelnen Ionen hindeutet. Theoretische Ergebnisse wie in Abb. 7.10 lassen also, wenn sie gute Übereinstimmung zu experimentellen Daten der Bandstruktur liefern, weitreichende Schlüsse auch auf die Verhältnisse bei der chemischen Bindung zu.

Die volle Information über Einelektronenzustände im periodischen Potential läßt sich natürlich aus einer Gesamtdarstellung der $E(\boldsymbol{k})$-Flächen im Raum der Wellenvektoren $\boldsymbol{k}$ entnehmen. Um einen Überblick über die häufig komplizierten Flächen zu bekommen, betrachtet man Schnitte der Energieflächen längs Richtungen hoher Symmetrie durch die 1. Brillouin-Zone. Dies ist für das Beispiel eines Al-Kristalls in Abb. 7.11a dargestellt. Die Definitionen der Symmetrierichtungen und Punkte lassen sich aus der Darstellung der 1. Brillouin-Zone für das kubisch flächenzentrierte Gitter des Aluminiums (Abb. 3.8 u. 7.11b) entnehmen.

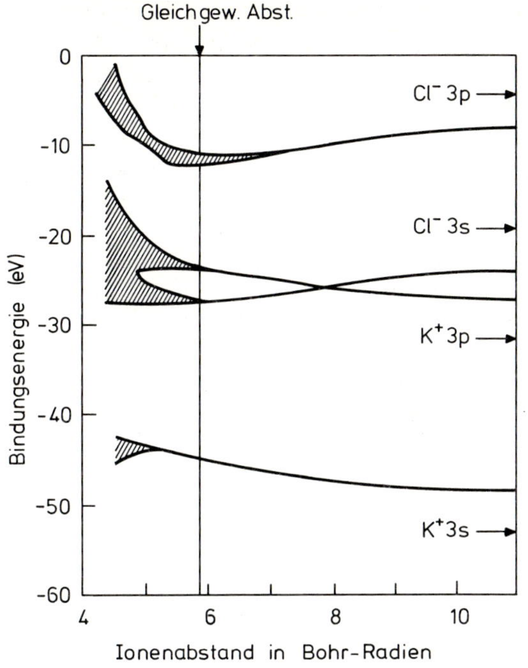


**Abb. 7.10.** Die vier höchsten, besetzten Energiebänder von KCl, gerechnet in Abhängigkeit vom Ionenabstand in Bohr-Radien ($a_0 = 5.29 \times 10^{-9}$ cm). Die Energien der freien Ionen sind durch Pfeile angegeben. (Nach *Howard* [7.2])

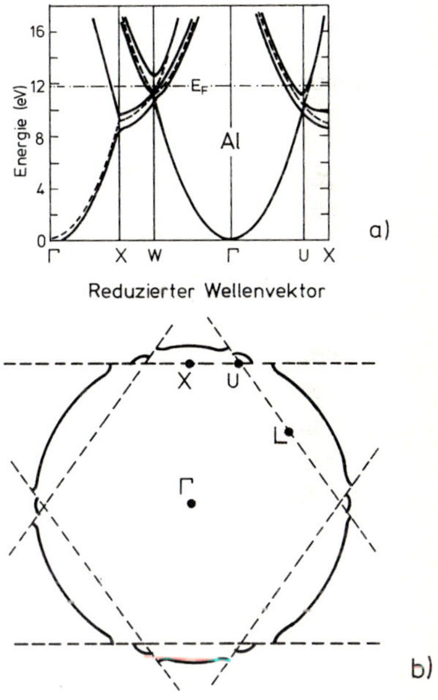


**Abb. 7.11.** (**a**) Theoretisch ermittelte Bandstruktur $E(\boldsymbol{k})$ von Al längs Richtungen hoher Symmetrie ($\Gamma$ Zentrum der Brillouin-Zone). Gestrichelt eingezeichnet sind Bänder, die sich ergäben, wenn *s*- und *p*-Elektron im Al völlig frei wären („leeres" Gitter). (Nach *Segall* [7.3]). (**b**) Schnitt durch die Brillouin-Zone im reziproken Raum für Al. Die Zonenränder sind gestrichelt eingezeichnet. Die „Fermi-Kugel" (durchgezogene Linie) ragt bei Al über die erste Brillouin-Zone hinaus

Auffällig ist, daß die Bandstruktur von Al sehr gut durch die parabelförmige Abhängigkeit eines freien Elektronengases (gestrichelt) beschrieben werden kann. Die Aufspaltung an den Brillouin-Zonenkanten ist vergleichsweise gering und die Komplexität der Bandstruktur ist im wesentlichen auf die Reduktion der Energieparabeln auf die 1. Brillouin-Zone zurückzuführen. Dies ist ein Charakteristikum der einfachen Metalle. Man findet solche Ähnlichkeiten zum freien Elektronengas vor allem auch bei den Alkalimetallen Li, Na, K.

Die Auffüllung der Bandstruktur mit den zur Verfügung stehenden Elektronen geschieht bis zu der in Abb. 7.11 eingezeichneten Fermi-Energie $E_F$. Es ist zu erkennen, daß die Fläche konstanter Energie, bis zu der die Bänder aufgefüllt sind, die sog. *Fermi-Fläche* $E(\boldsymbol{k}) = E_F$, mehrere Bänder schneidet. Schon beim Al ist also diese Fermi-Fläche keine einfach zusammenhängende Fläche: Während bei den einwertigen Alkalimetallen die Fermi-Flächen, angenähert Kugeln, voll in die 1. Brillouin-Zone hineinpassen, durchsetzt die „Fermi-Kugel" bei Al gerade die Berandung der 1. Brillouin-Zone, d.h., auf den Rändern wird die Kugelgestalt leicht infolge der dort stattfindenden Bragg-Reflexion verändert. Dies ist qualitativ in Abb. 7.11b in einem Schnitt durch den dreidimensionalen $\boldsymbol{k}$-Raum gezeigt.

Im Gegensatz zu den einfachen Metallen sind die Bandstrukturen der Übergangsmetalle durch den markanten Einfluß der *d*-Bänder wesentlich komplizierter. Neben Bändern, die aus *s*-Termen resultieren und mehr den Parabeln eines freien Elektronengases gleichen, erscheinen unterhalb der Fermi-Energie sehr flache $E(\boldsymbol{k})$-Strukturen, deren geringe energetische Breite (wenig Dispersion) auf die starke Lokalisierung der *d*-Elektronen zurückzuführen ist. Dies läßt sich z. B. an der Bandstruktur des Cu in Abb. 7.12 leicht erkennen. Insbesondere bei Übergangsmetallen wie Pt, W usw., wo komplizierte

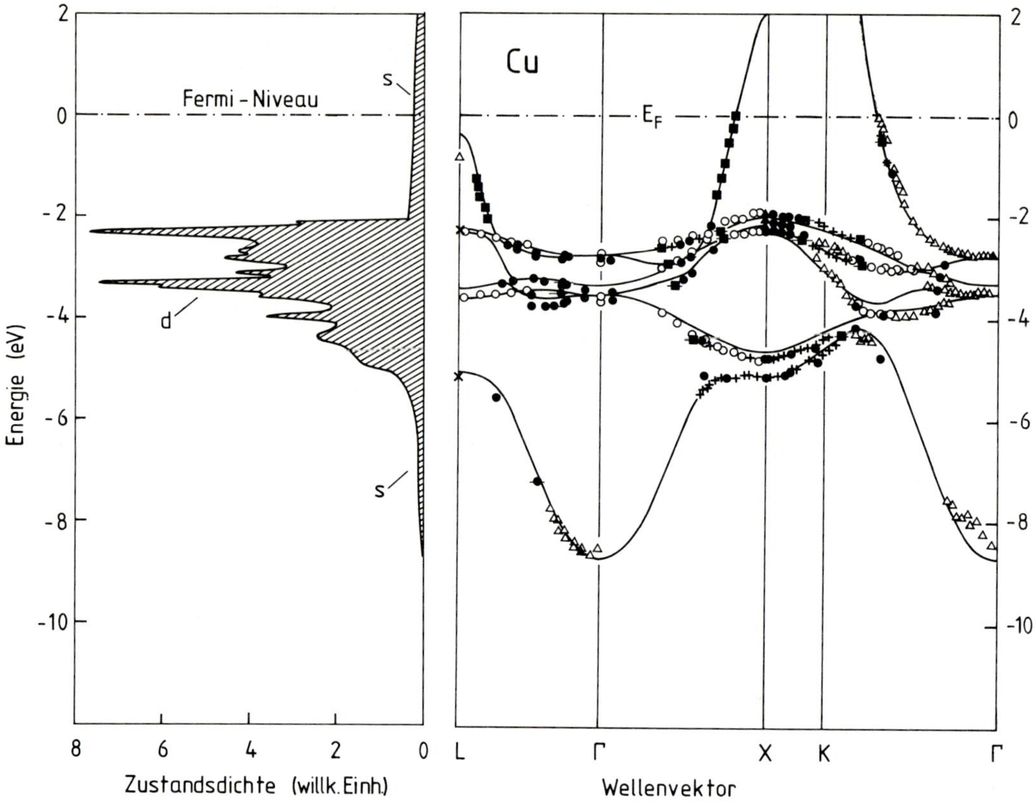


**Abb. 7.12.** Bandstruktur $E(\boldsymbol{k})$ längs Richtungen hoher Kristallsymmetrie für Kupfer (*rechts*). Die experimentellen Daten stammen von verschiedenen Autoren und wurden von *Courths* und *Hüfner* [7.4] zusammengestellt. Die ausgezogenen Linien des $E(\boldsymbol{k})$-Verlaufes und die Zustandsdichte wurden von *Eckhardt* et al. [7.5] berechnet. Bemerkenswert ist die gute Übereinstimmung sowohl der experimentellen Daten untereinander als auch die Übereinstimmung mit der Theorie

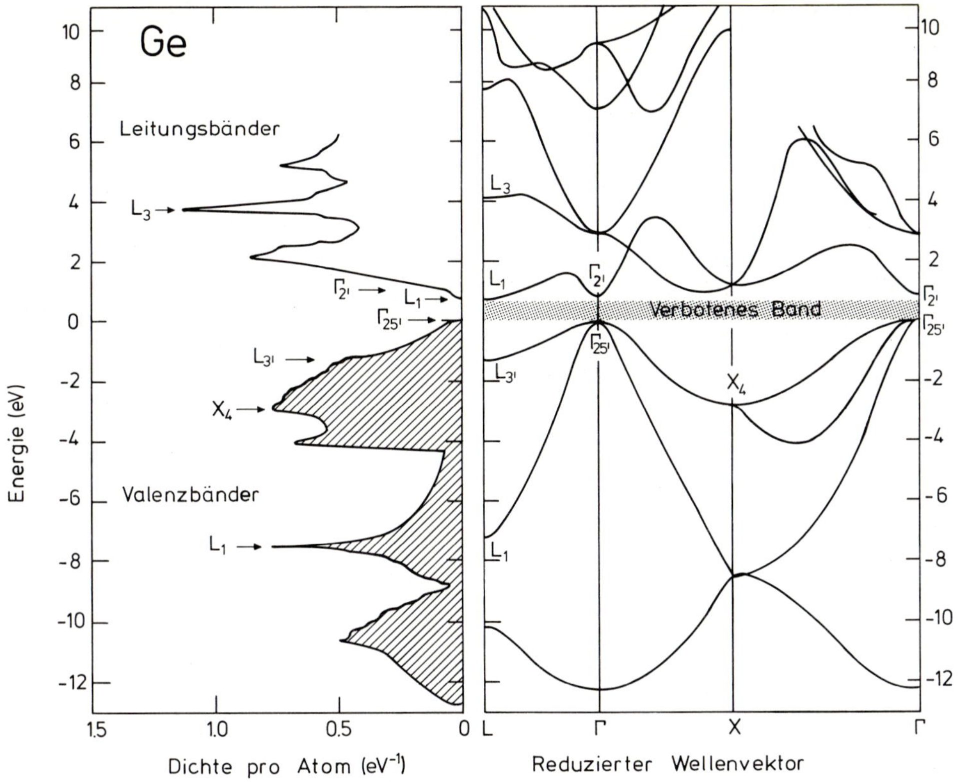


**Abb. 7.13.** Theoretisch ermitteltes Bänderschema $E(\boldsymbol{k})$ für Germanium längs Richtungen hoher Symmetrie (*rechts*). Elektronische Zustandsdichte $D(E)$ von Germanium (*links*). Einige kritische Punkte, bezeichnet nach ihrer Lage in der Brillouin-Zone ($\Gamma$, $X$, $L$), lassen sich auf Bereiche im Bänderschema (rechts) zurückführen, wo $E(\boldsymbol{k})$ waagerechte Tangenten hat. Die in der Zustandsdichte schraffierten Zustände sind besetzt. (Nach *Herman* et al. [7.6])

*d*-Bandstrukturen von der Fermi-Energie geschnitten werden, können die Fermi-Flächen sehr verwickelte Gestalt annehmen.

In anderer Hinsicht interessante Phänomene – wie *Halbleitereigenschaften* – (Kap. 12) treten auf, wenn in der Bandstruktur eine absolute Lücke, ein sog. verbotenes Band auftritt: Es gibt dann in einem gewissen Energiebereich keine besetzbaren Zustände und dies für alle $\boldsymbol{k}$-Richtungen (im reziproken Raum). Eine typische Bandstruktur ist die des Germaniums (Abb. 7.13), das ebenso wie Diamant und Silizium in der Diamantstruktur kristallisiert, wobei die tetraedrischen Bindungsverhältnisse am Einzelatom auf die Bildung des $sp^3$-Hybridorbitals zurückzuführen sind. Wie schon am Ende von Abschn. 7.3 ausgeführt, hat die Bildung des $sp^3$-Hybrids zur Folge, daß die unteren Teilbänder (unterhalb des verbotenen Bandes) voll besetzt sind, während die anderen aus dem $sp^3$-Hybrid entstandenen Bänder oberhalb des verbotenen Bandes unbesetzt sind. Die Fermi-Energie muß also im Bereich des verbotenen Bandes liegen, eine Tatsache, die bei der Besprechung der Halbleitereigenschaften (Kap. 12) dieser Kristalle von Bedeutung sein wird.

## 7.5 Zustandsdichten

Analog zur Betrachtung der thermischen Eigenschaften des Phononensystems (Kap. 5) reicht auch im Falle der elektronischen Zustände die Kenntnis der Zustandsdichte zur Beschreibung z. B. des Energieinhaltes des Elektronensystems aus. Auch bei elektronischen Anregungsmechanismen (z. B. nicht-winkelaufgelöste Photoemissionsspektroskopie, Tafel V), bei denen infolge der experimentellen Anordnung über alle $\boldsymbol{k}$-Richtungen integriert wird, genügt zur Interpretation der Spektren in vielen Fällen die Kenntnis der Anzahl der Elektronenzustände pro Energieintervall $dE$.

Sind die Energieflächen $E(\boldsymbol{k})$ der Bandstruktur gegeben, so ergibt sich analog zu (5.4) (Abschn. 5.1) die Zustandsdichte durch Integration über eine Energieschale $\{E(\boldsymbol{k}), E(\boldsymbol{k})+dE\}$ des $\boldsymbol{k}$-Raumes:

$$dZ=\frac{V}{(2\pi)^3}\int_E^{E+dE} d\boldsymbol{k}\,. \tag{7.40}$$

$V/(2\pi)^3$ ist die Dichte der Zustände im $\boldsymbol{k}$-Raum. Zerlegt man das Volumelement $d\boldsymbol{k}$ wieder in ein Flächenelement $df_{\mathrm{E}}$ auf der Energiefläche und eine $\boldsymbol{k}$-Komponente $dk_\perp$ normal zu dieser Fläche (Abb. 5.1), d. h. $d\boldsymbol{k}=df_{\mathrm{E}}dk_\perp$, so folgt mit $dE=|\mathrm{grad}_{\boldsymbol{k}}E|\cdot dk_\perp$

$$D(E)dE=\frac{1}{(2\pi)^3}\left(\int_{E(\boldsymbol{k})=\mathrm{const}}\frac{df_{\mathrm{E}}}{|\mathrm{grad}_{\boldsymbol{k}}E(\boldsymbol{k})|}\right)dE\,. \tag{7.41}$$

Hierbei wurde gleichzeitig die Zustandsdichte $D(E)$ auf das Realvolumen $V$ des Kristalls bezogen, um zu einer kristallspezifischen Größe zu gelangen. Es ist zu bedenken, daß wegen Spinentartung jeder Zustand mit zwei Elektronen besetzt werden kann.

Die Hauptstruktur in der Funktion $D(E)$ wird wieder durch solche Punkte im $\boldsymbol{k}$-Raum geliefert, wo $|\mathrm{grad}_{\boldsymbol{k}}E|$ verschwindet, d. h., wo die Energieflächen flach verlaufen. Diese Punkte heißen van Hove Singularitäten oder kritische Punkte. Im dreidimensionalen Raum wird $D(E)$ in der Nähe dieser kritischen Punkte nicht singulär, da bei einer Entwicklung von $E(\boldsymbol{k})$ um diesen Extremalpunkt $(E\sim\boldsymbol{k}^2)$ $|\mathrm{grad}_{\boldsymbol{k}}E|^{-1}$ wie $k^{-1}$ singulär wird, die Integration über die $E(\boldsymbol{k})$-Fläche (7.41) aber eine $k^2$-Abhängigkeit liefert. Das heißt, im Dreidimensionalen zeigt die Zustandsdichte in der Nähe der kritischen Punkte parabolische Verläufe, wie sie in Abb. 7.14 dargestellt sind. Für eindimensionale Bandstrukturen, die in guter Näherung zur Beschreibung von „eindimensionalen“ organischen Halbleitern herangezogen werden, divergiert die Zustandsdichte an den kritischen Punkten, aber das Integral über die Dichte bleibt endlich. (Siehe Zustandsdichte der Gitterschwingungen einer linearen Kette, Abschn. 4.3.)

Zustandsdichten werden durch Integration im $\boldsymbol{k}$-Raum über die 1. Brillouin-Zone einer errechneten Bandstruktur gewonnen und können dann mit experimentellen Daten, z. B. aus der Photoemissionsspektroskopie (Tafel V) verglichen werden. Sie liefern also eines der wesentlichen Bindeglieder, um Bandstrukturrechnungen mit experimentellen Daten zu vergleichen. Bei der Integration über den $\boldsymbol{k}$-Raum liefern die kritischen Punkte die Hauptbeiträge. Da kritische Punkte zumeist auf Schnitten oder Punkten hoher Symmetrie im $\boldsymbol{k}$-Raum liegen, erklärt sich weiter, warum in der Darstellung der Bandstrukturen bevorzugt Schnitte längs Linien hoher Symmetrie (z. B. $\Gamma K$, $\Gamma X$, $\Gamma L$ etc.) gewählt werden. Aus Bereichen dazwischen sind im allgemeinen nur Beiträge geringerer

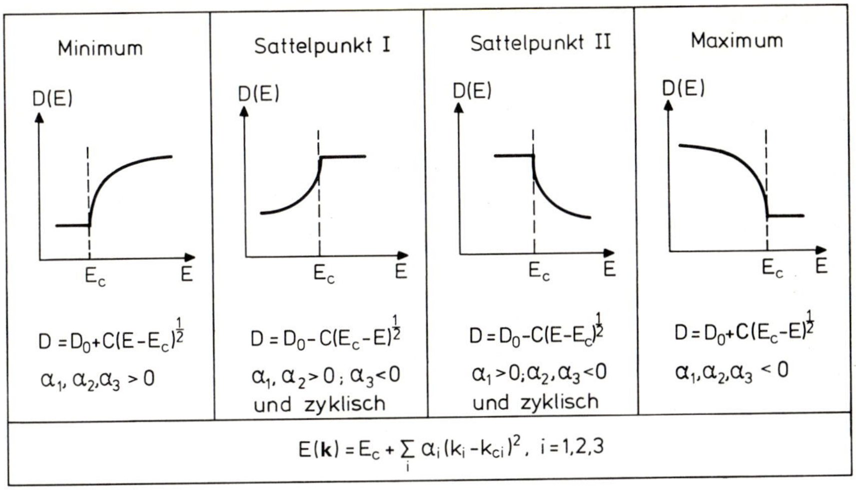


**Abb. 7.14.** Verlauf der Zustandsdichte $D(E)$ in der Umgebung der vier im Dreidimensionalen möglichen kritischen Punkte. Die kritischen Punkte liegen jeweils bei der Energie $E_c$ und im $\boldsymbol{k}$-Raum bei $k_{ci}$ ($i = 1, 2, 3$); der Bandverlauf in der Umgebung ist in parabolischer Näherung $E(\boldsymbol{k}) = E_c + \sum_i \alpha_i (k_i - k_{ci})^2$ dargestellt ($\alpha_i = \text{const}$). $D_0$ und $C$ sind Konstanten

Bedeutung zu erwarten. Dort kann also zuweilen bei der Rechnung rein mathematisch interpoliert werden.

Der Zusammenhang zwischen einer errechneten Bandstruktur und der zugehörigen Zustandsdichte ist für den Halbleiter Germanium sehr schön aus Abb. 7.13 zu ersehen. Entscheidende Beiträge, d.h. Maxima in der Zustandsdichte, sind mit flach verlaufenden Bereichen der $E(\boldsymbol{k})$-Kurven längs Richtungen hoher Symmetrie korreliert. Weiter ist die absolute Bandlücke zwischen den vollständig besetzten sog. Valenzbandzuständen und den (bei tiefer Temperatur) nicht besetzten sog. Leitungsbandzuständen zu erkennen. Dieses verbotene Band hat bei Ge eine ungefähre Breite von 0,7 eV.

Abb. 7.12 zeigt als Beispiel für ein Übergangsmetall die errechnete Zustandsdichte von Kupfer. Die Zustandsdichte wurde durch Integration aus der ebenfalls in Abb. 7.12 gezeigten Bandstruktur $E(\boldsymbol{k})$ gewonnen. Die scharfen Strukturen zwischen $-2$ und $-6$ eV unterhalb des Fermi-Niveaus lassen sich leicht kritischen Punkten der flach verlaufenden $d$-Bänder zuordnen. In der $E(\boldsymbol{k})$-Auftragung (Abb. 7.12) ist auch der parabelähnliche Verlauf des $s$-Bandes mit einem Minimum bei $\Gamma$ zu erkennen. Dieses $s$-Band liefert in der Zustandsdichte den bei etwa $-9{,}5$ eV einsetzenden, flach verlaufenden Beitrag. Eine Ähnlichkeit zu der beim „freien“ Elektronengas ermittelten Zustandsdichte-Parabel ist zumindest unterhalb von $-6$ eV nicht zu verkennen. Die Zustandsdichte am Fermi-Niveau ist bei Kupfer die der $s$-Elektronen, woraus sich erklärt, daß für Kupfer eine Beschreibung durch das „freie Elektronengas im Potentialtopf“ (Kap. 6) zu relativ guten Ergebnissen führt.

Dies ist, wie schon im Abschn. 6.4 gezeigt, anders bei Fe, Ni, Co und anderen Übergangsmetallen. Bei diesen Metallen schneidet das Fermi-Niveau gerade die hohe Zustandsdichte der $d$-Bänder, die nur teilweise gefüllt sind. Für die Ferromagneten Fe, Ni, Co kommt, wie im Abschn. 8.3 ausgeführt wird, eine weitere Komplikation hinzu. Bei diesen Materialien stellt sich in der ferromagnetischen Phase ($T < T_C$, Curie-Temperatur) eine Spinordnung ein, so daß man zwei Zustandsdichten, die der Elektronen mit Spinmoment parallel zur spontanen Magnetisierung $\boldsymbol{M}$ und die der Elektronen mit antiparalleler Einstellung ermitteln muß. Abbildung 8.6 zeigt diese beiden Zustandsdichten für Ni. Solche Zustandsdichten wie in Abb. 8.6 lassen sich natürlich nur aus Bandstrukturen $E(\boldsymbol{k})$ ermitteln, die aus Rechnungen unter Einschluß der Elektron-Elektron-Wechselwirkung gewonnen wurden.

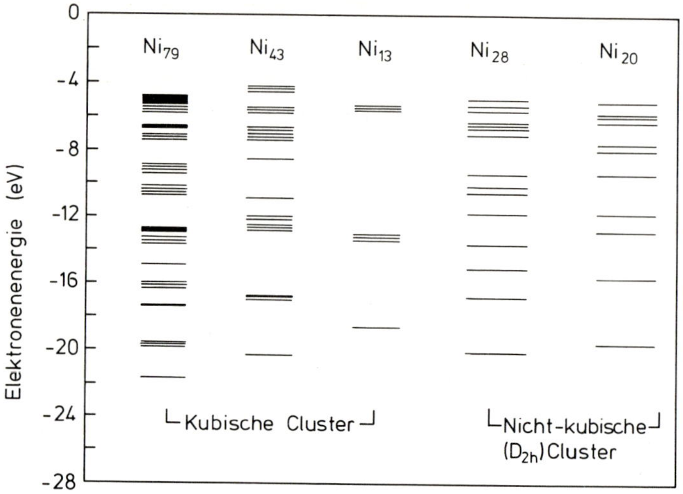


**Abb. 7.15.** Theoretisch ermittelte Energieverteilung der Elektronenzustände für einige Nickel-Cluster. $Ni_{20}$ bedeutet, daß 20 Ni-Atome (hier in nichtkubischer Symmetrie $D_{2h}$) zu einem Cluster zusammengefaßt werden. Mit stärkerer Strichbreite eingezeichnete Niveaus bestehen aus vielen, nahezu entarteten Einzelniveaus. (Nach *Upton* et al. [7.7])

Während die Angabe des Bänderschemas $E(\boldsymbol{k})$ einen idealen, periodischen Kristall voraussetzt – $k_x$, $k_y$, $k_z$ sind adäquate Quantenzahlen für elektronische Zustände nur im periodischen Gitter –, können Zustandsdichten $D(E)$ auch für nicht-periodische Systeme wie amorphe Materialien oder kleinere, nur begrenzt periodisch aufgebaute Atomcluster (= Haufen) angegeben werden. Denn in der Zustandsdichte ist die $E(\boldsymbol{k})$-Abhängigkeit der Zustände nicht mehr explizit enthalten. Dies ist interessant im Hinblick auf neuerdings vielfach angewandte Näherungsverfahren, den makroskopischen Kristall durch sog. Cluster einer begrenzten Atomzahl zu beschreiben. Das Ergebnis einer auf Großrechnern durchgeführten Näherungslösung der Schrödinger-Gleichung besteht dann in der Angabe von diskreten elektronischen Energieniveaus, die sich durch das Zusammenfügen einer bestimmten Anzahl der betreffenden Atome auf Gitterplätzen (bekannt aus der Röntgenbeugung) ergeben. Bei bestimmten Energien häufen sich diese Niveaus und zeigen somit eine besonders hohe Zustandsdichte an. Man käme zu einer kontinuierlichen, angenäherten Zustandsdichte für den makroskopischen Kristall, indem man zwischen der diskontinuierlichen Niveau-Verteilung interpoliert. Abbildung 7.15 zeigt das Ergebnis einer solchen Rechnung für Nickel-Cluster mit 13, 43, 79 Ni-Atomen in kubischer Anordnung und mit 20 bzw. 28 Ni-Atomen in nicht-kubischer ($D_{2h}$) Konfiguration. Gezeigt sind die mit Elektronen besetzten Niveaus unterhalb des Fermi-Niveaus. Für Cluster mit kubischer Symmetrie ist der Entartungsgrad der Niveaus höher, so daß stärkere Häufungen bei einzelnen Energien auftreten als bei den Clustern geringerer Symmetrie ($D_{2h}$). Solche Clusterrechnungen werden heute auch häufig angewandt, um Adsorptionsprozesse (z. B. H auf Ni-Cluster) rechnerisch zu erfassen.

# Tafel V Photoemissionsspektroskopie

Als eine der wichtigsten Methoden, um experimentelle Information über Bandstrukturen und deren Zustandsdichten zu erhalten, hat sich die Photoemissionsspektroskopie [V.1] etabliert. Hierbei werden Photonen höherer Energie $\hbar\omega$ auf die Kristallprobe gestrahlt. Dadurch werden Elektronen aus ihren besetzten Zuständen (Bänder) in leere Zustände (Quasikontinuum) oberhalb des Vakuumniveaus $E_{\mathrm{Vac}}$ angeregt, und diese können dann nach Überwindung der Austrittsarbeit $\phi$ vermöge ihrer überschüssigen kinetischen Energie $E_{\mathrm{kin}}$ austreten. Wegen der Beziehung

$$\hbar\omega = \phi + E_{\mathrm{kin}} + E_{\mathrm{b}} \tag{V.1}$$

ergibt die Messung des Spektrums $N(E_{\mathrm{kin}})$ der durch Photoeffekt befreiten Elektronen ein Abbild der Verteilung der besetzten elektronischen Zustände (Bindungsenergie $E_{\mathrm{b}}$) im Festkörper (siehe Abb. V.1b). Das hierdurch erhaltene „Abbild" der Zustandsdichte der besetzten Zustände ist überlagert einem monotonen Hintergrund von sog. „Wahren Sekundärelektronen", der sich aus Elektronen zusammensetzt, die durch mannigfache inelastische Streuprozesse beim Austritt aus dem Festkörper Energie verloren haben.

Wegen der relativ starken Wechselwirkung der Elektronen mit dem Festkörper können nur Elektronen aus oberflächennahen Schichten (Ausdringtiefe $\sim 5$ Å für Elektronen mit $50\,\mathrm{eV} < E_{\mathrm{kin}} < 100\,\mathrm{eV}$) austreten. Die Methode ist also oberflächenempfindlich und eignet sich somit auch zum Studium der elektronischen Eigenschaften von Festkörperoberflächen. Andererseits müssen bei der Untersuchung von Volumen-Bandstrukturen die Oberflächen rein sein, d.h., die Oberflächen der zu untersuchenden Kristalle müssen unter Ultrahochvakuumbedingungen (Druck $\leq 10^{-8}$ Pa) präpariert werden.

Als Lichtquellen werden Gasentladungslampen mit folgenden Spektrallinien benutzt: He: 21,2 und 40,8 eV, Ne: 16,8 und 26,9 eV. Die Methode heißt dann UPS (UV-photoemission spectroscopy). Höhere Photonenenergien werden mit Röntgenröhren (Al: 1486 eV, Mg 1253 eV) erzeugt, wobei dann die Methode den Namen XPS (X-ray photoemission spectroscopy) oder ESCA (electron spectroscopy for chemical analysis) hat. Mittlerweile wird vor allem auch mit der Synchrotron-Strahlung (Tafel XI) gearbeitet, die vermittels von UV-Monochromatoren eine kontinuierliche Variation der Lichtenergie erlaubt. Dadurch ist es auch möglich, die kinetische Energie der analysierten Elektronen festzuhalten und durch Variation von $\hbar\omega$ das Spektrum der Festkörperelektronen zu erfassen.

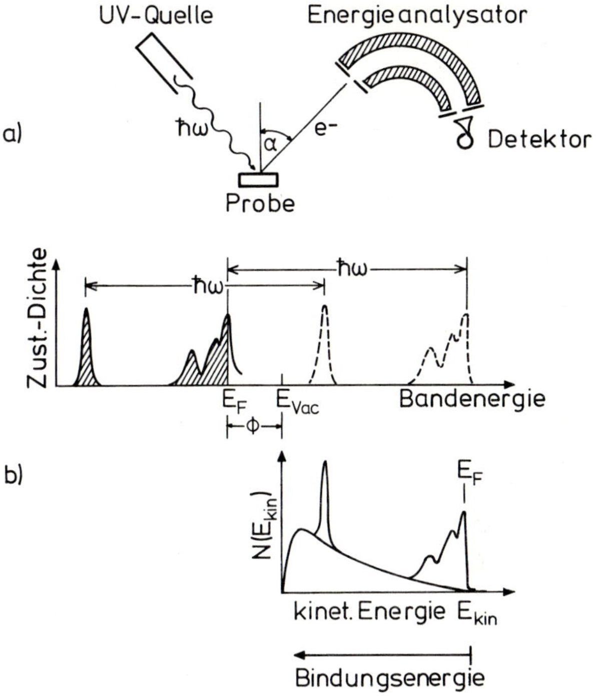


**Abb. V.1.** (**a**) Schema einer Anordnung zur Messung von Photoemissionsspektren. Probe, Energieanalysator und Detektor befinden sich in einer Ultrahochvakuumkammer (Druck $\leq 10^{-8}$ Pa) und die als UV-Quelle dienende Gasentladungslampe ist an diese fensterlos, differentiell gepumpt, angeflanscht. (**b**) Schema des Meßvorganges bei der Photoemissionsspektroskopie an einem Übergangsmetall, bei dem die Fermi-Kante $E_{\mathrm{F}}$ im oberen Bereich der $d$-Bänder (besetzter Bereich schraffiert) liegt. $E_{\mathrm{Vac}} - E_{\mathrm{F}} = \phi$ ist die Austrittsarbeit. Die in quasikontinuierliche leere Kristallzustände angeregten Elektronen können austreten und werden als freie Elektronen mit der überschüssigen kinetischen Energie $E_{\mathrm{kin}}$ im Vakuum gemessen

Als Energieselektoren zur Messung von $N(E_{\mathrm{kin}})$ sind verschiedenartige elektrostatische Elektronenana-

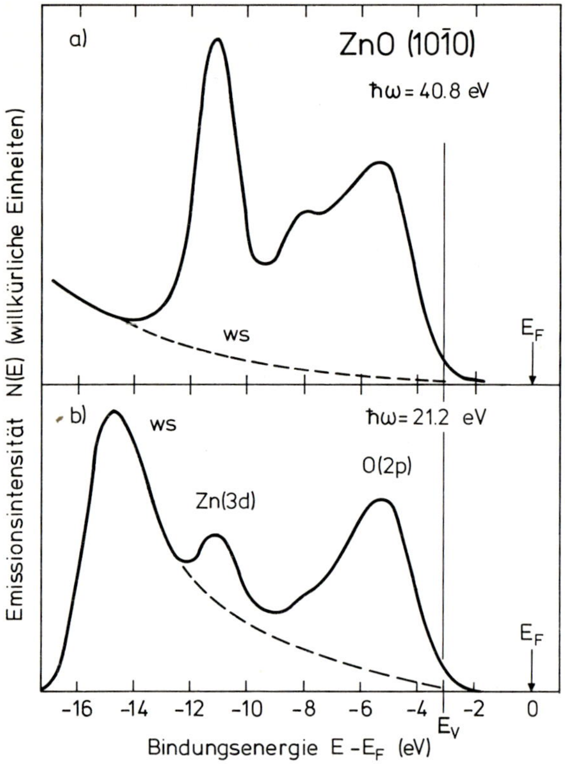


**Abb. V.2a, b.** UPS-Spektren gemessen an einer ZnO(10$\bar{1}$0)-Oberfläche, die im Ultrahochvakuum durch Anlassen gereinigt wurde. Die Anregung wurde mit He II (**a**) bzw. He I (**b**) Strahlung durchgeführt. Der Hintergrund der wahren Sekundärelektronen (WS) ist gestrichelt eingezeichnet [V.2]

lysatoren in Betrieb. In Abb. V.1a ist ein sog. 127° Sektor-Zylinderanalysator angedeutet, bei dem eine variable Spannung an den Sektorblenden die Energie festlegt, bei der Elektronen den Austrittsspalt erreichen.

Durch Variation des Winkels $\alpha$ in Abb. V.1a läßt sich bei gegebener kinetischer Energie der emittierten Elektronen $E_{\text{kin}} = \hbar^2 k^2/2m$ der Wellenzahlvektor $\boldsymbol{k}$ der Elektronen ändern. Durch winkelaufgelöste Photoemissionsspektroskopie läßt sich also die Bandstruktur $E(\boldsymbol{k})$ im reziproken Raum abtasten.

Abbildung V.2 zeigt als Beispiel UPS-Spektren, die an ZnO (10$\bar{1}$0) Oberflächen mit zwei verschiedenen He-Spektrallinien gemessen wurden. Die Spektren sind statt über der kinetischen Energie $E_{\text{kin}}$ über der Bindungsenergie, bezogen auf die Fermi-Energie $E_{\text{F}}$, aufgetragen. Infolge von Matrixelementeffekten (Abschn. 11.10) erscheinen die Zn(3*d*) und O(2*p*) Bänder in beiden Spektren mit verschiedener Intensität. In Spektrum (*b*) ist der Hintergrund der wahren Sekundärelektronen (WS) vollständig zu sehen (gestrichelte Interpolation qualitativ). Bei ZnO liegt das Fermi-Niveau im verbotenen Band knapp unterhalb der Leitungsbandkante, also etwa 3,2 eV oberhalb von $E_{\text{V}}$, der Einsatzenergie der Emission.

## Literatur

V.1 M. Cardona, L. Ley (eds.): *Photoemission in Solids I, II*, Topics in Applied Physics, Vol. 26, 27 (Springer, Berlin, Heidelberg, New York 1979)
B. Feuerbacher, B. Fitton, R.F. Willis (eds.): *Photoemission and the Electronic Properties of Surfaces* (John Wiley and Sons, New York 1978)

V.2 H. Lüth, G.W. Rubloff, W.D. Grobmann: Solid State Commun. **18**, 1427 (1975)

# 8. Magnetismus

In unseren bisherigen Überlegungen zur Elektronenstruktur der Materie waren wir von einer Einelektronennäherung ausgegangen: Energieterme und Bandstruktur wurden berechnet für ein Elektron in einem effektiven Potential, gebildet aus dem Potential der Ionenrümpfe und einem mittleren Potential der übrigen Elektronen. In diesem Modell lassen sich durchaus akzeptable Bandstrukturen berechnen. Wichtiger aber als eine qualitative Übereinstimmung mit dem Experiment und eine im Prinzip wenigstens einfache Rechenmethode ist ein anderer Aspekt des Einelektronenmodells. Im Einelektronenmodell lassen sich nämlich Anregungszustände des Elektronensystems, ausgelöst durch Wechselwirkung mit Photonen und anderen Teilchen, oder die thermische Anregung konzeptionell einfach verstehen. So wie das Termschema des H-Atoms das Modell für die Beschreibung der Elektronenterme aller Elemente bildet, ist das Einelektronenbild das Basismodell für das Verständnis des Festkörpers. Ferner gibt es Phänomene kollektiven Verhaltens der Elektronen, die ebenfalls einfacher Beschreibung zugänglich sind, wie zum Beispiel die Thomas-Fermi-Abschirmung (Abschn. 6.5) oder die Anregung von Ladungsdichtewellen (Abschn. 11.9). Bei magnetischen Erscheinungen im Festkörper, insbesondere beim Ferro- oder Antiferromagnetismus, mischen sich dagegen Einelektronen- und Vielelektronenaspekte in einer Weise, die es schwierig macht, einfache Grundmodelle herauszupräparieren. So werden wir zum Beispiel Anregungszustände kennen lernen, bei denen nur ein Elektronenspin umgeklappt wird und doch alle Valenz-Elektronen an diesem Anregungszustand beteiligt sind (Spinwellen). Darüber hinaus hat die Elektronentheorie des Magnetismus kollektive und lokale Aspekte, was ebenfalls das Verständnis erschwert. Ein Schwerpunkt dieses Kapitels ist der Ferromagnetismus der 3d-Metalle Ni, Co und Fe, der durch Austauschwechselwirkung zwischen den weitgehend delokalisierten 3d-Elektronen entsteht. Für die meisten magnetischen Verbindungen und insbesondere auch die 4f-Übergangsmetalle und ihre Verbindungen ist eine lokale Beschreibung angebracht. Auch der Antiferromagnetismus und die Spinwellen ergeben sich verhältnismäßig einfach aus der Austauschwechselwirkung zwischen lokalisierten Elektronen.

## 8.1 Dia- und Paramagnetismus

Die physikalischen Größen der magnetischen Feldstärke $\boldsymbol{H}$ und der magnetischen Induktion $\boldsymbol{B}$ sind im Vakuum durch die Relation

$$\boldsymbol{B} = \mu_0 \boldsymbol{H} \tag{8.1}$$

verknüpft. Dabei ist $\mu_0 = 4\pi \cdot 10^{-7}$ Vs/Am die Induktionskonstante. Zur Kennzeichnung des magnetischen Zustandes der Materie wird die Magnetisierung $\boldsymbol{M}$ verwendet (Sommerfeld System). Dann gilt der Zusammenhang

$$\boldsymbol{B} = \mu_0(\boldsymbol{H} + \boldsymbol{M}). \tag{8.2}$$

Die Magnetisierung $\boldsymbol{M}$ ist gleich der Dichte magnetischer Dipolmomente $\boldsymbol{m}$.

$$\boldsymbol{M} = \boldsymbol{m}\frac{N}{V}. \tag{8.3}$$

Es ist für die folgenden Betrachtungen zweckmäßig, statt des äußeren Feldes $\boldsymbol{H}$, eine äußere Induktion $\boldsymbol{B}_0 = \mu_0 \boldsymbol{H}$ einzuführen, und, um die Sprache nicht zu umständlich zu halten, wollen wir diese Größe $B_0$ einfach mit „Magnetfeld" bezeichnen. Zwischen dem „Feld" $\boldsymbol{B}_0$ und der Magnetisierung $\boldsymbol{M}$ besteht häufig ein linearer Zusammenhang

$$\mu_0 \boldsymbol{M} = \chi \boldsymbol{B}_0 \tag{8.4}$$

mit $\chi$ der magnetischen Suszeptibilität. Ist $\chi$ negativ, so ist die induzierte magnetische Polarisation entgegengesetzt zum angelegten Feld orientiert. Ein solches Verhalten heißt diamagnetisch, während umgekehrt das paramagnetische Verhalten durch $\chi > 0$ charakterisiert ist. Im allgemeinen setzt sich die Suszeptibilität von Atomen und damit auch die des Festkörpers aus einem dia- und einem paramagnetischen Anteil zusammen, den wir mit $\chi_\mathrm{d}$ bzw. $\chi_\mathrm{p}$ bezeichnen wollen. Der paramagnetische Anteil beruht auf der Orientierung bereits vorhandener magnetischer Momente, die ihrerseits vom Bahndrehimpuls und dem Spin der Elektronen verursacht werden. So ist z. B. das magnetische Dipolmoment infolge der Bahndrehimpulse der Elektronen

$$\boldsymbol{m} = -\frac{e}{2m}\sum_i \boldsymbol{r}_i \times \boldsymbol{p}_i = -\mu_\mathrm{B}\boldsymbol{L} \tag{8.5}$$

mit $\hbar\boldsymbol{L} = \sum_i \boldsymbol{r}_i \times \boldsymbol{p}_i$ und dem Bohrschen Magneton $\mu_\mathrm{B} = (e\hbar/2m)$ $(=5{,}7884 \cdot 10^{-5}$ eV/T $=9{,}2741 \cdot 10^{-24}$ J/T; 1 T = 1 Tesla = 1 Vs/m$^2$).

Das Minuszeichen in (8.5) folgt daraus, daß der elektrische Strom wegen der negativen Elektronenladung den umgekehrten Umlaufssinn wie der Teilchenstrom hat. Die Elementarladung $e$ wird hier wie im ganzen Buch also als positive Zahl eingeführt. Zusätzlich zum Bahnmoment bringen Elektronen noch Spinmomente mit, die sich zu einem Spinmoment des ganzen Atoms zusammensetzen

$$\boldsymbol{m} = \mu_\mathrm{B} g_0 \sum_i \boldsymbol{s}^i = \mu_\mathrm{B} g_0 \boldsymbol{S}. \tag{8.6}$$

Dabei ist $g_0$ der elektronische $g$-Faktor ($g_0 = 2{,}0023$) und $\boldsymbol{s}^i$ sind die (negativen) Elektronenspins. Wir haben (8.5, 6) schon so geschrieben, daß wir $\boldsymbol{L}$ und $\boldsymbol{S}$ ohne weiteres als Operatoren auffassen können. Die Vorzeichenwahl des Spinoperators ist für das Folgende zweckmäßigerweise so, daß Spinoperator und magnetisches Moment das gleiche Vorzeichen haben. Bildet man Erwartungswerte der Operatoren $\boldsymbol{L}$ und $\boldsymbol{S}$ für Atome, so sieht man, daß ein nicht verschwindender Erwartungswert sich nur für nichtabgeschlossene Schalen ergibt. Für abgeschlossene Schalen ist die Summe der Bahndrehimpulse und Spinquantenzahlen Null. Im Festkörper haben wir nicht abgeschlossene Schalen bei den Übergangsmetallen und seltenen Erden. Für beide läßt sich also paramagnetisches Verhalten erwarten.

Neben dem Paramagnetismus gibt es auch einen Diamagnetismus der Elektronen. Er ist darauf zurückzuführen, daß durch ein äußeres Magnetfeld Kreisströme induziert werden. Nach der Lenzschen Regel ist das mit diesen Kreisströmen vorbundene magnetische Moment dem angelegten Feld entgegengesetzt. Die Suszeptibilität bekommt dadurch einen negativen, diamagnetischen Beitrag. Zur Berechnung dieses diamagnetischen Beitrages müssen wir in der Schrödinger-Gleichung den Impulsoperator $p$ durch $p+e\boldsymbol{A}$ ersetzen. Dabei ist $\boldsymbol{A}$ das Vektorpotential, welches mit dem $\boldsymbol{B}_0$-Feld durch die Bedingungen

$$\boldsymbol{B}_0=\operatorname{rot}\boldsymbol{A} \quad \text{und} \quad \operatorname{div}\boldsymbol{A}=0 \tag{8.7}$$

verknüpft ist. Für ein homogenes $\boldsymbol{B}_0$-Feld ist ein mögliches Vektorpotential durch

$$\boldsymbol{A}=-\tfrac{1}{2}\,\boldsymbol{r}\times\boldsymbol{B}_0 \tag{8.8}$$

gegeben. Man kann sich leicht überzeugen, daß (8.8) die Bedingungen (8.7) erfüllt. Wir können jetzt den kinetischen Anteil des Hamilton-Operators schreiben:

$$\begin{aligned}\mathscr{H}_{\text{kin}}&=\frac{1}{2m}\sum_i(p_i+e\boldsymbol{A})^2=\frac{1}{2m}\sum_i\left(p_i-\frac{e}{2}\,\boldsymbol{r}_i\times\boldsymbol{B}_0\right)^2\\&=\frac{1}{2m}\sum_i p_i^2+\frac{e}{2m}\sum_i(\boldsymbol{r}_i\times p_i)_z\cdot\boldsymbol{B}_0+\frac{e^2B^2}{8m}\sum_i(x_i^2+y_i^2)\,.\end{aligned} \tag{8.9}$$

Bei dem zweiten Rechenschritt haben wir angenommen, daß $\boldsymbol{B}_0$ parallel zur $z$-Achse ist, und wir haben die Regeln der Vertauschung im Spatprodukt verwendet. Der Summenindex läuft über alle Elektronen. Der zweite Term in dem obigen Ausdruck ist nichts anderes als der schon diskutierte Paramagnetismus durch den Bahndrehimpuls.

Aus dem Vergleich von (8.9) mit (8.5) folgt für den Erwartungswert des magnetischen Momentes in einem Zustand $\varphi$

$$H=-\frac{\partial\langle\varphi|\mathscr{H}|\varphi\rangle}{\partial B}=-\mu_{\text{B}}\langle\varphi|\boldsymbol{L}_z|\varphi\rangle-\frac{e^2}{4m}\,\boldsymbol{B}_0\langle\varphi|\sum_i(x_i^2+y_i^2)|\varphi\rangle\,. \tag{8.10}$$

Der erste Term in (8.10) stellt ein magnetisches Moment auch ohne Anwesenheit eines Feldes dar und liefert im Zusammenwirken mit der Besetzungsstatistik der Energieterme verschiedener Orientierungen des magnetischen Momentes im äußeren Feld den temperaturabhängigen Paramagnetismus.

Der zweite Term ist für den Diamagnetismus verantwortlich. Setzen wir zunächst wegen der kugelsymmetrischen Ladungsverteilung in Atomen,

$$\langle\varphi|x_i^2|\varphi\rangle=\langle\varphi|y_i^2|\varphi\rangle=\tfrac{1}{3}\,\langle\varphi|r_i^2|\varphi\rangle\,. \tag{8.11}$$

so erhalten wir für die Suszeptibilität (im SI-System)

$$\chi=-\frac{e^2n}{6m}\,\mu_0\sum_i\langle\varphi|r_i^2|\varphi\rangle\,, \tag{8.12}$$

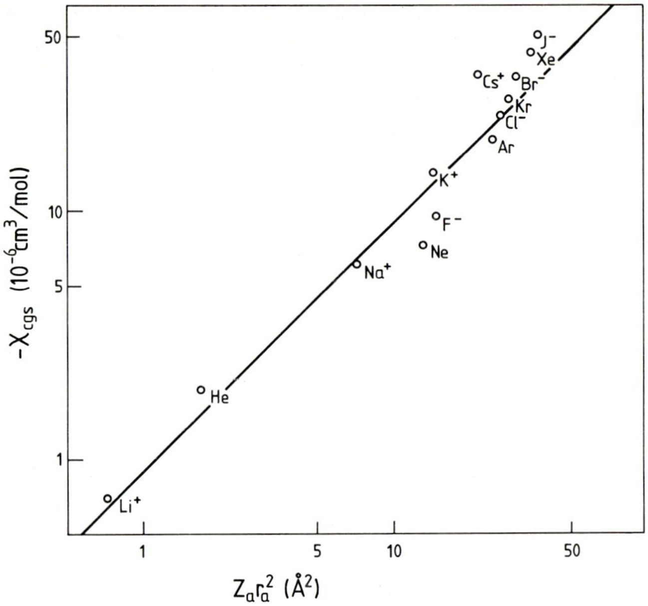


**Abb. 8.1.** Molare diamagnetische Suszeptibilität (in cgs Einheiten) von Atomen und Ionen mit abgeschlossener Schale als Funktion von $Z_a r_a^2$. Setzt man den Ionenradius $r_a$ in [Å] ein, so gibt der Zahlenwert von $Z_a r_a^2$ gleich eine Abschätzung für $\chi$ in $10^{-6}$ cm$^{-3}$/mol. Wollen wir $\chi$ auf das SI-System umrechnen, so ist mit $4\pi$ zu multiplizieren!

wobei $n$ die Anzahl der Atome pro Volumen ist. In der Summe über die Matrixelemente sind natürlich vor allem die Elektronen der äußeren Schale wichtig, da ihr mittleres Abstandsquadrat am größten ist. Bezeichnen wir die Zahl der äußeren Elektronen mit $Z_a$ und setzen wir für $\overline{r_i^2}$ das Quadrat des Ionen- bzw. Atomradius $r_a$ ein, so erhalten wir

$$\chi \sim -\frac{e^2}{6m}\,\mu_0 n Z_a r_a^2\,. \tag{8.13}$$

Tatsächlich korrelieren die gemessenen Werte für die diamagnetische Suszeptibilität für Atome und Ionen mit abgeschlossener Schale recht gut mit $Z_a r_a^2$ (Abb. 8.1). Allerdings zeigen die Werte, daß die obige Abschätzung durch einen Vorfaktor von $\sim 0{,}35$ zu ergänzen wäre. Aus Abb. 8.1 entnehmen wir auch, daß für typische Festkörperdichten von 0,2 mol/cm$^3$ die Suszeptibilität etwa $10^{-4}$ (SI) ist, also klein gegen 1. Die gleiche Größenordnung ergibt sich für eventuelle paramagnetische Anteile. Wir können also feststellen, daß, abgesehen vom Fall des noch zu besprechenden Ferromagnetismus, die magnetische Suszeptibilität des Festkörpers einen kleinen Wert hat. Im Gegensatz dazu ist die elektrische Suszeptibilität von der Größenordnung 1 oder größer. Das erklärt, warum in der Festkörperspektroskopie mit elektromagnetischer Strahlung, die ja zu den wichtigsten experimentellen Untersuchungsmethoden zählt, häufig nur elektrische Effekte betrachtet werden (Kap. 11).

Wir haben bislang Elektronen betrachtet, die an Atome gebunden sind. Für die freien Elektronen eines Metalles ist (8.10) nicht verwendbar. Zur Berechnung des Diamagnetismus freier Elektronen müßte man die Schrödinger-Gleichung für freie Elektronen mit Magnetfeld lösen (Tafel VIII) und könnte dann aus den Energietermen die freie Energie mit Magnetfeld und daraus wiederum die Suszeptibilität berechnen. Der letztere Teil ist allerdings mathematisch recht aufwendig und bringt vergleichsweise wenig neue Einsichten, zumal ja auch das Modell des freien Elektronengases nur eine sehr grobe Näherung

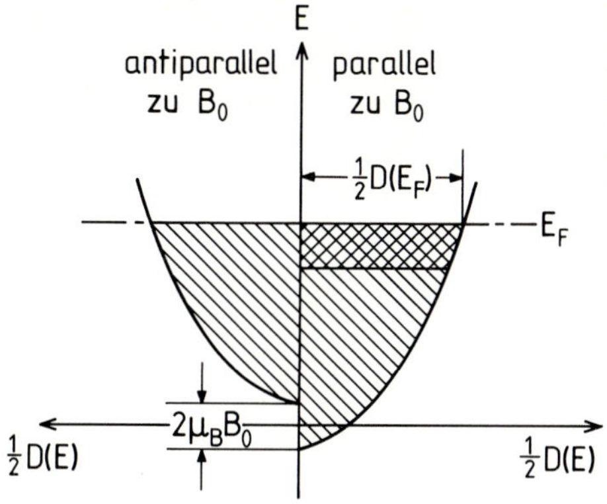


**Abb. 8.2.** Zum Paramagnetismus freier Elektronen: Die Zustandsdichte $D(E)$ spaltet in einem Magnetfeld $\boldsymbol{B}_0$ in zwei gegeneinander verschobene Parabeln auf, so daß ein resultierendes magnetisches Moment von Elektronenspins, parallel zu $\boldsymbol{B}_0$ orientiert, übrigbleibt (doppelt schraffierte Fläche)

darstellt. Es soll aber noch bemerkt werden, daß es sich beim Diamagnetismus freier Elektronen um einen genuinen Quanteneffekt handelt. Für ein klassisches Gas freier Elektronen hängt die freie Energie nicht vom Magnetfeld ab, die diamagnetische Suszeptibilität verschwindet also. Wir sehen das schon an (8.9): Das Magnetfeld verschiebt gewissermaßen nur die Impulse um $e\boldsymbol{A}$. Bildet man ein Zustandsintegral, in dem über alle Impulse integriert wird, so hängt das Ergebnis nicht von $\boldsymbol{A}$, und damit nicht vom Magnetfeld ab.

Neben dem Diamagnetismus durch die Bahnbewegung haben freie Elektronen aber auch einen Paramagnetismus (Pauli-Paramagnetismus). Dieser Teil ist leicht zu berechnen. Wir können uns auch den Umweg über die freie Energie sparen. Liegt kein Magnetfeld an, so sind die Zustände mit den beiden verschiedenen Spineinstellungen energiegleich (entartet). In einem Magnetfeld richten sich die Spins aus, und Elektronen mit dem Spin parallel zu den Linien des $\boldsymbol{B}_0$-Feldes befinden sich auf Zuständen, die in ihrer Energie um $-\frac{1}{2}g_0\mu_B B_0$ gegenüber den feldfreien Zuständen abgesenkt sind. Die antiparallele Stellung bewirkt eine Anhebung der Energie um $+\frac{1}{2}g_0\mu_B B_0$. Die Energieparabel $D(E)$ (Abb. 6.4) spaltet also in zwei Parabeln (Abb. 8.2) auf, die auf der Energieachse um $g_0\mu_B B_0$ gegeneinander verschoben sind. Aus der Abb. 8.2 folgt, daß im Rahmen der Näherung $kT \ll E_F$, die Volumen-Dichte der Elektronen, die ihr Spinmoment nicht kompensieren können, ungefähr gleich $\frac{1}{2}D(E_F)g_0\mu_B B_0$ ist (doppelt schraffierte Fläche in Abb. 8.2). Zur Magnetisierung trägt jedes dieser Elektronen das magnetische Moment $\frac{1}{2}g_0\mu_B$ bei, und es ergibt sich für die Magnetisierung

$$M = \tfrac{1}{2}D(E_F)g_0\mu_B\boldsymbol{B}_0\tfrac{1}{2}g_0\mu_B\,. \tag{8.14}$$

Somit erhalten wir eine temperaturunabhängige paramagnetische Suszeptibilität $\chi_p$

$$\chi_p = \mu_0\frac{g_0^2}{4}\mu_B^2 D(E_F) \sim \mu_0\mu_B^2 D(E_F)\,. \tag{8.15}$$

Wenn wir den diamagnetischen Anteil, den wir hier nicht berechnet haben, mit hinzurechnen, so ergibt sich

$$\chi = \mu_0\mu_B^2 D(E_F)\left[1-\frac{1}{3}\left(\frac{m}{m^*}\right)^2\right]. \tag{8.16}$$

Hierbei ist $m^*$ die sog. effektive Masse der Ladungsträger, die der Tatsache Rechnung trägt, daß die Elektronen sich nicht im Vakuum, sondern im Kristallgitter bewegen (Abschn. 9.1). Je nach dem Wert der effektiven Masse können also die Ladungsträger paramagnetisches oder diamagnetisches Verhalten zeigen.

Wir können auch die Größenordnung der Suszeptibilität von Leitungselektronen abschätzen: Werte für die Zustandsdichte am Fermi-Niveau erhält man aus der spez. Wärme (Tabelle 6.2) der Leitungselektronen. Setzen wir $m^* = m$, so erhalten wir z. B. für die molare Suszeptibilität von Natrium $\chi_m = 1{,}96 \cdot 10^{-4}\,\mathrm{cm^3/mol}$ bzw. $\chi = 8{,}6 \cdot 10^{-6}$. Auch der Pauli-Paramagnetismus führt also nicht zu großen Werten für die Suszeptibilität. Er ist von der gleichen Größenordnung wie der Diamagnetismus abgeschlossener Schalen. Somit könnte man das Kapitel magnetische Effekte in Festkörpern schnell „zu den Akten" legen, gäbe es nicht ein Phänomen kollektiver Kopplung von Elektronenspins, mit dem wir uns nun beschäftigen wollen.

## 8.2 Austauschwechselwirkung

Zur Beschreibung der Austauschwechselwirkung zwischen lokalisierten Elektronen gehen wir zurück auf das Wasserstoffmolekül als den Prototyp der kovalenten Bindung. Die Einelektronennäherung dazu haben wir schon in Abschn. 1.2 besprochen. Unter Berücksichtigung beider Elektronen (bezeichnet mit 1 und 2) läßt sich der Hamilton-Operator $\mathscr{H}(1,2)$ in drei Anteile zerlegen

$$\mathscr{H}(1,2) = \mathscr{H}(1) + \mathscr{H}(2) + \mathscr{H}_w(1,2)\,. \tag{8.17}$$

Dabei sind $\mathscr{H}(1)$ und $\mathscr{H}(2)$ Hamilton-Operatoren wie in (1.2) jeweils ausgeschrieben für die Koordinaten des Elektrons 1 und des Elektrons 2, $\mathscr{H}_w(1,2)$ bezeichnet den verbleibenden Wechselwirkungsterm zwischen den Elektronen. Wir kommen von (8.17) zurück zur Einelektronennäherung, wenn wir $\mathscr{H}_w(1,2)$ vernachlässigen und die Gesamtwellenfunktion (ohne Spinanteil) ansetzen als Produkt der Einelektronenlösungen. Für den Grundzustand wäre das

$$\Psi(1,2) = [\varphi_A(1) + \varphi_B(1)]\,[\varphi_A(2) + \varphi_B(2)] \tag{8.18}$$

mit den Atomfunktionen $\varphi_A$ und $\varphi_B$. Man sieht gleich, daß das Eigenwertproblem sich so separiert. Der Rechengang verläuft dann wie in Abschn. 1.2. Den Ansatz (8.18) kann man durch Ausmultiplizieren auch schreiben:

$$\Psi(1,2) = \varphi_A(1)\,\varphi_B(2) + \varphi_B(1)\,\varphi_A(2) + \varphi_A(1)\,\varphi_A(2) + \varphi_B(1)\,\varphi_B(2)\,. \tag{8.19}$$

Man sieht, daß in diesem Ansatz Zustände, bei denen sich beide Elektronen an einem Atom befinden („ionische Zustände") gleichwertig vertreten sind. Das ist in der Tat ganz in Ordnung, solange wir die repulsive Coulomb-Wechselwirkung vernachlässigen bzw. in einem effektiven Potential der Ionen verstecken. Für einen Hamilton-Operator mit Elektron-Elektron-Wechselwirkung ist (8.19) aber ein schlechter Ansatz, vor allem für weiter voneinander entfernte Kerne. Es ist dann besser die ionischen Zustände wegzulassen. So gelangt man zur Näherung von Heitler und London

$$\Psi(1,2)=\varphi_A(1)\varphi_B(2)+\varphi_B(1)\varphi_A(2)\,. \tag{8.20}$$

Dieser Ansatz ist symmetrisch in den Koordinaten der Elektronen. Da die Gesamtwellenfunktion mit Spinfunktion antisymmetrisch sein muß (verallgemeinertes Pauli-Prinzip), sind also die Spins in diesem Zustand antiparallel (Singulett-Zustand). Ein Triplett-Zustand mit paralleler Orientierung beschreibt die in den Ortskoordinaten antisymmetrische Gesamtwellenfunktion

$$\Psi(1,2)=\varphi_A(1)\varphi_B(2)-\varphi_B(1)\varphi_A(2)\,. \tag{8.21}$$

Mit diesen beiden Ansätzen lassen sich die Erwartungswerte der Energie ausrechnen und wir erhalten nach einiger Zwischenrechnung

$$E=\frac{\langle\Psi(1,2)|\mathscr{H}|\Psi(1,2)\rangle}{\langle\Psi(1,2)\Psi(1,2)\rangle}=2E_{\mathrm{I}}+\frac{C\pm A}{1\pm S} \tag{8.22}$$

mit $E_{\mathrm{I}}$ der Ionisierungsenergie eines Wasserstoffatoms, mit $C$ dem sog. Coulombintegral, mit $A$ dem Austauschintegral und schließlich mit $S$ dem Überlappintegral. Das + Zeichen in (8.22) entspricht dem Singulett-Zustand.

$$E_{\mathrm{I}}=\int\varphi_A^*(1)\left(-\frac{\hbar^2}{2m}\Delta_1-\frac{e^2}{4\pi\varepsilon_0 r_{A1}}\right)\varphi_A(1)d\boldsymbol{r}_1\,, \tag{8.23}$$

$$C=\frac{e^2}{4\pi\varepsilon_0}\int\left(\frac{1}{R_{AB}}+\frac{1}{r_{12}}-\frac{1}{r_{A2}}-\frac{1}{r_{B1}}\right)|\varphi_A(1)|^2|\varphi_B(2)|^2 d\boldsymbol{r}_1 d\boldsymbol{r}_2\,, \tag{8.24}$$

$$A=\frac{e^2}{4\pi\varepsilon_0}\int\left(\frac{1}{R_{AB}}+\frac{1}{r_{12}}-\frac{1}{r_{A1}}-\frac{1}{r_{B2}}\right)\varphi_A^*(1)\varphi_A(2)\varphi_B(1)\varphi_B^*(2)d\boldsymbol{r}_1 d\boldsymbol{r}_2\,, \tag{8.25}$$

$$S=\int\varphi_A^*(1)\varphi_A(2)\varphi_B(1)\varphi_B^*(2)d\boldsymbol{r}_1 d\boldsymbol{r}_2\,. \tag{8.26}$$

Das Ergebnis für die Energieterme im Zweielektronenmodell (8.22) ist durchaus verschieden vom Einelektronenmodell. Auch ist die Bedeutung der Energieterme (8.22) verschieden. Wir wollen diese unterschiedliche Bedeutung an Hand von Abb. 8.3

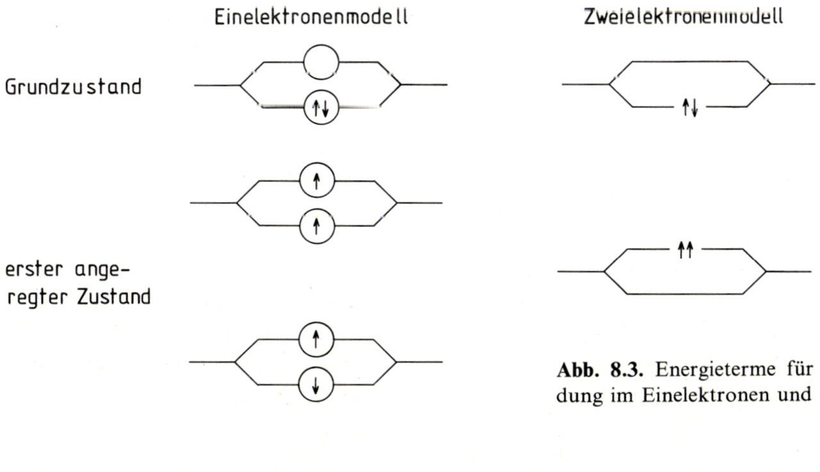


**Abb. 8.3.** Energieterme für Elektronenpaarbindung im Einelektronen und Zweielektronenbild

darlegen. Im Termschema des Einelektronenmodells sind die Energieterme durch zwei Elektronen, aber auch nur durch ein Elektron besetzbar. Ein angeregter Zustand in diesem Modell ist z.B. die Besetzung des niedrigsten Terms mit einem und des nächst höheren Terms mit dem zweiten Elektron. Der angeregte Zustand kann ein Singulett oder Triplett sein, die Energien sind notwendig entartet. Die Entartung der Energie für beide Zustände ist auch formal leicht einzusehen, wenn man unter Vernachlässigung der Elektron-Elektron Wechselwirkung mit dem Hamilton-Operator (8.17) Erwartungswerte bildet. Im Zweielektronenbild gibt es keine Energien für einzelne Elektronen, sondern nur eine Gesamtenergie für beide. Der Grundzustand ist wie beim Einelektronenbild ein Singulett, der erste angeregte Zustand aber ein Triplett. Wir sehen an diesem Beispiel, daß das Termschema der in Kap. 6 und 7 berechneten Bandstrukturen nur im Einelektronenbild Sinn macht. In einem Vielteilchenbild würde die Energie des Grundzustandes nur durch eine Gesamtenergie, also einen "Term", zu symbolisieren sein. Dieser Unterschied zwischen Einteilchen- und Vielteilchenbild wird uns im Kap. 10 erneut begegnen.

Die Energiedifferenz zwischen Triplett-Zustand und Singulett-Zustand berechnen wir aus (8.22) und erhalten

$$E_t - E_s = -J = 2\,\frac{CS - A}{1 - S^2}\,. \tag{8.27}$$

Die Größe $J$, welche die Aufspaltung der Energieterme für parallele und antiparallele Spineinstellung angibt, heißt Austauschkonstante. Sie ist für das Wasserstoffmolekül stets negativ und der Singulettzustand ist deshalb der Zustand niedriger Energie. Mit Hilfe der Austauschkonstanten ist es möglich, einen Modell-Hamilton-Operator einzuführen, der nur auf die Spinfunktionen der beiden Elektronen wirkt und der die gleiche Aufspaltung der Energien für parallele und antiparallele Orientierung bewirkt (zum Beweis siehe z.B. [8.1] bzw. Lehrbücher der Quantenmechanik)

$$\mathscr{H}_{\text{spin}} = -2J\sigma_1 \cdot \sigma_2\,. \tag{8.28}$$

Die Operatoren $\sigma$ können durch die Paulischen Spinmatrizen dargestellt werden. Ferromagnetische Kopplung zwischen beiden Elektronen erhält man für $J>0$. Dieser nach Heisenberg benannte Hamilton-Operator ist Ausgangspunkt vieler Modelltheorien zum Magnetismus, soweit er verstanden werden kann im Modell einer jeweils paarweisen Kopplung zwischen Elektronen. Dies ist aber gerade bei den typischen Ferromagneten, den $3d$ Übergangsmetallen Ni, Co und Fe, nicht der Fall. Wir benötigen also über den Heisenberg-Operator hinaus noch die Beschreibung einer kollektiven Austauschwechselwirkung. Wir werden sie am Beispiel des freien Elektronengases studieren.

## 8.3 Austauschwechselwirkung zwischen freien Elektronen

Während die Austauschwechselwirkung bei der Elektronenpaarbindung negativ ist, erhält man für freie Elektronen eine positive Austauschwechselwirkung. Dies läßt sich durch die Betrachtung zweier freier Elektronen $i$ und $j$ und ihrer Paarwellenfunktion $\Psi_i$ zeigen. Für Elektronen mit gleichem Spin muß die Paarwellenfunktion in den Ortskoordinaten antisymmetrisch sein. Die Antisymmetrisierung ergibt

$$\Psi_{ij}=\frac{1}{\sqrt{2}V}\left(e^{i\boldsymbol{k}_i\cdot\boldsymbol{r}_i}e^{i\boldsymbol{k}_j\cdot\boldsymbol{r}_j}-e^{i\boldsymbol{k}_i\cdot\boldsymbol{r}_j}e^{i\boldsymbol{k}_j\cdot\boldsymbol{r}_i}\right)$$

$$=\frac{1}{\sqrt{2}V}e^{i(\boldsymbol{k}_i\cdot\boldsymbol{r}_i+\boldsymbol{k}_j\cdot\boldsymbol{r}_j)}\left(1-e^{-i(\boldsymbol{k}_i-\boldsymbol{k}_j)\cdot(\boldsymbol{r}_i-\boldsymbol{r}_j)}\right). \tag{8.29}$$

Dann ist die Wahrscheinlichkeit, das Elektron $i$ in einem Volumenelement $d\boldsymbol{r}_i$ und das Elektron $j$ in einem Volumenelement $d\boldsymbol{r}_j$ zu finden gleich $|\Psi_{ij}|^2 d\boldsymbol{r}_i d\boldsymbol{r}_j$

$$|\Psi_{ij}|^2 d\boldsymbol{r}_i d\boldsymbol{r}_j=\frac{1}{V^2}\left[1-\cos(\boldsymbol{k}_i-\boldsymbol{k}_j)\cdot(\boldsymbol{r}_i-\boldsymbol{r}_j)\right]d\boldsymbol{r}_i d\boldsymbol{r}_j. \tag{8.30}$$

An diesem Ausdruck sieht man schon alles Wesentliche: Die Wahrscheinlichkeit, zwei Elektronen mit gleichem Spin am gleichen Ort zu finden, verschwindet für beliebige $k_i$, $k_j$. Dadurch können für ein bestimmtes Aufelektron die übrigen Elektronen mit gleichem Spin das Coulomb-Potential der Ionenrümpfe lokal nicht mehr so gut abschirmen, was eine Absenkung der Energie für das Aufelektron zu Folge hat. Dieser Absenkungseffekt wird verstärkt, wenn ein möglichst hoher Prozentsatz aller Elektronen den gleichen Spin wie das Aufelektron hat. Im Endeffekt ergibt sich so ein Energiegewinn für eine Einelektronenenergie bei paralleler Spinstellung und eine Art kollektiver Austauschwechselwirkung mit positivem Vorzeichen.

Bevor wir diesen Gedanken im Hinblick auf eine modellmäßige Beschreibung des Ferromagnetismus weiter ausbauen, ist es ganz nützlich, die kombinierte Aufenthaltswahrscheinlichkeit (8.30) noch etwas weiter zu betrachten. Wir können aus (8.30) zu einer über die $k$-Abhängigkeit gemittelten Wahrscheinlichkeit gelangen, indem wir über die Fermi-Kugel integrieren. Wir führen dazu die Relativkoordinate zwischen den Elektronen $i$ und $j$ mit $\boldsymbol{r}=\boldsymbol{r}_i-\boldsymbol{r}_j$ ein. Wir betrachten ferner als gegeben, daß das Aufelektron bei $\boldsymbol{r}=0$ liegt, und fragen nach der Wahrscheinlichkeit, daß ein zweites mit gleichem Spin im Abstand $\boldsymbol{r}$ im Volumenelement $d\boldsymbol{r}$ zu finden ist. Diese Wahrscheinlichkeit ist dann

$$P(r)_{\uparrow\uparrow}d\boldsymbol{r}=n_\uparrow d\boldsymbol{r}\,\overline{[1-\cos(\boldsymbol{k}_i-\boldsymbol{k}_j)\cdot\boldsymbol{r}]} \tag{8.31}$$

mit $n_\uparrow$ der Elektronenkonzentration der gleichen Spinorientierung, welche halb so groß ist wie die Gesamtkonzentration $n$ der Elektronen. Statt der Wahrscheinlichkeit können wir auch von einer für das Aufelektron wirksamen Elektronendichte sprechen, die wir wegen ihrer Herkunft von der Austauschwechselwirkung mit $\varrho_{\text{ex}}(r)$ bezeichnen,

$$\varrho_{\text{ex}}(\boldsymbol{r})=\frac{en}{2}\,\overline{[1-\cos(\boldsymbol{k}_i-\boldsymbol{k}_j)\cdot\boldsymbol{r}]}\quad\text{mit}\quad n_\uparrow=n/2. \tag{8.32}$$

Führen wir nun die Mittelung über die Fermi-Kugel aus, so erhalten wir

$$\begin{aligned}\varrho_{\text{ex}}(\boldsymbol{r})&=\frac{en}{2}\,\overline{[1-\cos(\boldsymbol{k}_i-\boldsymbol{k}_j)\cdot r]}\\&=\frac{en}{2}\left\{1-\frac{1}{\left(\frac{4\pi}{3}k_F^3\right)^2}\int d\boldsymbol{k}_i\int d\boldsymbol{k}_j\,\frac{1}{2}\left(e^{i(\boldsymbol{k}_i-\boldsymbol{k}_j)\cdot\boldsymbol{r}}+e^{-i(\boldsymbol{k}_i-\boldsymbol{k}_j)\cdot\boldsymbol{r}}\right)\right\}\end{aligned} \tag{8.33a}$$

$$\varrho_{\mathrm{ex}}(\boldsymbol{r})=\frac{en}{2}\left\{1-\frac{1}{\left(\frac{4\pi}{3}k_{\mathrm{F}}^{3}\right)^{2}}\int d\boldsymbol{k}_{i}\mathrm{e}^{\mathrm{i}\boldsymbol{k}_{i}\cdot\boldsymbol{r}}\int d\boldsymbol{k}_{j}\mathrm{e}^{\mathrm{i}\boldsymbol{k}_{j}\cdot\boldsymbol{r}}\right\}. \tag{8.33b}$$

Diese Integrale sind analog zu (3.32) lösbar

$$\varrho_{\mathrm{ex}}(\boldsymbol{r})=\frac{en}{2}\left(1-9\,\frac{(\sin k_{\mathrm{F}}r-k_{\mathrm{F}}r\cos k_{\mathrm{F}}r)^{2}}{(k_{\mathrm{F}}r)^{6}}\right). \tag{8.34}$$

Die Gesamtladungsdichte, die ein freies Elektron sieht, ist diese Summe aus der Ladungsdichte der Elektronen mit gleichem Spin und der homogenen Ladungsdichte $en/2$ der Elektronen mit umgekehrtem Spin für die der Ortsteil der Wellenfunktion symmetrisch d.h. unverändert bleibt, d.h.

$$\varrho_{\mathrm{eff}}(\boldsymbol{r})=en\left(1-\frac{9}{2}\,\frac{(\sin k_{\mathrm{F}}r-k_{\mathrm{F}}r\cos k_{\mathrm{F}}r)^{2}}{(k_{\mathrm{F}}r)^{6}}\right). \tag{8.35}$$

Diese Ladungsdichte ist in Abb. 8.4 aufgetragen. Die Elektronendichte ist um $\boldsymbol{r}=0$ reduziert als Folge der Austauschwechselwirkung. Dadurch entsteht ein „Austauschloch", dessen Größe etwa durch den zweifachen reziproken Fermivektor gegeben ist. Nach Tabelle 6.1 ist der Radius also etwa 1–2 Å. Wir können die effektive Ladungsdichte $\varrho_{\mathrm{eff}}(r)$ dazu benutzen, eine neue („renormierte") Schrödinger-Gleichung für das freie Elektronengas aufzustellen und würden damit zur Hartree-Fock-Näherung gelangen. Wir bedenken aber, daß die Elektron-Elektron Korrelation durch (8.35) nicht richtig wiedergegeben wird, da die Coulomb-Wechselwirkung eigentlich auch den Aufenthalt zweier Elektronen mit verschiedenem Spin am gleichen Ort verbietet. Auch ist die durch (8.30) ausgedrückte Korrelation von zwei Elektronen, die beliebig weit voneinander entfernt sind, ein unrealistisches Ergebnis des Ansatzes ebener Wellen.

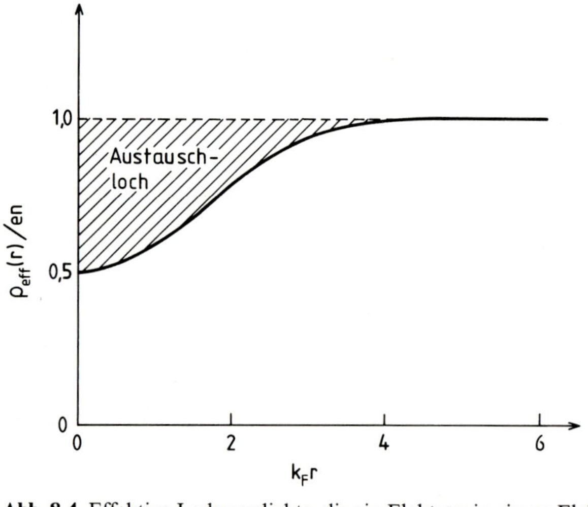


**Abb. 8.4.** Effektive Ladungsdichte, die ein Elektron in einem Elektronengas „sieht". Durch Austauschwechselwirkung ist die Dichte von Elektronen gleicher Spinorientierung in der Nähe des Aufelektrons reduziert („Austauschloch"). Bewegt sich das Aufelektron, so muß es das Austauschloch mitschleppen, wodurch sich seine effektive Masse erhöht. Außerdem aber bedeutet die Existenz des Austauschloches eine positive Austauschkopplung. Dadurch erhalten wir ein Modell für den Ferromagnetismus von Bandelektronen

## 8.4 Das Bandmodell für den Ferromagnetismus

Wir wollen nun mit der qualitativ festgestellten Renormierung der Einelektronenterme durch die Korrelation von Elektronen mit gleichem Spin ein einfaches Bandmodell des Ferromagnetismus aufbauen. Das Modell geht auf Stoner und Wohlfarth zurück. Wir machen für die renormierten Einelektronenenergien den Ansatz

$$E_\uparrow(\boldsymbol{k}) = E(\boldsymbol{k}) - I n_\uparrow / N\,,$$
$$E_\downarrow(\boldsymbol{k}) = E(\boldsymbol{k}) - I n_\downarrow / N\,. \tag{8.36}$$

$E(\boldsymbol{k})$ sind die Energiewerte einer normalen Einelektronenbandstruktur, $n_\uparrow$ und $n_\downarrow$ die Anzahl der Elektronen mit entsprechendem Spin und $N$ ist die Zahl der Atome. Der nach Stoner benannte Parameter $I$ beschreibt die durch die Elektronenkorrelation bewirkte Energieabsenkung. Die Abhängigkeit vom Wellenzahlvektor sei in diesem Modell vernachlässigt. Wir führen jetzt den relativen Überschuß der Elektronen einer Spinsorte mit

$$R = \frac{n_\uparrow - n_\downarrow}{N} \tag{8.37}$$

ein. Diese Größe ist bis auf den Faktor $\mu_B(N/V)$ gleich der Magnetisierung $M$ (8.2). Ferner ziehen wir von den Einelektronenenergien zwecks einer bequemen Schreibweise $I(n_\uparrow + n_\downarrow)/2N$ ab und erhalten statt (8.36)

$$\left.\begin{aligned} E_\uparrow(\boldsymbol{k}) &= \tilde{E}(\boldsymbol{k}) - IR/2 \\ E_\downarrow(\boldsymbol{k}) &= \tilde{E}(\boldsymbol{k}) + IR/2 \end{aligned}\right\} \quad \text{mit} \quad \tilde{E}(\boldsymbol{k}) = E(\boldsymbol{k}) - I(n_\uparrow + n_\downarrow)/2N\,. \tag{8.38}$$

Das Gleichungspaar (8.38) demonstriert eine $k$-unabhängige Aufspaltung der Energiebänder mit verschiedenem Spin. Die Unabhängigkeit der Austauschaufspaltung ist natürlich nur eine Näherung. Sie ist aber auch nach neueren Theorien etwa innerhalb eines Faktors zwei gegeben. Die Größe der Aufspaltung hängt von $R$, also von der relativen Besetzung der Subbänder ab. Die Besetzungswahrscheinlichkeit wird aber durch die Fermi-Statistik vorgegeben. So gelangen wir zu einer Selbstkonsistenzbedingung:

$$R = \frac{1}{N}\sum_{\boldsymbol{k}} f_\uparrow(\boldsymbol{k}) - f_\downarrow(\boldsymbol{k}) = \frac{1}{N}\sum_{\boldsymbol{k}} \frac{1}{e^{(\tilde{E}(\boldsymbol{k}) - IR/2 - E_F)/k_B T} + 1} - \frac{1}{e^{(\tilde{E}(\boldsymbol{k}) + IR/2 - E_F)/k_B T} + 1}\,. \tag{8.39}$$

Diese Gleichung hat unter bestimmten Bedingungen eine nicht verschwindende Lösung für $R$, d.h. es existiert ein magnetisches Moment ohne angelegtes Feld und damit Ferromagnetismus. Man kann ein Kriterium für das Auftreten von Ferromagnetismus angeben. Dazu entwickeln wir die rechte Seite der Gleichung nach kleinen $R$ unter Beachtung, daß

$$f\left(x - \frac{\Delta x}{2}\right) - f\left(x + \frac{\Delta x}{2}\right) = -f'(x)\Delta x - \frac{2}{3!}\left(\frac{\Delta x}{2}\right)^3 f'''(x) \tag{8.40}$$

ist, d.h.

$$R = -\frac{1}{N}\sum_{\boldsymbol{k}}\frac{\partial f(\boldsymbol{k})}{\partial \tilde{E}(\boldsymbol{k})}IR - \frac{1}{24}\frac{1}{N}\sum_{\boldsymbol{k}}\frac{\partial^3 f(\boldsymbol{k})}{\partial \tilde{E}(\boldsymbol{k})^3}(IR)^3 . \tag{8.41}$$

Dabei ist die erste Ableitung der Fermi-Funktion kleiner als Null, während die dritte Ableitung größer als Null ist. Die Bedingung für Ferromagnetismus ($R>0$) ist also

$$-1 - \frac{I}{N}\sum_{\boldsymbol{k}}\frac{\partial f(\boldsymbol{k})}{\partial \tilde{E}(\boldsymbol{k})} > 0 . \tag{8.42}$$

Die Ableitung der Fermi-Funktion $-\partial f/\partial \tilde{E}$ hat offensichtlich (Abb. 6.6) ihren größten Wert bei $T \to 0$. Wenn die Bedingung (8.42) also überhaupt erfüllt wird, dann am leichtesten bei $T=0$. Für den Fall $T=0$ können wir aber den Wert der Summe über alle $\boldsymbol{k}$-Werte einfach berechnen

$$-\frac{1}{N}\sum_{\boldsymbol{k}}\frac{\partial f(\boldsymbol{k})}{\partial \tilde{E}(\boldsymbol{k})} = \frac{V}{(2\pi)^3 N}\int d\boldsymbol{k}\left(-\frac{\partial f}{\partial \tilde{E}}\right)$$

$$= \frac{V}{(2\pi)^3}\frac{1}{N}\int d\boldsymbol{k}\,\delta(\tilde{E}-E_{\mathrm{F}}) = \frac{1}{2}\frac{V}{N}D(E_{\mathrm{F}}) . \tag{8.43}$$

Hierbei wurde berücksichtigt, daß bei $T=0$ die Fermi-Funktion eine Stufenfunktion ist und deshalb die Ableitung $-\partial f/\partial \tilde{E}$ gleich der $\delta$-Funktion $\delta(\tilde{E}-E_{\mathrm{F}})$ ist. Der Faktor 1/2 rührt daher, daß gemäß (8.39) und (8.41) die Summe über $\boldsymbol{k}$ und also auch das Integral sich nur über die Elektronen *einer* Spinsorte erstreckt, während mit der üblichen Definition der Zustandsdichte die Zahl der Elektronen mit positivem *und* negativem Spin pro Volumen gemeint ist. Die Summe ist also gleich der halben Zustandsdichte für Elektronen am Fermi-Niveau, wenn diese nicht auf das Volumen, sondern auf die Zahl der Atome bezogen ist. Wir führen die Zustandsdichte pro Atom und Spinsorte ein durch

$$\tilde{D}(E_{\mathrm{F}}) = \frac{V}{2N}D(E_{\mathrm{F}}) . \tag{8.44}$$

Die Bedingung, daß überhaupt Ferromagnetismus auftritt, bedeutet denn einfach

$$I\tilde{D}(E_{\mathrm{F}}) > 1 . \tag{8.45}$$

Dies ist das sogenannte Stoner-Kriterium für das Auftreten von Ferromagnetismus. Unter der Voraussetzung, daß dieses Kriterium erfüllt ist, liefert (8.42) auch die Temperatur, bei der das magnetische Moment verschwindet (Curie-Temperatur), wenn man (8.42) als Gleichung statt als Ungleichung liest. Damit werden wir uns im nächsten Abschnitt befassen. Die Abb. 8.5 zeigt den Stoner-Parameter, die Zustandsdichte und das Produkt aus beiden nach einer theoretischen Behandlung durch *Janak* [8.2]. Die Theorie sagt richtig nur für die Elemente Fe, Co, Ni ferromagnetisches Verhalten voraus. Für die Elemente der $4d$-Reihe sind sowohl die Zustandsdichte als auch der Stoner-Parameter zu klein, um einen ferromagnetischen Zustand zu erreichen. Trotzdem kommt es zu einer nicht unerheblichen Verstärkung der magnetischen Suszeptibilität durch die positive Austauschwechselwirkung zwischen den Bandelektronen. Bei äußerem Magnetfeld $B_0$ hat man in (8.39) zusätzlich zur Austauschaufspaltung um $IR/2$ eine Aufspaltung um $\mu_{\mathrm{B}}B_0$.

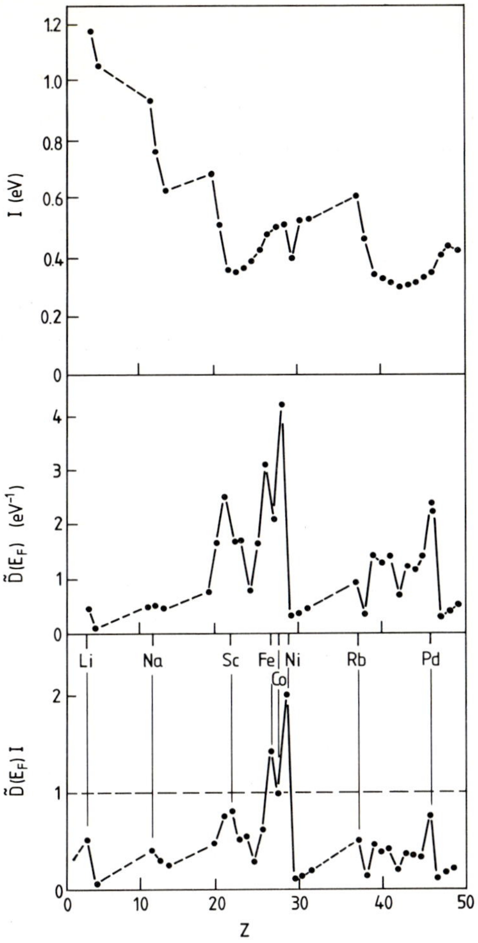


**Abb. 8.5.** (**a**) Integral der Austauschkorrelation (Stoner-Parameter) $I$ als Funktion der Ordnungszahl. (Nach *Janak* [8.2]). (**b**) Zustandsdichte pro Atom $\tilde{D}(E_F)$; (**c**) das Produkt aus Zustandsdichte $\tilde{D}(E_F)$ und Stoner Parameter I. Die Elemente Fe, Co, und Ni mit Werten von $I\tilde{D}(E_F)>1$ zeigen Ferromagnetismus. Die Elemente Ca, Sc und Pd kommen einer ferromagnetischen Kopplung schon recht nahe

Aus (8.41) wird dann in erster Näherung für $R$ bei $T=0$

$$R=\tilde{D}(E_F)(IR+2\mu_B B_0)\,. \tag{8.46}$$

Somit erhält man für die Magnetisierung $M$

$$M=\mu_B \frac{N}{V} R=\tilde{D}(E_F)\left(IM+2\mu_B^2 \frac{N}{V} B_0\right).$$

$$M=2\mu_B^2 \frac{N}{V} \frac{\tilde{D}(E_F)}{1-I\tilde{D}(E_F)} B_0\,. \tag{8.47}$$

Der Zähler ist gerade die normale Pauli-Suszeptibilität von Bandelektronen (8.15), die aber nun durch den Nenner erheblich verstärkt ist. Bezeichnen wir die Pauli-Suszeptibilität mit $\chi_0$, so erhält man

$$\chi=\frac{\chi_0}{1-I\tilde{D}(E_F)}\,. \tag{8.48}$$

*Janak* [8.2] berechnete für den Faktor $\chi/\chi_0$ Werte bis zu ca. 4,5 (Ca), 6,1 (Sc) oder 4,5 (Pd). Zusammen mit der an sich schon hohen Zustandsdichte ergeben sich also vergleichsweise große Werte für die Suszeptibilität dieser Elemente. Ein direkter Vergleich mit dem Experiment müßte allerdings den Magnetismus durch Bahnmomente mit berücksichtigen. In jedem Fall gilt aber, was schon vorher gesagt wurde, nämlich, daß $\chi \ll 1$ ist.

## 8.5 Das Temperaturverhalten eines Ferromagneten im Bandmodell

Wir wollen uns jetzt der Temperaturabhängigkeit der Sättigungsmagnetisierung eines Ferromagneten zuwenden. Dazu könnte man (8.39) unter Zuhilfenahme einer Einelektronen-Bandstrukturrechnung auswerten. Der damit verbundene mathematische Aufwand lohnt allerdings nicht: Die $k$-unabhängige und delokale Berücksichtigung der Austauschwechselwirkung liefert keine Aussagen von quantitativem Wert. Ein qualitatives Bild des Temperaturverhaltens läßt sich aber auch mit einer stark vereinfachten Zustandsdichte gewinnen, die die Rechnungen auf ein Minimum beschränkt. Werfen wir einen Blick auf die Zustandsdichte von Ni (Abb. 8.6a) gemäß einer Bandstrukturrechnung von Callaway und Wang [8.3]: Der größte Beitrag zur Zustandsdichte am Fermi-Niveau wird von den $d$-Elektronen geliefert, einmal wegen ihrer großen Zahl (9 pro Atom, genauer 9.46 pro Atom siehe unten), zum anderen, weil das $d$-Band nur ca. 4 eV breit ist (im Gegensatz zum $s$-Band). Hinzu kommt, daß die Austauschaufspaltung für $s$-Elektronen klein ist. Die unterschiedliche Besetzung der $d$-Bänder für Majoritätsspin und Minoritätsspin führt also zur Magnetisierung. Bei $T = 0$ ist diese bei Nickel einfach durch

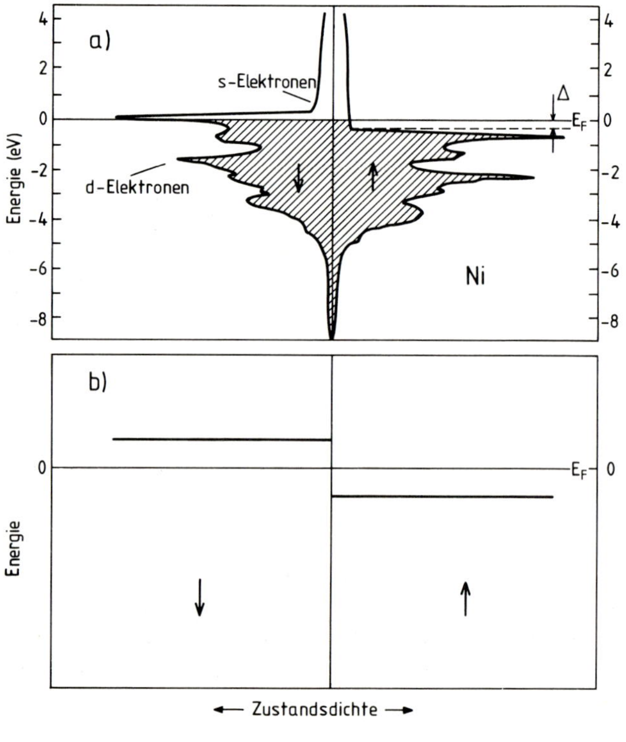


**Abb. 8.6.** (**a**) Errechnete Zustandsdichte von Nickel. (Nach *Callaway* und *Wang* [8.3]). Die Austauschaufspaltung beträgt nach diesen Rechnungen etwa 0,6 eV. In der Photoelektronenspektroskopie wurde ein Wert von ca. 0,3 eV bestimmt. Allerdings sind beide Werte nur bedingt vergleichbar, da ein photoemittiertes Elektron ein Loch hinterläßt, der Festkörper also in einem angeregten Zustand verbleibt. Der Abstand $\Delta$ zwischen der Oberkante des $d$-Bandes der Majoritätsspin-Elektronen und der Fermi-Energie heißt auch Stoner-Energielücke. Im Bild der Bandstruktur ist dies die minimale Energie für einen Spin-Umklapp-Prozeß (die $s$-Elektronen werden in dieser Betrachtung nicht mit berücksichtigt). (**b**) Modellzustandsdichte zur Beschreibung des thermischen Verhaltens eines Ferromagneten

die Zahl der nichtbesetzten $d$-Zustände des Minoritätsbandes gegeben. Aus der gemessenen Magnetisierung bei $T=0$ errechnet sich so die Zahl der $d$-Löcher zu 0,54 pro Atom für das Beispiel Nickel, also ein effektives magnetisches Moment von $\mu_{\mathrm{B_{eff}}} \sim 0{,}54\,\mu_{\mathrm{B}}$ pro Atom. Der Verlauf der Magnetisierung mit der Temperatur und der Curie-Punkt, an dem die Magnetisierung verschwindet, ergibt sich aus dem Zusammenspiel von Austauschaufspaltung, Fermi-Statistik und der Zustandsdichte in der Nähe des Fermi-Niveaus gemäß (8.39). Für eine qualitative Diskussion von (8.39) brauchen wir nicht den tatsächlichen Verlauf der Zustandsdichte zu verwenden, sondern es genügt die scharfen Spitzen der Zustandsdichte an der oberen Kante des $d$-Bandes durch eine $\delta$-Funktion in der Energie zu symbolisieren (Abb. 8.6b). Wenn wir zusätzlich zur Austauschaufspaltung noch eine Feldaufspaltung wie in (8.46) mitnehmen, wäre unsere Modellzustandsdichte also

$$\tilde{D}(E)=\frac{\mu_{\mathrm{B_{eff}}}}{\mu_{\mathrm{B}}}\,[\delta(E-E_{\mathrm{F}}-\mu_{\mathrm{B}}B_0-IR/2)+\delta(E-E_{\mathrm{F}}+\mu_{\mathrm{B}}B_0+IR/2)]\,. \tag{8.49}$$

Da die Zustände für Majoritätsspin und Minoritätsspin in diesem Modell gleiches Gewicht haben, liegt das Ferminiveau immer auf der Mitte zwischen beiden Termen, was wir durch den Ansatz bereits zum Ausdruck gebracht haben. Anstelle von (8.39) erhalten wir

$$R=\frac{\mu_{\mathrm{B_{eff}}}}{\mu_{\mathrm{B}}}\left(\frac{1}{\mathrm{e}^{(-\mu_{\mathrm{B}}B_0-IR/2)/k_{\mathrm{B}}T}+1}-\frac{1}{\mathrm{e}^{(\mu_{\mathrm{B}}B_0+IR/2)/k_{\mathrm{B}}T}+1}\right). \tag{8.50}$$

Für diese Gleichung suchen wir zunächst ferromagnetische Lösungen, also Lösungen mit $R \geqq 0$ bei $B_0=0$. Mit den Abkürzungen $T_{\mathrm{c}}=I\mu_{\mathrm{B_{eff}}}/\mu_{\mathrm{B}}4k_{\mathrm{B}}$ und $\tilde{R}=\mu_{\mathrm{B}}/\mu_{\mathrm{B_{eff}}}\,R$ wird aus (8.50)

$$\tilde{R}=\frac{1}{\mathrm{e}^{-2\tilde{R}T_{\mathrm{c}}/T}+1}-\frac{1}{\mathrm{e}^{+2\tilde{R}T_{\mathrm{c}}/T}+1}=\frac{\sinh(2\tilde{R}T_{\mathrm{c}}/T)}{1+\cosh(2\tilde{R}T_{\mathrm{c}}/T)}=\tanh\frac{\tilde{R}T_{\mathrm{c}}}{T}\,. \tag{8.51}$$

Grenzlösungen dieser Gleichung sind $\tilde{R}=1$ für $T=0$ und $\tilde{R}=0$ für $T=T_{\mathrm{c}}$. $T_{\mathrm{c}}$ ist also die schon eingeführte Curie-Temperatur, oberhalb der die spontane Magnetisierung verschwindet. Den Verlauf im ganzen Temperaturbereich zeigt Abb. 8.7. Da die Magnetisierung $M$ proportional zu $R$ ist, sollte Abb. 8.7 den Temperaturverlauf der spontanen Magnetisierung eines Ferromagneten wiedergeben. Die Übereinstimmung mit dem experimentellen Verlauf ist auch ganz passabel (Abb. 8.7). Für die Grenzfälle $T \ll T_{\mathrm{c}}$ und $T \sim T_{\mathrm{c}}$ lassen sich durch Entwicklung der rechten Seite von (8.51) Grenzverläufe angeben

$$\tilde{R}=1-2\mathrm{e}^{-2T_{\mathrm{c}}/T} \qquad T \ll T_{\mathrm{c}}\,, \tag{8.52}$$

$$\tilde{R}=\sqrt{3}\left(1-\frac{T}{T_{\mathrm{c}}}\right)^{1/2} \qquad T \sim T_{\mathrm{c}}\,. \tag{8.53}$$

Beide Gleichungen werden vom Experiment jedoch *nicht* bestätigt. Der kritische Exponent in der Nähe des Curie-Punktes ist 1/3 (Abb. 8.8) und nicht 1/2. Der Verlauf bei tiefen Temperaturen wird auch durch (8.52) nicht korrekt wiedergegeben. Das liegt daran, daß es neben dem Umklappen eines Spins durch Umbesetzung in den Bändern im Ferromagneten noch andere elementare Anregungen mit kleinerer Quantenenergie gibt, die ebenfalls einen Spin umklappen (Abschn. 8.7).

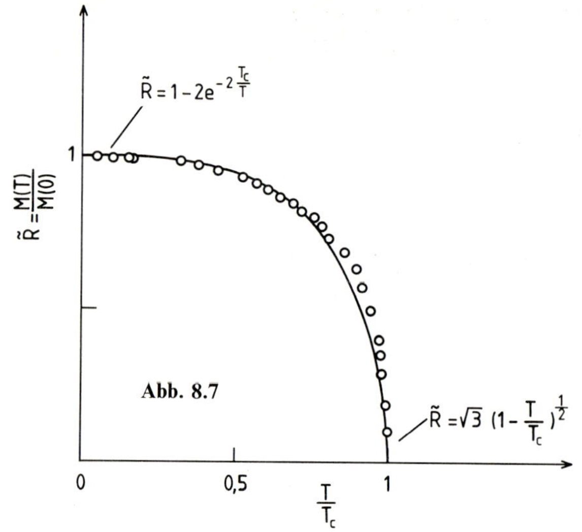


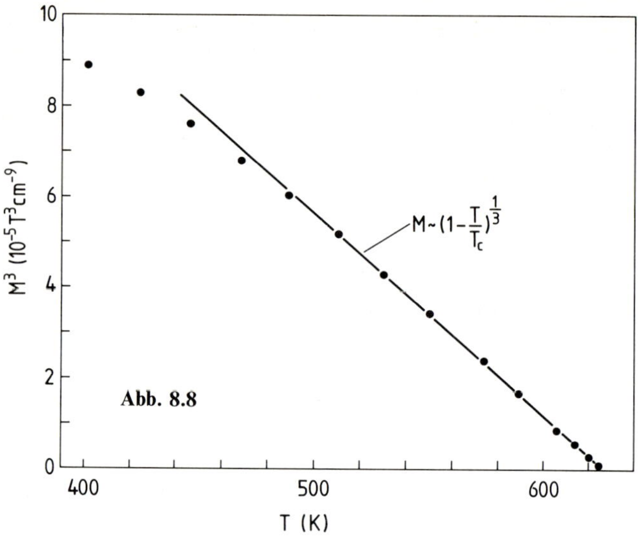


**Abb. 8.7.** Verlauf der Magnetisierung eines Ferromagneten unterhalb der Curie-Temperatur $T_c$. Experimentelle Werte für Nickel nach *Weiss* [8.4,5]

**Abb. 8.8.** Verlauf der Magnetisierung in der Nähe des Curiepunktes. Experimentelle Werte für Nickel nach *Weiss* [8.4,5]. Der kritische Exponent in der Nähe des Übergangs in die paramagnetische Phase oberhalb des Curie-Punktes beträgt 1/3 und nicht 1/2 wie unser einfaches Modell vorhersagt

Oberhalb der Curie-Temperatur erhält man aus (8.50) eine Magnetisierung nur, wenn das $B_0$-Feld ungleich Null ist. Wir können die Fermi-Funktion für kleine $R$ und $B_0$ entwickeln

$$\tilde{R}=\frac{\mu_B}{k_B T}B_0+\frac{T_c}{T}\tilde{R} \quad \text{bzw.} \tag{8.54}$$

$$\tilde{R}=\frac{\mu_B}{k_B}\frac{1}{T-T_c}B_0\,. \tag{8.55}$$

Die paramagnetische Suszeptibilität oberhalb von $T_c$ sollte also mit Annäherung an $T_c$ entsprechend dem Gesetz

$$\chi=\frac{C}{T-T_c} \tag{8.56}$$

divergieren. Dies ist das sog. Curie-Weiss-Gesetz mit $C$ der Curie-Weiss-Konstanten. Das Curie-Weiss-Gesetz ist experimentell für $T\gg T_c$ erfüllt. Mit Annäherung an $T_c$ ergeben sich aber Abweichungen, die besser durch eine Zunahme proportional mit $(T-T_c)^{-4/3}$ beschrieben werden. Nach unserem Modell ist die Curie-Weiss-Konstante $C$ mit der Sättigungsmagnetisierung bei $T=0$ verknüpft. Dieser Zusammenhang würde aber zu kleine Werte für $C$ liefern. Ferner könnten wir versuchen, die Verknüpfung zwischen dem Stoner-Parameter $I$ und der Curie-Temperatur $T_c$ (im Modell hier: $T_c=I\mu_{B_{eff}}/4\mu_B k_B$) zu benutzen, um $T_c$ aus einem gemessenen Wert der Austauschaufspaltung abzuschätzen. Dieses Verfahren würde viel zu große Werte von $T_c$ liefern. Das Versagen unseres einfachen Modells in diesen Punkten liegt jedoch *nicht* an der hier verwendeten einfachen Bandstruktur sondern ist darin begründet, daß unser Modell die Anregungszustände nicht korrekt behandelt.

Das Curie-Weiss-Gesetz, ebenso wie die Abhängigkeit der spontanen Magnetisierung von der Temperatur, wird auch häufig in einer Molekularfeld-Näherung hergeleitet, bei der die Austauschwechselwirkung durch ein mittleres "inneres" Feld ersetzt wird. Die hier gewählte Herleitung, die im Prinzip auf E. C. Stoner zurückgeht, ist der Molekularfeld-Näherung insoweit äquivalent, als sie örtliche Variationen der Spinverteilung nicht zuläßt. Deutlicher als die Molekularfeld-Näherung beleuchtet unsere Betrachtung aber den Zusammenhang mit der Bandstruktur.

## 8.6 Ferromagnetische Kopplung bei lokalisierten Elektronen

Während das magnetische Verhalten von *d*-Übergangs-Metallen im Bandmodell beschrieben wird, ist das in Abschn. 8.2 entwickelte Bild der Austauschwechselwirkung zwischen lokalisierten Elektronen besonders für die seltenen Erden mit ihren partiell gefüllten *f*-Schalen und für die vielen ionischen Verbindungen der *d*- und *f*-Übergangselemente geeigneter. Ausgangspunkt ist der in (8.28) für die Austauschwechselwirkung zwischen zwei Elektronen eingeführte Heisenbergsche Hamilton-Operator. Der folgenden modellmäßigen Behandlung des Ferromagnetismus wollen wir ein primitives Gitter von Atomen mit je einem ungepaarten Elektron mit Bahndrehimpuls Null zugrunde legen. Dieses Modell eines Spingitters zeigt die wesentlichen Konsequenzen der Austauschkopplung im Gitter. Unter Berücksichtigung eines zusätzlichen äußeren Magnetfeldes $B_0$ erhält man dann für den Hamilton-Operator

$$\mathscr{H} = -\sum_i \sum_\delta J_{i\delta} \boldsymbol{S}_i \cdot \boldsymbol{S}_{i\delta} - g\mu_\mathrm{B} \boldsymbol{B}_0 \sum_i \boldsymbol{S}_i \,. \tag{8.57}$$

Dabei läuft der Index $i$ über alle Atome und der Index $\delta$ jeweils über alle Nachbarn, mit denen Austauschwechselwirkung besteht. Leider ist der Heisenberg-Operator ein nichtlinearer Operator. Lösungen lassen sich deshalb nur in speziellen Fällen oder bei Einführung einer linearisierenden Näherung angeben. Eine solche Näherung ist die Molekularfeldnäherung, die jetzt besprochen werden soll.

In der Molekularfeldnäherung ersetzt man das Operatorprodukt in (8.57) durch das Produkt des Spinoperators $\boldsymbol{S}_i$ mit dem Erwartungswert des Spinoperators der Nachbarn $\langle \boldsymbol{S}_{i\delta} \rangle$. Der Hamilton-Operator in der Molekularfeldnäherung lautet also

$$\mathscr{H}_\mathrm{MF} = -\sum_i \boldsymbol{S}_i \cdot \left( \sum_\delta J_{i\delta} \langle \boldsymbol{S}_{i\delta} \rangle + g\mu_\mathrm{B} \boldsymbol{B}_0 \right). \tag{8.58}$$

Die Austauschwechselwirkung erhält damit den Charakter eines inneren Feldes

$$\boldsymbol{B}_\mathrm{MF} = \frac{1}{g\mu_\mathrm{B}} \sum_\delta J_{i\delta} \langle \boldsymbol{S}_{i\delta} \rangle \,. \tag{8.59}$$

Für homogene Systeme (ohne Oberfläche) ist $\langle \boldsymbol{S}_{i\delta} \rangle$ für alle Atome gleich. Der Mittelwert $\langle \boldsymbol{S}_{i\delta} \rangle = \langle \boldsymbol{S} \rangle$ läßt sich durch die Magnetisierung ausdrücken

$$\boldsymbol{M}=g\mu_{\mathrm{B}}\frac{N}{V}\langle\boldsymbol{S}\rangle \tag{8.60}$$

mit $N/V$ der Anzahl der Atome pro Volumen. Wir erhalten damit für das Molekularfeld $\boldsymbol{B}_{\mathrm{MF}}$

$$\boldsymbol{B}_{\mathrm{MF}}=\frac{V}{Ng^2\mu_{\mathrm{B}}^2}\,vJ\boldsymbol{M}\,, \tag{8.61}$$

wobei wir uns noch zusätzlich auf die Austauschkopplung zwischen den $v$ nächsten Nachbarn beschränkt haben. Der Hamilton-Operator in der Molekularfeldnäherung (8.58) ist jetzt mathematisch identisch mit dem Hamilton-Operator von $N$ unabhängigen Spins in einem effektiven Magnetfeld $\boldsymbol{B}_{\mathrm{eff}}=\boldsymbol{B}_{\mathrm{MF}}+\boldsymbol{B}_0$. Seine Energieeigenwerte sind

$$E=\pm\tfrac{1}{2}\,g\mu_{\mathrm{B}}B_{\mathrm{eff}} \tag{8.62}$$

für jeden Elektronenspin. Wir bezeichnen die Anzahl der Elektronen in den beiden Zuständen mit dem Spin parallel bzw. antiparallel zum $B$-Feld mit $N\uparrow$ und $N\downarrow$.

Im thermischen Gleichgewicht ist dann

$$\frac{N\downarrow}{N\uparrow}=\mathrm{e}^{-g\mu_{\mathrm{B}}B_{\mathrm{eff}}/k_{\mathrm{B}}T} \tag{8.63}$$

und damit die Magnetisierung

$$M=\frac{1}{2}\,g\mu_{\mathrm{B}}\,\frac{N\uparrow-N\downarrow}{V}=\frac{1}{2}\,g\mu_{\mathrm{B}}\,\frac{N}{V}\,\tanh\left(\frac{1}{2}\,g\mu_{\mathrm{B}}B_{\mathrm{eff}}/k_{\mathrm{B}}T\right). \tag{8.64}$$

Diese Gleichung zusammen mit (8.61) hat Lösungen mit von Null verschiedener Magnetisierung auch ohne äußeres Magnetfeld, wenn $J>0$ ist, also bei ferromagnetischer Kopplung der Elektronenspins. Mit den Abkürzungen

$$M_{\mathrm{s}}=\frac{N}{V}\,\frac{1}{2}\,g\mu_{\mathrm{B}}\quad\text{und} \tag{8.65}$$

$$T_{\mathrm{c}}=\tfrac{1}{4}\,vJ/k_{\mathrm{B}} \tag{8.66}$$

erhalten wir ohne äußeres Magnetfeld $B_0$ aus (8.61 und 64)

$$M(T)/M_{\mathrm{s}}=\tanh\left(\frac{T_{\mathrm{c}}}{T}\,\frac{M}{M_{\mathrm{s}}}\right). \tag{8.67}$$

Die Lösungen dieser Gleichung sind wie in Abb. 8.7 gezeichnet. Für $T\to 0$ hat die Magnetisierung den Wert $M(0)=M_{\mathrm{s}}$. Das Verhalten in der Nähe der kritischen Temperaturen ergibt sich aus der Entwicklung

$$\tanh(x)\approx x-\tfrac{1}{3}\,x^3\ldots\,, \tag{8.68}$$

$$M(T)/M_s \approx \sqrt{3}\left(1-\frac{T}{T_c}\right)^{1/2} ; \tag{8.69}$$

$T_c$ ist also die kritische Temperatur, bei der die spontane Magnetisierung verschwindet. Sie hängt nur von der Stärke der Austauschkopplung und der Zahl der nächsten Nachbarn ab. Der kritische Exponent in (8.69) ist der gleiche wie im Stoner-Modell (und genauso falsch, siehe Abb. 8.8). Interessanterweise hängt er nicht von der Dimension ab. Ein ebenes Gitter hätte den gleichen kritischen Exponenten in der Molekularfeldnäherung. Allerdings wäre wegen der geringeren Zahl der nächsten Nachbarn $T_c$ kleiner. Das führt zu einem interessanten Verhalten der Magnetisierung in der Nähe der Oberfläche eines Ferromagneten (Tafel VII).

In der Molekularfeldnäherung verschwindet bei $T_c$ sowohl die Magnetisierung als auch die lokale Ordnung der magnetischen Momente. In Wirklichkeit bleibt jedoch eine gewisse lokale Ordnung erhalten. Die Curie-Temperatur ist lediglich diejenige Temperatur, bei der die magnetische Ordnung auf einer großen Längenskala verschwindet.

Für Temperaturen oberhalb von $T_c$ können wir wiederum das Curie-Weiss Gesetz für die Suszeptibilität herleiten. Mit einem äußeren Feld $B_0$ erhalten wir aus (8.64) mit der Entwicklung (8.68)

$$M(T) = \frac{g^2 \mu_B^2 N}{4 V k_B} \frac{1}{T - T_c} B_0 . \tag{8.70}$$

## 8.7 Antiferromagnetismus

Bislang haben wir ferromagnetische Kopplung der Elektronenspins, also $J > 0$ vorausgesetzt. Eine Reihe von Verbindungen, z.B. die Oxide von Fe, Co und Ni, weisen eine antiferrogmagnetische Kopplung zwischen den $d$-Elektronen der Übergangsmetalle auf. Sie besitzen die Gitterstruktur von NaCl, d.h. das Gitter der paramagnetischen $d$-Metallionen und das Gitter der $O^{2-}$ Ionen bilden je für sich ein kubisch flächenzentriertes Untergitter. Im Zustand einer antiferromagnetischen Ordnung der Metallionen bildet die magnetische Elementarzelle allerdings kein flächenzentriertes Gitter mehr, sondern es stellen sich komplizierte magnetische Überstrukturen ein. Wir betrachten im Rahmen der Molekularfeldnäherung das magnetische Verhalten eines Antiferromagneten mit einer einfachen magnetischen Überstruktur. Die Überstruktur soll so beschaffen sein, daß nächste Nachbarn jeweils einen antiparallelen Spin haben (Abb. 8.9). In einer modellmäßigen Behandlung mit antiferromagnetischer Kopplung ($J < 0$) können wir (8.60–64) jetzt für beide magnetischen Untergitter getrennt wiederverwenden. Wir beachten dabei, daß das Molekularfeld für das Untergitter mit positiver Spinorientierung vom Untergitter der negativen Spins erzeugt wird. Für den antiferromagnetischen Ordnungszustand erhält man dann das Gleichungspaar

$$M^+ = \frac{1}{2} g\mu_B \frac{N^+}{V} \tanh\left(\frac{V}{2k_B T N^- g\mu_B} vJM^-\right), \tag{8.71}$$

$$M^- = \frac{1}{2} g\mu_B \frac{N^-}{V} \tanh\left(\frac{V}{2k_B T N^+ g\mu_B} vJM^+\right), \tag{8.72}$$

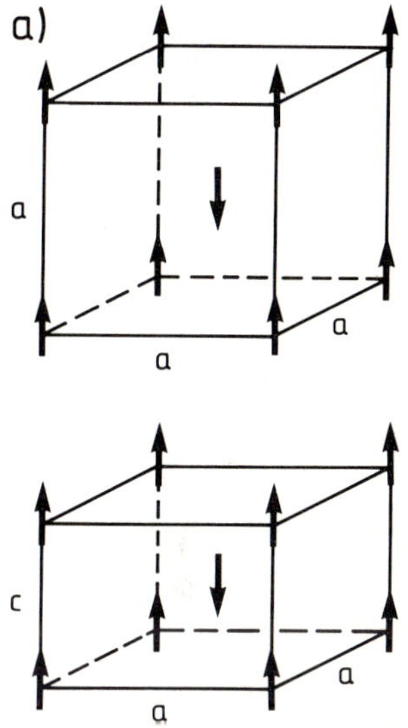


**Abb. 8.9.** (**a**) Modellkristall mit antiferromagnetischer Orientierung des Spins nächster Nachbarn. (**b**) Eine ähnlich einfache Spinstruktur, aber mit einem tetragonalen Gitter, wird von den Verbindungen $MnF_2$, $FeF_2$ und $CoF_2$ realisiert. In diesem Fall sind die Atome entlang der $c$-Achse die nächsten Nachbarn. Wenn die Übergangsmetallionen ein flächenzentriertes Gitter bilden, ist es topologisch nicht möglich, nur antiferromagnetische Orientierung zwischen nächsten Nachbarn zu haben. Entsprechend müssen sich komplexere magnetische Überstrukturen einstellen

wobei $M^+$, $M^-$ die Magnetisierung der beiden Spinuntergitter und $N^+ = N^-$ die Anzahl der Metallionen in den jeweiligen Spinuntergittern ist. Im antiferromagnetischen Zustand ist $M^+ = -M^-$ und wir erhalten analog zu (8.67)

$$M^+ = \frac{1}{2} g\mu_B \frac{N^+}{V} \tanh\left(-\frac{V}{2k_B T N^+ g\mu_B} vJM^+\right) \tag{8.73}$$

und eine entsprechende Gleichung für $M^-$. Die Magnetisierung der Untergitter verschwindet oberhalb einer kritischen Temperatur, die Néel-Temperatur genannt wird. Sie ist analog zum ferromagnetischen Fall

$$T_N = -\frac{1}{4} \frac{vJ}{k_B}. \tag{8.74}$$

Die Néel-Temperatur ist positiv, da jetzt $J<0$ ist.

Bei der Berechnung der Suszeptibilität müssen wir unterscheiden zwischen den Fällen paralleler und senkrechter Orientierung des äußeren Feldes relativ zur Ausrichtung der Spins, jedenfalls für Temperaturen kleiner als $T_N$. Wir behandeln zunächst den Fall, daß das äußere Feld $B_0$ parallel bzw. antiparallel zu den Spins orientiert ist. Das äußere Feld bewirkt eine geringfügige Abweichung in der Magnetisierung der beiden Spinuntergitter, die wir mit $\Delta M^+$ und $\Delta M^-$ bezeichnen wollen. Anstatt (8.71 bzw. 72) erhalten wir dann mit zusätzlichem Feld $B_0$

$$M^+ + \Delta M^+ = \frac{1}{2} g\mu_B \frac{N^+}{V} \tanh\left\{\frac{1}{2} g\mu_B \frac{1}{k_B T}\left[\frac{VvJ}{N^- g^2\mu_B^2}(M^- + \Delta M^-) + B_0\right]\right\}, \tag{8.75}$$

$$M^- + \Delta M^- = \frac{1}{2} g\mu_B \frac{N^-}{V} \tanh\left\{\frac{1}{2} g\mu_B \frac{1}{k_B T}\left[\frac{VvJ}{N^+ g^2\mu_B^2}(M^+ + \Delta M^+) + B_0\right]\right\}. \tag{8.76}$$

Wir berücksichtigen, daß $M^+ = -M^-$ und $N^+ = N^- \equiv N/2$ ist und erhalten durch Entwicklung von (8.75 und 76) für kleine $\Delta M^\pm$, $B_0$:

$$\Delta M = \Delta M^+ + \Delta M^- = \frac{1}{4} g\mu_B \frac{N}{V} g\mu_B \frac{N}{V} \frac{1}{\cosh^2(\zeta)} \left\{\frac{g\mu_B}{k_B T} B_0 - \frac{T_N}{T}\Delta M\right\} \quad \text{mit} \tag{8.77}$$

$$\zeta = \frac{T_N}{T} \frac{M^+(T)}{M_s^+} \quad \text{und} \tag{8.78}$$

$$M_s^+ = M_s^- = \frac{1}{2} g\mu_B \frac{N^+}{V} \tag{8.79}$$

der Sättigungsmagnetisierung eines Spinuntergitters.

Für Temperaturen oberhalb der Néel-Temperatur verschwindet die Magnetisierung der Untergitter und $\zeta$ ist gleich Null. Es wird dann auch keine Richtung im Kristall mehr ausgezeichnet und die Suszeptibilität ist isotrop.

$$\chi(T) = \mu_0 \frac{g^2\mu_B^2 N}{4Vk_B} \frac{1}{T+T_N}. \tag{8.80}$$

Wir erhalten also eine Temperaturabhängigkeit ähnlich wie beim Curie-Weiss Gesetz (8.70), nur daß die kritische Temperatur jetzt mit umgekehrten Vorzeichen erscheint. Bei der Néel-Temperatur selbst bleibt die Suszeptibilität endlich und eine stetig differenzierbare Funktion. Für Temperaturen genügend unterhalb der Néel-Temperatur ist $M^+(T)=M_s^+$ und wir erhalten

$$\chi_{\|}(T) \approx \mu_0 \frac{g^2 \mu_B^2 N}{4 V k_B} \frac{1}{T \cosh^2(T_N/T) + T_N}, \tag{8.81}$$

was wir für tiefe Temperaturen weiter nähern können durch

$$\chi_{\|}(T) \approx \mu_0 \frac{g^2 \mu_B^2 N}{V k_B T} \mathrm{e}^{-2T_N/T} \qquad T \ll T_N. \tag{8.82}$$

Dieser Ausdruck für die Suszeptibilität gilt jetzt nur noch wie die Gleichungen (8.75, 76) für die Orientierung des äußeren Feldes parallel zur Polarisation der Spinuntergitter. Für die Richtung senkrecht dazu bietet sich an, den Hamilton-Operator (8.58) als klassische Energiegleichung zu interpretieren. In einem äußeren Feld dreht jedes der Untergitter seine magnetischen Momente um den Winkel $\alpha$ in Richtung des Feldes $B_0$. Die Energie eines Elementarmagneten im Feld $B_0$ ist dann

$$E_r = -\tfrac{1}{2} g \mu_B B_0 \sin\alpha + \tfrac{1}{2} \nu J \cos\alpha. \tag{8.83}$$

Die Größe des zweiten Terms ergibt sich aus der Überlegung, daß der Energieaufwand zum Umklappen eines Elementarmagneten $\nu J$ ist (8.27). Die Gleichgewichtsbedingung

$$\partial E_r / \partial \alpha = 0 \tag{8.84}$$

führt für kleine Winkel $\alpha$ auf

$$\alpha = -\frac{g \mu_B B_0}{\nu J}. \tag{8.85}$$

Mit der Magnetisierung

$$M = M^+ + M^- = \tfrac{1}{2} g \mu_B \alpha N / V \tag{8.86}$$

erhält man für die Suszeptibilität unterhalb $T_N$ den (näherungsweise) temperaturunabhängigen Wert

$$\chi_\perp = -\frac{g^2 \mu_B^2 N}{2 \nu J V} = \frac{g^2 \mu_B^2 N}{2 \nu |J| V}, \tag{8.87}$$

der gleich dem Wert von $\chi$ bei der Néel-Temperatur ist. Insgesamt ergibt sich damit das in Abb. 8.10 skizzierte Verhalten. Es sei darauf hingewiesen, daß der Unterschied zwischen $\chi_{\|}$ und $\chi_\perp$ experimentell nur meßbar ist, wenn *eine* magnetische Domäne vorliegt. Dies

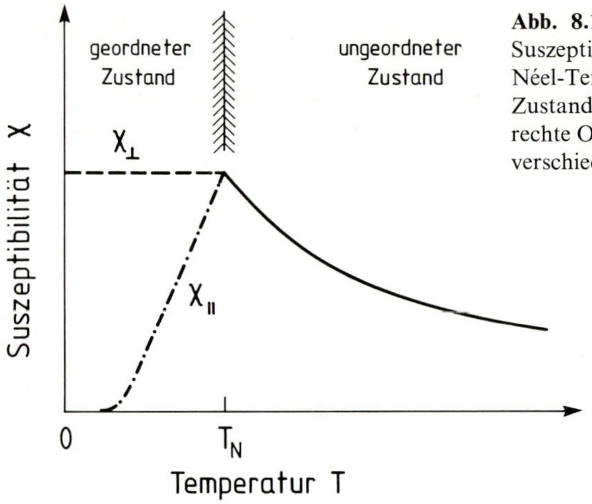


**Abb. 8.10.** Schematische Darstellung der magnetischen Suszeptibilität für einen Antiferromagneten. Unterhalb der Néel-Temperatur $T_N$ im antiferromagnetisch geordneten Zustand sind die Suszeptibilitäten für parallele und senkrechte Orientierung des Magnetfeldes relativ zur Spinachse verschieden

wird bei Gittern mit mehreren kristallografisch äquivalenten Richtungen für die mögliche magnetische Orientierung i.a. nicht der Fall sein. Weiterhin ist die charakteristische Temperatur in der Suszeptibilität (8.80) nur dann gleich der Néel-Temperatur, wenn nur die Austauschkopplung $J_1$ zwischen den nächstbenachbarten Metallionen berücksichtigt wird. Beachtet man eine zusätzliche Kopplung $J_2$ zwischen den übernächsten Nachbarn so ist $T_N$ in (8.80) durch eine charakteristische Temperatur $\theta \neq T_N$ zu ersetzen. Für ein einfaches Gitter vom NaCl-Typ erhält man

$$\theta = T_N \frac{J_1 + J_2}{J_1 - J_2}. \tag{8.88}$$

$\theta$ ist also größer als $T_N$, wenn auch die Kopplung zwischen übernächsten Nachbarn antiferromagnetisch ist. $\theta$ wird kleiner als $T_N$, wenn die Kopplung zu den übernächsten Nachbarn ferromagnetisch ist. Beide Fälle kommen vor. Es sei noch darauf hingewiesen, daß in Gittern mit mehreren Arten von Übergangsmetallionen oder mit Übergangsmetallionen in verschiedenen Wertigkeitszuständen die magnetischen Momente derselben nicht gleich sind. Auch bei antiferromagnetischer Kopplung zwischen den Spins verbleibt dann eine Restmagnetisierung. Diese Art Magnetismus wird als Ferrimagnetismus bezeichnet, da sie zuerst bei Ferriten gefunden wurde.

## 8.8 Spinwellen

Die Energie, die notwendig ist, um den Spin eines bestimmten Elektrons umzuklappen, ist gegeben durch die Austauschwechselwirkung. Dies gilt sowohl im Modell der lokalisierten Elektronen als auch im Bandmodell. Im Bandmodell bedeutet das Umklappen eines Spins einen Interbandübergang von einem Elektron in das zugehörige, um die Austauschaufspaltung verschobene Band. Die minimale Energie für das Umklappen eines Spins im Bandmodell ist der Abstand der Oberkante des Bandes der Majoritätsspins von der Fermikante, die sog. Stoner-Lücke ($\Delta$ in Abb. 8.6). Wir werden jetzt einen anderen Anregungszustand kennenlernen, bei dem ebenfalls ein Spin umgeklappt wird, jedoch nur im Mittel über den ganzen Kristall, d.h. es handelt sich hier um eine kollektive Anregung aller Spins. Die dafür aufzuwendende Energie ist erheblich kleiner und kann sogar gegen Null gehen. Zur Herleitung dieser Anregungszustände können wir wieder von dem Spin-Hamilton-Operator (8.57) ausgehen, müssen nunmehr aber die Operatoreigenschaften der Spinoperatoren in (8.57) explizit verwenden. Die $x$-, $y$- und $z$-Komponenten der Spinoperatoren lassen sich durch die Pauli-Matrizen darstellen

$$\boldsymbol{S}^z = \frac{1}{2}\begin{pmatrix} 1 & 0 \\ 0 & -1 \end{pmatrix} \quad \boldsymbol{S}^x = \frac{1}{2}\begin{pmatrix} 0 & 1 \\ 1 & 0 \end{pmatrix} \quad \boldsymbol{S}^y = \frac{1}{2}\begin{pmatrix} 0 & -\mathrm{i} \\ \mathrm{i} & 0 \end{pmatrix}. \tag{8.89}$$

Statt der kartesischen Komponenten $S^x$ und $S^y$ ist es besser, die Spinumklappoperatoren

$$\boldsymbol{S}^+ = \boldsymbol{S}^x + \mathrm{i}\boldsymbol{S}^y = \begin{pmatrix} 0 & 1 \\ 0 & 0 \end{pmatrix} \quad \text{und} \tag{8.90}$$

$$\boldsymbol{S}^- = \boldsymbol{S}^x - \mathrm{i}\boldsymbol{S}^y = \begin{pmatrix} 0 & 0 \\ 1 & 0 \end{pmatrix} \tag{8.91}$$

zu verwenden. Die Wirkung dieser Operatoren auf die Spinzustände

$$|\alpha\rangle = \begin{pmatrix} 1 \\ 0 \end{pmatrix} \quad \text{und} \quad |\beta\rangle = \begin{pmatrix} 0 \\ 1 \end{pmatrix} \quad \text{ist} \tag{8.92}$$

$$\boldsymbol{S}^+|\alpha\rangle = 0 \quad \boldsymbol{S}^+|\beta\rangle = |\alpha\rangle \quad \boldsymbol{S}^-|\beta\rangle = 0 \quad \boldsymbol{S}^-|\alpha\rangle = \beta\,. \tag{8.93}$$

$\boldsymbol{S}^+$ und $\boldsymbol{S}^-$ sind also Operatoren, die den Spin nach „+" bzw. nach „−" klappen und Null ergeben, wenn der Spin schon im Zustand „+" bzw. „−" ist. Die Operatoren $S^z$ „präparieren" in gewohnter Weise den Eigenwert heraus

$$\boldsymbol{S}^z|\alpha\rangle = +\tfrac{1}{2}|\alpha\rangle\,, \quad \boldsymbol{S}^z|\beta\rangle = -\tfrac{1}{2}|\beta\rangle\,. \tag{8.94}$$

Mit diesem Rüstzeug versehen, können wird uns daran machen, den Hamilton-Operator eines Spingitters auf die neuen Operatoren umzuschreiben. Man erhält aus (8.57) durch Einsetzen von (8.90, 91) ohne äußeres Feld und mit Austauschkopplung $J$ nur zwischen nächsten Nachbarn

$$\mathscr{H} = -J\sum_i \sum_\delta \boldsymbol{S}_i^z \cdot \boldsymbol{S}_{i+\delta}^z + \tfrac{1}{2}(\boldsymbol{S}_i^+ \boldsymbol{S}_{i+\delta}^- + \boldsymbol{S}_i^- \boldsymbol{S}_{i+\delta}^+)\,. \tag{8.95}$$

Wir wollen ferromagnetische Kopplung zwischen den Elektronenspins ($J > 0$) annehmen. Im Grundzustand sind dann alle Spins ausgerichtet. Ein solcher Zustand wird beschrieben durch das Produkt der Spinzustände aller Atome

$$|0\rangle = \prod_i |\alpha\rangle_i\,. \tag{8.96}$$

Man sieht gleich, daß dieser Zustand ein Eigenzustand zum Hamilton-Operator (8.95) ist, denn die $\boldsymbol{S}^+$, $\boldsymbol{S}^-$-Anteile ergeben Null und die $\boldsymbol{S}^z$-Komponenten lassen den Zustand jedes Atoms unverändert, mit den jeweiligen Eigenwerten von $\boldsymbol{S}^z$ als Vorfaktoren

$$\mathscr{H}|0\rangle = -\tfrac{1}{4}J|0\rangle \sum_i \sum_\delta 1 = -\tfrac{1}{4}\nu JN|0\rangle . \tag{8.97}$$

Ein Zustand mit einem umgeklappten Spin am Atom $j$ läßt sich durch Anwendung von $S_j^-$ auf den Grundzustand gewinnen

$$|\downarrow_j\rangle \equiv S_j^- \prod_n |\alpha\rangle_n . \tag{8.98}$$

Dieser Zustand ist aber kein Eigenzustand zu $\mathscr{H}$, da die Anwendung der Operatoren $S_j^+ S_{j+\delta}^-$ in $\mathscr{H}$ den umgeklappten Spin auf das Atom $j+\delta$ verschöbe und mithin einen verschiedenen Zustand erzeugte. Ein Eigenzustand dagegen ist die Linearkombination

$$|k\rangle = \frac{1}{\sqrt{N}} \sum_j e^{i k \cdot r_j} |\downarrow_j\rangle . \tag{8.99}$$

Der Zustand stellt eine Spinwelle dar. Die Eigenwerte von $S_i^z$ und $(S_i^x)^2 + (S_i^y)^2$ sind Erhaltungsgrößen mit einem vom Aufatom $i$ unabhängigen Erwartungswert. Dagegen verschwinden die Erwartungswerte von $S_i^x$ und $S_i^y$. Der Spin präzediert also um die $z$-Achse mit einer Phasenverschiebung zwischen den Atomen, die durch den Wellenvektor $\boldsymbol{k}$ gegeben ist (Abb. 8.11). Wir wenden jetzt $\mathscr{H}$ auf den Spinwellen-Zustand an und erhalten

$$\mathscr{H}|k\rangle = \frac{1}{\sqrt{N}} \sum_j e^{i k \cdot r_j} \left[ -\frac{1}{4} \nu J(N-2)|\downarrow_j\rangle + \frac{1}{2} \nu J |\downarrow_j\rangle \right.$$
$$\left. -\frac{1}{2} J \sum_\delta |\downarrow_{j+\delta}\rangle + |\downarrow_{j-\delta}\rangle \right] . \tag{8.100}$$

Durch Verschieben des Index $j$ in den letzten beiden Beiträgen läßt sich dieses Ergebnis auch so schreiben

$$\mathscr{H}|k\rangle = \left[ -\frac{1}{4} \nu JN + J\nu - \frac{1}{2} J \sum_\delta (e^{i k \cdot r_\delta} + e^{i k \cdot r_\delta}) \right] \frac{1}{\sqrt{N}} \sum_j e^{i k \cdot r_j} |\downarrow_j\rangle . \tag{8.101}$$

Der Zustand $|k\rangle$ ist also ein Eigenzustand mit dem Eigenwert

$$E = E_0 + J\left( \nu - \tfrac{1}{2} \sum_\delta e^{i k \cdot r_\delta} + e^{i k \cdot r_\delta} \right) \tag{8.102}$$

$E_0$ ist die Energie im ferromagnetischen Grundzustand. Wie wir gleich sehen werden, hat dieses Ergebnis vor allem für kleine $k$-Werte Bedeutung. Dort läßt sich (8.102) nähern durch

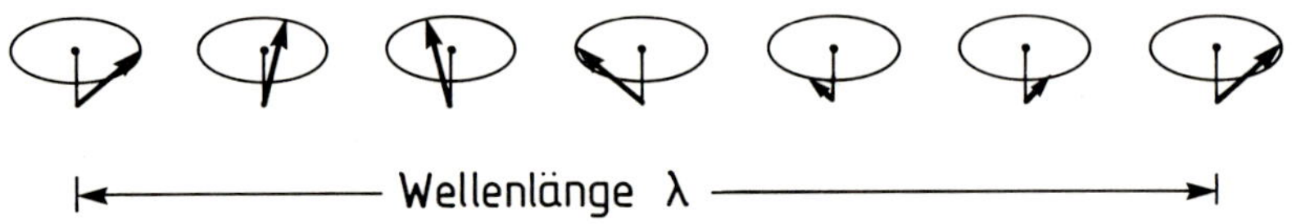


**Abb. 8.11.** Schematische Darstellung einer Spinwelle

$$E \approx E_0 + \tfrac{1}{2} J \sum_{\delta} (\boldsymbol{k} \cdot \boldsymbol{r}_\delta)^2 . \tag{8.103}$$

Dies ist die charakteristische Dispersionsbeziehung für ferromagnetische Spinwellen. Für kleine $k$-Werte verschwindet demnach die zum Umklappen eines Spin notwendige Energie. In Abb. 8.12a ist die Dispersionsbeziehung für Spinwellen zusammen mit dem Spektrum von Einelektronenanregungen, die ebenfalls einen Spin umklappen, dargestellt. Für diese sog. Stoner-Anregungen muß die Energie $\nu J$ aufgewandt werden, wenn $k=0$ ist. Für $k \neq 0$ ergibt sich infolge der Dispersion der Einelektronenzustände (Abb. 8.12b) ein Spektrum von Möglichkeiten. Im Bereich der Einelektronenanregungen können Spinwellen in Elektronenanregungen zerfallen. Dies verkürzt die Lebensdauer eines Spinwellenzustandes und beeinflußt auch die Dispersion. Spinwellen lassen sich sowohl thermisch als auch durch Energie- und Impulsaustausch mit Neutronen anregen. Die Neutronenstreuung erlaubt deshalb die experimentelle Bestimmung der Dispersionskurven von Spinwellen. Das Ergebnis für Nickel ist in Abb. 8.13 dargestellt.

Die thermische Anregung von Spinwellen hat Einfluß auf den Verlauf der Magnetisierung bei tiefen Temperaturen. Wir erinnern uns, daß die Anregung einer Spinwelle im Mittel einen Spin umklappt, also das magnetische Moment reduziert. Die Magnetisierung eines Spingitters wäre demnach

$$M = M_s - \frac{1}{2} g\mu_B \frac{1}{V} \sum_{k} n(k) , \tag{8.104}$$

wenn $n(k)$ die Zahl der angeregten Spinwellen mit einem Wellenvektor $k$ ist. Wenn wir vernachlässigen, daß der Heisenberg-Operator eigentlich nichtlinear ist und so tun, als ob die Spinwellen superponierbar wären, so wären die Energieterme wie bei einem harmonischen Oszillator

$$E(k) = n(k) \cdot \tfrac{1}{2} J \sum_{\delta} (\boldsymbol{k} \cdot \boldsymbol{r}_\delta)^2 \tag{8.105}$$

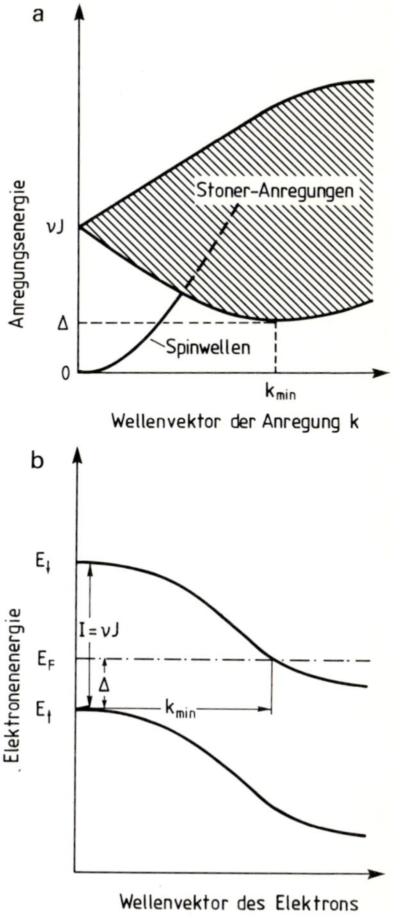


**Abb. 8.12.** (**a**) Dispersionsbeziehung der Spinwellen und Spektrum der Einelektronenanregung mit Spinumklappung in einem Modellferromagneten. (**b**) Modellmäßige Einelektronen-Bandstruktur mit Austauschaufspaltung $I = \nu J$ und Stoner-Lücke $\Delta$

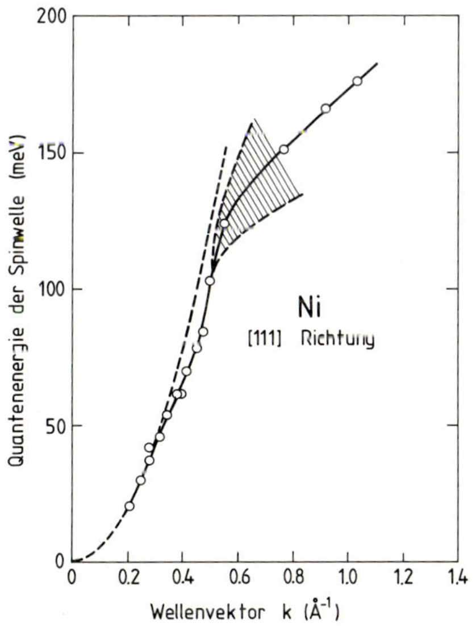


**Abb. 8.13.** Experimentelle Werte für die Dispersion von Spinwellen an Nickel in [111]-Richtung nach *Mook* und *Paul* [8.6]. Die Messungen erfolgten bei $T = 295$ K. Die gestrichelte Linie zeigt eine Abhängigkeit der Quantenenergie proportional zu $k^2$. Abweichungen davon ergeben sich infolge der Austauschwechselwirkung auch zwischen entfernteren Nachbarn und bei Eintritt in den Bereich der Einelektronenanregungen. Die verkürzte Lebensdauer der Spinwellen führt dann zu einer Lebensdauerverbreiterung der Spektren (*schraffierter Bereich*)

und die Besetzungsstatistik wie bei einem harmonischen Oszillator. Die Temperaturabhängigkeit der Magnetisierung bei tiefen Temperaturen läßt sich analog zu Abschn. 5.3 leicht berechnen und man erhält

$$M(T) - M(0) \sim -T^{3/2}. \tag{8.106}$$

Dies ist das Blochsche $T^{3/2}$ Gesetz, welches an die Stelle einer exponentiellen Abhängigkeit (8.52) tritt, die sich für einen Ferromagneten ohne Spinwellenanregung ergäbe. Die Spinwellenanregung ist auch in der spez. Wärme sichtbar, wo sie zu einem $T^{3/2}$-Term neben dem $T^3$-Term durch Phononanregung führt.

# Tafel VI **Magnetostatische Spinwellen**

Ohne äußeres Magnetfeld verschwindet die Quantenenergie für Spinwellen in einem Ferromagneten für kleine $k$, weil sich die Spinorientierung von Atom zu Atom mit zunehmender Wellenlänge immer weniger unterscheidet, und deshalb die Austauschkopplung einen immer geringeren Energiebeitrag liefert. Die Austauschkopplung wird dann schließlich vergleichbar mit der Energie magnetischer Dipole in einem Äußeren Feld, d.h. die Dispersion von Spinwellen wird abhängig vom Magnetfeld. Wir wollen im folgenden solche Spinwellen mit kleinem $k$-Wert in einem äußeren Feld betrachten. Der $k$-Wert soll klein gegen einen reziproken Gittervektor aber andererseits auch groß gegen $\omega/c$ sein, wenn $\omega$ die Spinnwellenfrequenz ist. Dies erlaubt es, die explizite Wechselwirkung mit dem elektromagnetischen Lichtfeld zu vernachlässigen (Absch. 11.4) und anzunehmen, daß

$$\boldsymbol{\nabla}\times\boldsymbol{H}\equiv 0 \tag{VI.1}$$

und ferner natürlich

$$\boldsymbol{\nabla}\cdot(\boldsymbol{H}+\boldsymbol{M})\equiv 0 \tag{VI.2}$$

ist. Spinwellen dieser Art heißen magnetostatische Spinwellen. Sie können mit Hilfe der klassischen Bewegungsgleichung behandelt werden, die die zeitliche Änderung des Drehimpulses eines Elektrons mit dem Drehmoment verknüpft. Bezeichnen wir das magnetische Dipolmoment des Elektrons mit $p_i$, so ist

$$\frac{d\boldsymbol{p}_i}{dt}=\gamma(\boldsymbol{p}_i\times\boldsymbol{B}) \quad \text{mit} \quad \gamma=g\mu_{\mathrm{B}}/h\,. \tag{VI.3}$$

Für das Folgende ist es zweckmäßig, statt der Dipolmomente einzelner Elektronen eine orts- und zeitabhängige Magnetisierung $\boldsymbol{M}(\boldsymbol{r},t)$ einzuführen, die man sich durch eine (lokale) Mittelung über die Dipolmomente pro Volumeneinheit herstellen kann. In (VI.3) kann man dann $\boldsymbol{p}_i$ durch die lokale Magnetisierung $\boldsymbol{M}(\boldsymbol{r},t)$ ersetzen. Die Magnetisierung ist im wesentlichen die Sättigungsmagnetisierung $\boldsymbol{M}_{\mathrm{s}}$ des Ferromagneten, welche durch das äußere Feld $\boldsymbol{H}_0$ entlang der $z$-Achse orientiert sein soll, mit kleinen orts- und zeitabhängigen Abweichungen $m_x$, $m_y$ in den $x$- und $y$-Komponenten. Wir machen also den Ansatz

$$\boldsymbol{M}(\boldsymbol{r},t)=\begin{pmatrix} m_x(\boldsymbol{r})\,\mathrm{e}^{-\mathrm{i}\omega t}\\ m_y(\boldsymbol{r})\,\mathrm{e}^{-\mathrm{i}\omega t}\\ M_{\mathrm{s}}\end{pmatrix},\quad \boldsymbol{B}(\boldsymbol{r},t)=\begin{pmatrix}(\mu_0 h_x+m_x)\,\mathrm{e}^{-\mathrm{i}\omega t}\\ (\mu_0 h_y+m_y)\,\mathrm{e}^{-\mathrm{i}\omega t}\\ (\mu_0 H_0+M_{\mathrm{s}})\end{pmatrix} \tag{VI.4}$$

und erhalten aus (VI.3) unter Verwendung von $m_x$, $m_y \ll M$ bzw. $h_x$, $h_y \ll H_0$ das Gleichungspaar.

$$\begin{pmatrix} m_x\\ m_y\end{pmatrix}=\frac{1}{\mu_0}\begin{pmatrix}\kappa & \mathrm{i}\nu\\ -\mathrm{i}\nu & \kappa\end{pmatrix}\begin{pmatrix}h_x\\ h_y\end{pmatrix} \tag{VI.5}$$

mit

$$\kappa=\mu_0\gamma^2 M_{\mathrm{s}}B_0/(\gamma^2 B_0^2-\omega^2),$$

$$\nu=\mu_0\omega\gamma M_{\mathrm{s}}/(\gamma^2 B_0^2-\omega^2),\ B_0=\mu_0 H_0\,.$$

Wegen (VI.1) läßt sich der zweikomponentige Vektor $\boldsymbol{h}$ als Gradient eines Potentials schreiben

$$\boldsymbol{h}=\boldsymbol{\nabla}\varphi\,, \tag{VI.6}$$

wobei wir für $\varphi$ einen Wellensatz für die $y$-Richtung versuchen, d.h.

$$\varphi=\psi(x)\,\mathrm{e}^{\mathrm{i}k_y y}\,. \tag{VI.7}$$

Die Anwendung von (VI.2) führt uns dann auf

$$\boldsymbol{\nabla}\cdot(\boldsymbol{h}+\mu_0\boldsymbol{m})=\Delta\varphi+\mu_0\boldsymbol{\nabla}\cdot\boldsymbol{m}=0\,, \tag{VI.8}$$

woraus man unter Verwendung von (VI.5 und 7) eine Art Wellengleichung für das Potential herleitet

$$(1+\kappa)\left(\frac{\partial^2}{\partial x^2}-k_y^2\right)\varphi=0\,. \tag{VI.9}$$

Eine Lösung dieser Gleichung ist offensichtlich gegeben, wenn $\kappa=-1$ ist. Diese Bedingung ergibt die Frequenz für Spinwellen

$$\omega=\gamma\sqrt{B_0^2+\mu_0 M_s B_0}\,. \qquad \text{(VI.10)}$$

Die Frequenz ist unabhängig von $k$, wenn die Austauschkopplung ganz vernachlässigt wird, wie es hier der Fall war. Interessant ist es, Lösungen zu speziellen Geometrien der Probe zu suchen. Der Ansatz (VI.7) läßt sich auch für den Fall einer Platte im $B$-Feld oder noch einfacher für einen Halbraum $x<0$ verwenden. Dann ergibt (VI.9) auch Lösungen mit $\kappa\neq-1$, wenn

$$\psi''(x)=k_y^2\,\psi(x) \qquad \text{(VI.11)}$$

ist, also $\psi(x)$ die Form

$$\psi(x)=A\,\mathrm{e}^{\pm|k_y|x} \qquad \text{(VI.12)}$$

hat. Diese Lösung ist offenbar an der Oberfläche des Halbraumes lokalisiert, also eine Oberflächen-Spinwelle. Die Bedingung der Stetigkeit der Normalkomponente von $B$ liefert die Eigenfrequenz dieser Schwingung

$$h_x+\mu_0 m_x|_{x<0}=h_x|_{x>0}\,, \qquad \text{(VI.13)}$$

$$(1+\kappa)\,|k_y|-\nu k_y=-|k_y|\,. \qquad \text{(VI.14)}$$

Wir können die beiden Fälle $k_y=\pm|k_y|$, also zwei verschiedene Laufrichtungen der Welle unterscheiden:

| *Fall 1*: | *Fall 2*: | |
|---|---|---|
| $k_y=+|k_y|$ | $k_y=-|k_y|$ | |
| $\nu=\kappa+2\,,$ | $\nu=-(\kappa+2)\,,$ | (VI.15) |
| $\omega_1=-\gamma(\frac{1}{2}\mu_0 M_s+B_0)\,,$ | $\omega_2=\gamma(\frac{1}{2}\mu_0 M_s+B_0)\,.$ | (VI.16) |

Offensichtlich liefert nur der zweite Fall eine positive Frequenz. Wir haben also den eigenartigen Fall, daß eine Welle in einer Laufrichtung existiert, nicht aber in der Gegenrichtung. Eine besonders interessante Demonstration der Aufhebung der Zeitumkehrinvarianz durch ein Magnetfeld! Entsprechende Oberflächenwellen ergeben sich auch, wenn die Probe die Form einer dünnen Platte mit dem $B_0$-Feld in der Plattenebene hat, wobei die Oberflächenwellen auf beiden Oberflächen in entgegengesetzter Richtung laufen (Abb. VI.1). Durch die Kopplung zwischen beiden Oberflächen wird die Frequenz abhängig vom $k_y$-Wert, wenn $k_y d \lesssim 1$ ist. Diese magnetischen Oberflächenwellen heißen nach ihren Entdeckern auch „Damon-Eshbach-Wellen" [VI.1]. Sie wurden zuerst in der Absorption von Mikrowellen nachgewiesen [VI.2].

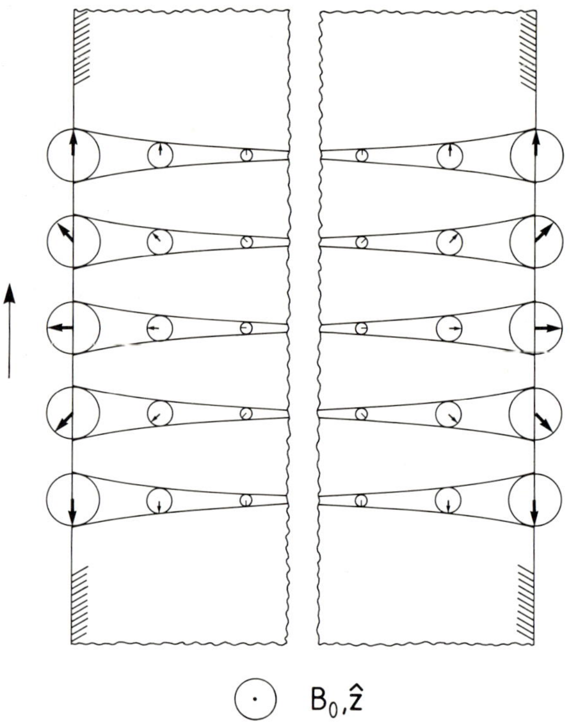


**Abb. VI.1.** Momentaufnahme der Magnetisierung in einer Damon-Eshbach Spinwelle an den beiden Oberflächen einer (dicken) Platte. Das äußere Magnetfeld $\boldsymbol{B}_0$ zeigt in Richtung des Betrachters. Die Laufrichtung der Damon-Eshbach Wellen ist dann im Sinne eines Rechtsumlaufes. Bei kleiner werdender Plattenstärke $d$ bzw. größerer Wellenlänge koppeln die Wellen der beiden Oberflächen, und man erhält eine Kopplungsdispersion $\omega=\omega(k_y d)$

Eine sehr schöne Demonstration der Unidirektionalität der Damon-Eshbach-Wellen und zugleich des Wellenzahlerhaltungssatzes bei der Streuung, einschließlich der Vorzeichen (4.28), gelingt mit Hilfe des Raman-Effektes (Tafel III). Die Ankopplung des Lichtes erfolgt dabei über den (schwachen) magneto-optischen

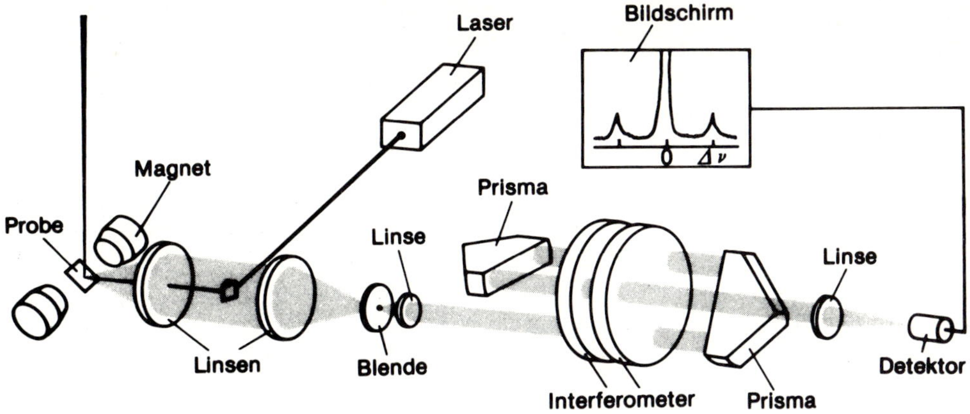


**Abb. VI.2.** Experimenteller Aufbau zum Nachweis der Raman-Streuung an Spinwellen [VI.2]. Der mehrfache Durchgang des Lichtes durch das Fabry-Perot-Spektrometer reduziert den Untergrund, so daß auch sehr schwache inelastische Signale beobachtet werden können

Effekt. Abbildung VI.2 zeigt einen experimentellen Aufbau nach Grünberg und Zinn [VI.3]. Die Probe wird von einem Laser beleuchtet und der Raman-Effekt in Rückstreuung beobachtet. Die Frequenz von Damon-Eshbach-Wellen liegt im GHz-Bereich. Man benötigt also Spektrometer mit großer Auflösung, wie sie z.B. von einem Fabry-Perot-Interferometer erreicht wird. Zur Reduzierung des Untergrundes, verursacht durch die elastisch diffuse Streuung an der Probe, wird das Interferometer mehrfach (zweifach in Abb. VI.2) durchlaufen. Ein Frequenzspektrum erhält man durch Bewegung der Fabry-Perot-Spiegel gegeneinander.

Abbildung VI.3 zeigt Raman-Spektren für zwei unterschiedliche Stellungen der EuO-Probe relativ zum Lichststrahl. Die Oberflächenspinwelle kann nur in der durch $q_{\|}$ bezeichneten Richtung laufen. In der oben gezeichneten Streugeometrie ist also

$$(\boldsymbol{k}_0 - \boldsymbol{k})_{\|} = \boldsymbol{q}_{\|} \,.$$

Dazu gehört der Energiesatz (4.28)

$$\omega_0 - \omega = \omega(q_{\|}) \,.$$

Die zugehörige Ramanlinie ist zu kleineren $\omega$ verschoben. Wir erhalten also die „Stokes“-Linie, während die

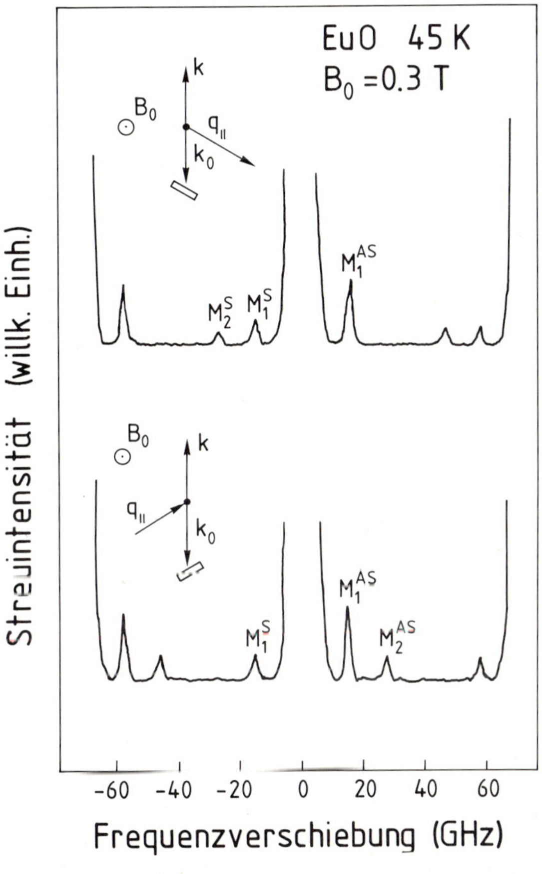


**Abb. VI.3.** Raman-Spektrum von EuO [VI.2]. Je nach Orientierung der Probe beobachtet man die Damon-Eshbach-Spinwelle als Stokes-Linie (*oben*) oder als Anti-Stokes Linie (*unten*), während die Volumenspinwellen in beiden Geometrien mit gleicher Intensität erscheinen, allerdings mit höherer Intensität in der Anti-Stokes Linie [VI.3]

Anti-Stokes Linie für die Oberflächenwelle nicht existiert. Für die unten gezeichnete Streugeometrie gilt

$$(\boldsymbol{k}_0 - \boldsymbol{k})_{\parallel} = -\boldsymbol{q}_{\parallel}$$

und damit auch

$$\omega_0 - \omega = -\omega(q_{\parallel}) .$$

Entsprechend sieht man nur die Anti-Stokes Linie für die Oberflächenwelle. Die Volumenwelle ist sowohl als Stokes- wie als Anti-Stokes Linie sichtbar, bemerkenswerterweise aber mit höherer Intensität in der Anti-Stokes Linie: Die Zahl der beitragenden Volumenwellen gleicher Frequenz ist für beide Streugeometrien nicht gleich.

## Literatur

VI.1 R.W. Damon, J.R. Eshbach: J. Phys. Chem. Solids **19**, 308 (1961)

VI.2 P. Grünberg, W. Zinn: IFF Bulletin **22**, 3 (KFA, Jülich 1983)

VI.3 R.E. Camley, P. Grünberg, C.M. Mayer: Phys. Rev. B**26**, 2609 (1982)

# Tafel VII Oberflächenmagnetismus

In der Diskussion des ferromagnetischen Verhaltens eines Festkörpers mit Austauschkopplung zwischen lokalisierten Elektronen zeigte sich, daß die Curie-Temperatur erwartungsgemäß von der Stärke der Austauschkopplung und der Zahl der Nachbaratome abhängt (8.66). An der Oberfläche eines Festkörpers ist die Koordinationszahl erheblich erniedrigt. Man würde von daher eine stark reduzierte Curie-Temperatur für Oberflächenatome erwarten. Tatsächlich zwingt jedoch die magnetische Ordnung im Volumen auch die Oberfläche in den magnetisch geordneten Zustand, während dagegen das kritische Verhalten in der Nähe von $T_c$ erheblich durch die Oberfläche beeinflußt wird. Es ist instruktiv dies an einem einfachen Modell für die Austauschkopplung im Rahmen der Molekularfeldnäherung zu studieren. Indiziert man die Atomebenen parallel zur Oberfläche mit $l$, so koppelt das mittlere magnetische Moment der Atome der $l$-ten Schicht $\langle m_l \rangle$ mit dem mittleren Moment der Nachbaratome $\delta$ gemäß, siehe (8.67),

$$\langle m_l \rangle / m_s = \tanh\left(\frac{T_c}{T} \sum_{\delta} \langle m_\delta \rangle J_{l\delta} / \sum_{\delta} m_s\right). \qquad \text{(VII.1)}$$

Statt des mittleren magnetischen Moments können wir auch eine Schichtmagnetisierung

$$M_l(T) = \frac{1}{A} \sum_{\text{Schicht}} \langle m_l \rangle \qquad \text{(VII.2)}$$

einführen. Dieses Gleichungssystem läßt sich für ein Schichtpaket numerisch selbstkonsistent lösen bei relativ rascher Konvergenz des Verfahrens. Als Beispiel zeigen wir das Resultat für ein Paket aus 100 Schichten eines flächenzentriert-kubischen Kristalles mit (110)-Oberflächen und isotroper Austauschkopplung nur zwischen nächsten Nachbarn. Die Koordinationszahl der Oberflächenatome ist also 7. Wäre die Oberfläche nicht an das Volumen angekoppelt, so wäre der Verlauf der Magnetisierung wie im Volumen, jedoch mit einer um den Faktor 7/12 reduzierten Curie-Temperatur (gestrichelte Kurve in Abb. VII.1). Tatsächlich ist die Curie-Temperatur dieselbe wie für das Volumen, aber der Verlauf der Magnetisierung ist wesentlich anders. Erst mit zunehmender Tiefe nähert sich der Verlauf dem der Volumenmagnetisierung. Dieses Verhalten wird noch verdeutlicht in Abb. VII.2, wo die relative Schichtmagnetisierung als Funktion der reduzierten Temperatur dargestellt ist. Für die Oberfläche ist der kritische Exponent bei Annäherung an $T_c$ gleich 1 (im Rahmen der Molekularfeldnäherung). Dies gilt auch für die tieferen Schichten, nur muß man immer dichter

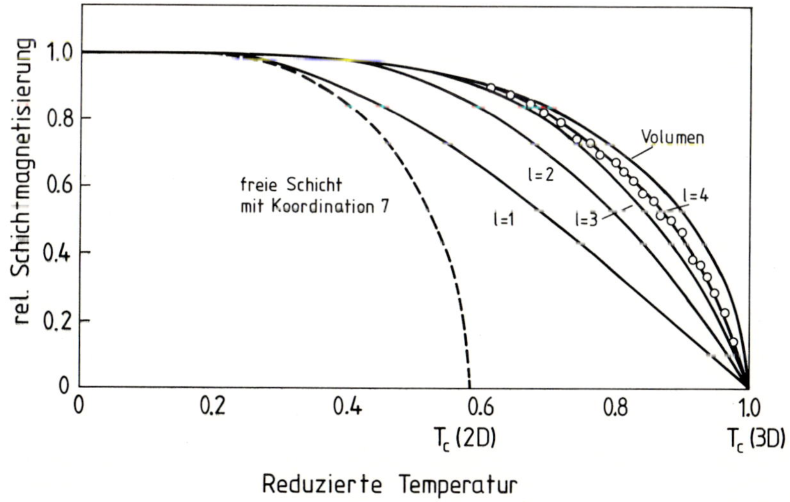


**VII.1.** Relative Schichtmagnetisierung $M_l(T)/M_s$ in der Nähe einer Oberfläche (isotrope Austauschkopplung, Molekularfeldnäherung). Der Index $l=1$ bezeichnet die Oberflächenatome, $l=2$ die Atome einer Lage darunter, usw. Ein zweidimensionales Gitter hat (in dieser Näherung) den gleichen Verlauf der Magnetisierung wie das Volumen eines dreidimensionalen Kristalles, mit entsprechend der Koordinationszahl verringertem $T_c$. Die Punkte zeigen die Spinpolarisation von Sekundärelektronen nach Abraham und Hopster [VII.1] als Funktion der Temperatur

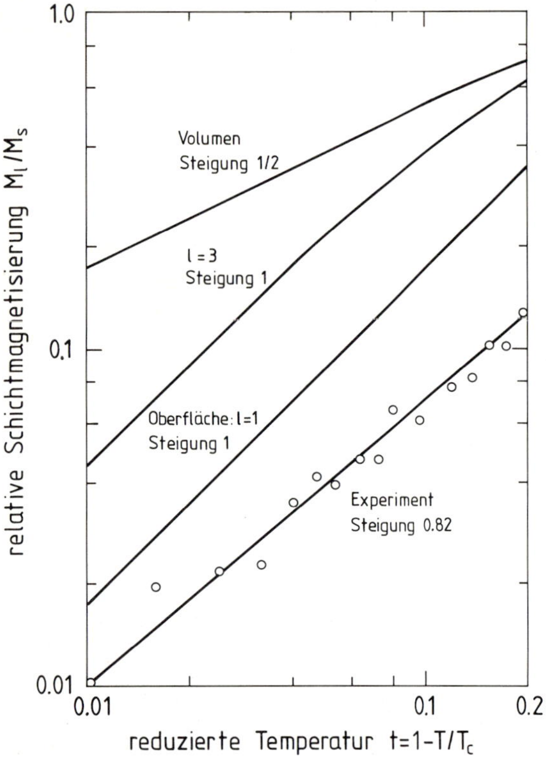


**VII.2.** Relative Schichtmagnetisierung $M_l(T)/M_s$ über der reduzierten Temperatur $t=1-T/T_c$ im doppelt logarithmischen Maßstab. Für die Oberfläche ist die Steigung 1 für kleine $t$. Dies gilt auch für tiefere Schichten, nur muß man zu immer kleineren $t$ gehen, um das Verhalten zu sehen. Für das Volumen bzw. für tiefe Schichten bei nicht zu kleinen $t$ ist die Steigung 0,5. Experimentelle Werte für die Spinasymmetrie in der Streuung von Elektronen [VII.2], welche proportional zum Oberflächenmagnetismus ist, zeigen eine geringere Steigung als man im Molekularfeldmodell berechnet

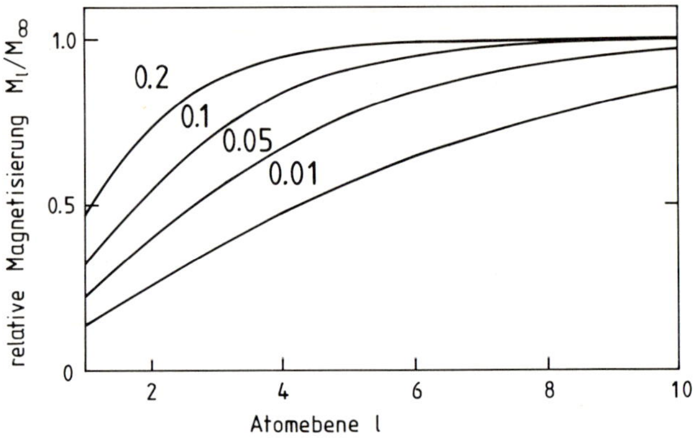


**VII.3.** Magnetisierung in der Schicht $l$ geteilt durch die Magnetisierung in einer Schicht großer Tiefe ($l=50$) als Funktion von $l$. Parameter ist die reduzierte Temperatur $t=1-T/T_c$. Mit Annäherung an $T_c$ zieht die reduzierte Oberflächenmagnetisierung immer tiefere Bereiche des Volumens ebenfalls auf kleinere Werte der Magnetisierung

an $T_c$ herangehen, um den „wahren" kritischen Exponenten zu sehen. In diesem Zusammenhang ist es auch nützlich, das magnetische Moment als Funktion der Tiefe bei fester Temperatur zu betrachten (Abb. VII.3). Je dichter man an $T_c$ geht, desto mehr zieht sich die an der Oberfläche reduzierte Magnetisierung in das Volumen hinein.

Der Oberflächenmagnetismus ist experimentell beobachtbar. Eine empfindliche Methode beruht auf der Spinanalyse von Sekundärelektronen bzw. auf der Streuung spinpolarisierter Elektronen. Zur Vermeidung einer Ablenkung der Elektronen im Streufeld der Probe gibt man der Probe die Form eines geschlossenen magnetischen Rahmen (Abb. VII.4). Die Spinpolarisation von Sekundärelektronen kann mit dem sog. Mott-Detektor nachgewiesen werden. Im Mott-Detektor werden die Elektronen mit hoher Energie an einer Folie eines Materials hoher Kernladungszahl gestreut. Die Spin-Bahn-Wechselwirkung setzt dann die Spinpolarisation der Elektronen in eine Intensitätsasymmetrie zwischen nach links and rechts gestreuten Elektronen um. Ein Ergebnis der Polarisationsanalyse von Sekundärelektronen aus einer Ni(110) Oberfläche als Funktion der Temperatur ist in Abb. VII.1 gezeigt [VII.1]. Der Temperaturverlauf entspricht in etwa dem der Magnetisierung der vierten Schicht. Daraus mag man schließen, daß die Sekundärelektronen im Mittel aus einer Tiefe kommen, die der vierten Schicht entspricht. Die genauere Analyse von *Abraham* und *Hopster* [VII.1] ergab eine mittlere Austrittstiefe von ca. 9 Å, equivalent mit 7 Schichten.

Das magnetische Verhalten kann auch durch die Streuung bereits polarisierter Elektronen untersucht werden. Die gebräuchliche Quelle spinpolarisierter Elektronen besteht aus GaAs oder $Al_xGa_{1-x}As$. Durch Anregung von Elektronen aus dem Valenzband in das Leitungsband im $\Gamma$-Punkt mit rechts- oder linkszirkular polarisiertem Licht entstehen im Leitungsband spinpo-

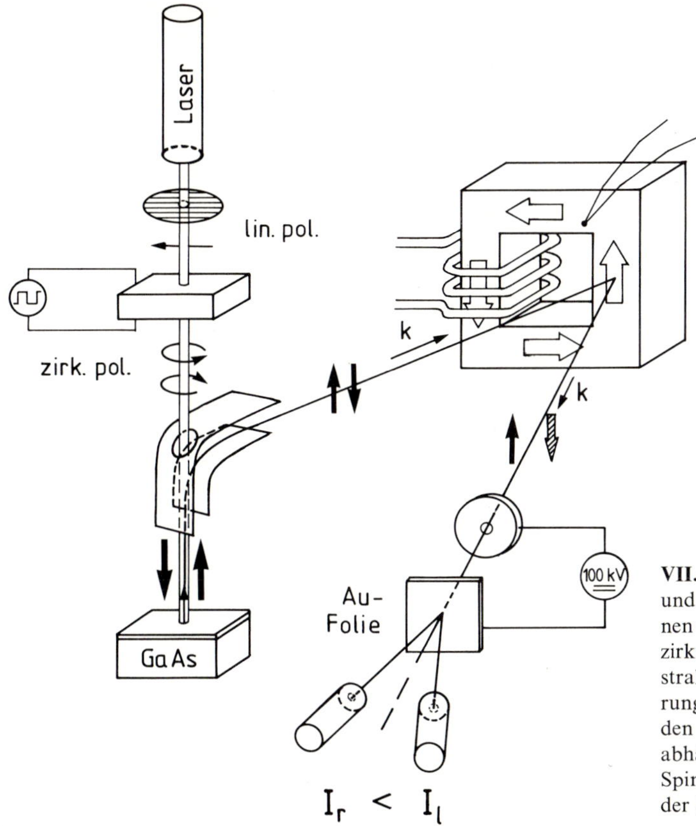


**VII.4.** Schema eines Streuexperimentes mit polarisierten Elektronen und Spinanalyse der gestreuten Elektronen. Spinpolarisierte Elektronen werden durch Photoemission aus GaAs mittels rechts- bzw. linkszirkularem Licht erzeugt. Durch 90°-Umlenkung des Elektronenstrahls, wobei die Spinrichtung erhalten bleibt, wird die Spinorientierung senkrecht zur Streuebene. Die Austauschwechselwirkung mit den Elektronen in einem Ferromagneten macht die Streuintensität abhängig von der Spinorientierung im einfallenden Strahl. Die Spinpolarisation des gestreuten Strahls kann durch die Asymmetrie der Streuintensitäten im Mott-Detektor nachgewiesen werden

larisierte Elektronen, die nach besonderer Behandlung der Oberfläche, aus dieser als Photoelektronen emittiert werden. Die Intensitätsasymmetrie der Streuung von Elektronen mit unterschiedlicher Polarisation ist dann ein Maß für die Magnetisierung. *Alvarado* et al. [VII.2] konnten damit den kritischen Exponenten für die Oberflächenmagnetisierung bestimmen (Abb. VII.2). Er liegt bei etwa 0,8 und weicht damit signifikant von der Molekularfeldnäherung ab. Wir haben schon bei der Diskussion der Volumenmagnetisierung gesehen, daß die Molekularfeldnäherung nicht die richtigen kritischen Exponenten liefert. Die Curie-Temperatur ist, wie im Molekularfeldmodell, für die Oberfläche genau so groß wie die Volumen Curie-Temperatur. Bei sehr starker Austauschkopplung zwischen den Oberflächenatomen, also wenn die gesamte Austauschkopplung in der ersten Schicht (VII.1) größer ist als im Volumen, ist die Curie-Temperatur für die Oberfläche größer als im Volumen. Es verbleibt also eine Oberflächenmagnetisierung auch oberhalb der Volumen Curie-Temperatur. Dies wurde experimentell für Gadolinium nachgewiesen [VII.3].

## Literatur

VII.1 D.L. Abraham, H. Hopster: Phys. Rev. Lett. **58**, 1352 (1987)
VII.2 S.F. Alvarado, M. Campagna, F. Ciccacci, H. Hopster: J. Appl. Phys. **53**, 7920 (1982)
VII.3 D. Weller, S.F. Alvarado, W. Gudat, K. Schröder, M. Campagna: Phys. Rev. Lett. **54**, 1555 (1985)

# 9. Bewegung von Ladungsträgern und Transportphänomene

Wichtige Phänomene wie die elektrische Leitfähigkeit und die Wärmeleitfähigkeit durch Elektronen beruhen auf der Bewegung von Ladungsträgern im Festkörper. Die Beschreibung dieser Effekte geht über das bisher Betrachtete hinaus, da wir es mit zeitabhängigen Problemen zu tun haben, bisher aber nur Lösungen der zeitunabhängigen Schrödinger-Gleichung bzw. Aussagen über das thermodynamische Gleichgewicht (Besetzung nach der Fermi-Statistik etc.) betrachtet wurden. Das vorliegende Kapitel beschäftigt sich mit der Fragestellung, wie verhalten sich Ladungsträger in Bandstrukturen, wenn wir z. B. ein äußeres elektrisches Feld anlegen und so das System aus dem thermodynamischen Gleichgewicht herauszwingen. Hierbei ist natürlich der einfachste Fall der des stationären Zustandes, wo die äußeren Einflüsse, z. B. elektrisches Feld oder Temperaturgradient zeitunabhängig sind.

## 9.1 Bewegung von Ladungsträgern in Bändern – die effektive Masse

Will man die Bewegung von Elektronen im Festkörper beschreiben, so ist man mit dem gleichen Problem konfrontiert, das sich ergibt, wenn die Bewegung eines mehr oder weniger lokalisierten freien Teilchens im Bild einer Wellentheorie dargestellt werden soll: Die Bewegung eines freien Elektrons mit festem Impuls $\boldsymbol{p}$ wird z. B. durch eine unendlich ausgedehnte ebene Welle beschrieben, hierbei bedeutet die Angabe eines scharfen Wellenzahlvektors $k$ das Inkaufnehmen einer totalen Unschärfe im Raum: Die ebene Welle ist längs der gesamten $x$-Achse definiert. Ist infolge einer Ortsmessung eine Lokalisierung des Elektrons längs einer Strecke $\Delta x$ gegeben, so bedeutet dies, daß der Impuls bzw. der Wellenvektor über einen bestimmten Bereich $\Delta k$ unbestimmt ist. Lokalisierung bedeutet, daß der Zustand des Elektrons durch ein Wellenpaket, d. h. eine lineare Superposition von ebenen Wellen mit Wellenzahlen aus einem Bereich $\{k-\Delta k/2, k+\Delta k/2\}$ beschrieben wird, d. h.

$$\psi(x,t) \sim \int\limits_{k-\Delta k/2}^{k+\Delta k/2} a(k)\, \mathrm{e}^{\mathrm{i}[kx-\omega(k)t]} dk\,, \tag{9.1}$$

wobei $\omega(k)$ im allgemeinen über spezielle Dispersionsbeziehungen gegeben ist. Als Beispiel ist in Abb. 9.1 ein Wellenpaket in seiner Ortsdarstellung gezeichnet.

Aus der Fourier-Darstellung (9.1) folgt in der Wellenmechanik die Unschärferelation

$$\Delta p \cdot \Delta x = \hbar \Delta k \cdot \Delta x \sim \hbar\,. \tag{9.2}$$

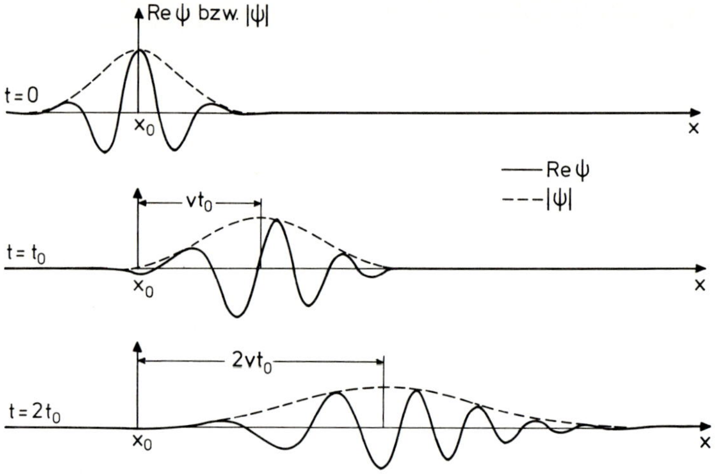


**Abb. 9.1.** Schematische Ortsdarstellung eines Wellenpaketes (Re{$\psi$}: durchgezogene Linie, $|\psi|$: gestrichelt), das die Bewegung eines räumlich lokalisierten, freien Elektrons beschreibt, für verschiedene Zeiten $t=0$, $t_0$, $2t_0$ .... Das Zentrum des Wellenpaketes, d. h. im Teilchenbild das Elektron selbst, wandert mit der Gruppengeschwindigkeit $v=\partial\omega/\partial k$, wobei sich die Halbwertsbreite von $|\psi|$ mit der Zeit vergrößert. Die Wellenlänge der Oszillationen von Re{$\psi$} wird beim „Auseinanderlaufen" des Paketes auf der „Vorderseite" kleiner und sie wächst auf der „Rückseite"

Die translatorische Bewegung eines solchen Wellenpaketes läßt sich durch die Angabe der sog. *Gruppengeschwindigkeit*

$$v=\frac{\partial\omega}{\partial k}, \tag{9.3}$$

d. h. der Geschwindigkeit des Schwerpunktes des räumlich lokalisierten Wellenpaketes beschreiben (zu unterscheiden von der Phasengeschwindigkeit $c=\omega/k$ einer ebenen Welle!). Hierbei ist zu beachten, daß infolge der Dispersion $\omega=c(k)\cdot k$, die innerhalb der Schrödingerschen Wellenmechanik schon für das freie Elektron gegeben ist, ein solches Wellenpaket mit der Zeit „auseinanderläuft", d. h. seine Gestalt ändert. Dies ist in Abb. 9.1 dargestellt.

Im Kristall werden Elektronen durch Bloch-Wellen beschrieben, die räumlich modulierte, unendlich ausgedehnte Wellen (Wellenzahlvektor $\boldsymbol{k}$) darstellen. Ein lokalisiertes Kristallelektron wird also zweckmäßig auch durch die Superposition von Bloch-Wellen zu einem Wellenpaket beschrieben, d.h., die Lokalisierung in einem Raumbereich beinhaltet eine gewisse $\boldsymbol{k}$-, bzw. Impulsunschärfe, die über die Unschärferelation mit der Ortsunschärfe in Beziehung steht. Die Geschwindigkeit $\boldsymbol{v}$ eines Kristallelektrons ist in dieser semiklassischen Darstellung als Gruppengeschwindigkeit des Wellenpaketes aus Bloch-Wellen gegeben:

$$\boldsymbol{v}=\nabla_{\boldsymbol{k}}\omega(\boldsymbol{k})=\frac{1}{\hbar}\nabla_{\boldsymbol{k}}E(\boldsymbol{k}). \tag{9.4}$$

Hierbei ist die Energie-Wellenvektorabhängigkeit $E(\boldsymbol{k})$ desjenigen Bandes einzusetzen, aus dem das Elektron stammt. Diese Darstellung beinhaltet natürlich den Fall des freien Elektrons, wo $E=\hbar^2k^2/2m$ ist; dort folgt aus (9.4): $\boldsymbol{v}=\boldsymbol{k}\hbar/m=\boldsymbol{p}/m$.

Folgende Korrespondenzbetrachtung führt uns nun zur semiklassischen Bewegungsgleichung eines Kristallelektrons: Ein Wellenpaket, das ein Kristallelektron mit mittlerem Wellenzahlvektor $\boldsymbol{k}$ beschreibt, erfährt während der Zeit $\delta t$ in einem äußeren elektrischen Feld $\mathscr{E}$ einen Energiezuwachs

$$\delta E = -e\mathscr{E}\cdot \boldsymbol{v}\delta t\,, \tag{9.5}$$

wobei $\boldsymbol{v}$ die Gruppengeschwindigkeit des Wellenpaketes (9.4) darstellt. Aus (9.4) und (9.5) folgt sofort:

$$\delta E = \nabla_{\boldsymbol{k}} E(\boldsymbol{k})\cdot \delta \boldsymbol{k} = \hbar \boldsymbol{v}\cdot \delta \boldsymbol{k}\,, \tag{9.6a}$$

$$\hbar \delta \boldsymbol{k} = -e\mathscr{E}\delta t\,, \tag{9.6b}$$

$$\hbar \dot{\boldsymbol{k}} = -e\mathscr{E}\,. \tag{9.6c}$$

Diese Bewegungsgleichung, die für freie Elektronen unmittelbar aus dem Korrespondenzprinzip folgt, besagt also, daß ein äußeres elektrisches Feld den Wellenzahlvektor $\boldsymbol{k}$ eines Kristallelektrons nach Maßgabe von (9.6c) ändert. Es läßt sich allgemein durch Behandlung der zeitabhängigen Schrödinger-Gleichung im Kristall zeigen, daß (9.6c) für Wellenpakete von Bloch-Zuständen gilt, wenn nur die betrachteten äußeren elektromagnetischen Felder nicht zu groß (gemessen an atomaren Feldern) sind und nicht zu stark räumlich und zeitlich variieren (gemessen an atomaren Abständen).

Die Gln. (9.6) gestatten das Aufstellen einer semiklassischen Bewegungsgleichung für Kristallelektronen in äußeren Feldern, wobei der Einfluß der atomaren Kristallfelder nur noch phänomenologisch in Gestalt der Bandstruktur $E(\boldsymbol{k})$ erscheint: Aus (9.4) und (9.6) folgt für die Änderung der Gruppengeschwindigkeitskomponente $v_i$ eines Kristallelektrons:

$$\dot{v}_i = \frac{1}{\hbar}\frac{d}{dt}(\nabla_{\boldsymbol{k}} E)_i = \frac{1}{\hbar}\sum_j \frac{\partial^2 E}{\partial k_i \partial k_j}\dot{k}_j\,, \tag{9.7a}$$

$$\dot{v}_i = \frac{1}{\hbar^2}\sum_j \frac{\partial^2 E}{\partial k_i \partial k_j}(-e\mathscr{E}_j)\,. \tag{9.7b}$$

Diese Bewegungsgleichung ist völlig analog der klassischen Bewegungsgleichung $\dot{\boldsymbol{v}} = m^{-1}(-e\mathscr{E})$ einer punktförmigen Ladung $(-e)$ im Feld $\mathscr{E}$, man hat nur formal die skalare Masse $m$ durch eine tensorielle sog. *effektive Masse* $m^*_{ij}$ zu ersetzen. Hierbei ist

$$\left(\frac{1}{m^*}\right)_{ij} = \frac{1}{\hbar^2}\frac{\partial^2 E(\boldsymbol{k})}{\partial k_i \partial k_j} \tag{9.8}$$

der inverse Massentensor gerade durch die Krümmung des $E(\boldsymbol{k})$-Verlaufes gegeben. Da der Massentensor $m^*_{ij}$ wie auch $(m^*_{ij})^{-1}$ symmetrisch sind lassen sie sich auf Hauptachsen transformieren.

Im einfachen Falle, daß die drei effektiven Massen im Hauptachsensystem gleich $m^*$ sind, gilt

$$m^* = \frac{\hbar^2}{d^2E/dk^2}\,. \tag{9.9}$$

Dieser Fall ist gegeben, wenn wir uns im Minimum oder Maximum eines „parabolischen“ Bandes befinden, wo die $E(\boldsymbol{k})$-Abhängigkeit in guter Näherung beschrieben werden kann durch

$$E(\boldsymbol{k})=E_0 \pm \frac{\hbar^2}{2m^*}(k_x^2+k_y^2+k_z^2)\,. \tag{9.10}$$

In der Umgebung eines solchen kritischen Punktes ist die sog. *effektive Massennäherung* besonders nützlich, weil hier $m^*$ eine Konstante darstellt. Schreitet man zu energetisch tiefer im Band liegenden Bereichen fort, so wird wegen der Abweichung der $E(\boldsymbol{k})$-Fläche von der Parabelgestalt (9.10) $m^*$ natürlich von $\boldsymbol{k}$ abhängen.

In Abb. 9.2 sind zwei eindimensionale Bandverläufe $E(k)$ mit starker (*a*) und schwacher Krümmung (*b*) an den Bandrändern dargestellt. Entsprechend ergeben sich kleine (*a*) und große (*b*) effektive Massen an den Bandrändern. Am Brillouin-Zonenrand (obere Bandkante), wo die Krümmung negativ ist, ist auch die effektive Masse negativ. Hier zeigt sich ganz klar, daß im effektiven Massenkonzept die Wirkung des periodischen Potentials summarisch in die Größe $m^*$ hineingesteckt wurde.

Es sei noch vermerkt, daß nach dem eben Ausgeführten alle Aussagen in Kap. 6 über das freie Elektronengas in Metallen erhalten bleiben, wenn man nur Elektronen in solchen Bereichen der Energiebänder betrachten muß, wo $E(\boldsymbol{k})$ durch die Parabelnäherung (9.10) beschrieben werden kann. Man hat also in der Nähe solcher Bandextrema nur die Masse $m$ des freien Elektrons durch die dort konstante effektive Masse $m^*$ zu ersetzen.

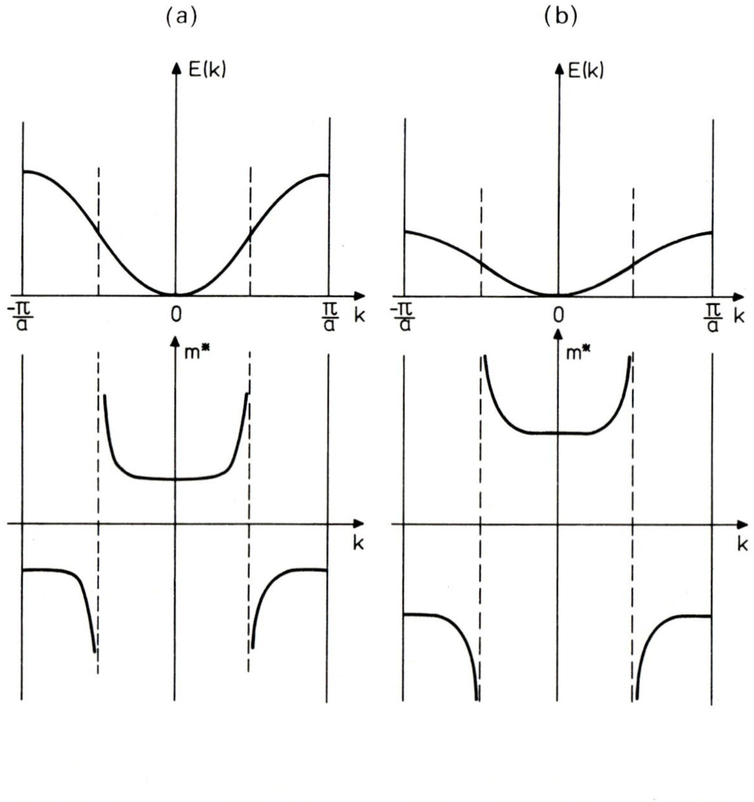


**Abb. 9.2a, b.** Schematische Darstellung der effektiven Masse $m^*(k)$ für ein eindimensionales Bandschema $E(k)$: (**a**) Bei starken Bandkrümmungen, d. h. kleinen effektiven Massen. (**b**) Bei schwachen Bandkrümmungen, d. h. großen effektiven Massen. Die gestrichelten Linien bezeichnen die Lage der Wendepunkte in $E(k)$

## 9.2 Ströme in Bändern und Defektelektronen

Wegen der in einem Band stark veränderlichen effektiven Masse – am oberen Bandrand bewegen sich Elektronen entgegengesetzt zu denen am unteren – stellt sich unmittelbar die Frage, wie tragen Elektronen mit verschiedenen $\boldsymbol{k}$-Vektoren, also auf verschiedenen Zuständen im Band, zum elektrischen Strom bei. Ein Volumenelement $d\boldsymbol{k}$ bei $\boldsymbol{k}$ trägt zur Teilchenstromdichte $\boldsymbol{j}_n$

$$d\boldsymbol{j}_n = \boldsymbol{v}(\boldsymbol{k})\,\frac{d\boldsymbol{k}}{8\pi^3} = \frac{1}{8\pi^3\hbar}\,\nabla_{\boldsymbol{k}} E(\boldsymbol{k})\,d\boldsymbol{k} \tag{9.11}$$

bei, denn die Dichte der Zustände im $\boldsymbol{k}$-Raum beträgt $V/(2\pi)^3$ bzw. $1/(2\pi)^3$, falls man auf das Volumen $V$ des Kristalls bezieht. Wir beachten dabei, daß spinentartete Zustände doppelt gezählt werden müssen.

Damit tragen alle Elektronen eines voll besetzten Bandes zur elektrischen Stromdichte $\boldsymbol{j}$ wie folgt bei:

$$\boldsymbol{j} = \frac{-e}{8\pi^3\hbar} \int\limits_{\text{1. Brill. Z.}} \nabla_{\boldsymbol{k}} E(\boldsymbol{k})\,d\boldsymbol{k}\,. \tag{9.12}$$

Da das Band voll besetzt ist, erstreckt sich das Integral über die gesamte erste Brillouin-Zone, d.h., neben jeder Geschwindigkeit $\boldsymbol{v}(\boldsymbol{k}) = \nabla_{\boldsymbol{k}} E(\boldsymbol{k})/\hbar$ trägt auch $\boldsymbol{v}(-\boldsymbol{k})$ zum Integral bei. Da das reziproke Gitter die Punktsymmetrie des Realgitters besitzt (Abschn. 3.2), gilt für Kristallstrukturen mit Inversionszentrum

$$E(\boldsymbol{k}) = E(-\boldsymbol{k})\,. \tag{9.13}$$

Bezeichnen wir die beiden möglichen Spinzustände eines Elektrons formal mit zwei Pfeilen (↑ bzw. ↓), so läßt sich (9.13) auch auf allgemeine Kristallstrukturen ohne Inversionszentrum verallgemeinern zu

$$E(\boldsymbol{k}\uparrow) = E(-\boldsymbol{k}\downarrow)\,. \tag{9.14}$$

Der Beweis von (9.14) folgt aus der Zeitumkehrinvarianz der Schrödinger-Gleichung bei Berücksichtigung des Spins. Ohne Berücksichtigung des Spins, d.h. bei Annahme von Spinentartung, gilt also (9.13) allgemein und wir erhalten für die zu $\boldsymbol{k}$ gehörenden Elektronengeschwindigkeiten

$$\boldsymbol{v}(-\boldsymbol{k}) = \frac{1}{\hbar}\nabla_{-\boldsymbol{k}} E(-\boldsymbol{k}) = -\frac{1}{\hbar}\nabla_{\boldsymbol{k}} E(\boldsymbol{k}) = -\boldsymbol{v}(\boldsymbol{k})\,. \tag{9.15}$$

Damit folgt allgemein aus (9.12) für die Stromdichte, die von einem vollen Band getragen wird:

$$\boldsymbol{j}\,(\text{volles Band}) \equiv \boldsymbol{0}\,. \tag{9.16}$$

Stellen wir uns jetzt ein Band vor, das nur partiell mit Elektronen besetzt ist, dann wird ein äußeres elektrisches Feld $\mathscr{E}$ wegen der Bewegungsgleichung (9.6c) Elektronen von den symmetrisch um $\boldsymbol{k}=\boldsymbol{0}$ verteilten, besetzten Zuständen auf Zustände bewegen, die jetzt nicht mehr symmetrisch um $\boldsymbol{k}=\boldsymbol{0}$ liegen. Die Verteilung der besetzten Zustände wird wegen der Auszeichnung einer Richtung durch $\mathscr{E}$ nicht mehr inversionssymmetrisch sein, und es folgt

$$\boldsymbol{j}(\text{nicht volles Band}) \neq \boldsymbol{0}\,. \tag{9.17}$$

Da jetzt statt über die gesamte Brillouin-Zone wie in (9.12) nur über die besetzten Zustände integriert wird, folgt unter Zuhilfenahme von (9.12) und (9.16):

$$\begin{aligned} \boldsymbol{j} &= \frac{-e}{8\pi^3} \int\limits_{\boldsymbol{k}\,\text{besetzt}} \boldsymbol{v}(\boldsymbol{k}) d\boldsymbol{k} \\ &= \frac{-e}{8\pi^3} \int\limits_{1.\,\text{Brill. Z.}} \boldsymbol{v}(\boldsymbol{k}) d\boldsymbol{k} - \frac{-e}{8\pi^3} \int\limits_{\boldsymbol{k}\,\text{leer}} \boldsymbol{v}(\boldsymbol{k}) d\boldsymbol{k}\,, \\ \boldsymbol{j} &= \frac{+e}{8\pi^3} \int\limits_{\boldsymbol{k}\,\text{leer}} \boldsymbol{v}(\boldsymbol{k}) d\boldsymbol{k}\,. \end{aligned} \tag{9.18}$$

Die Tatsache, daß bei einem partiell gefüllten Band nur über die besetzten Zustände integriert wird, äußert sich so, daß der Gesamtstrom der Elektronen in diesem Band formal durch einen Strom positiver Teilchen beschrieben werden kann, die den unbesetzten Zuständen ($\boldsymbol{k}$ leer) in diesem Band zugeordnet sind. Man nennt diese Quasiteilchen, für die analoge dynamische Gesetze wie im Abschn. 9.1 für Elektronen hergeleitet werden können, *Defektelektronen oder Löcher*.

Auch bezüglich ihrer Dynamik in einem äußeren Feld zeigen Löcher das Verhalten positiver Teilchen: Ein Band sei fast ganz gefüllt, so daß nur der energetisch höchste Teil in der Nähe eines Maximums ungefüllte Zustände aufweist; im thermodynamischen Gleichgewicht werden natürlich Elektronen immer die energetisch niedrigsten Zustände einnehmen, Löcher sich somit an der Oberkante des Bandes befinden. In der Nähe des Maximums gelte für $E(\boldsymbol{k})$ die parabolische Näherung

$$E(\boldsymbol{k}) = E_0 - \frac{\hbar^2 k^2}{2|m^*_\wedge|}\,. \tag{9.19}$$

$m^*_\wedge$ soll anzeigen, daß es sich um die elektronische effektive Masse an der oberen Bandkante handelt, die dort negativ ist. Für die Beschleunigung, die ein Loch in diesen Zuständen unter dem Einfluß eines elektrischen Feldes erfährt, gilt, wenn man (9.6c) benutzt:

$$\dot{\boldsymbol{v}} = \frac{1}{\hbar}\frac{d}{dt}[\boldsymbol{\nabla}_{\boldsymbol{k}} E(\boldsymbol{k})] = -\frac{1}{|m^*_\wedge|}\hbar\dot{\boldsymbol{k}} = \frac{e}{|m^*_\wedge|}\mathscr{E}\,. \tag{9.20}$$

Hierbei ist gemäß (9.18) $\boldsymbol{\nabla}_{\boldsymbol{k}} E$ und $\dot{\boldsymbol{k}}$ dem unbesetzten elektronischen Zustand zuzuordnen. Die Bewegungsgleichung (9.20) ist die eines positiv geladenen Teilchens mit positiver effektiver Masse $|m^*_\wedge|$, d.h., *Löchern an der oberen Bandkante* muß man eine *positive effektive Masse* zuordnen.

Aus der Tatsache, daß ein vollbesetztes elektronisches Band keinen Strom führen kann, folgt sofort, daß ein Kristall, bei dem eine absolute Bandlücke zwischen dem höchsten besetzten und dem niedrigsten unbesetzten Band existiert, ein Isolator ist. Diese Aussage ist allerdings nur richtig für Temperaturen am absoluten Nullpunkt. Wegen der Endlichkeit der Fermi-Funktion bei $E \gg E_F$ auch für die niedrigsten von Null verschiedenen Temperaturen $T$ gibt es für $T \neq 0$ K immer einige wenige thermisch angeregte Elektronen, die in dem niedrigsten fast unbesetzten Band (genannt Leitungsband) bei Anlegen eines elektrischen Feldes einen Strom führen. Desgleichen werden die durch die thermische Anregung erzeugten Löcher im höchsten besetzten Band, dem sog. Valenzband, einen Strom führen. Bei höheren Temperaturen wird der Strom also sowohl durch Elektronen wie durch Löcher getragen. Dieses Verhalten ist charakteristisch für Halbleiter und Isolatoren, wobei der Unterschied zwischen Halbleiter und Isolator nur ein gradueller ist. Wie gut ein Material zum Beispiel bei Zimmertemperatur leitet, ist im wesentlichen von der energetischen Breite des verbotenen Bandes abhängig, über das die Elektronen thermisch angeregt werden müssen (Kap. 12).

Ein Metall, das bei allen Temperaturen eine im wesentlichen konstante Anzahl freier Ladungsträger besitzt, liegt nach dem vorher Gesagten immer dann vor, wenn ein elektronisches Band nur zum Teil gefüllt ist. Die in diesem partiell gefüllten Band vorhandenen Elektronen sind jene, die wir im Rahmen des Potentialtopfmodells (Kap. 6) betrachtet haben.

## 9.3 Streuung von Elektronen in Bändern

In der bisherigen Betrachtung wurde eine wesentliche Tatsache außer acht gelassen, nämlich die, daß Elektronen, die sich unter dem Einfluß äußerer Felder im Kristall bewegen, Stöße erleiden, die auf ihre Bewegung hemmend wirken. Wäre dies nicht der Fall, so gäbe es keinen elektrischen Widerstand; ein Strom, der einmal durch ein vorübergehend angelegtes elektrisches Feld hervorgerufen würde, bliebe für immer bestehen wegen der Gültigkeit der semiklassischen Bewegungsgleichung (9.7b bzw. 20). Dieses Phänomen wird als „Supraleitung" bei vielen Materialien beobachtet (Kap. 10). Normalleiter haben dagegen einen endlichen, oft hohen elektrischen Widerstand. Was sind also die entscheidenden Stoßprozesse, die Elektronen erleiden, wenn sie durch äußere Felder beschleunigt werden?

*Drude* (1900) [9.1] hatte noch angenommen, daß die Elektronen an die im Gitter periodisch angeordneten, positiven Rümpfe stoßen. Daraus müßte man auf eine mittlere freie Weglänge zwischen zwei Stößen von der Größenordnung 1–5 Å schließen. Dies steht aber im krassen Widerspruch dazu, daß bei Zimmertemperatur für die meisten Metalle freie Weglängen gefunden werden, die um etwa zwei Größenordnungen höher liegen (Abschn. 9.5).

Die Erklärung der Diskrepanz gelang erst, als man erkannte, daß ein exakt periodisches Gitter, bestehend aus positiven Rümpfen keinen Anlaß zur Elektronenstreuung gibt. Diese Tatsache folgt unmittelbar im Rahmen der *Einelektronennäherung*, weil durch das Gitter laufende Bloch-Wellen stationäre Lösungen der Schrödinger-Gleichung sind. Diese Lösungen beschreiben also wegen der Zeitunabhängigkeit von $\psi^*\psi$ die ungestörte Ausbreitung von Elektronenwellen. Diese Aussagen gelten natürlich ebenso für Wellenpakete aus Bloch-Wellen, die lokalisierte Elektronen beschreiben. Abweichungen von dieser ungestörten Ausbreitung, d. h. Störungen der stationären Bloch-Zustände, können nur auf zweierlei Art zustande kommen:

I) Im Rahmen der Einelektronennäherung, wo Wechselwirkungen der Elektronen untereinander vernachlässigt sind, sind *Abweichungen von der strengen Periodizität* des Gitters die Ursache für Elektronenstreuung, dies können sein:

a) zeitlich und räumlich fest eingebaute Störstellen im Gitter (Lücken, Versetzungen, Fremdatome usw.),

b) zeitlich veränderliche Abweichungen von der Periodizität, d. h. Gitterschwingungen.

II) Die Einelektronennäherung vernachlässigt Wechselwirkungen zwischen den Elektronen. Elektron-Elektron-Stöße, die also im Konzept des nicht wechselwirkenden Fermi-Gases nicht enthalten sind, können sehr wohl zu einer Störung der stationären Bloch-Zustände führen. Wie wir sehen werden, ist dieser Effekt von weitaus geringerer Bedeutung als die unter I) angeführten Störungen der Gitterperiodizität.

Die entscheidende Größe für die Beschreibung eines Elektronenstreuprozesses ist die Übergangswahrscheinlichkeit $w_{\boldsymbol{k}'\boldsymbol{k}}$, mit der ein Elektron aus einem Bloch-Zustand $\psi_{\boldsymbol{k}}(\boldsymbol{r})$ in einen Zustand $\psi_{\boldsymbol{k}'}(\boldsymbol{r})$ übergeht durch die Wirkung einer der vorher beschriebenen Störungen. Diese Übergangswahrscheinlichkeit ist nach der quantenmechanischen Störungsrechnung (die Störung des Hamilton-Operators sei $\mathscr{H}'$):

$$w_{\boldsymbol{k}'\boldsymbol{k}} \sim |\langle \boldsymbol{k}'|\mathscr{H}'|\boldsymbol{k}\rangle|^2 = |\int d\boldsymbol{r}\psi^*_{\boldsymbol{k}'}(\boldsymbol{r})\mathscr{H}'\psi_{\boldsymbol{k}}(\boldsymbol{r})|^2 , \tag{9.21}$$

d.h., wegen der „Bloch-Gestalt" von $\psi_{\boldsymbol{k}}(\boldsymbol{r})$ gilt

$$\langle \boldsymbol{k}'|\mathscr{H}'|\boldsymbol{k}\rangle = \int d\boldsymbol{r} u^*_{\boldsymbol{k}'} \mathrm{e}^{-\mathrm{i}\boldsymbol{k}'\cdot\boldsymbol{r}} \mathscr{H}' u_{\boldsymbol{k}} \mathrm{e}^{\mathrm{i}\boldsymbol{k}\cdot\boldsymbol{r}} . \tag{9.22}$$

Läßt sich das Störpotential $\mathscr{H}'$ als Ortsfunktion schreiben, so ist (9.22) zu vergleichen mit dem Fourier-Integral (3.6), das bei der Beugungstheorie an periodischen Strukturen die Beugungsamplitude beschrieb. Man muß nur $(u^*_{\boldsymbol{k}'}\mathscr{H}'u_{\boldsymbol{k}})$ mit der streuenden Elektronendichte $\varrho(\boldsymbol{r})$ nach (3.6) vergleichen. Durch Vergleich mit den Rechnungen der Beugung an ortsfesten und sich bewegenden Streuzentren (Kap. 3 und Abschn. 4.4) können wir sofort folgern: Wenn $\mathscr{H}'(\boldsymbol{r})$ ein zeitlich unveränderliches Potential wie das einer raumfesten Störstelle ist, dann erwarten wir nur *elastische Streuung* der Bloch-Wellen mit Erhaltung der Energien.

Ist $\mathscr{H}'(\boldsymbol{r},t)$ ein zeitlich veränderliches Potential, so wie wir es bei der Störung der Periodizität durch eine *Gitterwelle (Phonon)* haben, dann ist die *Streuung inelastisch* (Abschn. 4.3). Analog zu den Ergebnissen im Abschn. 4.3 gilt also bei der inelastischen Streuung von Leitungselektronen an Phononen der Energiesatz:

$$E(\boldsymbol{k}') - E(\boldsymbol{k}) = \hbar\omega(\boldsymbol{q}) . \tag{9.23}$$

Für Streuung an einem im Kristall angeregten Phonon der Wellenzahl $\boldsymbol{q}$ hat zu einem festen Zeitpunkt dies Störpotential $\mathscr{H}'$ natürlich eine Ortsabhängigkeit $\exp(\mathrm{i}\boldsymbol{q}\cdot\boldsymbol{r})$, d.h., die Streuwahrscheinlichkeit (9.21) enthält ein Matrixelement (9.22) der Gestalt:

$$\langle \boldsymbol{k}'|\mathrm{e}^{\mathrm{i}\boldsymbol{q}\cdot\boldsymbol{r}}|\boldsymbol{k}\rangle = \int d\boldsymbol{r} u^*_{\boldsymbol{k}'} u_{\boldsymbol{k}} \mathrm{e}^{\mathrm{i}(\boldsymbol{k}-\boldsymbol{k}'+\boldsymbol{q})\cdot\boldsymbol{r}} . \tag{9.24}$$

Da $(u^*_{\boldsymbol{k}'} u_{\boldsymbol{k}})$ gitterperiodisch ist und sich deshalb in eine Fourier-Reihe nach reziproken Gittervektoren entwickeln läßt, ergibt sich genau wie im Abschn. 4.3, daß das Matrixelement in (9.24) von null verschieden ist, wenn gilt:

$$\boldsymbol{k}' - \boldsymbol{k} = \boldsymbol{q} + \boldsymbol{G} . \tag{9.25}$$

Bis auf den reziproken Gittervektor $\boldsymbol{G}$ ähnelt diese Beziehung einem Impulserhaltungssatz. Man beachte jedoch, daß $\boldsymbol{k}$ nichts anderes als der Wellenvektor eines Bloch-Zustandes, d. h. eine Quantenzahl ist. Nur für das freie Elektron ist $\hbar\boldsymbol{k}$ der wirkliche Impuls. Nimmt man jedoch die *Energieerhaltung* (9.23) mit der ***k**-Erhaltung* (9.25) zusammen, so läßt sich genau wie im Abschn. 4.3 einsehen, daß die Stöße von Elektronen in Bloch-Zuständen gut im Teilchenbild beschrieben werden können.

Verläßt man die Einelektronennäherung und betrachtet *Elektron-Elektron-Stöße*, dann läßt sich in einer Vielteilchenbeschreibung auch zeigen, daß der Energieerhaltungssatz sowie der Wellenzahlerhaltungssatz (Quasiimpulssatz) gelten, d.h., für einen Zweierstoß (1)+(2)→(3)+(4) von Elektronen muß gelten:

$$E_1 + E_2 = E_3 + E_4\,, \tag{9.26}$$

wo $E_i = E(\boldsymbol{k}_i)$ die Einteilchenenergie eines Elektrons im nicht-wechselwirkenden Fermi-Gas bezeichnet. Ferner muß für die entsprechenden $\boldsymbol{k}$-Vektoren gelten:

$$\boldsymbol{k}_1 + \boldsymbol{k}_2 = \boldsymbol{k}_3 + \boldsymbol{k}_4 + \boldsymbol{G}\,. \tag{9.27}$$

Man würde naiverweise erwarten, daß bei einer Packungsdichte der Größenordnung eines Elektrons pro Elementarzelle und der Stärke der Coulomb-Abstoßung eine hohe Wahrscheinlichkeit für Stöße [beschrieben durch (9.26 und 27)] besteht. Das Pauli-Ausschließungsprinzip verbietet jedoch in hohem Maße Stöße dieser Art:

Nehmen wir an, ein Elektron besetze den Zustand $E_1 > E_F$, also einen angeregten Zustand knapp oberhalb der Fermi-Energie; das zweite, damit stoßende Elektron befinde sich energetisch innerhalb der Fermi-Kugel: $E_2 < E_F$. Damit ein Stoß nach $E_3$ und $E_4$ erfolgen kann, verlangt das Pauli-Prinzip, daß $E_3$ und $E_4$ nicht besetzt sind, d. h., für das Zustandekommen des Stoßes muß neben (9.26) gelten:

$$E_1 > E_F\,, \quad E_2 < E_F\,, \quad E_3 > E_F\,, \quad E_4 > E_F\,. \tag{9.28a}$$

Damit folgt aus dem Energiesatz (9.26):

$$E_1 + E_2 = E_3 + E_4 > 2\,E_F\,, \tag{9.28b}$$

bzw.

$$(E_1 - E_F) + (E_2 - E_F) > 0\,. \tag{9.28c}$$

Wenn $(E_1 - E_F) < \varepsilon_1 (\varepsilon_1 \ll E_F)$, d. h. $E_1$ nur wenig oberhalb der Fermi-Fläche liegt (siehe Abb. 9.3), dann muß wegen (9.28c) $|E_2 - E_F| = |\varepsilon_2| < \varepsilon_1$ sein, d. h., $E_2$ darf nur wenig $(\sim\varepsilon_1)$ unterhalb von $E_F$ liegen. Deshalb stellt nur der Bruchteil $\sim\varepsilon_1/E_F$ aller Elektronen Stoßpartner für ein Elektron auf $E_1$ dar. Wenn $E_1$ und $E_2$ in einer Schale $\pm\varepsilon_1$ um $E_F$ liegen, müssen wegen (9.28b u. c) sowie wegen der $\boldsymbol{k}$-Erhaltung (9.27) auch $E_3$ und $E_4$ in der Schale $\pm\varepsilon_1$ um $E_F$ liegen. Die $\boldsymbol{k}$-Erhaltung in der Form $\boldsymbol{k}_1 - \boldsymbol{k}_3 = \boldsymbol{k}_4 - \boldsymbol{k}_2$ bedeutet, daß in Abb. 9.3 die Verbindungsstrecken (1)–(3) und (2)–(4) gleich lang sind. Da als Endzustände also auch nur der Bruchteil $\sim\varepsilon_1/E_F$ aller besetzten Zustände infrage kommt, verringert die Gültigkeit des Pauli-Prinzips die Stoßwahrscheinlichkeit noch einmal um einen Faktor $\varepsilon_1/E_F$.

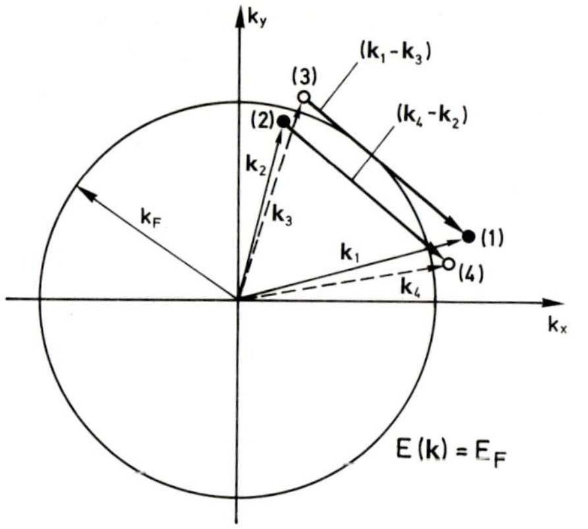


**Abb. 9.3.** Veranschaulichung eines Elektronen-Zweierstoßes im $\boldsymbol{k}$-Raum ($E_F$ ist die Fermi-Kugel): Zwei Elektronen (1) und (2) mit den Wellenvektoren $\boldsymbol{k}_1$ und $\boldsymbol{k}_2$ stoßen und ändern dabei ihre Wellenvektoren in $\boldsymbol{k}_3$ und $\boldsymbol{k}_4$. Energie und Wellenzahlvektoren bleiben erhalten; ferner können wegen des Pauli-Prinzips nur $\boldsymbol{k}_3$, $\boldsymbol{k}_4$-Vektoren nach dem Stoß erreicht werden, die zu unbesetzten Zuständen ($E_3 > E_F$, $E_4 > E_F$) gehören

Die „Temperaturaufweichung" der Fermi-Funktion ist von der Größenordnung $kT$, so daß der Zustand $E_1$ in diesem Bereich oberhalb von $E_F$ liegt, d.h. $\varepsilon_1 \sim kT$. In Abhängigkeit von der Temperatur $T$ läßt sich also die Verringerung des Streuquerschnittes für Elektron-Elektron-Stöße durch das Pauli-Prinzip wie folgt abschätzen:

$$\Sigma \propto \left(\frac{kT}{E_F}\right)^2 \Sigma_0 . \tag{9.29}$$

Hierbei ist $\Sigma_0$ der Streuquerschnitt, der ohne Gültigkeit des Pauli-Prinzips für ein klassisches Gas von abgeschirmten Punktladungen gelten würde.

Nehmen wir an, daß der Streuquerschnitt für Streuung eines Elektrons an einer im Gitter eingebauten Störstelle (z.B. geladener Rumpf eines Fremdatoms) von der Größenordnung dieses $\Sigma_0$ ist – in beiden Fällen handelt es sich um abgeschirmte Coulomb-Felder –, so muß für die Elektron-Elektron-Streuung die Streuwahrscheinlichkeit bei der Temperatur von 1 K um einen Faktor $\sim 10^{-10}$ unter der für Elektron-Störstellenstreuung liegen ($E_F/k$ wurde zu etwa $10^5$ K angenommen, Abschn. 6.2, Tabelle 6.1).

Diese einfachen Überlegungen zeigen einmal von einer anderen Seite her, wie das Pauli-Prinzip dafür verantwortlich ist, daß wir trotz der hohen Elektronendichte im Festkörper in vielen Fällen die Elektronen als nicht miteinander wechselwirkend beschreiben können. Zum anderen folgt, daß wir im weiteren bei der Behandlung der elektrischen Leitfähigkeit von Festkörpern im wesentlichen nur noch Streuung der Elektronen an Störstellen und an Phononen berücksichtigen müssen. Im Kapitel „Supraleitung" (10.3) werden wir die Diskussion der Elektron-Elektron Streuung erneut aufnehmen.

## 9.4 Boltzmann-Gleichung und Relaxationszeit

Transportphänomene wie z.B. elektrischer Stromfluß im Festkörper beinhalten zwei charakteristische, entgegengesetzt wirkende Mechanismen: treibender Einfluß von äußeren Feldern und hemmende Wirkung von Stößen der den Strom tragenden Ladungsträger an Phononen und Störstellen. Das Zusammenspiel beider Mechanismen wird durch die sog. Boltzmann-Gleichung beschrieben. Mit Hilfe dieser Gleichung läßt sich ermitteln, wie sich die Verteilung der Ladungsträger im thermischen Gleichgewicht dadurch ändert, daß äußere Kräfte wirken und Stöße der Elektronen stattfinden. Im thermischen Gleichgewicht, d. h. bei homogenen Temperaturverhältnissen und ohne äußere Felder, ist diese Verteilungsfunktion nichts anderes als die im Abschn. 6.3 abgeleitete Fermi-Verteilung

$$f_0[E(\boldsymbol{k})] = \frac{1}{e^{[E(\boldsymbol{k})-E_F]/kT}+1}. \tag{9.30}$$

Wir bezeichnen hier diese Gleichgewichtsverteilung, die natürlich wegen der im thermischen Gleichgewicht gegebenen Homogenität nicht vom Ort $\boldsymbol{r}$ abhängt, mit $f_0$. Außerhalb des Gleichgewichts, wo wir nur noch lokales Gleichgewicht über Bereiche groß gegen die atomaren Dimensionen voraussetzen, kann die gesuchte Nichtgleichgewichtsverteilung $f(\boldsymbol{r}, \boldsymbol{k}, t)$ auch von Ort und Zeit abhängen; $\boldsymbol{r}$ und $\boldsymbol{k}$ für ein Elektron ändern sich durch äußere Felder und Stöße. Zur Ableitung von $f$ berücksichtigen wir zuerst einmal die Wirkung äußerer Felder, um dann Stöße im Nachhinein als Korrektur einzuführen. Wir betrachten, wie sich $f$ im Laufe der Zeit von $t-dt$ nach $t$ ändert: Falls nur ein elektrisches Feld $\mathscr{E}$ anliegt, war zur Zeit $t-dt$ die $\boldsymbol{r}$ und $\boldsymbol{k}$ Koordinate ($e$ positiv):

$$\boldsymbol{r}-\boldsymbol{v}(\boldsymbol{k})dt \quad \text{bzw.} \quad \boldsymbol{k}-(-e)\mathscr{E}dt/\hbar. \tag{9.31}$$

Ohne Stöße muß jedes Elektron von $\boldsymbol{r}-\boldsymbol{v}dt$ und $\boldsymbol{k}+e\mathscr{E}dt/\hbar$ bei $t-dt$ auch bei $\boldsymbol{r}, \boldsymbol{k}$ zur Zeit $t$ erscheinen, d. h.

$$f(\boldsymbol{r}, \boldsymbol{k}, t) = f(\boldsymbol{r}-\boldsymbol{v}dt, \boldsymbol{k}+e\mathscr{E}dt/\hbar, t-dt) \tag{9.32}$$

Diese Beziehung muß ergänzt werden, weil zusätzlich zu den durch die Bewegungsgleichungen (9.31) beschriebenen Änderungen berücksichtigt werden muß, daß Elektronen innerhalb von $dt$ durch Stöße nach $\boldsymbol{r}$ und $\boldsymbol{k}$ kommen können bzw. von dort weggestoßen werden können. Beschreiben wir die Änderung von $f$ durch Stöße summarisch in Form von $(\partial f/\partial t)_{St}$, so lautet die richtige Bilanzgleichung:

$$f(\boldsymbol{r}, \boldsymbol{k}, t) = f(\boldsymbol{r}-\boldsymbol{v}dt, \boldsymbol{k}+e\mathscr{E}dt/\hbar, t-dt) + \left(\frac{\partial f}{\partial t}\right)_{St} dt. \tag{9.33}$$

Entwicklung bis zu linearen Gliedern in $dt$ ergibt:

$$\frac{\partial f}{\partial t} + \boldsymbol{v}\cdot\boldsymbol{\nabla}_{\boldsymbol{r}} f - \frac{e}{\hbar}\mathscr{E}\cdot\boldsymbol{\nabla}_{\boldsymbol{k}} f = \left(\frac{\partial f}{\partial t}\right)_{St}. \tag{9.34}$$

Dies ist die Boltzmann-Gleichung, die den Ausgangspunkt zur Behandlung von Transportproblemen im Festkörper darstellt. Man bezeichnet die Terme auf der linken Seite als Driftterme und den bisher nicht näher spezifizierten Term auf der rechten als Stoßterm. In diesem Term ist die gesamte Atomistik der im Abschn. 9.3 kurz angedeuteten Streumechanismen enthalten.

Mit den im Abschn. 9.3 allgemein betrachteten quantenmechanischen Übergangswahrscheinlichkeiten $w_{\boldsymbol{k}'\boldsymbol{k}} \propto |\langle \boldsymbol{k}'|\mathscr{H}'|\boldsymbol{k}\rangle|^2$ vom Bloch-Zustand $\psi_{\boldsymbol{k}}$ nach $\psi_{\boldsymbol{k}'}$ läßt sich der Stoßterm in voller Allgemeinheit sofort angeben:

$$\left(\frac{\partial f(\boldsymbol{k})}{\partial t}\right) = \frac{V}{(2\pi)^3} \int d\boldsymbol{k}' \{[1-f(\boldsymbol{k})] w_{\boldsymbol{k}\boldsymbol{k}'} f(\boldsymbol{k}') - [1-f(\boldsymbol{k}')] w_{\boldsymbol{k}'\boldsymbol{k}} f(\boldsymbol{k})\} \,. \tag{9.35}$$

Hierbei werden im ersten Summanden des Integranden alle Stöße von besetzten $\boldsymbol{k}'$-Zuständen auf den unbesetzten Zustand $\boldsymbol{k}$ betrachtet, während im zweiten Summanden alle Stöße berücksichtigt werden, die ein Elektron von $\boldsymbol{k}$ weg auf irgendeinen anderen Zustand $\boldsymbol{k}'$ befördern. Denkt man sich (9.35) in Gl. (9.34) eingesetzt, so sieht man, daß die Boltzmann-Gleichung in ihrer allgemeinsten Form eine komplizierte Integro-Differentialgleichung zur Bestimmung der Nichtgleichgewichtsverteilung $f(\boldsymbol{r}, \boldsymbol{k}, t)$ darstellt.

Bei sehr vielen Problemen macht man deshalb für den Stoßterm (9.35) einen plausiblen Ansatz, den sog. *Relaxationszeitansatz:* Hier wird summarisch angenommen, daß die zeitliche Rate, mit der sich $f$ durch Stöße in die Gleichgewichtsverteilung $f_0$ zurückbewegt, umso größer ist, je stärker die Abweichung von $f$ von der Gleichgewichtsverteilung $f_0$ ist, d. h.

$$\left(\frac{\partial f}{\partial t}\right)_{\mathrm{St}} = -\frac{f(\boldsymbol{k}) - f_0(\boldsymbol{k})}{\tau(\boldsymbol{k})} . \tag{9.36}$$

Die sog. Relaxationszeit $\tau(\boldsymbol{k})$ ist dabei nur noch von den Zustandspunkten im $\boldsymbol{k}$-Raum abhängig, die im Bild lokalisierter Elektronen den Zentren der Wellenpakete entsprechen. Im Falle nichthomogener Verhältnisse muß in (9.36) die Relaxationszeit $\tau(\boldsymbol{k}, \boldsymbol{r})$ auch als abhängig vom Ort $\boldsymbol{r}$ angenommen werden. Die Verteilung $f(\boldsymbol{r}, \boldsymbol{k}, t)$ ist dann jeweils in Volumenelementen $d\boldsymbol{r}$ definiert, die groß gegenüber atomaren Dimensionen, aber klein gegenüber Längen sind, längs derer sich die makroskopischen Größen wie Strom, Wärmestrom etc. merklich ändern.

Die Annahme des Relaxationszeitansatzes beinhaltet, daß Stöße nichts anderes machen, als eine Nichtgleichgewichtsverteilung ins thermische Gleichgewicht zurückzutreiben. Die Bedeutung der sog. Relaxationszeit wird noch klarer, wenn wir den Fall betrachten, daß ein äußeres Feld abgeschaltet wird: Ein äußeres Feld sei also für eine stationäre Nichtgleichgewichtsverteilung $f_{\mathrm{stat}}(\boldsymbol{k})$ verantwortlich, denken wir uns das äußere Feld abgeschaltet, dann gilt vom Augenblick $t$ des Abschaltens an:

$$\frac{\partial f}{\partial t} = -\frac{f - f_0}{\tau} . \tag{9.37}$$

Mit der Anfangsbedingung $f(t=0, \boldsymbol{k}) = f_{\mathrm{stat}}$ hat die Boltzmann-Gleichung (9.37) die Lösung

$$f - f_0 = (f_{\mathrm{stat}} - f_0)\mathrm{e}^{-t/\tau} . \tag{9.38}$$

Die Abweichung der Verteilung $f$ von der Gleichgewichtsverteilung $f_0(\boldsymbol{k})$ klingt also exponentiell mit der Abklingzeit $\tau$ (Relaxationszeit) ab. Die Relaxationszeit ist also die

Zeitkonstante, mit der eine Nichtgleichgewichtsverteilung bei Abschalten der äußeren Störung durch Stöße ins Gleichgewicht relaxiert.

Weiter gestattet die Boltzmann-Gleichung die näherungsweise Berechnung einer stationären Nichtgleichgewichtsverteilung, die sich unter dem Einfluß eines äußeren Feldes, z. B. des elektrischen Feldes $\mathscr{E}$, einstellt. Aus (9.34) und (9.36) folgt für den *stationären Zustand* (d. h. $\partial f/\partial t = 0$), wenn $f$ nicht mehr vom Ort abhängt (d. h. $\nabla_{\boldsymbol{r}} f = \boldsymbol{0}$):

$$-\frac{e}{\hbar}\mathscr{E}\cdot\nabla_{\boldsymbol{k}} f = -[f(\boldsymbol{k}) - f_0(\boldsymbol{k})]/\tau(\boldsymbol{k}), \tag{9.39}$$

$$f(\boldsymbol{k}) = f_0(\boldsymbol{k}) + \frac{e}{\hbar}\tau(\boldsymbol{k})\mathscr{E}\cdot\nabla_{\boldsymbol{k}} f(\boldsymbol{k}). \tag{9.40}$$

Diese Differentialgleichung für $f(\boldsymbol{k})$ läßt sich näherungsweise durch ein Iterationsverfahren lösen, bei dem auf der rechten Seite im $(\nabla_{\boldsymbol{k}} f)$-Term $f$ im ersten Schritt durch die Gleichgewichtsverteilung $f_0$ angenähert wird. Das ergäbe eine in $\mathscr{E}$ lineare Lösung für $f$, die wiederum in (9.40) eingesetzt, zu einer in $\mathscr{E}$ quadratischen Lösung führen würde. Sukzessives Einsetzen der Lösungen führt dann zu einer Entwicklung der Nichtgleichgewichtsverteilung $f(\boldsymbol{k})$ nach Potenzen des äußeren Feldes $\mathscr{E}$. Ist man nur an Phänomenen interessiert, die linear vom äußeren Feld abhängen, wie z. B. dem Ohmschen Strom in einem Festkörper, so beschränkt man sich auf die Ermittlung der ersten Näherung, wo $f$ linear von $\mathscr{E}$ abhängt, d.h., wo in $\nabla_{\boldsymbol{k}} f$ nur die Gleichgewichtsverteilung $f_0$ berücksichtigt wird. So ergibt sich die sog. linearisierte Boltzmann-Gleichung zur Bestimmung der Nichtgleichgewichtsverteilung

$$f(\boldsymbol{k}) \simeq f_0(\boldsymbol{k}) + \frac{e}{\hbar}\tau(\boldsymbol{k})\mathscr{E}\cdot\nabla_{\boldsymbol{k}} f_0(\boldsymbol{k}). \tag{9.41a}$$

In der betrachteten Näherung für kleine elektrische Felder, d. h. geringer Abweichung vom thermischen Gleichgewicht (linearisiertes Problem), läßt sich (9.41a) als Entwicklung von $f_0(\boldsymbol{k})$ um den Punkt $\boldsymbol{k}$ wie folgt auffassen:

$$f(\boldsymbol{k}) \simeq f_0\left[\boldsymbol{k} + \frac{e}{\hbar}\tau(\boldsymbol{k})\mathscr{E}\right]. \tag{9.41b}$$

Die sich unter dem Einfluß eines äußeren Feldes $\mathscr{E}$ und der Wirkung von Stößen (beschrieben durch $\tau$) einstellende stationäre Verteilung läßt sich somit als eine um $e\tau\mathscr{E}/\hbar$ verschobene Gleichgewichts-Fermi-Verteilung darstellen, wie es in Abb. 9.4 gezeigt ist.

Es ist interessant, sich die Wirkung elastischer sowie inelastischer Elektronenstreuung auf die Einstellung des Gleichgewichtes im $\boldsymbol{k}$-Raum zu veranschaulichen: Der stationäre Zustand der Verteilung ist in Abb. 9.5 (durchgezogen) als verschobene Fermi-Kugel dargestellt. Denkt man sich das äußere Feld abgeschaltet, so relaxiert die verschobene Kugel in die Gleichgewichtsverteilung (gestrichelt) zurück. Nur inelastische Stöße (Abb. 9.5a) können diese Wiedereinstellung des Gleichgewichtes bewirken. Gäbe es nur elastische Stöße, z. B. bei Störstellenstreuung, so würde sich niemals mehr das Gleichgewicht einstellen, die Fermi-Kugel würde sich unter der Wirkung nur elastischer Stöße aufblähen (Abb. 9.5b).

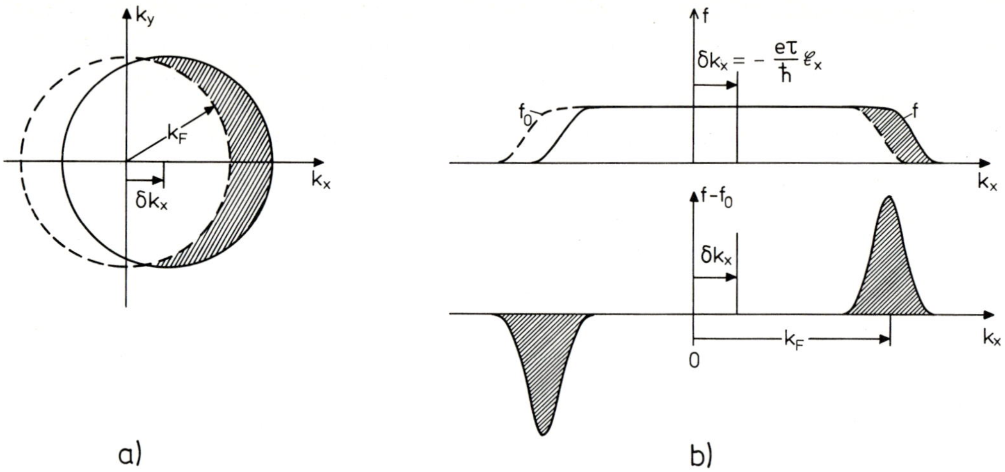


**Abb. 9.4a, b.** Schematische Darstellung der Wirkung eines konstanten elektrischen Feldes $\mathscr{E}_x$ auf die Verteilung „quasifreier" Elektronen im $\boldsymbol{k}$-Raum: **(a)** Die Fermi-Kugel der Gleichgewichtsverteilung [gestrichelt, zentriert um (0, 0, 0)] erscheint im stationären Zustand um $\delta k_x = -e\tau\mathscr{E}_x/\hbar$ verschoben (in durchgezogener Linie). **(b)** Die Änderung der Fermi-Verteilung $f[E(k)]$ gegenüber der Gleichgewichtsverteilung $f_0$ (gestrichelte Linie) ist nur merklich in der Umgebung der Fermi-Energie bzw. des Fermi-Radius $k_F$

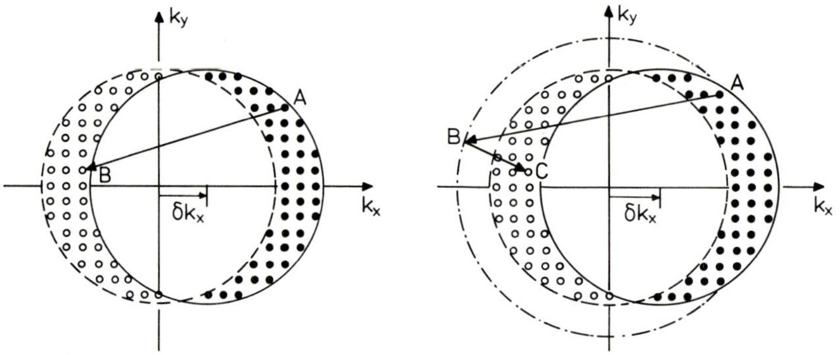


**Abb. 9.5a, b.** Schematische Darstellung von Elektronenstreuprozessen im $\boldsymbol{k}$-Raum: Die Fermi-Fläche im thermodynamischen Gleichgewicht ($\mathscr{E}=0$) ist gestrichelt gezeichnet. Die durch das elektrische Feld $\mathscr{E}_x$ verschobene Fermi-Kugel bei stationärem Stromfluß ist in durchgezogener Linie dargestellt. **(a)** Bei Abschalten des Feldes relaxiert die verschobene Fermi-Kugel in die Gleichgewichtsverteilung dadurch, daß Elektronen von den besetzten Zuständen (●) in unbesetzte Zustände (○) gestreut werden. Da die Zustände *A* und *B* verschiedene Abstände vom Nullpunkt des $\boldsymbol{k}$-Raumes haben, handelt es sich bei den das Gleichgewicht einstellenden Stößen um inelastische Stöße (z.B. an Phononen). **(b)** Bei nur elastischen Stößen (von Zustand *A* nach *B*) würde sich die Fermi-Kugel „aufblähen". Nach Abschalten des Feldes kann sich das Gleichgewicht (gestrichelte Fermi-Kugel) nur durch inelastische Stöße (*B* nach *C*) einstellen

## 9.5 Die elektrische Leitfähigkeit von Metallen

Lange bevor eine genauere Theorie des Festkörpers vorlag, hatte *Drude* [9.1] um 1900 herum die metallische Leitfähigkeit durch die Annahme eines idealen Elektronengases im Festkörper beschrieben. Unter dem Einfluß eines äußeren Feldes $\mathscr{E}$ gilt hierbei für ein Elektron die klassische Bewegungsgleichung:

$$m\dot{v} + \frac{m}{\tau} v_D = -e\mathscr{E} . \tag{9.42}$$

Der hemmenden Wirkung von Stößen wurde durch den Reibungsterm $m \cdot v_\mathrm{D}/\tau$ Rechnung getragen, wo $v_\mathrm{D} = v - v_\mathrm{therm}$ die sog. Driftgeschwindigkeit, d.h. die zusätzlich zur thermischen Geschwindigkeit $v_\mathrm{therm}$ durch das Feld erzeugte Geschwindigkeit, bedeutet. Da bei Abschalten des Feldes in (9.42) $v$ mit der Abklingzeit $\tau$ exponentiell gegen die thermische Geschwindigkeit relaxiert, hat auch hier $\tau$ die Bedeutung einer Relaxationszeit. Für den stationären Fall ($\dot{v} = 0$) folgt

$$v_\mathrm{D} = -\frac{e\tau}{m}\mathscr{E} \tag{9.43}$$

und damit für die Stromdichte $j$ in Feldrichtung:

$$j = -env_\mathrm{D} = ne\mu\mathscr{E} = \frac{e^2\tau n}{m}\mathscr{E}. \tag{9.44}$$

Hierbei ist $n$ die Volumendichte aller freien Elektronen und die Beweglichkeit $\mu$ ist definiert als Faktor zwischen Driftgeschwindigkeit und äußerer Feldstärke. Im Drudeschen Modell ergibt sich damit für die elektrische Leitfähigkeit

$$\sigma = j/\mathscr{E} = \frac{e^2 n\tau}{m} \tag{9.45}$$

und für die Beweglichkeit der Elektronen

$$\mu = \frac{e\tau}{m}. \tag{9.46}$$

Zu bemerken ist, daß in dieser einfachen Modellvorstellung alle freien Elektronen den Strom tragen. Diese Vorstellung steht im Widerspruch zu den Aussagen des Pauli-Prinzips, das für das Fermi-Gas der Elektronen verbietet, daß Elektronen weit unterhalb der Fermi-Energie durch das Feld Energie aufnehmen können, da alle benachbarten, energetisch höheren Zustände besetzt sind.

Um die materialspezifische elektrische Leitfähigkeit auf atomistische Größen der Bandstruktur zurückzuführen, müssen wir wiederum wie im Abschn. 9.2 den Strom betrachten, der von Elektronen getragen wird, die auf Zuständen im $\boldsymbol{k}$-Raumelement $d\boldsymbol{k}$ sitzen. In (9.11 und 12) für die Teilchen- bzw. elektrische Stromdichte war von vornherein angenommen worden, daß nur über besetzte Zustände des $\boldsymbol{k}$-Raumes summiert, d.h. integriert wurde. Allgemein möchte man über alle Zustände der ersten Brillouin-Zone aufsummieren, ungeachtet der Tatsache, ob sie besetzt oder unbesetzt sind. Um nur die wirklich besetzten Zustände zu erfassen, muß deshalb noch die Besetzungswahrscheinlichkeit $f(\boldsymbol{k})$ des Zustandes $\boldsymbol{k}$ berücksichtigt werden, um die Teilchenstromdichte $\boldsymbol{j}_n$ analog zu (9.11) anzugeben:

$$\boldsymbol{j}_n = \frac{1}{8\pi^3} \int_{\mathrm{1.\,Brill.\,Z.}} \boldsymbol{v}(\boldsymbol{k}) f(\boldsymbol{k})\, d\boldsymbol{k}. \tag{9.47}$$

Da wir uns auf lineare Effekte im äußeren Feld, d.h. Ohmsches Gesetz, beschränken, genügt es, $f(\boldsymbol{k})$ in der linearisierten Form (9.41a) einzusetzen. Für ein elektrisches Feld $\mathscr{E}_x$ in $x$-Richtung folgt damit für die elektrische Stromdichte:

$$\boldsymbol{j}=-\frac{e}{8\pi^3}\int d\boldsymbol{k}\,\boldsymbol{v}(\boldsymbol{k})f(\boldsymbol{k})\,,\quad =-\frac{e}{8\pi^3}\int d\boldsymbol{k}\,\boldsymbol{v}(\boldsymbol{k})\left[f_0(\boldsymbol{k})+\frac{e\tau(\boldsymbol{k})}{\hbar}\,\mathscr{E}_x\,\frac{\partial f_0}{\partial k_x}\right]. \tag{9.48}$$

Für ein isotropes Medium und für kubische Gitter verschwinden die $y$ und $z$-Komponenten von $j$, wenn das elektrische Feld in $x$-Richtung weist. Mit anderen Worten, der i.a. tensorielle Zusammenhang zwischen Stromdichte $\boldsymbol{j}$ und elektrischem Feld $\mathscr{E}$ wird ein skalarer.

$$j_y=j_z=0\,. \tag{9.49}$$

Da über die gesamte Brillouin-Zone integriert wird und $f_0(\boldsymbol{k})$ inversionssymmetrisch um $\boldsymbol{k}=\boldsymbol{0}$ ist, fällt das Integral über $v_x f_0$ weg. Weiter gilt mit

$$\frac{\partial f_0}{\partial k_x}=\frac{\partial f_0}{\partial E}\hbar v_x\,, \tag{9.50}$$

$$j_x=-\frac{e^2}{8\pi^3}\cdot\mathscr{E}_x\int d\boldsymbol{k}v_x^2(\boldsymbol{k})\tau(\boldsymbol{k})\frac{\partial f_0}{\partial E}\,. \tag{9.51}$$

Für die spezifische elektrische Leitfähigkeit folgt deshalb:

$$\sigma=j_x/\mathscr{E}_x=-\frac{e^2}{8\pi^3}\int d\boldsymbol{k}v_x^2(\boldsymbol{k})\tau(\boldsymbol{k})\frac{\partial f_0}{\partial E}\,. \tag{9.52}$$

Da die „Aufweichungszone" der Fermi-Funktion von der Größenordnung $4kT$ (Abschn. 6.3) ist und $f_0(E)$ außerhalb fast null oder eins ist mit einem Verlauf um $E_\mathrm{F}$, der inversionssymmetrisch um den Punkt ($E_\mathrm{F}$, $f_0(E_\mathrm{F})=1/2$) ist, gilt in guter Näherung

$$\frac{\partial f_0}{\partial E}\approx-\delta(E-E_\mathrm{F})\,. \tag{9.53}$$

Diese Näherungsbeziehung ist anschaulich evident, die Ableitung soll hier nicht gezeigt werden.

Mit Hilfe von (9.53) folgt aus (9.52) unmittelbar mit

$$d\boldsymbol{k}=df_\mathrm{E}dk_\perp=df_\mathrm{E}\frac{dE}{|\nabla_{\boldsymbol{k}}E|}=df_\mathrm{E}\frac{dE}{\hbar v(\boldsymbol{k})}\,, \tag{9.54}$$

$$\sigma\simeq\frac{e^2}{8\pi^3\hbar}\int df_\mathrm{E}dE\frac{v_x^2(\boldsymbol{k})}{v(\boldsymbol{k})}\tau(\boldsymbol{k})\delta(E-E_\mathrm{F})\,, \tag{9.55}$$

und wegen der Eigenschaft der $\delta$-Funktion:

$$\sigma\simeq\frac{e^2}{8\pi^3\hbar}\int_{E=E_\mathrm{F}}\frac{v_x^2(\boldsymbol{k})}{v(\boldsymbol{k})}\tau(\boldsymbol{k})df_\mathrm{E}\,. \tag{9.56}$$

Im allgemeinen Fall variieren natürlich $v(\boldsymbol{k})$ und $\tau(\boldsymbol{k})$ noch auf der Fermi-Fläche. In (9.56) kann aber ein Mittelwert $\langle v_x^2(\boldsymbol{k})\tau(\boldsymbol{k})/v(\boldsymbol{k})\rangle_{E_F}$ über die Fermi-Fläche aus dem Integral herausgezogen werden. Im Falle einer „Fermi-Kugel", d. h. für quasifreie Elektronen mit konstanter effektiver Masse $m^*$ (siehe unten), ist dieser Mittelwert gleich dem Wert $v(E_F) \cdot \tau(E_F)/3$ selbst.

Die *elektrische Leitfähigkeit* $\sigma$ eines Metalls läßt sich also zurückführen auf ein *Flächenintegral über die Fermi-Fläche* $E(\boldsymbol{k}) = E_F$ im $\boldsymbol{k}$-Raum und es treten nur noch Elektronengeschwindigkeiten $v(E_F)$ und Relaxationszeiten $\tau(E_F)$ von Elektronen auf der Fermi-Fläche in der atomistischen Formel auf. Der Ausdruck (9.56) drückt also genau die Tatsache aus, daß infolge des Pauli-Prinzips nur Elektronen in der Nähe der Fermi-Energie für den Stromtransport in Metallen relevant sind. Anschaulich läßt sich dies auch aus den Abbildungen in Abb. 9.4 schließen:

Elektronen weit unterhalb der Fermi-Energie merken von der geringfügigen stationären Verschiebung der Fermi-Kugel im $\boldsymbol{k}$-Raum um $-(e\tau/\hbar) \cdot \mathscr{E}_x$ nichts.

Für den einfachen Fall, daß das Leitungsband eines Metalles (Näherung: $kT \ll E_F$) nur Elektronen in einem Energiebereich enthält, wo die Parabelnäherung mit einer konstanten effektiven Masse $m^*$ gültig ist, läßt sich (9.56) weiter auswerten: Für Elektronen in einem exakt parabolischen Band (quasifreie Elektronen) gilt

$$v(E_F) = \hbar k_F / m^* \tag{9.57a}$$

und

$$\int_{E_F} df_E = 2(4\pi k_F^2)\,. \tag{9.57b}$$

Ferner gilt wegen $kT \ll E_F$:

$$n = \frac{2(4/3)\pi k_F^3}{8\pi^3}\,, \quad \text{d.h.} \quad k_F^3 = 3\pi^2 n\,. \tag{9.57c}$$

Damit folgt für die elektrische Leitfähigkeit $\sigma$ und für die Beweglichkeit $\mu$:

$$\sigma \simeq \frac{e^2 \tau(E_F)}{m^*} n \tag{9.58a}$$

und

$$\mu \simeq \frac{e\tau(E_F)}{m^*}\,. \tag{9.58b}$$

Die Beziehungen gleichen formal den im Drude-Modell (9.45 u. 46) ermittelten, nur daß die dort nicht näher spezifizierte Relaxationszeit in Wirklichkeit die der Elektronen an der Fermi-Kante ist und daß statt der freien Elektronenmasse $m$ die effektive Masse $m^*$ eingeht. Die im Drude-Modell auftretende Gesamtelektronenkonzentration $n$ der Elektronen im Leitungsband erscheint in den richtigen Formeln (9.58a u. b) auf Grund der formalen Integration über den $\boldsymbol{k}$-Raum (9.52) und *nicht*, wie man im Drude-Modell annimmt, weil alle Elektronen am Stromtransport teilnehmen. Die Ähnlichkeit der

Formeln (9.58a u. b) mit (9.45) und (9.46) erklärt jedoch, warum für viele Zwecke das Drude-Modell zu befriedigenden Ergebnissen führt.

Es sei noch vermerkt, daß für Halbleiter, wo eine stark temperaturabhängige Ladungsträgerkonzentration $n$ im Leitungsband (Abschn. 9.2 und Kap. 12) den Strom trägt, eine Auswertung von Formel (9.52) natürlich zu komplizierteren Mittelwerten über $\tau(\boldsymbol{k})$ – statt zu (9.58a u. b) – führt.

Um die Temperaturabhängigkeit des metallischen Widerstands zu verstehen, ist nur eine Betrachtung der Temperaturabhängigkeit von $\tau(E_F)$ bzw. $\mu$ erforderlich, denn für ein Metall ist die Elektronenkonzentration $n$ temperaturunabhängig. Statt einer rigorosen quantenmechanischen Berechnung der Streuwahrscheinlichkeiten $w_{\boldsymbol{k}'\boldsymbol{k}}$ (Abschn. 9.3) soll im folgenden eine qualitative Diskussion der beiden Streumechanismen – *Phononenstreuung und Störstellenstreuung* – durchgeführt werden. Unter der Voraussetzung, daß beide Streumechanismen voneinander unabhängig sind, ergibt die Summe beider Streuwahrscheinlichkeiten die Gesamtstreuwahrscheinlichkeit. Die Streuwahrscheinlichkeit ist umgekehrt proportional zur mittleren freien Flugzeit $\tau_{FZ}$ eines Ladungsträgers und damit umgekehrt proportional zur Relaxationszeit; deshalb gilt

$$\frac{1}{\tau} = \frac{1}{\tau_{Ph}} + \frac{1}{\tau_{St}} \tag{9.59}$$

mit $\tau_{Ph}$ der mittleren freien Flugzeit für Phononenstreuung bzw. $\tau_{St}$ der Flugzeit für Störstellenstreuung.

Diese Betrachtung liefert uns schon den wesentlichen Temperaturverlauf des spezifischen Widerstandes eines Metalls. Es gilt nämlich, daß die Zahl der Stöße pro Zeiteinheit proportional zum Streuquerschnitt $\Sigma$ und der Geschwindigkeit $v$ der Teilchen ist: $1/\tau \propto \Sigma v$. Für Metalle ist $v$ einfach die Geschwindigkeit auf der Fermi-Fläche $v(E_F)$ und damit also temperaturunabhängig. Für *Störstellenstreuung* ist der Wirkungsquerschnitt $\Sigma$ ebenfalls temperaturunabhängig. Die Störstellenstreuung führt also zu einem temperaturunabhängigen Anteil des spezifischen Widerstandes $\varrho_{St}$.

Für *Phononenstreuung* kann man den Streuquerschnitt für die Streuung an einem Phonon als proportional zum mittleren Quadrat der Schwingungsamplitude $\langle s^2(\boldsymbol{q})\rangle$ des betreffenden Phonons (Wellenvektor: $\boldsymbol{q}$, Frequenz: $\omega_{\boldsymbol{q}}$) ansetzen (Kap. 5). Im klassischen Grenzfall höherer Temperaturen gilt nach dem Gleichverteilungssatz

$$M\omega_{\boldsymbol{q}}^2\langle s^2(\boldsymbol{q})\rangle = kT\,, \qquad (T \gg \Theta) \tag{9.60}$$

wobei $M$ die schwere Masse der Rümpfe darstellt. Damit folgt:

$$\frac{1}{\tau_{Ph}} \sim \langle s^2(\boldsymbol{q})\rangle \sim \frac{kT}{M\omega_{\boldsymbol{q}}^2}\,. \tag{9.61a}$$

Die Phononenfrequenzen $\omega_{\boldsymbol{q}}$ enthalten im wesentlichen Information über die elastischen Eigenschaften des Materials. Eine grobe Abschätzung ergibt sich, wenn man $\omega_{\boldsymbol{q}}$ durch die Debyesche Abschneidefrequenz $\omega_D = k\Theta/\hbar$ (Abschn. 5.3) ersetzt. Mit $\Theta$ als Debye-Temperatur folgt dann:

$$\tau_{Ph} \sim \frac{M\Theta^2}{T} \quad \text{für} \quad T \gg \Theta\,. \tag{9.61b}$$

Für Temperaturen $T<\Theta$ hat man mit einer stark abnehmenden Phononanregung und wegen der abnehmenden Phononenenergie bevorzugt mit Kleinwinkelstreuung zu rechnen. Mittels einer exakteren Theorie konnte *Grüneisen* [9.2] für $T<\Theta$ einen für alle Metalle universellen Ausdruck für den spezifischen Widerstand $\varrho_{\mathrm{Ph}}(T) \sim 1/\sigma_{\mathrm{Ph}}$ infolge von Phononenstreuung angeben

$$\varrho_{\mathrm{Ph}}(T)=A(T/\Theta)^5 \int\limits_0^{\Theta/T} \frac{x^5 dx}{(\mathrm{e}^x-1)(1-\mathrm{e}^{-x})}, \tag{9.62}$$

der für tiefe Temperaturen wie $T^5$ mit der Temperatur geht.

Wir können also nach (9.59) den spezifischen Widerstand $\varrho=1/\sigma \sim 1/\tau$ eines Metalls als Summe eines temperaturunabhängigen sog. *Restwiderstandes* $\varrho_{\mathrm{St}}$ (durch Störstellen) und eines für höhere Temperaturen in $T$ linearen Anteils $\varrho_{\mathrm{Ph}}(T)$ (durch Phononenstreuung) angeben:

$$\varrho=\varrho_{\mathrm{Ph}}(T)+\varrho_{\mathrm{St}}. \tag{9.63}$$

Dieser zuerst experimentell gefundene Sachverhalt wird als *Matthiesensche Regel* bezeichnet. Diese Regel (9.63) gilt aber nur näherungsweise.

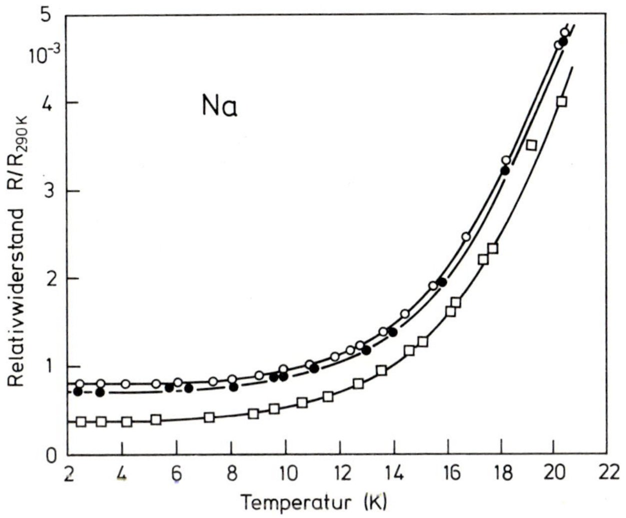


**Abb. 9.6.** Elektrischer Widerstand $R$ von Natrium bezogen auf den Wert $R_{290\,\mathrm{K}}$ bei Raumtemperatur in Abhängigkeit von der Temperatur $T$. Die Meßpunkte (○, ●, □) entstammen Messungen an drei verschiedenen Proben mit verschieden hoher Störstellenkonzentration. (Nach *McDonald* u. *Mendelssohn* [9.3])

Abbildung 9.6 zeigt den experimentell gemessenen elektrischen Widerstand von Na bei tiefen Temperaturen: Unterhalb von etwa 8 K ist der temperaturunabhängige Restwiderstand zu erkennen, der von den Störstellenkonzentrationen in den betreffenden Proben abhängt. Bei höheren Temperaturen erscheint der durch die Grüneisen-Formel (9.62) beschriebene Phononenanteil, der schließlich oberhalb von etwa 18 K in einen linearen Zusammenhang $\varrho_{\mathrm{Ph}} \sim T$ einmündet.

In Abb. 9.7 ist für nicht zu tiefe Temperaturen der additive Einfluß der Störstellenkonzentration (Ni-Verunreinigungen) auf den Widerstand von Kupfer dargestellt.

**Abb. 9.7.** Spezifischer Widerstand $\varrho$ von „reinem“ Kupfer und von Kupfer-Nickel-Legierungen verschiedener Zusammensetzung. (Nach *Linde* [9.4])

**Abb. 9.8.** Universelle Auftragung des reduzierten Widerstandes $R/R_\Theta$ über der auf die Debye-Temperatur $\Theta$ bezogenen Temperatur für verschiedene Metalle

**Abb. 9.7**

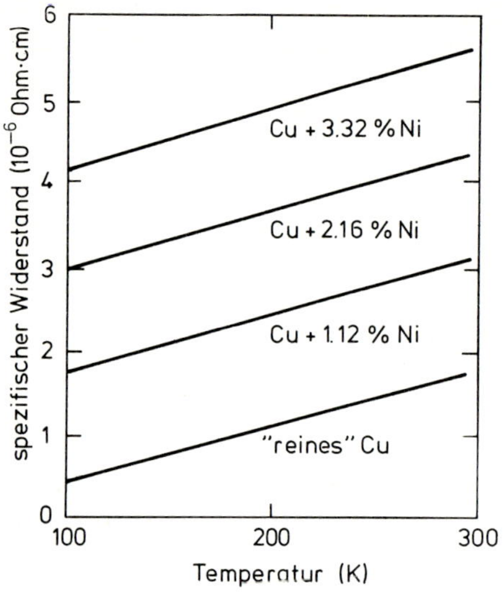


**Abb. 9.8** ▶

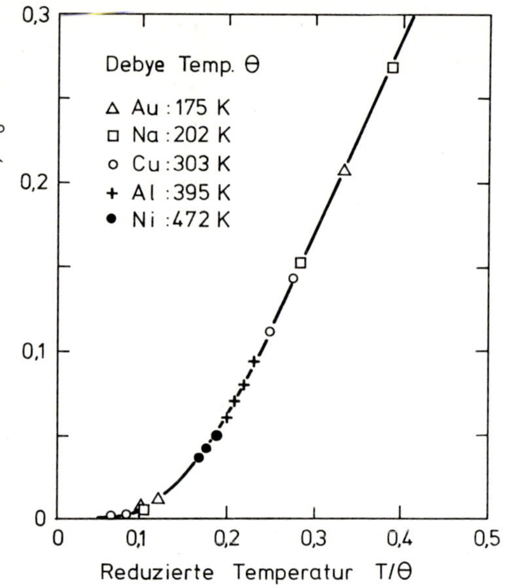


Abbildung 9.8 zeigt, daß die universelle Grüneisen-Formel (9.62), bei der der Widerstand zweckmäßigerweise über einer reduzierten Temperatur $T/\Theta$ (bezogen auf Debye-Temperatur) aufgetragen wird, für eine Reihe von Metallen gut erfüllt ist. Außerdem ist der lineare Anstieg des Widerstandes $R$ mit $T$ für höhere Temperaturen gut zu erkennen.

Der Vollständigkeit halber soll noch erwähnt werden, daß magnetische Störstellen infolge der Spinwechselwirkung zusätzlich einen ganz besonderen Streumechanismus in Metallen verursachen können, der bei kleinen Temperaturen ($T < 20$ K) statt eines konstanten Restwiderstandes ein Minimum in $\varrho(T)$ verursacht. Dieses Phänomen trägt den Namen *Kondo-Effekt*.

## 9.6 Thermoelektrische Effekte

Bei der Berechnung der elektrischen Leitfähigkeit (9.56) mit Hilfe der Boltzmann-Gleichung (9.34) in der Relaxationszeit-Näherung (9.36) hatten wir der Einfachheit halber eine homogene Temperatur $T$ über den Leiter (d.h. $\nabla_{\boldsymbol{r}} T = \boldsymbol{0}$) vorausgesetzt. Lassen wir diese Voraussetzung fallen, so ändert sich die Verteilungsfunktion $f(\boldsymbol{k})$ sowohl durch ein äußeres elektrisches Feld $\mathscr{E}$ wie auch durch den vorhandenen Temperaturgradienten $\nabla_{\boldsymbol{r}} T \neq \boldsymbol{0}$; die Einstellung der Gleichgewichtsverteilung $f_0(\boldsymbol{k})$ durch Stöße werde wieder durch den Relaxationszeit-Ansatz (9.36) beschrieben. Für den stationären Zustand [$\dot{\mathscr{E}} = \boldsymbol{0}$, $\partial(\nabla_{\boldsymbol{r}} T)/\partial t = \boldsymbol{0}$, $\partial f/\partial t = 0$] folgt dann aus (9.34) und (9.36) für die Nichtgleichgewichtsverteilung:

$$f(\boldsymbol{k}) = f_0(\boldsymbol{k}) + \frac{e}{\hbar} \tau \mathscr{E} \cdot \nabla_{\boldsymbol{k}} f - \tau \boldsymbol{v} \cdot \nabla_{\boldsymbol{r}} f . \tag{9.64}$$

Es gilt $\nabla_r f[\boldsymbol{k}, T(\boldsymbol{r})] = (\partial f/\partial T)\nabla_r T$ und unter der Annahme kleiner Störungen läßt sich (9.64) analog zu (9.41a) linearisieren, d.h. es folgt:

$$f(\boldsymbol{k}) \approx f_0(\boldsymbol{k}) + \frac{e}{\hbar}\tau\mathscr{E}\cdot\nabla_{\boldsymbol{k}} f_0 - \tau\frac{\partial f_0}{\partial T}\boldsymbol{v}\cdot\nabla_r T\,. \tag{9.65}$$

Um die in $x$-Richtung resultierende elektrische Stromdichte zu berechnen, setzen wir diesen Ausdruck (9.65) in die Beziehung für die Stromdichte (9.48) ein. Die beiden ersten Terme in (9.65), insbesondere der in $\mathscr{E}_x$ lineare, ergeben analog zur Rechnung in Abschn. 9.5 [(9.49)–(9.52)] das Ohmsche Gesetz, so daß die Stromdichte sich schreiben läßt als

$$j_x = \sigma\mathscr{E}_x - \frac{e}{8\pi^3}\int d\boldsymbol{k}\,\tau v_x^2\,\frac{\partial f_0}{\partial T}\cdot\frac{\partial T}{\partial x}\,. \tag{9.66}$$

Es ist ganz instruktiv, das Integral unter den Annahmen einer kugelförmigen Fermifläche und einer Abhängigkeit der Relaxationszeit nur von der Energie auszuwerten. Unter Verwendung der Definition der Zustandsdichte (7.41) erhält man:

$$j_x = \sigma\mathscr{E}_x - \tfrac{1}{3}\mathrm{e}\int dE\,\tau(E)\,v^2(E)\,D(E)\,\frac{\partial f_0}{\partial T}\,\frac{\partial T}{\partial x}\,. \tag{9.67}$$

Da die Ableitung $\partial f_0/\partial T$ nur in der Nähe der Fermi-Energie von Null verschieden ist, kann man $\tau(E)$ und $v^2(E)$ als Mittelwert $\tau_\mathrm{F}$ und $v_\mathrm{F}^2$ aus dem Integral herausziehen. Das verbleibende Integral ist die elektronische spezifische Wärme (6.39),

$$j_x = \sigma\mathscr{E}_x - \tfrac{1}{3}e\tau_\mathrm{F}v_\mathrm{F}^2 c_\mathrm{V}(T)\,\frac{\partial T}{\partial x}\,. \tag{9.68}$$

Bei der Ableitung von (9.66) wurde stillschweigend vorausgesetzt, daß die Fermi-Energie $E_\mathrm{F}$ als konstant angenommen werden kann. Dies ist bei Metallen in guter Näherung der Fall (siehe Kap. 6). Bei Halbleitern (siehe Kap. 12) ist jedoch mit einem Temperaturgradienten $\partial T/\partial x$ eine beträchtliche Abhängigkeit der Fermi-Energie $E_\mathrm{F}(\boldsymbol{r})$ vom Ort gegeben. Durch die Ortsableitung der Verteilung $f$ in (9.34) kommt deshalb im allgemeinen auch eine Ableitung der Fermi-Energie nach dem Ort $\partial E_\mathrm{F}/\partial x$ ins Spiel und wir müssen (9.66) ganz allgemein schreiben:

$$j_x = \sigma\mathscr{E}'_x + \mathscr{L}_{xx}^{12}\left(-\frac{\partial T}{\partial x}\right) \tag{9.69}$$

wobei $\mathscr{E}' = \mathscr{E} + e^{-1}\nabla_r E_\mathrm{F}(\boldsymbol{r})$ eine verallgemeinerte elektrische Feldstärke ist, die der ortsabhängigen Fermi-Energie Rechnung trägt. $\mathscr{L}_{xx}^{12}$ ist ein sog. *Transportkoeffizient* [Definition durch (9.66)], der dafür verantwortlich ist, daß mit einem Temperaturgradienten im allgemeinen ein elektrischer Stromfluß verknüpft ist.

Neben der Berechnung des elektrischen Stromes gestattet die Boltzmann-Gleichung auch die Berechnung des Wärmestromes durch Elektronen, der in einem Festkörper bei Anliegen eines elektrischen Feldes $\mathscr{E}$ und bei gegebenem Temperaturgradienten $\nabla_r T$ fließt. Die transportierte Wärmemenge $dQ$ hängt über folgende thermodynamische

Relation mit der Entropieänderung $dS$ bzw. der Änderung der inneren Energie $dU$ und der Teilchenzahl $dn$ zusammen ($E_F$: Elektrochemisches Potential, d.h. Fermi-Energie):

$$dQ = TdS = dU - E_F dn. \tag{9.70}$$

Mit $\boldsymbol{j}_E$ als Energie- bzw. $\boldsymbol{j}_n$ als Teilchenstromdichte folgt für die Wärmestromdichte:

$$\boldsymbol{j}_Q = \boldsymbol{j}_E - E_F \boldsymbol{j}_n, \tag{9.71}$$

wobei $\boldsymbol{j}_E = (8\pi^3)^{-1} \int d\boldsymbol{k} E(\boldsymbol{k}) \boldsymbol{v}(\boldsymbol{k}) f(\boldsymbol{k}, \boldsymbol{r})$ gilt. Analoges Einsetzen der linearisierten Nichtgleichgewichtsverteilung (9.65) führt auch hier zu einer linearen Beziehung zwischen $\boldsymbol{j}_Q$, $\mathscr{E}'$ (bzw. $\mathscr{E}$) und $\nabla_r T$ wie in (9.69). Allgemein lassen sich also folgende Gleichungssysteme für den elektrischen und den Wärmestrom in Abhängigkeit von ihren Ursachen, verallgemeinerte Feldstärke $\mathscr{E}'$ und Temperaturgradient $\nabla_r T$, angeben:

$$\boldsymbol{j} = \mathscr{L}^{11} \mathscr{E}' + \mathscr{L}^{12}(-\nabla_r T), \tag{9.72a}$$

$$\boldsymbol{j}_Q = \mathscr{L}^{21} \mathscr{E}' + \mathscr{L}^{22}(-\nabla_r T). \tag{9.72b}$$

Für allgemeine nicht-kubische Kristalle sind die Transportkoeffizienten $\mathscr{L}^{ij}$ natürlich Tensoren und ihre allgemeine Darstellung [z. B. (9.66) für $\mathscr{L}_{xx}^{12}$] führt zu interessanten Relationen dieser Koeffizienten untereinander, auf die hier nicht eingegangen wird.

Wir wollen nur den durch (9.72a u. b) ausgedrückten physikalischen Sachverhalt noch einmal zusammenfassen: Ein elektrisches Feld sowie ein Temperaturgradient rufen sowohl einen elektrischen Strom wie auch einen Wärmestrom hervor; insbesondere läßt sich auch durch einen Temperaturgradienten ein elektrisches Feld erzeugen. Eine Leiterschleife, bestehend aus zwei verschiedenen Metallen $A$ und $B$, sei offen bzw. nur über ein sehr hochohmiges Voltmeter geschlossen (Abb. 9.9a). Die beiden Lötstellen, wo die Metalle zusammenstoßen, befinden sich auf verschiedener Temperatur $T_1 \neq T_2 \neq T_0$. Wegen $j = 0$ folgt aus (9.72a) (wir setzen innerhalb eines Metalls $\mathscr{E}' = \mathscr{E}$):

$$\mathscr{E}_x = (\mathscr{L}^{11})^{-1} \cdot (\mathscr{L}^{12}) \cdot \partial T / \partial x = K \partial T / \partial x. \tag{9.73}$$

$K$ heißt absolute Thermokraft und ist eine materialspezifische Größe. Wir betrachten also ein eindimensionales Problem, wo $x$ längs des Drahtes läuft. Die Umlaufspannung, die vom Voltmeter in Abb. 9.8a gemessen wird, ist:

$$\begin{aligned} U &= \int_0^1 \mathscr{E}_B dx + \int_1^2 \mathscr{E}_A dx + \int_2^0 \mathscr{E}_B dx \\ &= \int_2^1 K_B \frac{\partial T}{\partial x} dx + \int_1^2 K_A \frac{\partial T}{\partial x} dx = \int_{T_1}^{T_2} (K_A - K_B) dT. \end{aligned} \tag{9.74}$$

Die sog. Thermospannung, die bei diesem thermoelektrischen Effekt (auch *Seebeck-Effekt* genannt) gemessen wird, hängt also von der Temperaturdifferenz $T_2 - T_1$ sowie vom Unterschied der absoluten Thermokräfte $K_A$ und $K_B$ ab. Dieser Effekt wird beim Thermoelement (aufgebaut nach dem Schema der Abb. 9.9a) zur Messung von Temperaturen benutzt. Es gibt auch den inversen Effekt, den sog. *Peltier-Effekt*, der sich aus (9.72b) herleitet. In Abb. 9.9b sei längs der Leiterschleife die Temperatur konstant,

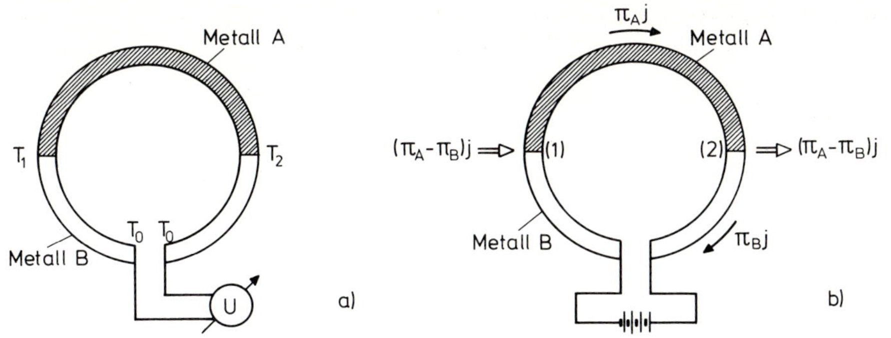


**Abb. 9.9.** (**a**) Schematische Anordnung zur Messung des Seebeck-Effektes: Falls die Lötstellen zwischen den beiden Metallen $A$ und $B$ auf verschiedener Temperatur $T_1 \neq T_2 \neq T_0$ sind, tritt an den Enden der Leiterschleife eine sog. Thermospannung auf (**b**) Schematische Anordnung zur Messung des Peltier-Effektes: Stromfluß durch die auf homogener Temperatur sich befindende Leiterschleife führt zu einem Wärmetransport von der Lötstelle (1) zur Lötstelle (2) zwischen den Metallen $A$ und $B$

d. h. $\partial T/\partial x = 0$, dann gilt:

$$j_Q = \mathscr{L}^{21}\mathscr{E} \quad \text{und} \quad j = \mathscr{L}^{11}\mathscr{E}, \tag{9.75}$$

und somit

$$j_Q = \mathscr{L}^{21}(\mathscr{L}^{11})^{-1} j = \Pi \cdot j. \tag{9.76}$$

$\Pi$ heißt Peltier-Koeffizient. Legen wir wie in Abb. 9.9b eine Batterie an die Leiterschleife, so wird die elektrische Stromdichte $j$ nach (9.76) von einer Wärmestromdichte begleitet, und es fließt in $A$ gerade $\Pi_A j$, während in $B$ aber $\Pi_B j$ transportiert wird. An der einen Lötstelle (1) muß also die Wärme $(\Pi_A - \Pi_B)j$ zuströmen, die dann bei der Lötstelle (2) wieder abgeführt wird. Punkt (1) wird kälter, während Punkt (2) wärmer wird. Man benutzt diesen Peltier-Effekt zur einfachen und gut regelbaren Kühlung.

## 9.7 Das Wiedemann-Franz-Gesetz

Wie in Abschn. 9.6 angedeutet, lassen sich aus der expliziten Darstellung der Transportkoeffizienten $\mathscr{L}^{ij}$ als Integrale über die linearisierte Nichtgleichgewichtsverteilung $f(\boldsymbol{k}, \boldsymbol{r})$ nach (9.65) Beziehungen zwischen diesen Koeffizienten herleiten. Insbesondere läßt sich eine Beziehung zwischen der elektrischen Leitfähigkeit $\sigma$ und dem Anteil der Wärmeleitfähigkeit $\lambda_E$, der durch Leitungselektronen (wie auch $\sigma$) getragen wird, herleiten. $\sigma$ ist im wesentlichen durch $\mathscr{L}^{11}$ und $\lambda_E$ durch $\mathscr{L}^{22}$ gegeben. Unter Verwendung von (9.65, 71) erhält man für die Wärmestromdichte

$$j_{Qx} = \int d\boldsymbol{k}(E - E_F) v_x^2(\boldsymbol{k}) \tau(k) \frac{\partial f_0}{\partial T} \left( -\frac{\partial T}{\partial x} \right). \tag{9.77}$$

Für eine kugelförmige Fermifläche und unter der Annahme, daß $\tau$ nur von der Energie abhängt, können wir wie in den Gleichungen (9.66–68) das Integral auf die elektronische spezifische Wärme zurückführen und man erhält für die Wärmeleitfähigkeit $\lambda_E$:

$$\lambda_E = \tfrac{1}{3} v_F^2 \tau(E_F) C_v \, . \tag{9.78}$$

Für das freie Elektronengas wird daraus (6.50)

$$\lambda_E = \frac{\pi^2}{3}\,\tau(E_F)\,n k^2 T/m^* \,. \tag{9.79}$$

Die elektrische Leitfähigkeit stellte sich nach (9.58a) als $\sigma = e^2\tau(E_F)n/m^*$ dar, so daß der Quotient

$$\lambda_E/\sigma = \frac{\pi^2}{3}\left(\frac{k}{e}\right)^2 T \tag{9.80}$$

linear von der Temperatur abhängt. Dieses Gesetz heißt Wiedemann-Franz-Gesetz und der Faktor $\pi^2 k^2/3e^2$ *Lorenz-Zahl L*.

Der theoretische Wert – nach (9.80) – für die Lorenz-Zahl ist

$$L = 2.45 \times 10^{-8}\,\mathrm{W\Omega K^{-2}} \,. \tag{9.81}$$

Tabelle 9.1 zeigt einige experimentell ermittelte Werte der Lorenz-Zahl bei 0 °C, die eine relativ gute Übereinstimmung mit dem Wert in (9.81) selbst für Übergangsmetalle zeigen. Bei tiefen Temperaturen ($T \ll \Theta$, $\Theta$: Debye-Temperatur) nimmt der Wert für $L$ im allgemeinen stark ab. Für Cu z. B. ist $L$ bei 15 K um eine Größenordnung kleiner als in Tabelle 9.1 für 0 °C angegeben. Der Grund für die Abweichungen ist darin zu sehen, daß bei tiefen Temperaturen elektrische und thermische Relaxationszeiten nicht mehr übereinstimmen.

**Tabelle 9.1.** Experimentell ermittelte Werte für die Lorenz-Zahl $L = \lambda_{E1}/\sigma T$ bei 0 °C. Die Werte stammen aus publizierten Daten für elektrische und Wärmeleitfähigkeit

| Metall | $L(10^{-8}\,\mathrm{W\Omega/K^2})$ |
|---|---|
| Na | 2.10 |
| Ag | 2.31 |
| Au | 2.35 |
| Cu | 2.23 |
| Pb | 2.47 |
| Pt | 2.51 |

Wir können uns diesen Unterschied beider Relaxationszeiten in einem einfachen Bild klarmachen: Ein elektrischer Strom entsteht durch Verschiebung der Fermi-Kugel um einen Betrag $\delta k$ (Abb. 9.4), ein Wärmestrom dagegen dadurch, daß Elektronen mit dem Wellenzahlvektor $+k_F$ im Mittel eine andere Temperatur als Elektronen mit $-k_F$ haben. Für die Relaxation eines elektrischen Stromes sind deshalb Streuprozesse mit Wellenzahlvektoren von der Größenordnung $q = 2k_F$ erforderlich, für die Relaxation des Wärmestromes genügen dagegen $\boldsymbol{q}$-Vektoren von der Größenordnung $q \approx kT/\hbar v_F$, die die Elektronen in der Nähe der Fermi-Kante von Zuständen höherer Energie in Zustände niedrigerer Energie bzw. umgekehrt bringen. Bei genügend hohen Temperaturen ist der Unterschied beider Streuprozesse nicht so wichtig. Bei tiefen Temperaturen aber stehen für Phononenstreuung vorzugsweise Phononen mit kleinen $q$ zur Verfügung. Also wird bei tiefen Temperaturen die Wärmeleitfähigkeit im Verhältnis kleiner sein: die Lorenz-Zahl $L$ nimmt mit der Temperatur ab.

# Tafel VIII **Quantenoszillationen und die Topologie von Fermi-Flächen**

Die Fermi-Fläche eines Metalls ist eine Fläche im $\boldsymbol{k}$-Raum, die durch die Bedingung $E(\boldsymbol{k})=E_{\mathrm{F}}$ festgelegt wird. Elektronen auf Fermi-Flächen sind besonders wichtig, weil nur sie Energie in infinitesimal kleinen Portionen aufnehmen können. Sie bestimmen deshalb alle Transportgrößen wie z. B. die elektrische Leitfähigkeit (Abschn. 9.5), die ja durch ein Integral über die Fermi-Fläche bestimmt ist.

Fermi-Flächen lassen sich bei bekannter Bandstruktur aus der Bedingung $E(\boldsymbol{k})=E_{\mathrm{F}}$ berechnen. Doch kennt man auch experimentelle Methoden, die eine sehr genaue direkte Vermessung der Fermi-Flächen erlauben. Diese Methoden beruhen auf der Beobachtung von Quantenoszillationen bei Anlegen eines Magnetfeldes. Ursache und Erscheinungsbild der Quantenoszillationen sind nicht ganz leicht zu verstehen und wir müssen zur Erklärung etwas weiter ausholen.

Freie Elektronen im Magnetfeld erfahren eine zusätzliche Kraft, die sog. Lorentz-Kraft. Sie steht senkrecht auf den Richtungen des Magnetfeldes und der Bahngeschwindigkeit und gibt Anlaß zu einer zeitlichen Änderung des Impulses nach

$$m\dot{\boldsymbol{v}}=e(\boldsymbol{v}\times\boldsymbol{B})\,. \qquad \text{(VIII.1)}$$

Für Festkörperelektronen konnten wir nach (9.4) $m\,\boldsymbol{v}=\hbar\boldsymbol{k}$ und $\boldsymbol{v}=\hbar^{-1}\nabla_{\boldsymbol{k}}E(\boldsymbol{k})$ setzen. Aus der zeitlichen Änderung des Impulses wird damit die zeitliche Änderung des Wellenzahlvektors

$$\frac{d\boldsymbol{k}}{dt}=\frac{e}{\hbar^2}[\nabla_{\boldsymbol{k}}E(\boldsymbol{k})\times\boldsymbol{B}]\,. \qquad \text{(VIII.2)}$$

Die Elektronen laufen also im $\boldsymbol{k}$-Raum tangential zu den Flächen konstanter Energie um das Magnetfeld herum. Wir wollen die Umlaufzeit berechnen.

$$T=\int dt=\frac{\hbar^2}{e}\frac{1}{B}\oint\frac{d\boldsymbol{k}}{[\nabla_{\boldsymbol{k}}E(\boldsymbol{k})]_\perp}\,. \qquad \text{(VIII.3)}$$

Dabei haben wir mit $[\nabla_{\boldsymbol{k}}E(\boldsymbol{k})]_\perp$ die Komponente des Gradienten senkrecht zum $B$-Feld eingeführt. Diese Komponente können wir auch als $dE/dk_\perp$ schreiben mit $k_\perp$ dem $\boldsymbol{k}$-Vektor senkrecht zum $B$-Feld und der Konturlinie auf der Energiefläche, auf welcher das Elektron läuft (Abb. VIII.1). An Hand von Abb. VIII.1 sehen wir auch, daß das Umlaufintegral nichts anderes als die Ableitung der Querschnittfläche $S$ nach der Energie ist

$$\oint\frac{dk_\perp}{dE}\,d\boldsymbol{k}=\frac{dS}{dE}\,. \qquad \text{(VIII.4)}$$

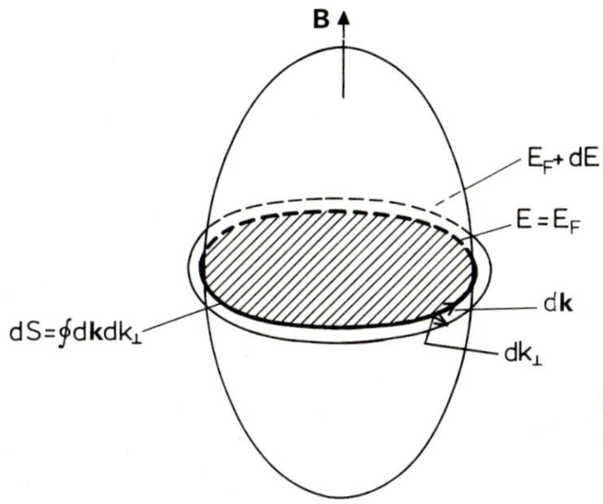


**Abb. VIII.1.** Umlaufbahn eines Elektrons um die Fermi-Fläche im Magnetfeld. Die Umlaufzeit ist proportional der Ableitung der Querschnittsfläche nach der Energie

Die Umlaufzeit

$$T=\frac{\hbar^2}{eB}\frac{dS}{dE} \qquad \text{(VIII.5)}$$

ist damit verknüpft mit der Energieabhängigkeit der von der Elektronenbahn im $\boldsymbol{k}$-Raum eingeschlossenen Fläche. Im allgemeinen sind diese Umlaufzeiten für die verschiedenen Elektronen im $\boldsymbol{k}$-Raum verschieden. Für das freie Elektronengas allerdings sind sie alle gleich. Wie man sich leicht überzeugen kann, gilt dann wegen $S=\pi k^2$

$$\frac{dS}{dE}=2\pi\frac{m^*}{\hbar^2} \qquad \text{(VIII.6)}$$

bzw.

$$T = \frac{2\pi m^*}{eB}. \tag{VIII.7}$$

Dabei ist $m^*$ die effektive Masse (siehe Abschn. 9.1).

Für ein Magnetfeld von 1 T ($10^4$ Gauß) erhalten wir z.B. so als Umlaufzeit $T = 3{,}6 \cdot 10^{-11}$ s. Diese Umlaufzeit im $\boldsymbol{k}$-Raum ist auch die Umlaufzeit im Ortsraum und wir hätten für freie Elektronen das Resultat auch direkt klassisch aus der Gleichheit von Zentrifugalkraft und Lorentz-Kraft ($evB = m^* v\omega_c$, siehe auch Tafel XV) herleiten können. Die Elektronenbahn ist dann eine Kreisbahn. Die Umlauffrequenz $\omega_c = 2\pi/T$ wird auch Zyklotronfrequenz genannt.

Gemäß unserer Herleitung bewegen sich Elektronen unter dem Einfluß eines Magnetfeldes im $\boldsymbol{k}$-Raum auf *kontinuierlichen* Bahnen. Wie ist das in Übereinstimmung mit diskreten $\boldsymbol{k}$-Vektoren zu bringen, die wir bisher angesetzt hatten? Diskrete $\boldsymbol{k}$-Werte und die Möglichkeit, Energien nach $\boldsymbol{k}$-Werten zu klassifizieren, sind eine Folge der Translationsinvarianz. Die Schrödinger-Gleichung mit Magnetfeld ist aber senkrecht zur Richtung des Magnetfeldes nicht mehr translationsinvariant! Das ergibt sich daraus, daß wir in der Schrödinger-Gleichung mit Magnetfeld $\boldsymbol{p}$ durch $\boldsymbol{p} + e\boldsymbol{A}$ mit $\boldsymbol{B} = \mathrm{rot}\,\boldsymbol{A}$ zu ersetzen haben. Die $\boldsymbol{k}$-Vektoren senkrecht zur Magnetfeldachse ($k_x, k_y$) sind dann also keine Quantenzahlen mehr und damit bricht unser ganzes schönes Bändermodell erst einmal zusammen. Glücklicherweise können wir doch eine Aussage über die Energieterme machen, wenn die Magnetfelder nicht zu groß sind. Nach dem Korrespondenzprinzip muß im Grenzfall großer Quantenzahlen $n$ die durch das Magnetfeld verursachte Aufspaltung benachbarter Terme $E_{n+1} - E_n$

$$E_{n+1} - E_n = \frac{2\pi\hbar}{T} = \hbar\omega_c \tag{VIII.8}$$

sein, mit $T$ der Umlaufzeit um die Querschnittsfläche bzw. $\omega_c$ der Umlauffrequenz [VIII.1]. Die Abschätzung der Umlaufzeit von $3{,}6 \cdot 10^{-11}$ s erlaubt uns dann, den Abstand der Energieniveaus mit $1{,}1 \cdot 10^{-4}$ eV bei einem Magnetfeld von 1 T abzuschätzen. Die Existenz dieser Terme läßt sich durch Absorption elektromagnetischer Strahlung nachweisen, wobei Übergänge natürlich nur zwischen besetzten Termen unterhalb des Fermi-Niveaus und unbesetzten oberhalb des Fermi-Niveaus erfolgen können („*Zyklotron-Resonanz*", vgl. Tafel XV). Die Interpretation der Zyklotron-Resonanz bei Metallen ist allerdings schwierig, da die Umlaufzeit $T$ ja i. a. von der Lage der Querschnittsfläche $S$ abhängt, um die das Elektron im $\boldsymbol{k}$-Raum läuft.

Wir fragen uns nun, wie denn eigentlich mit Magnetfeld der $\boldsymbol{k}$-Raum gequantelt ist, wenn $k_x$, $k_y$ keine guten Quantenzahlen mehr sind? Setzen wir (VIII.5) in (VIII.8) ein und ersetzen wir den Differentialquotienten $dS/dE$ entsprechend der Energiequantelung durch den Differenzquotienten $(S_{n+1} - S_n)/(E_{n+1} - E_n)$, so erhalten wir

$$S_{n+1} - S_n = 2\pi \frac{eB}{\hbar}. \tag{VIII.9}$$

Im Magnetfeld sind also die Flächen, um die das Elektron im $\boldsymbol{k}$-Raum läuft, gequantelt. Die Zustände auf den Umlaufbahnen sind dagegen entartet.

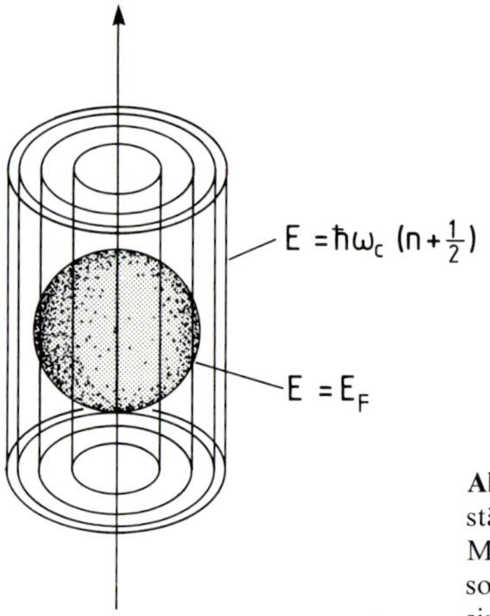


**Abb. VIII.2.** Die erlaubten Zustände von Elektronen im Magnetfeld liegen auf den sog. Landau-Röhren. Diese sind durch zwei Eigenschaften charakterisiert: 1) Der Umlauf (eines Elektrons) senkrecht zu $\boldsymbol{B}$ erfolgt auf einer Fläche konstanter Energie. 2) Die zwischen aufeinanderfolgenden Röhren eingeschlossene Fläche ist konstant. Nur wenn das Magnetfeld entlang einer Hauptsymmetrieachse läuft, ist die Röhrenachse parallel zum $\boldsymbol{B}$-Feld. Um die Vorstellung hier nicht zu sehr zu strapazieren, zeichnen wir nur die Landau-Röhren mit kreisförmigem Querschnitt für den Fall des freien Elektronengases sowie eine Fermi-Kugel, die die Besetzungsgrenze ohne Magnetfeld angibt. Mit Magnetfeld liegen die besetzten Zustände auf den Flächen der Landau-Röhren innerhalb der Kugel

Interessanterweise ist (für große Quantenzahlen) die Differenz der Flächen $S_{n+1} - S_n$ konstant und unabhängig von $k_z$. Die Elektronen sitzen also auf Röhren, den sog. *Landau-Röhren* (Abb. VIII.2). Die erlaubten Zustände im $\boldsymbol{k}$-Raum „kondensieren" gewissermaßen auf diese Röhren, sobald ein Magnetfeld, und sei es noch so klein, eingeschaltet wird. Wir überlegen uns leicht, daß die Distanz der Röhren voneinander allerdings für übliche Magnetfelder sehr klein ist. Die Zahl der Zustände insgesamt wird bei der „Kondensation" natürlich nicht geändert. Auf jeder Röhre müssen zu jedem erlaubten $k_z$-Wert also die Zustände sitzen, die sonst zwischen den Röhren waren.

Soweit haben wir ein konstantes Magnetfeld betrachtet. Was geschieht, wenn wir $\boldsymbol{B}$ langsam steigern? Gleichung (VIII.9) sagt uns, daß sich die Landau-Röhren aufblähen. Dadurch treten sie entlang einer Kontaktkontur (Abb. VIII.2) nacheinander aus der Fermi-Fläche $E(\boldsymbol{k}) = E_F$ aus. Wenn das Fermi-Niveau gerade zwischen zwei Landau-Röhren entlang der Kontaktkontur ist, liegen die höchsten besetzten Zustände unterhalb des Fermi-Niveaus. Die mittlere Energie ist also niedriger als in dem Moment, wo die Landau-Röhre gerade die Fermi-Fläche entlang der Kontur verläßt. Dadurch oszilliert die mittlere Energie. Diese periodischen Quantenoszillationen machen sich im Prinzip in allen Festkörpereigenschaften bemerkbar und sind tatsächlich auch bei vielen nachgewiesen worden. Die Periode dieser Oszillation in $\boldsymbol{B}$ ist nach (VIII.9)

$$\Delta B = \frac{2\pi e}{\hbar S_F} B^2 . \qquad \text{(VIII.10)}$$

Mit der Periode $\Delta B$ mißt man also direkt die Querschnittsflächen der Fermi-Flächen. Darauf beruht die große Bedeutung der Quantenoszillationen für die Erforschung der Topologie der Fermi-Flächen.

Besondere praktische Bedeutung hat dabei vor allem der sog. *de Haas-van Alphen-Effekt* [VIII.2] erlangt, der die periodische Oszillation der magnetischen Suszeptibilität bezeichnet. Als Beispiel für eine solche Messung zeigen wir Messungen an Gold.

In Gold sind (in Analogie zu Cu, vgl. Abb. 7.12) die $d$-Zustände besetzt und das Fermi-Niveau fällt in den Bereich des $sp$-Bandes. Die Fermi-Fläche hat also näherungsweise Kugelgestalt. Allerdings ist sie so ausgedehnt, daß sie entlang der [111]-Richtung Kontakt mit der Zonengrenze hat. Dadurch entsteht eine Aufstülpung der Fläche und die Fermi-Fläche geht direkt in die Fermi-Fläche der angrenzenden Zonen über (Abb.VIII.3).

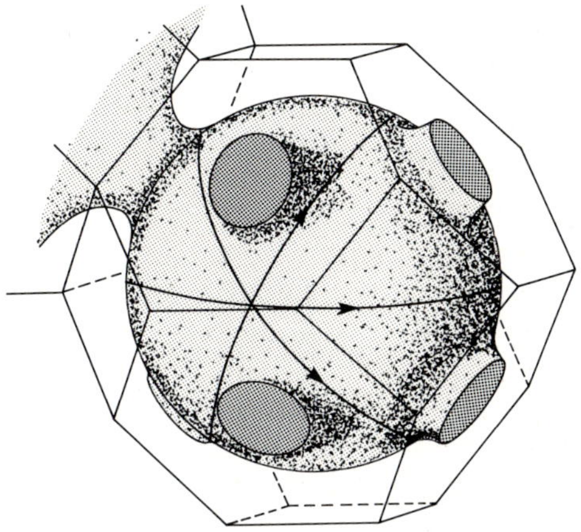

**Abb. VIII.3.** Die Fermi-Flächen der Edelmetalle Cu, Ag, Au haben Kontakt zur Zonengrenze beim Punkte L. Dadurch gibt es z. B. senkrecht zur [111]-Richtung zwei Umlaufbahnen mit extremalem Querschnitt. Senkrecht zur [110]- bzw. [100]-Richtung gibt es auch geschlossene Umlaufbahnen, die zwischen den Fermi-Kugeln benachbarte Brillouin-Zonen umlaufen und dabei leere Zustände einschließen („Lochbahnen"). Ferner gibt es offene Bahnen, bei denen die Elektronen durch das ausgedehnte Zonenschema laufen. Für solche offenen Bahnen gibt es keine Umlaufzeit und die Überlegungen, die auf der Geschlossenheit der Bahnen beruhen, finden keine Anwendung

Für ein Magnetfeld entlang der [111]-Richtung gibt es damit zwei geschlossene Umlaufbahnen entlang derer sich bei steigendem Magnetfeld die Landau-Röhren von der Fermi-Fläche ablösen. Dies sind die sog. Halsbahn und die Bauchbahn. Ihre Querschnittsflächen bestimmen die Periode der de Haas-van Alphen-Oszillationen. Abbildung VIII.4a zeigt ein Originalspektrum für diesen Fall. Das Verhältnis der Querschnittsflächen ist direkt aus dem Vergleich der Perioden abzulesen (1:29). Nach Gl. (VIII.9) berechnen wir ferner aus den Daten die Querschnittsflächen zu $1{,}5 \cdot 10^{15}$ cm$^{-2}$ bzw. $4{,}3 \cdot 10^{16}$ cm$^{-2}$. Mit diesen Angaben läßt sich ein Abbild der Fermi-Fläche wie Abb. VIII.3 bereits weitgehend konstruieren.

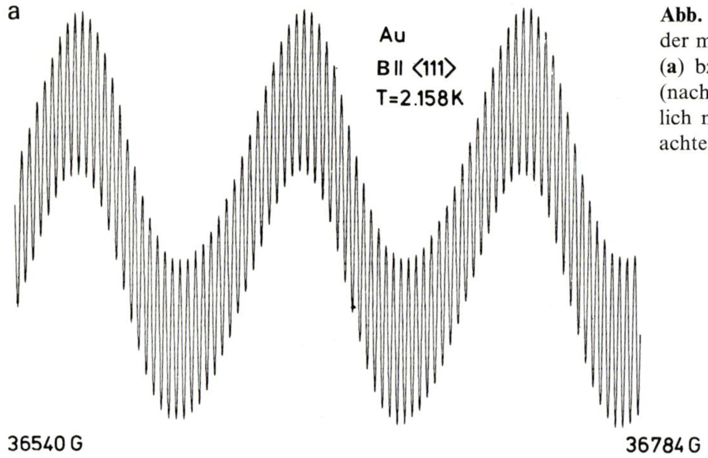


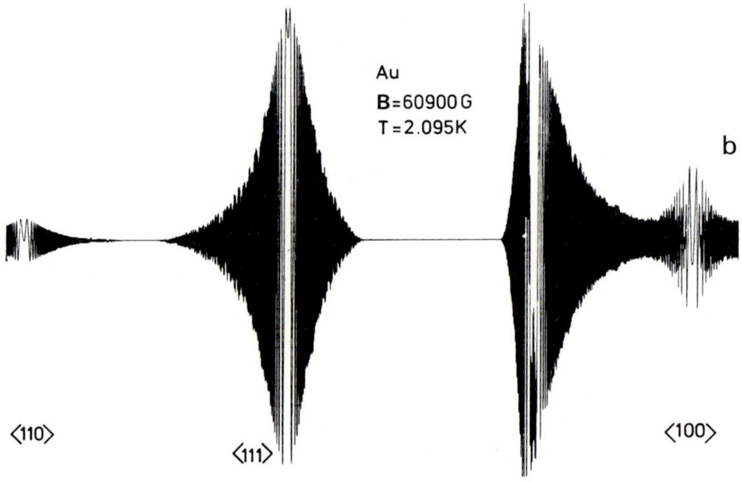


**Abb. VIII.4a, b.** Original-Schreiberkurven, die die Oszillationen in der magnetischen Suszeptibilität von Gold bei Variation des Feldes (**a**) bzw. bei Variation der Richtung des Magnetfeldes (**b**) zeigen (nach *Lengeler* [VIII.3]). Die Quantenoszillationen lassen sich natürlich nur bei genügend scharfer Fermi-Verteilung ($kT < \hbar\omega_c$) beobachten

Variiert man den Winkel der Magnetfeldachse bei konstantem Feld, so beobachtet man ebenfalls Oszillationen, weil nunmehr die Landau-Röhren durch die Drehung die Fermi-Fläche entlang der Kontaktkontur einmal berühren, einmal nicht (Abb. VIII.4b). Die Oszillationen verschwinden aber für Winkel, wo die Umlaufbahnen nicht geschlossen sind. Geschlossene Bahnen mit definierter Umlaufzeit waren die Voraussetzung für die Herleitung der Relationen (VIII.3–10).

## Literatur

VIII.1 L. Onsager: Phil. Mag. **43**, 1006 (1952)
VIII.2 W.J. de Haas, P.M. van Alphen: Leiden Comm. **208**d, **212**a (1930)
VIII.3 B. Lengeler: *Springer Tracts Mod. Phys.* **82**, 1 (Springer, Berlin, Heidelberg, New York 1978)

# 10. Supraleitung

In Kap. 9 wurden die Grundzüge des Phänomens der elektrischen Leitfähigkeit in Metallen vorgestellt und erklärt. Der endliche Widerstand der Materialien rührt im wesentlichen von Abweichungen des Realkristalls von der Gitterperiodizität her: Phononen und Störstellen. Eine unendlich hohe elektrische Leitfähigkeit ist im Rahmen einer solchen Beschreibung undenkbar, denn (1) ist aus Gründen des 2. Hauptsatzes der Thermodynamik ein Kristall ohne ein gewisses Maß an Unordnung nicht vorstellbar, (2) müßte bei Ausfallen der Phonon- und Störstellenstreuung zumindest Elektron-Elektron-Streuung als Widerstandsursache (s. Abschn. 9.3) in Erscheinung treten. Im Jahre 1911 entdeckte jedoch *Onnes* [10.1], daß der elektrische Widerstand von Quecksilber beim Abkühlen unter 4,2 K unmeßbar kleine Werte annimmt. Dieses Phänomen, das in der Folgezeit an vielen weiteren Materialien beim Abkühlen unter eine gewisse kritische Temperatur $T_c$ gefunden wurde, trägt den Namen „Supraleitung". Eine atomistische Erklärung, die nach dem in Kap. 9 Gesagten nicht mehr im Rahmen einer Einelektronennäherung erfolgen kann, ließ dann fast ein halbes Jahrhundert auf sich warten. Erst kurz vor 1960 gelang *Bardeen*, *Cooper* und *Schrieffer* [10.2] der entscheidende Durchbruch mit einer nach ihnen benannten Theorie (BCS-Theorie). Nach einer kurzen Schilderung der Grundphänomene der Supraleitung soll in diesem Kapitel etwas vereinfacht gezeigt werden, wie wesentliche Eigenschaften der Supraleitung sich im Rahmen dieser BCS-Theorie verstehen lassen.

## 10.1 Einige Grundphänomene der Supraleitung

Die namengebende Grundeigenschaft der Supraleitung wurde von *Onnes* [10.1] an Quecksilber entdeckt. Abbildung 10.1 zeigt die historische Meßkurve: Beim Abkühlen unter etwa 4,2 K bricht der elektrische Widerstand der Quecksilberprobe zusammen. Er mußte zu damaliger Zeit als unterhalb von $10^{-5}\,\Omega$ angenommen werden. Es ist prinzipiell unmöglich, experimentell die Aussage zu überprüfen, ob der Widerstand Null ist; deshalb ist man natürlich auch heute nach Anwendung verfeinerter Meßtechniken nur in der Lage, eine untere Grenze für den elektrischen Widerstand anzugeben. Die beste experimentelle Methode, die auch schon von Onnes neben Strom-Spannungsmessungen angewendet wurde, um kleinste Widerstände zu messen, besteht darin, das Abklingen eines Stromes in einem geschlossenen supraleitenden Kreis zu messen: Mittels einem Magneten wird ein magnetischer Fluß durch eine Leiterschleife erzeugt, und dann wird der Ring unter die kritische Temperatur $T_c$ abgekühlt, so daß er supraleitend wird. Wegziehen des Magneten ändert den Fluß durch den Ring und ein Ringstrom wird induziert. Wäre der Ring mit einem endlichen Widerstand $R$ behaftet, so würde der Suprastrom gemäß

$$I(t) = I_0 \exp(-Rt/L) \qquad (10.1)$$

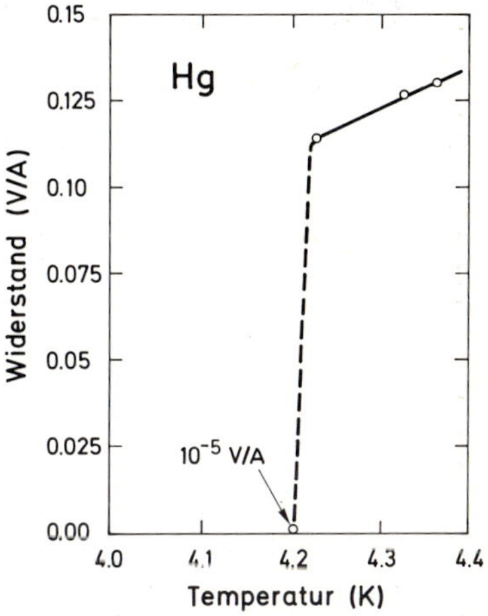


**Abb. 10.1.** Originalmeßkurve, mit der zum ersten Mal 1911 das Phänomen der Supraleitung an Hg entdeckt wurde. Bei Abkühlung unter 4,2 K fällt der elektrische Widerstand unter die Meßbarkeitsgrenze (damals $\sim 10^{-5}\,\Omega$). (Nach *Onnes* [10.1])

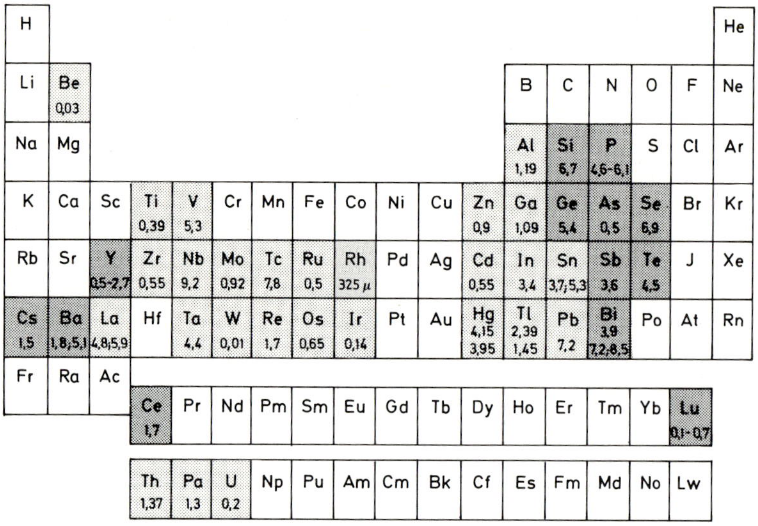


**Abb. 10.2.** Überblick über das Periodensystem der Elemente. Bis jetzt bekannte Supraleiter sind mit Angabe der Sprungtemperatur $T_c$ (in [K]) getönt dargestellt. Dunkle Tönung bedeutet, daß das entsprechende Element nur in einer Hochdruckphase supraleitend ist

abklingen; $L$ ist die Selbstinduktion der Schleife. Mit solchen und ähnlichen Versuchsanordnungen kann heute gezeigt werden, daß der Widerstand eines Metalls, das in den supraleitenden Zustand eintritt, mindestens um 14 Zehnerpotenzen abnimmt. Supraleitung ist nicht auf einige wenige chemische Elemente beschränkt; die Darstellung des Periodensystems in Abb. 10.2 zeigt, daß diese Eigenschaft bei vielen Elementen bekannt ist. Sowohl Nichtübergangsmetalle wie Be und Al als auch Übergangsmetalle wie Nb, Mo und Zn zeigen den Effekt. Halbleiter wie Si, Ge, Se und Te nehmen bei hohen Drücken eine metallische Phase an und werden dann bei tiefen Temperaturen auch supraleitend. Supraleitung kann also von der Kristallstruktur abhängen. Dies zeigt auch der Fall des Bi, wo mehrere Modifikationen Supraleitung von verschiedenen Sprungtemperaturen ab zeigen, während eine andere Modifikation bis zu $10^{-2}$ K hinab den Effekt nicht zeigt. Auch der kristalline Aufbau ist keine notwendige Voraussetzung. Gerade „amorphe" und polykristalline supraleitende Proben, die durch abschreckende Kondensation auf gekühlten Substraten hergestellt werden, spielen in der aktuellen Forschung eine große Rolle. Hinzu kommt, daß eine große Anzahl von Legierungen Supraleitung zeigt, wobei z.B. $Nb_3Al_{0,75}Ge_{0,25}$ eine relativ hohe Übergangstemperatur von 20,7 K besitzt. Am faszinierendsten erscheinen zur Zeit oxidische Supraleiter, bestehend z.B. aus den Komponenten Ba-Y-Cu-O, die extrem hohe Sprungtemperaturen im Bereich von 100 K haben (Abschn. 10.10). Es fällt weiter auf, daß bei ferromagnetischen Materialien wie Fe, Co, Ni (Abb. 10.2) keine Supraleitung gefunden wurde. Der starke Ferromagnetismus wird heute dafür als Ursache angesehen, und wir werden in Abschn. 10.6 sehen, daß starke Magnetfelder zerstörend auf die Supraleitung wirken.

Es sei noch einmal betont, daß im allgemeinen der Übergang eines Metalls von seinem normalleitenden Zustand in den eines Supraleiters nichts mit einer kristallografischen Strukturänderung zu tun hat; auch geht keine ferromagnetische, ferrimagnetische oder antiferromagnetische Umordnung damit einher. Dies läßt sich z.B. durch Streuexperimente mit Röntgenstrahlen, Elektronen und Neutronen (Tafel I) beweisen. Andererseits findet beim Übergang vom Normalzustand in den Supraleitungszustand eine thermodynamische Zustandsänderung, eine Phasenänderung statt, die sich auch in anderen physikalischen Größen klar zeigt. Die spezifische Wärme, in Abhängigkeit von der

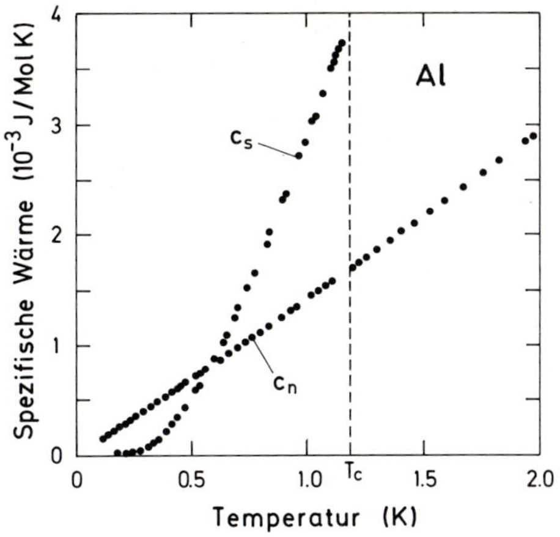


**Abb. 10.3.** Spezifische Wärme von normalleitendem ($C_n$) und supraleitendem ($C_s$) Aluminium. Unterhalb der Sprungtemperatur $T_c$ ist die normalleitende Phase durch Anlegen eines schwachen Magnetfeldes von 300 G erzeugt worden. (Nach *Phillips* [10.3])

Temperatur, z.B. ändert sich sprunghaft bei der Übergangstemperatur $T_c$. Abbildung 10.3 zeigt dies für das Beispiel des Al mit einer Übergangstemperatur von 1,19 K. Die spezifische Wärme $c_n$ eines normalleitenden Metalls setzt sich aus einem gitterdynamischen Anteil $c_{ng}$ und einem elektronischen Anteil $c_{ne}$ zusammen. Nach (6.51) gilt

$$c_n = c_{ne} + c_{ng} = \gamma T + \beta T^3 . \qquad (10.2)$$

Im normalleitenden Zustand (n) ergibt sich deshalb bei tiefen Temperaturen ein stetiger Verlauf von $c_n$ ähnlich wie in Abb. 6.8. Beim Übergang in den supraleitenden Zustand (bei $T_c$) nimmt die spezifische Wärme sprunghaft zu, um dann bei sehr niedrigen Temperaturen unter den Wert der Normalphase abzusinken. Üblicherweise nimmt man an, daß beim Übergang in den supraleitenden Zustand der gitterdynamische Anteil $c_{ng}$ unverändert bleibt. Eine genauere Analyse zeigt dann, daß der elektronische Anteil $c_{ne} \sim T$ im Supraleiter durch einen Anteil zu ersetzen ist, der weit unterhalb der kritischen Temperatur exponentiell abklingt:

$$c_{se} \sim \exp(-A/kT) . \qquad (10.3)$$

Eine weitere, markante Besonderheit zeigt sich in den magnetischen Eigenschaften eines Supraleiters. Das magnetische Verhalten eines Materials, das in den supraleitenden Zustand eintritt, läßt sich nicht allein aus den Maxwell-Gleichungen mit der zusätzlichen Forderung eines verschwindenden elektrischen Widerstandes ($R \to 0$) erklären: Dazu ist in Abb. 10.4A schematisch angedeutet, wie sich ein idealer Leiter, bei dem nur $R=0$ unterhalb einer kritischen Sprungtemperatur $T_c$ gefordert wird, verhalten würde, wenn er in einem äußeren Magnetfeld $\boldsymbol{B}_a$ abgekühlt wird, d.h. wenn er im Magnetfeld seinen Widerstand verliert. Für einen gedachten, geschlossenen Umlauf (Fläche $F$) im Material muß gelten

$$iR = U_{\mathcal{O}} = \int_F \operatorname{rot} \mathcal{E} \cdot d\boldsymbol{f} = -\dot{\boldsymbol{B}} \cdot \boldsymbol{F} . \qquad (10.4)$$

Verschwindender Widerstand bedeutet dann, daß der magnetische Fluß $\boldsymbol{B} \cdot \boldsymbol{F}$ durch die Schleife sich nicht ändern darf, daß also das Magnetfeld im Inneren des Materials sowohl beim Abkühlen als auch beim Abschalten des äußeren Feldes $\boldsymbol{B}_a$ bestehen bleibt. Beim

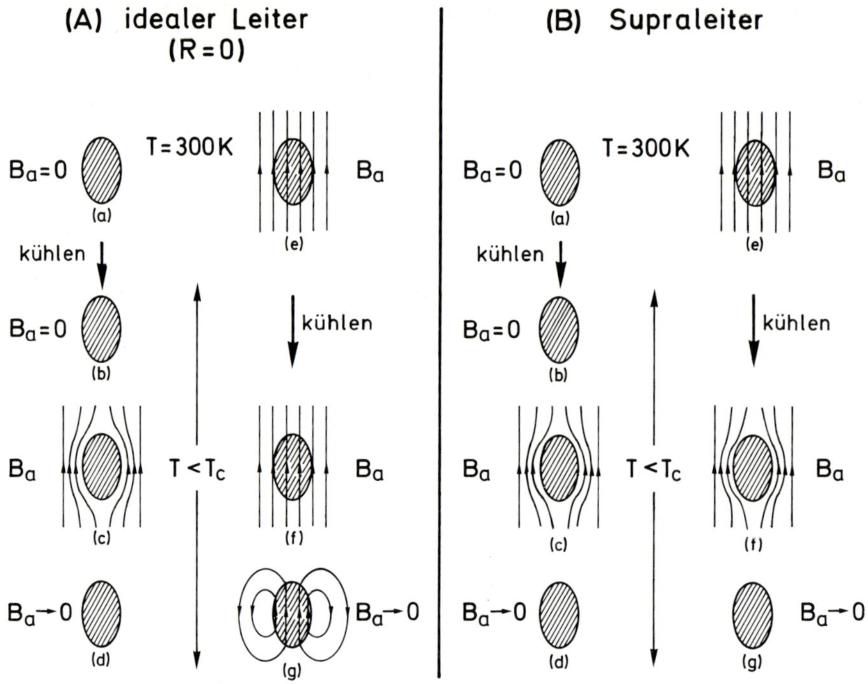


**Abb. 10.4.** Magnetisches Verhalten eines idealen Leiters (**A**) und eines Supraleiters (**B**): (**A**) Beim idealen Leiter hängt der Endzustand (*d*) oder (*g*) davon ab, ob die Probe zuerst unter $T_c$ abgekühlt und dann das Magnetfeld $B_a$ eingeschaltet wurde oder ob umgekehrt im $B_a$-Feld abgekühlt wurde: (*a–b*) Probe verliert Widerstand durch Abkühlen bei abgeschaltetem Magnetfeld. (*c*) Anlegen des $B_a$-Feldes an widerstandslose Probe. (*d*) $B_a$-Feld abgeschaltet. (*e–f*) Probe verliert Widerstand im Magnetfeld. (*g*) Magnetfeld $B_a$ abgeschaltet. (**B**) Beim Supraleiter ergeben sich gleiche Endzustände (*d*) und (*g*) unabhängig von der Reihenfolge zwischen Anlegen des Magnetfeldes $B_a$ und Abkühlen der Probe: (*a–b*) Probe verliert Widerstand bei abgeschaltetem Magnetfeld. (*c*) Anlegen des $B_a$-Feldes an supraleitende Probe. (*d*) $B_a$-Feld abgeschaltet. (*e–f*) Probe wird supraleitend im angelegten Magnetfeld $B_a$. (*g*) Magnetfeld $B_a$ abgeschaltet

Abschalten von $\boldsymbol{B}_a$ im gekühlten Zustand geschieht dies deshalb, weil durch den Abschaltvorgang im Inneren des Materials Dauerströme induziert werden, die das Magnetfeld im Inneren aufrechterhalten. Würde ein solcher Leiter im feldfreien Raum ($\boldsymbol{B}_a = 0$) unter $T_c$ abgekühlt und dann das äußere Feld $\boldsymbol{B}_a$ angeschaltet, so müßte wegen $R = 0$ das Innere des Materials feldfrei bleiben – wiederum durch die Wirkung von abschirmenden, induzierten Dauerströmen. Nach Abschalten von $\boldsymbol{B}_a$ im gekühlten Zustand bleibt das Innere des Materials nun feldfrei. Ein idealer Leiter im Sinne von (10.4) könnte also für $B_a = 0$ und $T < T_c$ zwei verschiedene Zustände, mit und ohne Feld im Inneren, einnehmen, je nachdem wie der Weg war, auf dem dieser Zustand erreicht wurde. Wäre ein Supraleiter nur ein „idealer Leiter" so wäre also der supraleitende Zustand kein Zustand im Sinne der Thermodynamik. Tatsächlich gilt für den Supraleiter nicht nur $\dot{B} = 0$ sondern auch $B = 0$ unabhängig vom Weg, auf dem der Zustand erreicht wurde. Ein Supraleiter verhält sich, wie in Abb. 10.4B angedeutet ist. Dieser Effekt, der eine vom verschwindenden Widerstand ($R = 0$) unabhängige Eigenschaft des Supraleiters darstellt, heißt nach ihren Entdeckern „Meissner-Ochsenfeld Effekt" [10.4].

Der magnetische Zustand eines Supraleiters kann wegen des Meissner-Ochsenfeld-Effektes als idealer Diamagnetismus beschrieben werden, bei dem permanente Oberflächenströme im Inneren eine Magnetisierung $\boldsymbol{M} = -\boldsymbol{H}_a$ aufrechterhalten, die dem außen anliegenden Magnetfeld $\boldsymbol{H}_a$ genau entgegengesetzt ist. Wenn an einem Supraleiter bei einer Temperatur $T < T_c$ ein äußeres Magnetfeld angeschaltet wird, so wird ein gewisser Energieanteil verbraucht, um diese Supraströme zu induzieren, die das Innere der Probe magnetisch feldfrei halten. Steigert man die Magnetfeldstärke $\boldsymbol{H}_a$, so wird es von einer kritischen Feldstärke $\boldsymbol{H}_c$ an energetisch günstiger für das Material, in die normalleitende Phase überzugehen, bei der das Magnetfeld dann in das Material eindringt.

Dieser Übergang ist zwar mit einer Erhöhung der freien Energie (siehe spezifische Wärme in Abb. 10.3) verbunden, aber eine zu starke Erhöhung des Feldes $\boldsymbol{H}_a$ würde zu einem noch höheren Energieaufwand bei der Induktion der Abschirmströme führen. Es existiert also eine obere kritische magnetische Feldstärke $\boldsymbol{H}_c$, die wiederum von der Temperatur abhängt, über die hinaus die supraleitende Phase nicht mehr existiert. Qualitativ stellt sich also das Phasendiagramm eines Supraleiters in Abhängigkeit von Temperatur $T$ und äußerem Magnetfeld wie in Abb. 10.5 dar.

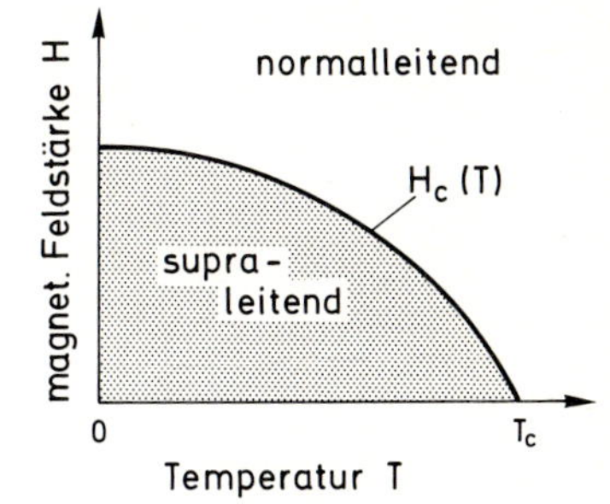


**Abb. 10.5.** Qualitative Darstellung des Phasendiagramms eines Supraleiters. Die Phasengrenze zwischen supraleitendem und normalleitendem Zustand ist durch die kritische Magnetfeldstärke $H_c(T)$ gegeben

## 10.2 Phänomenologische Beschreibung durch London-Gleichungen

Eine rein phänomenologische Beschreibung der Supraleitung, d.h. insbesondere der in Abschn. 10.1 geschilderten Erscheinungen, zwingt zu einer Abänderung der bekannten Materialgleichungen der Elektrodynamik. Diese Beschreibung, die keine atomistische Erklärung der Supraleitung darstellt, wurde zum ersten Mal von *London* und *London* [10.5] vorgeschlagen. Die Eigenschaft eines Supraleiters, einen verschwindenden spezifischen Widerstand $\varrho = 0$ zu haben, wird im Rahmen der klassischen Bewegungsgleichung von Elektronen in einem äußeren Feld $\mathscr{E}$ (9.42) durch Weglassen des „Reibungsterms" $mv_D/\tau$ erzielt, so daß für supraleitende Elektronen gilt

$$m\dot{\boldsymbol{v}} = -e\mathscr{E}\,. \tag{10.5}$$

Für die Stromdichte $\boldsymbol{j}_s = -en_s\boldsymbol{v}$ der supraleitenden Elektronen (Dichte $n_s$) folgt damit die sogenannte 1. Londonsche Gleichung

$$\dot{\boldsymbol{j}}_s = \frac{n_s e^2}{m}\,\mathscr{E}\,. \tag{10.6}$$

Damit folgt aus der Maxwellschen Gleichung $\mathrm{rot}\,\mathscr{E} = -\dot{\boldsymbol{B}}$ die Beziehung

$$\frac{\partial}{\partial t}\left(\frac{m}{n_s e^2}\,\mathrm{rot}\,\boldsymbol{j} + \boldsymbol{B}\right) = 0\,. \tag{10.7}$$

Diese Gleichung beschreibt zwar das Verhalten eines idealen Leiters ($\varrho = 0$), aber noch nicht den im Meissner-Ochsenfeld-Effekt gefundenen idealen Diamagnetismus eines Supraleiters, d.h. das „Hinausdrücken" eines Magnetfeldes. Aus (10.7) folgt nämlich lediglich wie aus (10.4), daß der magnetische Fluß durch eine Leiterschleife konstant bleibt. Integration von (10.7) liefert eine Integrationskonstante. Setzt man diese gleich Null, dann folgt die zweite Londonsche Gleichung, mit deren Hilfe der Meissner-Ochsenfeld-Effekt richtig beschrieben wird

$$\operatorname{rot} \boldsymbol{j}_s = -\frac{n_s e^2}{m} \boldsymbol{B} . \tag{10.8}$$

Es sei noch einmal betont, daß (10.8) unter zwei Voraussetzungen abgeleitet wurde: (1) $\varrho$ verschwindet und (2) Integrationskonstante von (10.7) verschwindet.

Zur Beschreibung eines Supraleiters im Magnetfeld haben wir nun mit der Abkürzung

$$\lambda_L = \frac{m}{n_s e^2} \tag{10.9}$$

folgendes Gleichungssystem zur Verfügung:

1) Die beiden London-Gleichungen

$$\mathscr{E} = \lambda_L \dot{\boldsymbol{j}}_s , \tag{10.10a}$$

$$\boldsymbol{B} = -\lambda_L \operatorname{rot} \boldsymbol{j}_s , \quad \text{und} \tag{10.10b}$$

2) zusätzlich die Maxwell-Gleichung

$$\operatorname{rot} \boldsymbol{H} = \boldsymbol{j}_s \quad \text{bzw.} \quad \operatorname{rot} \boldsymbol{B} = \mu_0 \boldsymbol{j}_s . \tag{10.11}$$

(10.10) ersetzt für den Supraleiter das Ohmsche Gesetz des Normalleiters. Aus der Kombination von (10.11) mit (10.10) folgen

$$\operatorname{rot}\operatorname{rot} \boldsymbol{B} = \mu_0 \operatorname{rot} \boldsymbol{j}_s = -\frac{\mu_0}{\lambda_L} \boldsymbol{B} \tag{10.12a}$$

$$\operatorname{rot}\operatorname{rot} \boldsymbol{j}_s = -\frac{1}{\lambda_L} \operatorname{rot} \boldsymbol{B} = -\frac{\mu_0}{\lambda_L} \boldsymbol{j}_s , \quad \text{bzw.} \tag{10.12b}$$

$$\Delta \boldsymbol{B} - \frac{\mu_0}{\lambda_L} \boldsymbol{B} = 0 , \tag{10.13a}$$

$$\Delta \boldsymbol{j}_s - \frac{\mu_0}{\lambda_L} \boldsymbol{j}_s = 0 . \tag{10.13b}$$

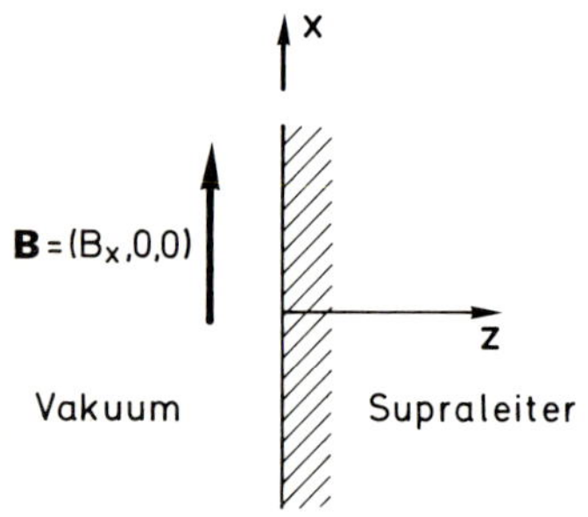


**Abb. 10.6.** Halbunendlicher Supraleiter ($z > 0$) in einem Magnetfeld, das im Vakuum ($z < 0$) homogen ist

Für das zweidimensionale Problem eines halbunendlichen Supraleiters in einem homogenen Magnetfeld $\boldsymbol{B} = (B_x, 0, 0)$, wie in Abb. 10.6 dargestellt, gilt dann

$$\frac{\partial^2 B_x}{\partial z^2} - \frac{\mu_0}{\lambda_L} B_x = 0 , \tag{10.14a}$$

$$\frac{\partial^2 j_{sy}}{\partial z^2} - \frac{\mu_0}{\lambda_L} j_{sy} = 0 . \tag{10.14b}$$

Wegen (10.12b) hat $\boldsymbol{j}_s$ die Darstellung $(0, j_{sy}, 0)$.

Die Lösungen dieser Gleichungen

$$B_x = B_x^0 \exp(-\sqrt{\mu_0/\lambda_L}\, z) = B_x^0 \exp(-z/\Lambda_L), \tag{10.15a}$$

$$j_{sy} = j_{sy}^0 \exp(-\sqrt{\mu_0/\lambda_L}\, z) = j_{sy}^0 \exp(-z\Lambda_L) \tag{10.15b}$$

zeigen, daß einmal das Magnetfeld in den Supraleiter eindringt, ins Innere hinein jedoch über die sogenannte London-Eindringtiefe

$$\Lambda_L = \sqrt{m/\mu_0 n_s e^2} \tag{10.16}$$

exponentiell abklingt. Zum anderen klingen auch die supraleitenden Ströme, die das Innere des Supraleiters gegen das äußere Magnetfeld abschirmen, in den Supraleiter hinein exponentiell ab. Für eine größenordnungsmäßige Abschätzung der Londonschen Eindringtiefe setzt man für $m$ die Elektronen-Elementarmasse und für $n_s$ die Atomdichte, d.h. jedes Atom liefert dann ein supraleitendes Elektron. Für Sn z.B. wird damit $\Lambda_L = 260$ Å.

Es ist ein wesentliches Element der atomistischen Theorie der Supraleitung, daß nicht einzelne Elektronen, sondern Elektronenpaare, sog. Cooper-Paare, den Stromtransport tragen. Dem könnte man in den Londonschen Gleichungen Rechnung tragen, indem man statt auf $n_s$ auf $n_s/2$, die halbe Elektronendichte, bezieht. Da die London-Gleichungen insbesondere den Meissner-Ochsenfeld-Effekt gut beschreiben, sollte eine atomistische Theorie der Supraleitung in der Lage sein, u.a. eine Gleichung des Typs (10.10b) zu liefern; dies und eine Erklärung des verschwindenden Widerstandes bei genügend kleinen Temperaturen ($T < T_c$) ist das zentrale Anliegen der schon erwähnten BCS-Theorie. Da es sich bei der Supraleitung offenbar um ein weitverbreitetes Phänomen handelt, muß auch die Theorie genügend allgemein sein; sie darf also nicht an spezielle Eigenschaften eines Metalls geknüpft sein. In den beiden folgenden Abschnitten werden wesentliche Grundzüge der atomistischen Theorie der Supraleitung in einer etwas vereinfachten Darstellung behandelt.

## 10.3 Instabilität des „Fermi-Sees“ und Cooper-Paare

Aus den besprochenen, grundlegenden Experimenten zum Phänomen der Supraleitung folgt, daß es sich um eine neue Phase des Elektronengases im Metall handeln muß, der die ungewöhnliche Eigenschaft „unendlich hoher“ Leitfähigkeit zukommt. Wesentlich zum Verständnis dieser neuen Phase trug bei, daß *Cooper* [10.6] 1956 erkannte, daß der in Abschn. 6.2 beschriebene Grundzustand ($T = 0$ K) eines Elektronengases zusammenbricht, wenn eine auch noch so schwache attraktive Wechselwirkung zwischen je zwei Elektronen zugelassen wird. Als eine solche Wechselwirkung war schon von *Fröhlich* [10.7] die Wechselwirkung über Phononen diskutiert worden. Auf seinem Weg durch den Festkörper hinterläßt ein Elektron aufgrund seiner negativen Ladung eine Deformationsspur der Ionenrümpfe. Diese Spur mit einer Anhäufung positiver Ladung der Ionenrümpfe wirkt auf ein zweites Elektron attraktiv, so daß über die Gitterdeformation eine schwache Anziehung zwischen je zwei Elektronen zustande kommt (Abb. 10.7a). Die hierdurch gegebene attraktive Elektron-Elektron-Wechselwirkung ist wegen der langsameren Bewegung der Ionen gegenüber der Coulomb-Abstoßung zwischen den

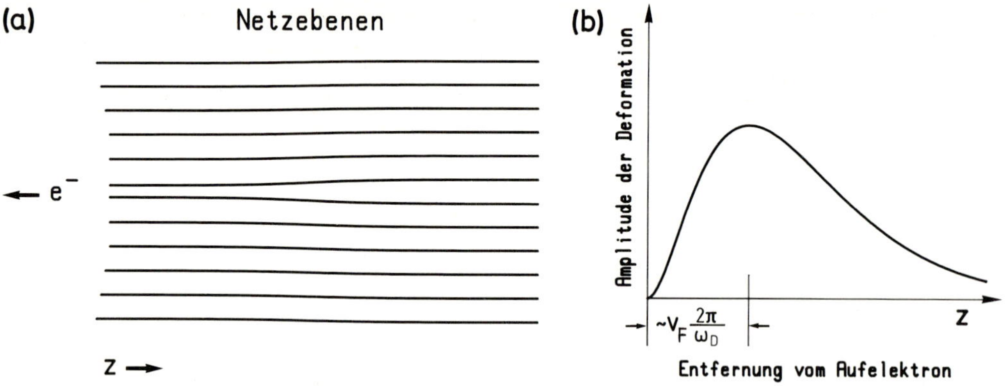


**Abb. 10.7a,b.** Schematische Veranschaulichung der Phononwechselwirkung, die zur Bildung von Cooper-Paaren führt. (**a**) Ein durch das Kristallgitter fliegendes Elektron ($e^-$) hinterläßt eine Deformationsspur, die sich (stark übertrieben) als Verdichtung der positiv geladenen Rümpfe, d.h. also der Netzebenen beschreiben läßt. Dies bedeutet, daß hinter dem Elektron ein Gebiet mit erhöhter positiver Ladung (im Vergleich zum sonst neutralen Kristall) auftritt, das anziehend auf ein zweites Elektron wirkt. (**b**) Qualitative Entwicklung der Auslenkung der Rümpfe, die hinter dem 1. Elektron die Gitterdeformation bilden. Gegenüber der hohen Elektronengeschwindigkeit $v_F(\sim 10^8\,\mathrm{cm/s})$ folgt das Gitter nur sehr langsam, es erreicht seine maximale Deformation bei einer Entfernung $v_F 2\pi/\omega_D$ hinter dem Elektron, die gegeben ist durch die typische Phononfrequenz $\omega_D$ (Debye-Frequenz). Die Kopplung der beiden Elektronen im Cooper-Paar geschieht also über Entfernungen von mehr als 1000 Å, über die die Coulomb-Abstoßung weitgehend abgeschirmt ist

Elektronen retardiert; im Moment des Vorbeifliegens eines Elektrons erhalten die Ionen einen Kraftstoß, der erst nach dem Passieren des Elektrons zu einer Bewegung der Ionen und damit zu einer Polarisation des Gitters führt (Abb. 10.7b). Die Gitterdeformation erreicht ihr Maximum bei einer Entfernung vom Aufelektron, die durch die Elektronengeschwindigkeit (Fermi-Geschwindigkeit $v_F \sim 10^8$ cm/s) und die maximale Phonon-Schwingungsdauer ($2\pi/\omega_D \sim 10^{-13}$ s) abgeschätzt werden kann. Die beiden über die Gitterdeformation korrelierten Elektronen haben so einen größenordnungsmäßigen Abstand von 1000 Å. Dies entspricht natürlich der geometrischen Ausdehnung eines Cooper-Paares, die in Abschn. 10.7 auf andere Weise abgeschätzt wird. Die enorm hohe Reichweite der über Gitterdeformation vermittelten Elektronenkorrelation erklärt weiter, warum die Coulomb-Abstoßung keine merkliche Rolle mehr spielt; sie wird über Entfernungen von einigen Ångstrom abgeschirmt.

Quantenmechanisch läßt sich die Gitterdeformation als die Überlagerung der Phononen verstehen, die das Elektron durch seine Wechselwirkung mit dem Gitter ständig „emittiert“ und absorbiert. Damit der Energiesatz nicht verletzt wird, dürfen die die Gitterdeformation konstituierenden Phononen deshalb nur während einer durch die Unschärferelation bestimmten Zeitspanne $\tau = 2\pi/\omega$ existieren, um danach wieder von Elektronen „eingefangen“ zu werden. Man spricht deshalb auch von „virtuellen“ Phononen.

Der Grundzustand des nicht wechselwirkenden Fermi-Gases der Elektronen im Potentialtopf (Kap. 6) ist dadurch gegeben, daß alle Einelektronenzustände mit Wellenvektor $\boldsymbol{k}$ bis zur Fermikante $E_F^0(T=0\,\mathrm{K}) = \hbar^2 k_F^2/2m$ aufgefüllt sind und alle Zustände mit $E > E_F^0$ unbesetzt sind. Wir machen jetzt ein Gedankenexperiment und fügen diesem System zwei Elektronen $[\boldsymbol{k}_1, E(\boldsymbol{k}_1)]$ und $[\boldsymbol{k}_2, E(\boldsymbol{k}_2)]$ auf Zuständen gerade oberhalb von $E_F^0$ hinzu. Zwischen diesen beiden Elektronen soll die beschriebene schwache attraktive Wechselwirkung vermöge Phononenaustausch „eingeschaltet“ sein. Alle anderen Elektronen im Fermi-See sollen weiterhin als nicht wechselwirkend

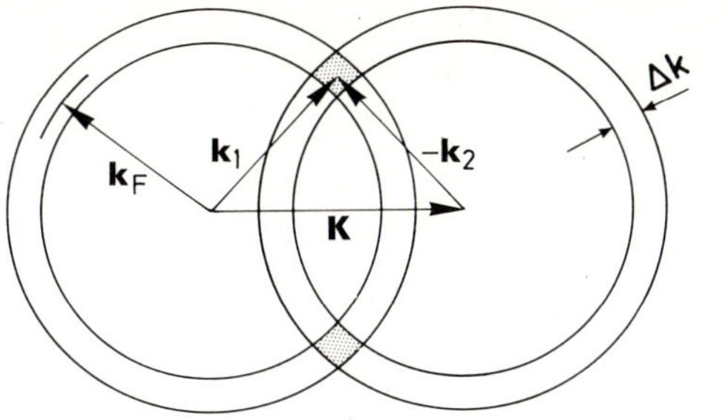


**Abb. 10.8.** Veranschaulichung von Elektron-Paarstößen (im reziproken Raum der Wellenzahlen), bei denen $\boldsymbol{k}_1+\boldsymbol{k}_2=\boldsymbol{k}_1'+\boldsymbol{k}_2'=\boldsymbol{K}$ konstant bleibt. Zwei Kugelschalen mit Fermi-Radius $k_F$ und Dicke $\Delta k$ beschreiben die Paare von Wellenvektoren $\boldsymbol{k}_1$ und $\boldsymbol{k}_2$. Alle Paare, für die $\boldsymbol{k}_1+\boldsymbol{k}_2=\boldsymbol{K}$ gilt, enden im schattierten Volumen (rotationssymmetrisch um $\boldsymbol{K}$). Die Zahl dieser Paare $\boldsymbol{k}_1$, $\boldsymbol{k}_2$ ist proportional zu diesem Volumen im $\boldsymbol{k}$-Raum. Ein Maximum ergibt sich für $\boldsymbol{K}=0$

angenommen werden; sie sollen wegen des Ausschließungsprinzips eine weitere Besetzung der Zustände mit $|\boldsymbol{k}|<k_F$ verhindern. Beim Phononenaustausch wechseln die beiden Elektronen beständig ihre Wellenzahlvektoren, wobei der Erhaltungssatz

$$\boldsymbol{k}_1+\boldsymbol{k}_2=\boldsymbol{k}_1'+\boldsymbol{k}_2'=\boldsymbol{K} \tag{10.17}$$

gelten muß. Wegen der Beschränkung der Wechselwirkung im $\boldsymbol{k}$-Raum auf eine Schale der Energiebreite $\hbar\omega_D$ (mit $\omega_D$: Debye-Frequenz) oberhalb von $E_F^0$ sind alle möglichen $\boldsymbol{k}$-Zustände durch die schattierte Fläche in Abb. 10.8 gegeben. Diese Fläche und damit die Anzahl der die Energie absenkenden Phononaustauschprozesse – d.h. die Stärke der anziehenden Wechselwirkung – wird maximal für $\boldsymbol{K}=\boldsymbol{0}$. Es genügt also, im weiteren nur den Fall $\boldsymbol{k}_1=-\boldsymbol{k}_2=\boldsymbol{k}$, d.h. Elektronenpaare mit entgegengesetztem Wellenzahlvektor zu betrachten. Die zugehörige Zweiteilchen-Wellenfunktion $\psi(\boldsymbol{r}_1,\boldsymbol{r}_2)$ muß der Schrödinger-Gleichung

$$-\frac{\hbar^2}{2m}(\Delta_1+\Delta_2)\psi(\boldsymbol{r}_1,\boldsymbol{r}_2)+V(\boldsymbol{r}_1,\boldsymbol{r}_2)\psi(\boldsymbol{r}_1,\boldsymbol{r}_2)=E\psi(\boldsymbol{r}_1,\boldsymbol{r}_2)=(\varepsilon+2E_F^0)\psi(\boldsymbol{r}_1,\boldsymbol{r}_2) \tag{10.18}$$

gehorchen. $\varepsilon$ ist die Energie des Elektronenpaares, bezogen auf den wechselwirkungsfreien Zustand ($V=0$), bei dem jedes der beiden Elektronen an der Fermi-Kante eine Energie $E_F^0=\hbar^2k_F^2/2m$ besitzen würde. Die Zweiteilchenwellenfunktion setzt sich in diesem Fall aus zwei ebenen Wellen zusammen:

$$\left(\frac{1}{\sqrt{L^3}}\,e^{i\boldsymbol{k}_1\cdot\boldsymbol{r}_1}\right)\left(\frac{1}{\sqrt{L^3}}\,e^{i\boldsymbol{k}_2\cdot\boldsymbol{r}_2}\right)=\frac{1}{L^3}\,e^{i\boldsymbol{k}\cdot(\boldsymbol{r}_1-\boldsymbol{r}_2)}. \tag{10.19}$$

Die allgemeinste Darstellung der Zweiteilchenfunktion für den Fall nichtverschwindender Wechselwirkung ($V\neq 0$) läßt sich als Entwicklung darstellen:

$$\psi(\boldsymbol{r}_1-\boldsymbol{r}_2)=\frac{1}{L^3}\sum_{\boldsymbol{k}} g(\boldsymbol{k})\,e^{i\boldsymbol{k}\cdot(\boldsymbol{r}_1-\boldsymbol{r}_2)}. \tag{10.20}$$

Sie hängt nur noch von der Relativkoordinate $\boldsymbol{r}=\boldsymbol{r}_1-\boldsymbol{r}_2$ ab. Hierbei läuft die Summe nur über solche Paare $\boldsymbol{k}=\boldsymbol{k}_1=-\boldsymbol{k}_2$, die wegen der Beschränkung der Wechselwirkung auf das Gebiet $\hbar\omega_D$ (Abb. 10.9) der Bedingung

$$E_F^0<\frac{\hbar^2k^2}{2m}<E_F^0+\hbar\omega_D \tag{10.21a}$$

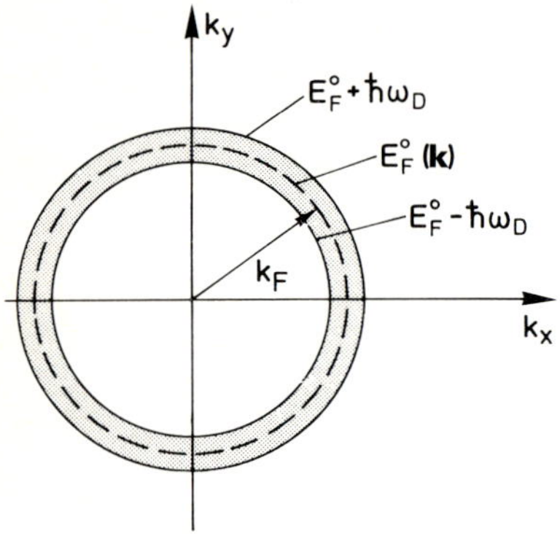


**Abb. 10.9.** Veranschaulichung der einfachsten in der BCS Theorie angenommenen anziehenden Wechselwirkung zwischen zwei Elektronen, die zur Cooper-Paarung führt: Das Wechselwirkungspotential ist im gestrichelten Bereich des $\boldsymbol{k}$-Raumes, d.h. zwischen den Energieschalen $E_F^0+\hbar\omega_D$ und $E_F^0-\hbar\omega_D$ als konstant $(=-V_0)$ angenommen. $\omega_D$ ist die Debye-Frequenz des Materials

gehorchen. $|g(\boldsymbol{k})|^2$ ist die Wahrscheinlichkeit, ein Elektron im Zustand $\boldsymbol{k}$ und das andere in $-\boldsymbol{k}$ – d.h. das Elektronenpaar in $(\boldsymbol{k}, -\boldsymbol{k})$ – zu finden. Wegen des Pauli-Prinzips und wegen der Bedingung (10.21a) gilt

$$g(\boldsymbol{k})=0 \quad \text{für} \quad \begin{cases} k<k_F \\ k>\sqrt{2m(E_F^0+\hbar\omega_D/\hbar^2} \end{cases} . \tag{10.21b}$$

Einsetzen von (10.20) in (10.18), Multiplikation mit $\exp(-i\boldsymbol{k}'\cdot\boldsymbol{r})$ und Integration über das Normierungsvolumen ergibt

$$\frac{\hbar^2k^2}{m}g(\boldsymbol{k})+\frac{1}{L^3}\sum_{\boldsymbol{k}'}g(\boldsymbol{k}')V_{\boldsymbol{kk}'}=(\varepsilon+2E_F^0)g(\boldsymbol{k}). \tag{10.22}$$

Hierbei beschreibt das Wechselwirkungsmatrixelement

$$V_{\boldsymbol{kk}'}=\int V(\boldsymbol{r})e^{-i(\boldsymbol{k}-\boldsymbol{k}')\cdot\boldsymbol{r}}d\boldsymbol{r} \tag{10.23}$$

Stöße des Elektronenpaares von $(\boldsymbol{k}, -\boldsymbol{k})$ nach $(\boldsymbol{k}', -\boldsymbol{k}')$ und umgekehrt. Im einfachsten Modell wird dieses Matrixelement $V_{\boldsymbol{kk}'}$ als unabhängig von $\boldsymbol{k}$ und attraktiv angenommen, also $V_{\boldsymbol{kk}'}<0$:

$$V_{\boldsymbol{kk}'}=\begin{cases} -V_0(V_0>0) & \text{für} \quad E_F^0<\left(\frac{\hbar^2k^2}{2m}, \frac{\hbar^2k'^2}{2m}\right)<E_F^0+\hbar\omega_D \\ 0 & \text{sonst}. \end{cases} \tag{10.24}$$

Damit folgt aus (10.22)

$$\left(-\frac{\hbar^2k^2}{m}+\varepsilon+2E_F^0\right)g(\boldsymbol{k})=-A, \quad \text{wo} \tag{10.25a}$$

$$A=\frac{V_0}{L^3}\sum_{\boldsymbol{k}'}g(\boldsymbol{k}') \tag{10.25b}$$

unabhängig von $\boldsymbol{k}$ ist.

Nach Summation von (10.25a) über $\boldsymbol{k}$ folgt durch Vergleich mit (10.25b) aus Konsistenzgründen

$$1=\frac{V_0}{L^3}\sum_{\boldsymbol{k}}\frac{1}{-\varepsilon+\hbar^2k^2/m-2E_F^0}. \tag{10.26}$$

Wir nennen $\xi=\hbar^2k^2/2m-E_F^0$ und ersetzen die Summe über die Paarzustände $\boldsymbol{k}$ durch ein Integral über den $\boldsymbol{k}$-Raum $(L^{-3}\sum_{\boldsymbol{k}}\Rightarrow\int d\boldsymbol{k}/4\pi^3)$; hierbei berücksichtigen wir, daß nur über eine Energieschale der Dicke $\hbar\omega_D\ll E_F^0$ integriert wird, in der die Zustandsdichte des freien Elektronengases (6.11)

$$D(E_F^0+\xi)=\frac{(2m)^{3/2}}{2\pi^2\hbar^3}(E_F^0+\xi)^{1/2}\approx D(E_F^0) \tag{10.27}$$

als fast konstant $[\approx D(E_F^0)]$ angenommen werden kann. Da wir über Paarzustände $(\boldsymbol{k}, -\boldsymbol{k})$ integrieren, muß die halbe Zustandsdichte $Z(E_F^0) = D(E_F^0)/2$ an der Fermikante genommen werden, d.h. aus (10.26) folgt

$$1 = V_0 Z(E_F^0) \int_0^{\hbar\omega_D} \frac{1}{2\xi - \varepsilon} \, d\xi \tag{10.28}$$

und nach Integration

$$1 = \frac{1}{2} V_0 Z(E_F^0) \ln \frac{\varepsilon - 2\hbar\omega_D}{\varepsilon} \quad \text{bzw.} \tag{10.29a}$$

$$\varepsilon = \frac{2\hbar\omega_D}{1 - \exp[2/V_0 Z(E_F^0)]} . \tag{10.29b}$$

Für den Fall schwacher Wechselwirkung $V_0 Z(E_F^0) \ll 1$ folgt so

$$\varepsilon \approx -2\hbar\omega_D e^{-2/V_0 Z(E_F^0)} . \tag{10.30}$$

Es existiert also ein gebundener Zweielektronenzustand, dessen Energie gegenüber dem voll besetzten Fermi-See ($T=0$) um $\varepsilon = E - 2E_F^0 < 0$ abgesenkt ist. Der Grundzustand des in Abschn. 6.2 behandelten nicht-wechselwirkenden freien Elektronengases wird also instabil bei „Einschalten" einer noch so kleinen attraktiven Wechselwirkung zwischen den Elektronen. Es sei noch einmal darauf hingewiesen, daß die Energieabsenkung $\varepsilon$ (10.30) aus einem Gedankenexperiment resultiert, bei dem der Fermi-See für Zustände mit $\hbar^2 k^2/2m < E_F^0$ als fixiert angenommen wurde und nur die Wirkung der Attraktion auf zwei zusätzliche Elektronen in Gegenwart des Fermi-Sees betrachtet wurde. In Wirklichkeit wird die Instabilität dazu führen, daß sich eine hohe Dichte solcher Elektronenpaare, sogen. *Cooper-Paare* $(\boldsymbol{k}, -\boldsymbol{k})$, bildet und das System einem neuen Grundzustand niedrigerer Energie zustrebt. Dieser neue Grundzustand ist identisch mit der supraleitenden Phase, wie sich zeigen wird.

Für die vorangehende Betrachtung war wesentlich, daß für beide Elektronen in Bezug auf die Zustände in der Fermi-Kugel das Pauli-Prinzip gilt. Da der Ansatz für die Zweiteilchenwellenfunktion (10.19) in den Ortskoordinaten $(\boldsymbol{r}_1, \boldsymbol{r}_2)$ symmetrisch gegenüber einer Vertauschung der Elektronen 1 und 2 war, die Gesamtwellenfunktion einschließlich der Spins aber antisymmetrisch sein muß (allgemeinste Formulierung des Pauli-Prinzips), ist der in (10.19) nicht dargestellte Spinanteil antisymmetrisch. Das Cooper-Paar besteht also aus zwei Elektronen mit entgegengesetztem Wellenvektor und entgegengesetztem Spin $(\boldsymbol{k}\uparrow, -\boldsymbol{k}\downarrow)$. Die Pfeile bezeichnen dabei die entgegegengesetzten Spineinstellungen. Man spricht in diesem Zusammenhang auch oft von Singulett-Paaren. Es sei darauf hingewiesen, daß die Annahme komplizierterer Elektron-Elektron-Kopplungen auch zu spinparalleler Paarbildung, sog. Tripletts, führen könnten. Solche Modelle werden diskutiert. Experimentelle Belege für die Existenz stehen jedoch aus. Triplett-Paare sind jedoch in flüssigem $^3$He gefunden worden. Bei tiefen Temperaturen verhält sich dieses System wie ein entartetes Fermi-Gas.

## 10.4 Der BCS-Grundzustand

In Abschn. 10.3 haben wir gesehen, daß durch eine schwache attraktive Wechselwirkung, die aus der Elektron-Phonon-Wechselwirkung resultiert, eine Paarung zu „Cooper-Paaren“ erfolgt. Die Energieabsenkung, die der Fermi-See durch Bildung eines einzigen Paares erfährt, wurde in (10.29) ausgerechnet. Ein solches Cooper-Paar muß man sich vorstellen als ein Elektronenpaar, in dem die beiden Elektronen andauernd Zustände $(\boldsymbol{k}\uparrow, -\boldsymbol{k}\downarrow)$, $(\boldsymbol{k}'\uparrow, -\boldsymbol{k}'\downarrow)$ usw. mit entgegengesetztem $\boldsymbol{k}$-Vektor und Spin besetzen. Das Matrixelement $V_{\boldsymbol{kk}'}$ (10.23), vermittelt diese Art der Wechselwirkung, beschreibt also Paarstöße von $(\boldsymbol{k}\uparrow, -\boldsymbol{k}\downarrow)$ nach $(\boldsymbol{k}'\uparrow, -\boldsymbol{k}'\downarrow)$, die zu der Energieabsenkung bei Bildung eines Cooper-Paares führen (Abb. 10.10). Infolge der Energieabsenkung werden sich immer mehr Cooper-Paare bilden. Da jedoch eine Anregung über $E_\mathrm{F}^0$ hinaus erforderlich ist, ist mit der Paarung auch eine Zunahme an kinetischer Energie verbunden. Der neue Grundzustand des Fermi-Sees, der sich bei der Paarbildung einstellt, wird demnach durch ein kompliziertes Wechselspiel zwischen den Elektronen erreicht. Die Gesamtenergieabsenkung ergibt sich nicht durch einfache Aufsummation von Beiträgen (10.29), einzelner Cooper-Paare. Der Effekt jedes einzelnen Cooper-Paares hängt von den schon vorhandenen ab. Es muß also für die Gesamtheit aller möglichen Paarbildungen das Minimum der Gesamtenergie (Grenzfall $T=0\,\mathrm{K}$) des Systems unter Berücksichtigung des kinetischen Einelektronenanteils und der durch die „Paarstöße“, d.h. die Elektron-Phonon-Wechselwirkung, vermittelte Energieabsenkung aufgesucht werden. Der kinetische Anteil läßt sich sofort angeben: Es sei $w_{\boldsymbol{k}}$ die Wahrscheinlichkeit, daß der Paarzustand $(\boldsymbol{k}\uparrow, -\boldsymbol{k}\downarrow)$ besetzt ist, und wie in Abschn. 10.3 seien alle Einteilchenenergien $\xi_{\boldsymbol{k}}$ auf das Fermi-Niveau bezogen, d.h. $\xi_{\boldsymbol{k}}=E(\boldsymbol{k})-E_\mathrm{F}^0=(\hbar^2k^2/2m)-E_\mathrm{F}^0$. Dann gilt für den kinetischen Anteil $E_\mathrm{kin}$

$$E_\mathrm{kin}=2\sum_{\boldsymbol{k}} w_{\boldsymbol{k}}\xi_{\boldsymbol{k}}\,. \tag{10.31}$$

Die totale Energieabsenkung, die durch Paarstöße $(\boldsymbol{k}\uparrow, -\boldsymbol{k}\downarrow)\rightleftarrows(\boldsymbol{k}'\uparrow, -\boldsymbol{k}'\downarrow)$ zustande kommt, errechnen wir am einfachsten über einen Hamilton-Operator $\mathscr{H}$, der explizit der Tatsache Rechnung trägt, daß bei „Vernichtung“ eines Paares $(\boldsymbol{k}\uparrow, -\boldsymbol{k}\downarrow)$ und „gleichzeitiger Erzeugung“ eines Paares $(\boldsymbol{k}'\uparrow, -\boldsymbol{k}'\downarrow)$, d.h. einer Streuung von $(\boldsymbol{k}\uparrow, -\boldsymbol{k}\downarrow)$ nach $(\boldsymbol{k}'\uparrow, -\boldsymbol{k}'\downarrow)$, eine Energieabsenkung um $V_{\boldsymbol{kk}'}$ eintritt (Abschn. 10.3). Da ein Paarzustand $\boldsymbol{k}$ entweder besetzt oder unbesetzt sein kann, wählen wir eine Darstellung durch zwei

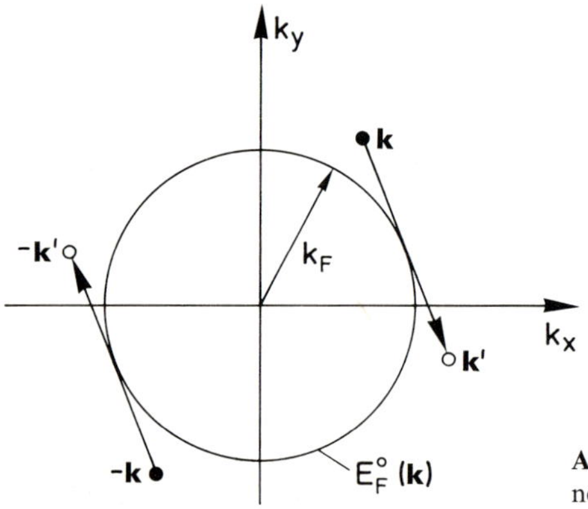


**Abb. 10.10.** Veranschaulichung eines Stoßes eines Elektronenpaares mit den Wellenvektoren $(\boldsymbol{k}, -\boldsymbol{k})$ nach $(\boldsymbol{k}', -\boldsymbol{k}')$

zueinander orthogonale Zustände $|1\rangle_{\boldsymbol{k}}$ und $|0\rangle_{\boldsymbol{k}}$: $|1\rangle_{\boldsymbol{k}}$ ist der Zustand, bei dem $(\boldsymbol{k}\uparrow, -\boldsymbol{k}\downarrow)$ besetzt ist, $|0\rangle_{\boldsymbol{k}}$ der Zustand der Nichtbesetzung. Der allgemeinste Zustand des Paares $(\boldsymbol{k}\uparrow, -\boldsymbol{k}\downarrow)$ ist also gegeben durch

$$|\psi\rangle_{\boldsymbol{k}} = u_{\boldsymbol{k}}|0\rangle_{\boldsymbol{k}} + v_{\boldsymbol{k}}|1\rangle_{\boldsymbol{k}}\,. \tag{10.32}$$

Dies ist eine andere Darstellung der Cooper-Paar-Wellenfunktion (10.19). $w_{\boldsymbol{k}} = v_{\boldsymbol{k}}^2$ ist hierbei die Wahrscheinlichkeit, daß der Paarzustand besetzt ist und $1 - w_{\boldsymbol{k}} = u_{\boldsymbol{k}}^2$ die Nichtbesetzungswahrscheinlichkeit. Die Wahrscheinlichkeitsamplituden $v_{\boldsymbol{k}}$ und $u_{\boldsymbol{k}}$ werden als reel angenommen. Wie in ausführlicheren theoretischen Darstellungen gezeigt wird, ist diese Einschränkung unwesentlich. In der Darstellung (10.32) ergibt sich näherungsweise für den Grundzustand des Vielteilchensystems aller Cooper-Paare der Gesamtzustandsvektor als Produkt der Zustandsvektoren der einzelnen Paare

$$|\phi_{\mathrm{BCS}}\rangle \simeq \prod_{\boldsymbol{k}} (u_{\boldsymbol{k}}|0\rangle_{\boldsymbol{k}} + v_{\boldsymbol{k}}|1\rangle_{\boldsymbol{k}})\,. \tag{10.33}$$

Die Näherung besteht darin, daß der Vielteilchenzustand durch nichtwechselwirkende Paare beschrieben wird, Wechselwirkungen zwischen den Paaren im Zustandsvektor also vernachlässigt werden. Das „Erzeugen“ oder „Vernichten“ eines Cooper-Paares $\boldsymbol{k}$ in der zweidimensionalen Darstellung

$$|1\rangle_{\boldsymbol{k}} = \begin{pmatrix}1\\0\end{pmatrix}_{\boldsymbol{k}}, \quad |0\rangle_{\boldsymbol{k}} = \begin{pmatrix}0\\1\end{pmatrix}_{\boldsymbol{k}} \tag{10.34}$$

läßt sich durch die Pauli-Matrizen

$$\sigma_{\boldsymbol{k}}^{(1)} = \begin{pmatrix}0 & 1\\1 & 0\end{pmatrix}_{\boldsymbol{k}}, \quad \sigma_{\boldsymbol{k}}^{(2)} = \begin{pmatrix}0 & -\mathrm{i}\\ \mathrm{i} & 0\end{pmatrix}_{\boldsymbol{k}} \tag{10.35}$$

wie folgt darstellen:

Der Operator

$$\sigma_{\boldsymbol{k}}^{+} = \tfrac{1}{2}(\sigma_{\boldsymbol{k}}^{(1)} + \mathrm{i}\,\sigma_{\boldsymbol{k}}^{(2)}) \tag{10.36a}$$

verwandelt den Zustand der Nichtbesetzung $|0\rangle_{\boldsymbol{k}}$ in den der Besetzung $|1\rangle_{\boldsymbol{k}}$, während

$$\sigma_{\boldsymbol{k}}^{-} = \tfrac{1}{2}(\sigma_{\boldsymbol{k}}^{(1)} - \mathrm{i}\,\sigma_{\boldsymbol{k}}^{(2)}) \tag{10.36b}$$

den Zustand $|1\rangle_{\boldsymbol{k}}$ in $|0\rangle_{\boldsymbol{k}}$ überführt; d.h. aus den Darstellungen (10.34–36) folgen die Eigenschaften

$$\sigma_{\boldsymbol{k}}^{+}|1\rangle_{\boldsymbol{k}} = 0\,, \quad \sigma_{\boldsymbol{k}}^{+}|0\rangle_{\boldsymbol{k}} = |1\rangle_{\boldsymbol{k}}\,, \tag{10.37a}$$

$$\sigma_{\boldsymbol{k}}^{-}|1\rangle_{\boldsymbol{k}} = |0\rangle_{\boldsymbol{k}}\,, \quad \sigma_{\boldsymbol{k}}^{-}|0\rangle_{\boldsymbol{k}} = 0\,. \tag{10.37b}$$

Die Matrizen $\sigma_{\boldsymbol{k}}^{+}$ und $\sigma_{\boldsymbol{k}}^{-}$ sind formal identisch mit den in Abschn. 8.7 eingeführten Spinoperatoren. Ihre physikalische Interpretation als „Erzeuger“ und „Vernichter“ von

Cooper-Paaren ist jedoch völlig verschieden von der in Abschn. 8.7, wo das Umklappen eines Spins beschrieben wurde.

Bei Streuung von $(\boldsymbol{k}\uparrow, -\boldsymbol{k}\downarrow)$ nach $(\boldsymbol{k}'\uparrow, -\boldsymbol{k}'\downarrow)$ tritt nun eine Energieabsenkung um $V_{\boldsymbol{kk}'}$ auf. Dieses Wechselwirkungsmatrixelement $V_{\boldsymbol{kk}'}$ wird im einfachen BCS-Modell der Supraleitung wie in Abschn. 10.3 als unabhängig von $\boldsymbol{k}$, $\boldsymbol{k}'$, d.h. als konstant angenommen. Die Wechselwirkung soll nur in einer Kugelschale der Dicke $2\hbar\omega_D$ symmetrisch um $E_F^0$ herum, d.h. in $[E_F^0-\hbar\omega_D, E_F^0+\hbar\omega_D]$ existieren. Bezogen auf das Normierungsvolumen $L^3$ des Kristalls setzen wir sie daher an als $V_0/L^3$. Der Streuprozeß wird in der zweidimensionalen Darstellung als Vernichtung von $\boldsymbol{k}$ $(\sigma_{\boldsymbol{k}}^-)$ und Erzeugung von $\boldsymbol{k}'(\sigma_{\boldsymbol{k}'}^+)$ beschrieben. Damit ergibt sich für den Operator, der die entsprechende Energieabsenkung beschreibt, ein Term $-(V_0/L^3)\sigma_{\boldsymbol{k}'}^+\sigma_{\boldsymbol{k}}^-$. Die gesamte Energieabsenkung, die aus Paarstößen $\boldsymbol{k}\to\boldsymbol{k}'$ und $\boldsymbol{k}'\to\boldsymbol{k}$ resultiert, ergibt sich somit in Operatorschreibweise durch Summation über alle Stöße

$$\mathscr{H} = -\frac{1}{L^3} V_0 \sum_{\boldsymbol{kk}'} \frac{1}{2} (\sigma_{\boldsymbol{k}'}^+\sigma_{\boldsymbol{k}}^- + \sigma_{\boldsymbol{k}}^+\sigma_{\boldsymbol{k}'}^-) = -\frac{V_0}{L^3} \sum_{\boldsymbol{kk}'} \sigma_{\boldsymbol{k}}^+\sigma_{\boldsymbol{k}'}^- . \tag{10.38}$$

Wegen der Beschränkung von $V_0$ auf die Kugelschale $\pm\hbar\omega_D$ um $E_F^0$ herum, erfaßt die Summe über $\boldsymbol{k}$, $\boldsymbol{k}'$ auch nur Paarzustände aus dieser Schale. In der Summe sind Stöße in beiden Richtungen berücksichtigt; durch Indexvertauschung folgt die rechte Seite von (10.38).

Die durch Stöße bewirkte Energieabsenkung folgt störungstheoretisch als Erwartungswert des Operators $\mathscr{H}$ (10.38) im Zustand $|\phi_{BCS}\rangle$ (10.33) des Vielteilchensystems

$$\langle\phi_{BCS}|\mathscr{H}|\phi_{BCS}\rangle = -\frac{V_0}{L^3}\left[\prod_{\boldsymbol{p}} (u_{\boldsymbol{p}}\,{}_{\boldsymbol{p}}\langle 0| + v_{\boldsymbol{p}}\,{}_{\boldsymbol{p}}\langle 1|) \sum_{\boldsymbol{kk}'} \sigma_{\boldsymbol{k}}^+\sigma_{\boldsymbol{k}'}^- \prod_{\boldsymbol{q}} (u_{\boldsymbol{q}}|0\rangle_{\boldsymbol{q}} + v_{\boldsymbol{q}}|1\rangle_{\boldsymbol{q}})\right]. \tag{10.39}$$

Beim Ausrechnen von (10.39) beachte man, daß ein Operator $\sigma_{\boldsymbol{k}}^+$ oder $\sigma_{\boldsymbol{k}}^-$ nur auf Zustände $|1\rangle_{\boldsymbol{k}}$ und $|0\rangle_{\boldsymbol{k}}$ wirkt. Die Rechenvorschriften sind in (10.37) gegeben. Weiter folgen aus (10.34) die Orthonormalitätsrelationen

$${}_{\boldsymbol{k}}\langle 1|1\rangle_{\boldsymbol{k}} = 1 , \quad {}_{\boldsymbol{k}}\langle 0|0\rangle_{\boldsymbol{k}} = 1 , \quad {}_{\boldsymbol{k}}\langle 1|0\rangle_{\boldsymbol{k}} = 0 . \tag{10.40}$$

Damit ergibt sich

$$\langle\phi_{BCS}|\mathscr{H}|\phi_{BCS}\rangle = -\frac{V_0}{L^3}\sum_{\boldsymbol{kk}'} v_{\boldsymbol{k}}u_{\boldsymbol{k}'}u_{\boldsymbol{k}}v_{\boldsymbol{k}'} . \tag{10.41}$$

Die Gesamtenergie des Systems der Cooper-Paare stellt sich damit nach (10.31 und 41) dar als

$$W_{BCS} = 2\sum_{\boldsymbol{k}} v_{\boldsymbol{k}}^2\xi_{\boldsymbol{k}} - \frac{V_0}{L^3}\sum_{\boldsymbol{kk}'} v_{\boldsymbol{k}}u_{\boldsymbol{k}}v_{\boldsymbol{k}'}u_{\boldsymbol{k}'} . \tag{10.42}$$

Der sich bei $T=0\,\mathrm{K}$ einstellende BCS-Grundzustand des Systems der Cooper-Paare ist durch das Minimum $W_{BCS}^0$ der Energiedichte $W_{BCS}$ gegeben. Durch Minimalisieren von (10.42) nach den Wahrscheinlichkeitsamplituden $u_{\boldsymbol{k}}$ und $v_{\boldsymbol{k}}$ ergeben sich die Energie des

Grundzustandes $W^0_{\mathrm{BCS}}$ und die im Grundzustand vorliegenden Besetzungs- bzw. Nichtbesetzungswahrscheinlichkeiten $w_{\boldsymbol{k}}=v_{\boldsymbol{k}}^2$ bzw. $(1-w_{\boldsymbol{k}})=u_{\boldsymbol{k}}^2$.

Die Rechnung läßt sich wegen der Verknüpfung von $v_{\boldsymbol{k}}$ und $u_{\boldsymbol{k}}$ einfach durchführen, wenn man setzt

$$v_{\boldsymbol{k}}=\sqrt{w_{\boldsymbol{k}}}=\cos\theta_{\boldsymbol{k}}\,, \tag{10.43a}$$

$$u_{\boldsymbol{k}}=\sqrt{1-w_{\boldsymbol{k}}}=\sin\theta_{\boldsymbol{k}}\,, \quad \text{d.h.} \tag{10.43b}$$

$$u_{\boldsymbol{k}}^2+v_{\boldsymbol{k}}^2=\cos^2\theta_{\boldsymbol{k}}+\sin^2\theta_{\boldsymbol{k}}=1 \tag{10.43c}$$

und nach $\theta_{\boldsymbol{k}}$ minimalisiert.

Damit schreibt sich die zu minimalisierende Größe

$$\begin{aligned} W_{\mathrm{BCS}} &= \sum_{\boldsymbol{k}} 2\xi_{\boldsymbol{k}}\cos^2\theta_{\boldsymbol{k}} - \frac{V_0}{L^3}\sum_{\boldsymbol{k}\boldsymbol{k}'}\cos\theta_{\boldsymbol{k}}\sin\theta_{\boldsymbol{k}'}\cos\theta_{\boldsymbol{k}'}\sin\theta_{\boldsymbol{k}} \\ &= \sum_{\boldsymbol{k}} 2\xi_{\boldsymbol{k}}\cos^2\theta_{\boldsymbol{k}} - \frac{1}{4}\frac{V_0}{L^3}\sum_{\boldsymbol{k}\boldsymbol{k}'}\sin 2\theta_{\boldsymbol{k}}\sin 2\theta_{\boldsymbol{k}'}\,. \end{aligned} \tag{10.44}$$

Die Bedingung für das Minimum von $W_{\mathrm{BCS}}$ lautet dann

$$\frac{\partial W_{\mathrm{BCS}}}{\partial\theta_{\boldsymbol{k}}} = -2\xi_{\boldsymbol{k}}\sin 2\theta_{\boldsymbol{k}} - \frac{V_0}{L^3}\sum_{\boldsymbol{k}'}\cos 2\theta_{\boldsymbol{k}}\sin 2\theta_{\boldsymbol{k}'}=0\,, \quad \text{bzw.} \tag{10.45a}$$

$$\xi_{\boldsymbol{k}}\tan 2\theta_{\boldsymbol{k}} = -\frac{1}{2}\frac{V_0}{L^3}\sum_{\boldsymbol{k}'}\sin 2\theta_{\boldsymbol{k}'}\,. \tag{10.45b}$$

Man setzt

$$\Delta=\frac{V_0}{L^3}\sum_{\boldsymbol{k}'}u_{\boldsymbol{k}'}v_{\boldsymbol{k}'}=\frac{V_0}{L^3}\sum_{\boldsymbol{k}'}\sin\theta_{\boldsymbol{k}'}\cos\theta_{\boldsymbol{k}'}\,, \tag{10.46}$$

$$E_{\boldsymbol{k}}=\sqrt{\xi_{\boldsymbol{k}}^2+\Delta^2} \tag{10.47}$$

und erhält über trigonometrische Beziehungen

$$\frac{\sin 2\theta_{\boldsymbol{k}}}{\cos 2\theta_{\boldsymbol{k}}}=\tan 2\theta_{\boldsymbol{k}}=-\Delta/\xi_{\boldsymbol{k}}\,, \tag{10.48}$$

$$2u_{\boldsymbol{k}}v_{\boldsymbol{k}}=\sin 2\theta_{\boldsymbol{k}}=\Delta/E_{\boldsymbol{k}}\,, \tag{10.49}$$

$$v_{\boldsymbol{k}}^2-u_{\boldsymbol{k}}^2=-\xi_{\boldsymbol{k}}/E_{\boldsymbol{k}}\,. \tag{10.50}$$

Damit ergibt sich für die Besetzungswahrscheinlichkeit $w_{\boldsymbol{k}}=v_{\boldsymbol{k}}^2$ eines Paarzustandes $(\boldsymbol{k}\uparrow, -\boldsymbol{k}\downarrow)$ im BCS-Grundzustand bei $T=0\,\mathrm{K}$

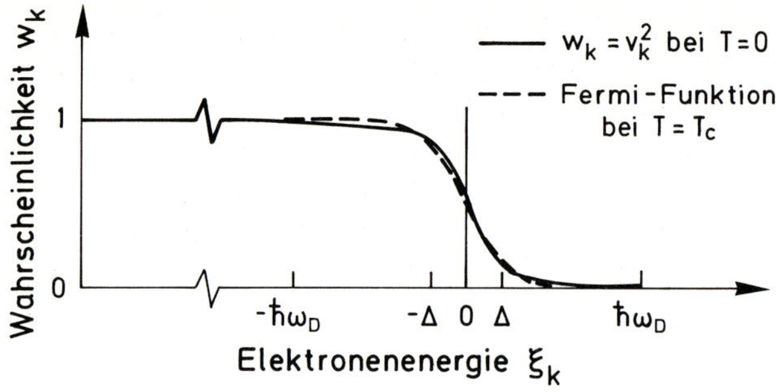


**Abb. 10.11.** Darstellung der BCS-Besetzungswahrscheinlichkeit $v_k^2$ für Cooper-Paare in der Umgebung der Fermi-Energie $E_F^0$. In der Darstellung der Energien als $\xi_k = E(k) - E_F^0$ dient die Fermi-Energie als Referenzpunkt. Zum Vergleich ist auch die Fermi-Dirac-Verteilungsfunktion für normalleitende Elektronen bei einer Temperatur $T_c$ (kritische Temperatur) gestrichelt eingezeichnet. Der Bezug wird über die BCS-Beziehung zwischen $\Delta(0)$ und $T_c$ (10.67) hergestellt

$$w_{\boldsymbol{k}} = v_{\boldsymbol{k}}^2 = \frac{1}{2}\left(1 - \frac{\xi_{\boldsymbol{k}}}{E_{\boldsymbol{k}}}\right) = \frac{1}{2}\left(1 - \frac{\xi_{\boldsymbol{k}}}{\sqrt{\xi_{\boldsymbol{k}}^2 + \Delta^2}}\right). \tag{10.51}$$

Die Funktion ist in Abb. 10.11 abgebildet. Sie hat bei $T = 0\,\mathrm{K}$ (!) einen ähnlichen Verlauf wie die Fermi-Funktion bei einer endlichen Temperatur, eine genauere Analyse zeigt, wie die Fermi-Verteilung bei der endlichen Sprungtemperatur $T_c$. Man beachte, daß diese Darstellung von $v_{\boldsymbol{k}}^2$ über Einteilchenzustände, d.h. mit scharfen Quantenzahlen $\boldsymbol{k}$ von Einteilchenzuständen geschieht. Diese Darstellung ist dem Vielteilchenproblem nicht unbedingt angemessen, z.B. erkennt man in dieser Darstellung nicht die Energielücke, die sich im Anregungsspektrum des Supraleiters ergibt (siehe unten). Auf der anderen Seite erkennt man am Verlauf von $v_{\boldsymbol{k}}^2$, daß die Cooper-Paare, die zur Energieerniedrigung des Grundzustandes beitragen, aus Einteilchenwellenfunktionen eines $\boldsymbol{k}$-Bereiches aufgebaut sind, der einer Energieschale von $\pm\Delta$ um die Fermi-Energiefläche herum entspricht.

Die Energie des supraleitenden BCS-Grundzustandes $W_{\mathrm{BCS}}^0$ ergibt sich, indem man in $W_{\mathrm{BCS}}$ – (10.42 bzw. 44) – die aus der Minimalisierung folgenden Beziehungen (10.48–51) einsetzt, d.h. es folgt

$$W_{\mathrm{BCS}}^0 = \sum_{\boldsymbol{k}} \xi_{\boldsymbol{k}}(1 - \xi_{\boldsymbol{k}}/E_{\boldsymbol{k}}) - L^3\,\frac{\Delta^2}{V_0}. \tag{10.52}$$

Die Kondensationsenergie der supraleitenden Phase ergibt sich, indem man von $W_{\mathrm{BCS}}^0$ die Energie der normalleitenden Phase, d.h. die des Fermi-Sees ohne attraktive Wechselwirkung $W_n^0 = \sum_{|\boldsymbol{k}| < k_F} 2\,\xi_{\boldsymbol{k}}$ abzieht. Geht man in (10.52) analog zu (10.26 bzw. 28) von der Summe im $\boldsymbol{k}$-Raum zu einem Integral über ($L^{-3}\sum_{\boldsymbol{k}} \Rightarrow \int d\boldsymbol{k}/4\pi^3$), so folgt nach kurzer Rechnung für die spezifische Kondensationsenergiedichte

$$(W_{\mathrm{BCS}}^0 - W_n^0)/L^3 = \left(\frac{\Delta^2}{V_0} - \frac{\Delta^2}{V_0}\right) - \frac{1}{2}\,Z(E_F^0)\Delta^2 = -\frac{1}{2}\,Z(E_F^0)\Delta^2\,. \tag{10.53}$$

Es tritt also bei endlichem $\Delta$ immer eine Energieabsenkung beim Eintritt in den supraleitenden Zustand ein. $\Delta$ ist hierbei ein Maß für die Größe dieser Absenkung. Anschaulich läßt sich (10.53) so interpretieren, als ob die $Z(E_F^0)\Delta$ Elektronenpaare pro

Volumen aus einem Bereich von $\Delta$ unterhalb der Fermi-Kante in einen Zustand bei $\Delta$ unterhalb von $E_F^0$ „kondensieren“. Hierbei gewinnen sie im Mittel eine Energie von $\Delta/2$.

Die entscheidende Bedeutung des Parameters $\Delta$ wird aus folgendem klar: Der erste Anregungszustand über dem BCS-Grundzustand besteht darin, daß ein Cooper-Paar durch äußeren Einfluß aufgebrochen wird. Hierbei wird ein Elektron aus $(\boldsymbol{k}\uparrow)$ herausgestreut und es bleibt ein ungepaartes Elektron in $(-\boldsymbol{k}\downarrow)$ zurück. Um die hierzu nötige Anregungsenergie auszurechnen, schreiben wir die Grundzustandsenergie $W_{\mathrm{BCS}}^0$ (10.52) um

$$\begin{aligned} W_{\mathrm{BCS}}^0 &= \sum_{\boldsymbol{k}} \xi_{\boldsymbol{k}}(1-\xi_{\boldsymbol{k}}/E_{\boldsymbol{k}}) - \frac{L^3\Delta^2}{V_0} \\ &= \sum_{\boldsymbol{k}} E_{\boldsymbol{k}}(u_{\boldsymbol{k}}^2 - v_{\boldsymbol{k}}^2) - \sum_{\boldsymbol{k}} E_{\boldsymbol{k}}(u_{\boldsymbol{k}}^2 - v_{\boldsymbol{k}}^2)^2 - \frac{L^3\Delta^2}{V_0} \\ &= 2\sum_{\boldsymbol{k}} E_{\boldsymbol{k}} u_{\boldsymbol{k}}^2 v_{\boldsymbol{k}}^2 + \sum_{\boldsymbol{k}} E_{\boldsymbol{k}}[u_{\boldsymbol{k}}^2(1-u_{\boldsymbol{k}}^2) - v_{\boldsymbol{k}}^2(1+v_{\boldsymbol{k}}^2)] - \frac{L^3\Delta^2}{V_0} \\ &= \Delta \sum_{\boldsymbol{k}} u_{\boldsymbol{k}} v_{\boldsymbol{k}} - \frac{L^3\Delta^2}{V_0} + \sum_{\boldsymbol{k}} E_{\boldsymbol{k}} v_{\boldsymbol{k}}^2 (u_{\boldsymbol{k}}^2 - 1 - v_{\boldsymbol{k}}^2) \\ &= -2\sum_{\boldsymbol{k}} E_{\boldsymbol{k}} v_{\boldsymbol{k}}^4 \,. \end{aligned} \tag{10.54}$$

Wenn $(\boldsymbol{k}'\uparrow, -\boldsymbol{k}'\downarrow)$ durch ein Cooper-Paar besetzt ist, d.h. $v_{\boldsymbol{k}'}^2 = 1$ ist, dann erreicht man den ersten angeregten Zustand $W_{\mathrm{BCS}}^1$ durch Aufbrechen des Paares, d.h. $v_{\boldsymbol{k}'}^2 = 0$ und damit

$$W_{\mathrm{BCS}}^1 = -2 \sum_{\boldsymbol{k} \neq \boldsymbol{k}'} E_{\boldsymbol{k}} v_{\boldsymbol{k}}^4 \,. \tag{10.55}$$

Die nötige Anregungsenergie ergibt sich als Differenz der Energien des Anfangs- und Endzustandes zu

$$\Delta E = W_{\mathrm{BCS}}^1 - W_{\mathrm{BCS}}^0 = 2E_{\boldsymbol{k}'} = 2\sqrt{\xi_{\boldsymbol{k}'}^2 + \Delta^2} \,. \tag{10.56}$$

Der erste Term $\xi_{\boldsymbol{k}}^2$ unter der Wurzel beschreibt die kinetische Energie der beiden aus der Cooper-Paarung „herausgestreuten“ Elektronen. Er kann wegen $\xi_{\boldsymbol{k}'} = \hbar^2 k'^2/2m - E_F^0$ beliebig klein sein, d.h. die Anregung erfordert eine minimale endliche Energie

$$\Delta E_{\min} = 2\Delta \,. \tag{10.57}$$

Das Anregungsspektrum des supraleitenden Zustandes besitzt also eine Lücke $2\Delta$, die dem „Aufbrechen“ eines Cooper-Paares entspricht. In (10.56) handelt es sich um die Anregungsenergie zweier Elektronen, die aus dem Aufbrechen des Cooper-Paares resultieren. Stellen wir uns vor, daß wir zum BCS-Grundzustand ein einziges Elektron hinzufügen, das natürlich dann keinen Partner zur Cooper-Paarung findet. Welche Energiezustände kann dieses Elektron einnehmen? Aufgrund von (10.56) schließen wir, daß die möglichen Zustände des so angeregten Systems durch $E_{\boldsymbol{k}} = (\xi_{\boldsymbol{k}}^2 + \Delta^2)^{1/2}$ gegeben sind. Das ungepaarte Elektron wird also bei $\xi_{\boldsymbol{k}} = 0$ mindestens auf einem Energieniveau sein, das um $\Delta$ über dem des BCS-Grundzustandes liegt (Abb. 10.12). Es kann jedoch auch

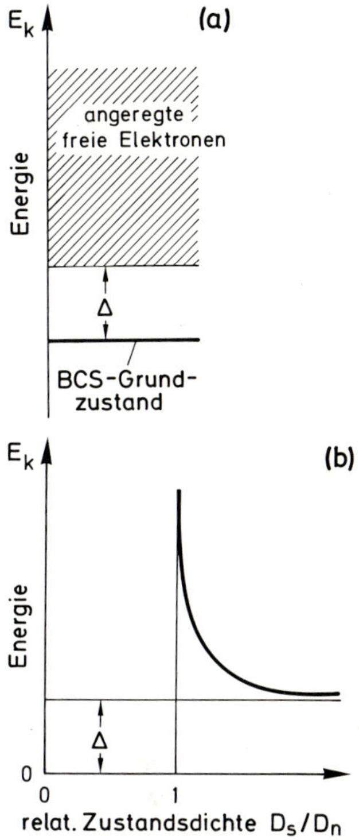


**Abb. 10.12.** (**a**) Vereinfachte Darstellung des Anregungsspektrums eines Supraleiters. Aufgetragen sind Einelektronenenergien $E_{\boldsymbol{k}}$. Beim BCS-Grundzustand bricht das Einelektronenbild zusammen: Alle Cooper-Paare besitzen bei $T=0$ ähnlich wie Bosonen ein- und denselben Grundzustand, der damit auch energetisch identisch mit dem chemischen Potential, d.h. der Fermi-Energie $E_F^0$ ist. Das eingezeichnete Energieniveau ist somit formal als Vielteilchenenergie bezogen auf ein Elektron zu interpretieren (Gesamtenergie aller Teilchen geteilt durch Anzahl der Elektronen). Man beachte, daß zum Aufbrechen eines Cooper-Paares die Minimalenergie $2\Delta$ erforderlich ist. (**b**) Zustandsdichte für angeregte Elektronen im Supraleiter $D_s$ bezogen auf die im Normalleiter. $E_{\boldsymbol{k}}=0$ entspricht in der üblichen Auftragung dem Fermi-Niveau $E_F^0$

Zustände mit endlichem $\xi_{\boldsymbol{k}}$ einnehmen; für $\xi_{\boldsymbol{k}}^2 \gg \Delta^2$ werden dann die Einelektronen-Energieniveaus

$$E_{\boldsymbol{k}} = \sqrt{\xi_{\boldsymbol{k}}^2 + \Delta^2} \approx \xi_{\boldsymbol{k}} = \frac{\hbar^2 k^2}{2m} - E_{\mathrm{F}}^0 \tag{10.58}$$

eingenommen, die genau die des freien Elektronengases (wie beim Normalleiter) sind. Für Energien weit oberhalb der Fermi-Energie ($\xi_{\boldsymbol{k}}^2 \gg \Delta^2$) ergibt sich also das Zustandskontinuum des Normalleiters. Um in der Umgebung $\Delta$ um das Fermi-Niveau herum die Zustandsdichte für angeregte Elektronen $D_{\mathrm{s}}(E_{\boldsymbol{k}})$ im Supraleiter mit der des Normalleiters $D_{\mathrm{n}}(\xi_{\boldsymbol{k}})$ (Abschn. 6.1) zu vergleichen, beachten wir, daß beim Phasenübergang keine Zustände verloren gehen dürfen, d.h.

$$D_{\mathrm{s}}(E_{\boldsymbol{k}})dE_{\boldsymbol{k}} = D_{\mathrm{n}}(\xi_{\boldsymbol{k}})d\xi_{\boldsymbol{k}} \,. \tag{10.59a}$$

Da nur eine Umgebung $\Delta$ um $E_{\mathrm{F}}^0$ herum betrachtet wird, genügt es, $D_{\mathrm{n}}(\xi_{\boldsymbol{k}}) \approx D_{\mathrm{n}}(E_{\mathrm{F}}^0)$ $=$ const anzunehmen, d.h. nach (10.56) folgt

$$D_{\mathrm{s}}(E_{\boldsymbol{k}})/D_{\mathrm{n}}(E_{\mathrm{F}}^0) = \frac{d\xi_{\boldsymbol{k}}}{dE_{\boldsymbol{k}}} = \begin{cases} \dfrac{E_{\boldsymbol{k}}}{\sqrt{E_{\boldsymbol{k}}^2 - \Delta^2}} & \text{für} \quad E_{\boldsymbol{k}} > \Delta \\ 0 & \text{für} \quad E_{\boldsymbol{k}} < \Delta \,. \end{cases} \tag{10.59b}$$

Diese Funktion, die oberhalb von $\Delta$ einen Pol besitzt und, wie erwartet, für $E_{\boldsymbol{k}} \gg \Delta$ in die Zustandsdichte des Normalleiters übergeht, ist in Abb. 10.12b dargestellt.

Es sei noch einmal betont, daß die Darstellung in Abb. 10.12 nicht zum Ausdruck bringt, daß das Aufbrechen eines Cooper-Paares die Mindestenergie $2\Delta$ beansprucht, sondern nur, daß das „Hinzufügen" eines ungepaarten Elektrons zum BCS-Grundzustand die Besetzung von Einteilchenzuständen ermöglicht, die mindestens um $\Delta$ oberhalb der BCS-Grundzustandsenergie (bezogen auf ein Elektron) liegen. Die Zustandsdichte in der Nähe der Zustände minimaler Einteilchenenergien ist singulär (Abb. 10.12b).

Das „Hinzufügen" von Elektronen zum BCS-Grundzustand kann im Experiment durch Injektion von Elektronen über eine nichtleitende Tunnelbarriere realisiert werden (Tafel IX). Solche Tunnelexperimente sind heute in der Supraleitungsforschung weit verbreitet. Ihre Beschreibung geschieht zweckmäßigerweise mit Hilfe der Darstellung in Abb. 10.12b.

Wir wollen jetzt die Lücke $\Delta$ bzw. $2\Delta$ im Anregungsspektrum bestimmen. Dazu kombinieren wir (10.49) mit (10.46, 47) und erhalten

$$\Delta = \frac{1}{2}\frac{V_0}{L^3}\sum_{\boldsymbol{k}}\frac{\Delta}{E_{\boldsymbol{k}}} = \frac{1}{2}\frac{V_0}{L^3}\sum_{\boldsymbol{k}}\frac{\Delta}{\sqrt{\xi_{\boldsymbol{k}}^2 + \Delta^2}} \,. \tag{10.60}$$

Wir ersetzen wie in (10.26 bzw. 28) die Summe im $\boldsymbol{k}$-Raum durch ein Integral ($L^{-3}\sum_{\boldsymbol{k}} \Rightarrow \int d\boldsymbol{k}/4\pi^3$), beachten jedoch, daß über Paarzustände aufsummiert wird, d.h., daß statt der Einteilchenzustandsdichte $D(E_{\mathrm{F}}^0 + \xi)$ die Paarzustandsdichte $Z(E_{\mathrm{F}}^0 + \xi)$ $= \frac{1}{2}D(E_{\mathrm{F}}^0 + \xi)$ zu nehmen ist. Ferner wird, anders als in Abschn. 10.3, über eine Kugelschale $\pm\hbar\omega_{\mathrm{D}}$ symmetrisch um $E_{\mathrm{F}}^0$ herum aufsummiert. Damit gilt

$$1 = \frac{V_0}{2}\int\limits_{-\hbar\omega_{\mathrm{D}}}^{\hbar\omega_{\mathrm{D}}} \frac{Z(E_{\mathrm{F}}^0 + \xi)}{\sqrt{\xi^2 + \Delta^2}}\, d\xi \,. \tag{10.61a}$$

Im Bereich $[E_F^0 - \hbar\omega_D, E_F^0 + \hbar\omega_D]$, wo $V_0$ nicht verschwindet, ändert sich $Z(E_F^0 + \xi)$ nur schwach, so daß wegen der Symmetrie um $E_F^0$ herum folgt

$$\frac{1}{V_0 Z(E_F^0)} = \int_0^{\hbar\omega_D} \frac{d\xi}{\sqrt{\xi^2 + \Delta^2}}, \quad \text{oder} \tag{10.61b}$$

$$\frac{1}{V_0 Z(E_F^0)} = \operatorname{arc\,sinh} \frac{\hbar\omega_D}{\Delta}. \tag{10.62}$$

Im Falle schwacher Wechselwirkung, d.h. $V_0 Z(E_F^0) \ll 1$, folgt damit für die Lückenenergie

$$\Delta = \frac{\hbar\omega_D}{\sinh[1/V_0 Z(E_F^0)]} \approx 2\hbar\omega_D \, e^{-1/V_0 Z(E_F^0)}. \tag{10.63}$$

Bei diesem Ergebnis fällt die Ähnlichkeit zu (10.30), d.h. zur Bindungsenergie $\varepsilon$ zweier Elektronen in einem Cooper-Paar in Gegenwart des vollbesetzten Fermi-Sees auf. Wie in (10.30) erkennt man, daß eine auch noch so kleine attraktive Wechselwirkung, d.h. ein noch so kleines positives $V_0$ eine endliche Lückenenergie ergibt, daß jedoch $\Delta$ sich nicht in eine Reihe entwickeln läßt für kleine $V_0$. Eine Störungsrechnung wäre also nicht in der Lage gewesen, das Ergebnis (10.63) zu liefern. Es sei der Vollständigkeit halber erwähnt, daß mittlerweile auch Supraleiter mit verschwindender Lückenenergie bekannt sind.

## 10.5 Konsequenzen der BCS-Theorie und Vergleich mit experimentellen Befunden

Eine wesentliche Aussage der BCS-Theorie ist die über die Existenz einer Lücke $\Delta$ bzw. $2\Delta$ im Anregungsspektrum eines Supraleiters. Direkte experimentelle Evidenz für die Lücke erbringen zum einen die in Tafel IX vorgestellten Tunnelexperimente. Hinweise auf die Existenz einer Lücke wurden auch aus dem Verlauf der elektronischen spezifischen Wärme eines Supraleiters bei sehr tiefen Temperaturen gezogen. Der exponentielle Verlauf (10.3) ergibt sich zwangslos, wenn der angeregte Zustand eines Systems durch Anregung über eine Energielücke erreicht wird; die Wahrscheinlichkeit für die Besetzung des angeregten Zustandes ist dann nämlich einem exponentiellen „Boltzmann-Term" proportional und dieser Term wird in der spezifischen Wärme (Ableitung der inneren Energie) als entscheidende Temperaturabhängigkeit wiedergefunden.

Eine weitere direkte Bestimmung der Lückenenergie $2\Delta$ ist über Spektroskopie mit elektromagnetischer Strahlung (optische Spektroskopie) möglich. Elektromagnetische Strahlung wird erst ab einer Photonenenergie $\hbar\omega$ absorbiert, die ausreicht, Cooper-Paare aufzubrechen, d.h. $\hbar\omega$ muß die Lückenenergie $2\Delta$ überschreiten. Typische Lückenenergien für klassische Supraleiter liegen im Bereich von einigen meV. Einschlägige Experimente müssen also mit Mikrowellenstrahlung durchgeführt werden. Die Meßkurven in Abb. 10.13 resultieren aus einem Experiment, bei dem mittels eines Bolometers die Mikrowellenintensität I nach Vielfachreflexion in einem Hohlraum aus dem zu untersuchenden Material gemessen wurde. Durch ein äußeres Magnetfeld konnte das Material aus dem supraleitenden Zustand (Intensität $I_S$) in den Normalzustand (Intensität $I_N$)

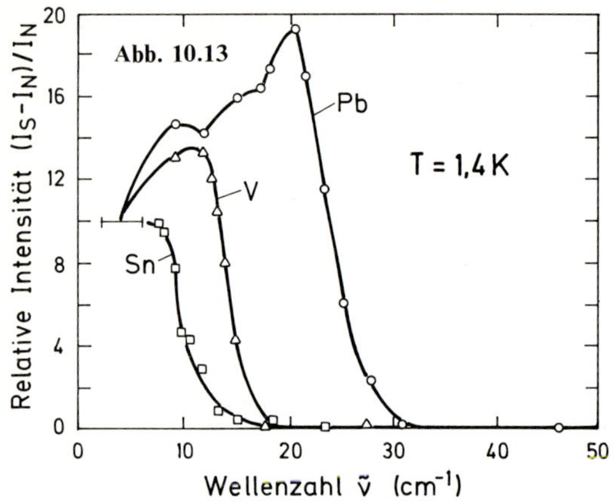


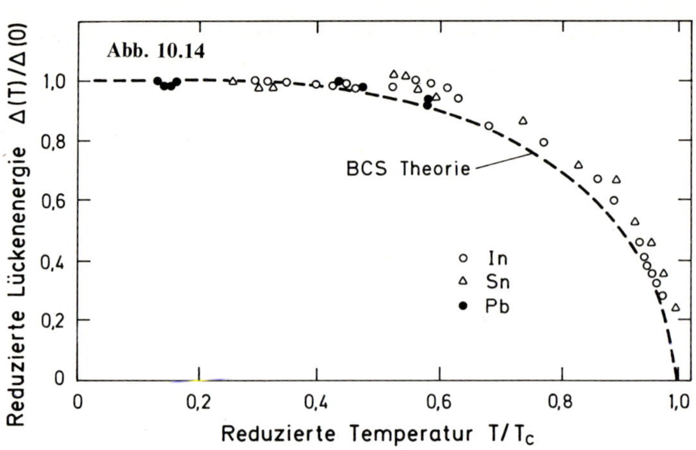


**Abb. 10.13.** Infrarot-Reflexion verschiedener Materialien, gemessen als Intensität $I$ vielfach reflektierter Mikrowellenstrahlung. Die Intensitäten $I_S$ und $I_N$ resultieren aus Messungen, bei denen die Materialien supraleitend bzw. normalleitend waren. Die dargestellten Meßkurven beschreiben also den Unterschied der Infrarot-Reflexion zwischen supraleitendem und normalleitendem Zustand. (Nach *Richards* und *Tinkham* [10.8])

**Abb. 10.14.** Temperaturabhängigkeit der Lückenenergie $\Delta(T)$ bezogen auf den Wert $\Delta(0)$ bei $T=0$ für In, Sn und Pb. Experimentell aus Tunnelexperimenten (Tafel IX) bestimmte Werte sind verglichen mit der errechneten Vorhersage der BCS-Theorie (*gestrichelt*). (Nach *Giaever* und *Megerle* [10.9])

gebracht werden. Dadurch ist die Messung der Differenzgröße $(I_S-I_N)/I_N$ möglich. Ab der der Lückenenergie $2\Delta$ entsprechenden Photonenenergie nimmt diese Größe sprunghaft ab; dies entspricht einer abrupten Abnahme des Reflexionsvermögens des Materials im supraleitenden Zustand für $\hbar\omega > 2\Delta$, während für Energien unterhalb $2\Delta$ der Supraleiter total reflektiert, da es keine Anregungsmöglichkeiten gibt.

Bei jeder von $T=0$ verschiedenen Temperatur besteht eine endliche Wahrscheinlichkeit dafür, einige Elektronen im Normalzustand zu finden. Mit zunehmender Temperatur werden immer mehr Cooper-Paare aufbrechen, d.h. eine Temperaturerhöhung hat zerstörende Wirkung auf die supraleitende Phase. Die kritische Temperatur $T_c$ (Sprungpunkt) ist gerade so definiert, daß dort der Supraleiter in den normalleitenden Zustand übergeht, also keine Cooper-Paare mehr existieren. Damit muß aber auch die Lücke $\Delta$ bzw. $2\Delta$ sich geschlossen haben, denn der normalleitende Zustand hat ein kontinuierliches Anregungsspektrum (Kap. 6). Die Lückenenergie $\Delta$ muß deshalb eine Funktion der Temperatur mit $\Delta(T)=0$ für $T=T_c$ sein. Die Lücke $\Delta$ bzw. $2\Delta$ eines Supraleiters läßt sich also nicht mit dem näherungsweise konstanten verbotenen Band eines Halbleiters (Kap. 12) vergleichen. Im Rahmen der BCS-Theorie läßt sich die Temperaturabhängigkeit von $\Delta$ berechnen. Bei endlicher Temperatur regelt sich die Besetzung der angeregten Einelektronenzustände $E_{\boldsymbol{k}}=(\xi_{\boldsymbol{k}}^2+\Delta^2)^{1/2}$ (10.58) gemäß der Fermi-Statistik $f(E_{\boldsymbol{k}}, T)$ (Abschn. 6.3). In der Bestimmungsgleichung für $\Delta$ (10.61) wird dieser Tatsache Rechnung getragen, indem die Nichtbesetzung entsprechender Paarzustände eingeht. Statt (10.61) gilt deshalb

$$\frac{1}{V_0 Z(E_F^0)} = \int_0^{\hbar\omega_D} \frac{d\xi}{\sqrt{\xi^2+\Delta^2}} \left[1-2f\left(\sqrt{\xi^2+\Delta^2}+E_F^0, T\right)\right]. \tag{10.64}$$

Der doppelte Wert der Fermi-Funktion tritt auf, weil entweder der Zustand bei $\boldsymbol{k}$ oder der bei $-\boldsymbol{k}$ besetzt werden kann. Weil $f(E_{\boldsymbol{k}} > E_F^0, T\to 0)$ für $T\to 0$ verschwindet, enthält die allgemeinere Formel (10.64) den Grenzfall (10.61). Die zu (10.61–63) analoge Integration von (10.64) ergibt die Lückenenergie $\Delta$ als Funktion der Temperatur $T$. In einer normierten Auftragung $\Delta(T)/\Delta(T=0)$ gegen $T/T_c$ ergibt dies eine universelle Kurve für alle Supraleiter. Diese Kurve ist in Abb. 10.14 zusammen mit Meßdaten für die drei Supraleiter In, Sn und Pb gezeigt. Abweichungen vom theoretischen Verlauf sind vor allem darauf zurückzuführen, daß die in der BCS-Theorie gemachte Annahme eines konstanten Wechselwirkungsmatrixelementes $V_0/L^3$ zu einfach ist. Da Phononen die Ursache für die Kopplung sind, wird sich in $V_{\boldsymbol{kk}'}$ auch die Phononenstruktur des speziellen Materials zeigen. Verbesserungen der BCS-Theorie in diese Richtung erlauben heute eine sehr gute Beschreibung einfacherer Supraleiter.

Aus (10.64) läßt sich auch eine Bestimmungsgleichung für die kritische Sprungtemperatur $T_c$ herleiten, man braucht nur $\Delta$ gleich Null zu setzen. Damit ergibt sich

$$\frac{1}{V_0 Z(E_F^0)} = \int_0^{\hbar\omega_D} \frac{d\xi}{\xi} \tanh \frac{\xi}{2kT_c} . \tag{10.65}$$

Eine numerische Behandlung des Integrals (10.65) ergibt

$$1 = V_0 Z(E_F^0) \ln \frac{1{,}14\,\hbar\omega_D}{kT_c} \quad \text{oder} \tag{10.66a}$$

$$kT_c = 1{,}14\,\hbar\omega_D \mathrm{e}^{-1/V_0 Z(E_F^0)} . \tag{10.66b}$$

Diese Formel für die Sprungtemperatur $T_c$ ist bis auf konstante Faktoren identisch mit der für die Lückenenergie $\Delta(0)$ bei $T=0$ K (10.63). Ein Vergleich von (10.66b) mit (10.63) liefert die im Rahmen der BCS-Theorie gültige Beziehung zwischen der Lückenenergie $\Delta(0)$ und der Sprungtemperatur

$$\Delta(0)/kT_c = 2/1{,}14 = 1{,}764 . \tag{10.67}$$

$kT_c$ entspricht also etwa der halben Lückenenergie bei $T=0$ K. Wie gut diese Beziehung für einige Supraleiter erfüllt ist, geht aus Tabelle 10.1 hervor. Weiter gestattet die experimentelle Bestimmung von $T_c$ bzw. $\Delta(0)$ die Berechnung der sogenannten Kopplungskonstanten $Z(E_F^0)\,V_0$ nach (10.66b bzw. 63). Nach Tabelle 10.1 liegen die Werte für übliche Supraleiter zwischen 0.18 und 0.4.

**Tabelle 10.1.** Debye-Temperatur $\theta_D$, Sprungtemperatur $T_c$, Supraleitungs-Kopplungskonstante $Z(E_F^0)\,V_0$ und Lückenenergie $\Delta$ bezogen auf Sprungtemperatur $T_c$ für einige Supraleiter

| Metall | $\theta_D$ [K] | $T_c$ [K] | $Z(E_F^0)\,V_0$ | $\Delta(0)/kT_c$ |
|---|---|---|---|---|
| Zn | 235 | 0,9 | 0,18 | 1,6 |
| Cd | 164 | 0,56 | 0,18 | 1,6 |
| Hg | 70 | 4,16 | 0,35 | 2,3 |
| Al | 375 | 1,2 | 0,18 | 1,7 |
| In | 109 | 3,4 | 0,29 | 1,8 |
| Tl | 100 | 2,4 | 0,27 | 1,8 |
| Sn | 195 | 3,75 | 0,25 | 1,75 |
| Pb | 96 | 7,22 | 0,39 | 2,15 |

Nach (10.63 und 66b) sind sowohl die Lückenenergie $\Delta(0)$ als auch die Sprungtemperatur $T_c$ proportional zur Phonon-Abschneidefrequenz $\omega_D$ (Debye-Frequenz). Nach Abschn. 4.3 und 5.3 variieren bei gleichen interatomaren Rückstellkräften die Phononfrequenzen, insbesondere also auch $\omega_D$ mit der Atommasse $M$ wie $M^{-1/2}$. Für zwei verschiedene Isotope des gleichen Materials sind die elektronischen Eigenschaften, d.h. also auch die chemischen Bindungskräfte gleich. Wegen der verschiedenen Atommasse sollte dann jedoch $T_c$ als auch $\Delta(0)$ proportional zu $M^{-1/2}$ sein. Man nennt diese Aussage „Isotopeneffekt". Abbildung 10.15 zeigt experimentelle Ergebnisse für Sn [10.10], die aus verschiedenen Laboratorien stammen.

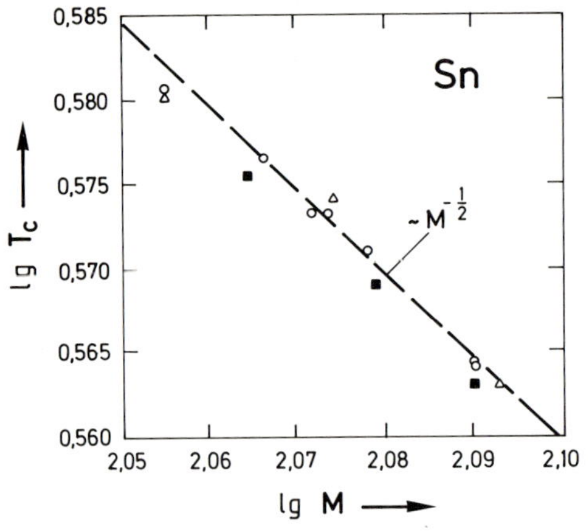


**Abb. 10.15.** Isotopeneffekt für Zinn (Sn). Es sind Ergebnisse mehrerer Autoren zusammengestellt [10.10]: Maxwell (○); Lock, Pippard, Shoenberg (■); Serin, Reynolds und Lohman (△)

Die Übereinstimmung zwischen der erwarteten $M^{-1/2}$ Abhängigkeit und dem Experiment ist für diesen Fall des Sn sehr gut. Man findet jedoch insbesondere bei Übergangsmetallen erhebliche Abweichungen des Massenexponenten von 0,5, z. B.: 0,33 für Mo oder 0,2 für Os. Diese Abweichungen sind nicht erstaunlich, wenn man an die stark vereinfachenden Annahmen für das Wechselwirkungsmatrixelement $V_0$ (10.24 bzw. 38) denkt. Im Rahmen der einfachen BCS-Theorie ist die Debye-Frequenz $\omega_D$ die einzige Größe, die noch Aussagen über das spezielle Phonon-Spektrum enthält. Andererseits beweist das Auftreten des Isotopeneffektes den wesentlichen Einfluß der Phononen auf das Zustandekommen der attraktiven Elektronenwechselwirkung, wie sie in der BCS-Theorie zu Erklärung der Supraleitung herangezogen wird.

## 10.6 Suprastrom und kritischer Strom

Das Hauptziel einer Theorie der Supraleitung besteht natürlich darin, die beiden Fundamentaleigenschaften der supraleitenden Phase, das Verschwinden des elektrischen Widerstandes für $T < T_c$ und den idealen Diamagnetismus, der sich im Meissner-Ochsenfeld Effekt zeigt, zu erklären. Wie folgt also aus der Existenz von Cooper-Paaren bzw. aus den Eigenschaften des BCS-Grundzustandes, daß Streuprozesse nicht zu einem endlichen Widerstand führen? Betrachten wir dazu, welchen Einfluß Stromfluß auf den BCS-Grundzustand, insbesondere auf die Existenz der Lücke $2\Delta$ im Anregungsspektrum hat. Nach Abschn. 9.5 läßt sich eine Stromdichte $\boldsymbol{j}$ durch eine Erhöhung des Impulses oder des $\boldsymbol{k}$-Vektors der den Strom tragenden Ladungsträger beschreiben: Sei wiederum $n_s$

die Dichte der einzelnen Elektronen, die in Form von Cooper-Paaren die Suprastromdichte $\boldsymbol{j}_s$ tragen, dann gilt

$$\boldsymbol{j}_s = -n_s e \boldsymbol{v} \quad \text{und} \tag{10.68}$$

$$m\boldsymbol{v} = \hbar \boldsymbol{k} \, . \tag{10.69}$$

Jedes einzelne Elektron in einem Cooper-Paar erfährt damit bei Stromfluß eine Änderung seines $\boldsymbol{k}$-Vektors um

$$\frac{1}{2}\boldsymbol{K} = -\frac{m}{n_s e \hbar}\boldsymbol{j}_s \, . \tag{10.70}$$

Dem Cooper-Paar als Ganzem kommt also ein zusätzlicher Impuls $\boldsymbol{P} = \hbar \boldsymbol{K}$ zu, so daß das Paar $(\boldsymbol{k}\uparrow, -\boldsymbol{k}\downarrow)$ bei Stromfluß durch

$$(\boldsymbol{k}_1\uparrow, \boldsymbol{k}_2\downarrow) = (\boldsymbol{k} + \tfrac{1}{2}\boldsymbol{K}\uparrow, \ -\boldsymbol{k} + \tfrac{1}{2}\boldsymbol{K}\downarrow) \tag{10.71}$$

beschrieben werden muß.

Die Wellenfunktion eines Cooper-Paares (10.20) schreibt sich bei Stromfluß ohne Berücksichtigung des Spins somit als

$$\begin{aligned} \psi(\boldsymbol{r}_1, \boldsymbol{r}_2) &= \frac{1}{L^3}\sum_{\boldsymbol{k}} g(\boldsymbol{k})\, e^{i\boldsymbol{k}_1 \cdot \boldsymbol{r}_1 + i\boldsymbol{k}_2 \cdot \boldsymbol{r}_2} \\ &= \frac{1}{L^3}\sum_{\boldsymbol{k}} g(\boldsymbol{k})\, e^{i\boldsymbol{K}\cdot(\boldsymbol{r}_1 + \boldsymbol{r}_2)/2}\, e^{i\boldsymbol{k}\cdot(\boldsymbol{r}_1 - \boldsymbol{r}_2)} \, . \end{aligned} \tag{10.72}$$

Mit $\boldsymbol{R} = (\boldsymbol{r}_1 + \boldsymbol{r}_2)/2$ als Schwerpunktskoordinate und $\boldsymbol{r} = \boldsymbol{r}_1 - \boldsymbol{r}_2$ als Relativkoordinate des Cooper-Paares folgt für die Wellenfunktion bei Stromfluß $(\boldsymbol{K} \neq \boldsymbol{0})$:

$$\psi(\boldsymbol{r}_1, \boldsymbol{r}_2) = e^{i\boldsymbol{K}\cdot\boldsymbol{R}}\frac{1}{L^3}\sum_{\boldsymbol{k}} g(\boldsymbol{k})\, e^{i\boldsymbol{k}\cdot\boldsymbol{r}} = e^{i\boldsymbol{K}\cdot\boldsymbol{R}}\psi(\boldsymbol{K} = \boldsymbol{0}, \boldsymbol{r}_1 - \boldsymbol{r}_2) \, . \tag{10.73}$$

Stromfluß ändert die Cooper-Paar-Wellenfunktionen also nur um einen Phasenfaktor, der sich in der meßbaren Wahrscheinlichkeitsdichte nicht mehr bemerkbar macht

$$|\psi(\boldsymbol{K} \neq \boldsymbol{0}, \boldsymbol{r})|^2 = |\psi(\boldsymbol{K} = \boldsymbol{0}, \boldsymbol{r})|^2 \, . \tag{10.74}$$

Da die attraktive Wechselwirkung $V(\boldsymbol{r}_1 - \boldsymbol{r}_2)$ nur vom Relativabstand der beiden das Cooper-Paar konstituierenden Elektronen abhängt, folgt mit (10.73) für das Wechselwirkungsmatrixelement (10.23) bei Stromfluß

$$\begin{aligned} V_{\boldsymbol{k}\boldsymbol{k}'}(\boldsymbol{K} \neq \boldsymbol{0}) &= \int d\boldsymbol{r}\, \psi^*(\boldsymbol{K} \neq \boldsymbol{0}, \boldsymbol{r})\, V(\boldsymbol{r})\, \psi(\boldsymbol{K} \neq \boldsymbol{0}, \boldsymbol{r}) \\ &= \int d\boldsymbol{r}\, \psi^*(\boldsymbol{K} = \boldsymbol{0}, \boldsymbol{r})\, V(\boldsymbol{r})\, \psi(\boldsymbol{K} = \boldsymbol{0}, \boldsymbol{r}) = V_{\boldsymbol{k}\boldsymbol{k}'}(\boldsymbol{K} = \boldsymbol{0}) \, . \end{aligned} \tag{10.75}$$

Wegen der Invarianz von $V_{\boldsymbol{k}\boldsymbol{k}'}$ gegenüber Stromfluß kann in der BCS-Grundzustandsenergie (10.42) ein und derselbe Wechselwirkungsparameter $V_0/L^3$ für den stromlosen wie für den stromführenden Zustand genommen werden.

Wegen (10.71) bedeutet deshalb Stromfluß im Rahmen der BCS-Theorie nur eine Verschiebung des $\boldsymbol{k}$-Koordinatensystems um $\boldsymbol{K}/2$ (10.70). Alle Gleichungen von (10.42) ab bleiben im verschobenen reziproken Raum gleich; insbesondere ergibt sich bei Stromfluß die gleiche Lückenenergie $\Delta$, (10.60 bzw. 63), da für ihre Berechnung die Integration (10.61) über das gleiche Gebiet des $\boldsymbol{k}$-Raums wie im stromlosen Fall – nur in einem verschobenen Koordinatensystem – durchgeführt werden muß. Dementsprechend ist der Endwert für $\Delta$ (10.62) auch unabhängig von $\boldsymbol{k}$. Ist also in einem Supraleiter ein Suprastrom angeregt (z.B. durch einen sich ändernden magnetischen Fluß), so existiert die Lücke im Anregungsspektrum weiter. Eine Änderung des Zustandes, zumindest durch inelastische Elektronenstreuung (z.B. Phononen, Abschn. 9.3–5) kann nur durch Anregung über die Lücke $2\Delta$ hinaus, d.h. durch Aufbrechen mindestens eines Cooper-Paares zustande kommen. Was inelastische Elektronenstöße angeht, so sind diese als Ursache für Ladungsträgerrelaxation, d.h. Stromabnahme, also solange ausgeschlossen, wie der Gesamtimpuls der Cooper-Paare $\boldsymbol{P}$ nicht mit einer Energiezunahme verknüpft ist, die Anregungen über $2\Delta$ hinaus ermöglicht. Elastische Stöße ändern jedoch auch die Richtung der Elektronengeschwindigkeit, d.h. also den Strom. In Abschn. 10.8 werden wir jedoch sehen, daß aus den Eigenschaften des BCS-Grundzustandes folgt, daß sich in einer Leiterschleife, die einen Suprastrom führt, der magnetische Fluß nur in festen „Quantensprüngen" ändern kann. Ein elastischer Stoß müßte also, damit er wirksam zur Stromrelaxation beitragen kann, eine Stromänderung gerade entsprechend einem solchen „Flußquant" zur Folge haben. Für das Eintreten eines solchen Falles ist die Wahrscheinlichkeit verschwindend gering. Ein Strom-tragender Supraleiter befindet sich also in einem stabilen Zustand.

Wird durch den Stromfluß selbst, d.h. durch die Zunahme des Schwerpunktimpulses $\boldsymbol{P}$ der Cooper-Paare die Energie $2\Delta$ erreicht, dann brechen Cooper-Paare auf und die Supraleitung bricht zusammen. Bezogen auf ein Elektron eines Cooper-Paares beträgt die Energie, die mit der Zunahme des Wellenzahlvektors $\boldsymbol{k}$ um $\boldsymbol{K}/2$ (10.70) verbunden ist,

$$E=\frac{(\boldsymbol{k}+\boldsymbol{K}/2)^2\hbar^2}{2m}=\frac{\hbar^2k^2}{2m}+\frac{\hbar^2\boldsymbol{k}\cdot\boldsymbol{K}/2}{m}+\frac{K^2\hbar^2}{8m}. \tag{10.76}$$

In linearer Näherung ist wegen $|\boldsymbol{K}|\ll k_{\mathrm{F}}$ die Zunahme der Energie pro Teilchen bei Stromfluß gegenüber dem stromlosen Zustand somit

$$\delta E\approx\frac{1}{2}\,\frac{\hbar^2k_{\mathrm{F}}K}{m}. \tag{10.77}$$

Hierbei wurde vorausgesetzt, daß wir entsprechend dem Vorhergesagten nur Elektronen in der Nähe der Fermi-Energie, d.h. mit $k\approx k_{\mathrm{F}}$ betrachten müssen. Damit die Supraleitung zusammenbricht, muß die von einem Cooper-Paar aufgenommene Energie $2\delta E$ die Lückenenergie $2\Delta$, die zum Aufbrechen erforderlich ist, übersteigen; d.h. nach (10.70 und 77) muß gelten

$$2\delta E\approx\frac{\hbar^2k_{\mathrm{F}}K}{m}=\frac{2\hbar k_{\mathrm{F}}}{en_{\mathrm{s}}}\,j_{\mathrm{s}}\geq 2\Delta\,. \tag{10.78}$$

Daraus läßt sich eine kritische obere Stromdichte $j_{\mathrm{c}}$ für die Existenz der supraleitenden Phase abschätzen

$$j_c \approx \frac{e n_s \Delta}{\hbar k_F}. \tag{10.79}$$

Für Sn ergibt sich experimentell im Grenzfall kleiner Temperaturen $T \to 0$ K eine kritische Stromdichte $j_c = 2 \times 10^7$ A/cm², von der ab die Supraleitung zusammenbricht. Aus den Werten von Tabelle 10.1 und einer Geschwindigkeit der Elektronen an der Fermi-Kante $v_F = \hbar k_F/m$ von $6{,}9 \times 10^7$ cm/s ergibt sich für die Konzentration $n_s$ der die Supraleitung tragenden Elektronen etwa $8 \times 10^{21}$ cm$^{-3}$.

Über die Maxwell-Gleichung

$$\mathrm{rot}\, \boldsymbol{H} = \boldsymbol{j}, \quad \text{bzw.} \tag{10.80a}$$

$$\int \mathrm{rot}\, \boldsymbol{H} \cdot d\boldsymbol{f} = \oint \boldsymbol{H} \cdot d\boldsymbol{s} = \int \boldsymbol{j} \cdot d\boldsymbol{f} \tag{10.80b}$$

ist ein Magnetfeld längs eines geschlossenen Umlaufes eindeutig mit der diesen Umlauf durchdringenden elektrischen Stromdichte verknüpft. Diese Verknüpfung sollte auch für den Suprastrom durch einen langen Draht und das magnetische Feld an der Oberfläche gelten. Denken wir uns den Umlauf unmittelbar auf der Oberfläche des Drahtes (Radius $r$), so folgt für die Magnetfeldstärke $H$ an der Oberfläche des Drahtes aus (10.80)

$$2\pi r H = \int \boldsymbol{j} \cdot d\boldsymbol{f} \tag{10.81}$$

Der Suprastrom in einem „dicken, langen" Draht ist nun nach Abschn. 10.2 nur auf eine Oberflächenzone der typischen Dicke 100 bis 1000 Å verteilt (Londonsche Eindringtiefe $\Lambda_L$). Beschreiben wir die exponentiell ins Innere des Drahtes hinein abklingende Stromdichte durch eine Gleichung der Form $j = j^0 \exp(-z/\Lambda_L)$, so ergibt sich aus (10.81)

$$2\pi r H = 2\pi r \Lambda_L j^0. \tag{10.82}$$

Der kritischen Stromdichte $j_c$, (10.79), an der Oberfläche des Supraleiters entspricht also ein oberes kritisches Magnetfeld $H_c$ an der Oberfläche, oberhalb dessen die Supraleitung zusammenbricht:

$$H_c = \Lambda_L j_c \approx \Lambda_L \frac{e n_s \Delta}{\hbar k_F}. \tag{10.83}$$

Damit haben wir, basierend auf Aussagen der BCS-Theorie, auch die Existenz einer kritischen Magnetfeldstärke erkannt, oberhalb derer Supraleitung nicht möglich ist.

Es sei noch bemerkt, daß (10.83) für die kritische Magnetfeldstärke auch dadurch hergeleitet werden kann, daß man die Kondensationsenergiedichte für die supraleitende Phase (10.53) der magnetischen Felddichte beim kritischen Feld $H_c B_c$ gleichsetzt. Übersteigt die magnetische Feldenergie die Kondensationsenergie für die supraleitende Phase, so brechen Cooper-Paare auf.

Da nach Abschn. 10.5, insbesondere nach (10.64), die Lückenenergie $\Delta$ eine temperaturabhängige Größe $\Delta(T)$ ist, die bei der kritischen Temperatur $T_c$ auf Null zusammenschrumpft, muß dasselbe nach (10.79) bzw. nach (10.83) auch für die kritische Stromdichte $j_c(T)$ und für die kritische Magnetfeldstärke $H_c(T)$ gelten. Der in Abb. 10.5 gezeigte qualitative Verlauf von $H_c(T)$ läßt sich also zurückführen auf die Temperaturabhängigkeit der Lückenenergie $\Delta(T)$ (Abb. 10.14).

## 10.7 Kohärenz des BCS-Grundzustandes und Meissner-Ochsenfeld Effekt

Nach der erfolgreichen Beschreibung eines Zustandes mit verschwindendem elektrischen Widerstand ist unser weiteres Ziel, den Meissner-Ochsenfeld Effekt, d.h. den idealen Diamagnetismus, bzw. die Verdrängung eines Magnetfeldes aus dem Supraleiter im Rahmen der mikroskopischen BCS-Theorie zu verstehen. Nach Abschn. 10.2 genügt es dazu in erster Näherung, aus den Eigenschaften von Cooper-Paaren bzw. dem Verhalten des BCS-Grundzustandes in Gegenwart eines Magnetfeldes die 2. Londonsche Gleichung (10.10b) herzuleiten. Diese Gleichung beschreibt ja als Materialgleichung zusammen mit den Maxwell-Gleichungen das Verhalten eines Supraleiters im Magnetfeld.

Wir betrachten also etwas näher die Struktur von Cooper-Paaren und die Wellenfunktion des Grundzustandes. Im Rahmen der BCS-Näherung stellt sich die Wellenfunktion des BCS-Grundzustandes als ein Produkt aus gleichartigen Zweiteilchen-Wellenfunktionen von Cooper-Paaren $\psi(\boldsymbol{r}_1 - \boldsymbol{r}_2, \uparrow\downarrow)$ dar. Nach (10.20) können diese Paar-Wellenfunktionen durch Einteilchenwellenfunktionen dargestellt werden, die zu jeweils entgegengesetztem Wellenzahlvektor $\boldsymbol{k}$ und Spin $(\uparrow\downarrow)$ gehören. Aus welchem $\boldsymbol{k}$ bzw. Energiebereich von Einteilchenzuständen diese Wellenfunktionen aufgebaut sind, erkennt man am Verlauf der Besetzungswahrscheinlichkeit $w_{\boldsymbol{k}}$ für den Paarzustand $(\boldsymbol{k}\uparrow, -\boldsymbol{k}\downarrow)$ (Abb. 10.11): Nur in einem ungefähren Bereich von $\pm\Delta$ um die Fermikante $E_F^0$ herum ist im Supraleiter eine Modifikation der Einteilchen-Besetzung gegenüber der eines Normalleiters festzustellen. Aus diesem Bereich stammen also die Einteilchenwellenfunktionen, die die Cooper-Paare konstituieren.

Aus der Energieunschärfe $2\Delta$ läßt sich damit der Bereich der Impulsunschärfe $\delta p$ für Elektronen in einem Cooper-Paar angeben:

$$2\Delta \sim \delta\left(\frac{p^2}{2m}\right) \simeq \frac{p_F}{m}\,\delta p\,. \tag{10.84}$$

Nach der Unschärferelation entspricht dieser Impulsverteilung eine räumliche „Ausdehnung" der Cooper-Paar-Wellenfunktion von

$$\xi_{CP} = \delta x \sim \frac{\hbar}{\delta p} \approx \frac{\hbar p_F}{m 2\Delta} = \frac{\hbar^2 k_F}{m 2\Delta}\,. \tag{10.85}$$

Wegen $k_F = 2mE_F^0/\hbar^2 k_F$ folgt somit

$$\xi_{CP} \sim \frac{E_F^0}{k_F \Delta}\,. \tag{10.86}$$

Da $E_F^0/\Delta$ typischerweise in der Größenordnung $10^3$ bis $10^4$ ist und $k_F$ etwa $10^8\,\mathrm{cm}^{-1}$ beträgt, ist die Cooper-Paar-Wellenfunktion über Raumbereiche der Größenordnung von typisch $10^3$ bis $10^4$ Å ausgedehnt. Diese Ausdehnung eines Cooper-Paares hatten wir auch schon größenordnungsmäßig aus der räumlich-zeitlichen Verteilung der mit dem Cooper-Paar verbundenen Gitterdeformation abgeschätzt (Abb. 10.7). Räumliche Änderungen des supraleitenden Zustandes beanspruchen also mindestens einen Raumbereich von $10^3$ bis $10^4$ Å. Bezeichnet man mit $\xi_{koh}$ die Kohärenzlänge, also die Entfernung, über die sich an der Grenze zwischen einem Normal- und einem Supraleiter die Dichte der Cooper-Paare von Null auf ihren Maximalwert einstellt, so gilt immer $\xi_{koh} > \xi_{CP}$. Nehmen wir wegen $E_F^0/\Delta \approx 10^4$ an, daß von etwa $10^{23}$ Elektronen pro $cm^{-3}$ etwa $10^{19}$ $cm^{-3}$ in Cooper-Paaren gepaart sind, so folgt daraus, daß innerhalb eines Volumens von etwa $10^{-12}$ $cm^3$, das von einem Cooper-Paar eingenommen wird, noch etwa $10^6$ bis $10^7$ weitere Cooper-Paare ihr Zentrum, d.h. ihren Schwerpunkt haben. Die Paare sind also nicht als unabhängig voneinander anzusehen, sie sind räumlich „miteinander verankert". Man ist geneigt, diese hohe Kohärenz des Vielteilchenzustandes mit der Photonenkohärenz in einem Laser-Strahl zu vergleichen. In dieser hohen Kohärenz des BCS-Grundzustandes ist seine hohe Stabilität begründet. Wegen des „gleichgeschalteten" Verhaltens so vieler einzelner Cooper-Paare kann man erwarten, daß im supraleitenden Zustand quantenmechanische Effekte im makroskopischen Bereich beobachtbar werden. Dies werden wir bei der Behandlung des Einflusses von Magnetfeldern sehen (Abschn. 10.8, 9).

Die Tatsache, daß bei einem Cooper-Paar zwei Elektronen mit entgegengesetztem Spin gepaart sind, der Gesamtspin eines Cooper-Paares also verschwindet, hat zur Folge, daß die Statistik von Cooper-Paaren sich näherungsweise wie die von Bosonen (Teilchen mit ganzzahligem Spin) darstellt, d.h. für Cooper-Paare gilt näherungsweise kein Pauli-Prinzip: Cooper-Paare befinden sich alle im gleichen BCS-Grundzustand, d.h. die zeitabhängige Darstellung ihrer Wellenfunktion enthält im Exponenten ein- und dieselbe Energie, die des BCS-Grundzustandes. Man sollte jedoch Cooper-Paare wegen der hohen Kohärenz des Grundzustandes nur sehr bedingt als ein nichtwechselwirkendes Bose-Gas auffassen.

Wir wollen jetzt die Stromdichte $\boldsymbol{j}_s$ eines durch Cooper-Paare getragenen Stromes in Gegenwart eines Magnetfeldes $\boldsymbol{B} = \mathrm{rot}\,\boldsymbol{A}$ ausrechnen. Dazu benutzen wir die quantenmechanische Teilchenstromdichte für Teilchen der Masse $2m$:

$$\boldsymbol{j} = \frac{1}{4m}(\psi \boldsymbol{p}^* \psi^* + \psi^* \boldsymbol{p} \psi). \tag{10.87}$$

Für Teilchen der Ladung $-2e$, wie die Cooper-Paare, stellt sich in Gegenwart eines Magnetfeldes der Impulsoperator $\boldsymbol{p}$ dar als

$$\boldsymbol{p} = \frac{\hbar}{i}\nabla + 2e\boldsymbol{A}. \tag{10.88}$$

Wir erhalten die gesamte Suprastromdichte $\boldsymbol{j}_s$ in Gegenwart eines äußeren Feldes, wenn wir unter Berücksichtigung von (10.73) in (10.87) für $\psi$ die Vielteilchenwellenfunktion $\Phi_{BCS}$ des BCS-Grundzustandes einsetzen. Die Vielteilchenwellenfunktion des Grundzustandes ergibt sich in der Näherung nicht-wechselwirkender Teilchen als Produkt der Wellenfunktionen der einzelnen Cooper-Paare $\psi(\boldsymbol{r}_1, \boldsymbol{r}_2)$ (10.73). Die exakte Vielteilchenwellenfunktion $\Phi_{BCS}$ läßt sich immer als Entwicklung nach solchen Produktwellenfunktionen darstellen. Wegen (10.73) läßt sich im Falle des Stromflusses die Wellenfunktion eines einzigen Cooper-Paares leicht auf die ohne Stromfluß zurückführen:

$$\psi(\boldsymbol{r}_1, \boldsymbol{r}_2) = e^{i\boldsymbol{K}\cdot\boldsymbol{R}}\psi(\boldsymbol{K}=0, \boldsymbol{r}_1 - \boldsymbol{r}_2)\,; \tag{10.89}$$

$\hbar\boldsymbol{K}$ ist hierbei der mit dem Stromfluß verbundene Zusatzimpuls des Cooper-Paares und $\boldsymbol{R}$ die Schwerpunktskoordinate des Paares. Die Wellenfunktion ohne Stromfluß $\psi(\boldsymbol{K}=0, \boldsymbol{r}_1 - \boldsymbol{r}_2)$ hängt nur noch von der „internen" Relativkoordinate $\boldsymbol{r}_1 - \boldsymbol{r}_2 = \boldsymbol{r}$ beider das Cooper-Paar konstituierenden Elektronen, nicht mehr von der Lage des Paares als Ganzes, ab. Die genäherte BCS-Grundzustands-Wellenfunktion schreibt sich in der Ortsdarstellung also

$$\Phi_{\mathrm{BCS}} \simeq \mathscr{A}\, e^{i\boldsymbol{K}\cdot\boldsymbol{R}_1} e^{i\boldsymbol{K}\cdot\boldsymbol{R}_2} \ldots e^{i\boldsymbol{K}\cdot\boldsymbol{R}_\nu} \ldots \Phi(\boldsymbol{K}=0, \ldots \boldsymbol{r}_\nu \ldots)\,. \tag{10.90a}$$

Alle Cooper-Paare, die mit ihren Schwerpunkten bei $\boldsymbol{R}_1, \boldsymbol{R}_2, \ldots \boldsymbol{R}_\nu, \ldots$ liegen, haben durch den Stromfluß dieselbe Änderung ihres Schwerpunktswellenvektors um $\boldsymbol{K}$ erfahren. $\Phi(\boldsymbol{K}=0, \ldots \boldsymbol{r}_\nu \ldots) = \Phi(0)$ ist das Produkt der Wellenfunktionen $\psi(\boldsymbol{K}=0, \boldsymbol{r}_\nu)$ der einzelnen Cooper-Paare ohne Stromfluß, die nur noch von der internen Relativkoordinate $\boldsymbol{r}_\nu$ ($\nu$ zählt die Paare) abhängen. $\mathscr{A}$ ist ein sog. Antisymmetrisierungsoperator, der wie in der Slater-Determinanten-Darstellung die gesamte Funktion antisymmetrisiert, d. h. jeweils Ausdrücke des Typs (10.90a) mit verschiedenen Vorzeichen aufsummiert, so daß $\Phi_{\mathrm{BCS}}$ gegen Vertauschen von Einteilchenzuständen antisymmetrisch ist. In der Darstellung (10.33) der Grundzustandswellenfunktion ist die Wirkung von $\mathscr{A}$ in den Eigenschaften der zweidimensionalen Zustandsvektoren $|0\rangle$ und $|1\rangle$ bzw. der Spinmatrizen explizit enthalten. $\mathscr{A}$ hat in (10.90a) im wesentlichen summierende Wirkung und kann für die folgende Überlegung unterschlagen werden. Wir wählen also statt (10.90a) die vereinfachende Darstellung

$$\Phi_{\mathrm{BCS}} \approx e^{i\varphi(\boldsymbol{R}_1, \boldsymbol{R}_2, \ldots \boldsymbol{R}_\nu \ldots)}\, \Phi(0) \tag{10.90b}$$

mit $\varphi(R_1, R_2, \ldots R_\nu \ldots) = \boldsymbol{K}\cdot\boldsymbol{R}_1 + \boldsymbol{K}\cdot\boldsymbol{R}_2 \ldots \boldsymbol{K}\cdot\boldsymbol{R}_\nu \ldots$. Der Anteil $\Phi(0)$ ohne Stromfluß enthält als Ortsabhängigkeiten nur noch die internen Relativkoordinaten $\boldsymbol{r}_\nu$ der einzelnen Cooper-Paare (durchnumeriert mit $\nu$), die den Abstand der sie konstituierenden Einzelelektronen angeben. In einer einfachen Näherung vernachlässigt man diese Ortsabhängigkeit wegen der starken Kohärenz und der großen räumlichen Ausdehnung der Cooper-Paare. Damit können natürlich solche Effekte nicht beschrieben werden, bei denen sich die Cooper-Paar-Wellenfunktion zu stark, d. h. innerhalb ihrer Kohärenzlänge $\xi_{\mathrm{koh}}$ ($\gtrsim 10^4$ Å) stark ändert. Für relativ homogene Verhältnisse, wie wir sie in „einfachen" Supraleitern (sog. Supraleitern 1. Art, Abschn. 10.9) antreffen, besteht die wesentliche Ortsabhängigkeit von $\Phi_{\mathrm{BCS}}$ dann nur noch in der Abhängigkeit der Phase $\varphi(\boldsymbol{R}_1, \boldsymbol{R}_2, \ldots \boldsymbol{R}_\nu \ldots)$ von den Schwerpunktskoordinaten der einzelnen Cooper-Paare (10.90b). Nur diese Ortsabhängigkeit wird bei der Anwendung des $\boldsymbol{\nabla}$-Operators in der Berechnung der Suprastromdichte $\boldsymbol{j}_s$ berücksichtigt. Damit folgt aus (10.87, 88 und 90b)

$$\boldsymbol{j}_s = -\frac{2e}{4m} \sum_\nu \left[ \Phi^*_{\mathrm{BCS}} \left( \frac{\hbar}{i} \boldsymbol{\nabla}_{\boldsymbol{R}_\nu} + 2e\boldsymbol{A} \right) \Phi_{\mathrm{BCS}} + \Phi_{\mathrm{BCS}} \left( \frac{\hbar}{i} \boldsymbol{\nabla}_{\boldsymbol{R}_\nu} + 2e\boldsymbol{A} \right)^* \Phi^*_{\mathrm{BCS}} \right]. \tag{10.91}$$

Hierbei gelten dann

$$\sum_\nu \boldsymbol{\nabla}_{\boldsymbol{R}_\nu} \Phi_{\mathrm{BCS}} = i \sum_\nu \exp\left[i\varphi(\boldsymbol{R}_1, \boldsymbol{R}_2, \ldots \boldsymbol{R}_\nu \ldots)\right] \Phi(0)\, \boldsymbol{\nabla}_{\boldsymbol{R}_\nu} \varphi(\ldots \boldsymbol{R}_\nu \ldots) \ldots\,. \tag{10.92}$$

Damit folgt aus (10.91):

$$\boldsymbol{j}_s = -\frac{e}{2m} \left[ 4e\boldsymbol{A}\,|\Phi(0)|^2 + 2\hbar\,|\Phi(0)|^2 \sum_\nu \boldsymbol{\nabla}_{\boldsymbol{R}_\nu} \varphi(\ldots \boldsymbol{R}_\nu \ldots) \right]. \tag{10.93}$$

Wegen $\boldsymbol{\nabla}_{\boldsymbol{R}_\mu} \varphi = \boldsymbol{\nabla}_{\boldsymbol{R}_\nu} \varphi = \boldsymbol{K}$ ergibt sich schließlich im Rahmen der hier durchgeführten Näherung für den Suprastrom nach Anwendung des rot-Operators ($\mathrm{rot}\,\boldsymbol{K} = \boldsymbol{0}$):

$$\mathrm{rot}\,\boldsymbol{j}_s = -\frac{2e^2}{m} |\Phi(0)|^2\, \mathrm{rot}\,\boldsymbol{A}\,. \tag{10.94}$$

Da $|\Phi(0)|^2$ die Gesamtdichte aller den Strom tragenden Cooper-Paare ergeben muß, gilt

$$|\Phi(0)|^2 = n_s/2\,, \tag{10.95}$$

wo $n_s/2$ wiederum die Dichte der Cooper-Paare, bzw. $n_s$ die Dichte der Einzelelektronen ist. Damit geht (10.94) über in

$$\text{rot}\,\boldsymbol{j}_s = -\frac{n_s e^2}{m}\boldsymbol{B}\,, \tag{10.96}$$

was nach (10.8) genau der 2. Londonschen Gleichung entspricht. Damit ist nach Abschn. 10.2 im Rahmen der Näherung räumlich nicht zu stark veränderlicher Cooper-Paar-Dichten der Meissner-Ochsenfeld-Effekt abgeleitet. Man erkennt weiter, daß die London-Gleichung eben auch nur unter dieser Voraussetzung gilt. Für räumlich stark variierende, d.h. über Dimensionen der Ausdehnung eines Cooper-Paares (Kohärenzlänge) veränderliche Cooper-Paar-Dichten wurden schon vor Entstehen der BCS-Theorie nichtlokale phänomenologische Erweiterungen der Londonschen Theorie angegeben [10.11].

Experimentell zeigt sich der Meissner-Ochsenfeld-Effekt besonders anschaulich bei Messungen des mittleren magnetischen Innenfeldes in einem Supraleiter. Abbildung 10.16 zeigt die gemessene durchdringende Flußdichte $B$ als Funktion des außen anliegenden Magnetfeldes $H_a$ für Ta. Das äußere Magnetfeld $H_a$ wurde über eine lange Spule erzeugt, innerhalb derer sich die Ta-Probe umgeben von einem kleineren Solenoid befindet. Dieses Solenoid dient zur Bestimmung der die Probe durchdringenden magnetischen Flußdichte $B$. Man erkennt die Existenz einer kritischen magnetischen Feldstärke $H_c$ (10.83), oberhalb der keine Supraleitung vorliegt. Die im Material erzeugte Flußdichte $B$ wächst hier proportional zum außen anliegenden Feld $H_a$. Unterhalb von $H_c$, d.h. in der supraleitenden Phase ist gemäß dem Meissner-Ochsenfeld-Effekt die magnetische Flußdichte aus der Ta-Probe „herausgedrängt". Das geringe Hintergrundsignal (Steigung $\theta$) ist auf eine Magnetisierung der Wicklung des Meßsolenoids zurückzuführen.

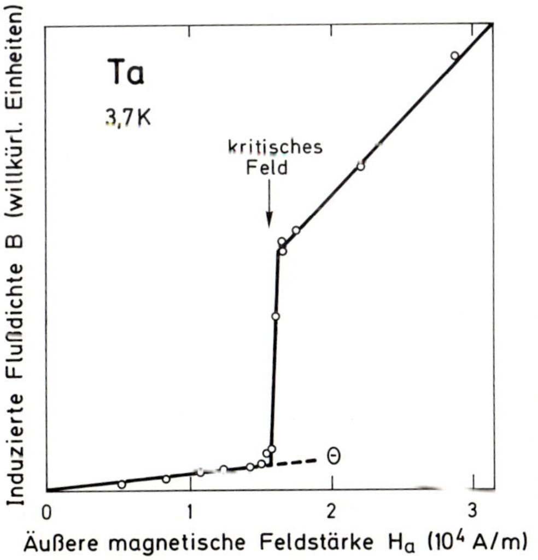


**Abb. 10.16.** Induzierte magnetische Flußdichte $B$ durch eine Ta-Probe, gemessen bei 3,7 K als Funktion eines äußeren Magnetfeldes $H_a$. Die Probe befindet sich in einer großen Spule, durch die $H_a$ erzeugt wird. $B$ wird über eine kleine Meßspule (angeschlossen an ballistisches Galvanometer) gemessen, die die Ta-Probe unmittelbar umschließt. Das geringfügige Hintergrundsignal $\theta$ rührt von einem in den Drahtwindungen der Meßspule induzierten Fluß her. (Nach *Rose-Innes* [10.12])

## 10.8 Quantisierung des magnetischen Flusses

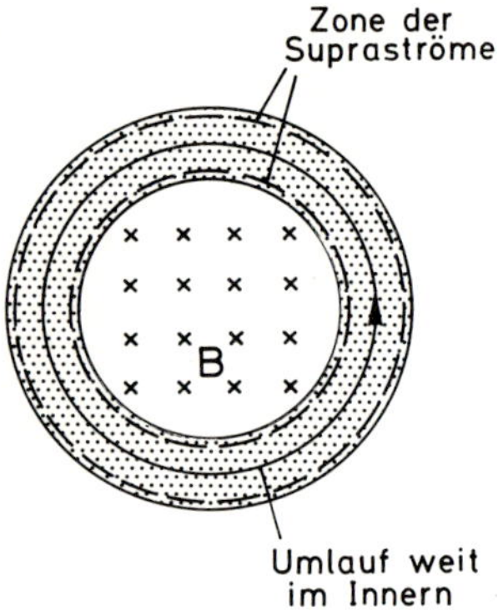


**Abb. 10.17.** Supraleitender Ring (*schraffiert*), der von einer magnetischen Flußdichte $B$ durchsetzt ist. Gestrichelt sind die Zonen angedeutet, in denen Supra-Dauerströme fließen. Ein gedachter Umlauf im Innern des Rings (*durchgezogen*) berührt im wesentlichen stromloses Gebiet

Wir wollen weiter den Einfluß eines äußeren Magnetfeldes $\boldsymbol{B} = \operatorname{rot} \boldsymbol{A}$ auf einen Supraleiter betrachten. Dies soll wie in Abschn. 10.7 im Rahmen der Näherung nicht zu stark räumlich variierender Cooper-Paar-Dichte geschehen (Supraleiter 1. Art). Die Wellenfunktion bei Vorliegen einer Suprastromdichte $\boldsymbol{j}_s$ soll also die Gestalt (10.90) haben, wobei die Ortsabhängigkeit nur in der Phase $\varphi$ und nicht in der Amplitude enthalten sein soll. Damit folgt nach (10.93 und 95) für die Suprastromdichte

$$\boldsymbol{j}_s = -\left[\frac{e^2 n_s}{m} \boldsymbol{A} + \frac{e\hbar n_s}{2m} \sum_\nu \boldsymbol{\nabla}_{\boldsymbol{R}_\nu} \varphi(\dots \boldsymbol{R}_\nu \dots)\right]. \tag{10.97}$$

Betrachten wir einen geschlossenen Weg innerhalb eines supraleitenden Ringes, der von einem äußeren Magnetfeld durchdrungen wird (Abb. 10.17), so folgt für das Umlaufintegral über die Suprastromdichte nach (10.97)

$$\oint \boldsymbol{j}_s \cdot d\boldsymbol{s} = -\frac{n_s e^2}{m} \oint \boldsymbol{A} \cdot d\boldsymbol{s} + \frac{e\hbar n_s}{2m} \sum_\nu \oint \boldsymbol{\nabla}_{\boldsymbol{R}_\nu} \varphi(\dots \boldsymbol{R}_\nu \dots) d\boldsymbol{s}. \tag{10.98}$$

Die Vielteilchen-Wellenfunktion der Cooper-Paare ist nun in den Koordinaten der einzelnen Paare eindeutig längs des gesamten Ringes definiert, d.h. für einen stationären Zustand darf sich die Phase nach einem geschlossenen Umlauf nur um ganzzahlige Vielfache von $2\pi$ geändert haben. Es muß also gelten

$$\sum_\nu \oint \boldsymbol{\nabla}_{\boldsymbol{R}_\nu} \varphi(\dots \boldsymbol{R}_\nu \dots) d\boldsymbol{s} = 2\pi N. \tag{10.99}$$

Damit folgt aus (10.98)

$$\frac{m}{n_s e^2} \oint \boldsymbol{j}_s \cdot d\boldsymbol{s} + \int \boldsymbol{B} \cdot d\boldsymbol{f} = N \frac{h}{2e}. \tag{10.100}$$

Die zweite Londonsche Gleichung (10.10b, 96) ergibt sich hieraus als Spezialfall für einen Umlauf in einem einfach zusammenhängenden Gebiet, durch das beim Supraleiter ja kein magnetischer Fluß dringen kann ($N=0$). Der Ausdruck auf der linken Seite von (10.100) heißt Fluxoid; dieses Fluxoid kann also nur in ganzzahligen Vielfachen von $h/2e$ auftreten. Üblicherweise würde man erwarten, daß mittels eines geeigneten Magnetfeldes jeder beliebige Suprastrom in einem geschlossenen Kreis „angeworfen" werden kann. Bedingung (10.100) jedoch schreibt vor, daß Stromdichte und magnetischer Fluß durch den Ring einer „Quantenbedingung" gehorchen müssen. Beachten wir, daß der Suprastrom nur innerhalb einer dünnen Schale mit der Londonschen Eindringtiefe von einigen hundert Ångstrom fließt, der geschlossene Umlauf in (10.100) somit in einem Bereich liegt, wo im wesentlichen $\boldsymbol{j}_s$ verschwindet (Abb. 10.17), so vereinfacht sich (10.100) zu

$$\int \boldsymbol{B} \cdot d\boldsymbol{f} = N \frac{h}{2e}. \tag{10.101}$$

Diese Bedingung besagt, daß ein geschlossener Suprastromkreis nur magnetische Flüsse umschließen kann, die sich als ein ganzzahliges Vielfaches eines sog. Flußquants

$$\phi_0 = \frac{h}{2e} = 2{,}0679 \times 10^{-7}\ \mathrm{G\,cm^2} \approx 2 \times 10^{-7}\ \mathrm{G\,cm^2} \tag{10.102}$$

($1\,\mathrm{G} = 10^{-4}\,\mathrm{Vs/m^2}$) darstellen lassen. Um sich eine anschauliche Vorstellung von der Größe von $\phi_0$ zu machen, stelle man sich einen winzigen Zylinder mit einem Durchmesser von etwa 1/10 mm vor. Das Flußquant $\phi_0$ durchdringt diesen Zylinder, wenn das Magnetfeld im Innern eine Stärke von etwa 1% des Erdfeldes hat.

Beziehung (10.100 bzw. 101) läßt sich formal auch herleiten, wenn man dem makroskopischen, ringförmigen Suprastrom die Bohr-Sommerfeldsche Quantisierungsbedingung auferlegt. Nehmen wir Teilchen der Ladung $q$ und der Dichte $n$ an, die die Stromdichte tragen, so gilt für den Impuls eines Teilchens

$$\boldsymbol{p} = m\boldsymbol{v} + q\boldsymbol{A}\,. \tag{10.103}$$

Wegen $\boldsymbol{j} = nq\boldsymbol{v}$ folgt daraus

$$\boldsymbol{p} = \frac{m}{nq}\,\boldsymbol{j} + q\boldsymbol{A}\,. \tag{10.104}$$

Die Quantisierungsbedingung verlangt, daß das geschlossene Wegintegral über $\boldsymbol{p}$ ein Vielfaches des Planckschen-Wirkungsquantums $h$ ist

$$\oint \boldsymbol{p}\cdot d\boldsymbol{s} = \frac{m}{nq}\oint \boldsymbol{j}\cdot d\boldsymbol{s} + q\oint \boldsymbol{A}\cdot d\boldsymbol{s} = Nh\,, \tag{10.105a}$$

$$\frac{m}{nq^2}\oint \boldsymbol{j}\cdot d\boldsymbol{s} + \int \boldsymbol{B}\cdot d\boldsymbol{f} = Nh/q\,. \tag{10.105b}$$

Bei dieser Ableitung haben wir den stromführenden Kreis wie ein Riesenmolekül behandelt, Quantenbedingungen also für ein makroskopisches System gefordert. Dies zeigt wiederum von einer anderen Seite her, wie wegen der hohen Kohärenz der Cooper-Paare die supraleitende Phase durch eine makroskopische Vielteilchen-Wellenfunktion beschrieben werden muß. Typisch quantenmechanisch mikroskopische Eigenschaften setzen sich bei einem Supraleiter in makroskopisch beobachtbare Quantenphänomene fort. In einem nicht-supraleitenden Ring dürfte für einen Ringstrom die Quantenbedingung (10.105) nicht angewendet werden, da es für einzelne Elektronen außerhalb einer Cooper-Paarbindung keine den Ring umschließende Wellenfunktion gibt. Stoßprozesse zerstören hier die Kohärenz über große Entfernungen.

Durch Vergleich von (10.105b) mit (10.100) stellen wir fest, daß aus der BCS-Herleitung der Flußquantisierung eine Aussage über die Ladung der den Suprastrom tragenden Teilchen folgt, nämlich daß die Teilchen gerade die doppelte Elektronenladung ($q = 2e$, Cooper-Paare) tragen. Der experimentelle Nachweis der Flußquantisierung und insbesondere die Messung des Flußquants (10.102) bedeutet also eine der wichtigsten Bestätigungen der BCS-Theorie. Diese Experimente wurden etwa gleichzeitig und mit gleichem Ergebnis von Doll und Näbauer [10.13] und von Deaver und Fairbank [10.14] durchgeführt. Doll und Näbauer verwendeten winzige Bleizylinder, die durch Aufdampfen auf Quarzröhrchen eines Durchmessers von etwa 10 μm hergestellt waren. Bei diesem Durchmesser entspricht ein Flußquant einer magnetischen Flußdichte im Innern des Pb-Zylinders von etwa 0,25 G. Im Bleizylinder wurde nun ein Supra-Dauerstrom durch

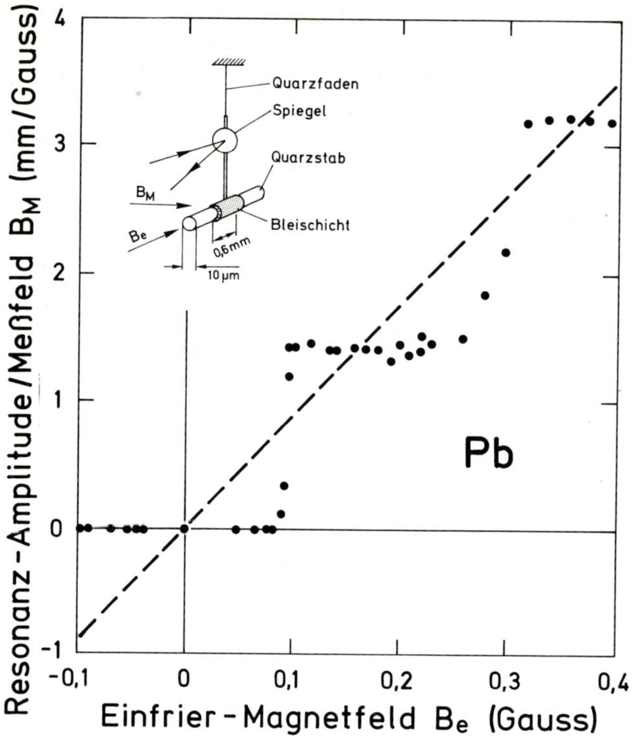


**Abb. 10.18.** Experimentelle Ergebnisse zur Flußquantisierung in einem Pb-Zylinder. Der Fluß durch den kleinen Pb-Zylinder, der auf einen Quarzstab aufgedampft ist (Einschub) wird über Schwingungen der Anordnung im Meßfeld $B_M$ bestimmt. (Nach *Doll* und *Näbauer* [10.13])

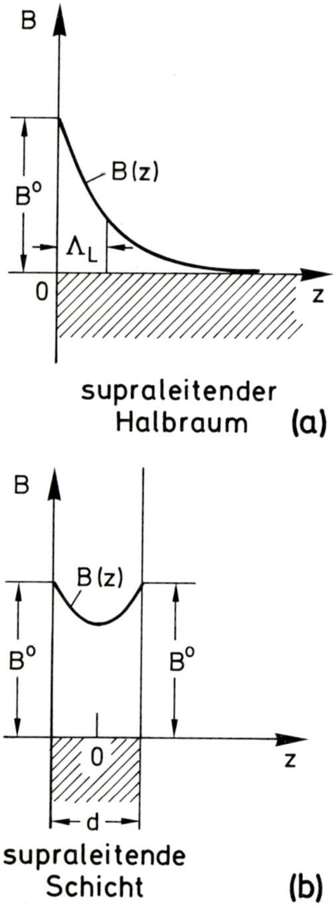


**Abb. 10.19.** Abklingen eines Magnetfeldes beim Eindringen: (**a**) in einen supraleitenden Halbraum ($z>0$), (**b**) in eine supraleitende Schicht der Dicke $d$. An den Oberflächen liegen jeweils die Feldstärken $B^0$ an, $\Lambda_L$ ist die Londonsche Eindringtiefe, die für den Halbraum die exponentielle Abklinglänge darstellt

Abkühlen (unter $T_c$) in einem „Einfrier" Magnetfeld $B_e$ und nachfolgendes Abschalten von $B_e$ erzeugt (Abb. 10.18, Einschub). Der Bleizylinder wirkt damit in einem Meßfeld $B_M$ als magnetischer Dipol, auf den ein Drehmoment ausgeübt wird. Dieses ließe sich im Prinzip statisch über die Auslenkung eines Lichtzeigers nachweisen und der magnetische Fluß durch den Zylinder wäre damit bestimmt. Wegen der Kleinheit des Effektes benutzten Doll und Näbauer jedoch eine dynamische Methode, bei der Torsionsschwingungen des Systems angeregt wurden. Die Resonanzamplitude ist dann proportional zum erregenden magnetischen Moment des Bleizylinders. Abbildung 10.18 zeigt eine Auftragung der Resonanzamplitude bezogen auf die Meßfeldstärke $B_M$ (proportional zu Fluß durch Zylinder) in Abhängigkeit vom „Einfrierfeld" $B_e$. Ohne Flußquantisierung wäre die gestrichelt gezeichnete Proportionalität zu erwarten. Die Meßpunkte zeigen klar, daß nur Flußquanten bestimmter Größe $\phi_0 N$ im Bleizylinder „eingefroren" werden können. Das experimentell bestimmte $\phi_0$ entspricht dem in (10.102) auf der Basis von Cooper-Paaren errechneten Wert. Damit wurde einwandfrei gezeigt, daß Elektronenpaare und nicht Einzelelektronen den Suprastrom tragen.

## 10.9 Supraleiter 2. Art

Das Verhalten von Supraleitern im Magnetfeld war dadurch bestimmt, daß ein äußeres Magnetfeld $B^0$ exponentiell mit der Londonschen Eindringtiefe $\Lambda_L$ (10.16), ins Innere eines supraleitenden Halbraumes hinein abklingt (Abb. 10.19a). In der Abklingzone fließt der Suprastrom, der das Innere des Supraleiters feldfrei hält (Abschn. 10.2). Die

Supraleitung bricht zusammen, wenn das äußere Magnetfeld $B^0$ einen kritischen Wert $B_c = \mu_0 \mu H_c$ (10.83) übersteigt, bei dem die magnetische Feldenergiedichte $\frac{1}{2} H_c B_c$ die Kondensationsenergiedichte für Cooper-Paare (10.53) übersteigt. Von da ab werden Cooper-Paare aufgebrochen und der Zustand der Normalleitung stellt sich ein.

Betrachten wir statt eines supraleitenden Halbraumes (Abb. 10.19a) eine supraleitende Schicht der Dicke $d$ (Abb. 10.19b), so kann bei genügend geringer Schichtdicke das Magnetfeld nicht mehr voll abklingen; im Inneren der Schicht ($z=0$) bleibt ein beträchtliches Feld erhalten, bzw. die abschirmende Wirkung der supraleitenden Ströme in dieser Abklingschicht kann nicht voll aufgebaut werden. Mathematisch ergibt sich dieser Sachverhalt, wenn wir die Differentialgleichungen (10.14) für die Schichtgeometrie lösen. Die allgemeine Lösung setzt sich aus den beiden Teillösungen auf beiden Rändern

$$B_1(z) = B_1 \mathrm{e}^{-z/\Lambda_L}, \quad B_2(z) = B_2 \mathrm{e}^{z/\Lambda_L} \tag{10.106}$$

zusammen. Aus der Randbedingung

$$B_1 \mathrm{e}^{d/2\Lambda_L} + B_2 \mathrm{e}^{-d/2\Lambda_L} = B^0 \tag{10.107}$$

und aus der Symmetie des Problems ($B_1 = B_2 = \bar{B}$) folgt dann

$$\bar{B} = B^0/2 \cosh(d/\Lambda_L)\,. \tag{10.108}$$

Damit ergibt sich die Magnetfeldstärke in der supraleitenden Schicht (Abb. 10.19b) zu

$$B(z) = B^0 \cosh(z/\Lambda_L)/\cosh(d/2\Lambda_L)\,. \tag{10.109}$$

Die Variation des magnetischen Feldes über der Schicht wird bei kleiner Schichtdicke nicht mehr sehr signifikant; das Feld durchdringt die supraleitende Schicht fast vollständig. Dies ist Ausdruck dafür, daß die Magnetfeld-abschirmende Wirkung der supraleitenden Ströme in der Schicht nicht voll aufgebaut werden kann. Wenn in dieser Situation das kritische magnetische Feld $B_c$ (10.83) an der Oberfläche der Schicht anläge, so würde die damit gegebene magnetische Feldenergie nicht ausreichen, um im gesamten Raumbereich Cooper-Paare aufzubrechen und die Supraleitung zu zerstören. Dementsprechend muß für eine genügend dünne supraleitende Schicht das kritische Magnetfeld $B_c$ höher liegen als für einen Halbraum. Das kritische Feld wird mit abnehmender Schichtdicke immer weiter zunehmen. Es kann für Dicken $d \ll \Lambda_L$ um mehr als einen Faktor 10 über dem Feld liegen, das man für einen supraleitenden Halbraum im thermodynamischen Gleichgewicht hat. Mit abnehmender Schichtdicke wird also die Reaktion des Supraleiters auf ein angelegtes Magnetfeld immer kleiner.

Die unmittelbare Konsequenz dieser Ergebnisse wäre, daß bei Anlegen eines überkritischen Magnetfeldes ($>B_c$) an einen massiven Supraleiter dieser in kleine zum Magnetfeld parallele Bereiche aus abwechselnd supraleitender und normalleitender Phase zerfiele. Wenn die supraleitenden Bereiche dünn genug wären, könnten sie ein wesentlich höheres Magnetfeld aushalten, ohne dabei instabil zu werden. Daß dies bei den üblichen Supraleitern (Supraleiter 1. Art) nicht geschieht, hängt damit zusammen, daß die Schaffung von Grenzflächen zwischen normal- und supraleitender Phase hier Energie kostet. Die Verhältnisse an einer solchen Grenzschicht sind in Abb. 10.20 qualitativ dargestellt. Der normalleitende Zustand gehe bei $z=0$ in den supraleitenden Zustand

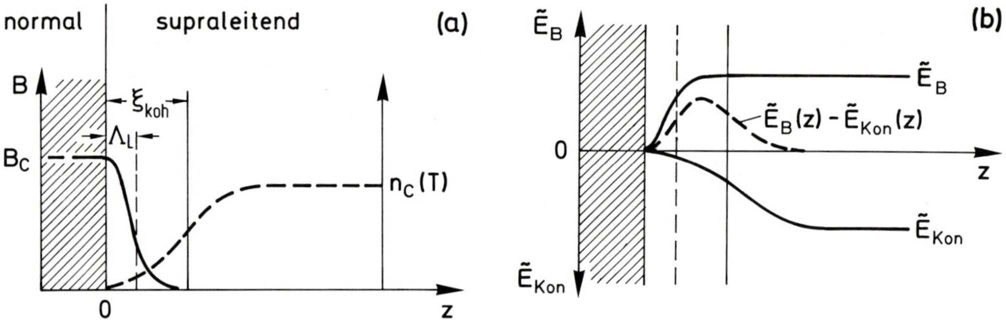


**Abb. 10.20a, b.** Örtliche Variationen wichtiger Supraleitungsparameter nahe der Grenzfläche zwischen einem normalleitenden Bereich (*schraffiert*) und einem Supraleiter ($z>0$). (**a**) Parallel zur Grenzschicht liege im normalleitenden Bereich das kritische Magnetfeld $B_c$ an; im Supraleiter klingt $B(z)$ (*durchgezogene Kurve*) exponentiell mit der Londonschen Abklinglänge $\Lambda_L$ ab. Der Anstieg der Dichte der Cooper-Paare $n_c$ ist durch die Kohärenzlänge $\xi_{koh}$ bestimmt. (**b**) Räumliche Variation der Energiedichte $\tilde{E}_B$, die mit der Verdrängung des Magnetfeldes zusammenhängt und der mit der Cooper-Paar-Kondensation verknüpften Energiedichte $\tilde{E}_{Kon}$ (*durchgezogene Kurven*). Der Differenzbetrag (*gestrichelte Kurve*) bestimmt die Grenzflächenenergie zwischen normal- und supraleitender Phase

über. Es liege parallel zur Grenzschicht ($\perp z$) das kritische Magnetfeld $B_c$ an, das über die Londonsche Abklinglänge $\Lambda_L$ (10.16) exponentiell in den Supraleiter hinein abfalle. Im Supraleiter steige die Dichte der Cooper-Paare $n_c = n_s/2$ innerhalb der Kohärenzlänge $\xi_{koh}$ von Null auf ihren thermodynamischen Gleichgewichtswert $n_c(T)$. $\xi_{koh}$ ist dabei größer als $\Lambda_L$ angenommen; die Kohärenzlänge muß immer die räumliche Ausdehnung eines Cooper-Paares $\xi_{CP}$ (10.86) übersteigen, da die Cooper-Paardichte sich niemals auf einer kleineren Distanz als der eines Cooper-Paares ändern kann. In der Randzone um $z=0$ sind nun zwei Energiedichtebeträge zu vergleichen, nämlich die mit der Verdrängung des Magnetfeldes verknüpfte Energiedichte $\tilde{E}_B(z)$ und die durch die Kondensation der Cooper-Paare (10.53) freiwerdende Energiedichte $\tilde{E}_{Kon}(z)$. Im Normalleiter verschwinden beide Beiträge; tief im Innern des Supraleiters kompensieren sich beide, d.h. für $z \to \infty$ gilt bei außen anliegendem kritischen Feld $B_c$

$$\tilde{E}_B(\infty) = -\tilde{E}_{Kon} = \frac{1}{2\mu_0} B_c^2 V. \tag{10.110}$$

Innerhalb der Grenzschicht jedoch (Abb. 10.20b) bleibt wegen der verschiedenen charakteristischen Abklinglängen $\Lambda_L$ und $\xi_{koh}$ ein endlicher Differenzbetrag übrig

$$\Delta\tilde{E}(z) = \tilde{E}_{Kon} - \tilde{E}_B = \frac{1}{2\mu_0} B_c^2 [(1 - e^{-z/\xi_{koh}}) - (1 - e^{-z/\Lambda_L})]. \tag{10.111}$$

Integration über die gesamte Randschicht ergibt den Grenzflächenenergiebetrag (pro Flächeneinheit) $\gamma_{n/s}$, der zur Schaffung einer solchen Grenzschicht zwischen normal- und supraleitender Phase aufgewandt werden muß

$$\gamma_{n/s} = \int\limits_0^\infty \Delta\tilde{E}(z)dz = (\xi_{koh} - \Lambda_L) \frac{1}{2\mu_0} B_c^2. \tag{10.112}$$

Für den hier betrachteten Fall $\xi_{\text{koh}} > \Lambda_{\text{L}}$ ist der Verlust an Kondensationsenergie größer als der Gewinn an Verdrängungsenergie. Pro Flächeneinheit muß dem System zur Erzeugung der Grenzfläche eine Grenzflächenenergiedichte $\gamma_{\text{n/s}}$ (10.112) zugeführt werden. So wie man es für einen „normalen" Supraleiter (Supraleiter 1. Art) erwartet, kostet die Entstehung von abwechselnd normalleitenden und supraleitenden Bezirken Energie, sie wird vermieden.

Ganz anders verhält sich ein Supraleiter, bei dem das Magnetfeld tiefer eindringen kann als die Distanz, auf der der supraleitende Zustand „anschwingt", d.h. bei dem $\xi_{\text{koh}} < \Lambda_{\text{L}}$ gilt. Bei einem solchen Supraleiter 2. Art wird beim Aufbau von Grenzflächen zwischen normal- und supraleitenden Bezirken Energie gewonnen, es stellt sich für gewisse äußere Magnetfelder ein sogenannter „gemischter Zustand" (mixed state) ein, bei dem abwechselnd normalleitende und supraleitende Bezirke aneinander grenzen. Die beiden wichtigen Längen, die für das Vorliegen eines Supraleiters 2. Art entscheidend sind, sind die Abklinglänge des Magnetfeldes $\Lambda_{\text{L}}$ (10.16) und die Kohärenzlänge $\xi_{\text{koh}}$ (größer als Ausdehnung $\xi_{\text{CP}}$ (10.86) eines Cooper-Paares), die das „Anschwingen" des supraleitenden Zustandes bestimmt. Beide Längen hängen nach (10.16 und 86) verschieden von den für die Supraleitung entscheidenden Parametern $n_{\text{s}}$ (Dichte der supraleitenden Elektronen) und $\Delta$ (Lückenenergie) ab. Sowohl $n_{\text{s}}$ als auch $\Delta$ sind unter anderem durch die Stärke der Elektron-Phonon-Wechselwirkung bestimmt. Diese Wechselwirkung bestimmt auch die mittlere freie Weglänge $\Lambda(E_{\text{F}})$ für Elektron-Phonon-Streuung im betreffenden Material. Es ist also einsichtig, daß die Suche nach Supraleitern 2. Art mit einer Variation der freien Weglänge für Elektron-Phonon-Stöße einhergeht. Hierbei hat sich gezeigt, daß eine Verringerung der freien Weglänge die Tendenz $\xi_{\text{koh}} < \Lambda_{\text{L}}$ zur Folge hat. Diese Aussage wird auch durch die Ginzburg-Landau-Theorie [10.11] für Supraleiter 2. Art gewonnen. Eine Verkleinerung der freien Weglänge ist leicht dadurch zu erhalten, daß man dem betrachteten Supraleiter eine gewisse Menge Fremdmetall zulegiert. Supraleiter 2. Art sind, wie die Erfahrung zeigt, im allgemeinen metallische Legierungen mit relativ kurzer freier Weglänge für Elektron-Phonon-Stöße. Blei-Wismut-Legierungen z.B. bleiben in Magnetfeldern bis zu etwa 20 kG noch supraleitend, in Feldern also, die um mehr als 20 mal größer sind als das kritische Feld von reinem Blei.

Der Unterschied zwischen Supraleitern 1. und 2. Art wird besonders deutlich in den Magnetisierungskurven $M(B)$ sichtbar (Abb. 10.21). In einem Supraleiter 1. Art ($\xi_{\text{koh}} > \Lambda_{\text{L}}$) wird in der supraleitenden Phase das Magnetfeld $\boldsymbol{B} = \mu_0 \mu \boldsymbol{H} = \mu_0(\boldsymbol{H} + \boldsymbol{M})$ vollständig aus dem Innern verdrängt ($\boldsymbol{B} = \boldsymbol{0}$). Die supraleitenden Ringströme in der äußeren „Hülle" bauen eine Magnetisierung $\boldsymbol{M}$ auf, die dem äußeren Feld entgegengesetzt gleich ist ($\boldsymbol{M} = -\boldsymbol{H}$). Bis zur kritischen Feldstärke $B_{\text{c}} = \mu_0 \mu H_{\text{c}}$ wächst also die Magnetisierung

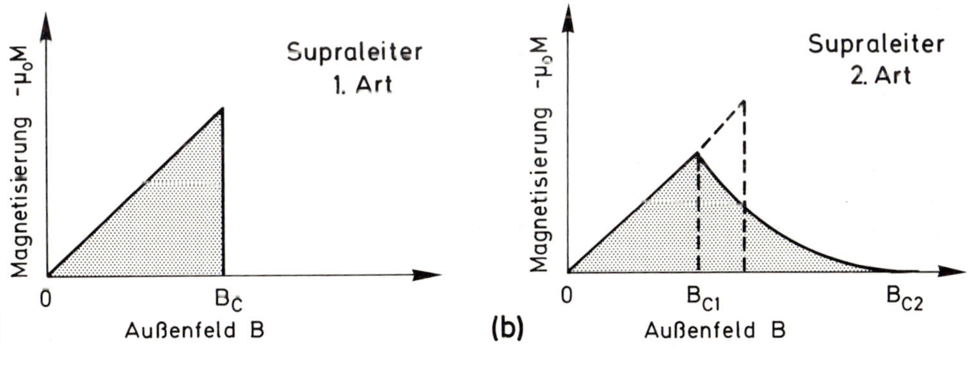


**Abb. 10.21.** Magnetisierungskurven für einen Supraleiter 1. Art (**a**) und einen Supraleiter 2. Art (**b**). Beim Supraleiter 1. Art gibt es nur ein kritisches Magnetfeld $B_{\text{c}}$, während beim Supraleiter 2. Art ein unteres und ein oberes kritisches Feld $B_{\text{c1}}$ und $B_{\text{c2}}$ existieren

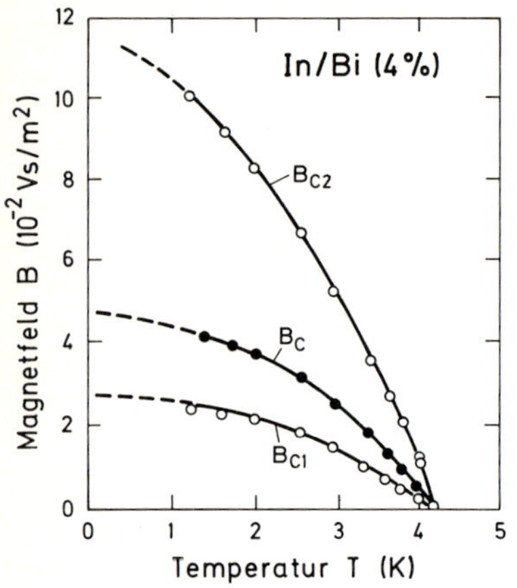


**Abb. 10.22.** Temperaturabhängigkeit der kritischen Magnetfelder einer Indium-Wismut Legierung (In+4 Atomprozent Bi). (Nach *Kinsel* et al. [10.15])

des Materials proportional zum Außenfeld und bricht dann beim Übergang in den normalleitenden Zustand ab (Abb. 10.21a). Beim Supraleiter 2. Art – es sei eine lange stabförmige Probe in Abb. 10.21b betrachtet – wird der Gewinn an Verdrängungsenergie beim Eindringen des Feldes größer als der Verlust an Kondensationsenergie durch die dabei auftretende örtliche Variation der Cooper-Paardichte. Dieses Eindringen geschieht von einem unteren kritischen Feld $B_{c1}$ ab; die Magnetisierung $M$ sinkt mit wachsendem Magnetfeld monoton, bis sie bei einem oberen kritischen Feld $B_{c2}$ völlig verschwindet. Das äußere Feld ist hier voll eingedrungen und hat die Supraleitung zerstört. Ein analoges Verhalten zeigt sich bei der Messung der den Supraleiter 2. Art durchdringenden Flußdichte $B$ (mittleres inneres Magnetfeld). Anders als in Abb. 10.16 bei einem Supraleiter 1. Art ist der Übergang von verschwindendem Innenfeld ($<H_c$) zum linear anwachsenden Feld ($>H_c$) nicht scharf. Das Innenfeld beginnt sich schon bei einer unteren kritischen Feldstärke $H_{c1}$ ($<H_c$) langsam aufzubauen, um dann bei einer oberen Grenze $H_{c2}$ ($>H_c$) den linearen Verlauf wie in Abb. 10.16 anzunehmen.

Wie im Falle des Supraleiters 1. Art, wo die kritischen Magnetfelder $H_c$ bzw. $B_c$ Funktionen der Temperatur sind (Abb. 10.5), hängen auch die unteren und oberen kritischen Feldstärken $B_{c1}(T)$ bzw. $B_{c2}(T)$ von der Temperatur ab. Es ergeben sich auf diese Weise für einen Supraleiter 2. Art drei thermodynamisch stabile Phasen, die übliche supraleitende („Meissner-Phase") unterhalb $B_{c1}(T)$, die normalleitende oberhalb von $B_{c2}(T)$ und die Zwischenphase des gemischten Zustandes, auch Shubnikov-Phase genannt, zwischen den kritischen Zustandskurven $B_{c1}(T)$ und $B_{c2}(T)$. Ein experimentelles Beispiel ist in Abb. 10.22 dargestellt. Reines In als Supraleiter 1. Art hat nur eine supraleitende und eine normalleitende Phase unter- bzw. oberhalb von $B_c(T)$. Einlegierung von 4% Bi erzeugt einen Supraleiter 2. Art, dessen obere und untere kritische Magnetfeldkurven $B_{c1}(T)$ und $B_{c2}(T)$ die Phasengebiete der Meissner-, der Shubnikov- und der normalleitenden Phase voneinander abtrennen.

Während die Meissner-Phase eine homogene Phase wie bei einem Supraleiter 1. Art darstellt, enthält die Shubnikov-Phase abwechselnd supraleitende und normalleitende Gebiete. Magnetischer Fluß dringt in den Supraleiter 2. Art ein, aber die supraleitenden Gebiete mit lokal verdrängtem Magnetfeld sind von abschirmenden Supraströmen umgeben. Diese Ströme müssen natürlich geschlossene Stromlinien haben, weil sie nur dann stationär sein können. In der Shubnikov-Phase liegt also eine stationäre, räumlich variierende Verteilung von magnetischer Feldstärke und Suprastromdichte vor. Wie aus den Überlegungen in Abschn. 10.8 folgt, kann ein geschlossener Suprastromkreis nur magnetische Flüsse umschließen, die sich als ganzzahliges Vielfaches eines sogen. Flußquants $\phi_0 = h/2e \simeq 2 \times 10^{-7}$ G cm$^2$ darstellen. Man könnte also erwarten, daß in der Shubnikov-Phase die supraleitenden Bezirke gerade aus Supra-Ringströmen bestehen, die ein einziges Flußquant $\phi_0$ umschließen. Höhere und niedrigere Dichte an supraleitenden Elektronen in dieser Phase würde sich dann in einer Variation der Dichte dieser einzelnen sog. Flußschläuche widerspiegeln. Wie eine Lösung der Ginzburg-Landau-Theorie [10.11] zeigt, ist dies tatsächlich der Fall. Die qualitative Darstellung in Abb. 10.23 zeigt, daß jedes Flußquant aus einem System von Ringströmen besteht, die den magnetischen Fluß durch den Schlauch erzeugen. Mit wachsendem Außenfeld $B_a$ wird der Abstand der Flußschläuche (Flußwirbel) kleiner. Da zwischen den einzelnen Flußschläuchen zumindest für kleine Abstände eine abstoßende Wechselwirkung existiert, ist es offensichtlich, daß der Zustand niedrigster Enthalpie sich für eine regelmäßige Anordnung der Flußwirbel in einem 2-dimensionalen hexagonalen Gitter ergibt. Diese Verteilung wird tatsächlich experimentell gefunden [10.16]. Mittels elastischer Neutronenstreuung konnte das mikroskopische Magnetfeld an dem Typ 2 Supraleiter Niob in

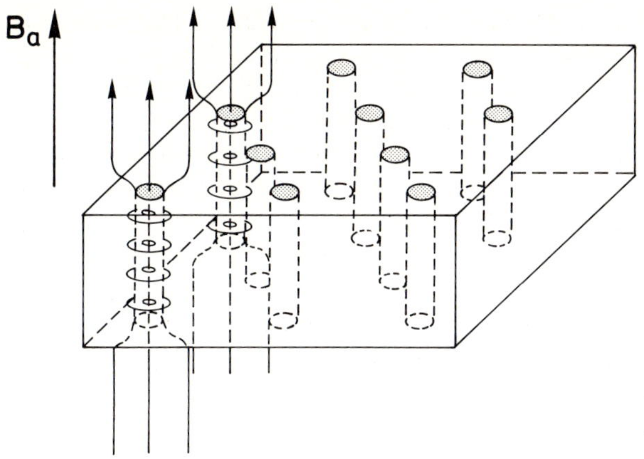


**Abb. 10.23.** Schematische Darstellung der Shubnikov-Phase eines Supraleiters 2. Art. Sogenannte Flußschläuche angeordnet in einem zweidimensionalen Translationsgitter lassen das Magnetfeld „durchdringen". Ein solcher Flußschlauch ist von Supraringströmen umgeben, die jeweils ein magnetisches Flußquant einschließen

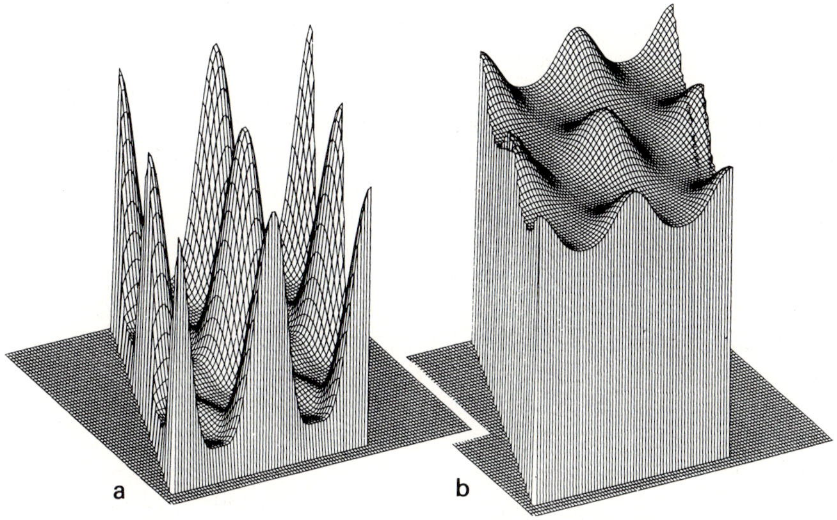


**Abb. 10.24a, b.** Ergebnisse eines Neutronen-Beugungsexperimentes am zweidimensionalen Gitter der Flußschläuche des Typ 2 Supraleiters Niob in der Shubnikov-Phase (4,2 K). Die detaillierte Auswertung des Beugungsbildes ergibt die hier dargestellte Verteilung des mikroskopischen Magnetfeldes in der Umgebung der Flußwirbel. (**a**) Makroskopische Flußdichte $B = 0{,}056$ Tesla und (**b**) $B = 0{,}220$ Tesla. In (**a**) beträgt der nächste Nachbarabstand im hexagonalen Flußliniengitter 206 nm, das maximale Feld im Flußlinienzentrum ist 0,227 Tesla. Die entsprechenden Werte für (**b**) sind 104 nm bzw. 0,255 Tesla (das obere kritische Feld $B_{c2}$ beträgt hier 0,314 Tesla). (Nach *Schelten* et al. [10.16])

der Shubnikov-Phase gemessen werden. Die Feldverteilung (Abb. 10.24) zeigt klar das Vorliegen einer hexagonalen Anordnung von Flußschläuchen.

Die bisherigen Betrachtungen zur Shubnikov-Phase setzen die freie Verschiebbarkeit der Flußschläuche voraus. Dies ist jedoch in der Realität nur als Grenzfall denkbar. Störungen im Gitteraufbau, Versetzungen, Korngrenzen, Ausscheidungen u. ä. beschränken die freie Verschiebbarkeit. Wegen aller möglichen Wechselwirkungen mit solchen Störstellen existieren energetisch bevorzugte Plätze, die zu einem räumlichen „pinning" der Flußwirbel führen. Deformationen der Magnetisierungskurven (Abb. 10.21) und Hysterese-Effekte, die von der Vorbehandlung des Materials (Tempern usw.) abhängen, sind die Folge.

Auf der anderen Seite bietet das „Festlegen" oder „pinnen" von Flußwirbeln durch Kristallstörungen in der Shubnikov-Phase technische Vorteile. Falls ein Supraleiter 2. Art in der Shubnikov-Phase einen Transportstrom führt, so wirkt auf die Flußschläuche senkrecht zur Stromdichte und senkrecht zum Magnetfeld die Lorentz-Kraft. Das dadurch verursachte Wandern der Flußschläuche bedingt Verluste, d.h. Umwandlung von elektrischer in Wärmeenergie. Diese Energie kann nur dem Belastungsstrom entnommen werden, indem eine elektrische Spannung an der Probe auftritt; ein elektrischer Widerstand erscheint. Dieser Effekt wird durch das „pinnen" der Flußschläuche herabgesetzt. Beim Supraleiter 2. Art sind also nicht wie im Supraleiter 1. Art kritischer Strom und kritisches Magnetfeld an der Oberfläche des Leiters auf einfache Art (10.80) miteinander verknüpft. Die stark inhomogene Struktur der Shubnikov-Phase eines solchen Leiters verlagert Magnetfeld und stromführende Bereiche in das Innere des Materials. Kritischer Strom und kritisches Magnetfeld hängen nun in komplizierter Weise und zwar verschieden von einer Reihe von Materialparametern, wie Kohärenzlänge, freie Weglänge, Grad der Kristallstörung u.ä. ab.

Schließlich sei betont, daß technisch wichtige Anwendungen der Supraleitung vor allem auf der Möglichkeit beruhen, mittels verlustfreier starker Supra-Ringströme sehr hohe Magnetfelder zu erzeugen. Ist das Magnetfeld erst einmal aufgebaut, so ist zu seiner Aufrechterhaltung im Prinzip keine elektrische Leistung mehr erforderlich. Eine Bedingung für die Funktion eines solchen Hochleistungs-Supraleitungsmagneten ist natürlich an die Existenz von Materialien mit genügend hohen kritischen Magnetfeldern $B_{c2}(T)$ geknüpft. Dies ist nur im Falle von Supraleitern 2. Art gegeben. Es werden zur Zeit z.B. Nb-Ti-Legierungen als Wicklungsmaterial verwendet, die bei $T \simeq 0$ ein kritisches Feld von etwa 130 kG haben. Noch höhere Felder können mit $Nb_3Sn$ erzeugt werden. Das maximale kritische Feld ($T=0$) liegt hier über 200 kG. Während des Betriebs muß die Wicklung des Magneten natürlich unterhalb der kritischen Temperatur $T_c$, d.h. im allgemeinen auf der Temperatur des flüssigen Heliums (4,2 K) gehalten werden.

## 10.10 Neuartige „Hochtemperatur"-Supraleiter

Großtechnische Anwendungen der Supraleitung, insbesondere ihre Nutzung beim Transport hoher elektrischer Leistung über große Entfernung wurden bisher durch die Notwendigkeit verhindert, das Material zur Erreichung des supraleitenden Zustandes unter die kritische Temperatur $T_c$ abzukühlen. Wegen der im allgemeinen sehr niedrig liegenden $T_c$ Werte bedeutete dies Abkühlung auf 4,2 K, die Temperatur des flüssigen Heliums. Technisch interessante Lösungen lassen sich jedoch erst vorstellen, wenn eine Kühlung nur auf etwa 70 K, die Temperatur flüssigen Stickstoffs, erfolgen muß. Seit also Supraleitung untersucht wird, besteht ein Hauptziel darin, Supraleiter mit möglichst hoher Sprungtemperatur $T_c$, sogar möglichst nahe bei Zimmertemperatur, zu finden. Basierend auf den allgemeinen Ansätzen und Schlußfolgerungen der BCS-Theorie bieten sich hierbei insbesondere zwei Möglichkeiten:

i) Eine besonders starke Elektron-Phonon-Wechselwirkung $V_0$, eventuell zusammenhängend mit einer Tendenz zu Gitterinstabilitäten, könnte über eine Beziehung des Typs (10.66) zu einer hohen Sprungtemperatur führen. Günstig würde sich hierbei noch eine besonders große elektronische Zustandsdichte $Z(E_F^0)$ am Fermi-Niveau auswirken (10.66).

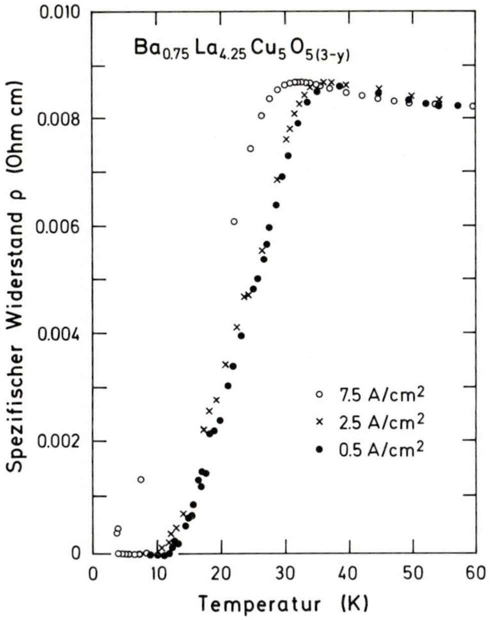


**Abb. 10.25.** Temperaturabhängigkeit des spezifischen elektrischen Widerstandes einer polykristallinen Oxidkeramik des Typs $Ba_{0,75}La_{4,25}Cu_5O_{5(3-y)}$, gemessen bei verschiedenen Stromdichten. (Nach *Bednorz* und *Müller* [10.17])

ii) Eine neuartige Vielelektronen-Wechselwirkung, nicht unbedingt vermittelt über Phononen, könnte eine „Kondensation“ des Fermi-Sees zu Cooper-Paaren ermöglichen. Geschähe diese Wechselwirkung über (Quasi-) Teilchen (z.B. Elektronen selbst) mit wesentlich geringerer Masse als der der Gitterbausteine (Phonon), so könnte man ebenfalls aufgrund von (10.66) zumindest qualitative über ein stark angewachsenes $\omega_D$ eine wesentlich höhere Übergangstemperatur $T_c$ erwarten.

Ein entscheidender Durchbruch in der Supraleitungsforschung geschah um 1986, als *Bednorz* und *Müller* [10.17] entdeckten, daß metallische, sauerstoffarme Kupferoxidverbindungen des Ba-La-Cu-O Mischsystemes Sprungtemperaturen um 30 K herum zeigen. Die erste Originalmessung des Widerstandes an dem bei Zimmertemperatur quasimetallischen, polykristallinen Oxid $Ba_{0,75}La_{4,25}Cu_5O_{5(3-y)}$ ($y > 0$, unbekannt) ist in Abb. 10.25 dargestellt. Abhängig von der transportierten Stromdichte wird ein signifikantes Abknicken des spezifischen Widerstandes zwischen 20 K und 30 K gefunden. Der Abbruch des Widerstandes ist nicht scharf, wie für normale Supraleiter verlangt (Abb. 10.1). Eine Interpretation der Ergebnisse durch das Vorhandensein einer Mischung aus verschiedenen supraleitenden und normalleitenden Phasen ist jedoch möglich. Mit dieser Arbeit haben Bednorz und Müller das Tor aufgestoßen zur Erforschung einer neuen Materialklasse und möglicherweise zur Entdeckung eines neuen Mechanismus der Supraleitung (Nobelpreis 1987).

Bald darauf gelang es *Chu* und Mitarbeitern, an Keramiken des Systems $Ba_{1-x}Y_xCuO_{3-y}$ Sprungtemperaturen um 90 K zu erreichen [10.18]. Exemplarische Meßdaten, die so oder ähnlich von vielen Gruppen in der Welt gefunden wurden, sind für eine Keramik der Zusammensetzung $Ba_{0,6}Y_{0,4}CuO_{3-y}$ in Abb. 10.26 und 27 wiedergegeben [10.19]. Bei etwa 90 K fällt der elektrische Widerstand rapide zu unmeßbar kleinen Werten ab (Abb. 10.26), und gleichzeitig sinkt zu kleineren Temperaturen hin die magnetische Suszeptibilität $\chi$ sprunghaft in den negativen Bereich. Der gemessene Verlauf von $\chi$ entspricht noch nicht einem Sprung zum idealen Diamagnetismus. Die Daten lassen sich

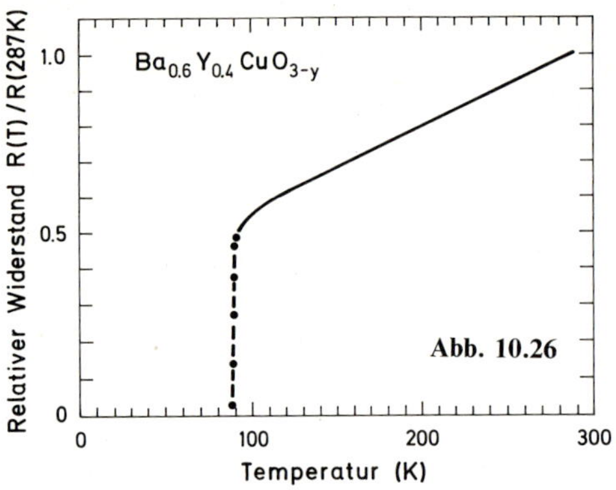


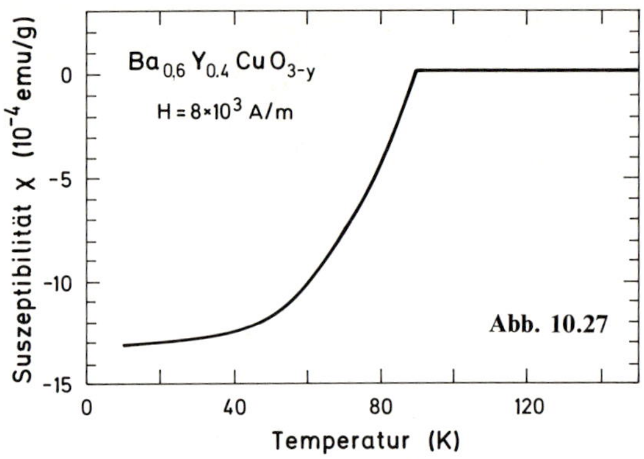


**Abb. 10.26.** Temperaturabhängigkeit des auf den Zimmertemperaturwert $R(287\,\mathrm{K})$ normierten Widerstandes einer $Ba_{0,6}Y_{0,4}CuO_{3-y}$ Probe. (Nach *Tokumoto* et al. [10.19])

**Abb. 10.27.** Temperaturabhängigkeit der magnetischen Suszeptibilität $\chi$, gemessen an einer $Ba_{0,6}Y_{0,4}CuO_{3-y}$ Probe durch Abkühlen in einem Magnetfeld $H$ von $8 \times 10^3$ A/m. (Nach *Tokumoto* et al. [10.19])

jedoch leicht durch die Existenz von Mischphasen erklären. Es liegen auch Untersuchungen zur Bestimmung der Lücke des Anregungsspektrums vor. Tunnelspektren (Tafel IX) wurden z. B. an einem Punktkontakt zwischen einer Al-Elektrode und einer Keramik der Zusammensetzung $(Ba_{0,45}Y_{0,55})_2CuO_{4-y}$ gemessen [10.20]. Infolge der durch die Mehrphasigkeit des Systems bedingten Hintergrund-Leitfähigkeit kann die Lückenenergie $2\Delta$ nur ungenau ermittelt werden. Es ergibt sich bei einer Sprungtemperatur von etwa 90 K ein charakteristisches Verhältnis (10.67) $\Delta/2kT_c$ von ungefähr 1,9 bis 2,3. Dieser Wert ist etwas größer als der für einen idealen BCS-Supraleiter erwartete von 1,764. Es sei jedoch betont, daß die derzeitigen Bestimmungen der Lückenenergien $\Delta$ als vorläufig angesehen werden müssen, weil die Inhomogenität der zur Verfügung stehenden Proben genaue und fundierte Aussagen unmöglich macht.

Zur Zeit lassen sich also noch keine endgültigen Aussagen über den Mechanismus der „Hochtemperatur"-Supraleitung machen. Es ist nicht einmal bekannt, ob Elektron-Phonon-Wechselwirkung wie bei BCS-Supraleitern die Ursache für die Kondensation des Fermi-Sees zu Cooper-Paaren ist, oder ob neuartige Wechselwirkungsmechanismen über Elektronen-Kollektivanregungen u. ä. in Erwägung zu ziehen sind.

Im Folgenden seien einige mehr oder weniger phänomenologische Befunde aufgezeigt, die den neuen oxidischen Hochtemperatur-Supraleitern gemeinsam sind, und die für eine Klärung des Supraleitungsmechanismus von Bedeutung sein werden.

Eine genaue Analyse des ursprünglich durch $Ba_{0,75}La_{4,25}Cu_5O_{5(3-y)}$ charakterisierten Materials zeigte, daß vermutlich nur eine darin enthaltene Phase des Typs $Ba_xLa_{2-x}CuO_{4-y}$ die Supraleitung trägt. Es wurde weiter gefunden, daß Supraleitung mit Sprungtemperaturen oberhalb von 30 K bei Mischkristallen des Typs

$$Ba_xLa_{2-x}CuO_{4-y},$$

$$Sr_xLa_{2-x}CuO_{4-y},$$

$$Ca_xLa_{2-x}CuO_{4-y}$$

usw. auftritt, die alle als Abkömmlinge des $La_2CuO_4$, eines Perowskit-Schichtkristalls mit der $K_2NiF_4$-Struktur (Abb. 10.28), aufgefaßt werden können. Wichtig und unverzichtbar für die Supraleitung scheint das Strukturelement des von den großen Sauerstoffionen umgebenen Cu-Ions zu sein. Die teilweise Substituierung der dreiwertigen $La^{3+}$-Ionen durch zweiwertige $Ba^{2+}$-Ionen und die bei der Präparation eingestellte Sauerstoffverarmung ($y > 0$) bewirken, daß das Cu-Ion aus seinem im $La_2CuO_4$ zweiwertigen Zustand in einen gemischtwertigen $Cu^{2+}-Cu^{3+}$ Zustand übergeht. Diese gemischte Valenz, die

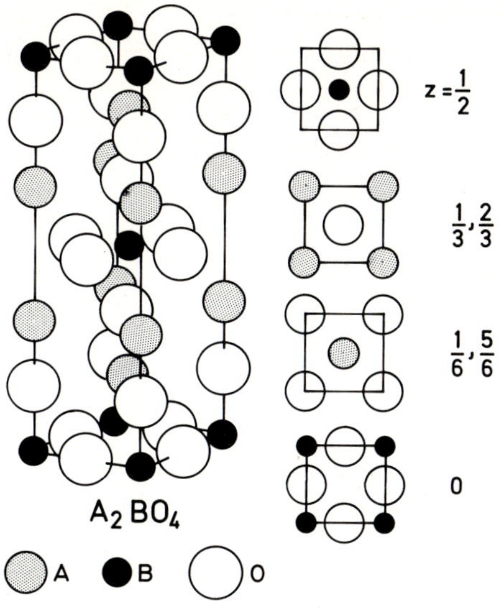


Abb. 10.28

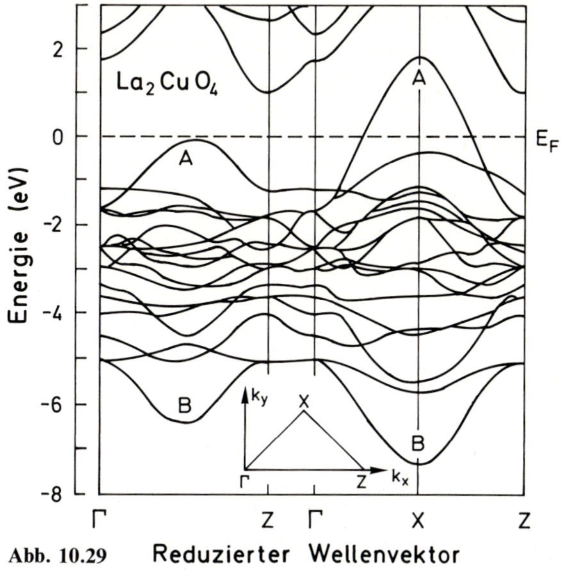


Abb. 10.29

**Abb. 10.28.** Perowskit-Schichtgitter mit der $A_2BO_4$ (z. B. $K_2NiF_4$)-Struktur. Im Falle der Hochtemperatur-Supraleiter werden die Plätze A und B wie folgt besetzt: A entspricht La (Ba, Sr, Ca ...); B entspricht Cu

**Abb. 10.29.** Errechnete elektronische Bandstruktur für $La_2CuO_4$ entlang Richtungen hoher Symmetrie im *k*-Raum (Einschub). (Nach *Mattheiss* [10.21])

experimentell auch durch Röntgen-Photoemissionsspektren (XPS, Tafel V) belegt ist, mit ihrer starken Delokalisation des Cu-Elektrons ist ebenfalls wesentlich. Die wichtigen elektronischen Eigenschaften der supraleitenden Mischkristalle rühren von elektronischen Bändern um das Fermi-Niveau herum her, die von atomaren O(2*p*) und Cu(3*d*) Zuständen abgeleitet sind (Abb. 10.29). Insbesondere sind im $La_2CuO_4$-Oxid die Bänder *A* und *B* (Abb. 10.29) interessant, die mit ihrer starken energetischen Aufspaltung eine starke Cu(3*d*) [$x^2-y^2$-Symmetrie] – O(2*p*) Wechselwirkung zwischen nächsten Nachbarn in den Ebenen des Schichtkristalls anzeigen. Die starke Aufspaltung des Bandes *A*

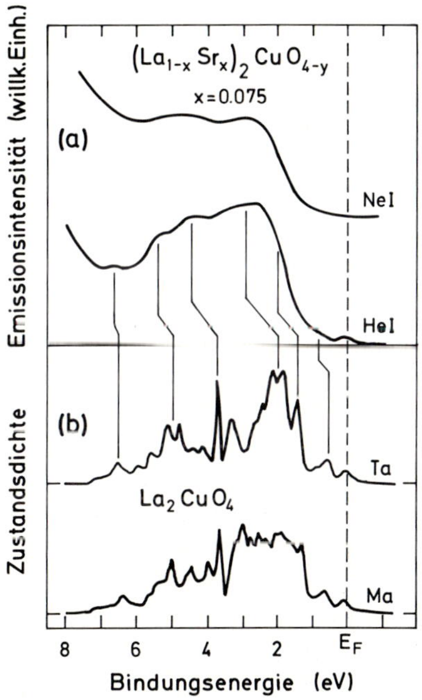


**Abb. 10.30.** (**a**) Experimentelle UV-Photoemmissionsspektren (UPS), gemessen an $(La_{1-x}Sr_x)_2CuO_{4-y}$ mit NeI und HeI Photonen. (Nach *Takahashi* et al. [10.22]). (**b**) Zum Vergleich errechnete Zustandsdichten für $La_2CuO_4$. (Nach *Mattheiss*, Ma [10.22] und nach *Takegahara* et al., Ta [10.23])

führt dabei zu einem parabelartigen Verlauf ähnlich wie bei einem quasifreien Elektronengas (Abschn. 7.2). Diese Bandstruktur erklärt die metallische (wenn auch niedrige) elektrische Leitfähigkeit der Materialien im Normalzustand. Die elektronische Zustandsdichte an der Fermi-Kante ist nicht besonders groß, wie UV-Photoemissionsspektren [10.21] und Rechnungen [10.22, 23] zeigen (Abb. 10.30). Ein besonderer Einfluß der elektronischen Zustandsdichte $Z(E_F^0)$ auf die Sprungtemperatur (10.66b) ist also auszuschließen.

Das offenbar für die Hochtemperatur-Supraleitung wichtige Konzept der Mischwertigkeit des $Cu^{3+/2+}$ Ions legt auch den Austausch des $La^{3+}$ gegen andere dreiwertige Ionen wie Y oder Ce, Nd aus der Gruppe der seltenen Erden nahe. Hierbei sind Verbindungen des Typs $YBa_2Cu_3O_{7-y}$ oder $Y_{2-x}Ba_xCuO_{4-y}$ u.ä. durch besonders hohe Sprungtemperaturen $T_c \gtrsim 90$ K ausgezeichnet. Ihre Kristallstruktur ist Perowskit-ähnlich, jedoch nicht vom $K_2NiF_4$-Typ.

Die z.Zt. sehr aktuelle Forschung an diesen „Hochtemperatur"-Supraleitern konzentriert sich auf drei Fragestellungen:

i) Klärung des Mechanismus der Kondensation des Fermi-Sees zu Cooper-Paaren bei Temperaturen $T \gtrsim 90$ K,
ii) Präparation von größeren oxidischen Einkristallen oder wohldefinierten Epitaxieschichten,
iii) Suche nach Materialien mit immer höheren Sprungtemperaturen, eventuell um 300 K.

Diese Fragen hängen natürlich zusammen, ein Durchbruch in einem Bereich verspricht auch die Lösung der anderen Probleme.

# Tafel IX **Einelektronen-Tunneln an Supraleitern**

In der Supraleitungsforschung spielen Tunnelexperimente eine wichtige Rolle. Einmal sind sie ein bedeutendes Hilfsmittel zur Bestimmung der Lücke $\Delta$ bzw. $2\Delta$ im Anregungsspektrum eines Supraleiters, zum anderen liefern inelastische Beiträge zum Tunnelstrom Information über charakteristische Anregungen in der isolierenden Barriere selbst. Tunneln ist ein allgemeines quantenmechanisches Phänomen: ein atomares Teilchen, z.B. ein Elektron (Masse $m$) durchläuft eine Potentialbarriere (Höhe $\hat{V}_0$, Breite $d$, Abb. IX.1), obwohl klassisch seine kinetische Energie $E$ nicht ausreichend groß wäre, die Barriere zu überwinden ($E < \hat{V}_0$). Wellenmechanisch jedoch besteht eine endliche Wahrscheinlichkeit, ein Teilchen im Bereich $c$ hinter der Barriere zu finden, wenn es im Bereich $a$ gegen diese Barriere anläuft (Abb. IX.1). Eine quantitative Beschreibung des Phänomens ergibt sich aus der Lösung der Schrödinger-Gleichung

$$\frac{d^2\psi}{dx^2} + \frac{2m}{\hbar^2} E\psi = 0 \qquad \text{(IX.1a)}$$

im Raumbereich $a$ und $c$ sowie

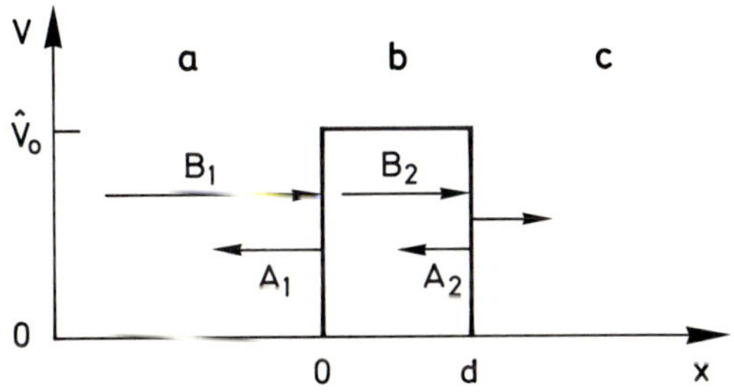


**Abb. IX.1.** Wellenmechanische Beschreibung des Tunnelprozesses durch eine Potentialbarriere der Höhe $\hat{V}_0$ und der Breite $d$. Es läuft in Bereich $a$ eine Welle der Amplitude $B_1$ ein, von der ein Teil zurückreflektiert wird (Amplitude $A_1$); ein anderer Teil der Welle (Amplitude $B_2$) dringt in den Bereich $b$ der Potentialbarriere ein und wird dort am anderen Ende zum Teil wieder reflektiert (Amplitude $A_2$) und zum Teil als Tunnelstrom durchgelassen

$$\frac{d^2\psi}{dx^2} + \frac{2m}{\hbar^2}(E - \hat{V}_0) = 0 \qquad \text{(IX.1b)}$$

im Raumbereich $b$. In Bereich $a$ läuft eine Welle ein, die teilweise an der Barriere reflektiert wird, ähnliches gilt für Bereich $b$. Damit ergeben sich in den verschiedenen Bereichen folgende Lösungen der Schrödinger-Gleichungen (IX.1)

$$\psi_a = A_1 e^{ikx} + B_1 e^{-ikx} \quad \text{mit}$$

$$k = \frac{1}{\hbar}\sqrt{2mE}, \qquad \text{(IX.2a)}$$

$$\psi_b = A_2 e^{ik'x} + B_2 e^{-ik'x} \quad \text{mit}$$

$$k' = \frac{1}{\hbar}\sqrt{2m(E - \hat{V}_0)}, \qquad \text{(IX.2b)}$$

$$\psi_c = e^{-ikx}. \qquad \text{(IX.2c)}$$

Die Wellenamplituden sind auf den Bereich $c$ normiert, da dies der interessante Bereich ist. An den Grenzen der Potentialbarriere $x=0$ und $x=d$ müssen die Wellenfunktionen (IX.2) und deren Ableitungen stetig ineinander übergehen, weil der Strom insgesamt erhalten bleiben muß. Damit folgen die Bedingungen

$$A_1 = \frac{1}{2}\left(1 + \frac{k'}{k}\right)A_2 + \frac{1}{2}\left(1 - \frac{k'}{k}\right)B_2, \qquad \text{(IX.3a)}$$

$$B_1 = \frac{1}{2}\left(1 - \frac{k'}{k}\right)A_2 + \frac{1}{2}\left(1 + \frac{k'}{k}\right)B_2 \qquad \text{(IX.3b)}$$

für $x=0$ und analog für $x=d$

$$A_2 = \frac{1}{2}\left(1 - \frac{k}{k'}\right)e^{-i(k+k')d}, \qquad \text{(IX.4a)}$$

$$B_2 = \frac{1}{2}\left(1 + \frac{k}{k'}\right)e^{-i(k-k')d}. \qquad \text{(IX.4b)}$$

Im Hinblick auf ein Tunneln von $a$ nach $c$ interessiert vor allem das Verhältnis der Wellenamplituden in $a$ und $c$. Durch Einsetzen von $A_2$ und $B_2$ aus (IX.4) in (IX.3) ergibt sich die Amplitude der einlaufenden Welle in $a$ (bezogen auf Bereich $c$) zu

$$B_1 = \frac{1}{4}\left(1-\frac{k'}{k}\right)\left(1-\frac{k}{k'}\right)e^{-i(k+k')d} + \frac{1}{4}\left(1+\frac{k'}{k}\right)\left(1+\frac{k}{k'}\right)e^{-i(k-k')d}. \qquad \text{(IX.5)}$$

Für den bei einem Tunnelexperiment interessierenden Fall $E < \hat{V}_0$ setzen wir in (IX.2b) $k' = i\kappa$, so daß gilt

$$k' = i\kappa = \frac{i}{\hbar}\sqrt{2m(\hat{V}_0 - E)}\,. \qquad \text{(IX.6)}$$

Damit folgt für die Aufenthaltswahrscheinlichkeitsdichte des einlaufenden Teilchens in Bereich $a$ bezogen auf die in Bereich $c$

$$B_1 B_1^* = \frac{1}{2} - \frac{1}{8}\left(\frac{k}{\kappa}-\frac{\kappa}{k}\right)^2 + \frac{1}{8}\left(\frac{k}{\kappa}+\frac{\kappa}{k}\right)^2 \cosh 2\kappa d. \qquad \text{(IX.7)}$$

Die Aufenthaltswahrscheinlichkeit des Teilchens im Bereich $a$ nimmt also annähernd exponentiell (für große $\kappa d$) zu mit der im Bereich $c$ vorhandenen. Umgekehrt folgt, daß bei gegebener Intensität der einlaufenden Welle $B_1 B_1^*$ die durch die Barriere hindurchlaufende Welle eine Intensität hat, die annähernd exponentiell mit der Dicke $d$ und der Höhe der Barriere $\hat{V}_0$ abklingt wie

$$\psi_c \psi_c^* \sim \exp\left[-\frac{2}{\hbar}\,d\sqrt{2m(\hat{V}_0 - E)}\right]. \qquad \text{(IX.8)}$$

Elektronen sind also in der Lage, eine Isolatorschicht zwischen zwei Leitern zu durchtunneln, wenn diese Schicht nur eine genügend geringe Dicke $d$ hat. Der Tunnelstrom durch eine solche Schicht hängt exponentiell von der energetischen Höhe $\hat{V}_0$ der Barriere und der kinetischen Energie der Teilchen $E$, d.h. von der anliegenden Spannung am Tunnelübergang ab (IX.8). In realistischen Tunnelexperimenten handelt es sich um zwei elektrische Leiter (z.B. Metalle), die durch eine Isolatorschicht (typisch eine Metalloxidschicht einer Dicke 10–100 Å) voneinander getrennt sind; eine Spannung $U$ zwischen den beiden leitenden Metallen verursacht den Tunnelstrom $I(U)$, der über große Spannungsbereiche exponentiell von $U$ abhängt (IX.8). Tunnelexperimente lassen sich sehr gut im Bild des Potentialtopfes (Abb. 6.13) für Metalle (normalleiten-

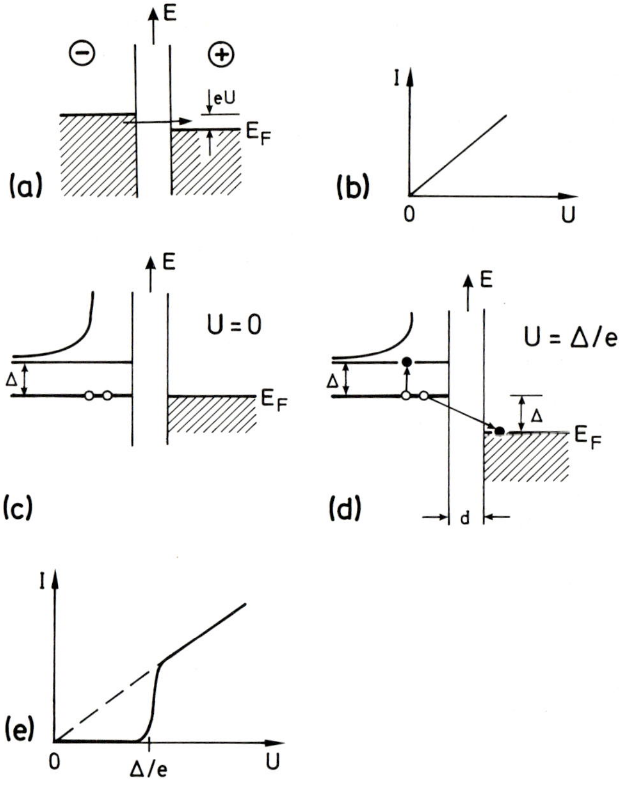


**Abb. IX.2a–e.** Schematische Darstellung der Tunnelprozesse von einzelnen Elektronen durch eine isolierende Schicht (Barriere) der Dicke $d$. Für die normalleitenden Metalle ist jeweils das besetzte Leitungsband mit Fermi-Energie $E_F$ schattiert gezeichnet. Supraleiter sind jeweils durch ihren BCS-Grundzustand (einfache Linie auf der Energieachse $E$) und die Zustandsdichte der Einteilchenzustände ($E > E_F + \Delta$) charakterisiert. (**a**) Tunneln einzelner Elektronen zwischen zwei normalleitenden Metallen über eine isolierende Schicht, über die eine äußere Spannung $U$ anliegt. (**b**) Schematische $I-U$-Kennlinie für Einelektronen-Tunneln zwischen zwei Normalleitern. (**c**) Tunnelkontakt zwischen Supraleiter (*links*) und Normalleiter (*rechts*) im thermischen Gleichgewicht ($U=0$). Ein Cooper-Paar ist im BCS-Grundzustand schematisch angedeutet. (**d**) Aufbrechen eines Cooper-Paares und elastisches Tunneln eines Einzelelektrons vom Supraleiter in den Normalleiter bei Anliegen einer äußeren Spannung $U = \Delta/e$. (**e**) Schematische $I-U$-Kennlinie für elastisches Tunneln von Einzelelektronen zwischen Supra- und Normalleiter

der Zustand) bzw. bei Supraleitern im Bild der elektronischen Zustandsdichte des Anregungsspektrums eines Supraleiters (Abb. 10.11) diskutieren. Legt man an zwei normalleitende Metalle, die durch eine isolierende Barriere der Dicke $d$ getrennt sind, eine Spannung $U$, so werden die Fermi-Niveaus um den Betrag $eU$ gegeneinander verschoben, besetzte elektronische Zustände im negativ vorgespannten Metall stehen leeren Zuständen des anderen Metalls auf gleicher Energie gegenüber, und es kann ein Tunnelstrom über die Barriere fließen. Dieser Stromtransport ist weitgehend „elastisch“, da die Elektronen keine Veränderung ihrer Energie beim Übergang erfahren. Für kleine $U$ ist die exponentielle Spannungsabhängigkeit $I(U)$ fast linear (Abb. IX.2d). Ist das negativ vorgespannte Metall im supraleitenden Zustand (Abb. IX.2b), so existiert eine Lücke $\Delta$ im Anregungsspektrum zwischen dem BCS Vielteilchengrundzustand (besetzt mit Cooper-Paaren) und dem Kontinuum der Einteilchenzustände. Bei $U=0$ stehen sich nur vollbesetzte Zustände gegenüber, elastisches Tunneln ist nicht möglich (Abb. IX.2b), da das Aufbrechen eines Cooper-Paares mit einer Energieänderung verbunden ist. Für kleine Spannungen $U<\Delta/e$ ist damit kein Stromfluß möglich. Die Situation ändert sich, wenn die Vorspannung den Wert $\Delta/e$ erreicht, wo das Fermi-Niveau im normalleitenden Metall um $\Delta$ unterhalb des BCS Grundzustandsniveaus liegt (Abb. IX.2c). Jetzt wird das Aufbrechen eines Cooper-Paares bei gleichzeitigem Fließen eines Tunnelstromes möglich. Ein Elektron des Cooper-Paares wird in das Kontinuum der Einelektronenzustände im Supraleiter angeregt, während das andere die entsprechende Energie gewinnt, indem es in einen entsprechend tiefer liegenden leeren Zustand des normalleitenden Metalls hinübertunnelt. Von dieser Schwelle an nimmt der Tunnelstrom sprunghaft zu, um dann quasi-linear mit $U$ weiter anzuwachsen (Abb. IX.2e). Für $U>\Delta/e$ werden immer mehr solcher Aufbrechprozesse von Cooper-Paaren mit kombiniertem Tunneln möglich.

Die Messung der Kennlinie $I(U)$ wie in Abb. IX.2e gibt unmittelbar die Lückenenergie $\Delta$ des Anregungsspektrums des Supraleiters. Ähnlich läßt sich „elastisches“ Tunneln zwischen zwei Supraleitern diskutieren, die durch eine Isolatorschicht getrennt sind (Abb. IX.3). Für kleine Spannungen $U$ (z.B. $U=0$ in Abb. IX.3) stehen sich bei gleicher elektronischer Energie $E$

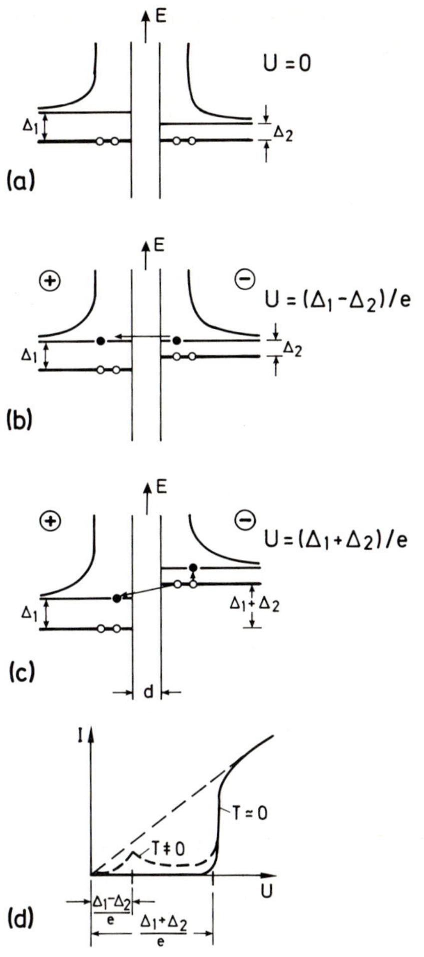


**Abb. IX.3a–d.** Schematische Darstellung der Tunnelprozesse von Einzelelektronen zwischen zwei verschiedenen Supraleitern ($\Delta_1 > \Delta_2$), die durch eine Tunnelbarriere der Dicke $d$ getrennt sind. Die Supraleiter sind durch ihre BCS-Grundzustände (einfache Linie auf der Energieachse) und durch die Zustandsdichte der Einteilchenzustände ($E > E_F + \Delta_i$) charakterisiert. (**a**) Tunnelanordnung im thermischen Gleichgewicht ($U=0$). (**b**) Es liegt die äußere Spannung $U=(\Delta_1-\Delta_2)/e$ an, so daß bei endlicher Temperatur ($0<T<T_c$) Einzelelektronen tunneln können. Cooper-Paare können noch nicht aufbrechen. (**c**) Es liegt die äußere Spannung $U=(\Delta_1+\Delta_2)/e$ an, so daß im rechten Supraleiter Cooper-Paare aufbrechen können und Tunneln von Einzelelektronen nach links erfolgen kann, unter gleichzeitiger Anregung von Einzelelektronen über die Lücke $\Delta_2$. (**d**) Schematische $I-U$-Kennlinien für elastisches Tunneln von Einzelelektronen zwischen zwei Supraleitern. Bei verschwindender Temperatur ($T\approx 0$) existieren nur Prozesse des Typs (**c**) mit einem Einsatz bei $(\Delta_1+\Delta_2)/e$, während bei endlichen Temperaturen ($0<T<T_c$) zusätzlich Prozesse des Typs (**b**) möglich sind (*gestrichelte Kennlinie*)

nur entweder leere oder besetzte Zustände ($T \simeq 0$) gegenüber; ein Tunnelstrom kann nicht fließen. Erreicht die Vorspannung $U$ bei $T \simeq 0$ den Wert $(\Delta_1 + \Delta_2)/e$, so können Cooper-Paare in einem der beiden Supraleiter aufbrechen und Einelektronenzustände in beiden Supraleitern besetzen unter Überwindung der Tunnelbarriere (Abb. IX.3c); der Tunnelstrom setzt sprunghaft ein (Abb. IX.3d). Befindet sich der Tunnelübergang bei endlicher Temperatur $T$, jedoch unterhalb der Sprungpunkte $T_c$ beider Supraleiter, so sind die Einelektronenzustände zu einem gewissen Teil besetzt und oberhalb einer Vorspannung $U = (\Delta_1 - \Delta_2)/e$ kann ein „elastischer" Tunnelstrom normalleitender Elektronen fließen (Abb. IX.3b). Die Tunnelcharakteristik $I(U)$ zeigt bei $U = (\Delta_1 - \Delta_2)/e$ ein Maximum (Abb. IX.3d), weil sich dann die Singularitätspunkte der Einelektronenzustandsdichte auf gleichem Energieniveau gegenüberstehen. Mit wachsender Vorspannung $U$ verschieben sich diese Punkte gegeneinander, der „elastische" Tunnelstrom nimmt wieder ab bis zur Schwelle $(\Delta_1 + \Delta_2)/e$. Aus der Messung der Tunnelcharakteristik zwischen zwei Supraleitern bei $T \neq 0$ lassen sich gemäß Abb. IX.3d also die Lückenenergien $\Delta_1$ und $\Delta_2$ bestimmen. Eine einfache Überlegung schließlich zeigt, daß die Tunnelcharakteristiken (Abb. IX.2d und 2e) symmetrisch um $U = 0$ sind.

Wegen der Wichtigkeit solcher Tunnelexperimente zur Bestimmung der Lückenenergie $\Delta$ sei an dieser Stelle etwas über die experimentelle Realisierung gesagt. Tunnelübergänge werden im allgemeinen durch kreuzweises Aufdampfen zweier Metallfilme erzeugt. Ein erster Aluminiumfilm wird durch eine Maske als Streifen auf eine isolierende Unterlage (Quarz etc.) aufgedampft (Druck $< 10^{-4}$ Pa). Dann wird die Tunnelbarriere durch oberflächliche Oxidation dieses Films hergestellt. Dazu wird Sauerstoff in die Aufdampfkammer eingelassen ($10^3$–$10^4$ Pa) oder die Oxidation wird durch eine Glimmentladung bei etwa 10–100 Pa Sauerstoffatmosphäre durchgeführt. Durch eine zweite Maske wird ein zweites Metall als Streifen aufgedampft, diesmal senkrecht zum ersten Metallstreifen orientiert. Typische Widerstände einer solchen Tunnelanordnung liegen im Bereich von 100 bis 1000 Ω. Die eigentliche Tunnelbarriere zwischen den beiden senkrecht zueinander liegenden Metallstreifen hat eine Fläche von etwa 0,1 bis 0,2 $mm^2$. Nach Fertigstellung dieser „Sandwich"-Anordnung in einem Aufdampfpumpstand wird das kontaktierte „Tunnelpaket" in einem Kryostaten ähnlich wie in Abb. IX.3 eingebaut und bei tiefen Temperaturen ($T < 4$ K) die Strom-Spannungscharakteristik $I(U)$ gemessen. Für das Studium neuer oxidischer Supraleiter (Abschn. 9.10) reichen natürliche Temperaturen im Bereich 20–70 K aus. Um die für die Lückenenergien charakteristischen Schwellen der $I(U)$ Kennlinie (Abb. IX.2e, 3d) mit höherer Präzision zu ermitteln, empfiehlt sich die Messung der ersten Ableitung $dI/dU$ oder $dU/dI$. Dazu kann eine Schaltung wie in Abb. IX.4a verwendet werden. Der Tunneldiode (TD) wird über eine Gleichspannungsquelle die Vorspannung $U$ aufgeprägt, die über einen Gleichspannungsverstärker auf der $x$-Achse eines Schreibers registriert wird. Der Gleichspannung $U$ wird eine kleine Wechselspannung $v \cos \omega t$ überlagert (Oszillator $\omega$) und über einen „Lock-In" Verstärker wird die durch den Tunnelkontakt fließende Stromkomponente mit der Frequenz $\omega$ detektiert und auf der $y$-Achse des Schreibers registriert. Weil der Gesamtstrom (Überlagerung von Gleich (dc)- und Wechsel (ac)-Komponente) sich darstellt als

$$I(U + v\cos\omega t) = I(U) + \frac{dI}{dU}\, v\cos\omega t + \frac{1}{2}\frac{d^2I}{dU^2}\, v^2(1 + \cos 2\omega t) + \ldots, \qquad \text{(IX.9)}$$

ist das bei der Frequenz $\omega$ detektierte Signal der Ableitung $dI/dU$ proportional. Im Experiment werden Frequenzen im kHz Bereich bei Spannungsamplituden von 20 bis 50 μV (bestimmt energetische Auflösung) verwendet.

Abbildung IX.5 zeigt als typisches Beispiel die um $U = 0$ symmetrische Tunnelcharakteristik $dI/dU$ einer $Hg/Al_2O_3/Al$-Tunneldiode, aufgenommen bei 1,21 K [XI.1]. Das abschreckend kondensierte Al liegt in feinkristalliner Form vor, wobei seine Übergangstemperatur $T_c$ je nach Grad der Kristallstörung zwischen etwa 2,5 und 1,8 K liegt (für kompaktes Al ist $T_c = 1{,}18$ K). Auf das oxidierte Al, d.h. auf die $Al_2O_3$ Isolatorschicht wurde Hg abschreckend kondensiert. Je nach Grad der Kristallstörungen schwankt seine Sprungtemperatur zwischen etwa 4 und 4.15 K. In Abb. IX.5 sind also beide Partner in der Tunneldiode supraleitend. Man

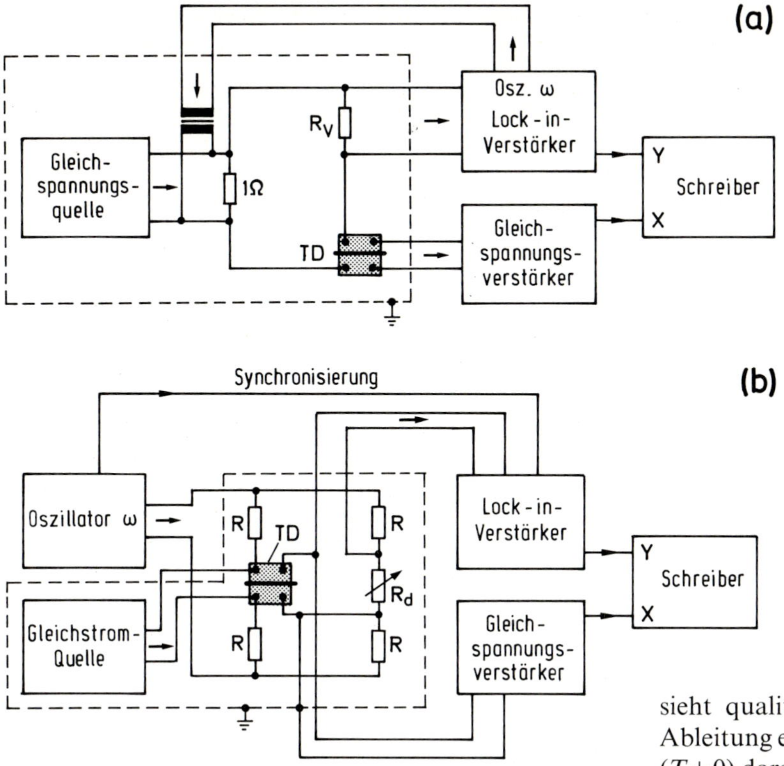


**Abb. IX.4a,b.** Blockschaltbilder zur Messung von Tunnel-Kennlinien. (**a**) Meßanordnung zur Aufnahme der $dI/dU$-Kurven (Gap-Kurven) in Abhängigkeit von der Tunnelspannung $U$ im Bereich kleiner Energien $eU$. Der Tunnelstrom $I$ ist proportional zu der über $R_V$ abfallenden Spannung. TD bezeichnet die Tunneldiode. (**b**) Brückenschaltung zur Aufnahme der $dU/dI$- und der $d^2U/dI^2$-Kurven in Abhängigkeit von der Tunnelspannung $U$ im Energiebereich $eU > \Delta$. Die Anordnung eignet sich insbesondere zur Messung kleiner inelastischer Zusatzbeiträge vor dem Hintergrund eines stärkeren elastischen Tunnelstromes. $R_d$ bezeichnet die Widerstandsdekade für den Brückenabgleich, TD die Tunneldiode. (Nach *Roll* [IX.1])

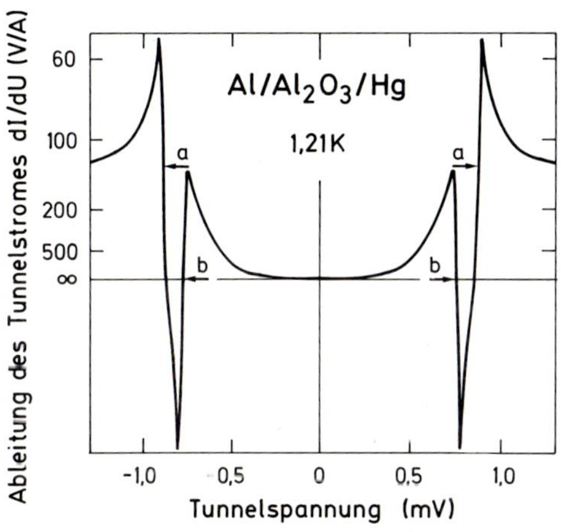


**Abb. IX.5.** Typische Ableitung $dI/dU$ einer Tunnelcharakteristik für elastisches Einelektronentunneln zwischen zwei Supraleitern (Gap-Kurve), gemessen mit einer Anordnung nach Abb. IX.4a. Die Messung geschah an einer $Hg/Al_2O_3/Al$-Tunneldiode bei einer Meßtemperatur von 1,21 K nach Tempern auf 150 K. Die Pfeile $a$ und $b$ markieren die Abstände $2(\Delta_{Hg}+\Delta_{Al})/e$ bzw. $2(\Delta_{Hg}-\Delta_{Al})/e$ auf der Spannungsachse. (Nach *Roll* [IX.1])

sieht qualitativ, daß die Meßkurve für $U>0$ die 1. Ableitung einer $I(U)$ Kurve des Typs wie in Abb. IX.3d ($T \neq 0$) darstellt. Die in Abb. IX.5 mit $a$ und $b$ markierten Abstände liefern also unmittelbar die Informationen $2(\Delta_{Hg}+\Delta_{Al})/e$ bzw. $2(\Delta_{Hg}-\Delta_{Al})/e$ über die Lückenenergien der beiden Supraleiter.

Neben dem bisher beschriebenen elastischen Tunneln, das zur Bestimmung von Lückenenergien besonders wichtig ist, gibt es sog. inelastische Prozesse, die in höherer Ordnung den Tunnelstrom im Spannungsbereich $U>\Delta/e$ beeinflussen (Abb. IX.6). In der Isolatorbarriere eines Tunnelüberganges gibt es vielfältige Möglichkeiten, für das tunnelnde Elektron Anregungen zu erzeugen. Neben Erzeugung von Gitterschwingungen können Schwingungen eingelagerter Atome oder Fremdstoffmoleküle angeregt werden. Sei $\hbar\omega_0$ die Anregungsenergie eines solchen eingelagerten Moleküls, so existiert neben dem elastischen „Tunnelpfad" (1) in Abb. IX.6a auch der inelastische „Pfad" (2) für ein Elektron, das nach Aufbrechen eines Cooper-Paares von Supraleiter I nach Normalleiter II hinübergelangt. Dieses inelastische Tunneln (2) unter Anregung einer Molekülschwingung $\hbar\omega_0$ wird möglich, wenn die angelegte Spannung $U$ den Wert $(\hbar\omega_0+\Delta)/e$ über-

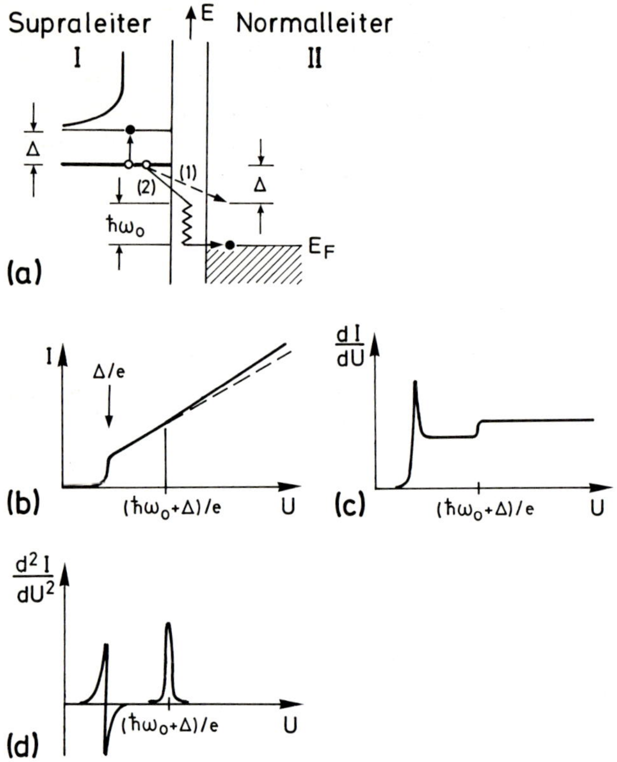


**Abb. IX.6a–d.** Schematische Darstellung eines inelastischen Tunnelprozesses zwischen einem Supraleiter I und einem Normalleiter II. (**a**) Darstellung im Bänderschema; der Supraleiter ist gekennzeichnet durch seinen BCS-Grundzustand (einfache Linie) und durch die Einteilchenzustandsdichte ($E > E_F + \Delta$), während für den Normalleiter das besetzte Leitungsband ($E < E_F$) schattiert dargestellt ist. Neben dem elastischen Prozess (1) sind inelastische Prozesse (2) möglich, wenn die Tunnelspannung $U$ den Wert $\Delta + \hbar\omega_0$ überschreitet. $\hbar\omega_0$ ist die Quantenenergie einer charakteristischen Anregung in der Barriere (Molekülschwingung, Phononen usw.). (**b**) Schematische $I-U$-Kennlinie für Einelektronen-Tunneln zwischen einem Supraleiter und einem Normalleiter. Bei der Tunnelspannung $\Delta/e$ brechen Cooper-Paare auf und elastische Tunnelprozesse setzen ein, bei $(\hbar\omega_0 + \Delta)/e$ setzen inelastische Prozesse ein. (**c**) Schematische Darstellung der 1. Ableitung $dI/dU$ der $I-U$-Kennlinie aus (**b**). (**d**) Schematische Darstellung der 2. Ableitung $d^2I/dU^2$ der $I-U$-Kennlinie aus (**b**)

schreitet. Die Tunnelcharakteristik $I(U)$ zeigt von diesem Spannungswert ab eine geringfügige Zunahme ihrer Steigung (Abb. IX.6b). In der ersten Ableitung $dI/dU$ tritt ein Sprung auf (Abb. IX.6c), der jedoch erst in der zweiten Ableitung (Abb. IX.6d) deutlich als scharfe Bande meßbar wird. Die experimentelle Erforschung solcher inelastischer Prozesse geschieht also durch Messung der zweiten Ableitung $d^2I/dU^2$ oder $d^2U/dI^2$ der Tunnelcharakteristik oberhalb der Lückenschwelle $\Delta/e$. Da sich im interessierenden Spannungsbereich der elastische Untergrund gegenüber den inelastischen Beiträgen nur wenig ändert, kann die Meßempfindlichkeit gesteigert werden, indem die Tunneldiode in den Mittelzweig einer Wheatstone-Brücke geschaltet wird, die die Grundspannung unterdrückt (Abb. IX.4b). Die Messung der zweiten Ableitung $d^2U/dI^2$ erfolgt gemäß (IX.9) durch Überlagerung einer kleinen Wechselspannung (Frequenz $\omega$) und Detektion auf der doppelten Frequenz $2\omega$ mittels „Lock-In" Technik (Abb. IX.4b). Abbildung IX.7 zeigt ein inelastisches Tunnelspektrum, das an einer $Al/Al_2O_3/Pb$ Tunneldiode aufgenommen wurde, bei der nach der Oxidation des Al, d.h. auf die $Al_2O_3$ Isolatorschicht Ameisensäure (HCOOH) adsorbiert wurde [XI.2]. Danach wurde die Deckelektrode aus Pb aufgedampft. In der gemessenen $d^2U/dI^2$ Kurve werden scharfe Banden beobachtet, die auf inelastische Streuung der tunnelnden Elektronen an Anregungen in oder nahe der $Al_2O_3$-Barriere hervorgerufen werden. Neben einer durch

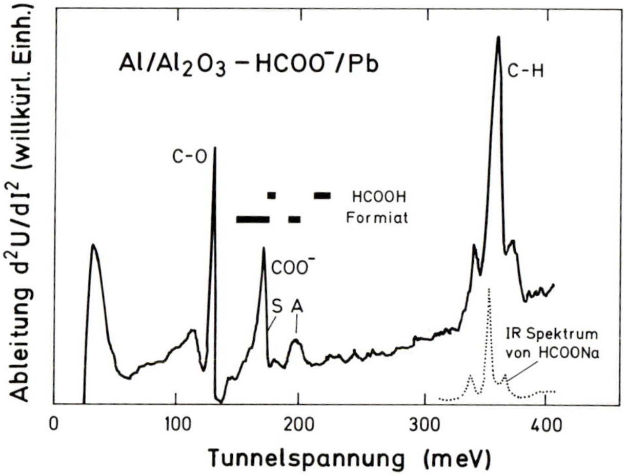


**Abb. IX.7.** Inelastisches Tunnelspektrum (2. Ableitung $d^2U/dI^2$) gemessen bei einer Temperatur von 2 K an einem Al/Oxid/Pb-Tunnelkontakt, bei dem die $Al_2O_3$ Schicht vor der Deposition des Pb mit Ameisensäure (HCOOH) aus der Dampfphase „dotiert" wurde. Der Vergleich mit Infrarot-Schwingungsbanden zeigt, daß bei der Adsorption von HCOOH ein Formiat-Ion $HCOO^-$ gebildet wird, dessen Schwingungen das Tunnelspektrum erklären. Charakteristisch sind die symmetrische (s) und asymmetrische (a) Streckschwingung der $COO^-$-Gruppe. (Nach *Klein* et al. [IX.7])

Phononenanregung verursachter Bande bei etwa 35 meV werden Schwingungsbanden gefunden, die durch dissoziativ adsorbierte Ameisensäure erklärt werden müssen. Ein Vergleich mit den von unzersetzter Ameisensäure (HCOOH) und mit den von Na-Formiat (HCOONa) her bekannten Infrarot-Banden zeigt deutlich, daß die aus der Dampfphase aufgelassene Ameisensäure auf dem $Al_2O_3$ zersetzt wird und als Formiat adsorbiert. Experimente dieser Art werden heute vielfach zum Studium von Adsorptionsprozessen eingesetzt. Hierbei werden die Tunnelbarrieren jeweils aus dem Material (Isolator) erzeugt, dessen Adsorptionseigenschaften studiert werden sollen. Es sei betont, daß in diesem Zusammenhang die Eigenschaft der Supraleitung von mindestens einer der beiden Tunnelelektroden nur die Rolle spielt, daß der Supraleiter in der Nähe der Lücke ($E \gtrsim \Delta$) eine starke Singularität in der Zustandsdichte liefert. Dies ermöglicht eine hohe energetische Auflösung ($\sim 2$ meV) der Schwingungsspektren adsorbierter oder eingelagerter Moleküle.

## Literatur

XI.1 U. Roll: Diplomarbeit, RWTH Aachen (1976)

XI.2 J. Klein, A. Léger, M. Belin, D. Defourneau, M.J.L. Sangster: Phys. Rev. B **7**, 2336 (1973)

# Tafel X **Cooper-Paar Tunneln – Josephson-Effekte**

In Tafel IX wurden Tunnelexperimente an Supraleitern vorgestellt, bei denen jeweils einzelne Elektronen durch die Tunnelbarriere hindurchtunneln. *Josephson* zeigte 1962 zum erstenmal theoretisch, daß auch Cooper-Paare tunneln [X.1]. Bei diesen sog. Josephson-Effekten tritt die für Cooper-Paare, bzw. den BCS-Grundzustand, charakteristische hohe Kohärenz deutlich zu Tage. Die Experimente werden an sehr dünnen Tunnelbarrieren ($d < 30$ Å) durchgeführt, die zwei Supraleiter aneinander koppeln. Hierbei muß die Kopplung genügend schwach sein, d.h. es darf die Aufenthaltswahrscheinlichkeit eines Cooper-Paares in der Barriere nur sehr gering sein. Experimentell wird dies z. B. in Tunnel-'Sandwich'-Anordnungen erreicht, wo eine dünne Oxidbarriere (10–20 Å) oder auch eine dünne normalleitende Schicht zwei supraleitende Metallfilme trennt (Abb. X.1a). Auch Mikrobrücken (Abb. X.1b), d.h. sehr dünne Verbindungen zwischen zwei supraleitenden Materialien, werden verwendet. Eine weitere einfache Realisierung einer solchen Mikrobrücke besteht in einem Punktkontakt, bei dem eine Spitze eines Supraleiters gegen eine Fläche des anderen gedrückt wird. In der Grundschaltung zur Beobachtung der Josephson-

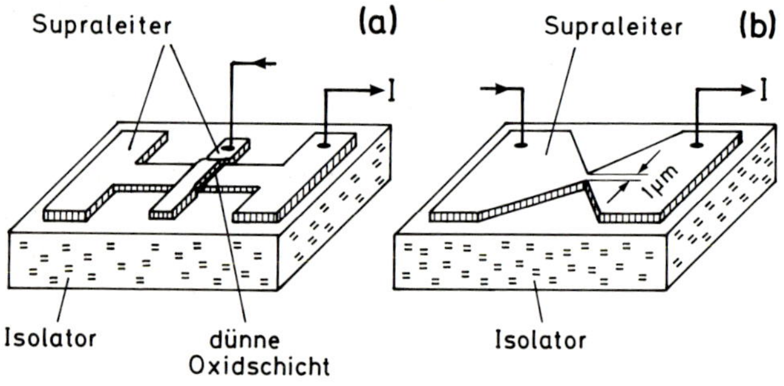


**Abb. X.1a,b.** Mögliche Ausführungsformen zur Herstellung einer schwachen Kopplung zwischen zwei Supraleitern (**a**) Tunnelkontakt, bei dem zwei senkrecht zueinander orientierte supraleitende Streifen durch eine dünne Oxidbarriere (10–20 Å) oder durch eine dünne normalleitende Metallschicht (100–1000 Å) voneinander getrennt sind. (**b**) Mikrobrücke, bei der beispielsweise über lithographische Prozesse und Ätzschritte ein dünner Steg von etwa 1 µm zwischen zwei supraleitenden Schichten herausgearbeitet wird

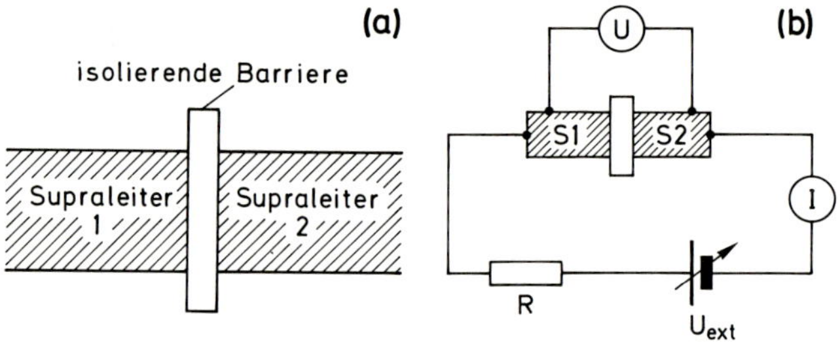


**Abb. X.2a,b.** Schematische Darstellung einer Anordnung zur Messung des Josephson-Tunneleffektes an einem Kontakt bestehend aus zwei Supraleitern 1 und 2 mit isolierender Barriere (**a**). Die Schaltung (**b**) erlaubt die Messung des Tunnelstromes $I$ und der Spannung $U$, die direkt über der Tunneldiode abfällt (Tunnel-Diodenspannung)

Effekte in Abb. X.2 wird eine äußere Spannung $U_{\text{ext}}$ über einen äußeren Widerstand $R$ an den „Tunnelkontakt" S1/S2 gelegt. Es kann sowohl der Strom $I$ durch den Kontakt wie auch die über der Tunnelbarriere abfallende Spannung $U$ gemessen werden. Wegen des starken Einflusses von Magnetfeldern auf die hoch kohärenten Cooper-Paar-Zustände (Abschn. 10.7, 8) müssen unkontrollierte Magnetfelder im Bereich der Tunnelbarriere stark abgeschirmt werden. Schon das Erdmagnetfeld macht die Beobachtung von Josephson-Effekten unmöglich. In einer Anordnung wie in Abb. X.2 könnten ohne magnetische Abschirmung nur die in Tafel IX diskutierten Einteilchen-Tunneleffekte (Abb. IX.3) beobachtet werden.

Für die theoretische Beschreibung der an einem Josephson-Kontakt sich abspielenden Effekte nehmen wir ein vereinfachtes Modell wie in Abb. X.2a an. Zwei Supraleiter 1 und 2 aus ein und demselben Material seien über eine dünne Tunnelbarriere miteinander verbunden. Die Temperatur sei so niedrig, daß wir nur die Elektronen in ihrem gemeinsamen supraleitenden (BCS) Grundzustand betrachten müssen. In beiden Supraleitern beschreiben dann die Vielteilchenwellenfunktionen $\Phi_1$ und $\Phi_2$ die entsprechenden Cooper-Paar-Zustände. Seien $\mathscr{H}_1$ und $\mathscr{H}_2$ die Gesamt-Hamilton-Operatoren (Energien) der jeweils getrennten Supraleiter, so gilt für das über die Barriere gekoppelte System:

$$i\hbar \frac{\partial \Phi_1}{\partial t} = \mathscr{H}_1 \Phi_1 + T\Phi_2 , \qquad \text{(X.1a)}$$

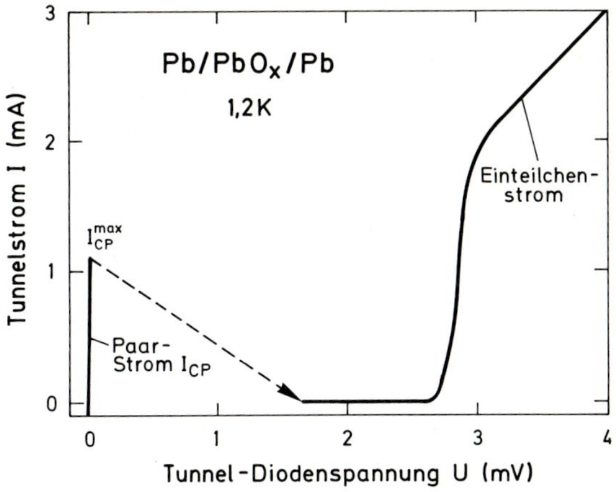


**Abb. X.3.** Strom-Spannungs-Charakteristik einer Pb/PbO$_x$/Pb Josephson-Tunneldiode, gemessen in einer Anordnung wie in Abb. X.2. Der Cooper-Paar Tunnelstrom $I_{CP}$ steigt mit wachsender externer Spannung $U_{ext}$ bei verschwindender Diodenspannung $U$ bis zu einem Maximalwert $I_{CP}^{max}$ an, um dann in die Einteilchencharakteristik mit endlichem Spannungsabfall über der Diode überzukippen. (Nach *Langenberg* et al. [X.2])

$$i\hbar \frac{\partial \Phi_2}{\partial t} = \mathcal{H}_2 \Phi_2 + T\Phi_1 . \tag{X.1b}$$

Hierbei drückt $T$ die für den Tunnelübergang charakteristische Koppelkonstante aus. Durch $T\Phi_2$ bzw. $T\Phi_1$ werden die Energiebeiträge in den einzelnen Supraleitern beschrieben, die dadurch zustande kommen, daß die Vielteilchenwellenfunktionen $\Phi_2$ bzw. $\Phi_1$ im jeweils anderen Supraleiter nicht völlig verschwinden (Tunneln des BCS Zustandes bzw. der Cooper-Paare). Für eine total undurchlässige Barriere ($T=0$) ergeben (X.1) zwei ungekoppelte, zeitabhängige Vielteilchen-Schrödinger-Gleichungen für die getrennte Supraleiter.

Zur Vereinfachung betrachten wir in (X.1) gleiche Supraleiter. Im Sinne einer störungstheoretischen Behandlung nehmen wir an, daß $\Phi_1$ näherungsweise eine Eigenlösung zu $\mathcal{H}_1$ ist. Wir ersetzen also $\mathcal{H}_1$ durch die Energie des supraleitenden Zustandes. Eine Spannung $U$ über der Diode verschiebt die Energien in beiden Supraleitern um $qU$ gegeneinander ($q=-2e$). Wenn der Nullpunkt der Energieskala symmetrisch zwischen die beiden Supraleiter in die Barriere gelegt wird, reduziert sich (X.1) auf

$$i\hbar \dot{\Phi}_1 = \frac{qU}{2} \Phi_1 + T\Phi_2 , \tag{X.2a}$$

$$i\hbar \dot{\Phi}_2 = \frac{-qU}{2} \Phi_2 + T\Phi_1 . \tag{X.2b}$$

Weil $|\Phi|^2 = n_s/2 = n_c$ die Dichte der Cooper-Paare ist ($n_s$: Dichte der Einzelelektronen), lassen sich die Zustandsfunktionen $\Phi_1$ und $\Phi_2$ darstellen als

$$\Phi_1 = \sqrt{n_{c1}}\, e^{i\varphi_1} , \tag{X.3a}$$

$$\Phi_2 = \sqrt{n_{c2}}\, e^{i\varphi_2} , \tag{X.3b}$$

wobei $\varphi_1$ und $\varphi_2$ die Phasen der Vielteilchen BCS-Wellenfunktionen in den beiden Supraleitern sind. Einsetzen von (X.3) in (X.2a) ergibt nach Auftrennen und Gleichsetzen von Real und Imaginärteil die Beziehungen

$$\frac{\hbar}{2} \dot{n}_{c1} \sin\varphi_1 - \left(\hbar\dot{\varphi}_1 + \frac{qU}{2}\right) n_{c1} \cos\varphi_1 = T \sqrt{n_{c1} n_{c2}} \cos\varphi_2 , \tag{X.4a}$$

$$\frac{\hbar}{2} \dot{n}_{c1} \cos\varphi_1 - \left(\hbar\dot{\varphi}_1 + \frac{qU}{2}\right) n_{c1} \sin\varphi_1 = T \sqrt{n_{c1} n_{c2}} \sin\varphi_2 . \tag{X.4b}$$

Analoge Gleichungen folgen durch Einsetzen von (X.3) in (X.2b). Multiplikation von (X.4a und b) mit $\cos\varphi_1$ und $\sin\varphi_1$, bzw. mit $\sin\varphi_1$ und $\cos\varphi_1$ und anschließender Subtraktion beider Gleichungen voneinander liefert zusammen mit den beiden analogen Gleichungen aus (X.2b)

$$\dot{n}_{c1} = \frac{2}{\hbar} T \sqrt{n_{c1} n_{c2}} \sin(\varphi_2 - \varphi_1) , \tag{X.5a}$$

$$\dot{n}_{c2} = -\frac{2}{\hbar} T \sqrt{n_{c1} n_{c2}} \sin(\varphi_2 - \varphi_1) , \quad \text{bzw.} \tag{X.5b}$$

$$\dot{\vartheta}_1 = \frac{1}{\hbar} T \sqrt{\frac{n_{c2}}{n_{c1}}} \cos(\varphi_2 - \varphi_1) - \frac{qU}{2\hbar} , \tag{X.6a}$$

$$\dot{\vartheta}_2 = \frac{1}{\hbar} T \sqrt{\frac{n_{c1}}{n_{c2}}} \cos(\varphi_2 - \varphi_1) + \frac{qU}{2\hbar}. \qquad (X.6b)$$

Für eine symmetrische Anordnung aus zwei gleichen Supraleitern wie in Abb. X.2 ergibt sich einfach mit $n_{c1} = n_{c2} = n_c$

$$\dot{n}_{c1} = (2T/\hbar) n_c \sin(\varphi_2 - \varphi_1) = -\dot{n}_{c2}, \qquad (X.7a)$$

$$\hbar(\dot{\varphi}_2 - \dot{\varphi}_1) = -qU. \qquad (X.7b)$$

Diese Gleichungen haben auch bei verschwindender Spannung ($U = 0$) über der Tunnelbarriere als Lösung einen Stromfluß ($\dot{n}_c \neq 0$) zur Folge. Experimentell heißt das, unmittelbar nach Schließen des Kontaktes in Abb. X.2b setzt ein Tunnelstrom von Cooper-Paaren ein, dessen Richtung von $\sin(\varphi_2 - \varphi_1)$ (X.7a), d.h. von der Phasendifferenz der BCS-Vielteilchenzustände in den Supraleitern abhängt. Hierbei fällt keine Spannung $U$ über der Diode ab, obwohl im äußeren Stromkreis die externe Spannung $U_{ext}$ anliegt. Im Kreis wird als Strom der Tunnelstrom $I_{CP}$ gemessen. Durch den Strom entsteht eine Ladungsasymmetrie, die den Strom verhindern würde, wenn nicht die überfließenden Ladungen durch die äußere Batterie auf der einen Seite ersetzt und auf der anderen Seite abgeführt würden. Dadurch bleibt der Tunnelstrom stationär ($n_{c1} = n_{c2} = n_c$). Aufgetragen über der Tunneldioden-Spannung $U$ (Abb. X.2b) hat dieser Josephson-Gleichstrom $I_{CP}$ zunächst nur einen Wert bei $U = 0$ (Abb. X.3). Mit der äußeren Spannung $U_{ext}$ wächst $I_{CP}$ an bis zu einem Maximalwert $I_{CP}^{max}$. Unterhalb von $I_{CP}^{max}$ wird er durch Zulieferung über den äußeren Stromkreis eingestellt. Wird dieser maximale Josephson-Strom $I_{CP}^{max}$ bei weiterem Vergrößern von $U_{ext}$ überschritten, so wird der Zustand instabil und es tritt eine Spannung $U \neq 0$ an der Tunneldiode auf. Der Strom $I$ stellt sich dann auf den Wert $I(R)$ ein, der aufgrund von $U_{ext}$, $U$ und dem äußeren Widerstand $R$ aus der Tunnelcharakteristik für Einteilchen-Tunneln zwischen zwei Supraleitern folgt (Abb. IX.3). Dieser Strom $I$ rührt nicht mehr von tunnelnden Cooper-Paaren her, er resultiert aus tunnelnden Einzelelektronen, die beim Aufbrechen von Cooper-Paaren entstehen. Im Falle einer Mikrobrücke ergibt sich bei Überschreiten von $I_{CP}^{max}$ nicht die bekannte Tunnelcharakteristik, sondern die $I-U$ Kennlinie zeigt dann quasiohmsches Verhalten.

Der Maximalstrom $I_{CP}^{max}$ ist nach (X.7a) so lange stabil wie sich die Phasenverschiebung $(\varphi_2 - \varphi_1)$ zeitlich nicht ändert. Nach (X.7b) ist dies gegeben, solange keine Spannung $U$ über der Diode abfällt. Beim Zusammenbrechen des Stromes $I_{CP}^{max}$, d.h. dem Aufbau einer Spannung $U$ beginnt die Phasenverschiebung zwischen den beiden Zuständen der Supraleiter mit der Zeit $t$ anzuwachsen. Integration von (X.7b) ergibt ($q = -2e$)

$$\varphi_2 - \varphi_1 = \frac{1}{\hbar} 2eUt + \Delta\varphi_{init}. \qquad (X.8)$$

Dies eingesetzt in (X.7a) liefert einen Wechselstrom $I_{CP}^{\approx}$ in der Tunneldiode, der dem Gleichstrom resultierend aus Einelektronen-Tunneln überlagert ist

$$I_{CP}^{\approx} \sim \dot{n}_{c1} = \frac{1}{\hbar} 2Tn_c \sin(\omega_{CP} t + \Delta\varphi_{init}), \quad \text{mit} \qquad (X.9a)$$

$$\omega_{CP} = \frac{1}{\hbar} 2eU. \qquad (X.9b)$$

Bei einem typischen Spannungsabfall von etwa 1 mV über der Tunneldiode ergibt (X.9b) eine Kreisfrequenz $\omega_{CP}$ für diesen Josephson-Wechselstrom von etwa $3 \times 10^{12}\ s^{-1}$, d.h. Schwingungen im Bereich von Infrarotlicht-Frequenzen.

Josephson-Tunneln von Cooper-Paaren im Zusammenhang mit Magnetfeldern ermöglicht Experimente, die die hohe Kohärenz des supraleitenden Zustands ähnlich wie bei der Interferenz von kohärentem Licht zeigen. Die experimentelle Realisierung der Experimente beruht darauf, daß ein hochkohärenter Suprastrom auf zwei Wege aufgeteilt wird (Abb. X.4), die Josephson-Tunneldioden ($a$ und $b$) enthalten. Vereinigung der beiden Stromwege dahinter führt zu einem geschlossenen Umlauf im Suprastromkreis, der nur durch die Tunnelbarrieren $a$ und $b$ getrennt ist. An diesen Stellen erfährt gemäß (X.8) die Gesamtwellenfunktion des supraleitenden Zustandes im Bereich $I$ einen Phasensprung gegenüber der im Bereich $II$. Ohne ein die supraleitende Schleife in Abb. X.4 durchdringendes Magnetfeld ($B = 0$) seien diese Phasensprünge $\delta_a$ bzw.

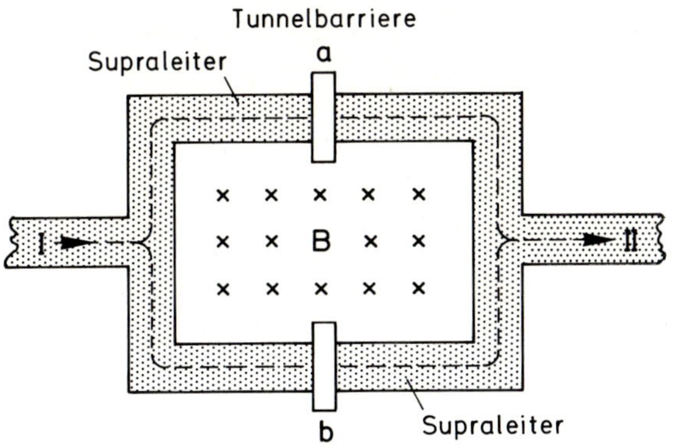


**Abb. X.4.** Schema zweier parallel geschalteter Cooper-Paar-Tunnelbarrieren *a* und *b*, durch die die Supraleiter I und II schwach aneinander gekoppelt sind. Die Phasendifferenz zwischen den Gesamt-Cooper-Paar Wellenfunktionen in I und II, d.h. über dem Ring, kann durch den den Ring durchdringenden magnetischen Fluß (Flußdichte $B$) gesteuert werden. Die im Suprastrom (I nach II) gemessenen Oszillationen (Interferenzen) können zur Messung schwacher Magnetfelder benutzt werden (Superconducting Quantum Interferometer Device, SQUID)

$\delta_b$, d.h. nach (X.7a bzw. 9a) sind die Ströme über die Tunnelbarrieren $a$ und $b$ darstellbar als

$$I_a = I_0 \sin \delta_a , \tag{X.10a}$$

$$I_b = I_0 \sin \delta_b . \tag{X.10b}$$

Bei eingeschaltetem Magnetfeld $\boldsymbol{B}$ hingegen bestimmt dieses, bzw. sein Vektorpotential $\boldsymbol{A}$ auch die Phasendifferenz in den beiden Supraleitern. Dies sieht man leicht, wenn man in der Gleichung für den Suprastrom (10.97) eine Linienintegration längs eines Weges zwischen zwei Punkten $X$ und $Y$ durchführt, der tief im Innern des Supraleiters liegt, d.h. wo $\boldsymbol{j}_s = 0$ ist. In diesem Fall gilt für die durch ein magnetisches Vektorpotential $\boldsymbol{A}$ erzeugte Phasendifferenz:

$$\Delta\varphi|_X^Y = \int_X^Y \nabla\varphi \cdot d\boldsymbol{s} \equiv \frac{2e}{\hbar} \int_X^Y \boldsymbol{A} \cdot d\boldsymbol{s} . \tag{X.11}$$

Damit ergeben sich die Gesamtphasenänderungen der supraleitenden Zustandsfunktion von I nach II auf den beiden Wegen über $a$ bzw. $b$ zu

$$\Delta\varphi|_{\mathrm{I}}^{\mathrm{II}} = \delta_a + \frac{2e}{\hbar} \int_a \boldsymbol{A} \cdot d\boldsymbol{s} , \tag{X.12a}$$

$$\Delta\varphi|_{\mathrm{I}}^{\mathrm{II}} = \delta_b + \frac{2e}{\hbar} \int_b \boldsymbol{A} \cdot d\boldsymbol{s} . \tag{X.12b}$$

Wegen der Eindeutigkeit der Zustandsfunktion an einem Punkt müssen die beiden Phasensprünge identisch sein und Subtraktion ergibt

$$\delta_b - \delta_a = \frac{2e}{\hbar} \oint \boldsymbol{A} \cdot d\boldsymbol{s} = \frac{2e}{\hbar} \int \boldsymbol{B} \cdot d\boldsymbol{f} . \tag{X.13}$$

Hierbei ergeben die in verschiedenem Sinn durchlaufenden Linienintegrale in (X.12) ein Integral über einen geschlossenen Umlauf und schließlich den magnetischen Fluß $\int \boldsymbol{B} \cdot d\boldsymbol{f}$ durch den Ring. Die gesamte Phasendifferenz über dem Ring kann also durch den magnetischen Fluß gesteuert werden. Die Situation ist ähnlich der, daß zwei kohärente Lichtstrahlen (über Wege $a$ und $b$) zur Interferenz gebracht werden und ihre relative Phase zueinander durch Verändern der Wegdifferenz gesteuert wird. Das zu erwartende Interferenzphänomen der Supraströme wird offensichtlich, wenn wir den Gesamtstrom $I$ betrachten, der sich aus der Summe der Ströme $I_a$ und $I_b$ unter Berücksichtigung des Magnetfeldes ergibt. Mit der aus (X.13) folgenden willkürlichen Definition von $\delta_0$ (abhängig von der Natur der Tunnelbarrieren und der anliegenden Spannung) durch

$$\delta_a = \delta_0 + \frac{e}{\hbar} \int \boldsymbol{B} \cdot d\boldsymbol{f} , \tag{X.14a}$$

$$\delta_b = \delta_0 - \frac{e}{\hbar} \int \boldsymbol{B} \cdot d\boldsymbol{f} \tag{X.14b}$$

folgt für den Gesamtstrom

$$I = I_0 \left[ \sin\left( \delta_0 + \frac{e}{\hbar} \int \boldsymbol{B} \cdot d\boldsymbol{f} \right) + \sin\left( \delta_0 - \frac{e}{\hbar} \int \boldsymbol{B} \cdot d\boldsymbol{f} \right) \right] ,$$

$$I = I_0 \sin \delta_0 \cos\left( \frac{e}{\hbar} \int \boldsymbol{B} \cdot d\boldsymbol{f} \right) . \tag{X.15}$$

Der Suprastrom durch die Parallelschaltung zweier Josephson-Tunnelbarrieren variiert also mit dem durch die supraleitende Schleife hindurchdringenden magnetischen Fluß wie der Cosinus des Flusses (X.15). Maxima des Stromes werden erreicht für

$$\int \boldsymbol{B} \cdot df = N \frac{\pi \hbar}{e} = N \frac{h}{2e}, \quad N = 1, 2, 3, \ldots, \tag{X.16}$$

d. h. jeweils, wenn ein magnetisches Flußquant (10.101) umschlossen wird. Abbildung X.5 zeigt den experimentell ermittelten Strom durch ein Paar von Josephson-Kontakten in Abhängigkeit vom Magnetfeld zwischen den beiden Kontakten. Die Oszillationen zeigen jeweils ein Flußquant an, sie resultieren aus dem Cosinus-Interferenzterm in (X.15).

Anwendungen der hier diskutierten Josephson-Effekte sind naheliegend. Die beiden stabilen Zustände eines Josephson-Kontaktes ($I_{CP} \neq 0$ bei $U = 0$ und Einelektronen-Tunnelstrom bei $U \neq 0$, Abb. X.3) erlauben den Aufbau von binären Schaltelementen in der Mikroelektronik, z. B. in Rechnerspeichern. Diese Bauelemente sind extrem schnell, müssen jedoch gekühlt werden. Die Möglichkeit der Interferenz zweier Cooper-Paar-Tunnelströme in zwei parallel geschalteten Josephson Kontakten (Abb. X.4) hat zum Bau von extrem empfindlichen Magnetometern, sog. SQUID's (Superconducting Quantum Interferometer Devices), geführt. Selbst Magnetfelder, die mit Hirnströmen verbunden sind, können nachgewiesen werden.

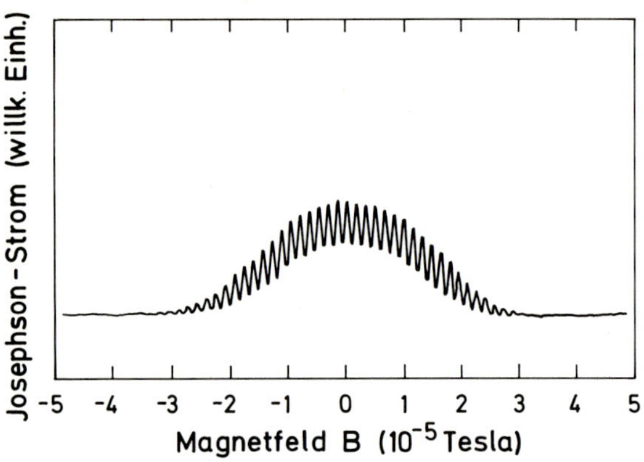


**Abb. X.5.** Auftragung des Cooper-Paar-Tunnelstromes durch eine Parallelschaltung von zwei Josephson-Tunnelbarrieren gegen die den Ring durchdringende Magnetflußdichte $B$ (Schaltung nach Abb. X.4). (Nach *Jaklevic* et al. [X.3])

## Literatur

X.1 B.D. Josephson: Phys. Lett. **1**, 251 (1962)
X.2 D.N. Langenberg, D.J. Scalapino, B.N. Taylor: Proc. IEEE **54**, 560 (1966)
X.3 R.C. Jaklevic, J. Lambe, J.E. Mercereau, A.H. Silver: Phys. Rev. **140**, A1628 (1965)

# 11. Dielektrische Eigenschaften der Materie

Zur Beschreibung der Wechselwirkung elektromagnetischer Strahlung mit dem Festkörper kann man sich, je nach den Erfordernissen, eines mikroskopischen oder makroskopischen Bildes bedienen. Im mikroskopischen Bild würde man z. B. von der Absorption eines Photons durch Erzeugung eines Phonons oder eines Elektron-Loch Paares sprechen. Makroskopisch ist dagegen das Bild der Maxwellschen Theorie, in der der Festkörper durch Materialkonstanten beschrieben wird. Die Verknüpfung beider Beschreibungsweisen wird in diesem Kapitel hergestellt, wobei die Darstellung auf lineare Phänomene beschränkt ist.

## 11.1 Die dielektrische Funktion

Eine spezielle Art der Wechselwirkung eines elektrischen Feldes mit dem Festkörper besteht darin, daß das Feld „quasifreie" elektrische Ladungen zum Fließen bringt. Der einfachste Fall eines solchen Transportvorganges, d. h. das Fließen eines Ohmschen Stromes im Metall, wurde im vorhergehenden Kapitel behandelt. Phänomenologisch führt die Beschreibung auf die Angabe einer materialspezifischen elektrischen Leitfähigkeit $\sigma$. Eine andere Art der Wechselwirkung des Festkörpers mit elektromagnetischen Feldern besteht darin, daß lokalisierte Ladungen (z. B. stärker gebundene Valenzelektronen im Feld der positiven Kernladung) Dipolmomente ausbilden können. Dem trägt schon die klassische Schreibweise der makroskopischen Maxwell-Gleichungen Rechnung, indem zwei Terme als Ursache von rot $\boldsymbol{H}$ auftreten:

$$\mathrm{rot}\,\boldsymbol{\mathscr{E}} = -\dot{\boldsymbol{B}}\,, \tag{11.1a}$$

$$\mathrm{rot}\,\boldsymbol{H} = \boldsymbol{j} + \dot{\boldsymbol{D}}\,. \tag{11.1b}$$

Im Rahmen der Gültigkeit des Ohmschen Gesetzes (Kap. 9) gilt hierbei für Materialien, in denen quasifreie Ladungsträger, d. h. Elektronen oder Löcher in partiell gefüllten Bändern, auftreten:

$$\boldsymbol{j} = \sigma\boldsymbol{\mathscr{E}}\,. \tag{11.2}$$

Alle in (11.1) auftretenden Feldgrößen sind i. a. zeitabhängige Größen. Eine Zerlegung nach Frequenzen wird durch die Fourier-Darstellung gewonnen, d. h., für die elektrische Feldstärke $\boldsymbol{\mathscr{E}}$ und die dielektrische Verschiebung $\boldsymbol{D}$ gilt:

$$\boldsymbol{\mathscr{E}}(t) = \int\limits_{-\infty}^{\infty} \boldsymbol{\mathscr{E}}(\omega)\mathrm{e}^{-\mathrm{i}\omega t}d\omega\,, \tag{11.3}$$

$$\boldsymbol{D}(t) = \int\limits_{-\infty}^{\infty} \boldsymbol{D}(\omega)\mathrm{e}^{-\mathrm{i}\omega t}d\omega\,. \tag{11.4}$$

Da $\mathscr{E}(t)$ und $\boldsymbol{D}(t)$ reelle Funktionen sind, ist

$$\mathscr{E}(\omega) = \mathscr{E}^*(-\omega) \quad \text{bzw.} \quad \boldsymbol{D}(\omega) = \boldsymbol{D}^*(-\omega). \tag{11.5}$$

Die Fourier-Koeffizienten von $\boldsymbol{D}$ und $\mathscr{E}$ sind durch eine frequenzabhängige Dielektrizitätskonstante $\varepsilon_0\varepsilon(\omega)$ verknüpft. Genau wie $\sigma$ ist $\varepsilon(\omega)$ im allgemeinen Fall ein Tensor zweiter Stufe, der für isotrope Medien und kubische Kristalle einfach als Skalar darstellbar ist, d.h.

$$\boldsymbol{D}(\omega) = \varepsilon_0\varepsilon(\omega)\mathscr{E}(\omega). \tag{11.6}$$

In ähnlicher Weise wie wir die Eigenschaften des Festkörpers, die mit $\sigma$ zusammenhängen, als Leitfähigkeitsphänomene bezeichnen, wollen wir die Eigenschaften, die durch die Angabe der Dielektrizitätskonstanten $\varepsilon$ beschrieben werden, als *dielektrische Eigenschaften* bezeichnen. Das vorliegende Kapitel behandelt also im wesentlichen atomistische Vorgänge, die die spektrale Abhängigkeit $\varepsilon(\omega)$ bedingen. Formal lassen sich in Wechselfeldern die einen auf die anderen Eigenschaften umschreiben, denn für harmonische Felder folgt (11.3, 4), daß sich die zweite Maxwell-Gleichung (11.1b) schreiben läßt als

$$\operatorname{rot} \boldsymbol{H}(\omega) = \sigma\mathscr{E}(\omega) - \mathrm{i}\omega\varepsilon_0\varepsilon(\omega)\mathscr{E}(\omega), \tag{11.7}$$

d.h., wir können eine frequenzabhängige, verallgemeinerte Leitfähigkeit

$$\tilde{\sigma} = \sigma - \mathrm{i}\omega\varepsilon_0\varepsilon \tag{11.8}$$

definieren, die die dielektrischen Effekte noch mitberücksichtigt. Andererseits läßt sich auch (11.7) auffassen als

$$\operatorname{rot} \boldsymbol{H}(\omega) = -\mathrm{i}\varepsilon_0\tilde{\varepsilon}(\omega)\omega\mathscr{E}(\omega) = -\mathrm{i}\omega\boldsymbol{D}(\omega), \tag{11.9}$$

wobei dann die verallgemeinerte Dielektrizitätskonstante [vgl. (11.9) mit (11.7)]:

$$\tilde{\varepsilon}(\omega) = \varepsilon(\omega) + \mathrm{i}\sigma/\varepsilon_0\omega \tag{11.10}$$

Leitfähigkeitsphänomene über den $\sigma$-Term mitberücksichtigt. Dies wird z.B. explizit im Abschn. 11.9 für das freie Elektronengas im Metall durchgeführt. Der wechselseitigen Austauschbarkeit einer Beschreibung des dielektrischen Verhaltens durch (11.8) oder (11.10) liegt der physikalische Sachverhalt zugrunde, daß sich der Unterschied in der Bewegung von freien und gebundenen Ladungsträgern in Wechselfeldern ($\omega \neq 0$) verwischt. In beiden Fällen haben wir es mit periodischen Bewegungen zu tun. In einem Gleichfeld ($\omega = 0$) ist das Verhalten von freien und gebundenen Ladungsträgern natürlich verschieden und hier tritt der wesentliche Unterschied von $\sigma$ und $\varepsilon$ zutage.

Wenn wir neben der Zeitabhängigkeit auch noch eine Ortsabhängigkeit von $\mathscr{E}$ und $\boldsymbol{D}$ zulassen, so tritt an die Stelle der Fourier-Zerlegung (11.3) bzw. (11.4) eine Zerlegung nach ebenen Wellen. Die dielektrische Funktion $\varepsilon$ hängt dann von $\omega$ und dem Wellenzahlvektor $\boldsymbol{k}$ ab. Wir wollen in diesem Kapitel stets nur solche Ortsabhängigkeiten von $\mathscr{E}$ und $\boldsymbol{D}$ zulassen, bei denen die Veränderungen von Elementarzelle zu Elementarzelle klein sind. Diese Näherung gilt für die Wechselwirkung mit Licht bis weit in das Ultraviolette hinein, aber natürlich nicht für Röntgenlicht. In der Fourier-Zerlegung treten dann nur lange Wellen auf, d.h., Wellen, für die $k \ll G$ ist. Eine Abhängigkeit der dielektrischen Funktion vom Wellenzahlvektor $\boldsymbol{k}$ braucht also nicht berücksichtigt zu werden. Die Schreibweise von (11.6) entspricht dem S.I. Maßsystem mit $\varepsilon_0$ als der Dielektrizitätskonstanten des Vakuums. $\varepsilon(\omega)$ ist dann eine i.a. komplexe Funktion ohne Dimension. Sie ist im ganzen Intervall $-\infty < \omega < \infty$ definiert. Wegen (11.5, 6) ist allerdings auch

$$\varepsilon^*(-\omega) = \varepsilon(\omega) . \tag{11.11}$$

Anstelle der dielektrischen Verschiebung kann man auch die Polarisation $\boldsymbol{P}$ betrachten und eine dielektrische Suszeptibilität

$$\chi(\omega) = \varepsilon(\omega) - 1 \tag{11.12}$$

einführen. Die komplexe Funktion $\chi(\omega)$ ist analytisch und hat ihre Pole alle in der negativ-imaginären Halbebene [als Beispiel siehe die später abgeleitete Gl. (11.37)]. Wählt man den in Abb. 11.1 gezeichneten Integrationsweg, so verschwindet das Integral

$$\oint \frac{\chi(\omega')}{\omega' - \omega} d\omega' = 0 . \tag{11.13}$$

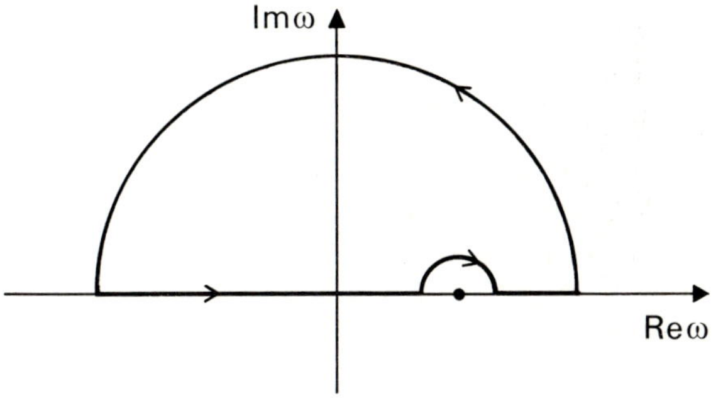


**Abb. 11.1.** Integrationswege in der komplexen $\omega$-Ebene

Für sehr große $\omega$ geht $\chi(\omega)$ gegen Null, da die Polarisation dem Feld nicht mehr zu folgen vermag. Zieht man deshalb in der komplexen Ebene den Halbkreis auseinander, so verbleiben nur der Beitrag auf der reellen Achse und das Integral um die Polstelle und man erhält

$$-\mathrm{i}\pi\chi(\omega) + \mathscr{P} \int \frac{\chi(\omega')}{\omega' - \omega} d\omega' = 0 . \tag{11.14}$$

Hierbei bedeutet $\mathscr{P}$ den Hauptwert des Integrals.

Zerlegt man $\varepsilon(\omega)$ in Real- und Imaginärteil

$$\varepsilon(\omega) = \varepsilon_1(\omega) + \mathrm{i}\varepsilon_2(\omega) , \tag{11.15}$$

so wird aus (11.14) das Gleichungspaar

$$\varepsilon_1(\omega)-1=\frac{1}{\pi}\mathscr{P}\int_{-\infty}^{\infty}\frac{\varepsilon_2(\omega')}{\omega'-\omega}d\omega', \tag{11.16}$$

$$\varepsilon_2(\omega)=-\frac{1}{\pi}\mathscr{P}\int_{-\infty}^{\infty}\frac{\varepsilon_1(\omega')-1}{\omega'-\omega}d\omega'. \tag{11.17}$$

Dies sind die sogenannten *Kramers-Kronig-Relationen*, die Real- und Imaginärteil der dielektrischen Funktion miteinander verknüpfen. Sie lassen sich verwenden, um aus einer (genauen) Messung des Real- oder Imaginärteils von $\varepsilon(\omega)$ in einem weiten Spektralbereich den jeweils anderen Teil der dielektrischen Funktion zu berechnen. Restwerte der Integrale für sehr hohe und sehr niedrige Frequenzen lassen sich meist durch Näherungslösungen für $\varepsilon(\omega)$ abschätzen.

## 11.2 Absorption elektromagnetischer Strahlung

Wir wollen die Absorption elektromagnetischer Wellen beim Durchgang durch eine dielektrische Schicht betrachten. Auf diese Weise stellen wir eine Beziehung zwischen den dielektrischen Eigenschaften und einem typischen Absorptionsexperiment her. Die elektromagnetische Welle in einem Dielektrikum werde beschrieben durch ein elektrisches Feld

$$\mathscr{E}=\mathscr{E}_0 e^{-i\omega(t-\tilde{n}x/c)} \tag{11.18}$$

mit der komplexen Brechzahl

$$\tilde{n}(\omega)=n+i\kappa=\sqrt{\varepsilon(\omega)}\,, \tag{11.19}$$

$$n^2-\kappa^2=\varepsilon_1\,, \tag{11.20}$$

$$2n\kappa=\varepsilon_2\,. \tag{11.21}$$

Die Vorzeichen des Exponenten in der Fourier-Zerlegung (11.3) und in der Zerlegung von $\varepsilon(\omega)$ und $\tilde{n}(\omega)$ sind hier so gewählt, daß $\varepsilon_2$ und $\kappa$ positives Vorzeichen haben und die Welle beim Fortschreiten in $+x$-Richtung abklingt. Hätten wir die Fourier-Zerlegung mit positiven Exponenten eingeführt, so hätte die Brechzahl nach $\tilde{n}=n-i\kappa$ mit $\kappa>0$ zerlegt werden müssen. Beide Darstellungen sind üblich.

Beim Durchgang durch eine planparallele Platte (Abb. 11.2) wird an jeder Grenzschicht ein Teil der elektromagnetischen Welle reflektiert und transmittiert. Für den hier interessierenden Spezialfall senkrechter Inzidenz sind die Transmissions- bzw. Reflexionskoeffizienten für die Amplitude von $\mathscr{E}$:

$$T_1=\frac{2}{\tilde{n}+1}, \quad T_2=\frac{2\tilde{n}}{\tilde{n}+1}, \quad R_2=\frac{\tilde{n}-1}{\tilde{n}+1}. \tag{11.22}$$

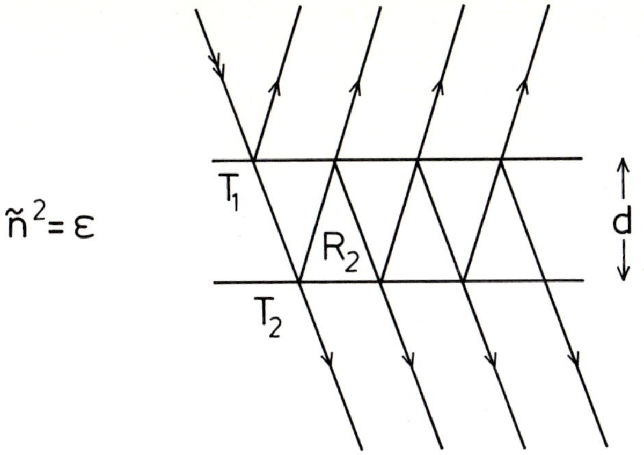


**Abb. 11.2.** Strahlengang beim Durchgang durch eine planparallele Platte

Damit wird die Feldstärke im transmittierten Strahl

$$\mathscr{E} = \mathscr{E}_0 T_1 T_2 e^{i(\tilde{n}\omega/c)d}(1 + R_2^2 e^{2i(\tilde{n}\omega/c)d} + \ldots), \tag{11.23}$$

$$\mathscr{E} = \mathscr{E}_0 T_1 T_2 \frac{e^{i(\tilde{n}\omega/c)d}}{1 - R_2^2 e^{2i(\tilde{n}\omega/c)d}}$$

Wir diskutieren zwei Grenzfälle. Der erste soll darin bestehen, daß $n$ nur wenig von 1 verschieden ist, wir es also mit einem optisch dünnen Medium zu tun haben

$$\tilde{n} = 1 + \Delta, \qquad |\Delta| \ll 1. \tag{11.24}$$

Dann ist in linearer Näherung $T_1 T_2 \sim 1$ und $R_2^2 \sim 0$, und wir erhalten

$$\mathscr{E} = \mathscr{E}_0 e^{i(\tilde{n}\omega/c)d} \tag{11.25}$$

und für die transmittierte Intensität

$$\mathscr{E}\mathscr{E}^* \propto I = I_0 e^{-(2\kappa\omega/c)d}. \tag{11.26}$$

Wegen $|\Delta| \ll 1$ ist $2\kappa \sim \varepsilon_2$

$$I = I_0 e^{-(\varepsilon_2\omega/c)d}. \tag{11.27}$$

Für optisch dichte Medien kann (11.23) genähert werden für den Fall der Durchstrahlung einer genügend dünnen Schicht

$$\left|\frac{\tilde{n}\omega}{c} d\right| \ll 1. \tag{11.28}$$

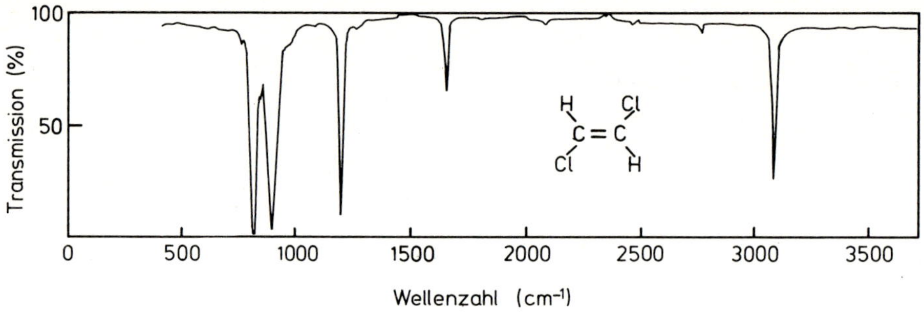


**Abb. 11.3.** Infrarot Absorptionsspektrum für 1,2-trans-Dichloräthylen [11.1]. Bei nicht zu starker Absorption entsprechen die Absorptionskurven dem spektralen Verlauf von $\omega \cdot \varepsilon_2(\omega)$ an den Eigenresonanzen des Moleküls

Nach Einsetzen von (11.28) in (11.23) erhält man nach einiger Zwischenrechnung in linearer Näherung

$$I = I_0 \left(1 - \frac{\varepsilon_2 \omega}{c} d \ldots\right). \tag{11.29}$$

Die Größe

$$K(\omega) = \frac{\omega \varepsilon_2(\omega)}{c} \tag{11.30}$$

wird auch *Absorptionskonstante* genannt. Sie bestimmt den spektralen Verlauf der absorbierten Intensität und enthält als frequenzabhängigen Faktor im wesentlichen den Imaginärteil von $\varepsilon(\omega)$. Abbildung 11.3 zeigt ein typisches Absorptionsspektrum für Dichloräthylen [11.1]. Die Absorptionsmaxima entsprechen Maxima in $\varepsilon_2(\omega)$ bei den Frequenzen der Eigenschwingungen von Dichloräthylen. In den folgenden Kapiteln sollen nun die spektralen Eigenschaften der dielektrischen Funktion mit den atomistischen Eigenschaften des Systems verknüpft werden.

Die Gln. (11.27) bzw. (11.29) stellen eine besonders einfache Verknüpfung von Experiment und dielektrischen Eigenschaften des Systems dar. Im Prinzip ist natürlich auch die spektrale Abhängigkeit des Reflexionsvermögens eines Festkörpers durch $\varepsilon(\omega)$ bestimmt. Die mathematischen Zusammenhänge sind hier aber bedeutend komplizierter. Insbesondere gehen in das Reflexionsvermögen $\varepsilon_1$ und $\varepsilon_2$ ein. Eine Berechnung von $\varepsilon_1$ und $\varepsilon_2$ aus dem Reflexionsvermögen ist deshalb nicht möglich, es sei denn, man kennt den Verlauf im ganzen Spektralbereich und kann die Kramers-Kronig Relationen (11.16 u. 17) verwenden.

# Tafel XI **Spektroskopie mit Photonen und Elektronen**

Die weitaus meisten Informationen über den Festkörper hat man aus spektroskopischen Methoden erhalten. Dabei ist die Spektroskopie mit Photonen von besonderer Bedeutung. In Abb. XI.1 werden Intensität und Spektralbereich verschiedener Lichtquellen miteinander verglichen. Aufgetragen ist der typischerweise zur Verfügung stehende Photonenfluß pro eV Spektralbreite. Bei einem solchen Vergleich müssen allerdings die sehr verschiedenen Eigenschaften der Strahlungsquellen berücksichtigt werden. Bei der Kurve für den Schwarzkörperstrahler wurde angenommen, daß Winkelauflösung bezüglich der Einfallsrichtung der Strahlung nicht erforderlich ist bzw. genügend große Proben zur Verfügung stehen. Die *Synchrotronstrahlung* ist extrem gerichtet. In Abb. XI.1 ist der Photonenfluß für den Speicherring „*Doris*" angegeben, der eine nutzbare Winkelapertur von ca. 1 mrad × 1 mrad hat. Bei kleineren Maschinen ist die nutzbare Winkelapertur größer. Dann kann die Verwendung der Synchrotronstrahlung auch im fernen Infrarot vorteilhaft sein. Im UV-Bereich haben die Monochromatoren je nach Auslegung und Spektralbereich eine stark schwankende und insgesamt nicht sehr gute Effizienz. Dies soll durch die schraffierte Kurve angedeutet werden. Manche Experimente können auch mit Festfrequenzquellen, Gasentladungslampen und charakteristischer Röntgenstrahlung betrieben werden. Als Beispiel ist in Abb. XI.1 der Photonenfluß der He I Linie einer Gasentladungslampe aufgeführt. Diese Linie wird bei Photoemissionsexperimenten häufig eingesetzt (vgl. Tafel V). Die Lichtausbeuten sind dann der Synchrotronquelle vergleichbar. Die sehr intensitätsstarken Farbstofflaser stehen leider nur für den Bereich 1 3,6 eV zur Verfügung. Beim Vergleich von Farbstofflasern mit anderen Lichtquellen muß beachtet werden, daß ihre relative Linienbreite (abgestimmt) nur etwa $10^{-6}$ eV beträgt. Nutzt man diese Energieauflösung nicht, geht der Vorteil hohen Photonenflusses pro eV zum großen Teil verloren (Daten aus [XI.1, 2]).

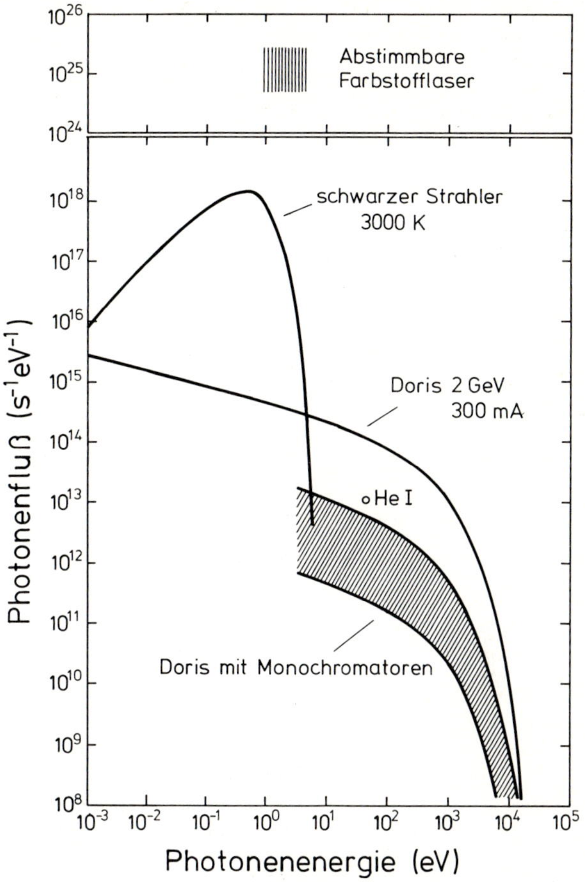


**Abb. XI.1.** Typischer Photonenfluß pro eV am Probenort bei verschiedenen Lichtquellen. Dabei wurde eine Probenoberfläche von etwa 1 $cm^2$ zugrunde gelegt. Bei einem Vergleich muß die sehr unterschiedliche Charakteristik der Strahlungsarten beachtet werden. Die Abbildung dient deshalb nur zur qualitativen Orientierung. Synchrotronstrahlung und Laserstrahlung sind sehr stark gerichtet. Sie sind bei Experimenten, in denen hohe Winkelauflösung verlangt wird, besonders vorteilhaft. Bei gewöhnlichen Absorptionsuntersuchungen, die weder Winkelauflösung noch große Auflösung in der Quantenenergie verlangen, kann auch die Verwendung des schwarzen Strahlers günstig sein

Wie in Abschn. 11.12 beschrieben, lassen sich Informationen über das Absorptionsverhalten auch durch Elektronen-Energieverlustspektroskopie gewinnen. Das Schema eines solchen Experiments ist in Abb.

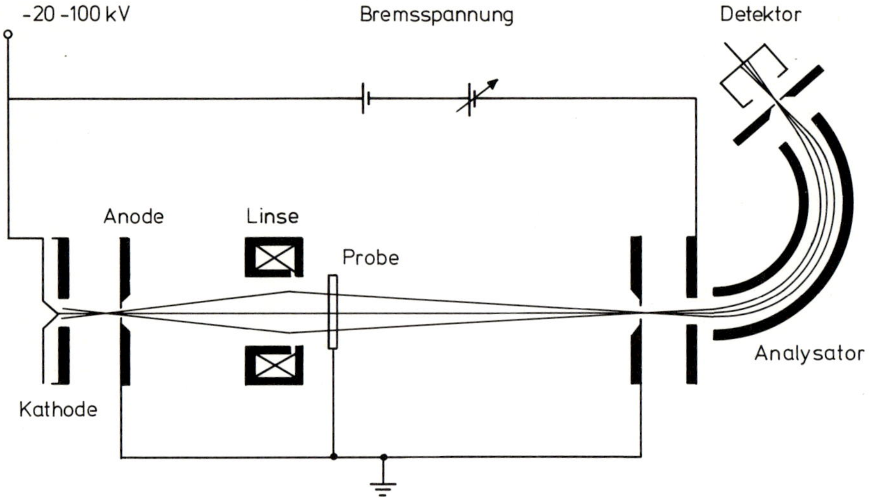


**Abb. XI.2.** Elektronenspektrometer für die Transmissionsspektroskopie nach *Raether* [XI.4]

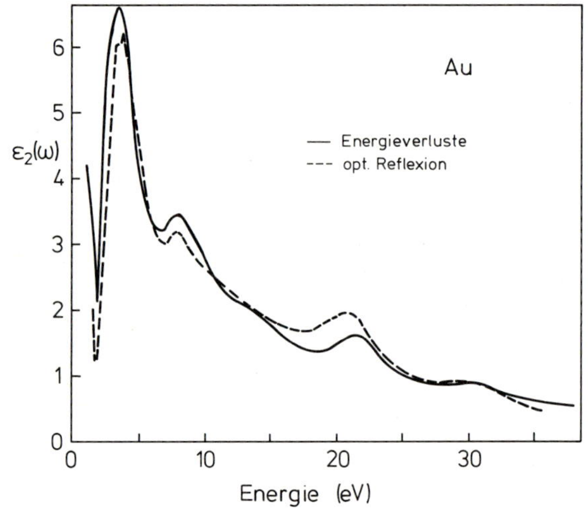


**Abb. XI.3.** Vergleich von $\varepsilon_2(\omega)$ für Gold aus Elektronenspektroskopie (ausgezogene Linie) und aus Messungen des optischen Reflexionsvermögens nach *Daniels* et al. [XI.5]

XI.2 angegeben. Die Energieauflösung ist hier durch die thermische Breite der Kathodenemission ($\sim 0{,}5$ eV) begrenzt, doch sind auch Anordnungen mit Vormonochromatisierung und Gesamtauflösung bis 2 meV realisiert worden [XI.3]. Um die Probe durchstrahlen zu können, muß sie als dünne Folie vorliegen und die Elektronenenergie muß genügend hoch liegen (20–100 keV). Abbildung XI.3 zeigt einen Vergleich des Frequenzverlaufs von $\varepsilon_2(\omega)$, wie er aus der Kramers-Kronig-Analyse der Verlustfunktion (Abschn. 11.1) bzw. der lichtoptischen Reflexion erhalten wurde.

## Literatur


XI.1 C. Kunz: In *Photoemission in Solids II*, herausgegeben von L. Ley und M. Cardona. Topics Appl. Phys., Vol. 27 (Springer, Berlin, Heidelberg, New York 1979) S. 299ff.

XI.2 F.P. Schäfer (Hrsg.): *Dye Lasers*, 2. Aufl. Topics Appl. Phys., Vol. 1 (Springer, Berlin, Heidelberg, New York 1973)

XI.3 H. Boersch, J. Geiger, W. Stickel: Z. Physik **212**, 130 (1968)

XI.4 M. Raether: In *Springer Tracts Mod. Phys.* **38**, 84 (Springer, Berlin, Heidelberg, New York 1965)

XI.5 J. Daniels, C. v. Festenberg, M. Raether, K. Zeppenfeld: In *Springer Tracts Mod. Phys.* **54**, 77 (Springer, Berlin, Heidelberg, New York 1970)

## 11.3 Die dielektrische Funktion für harmonische Oszillatoren

Wir wollen die dielektrischen Eigenschaften von einem harmonischen Oszillator studieren, bei dem die Auslenkung $s$ aus der Gleichgewichtslage zu einem Dipolmoment

$$p=e^*s \tag{11.31}$$

führt. Man bezeichnet $e^*$ als die effektive Ionenladung, die nicht notwendigerweise gleich der Ladung ist, die das statische Dipolmoment des Oszillators ausmacht. Ein solches Dipolmoment tritt z. B. auf, wenn man die aus positiven und negativen Ionen gebildeten Untergitter eines Ionenkristalls (z. B. CsCl, siehe Abb. 1.5) gegeneinander verschiebt, also beim transversal und longitudinal optischen Phonon bei $q=0$. Ein anderes Beispiel sind Eigenschwingungen von Molekülen, soweit sie ein Dipolmoment haben. Die Bewegungsgleichung für den Oszillator mit äußerem Feld $\mathscr{E}$ lautet dann

$$\ddot{s}+\gamma\dot{s}=-\omega_0^2 s+\frac{e^*}{\mu}\mathscr{E}\,. \tag{11.32}$$

Außerdem gilt für die Polarisation $P$:

$$P=\frac{N}{V}e^*s+\varepsilon_0\frac{N}{V}\alpha\mathscr{E}\,. \tag{11.33}$$

Dabei ist $\mu$ die reduzierte Masse, $N/V$ die Anzahldichte, $\alpha$ die elektronische Polarisierbarkeit und $\gamma$ eine Dämpfungskonstante, die die endliche Lebensdauer der Eigenschwingung beschreiben soll. Streng genommen muß an Stelle des äußeren Feldes $\mathscr{E}$ das lokale Feld $\mathscr{E}_{\text{loc}}$ genommen werden. Dies ist vom äußeren Feld deshalb verschieden, weil die vom Feld erzeugten Dipole ihrerseits einen Feldbeitrag liefern, der zu einer Verstärkung des äußeren Feldes führt (siehe Abschn. 11.7). Dies ist besonders bei dichten Medien, also Festkörpern und Flüssigkeiten nicht zu vernachlässigen. Allerdings wird der prinzipielle spektrale Verlauf von $\varepsilon(\omega)$ hiervon nicht berührt, weshalb wir die Feldverstärkung zunächst außer acht lassen wollen.

Gehen wir in (11.32 und 33) zur Fourier-Darstellung über, so erhalten wir

$$s(\omega)\,(\omega_0^2-\omega^2-\mathrm{i}\gamma\omega)=\frac{e^*}{\mu}\mathscr{E}(\omega)\,, \tag{11.34}$$

$$P(\omega)=\frac{N}{V}e^*s(\omega)+\varepsilon_0\frac{N}{V}\alpha\mathscr{E}(\omega)\,. \tag{11.35}$$

Dabei ist die elektronische Polarisierbarkeit im Bereich der Eigenschwingungen des Gitters frequenzunabhängig. Aus (11.34, 35) ergibt sich für $\varepsilon(\omega)$

$$\varepsilon(\omega)=1+\frac{N}{V}\alpha+\frac{\frac{N}{V}\frac{e^{*2}}{\varepsilon_0\mu}}{\omega_0^2-\omega^2-\mathrm{i}\gamma\omega}\,. \tag{11.36}$$

Führen wir die statische Dielektrizitätskonstante $\varepsilon_{st} = \varepsilon(\omega = 0)$ und den hochfrequenten Grenzwert $\varepsilon_\infty$ ein, so erhält man für $\varepsilon(\omega)$ die Form

$$\varepsilon(\omega) = \varepsilon_\infty + \frac{\omega_0^2(\varepsilon_{st} - \varepsilon_\infty)}{\omega_0^2 - \omega^2 - i\gamma\omega} . \tag{11.37}$$

Die Dämpfungskonstante $\gamma$ ist positiv. Andernfalls hätte die Dämpfungskraft in (11.32) das gleiche Vorzeichen wie die Bewegungsrichtung, was zu einem zeitlichen Anstieg der Amplitude führen würde. Durch das Vorzeichen von $\gamma$ ist dafür gesorgt, daß $\varepsilon(\omega)$ keine Pole in der positiv imaginären Halbebene aufweist, wovon wir bei der Herleitung der Kramers-Kronig-Relationen schon Gebrauch gemacht hatten. Die Aussage über die Lage der Polstellen läßt sich auch allgemein daraus herleiten, daß eine Polarisation nur als Folge eines elektrischen Feldes auftreten kann (Kausalitätsprinzip), ohne auf eine spezielle Form von $\varepsilon(\omega)$ bezug zu nehmen.

Es sei nochmals erwähnt, daß alle Aussagen über Vorzeichen von den gewählten Vorzeichen in der Fourier-Darstellung (11.3) abhängen!

Für die weitere Diskussion zerlegen wir $\varepsilon(\omega)$ nach Real- und Imaginärteil

$$\varepsilon_1(\omega) = \varepsilon_\infty + \frac{(\varepsilon_{st} - \varepsilon_\infty)\omega_0^2(\omega_0^2 - \omega^2)}{(\omega_0^2 - \omega^2)^2 + \gamma^2\omega^2} , \tag{11.38}$$

$$\varepsilon_2(\omega) = \frac{(\varepsilon_{st} - \varepsilon_\infty)\omega_0^2\gamma\omega}{(\omega_0^2 - \omega^2)^2 + \gamma^2\omega^2} . \tag{11.39}$$

Der Verlauf von $\varepsilon_1$ und $\varepsilon_2$ ist in Abb. 11.4 dargestellt. $\varepsilon_2$ hat die Form einer gedämpften Resonanzkurve mit der Halbwertsbreite $\gamma$. Für den praktisch bedeutsamen Fall kleiner Dämpfung $\gamma \ll \omega_0$ kann noch eine bequeme Näherungsformel für $\varepsilon(\omega)$ angegeben werden. Mathematisch gilt die Identität

$$\lim_{\gamma \to 0} \frac{1}{z - i\gamma} = \mathscr{P}\frac{1}{z} + i\pi\delta(z) . \tag{11.40}$$

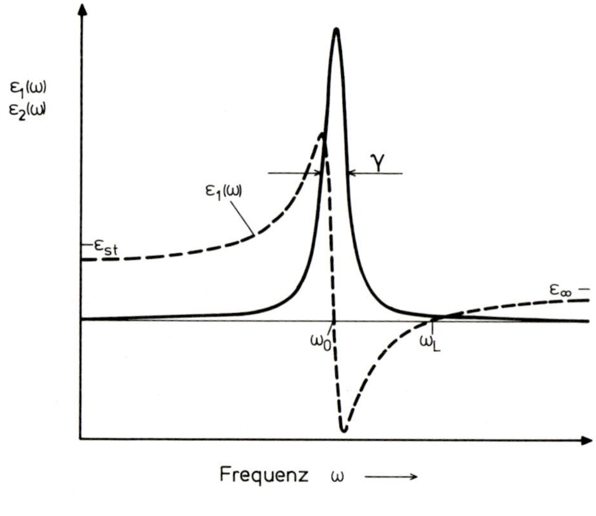


**Abb. 11.4.** Spektraler Verlauf von $\varepsilon_1(\omega)$ und $\varepsilon_2(\omega)$ für einen Dipoloszillator. Die Nullstellen von $\varepsilon_1(\omega)$ liefern bei endlicher Dämpfung nur angenähert die Frequenzen $\omega_0$ und $\omega_L$

Wir wenden dies auf die beiden Pole $\omega=\omega_0$ und $\omega=-\omega_0$ in (11.37) an und erhalten

$$\varepsilon(\omega)=\varepsilon_\infty+\frac{\omega_0^2(\varepsilon_{st}-\varepsilon_\infty)}{\omega_0^2-\omega^2}+\mathrm{i}\frac{\pi}{2}\omega_0(\varepsilon_{st}-\varepsilon_\infty)[\delta(\omega-\omega_0)-\delta(\omega+\omega_0)]. \tag{11.41}$$

Man kann sich überzeugen, daß auch diese spezielle Form von $\varepsilon(\omega)$ die Kramers-Kronig-Relationen erfüllt, wenn $\varepsilon_\infty=1$ ist und damit die Funktion $\varepsilon(\omega)-1$ für $\omega\to\infty$ verschwindet. Mit dieser Näherung läßt sich die über den Bereich einer Absorptionsbande (siehe Abb. 11.3) integrierte Absorption leicht ausrechnen. Für optisch dünne ($\mathscr{E}_{loc}=\mathscr{E}$) Medien gilt:

$$\int \ln\frac{I_0}{I(\omega)}d\omega=d\int K(\omega)d\omega=\pi d\frac{\omega_0^2}{c}(\varepsilon_{st}-\varepsilon_\infty). \tag{11.42}$$

Wegen (11.36) ist dies gleich

$$\int_{-\infty}^{+\infty} K(\omega)d\omega=\frac{N}{V}\frac{\pi}{\varepsilon_0 c}\frac{e^{*2}}{\mu}. \tag{11.43}$$

Für die Anwendung in der Spektroskopie muß berücksichtigt werden, daß in der Regel die Oszillatoren nicht parallel zum $\mathscr{E}$-Feld ausgerichtet sind, sondern im Mittel nur ein Drittel. Integriert man ferner nur über positive Frequenzen, so erhält man

$$\int_0^\infty K(\omega)d\omega=\frac{1}{6}\frac{N}{V}\frac{\pi}{\varepsilon_0 c}\frac{f^2e^2}{\mu} \tag{11.44}$$

mit $f^2e^2=e^{*2}$. Der Faktor $f$ gibt das Verhältnis der Oszillatorladung zur Elementarladung $e$ an.

In der Spektroskopie wird anstelle der Frequenz meistens die Wellenzahl $1/\lambda$ benutzt. Dann wird aus (11.43)

$$\int K\left(\frac{1}{\lambda}\right)d\frac{1}{\lambda}=\frac{1}{12\varepsilon_0 c^2}\frac{N}{V}\frac{f^2e^2}{\mu}. \tag{11.45}$$

Dies ist die quantitative Formulierung des Beerschen Gesetzes. Die integrierte Absorption ist also proportional der Anzahldichte der Oszillatoren.

## 11.4 Longitudinale und transversale Eigenschwingungen

In diesem Abschnitt wollen wir die longitudinalen und transversalen Eigenschwingungen der Polarisation in einem Dielektrikum mit einer Resonanzstelle bei $\omega_0$, jedoch ohne Dämpfung betrachten. Anstelle der Polarisation $\boldsymbol{P}$ können wir bei einem System von Oszillatoren natürlich auch die Auslenkungen $s$ betrachten. Wenn die Laufrichtungen der Wellen mit der positiven $x$-Richtung angesetzt werden, so stellt

$$P_x=P_{x0}\mathrm{e}^{-\mathrm{i}(\omega t-qx)} \tag{11.46}$$

eine longitudinale Welle dar und

$$P_y = P_{y0} e^{-i(\omega t - qx)} \tag{11.47}$$

eine transversale Welle. Die longitudinale Welle erfüllt also die Bedingungen

$$\operatorname{rot} \boldsymbol{P}_\mathrm{L} = \boldsymbol{0} \quad \operatorname{div} \boldsymbol{P}_\mathrm{L} \neq 0\,, \tag{11.48}$$

während für die transversalen Wellen

$$\operatorname{rot} \boldsymbol{P}_\mathrm{T} \neq \boldsymbol{0} \quad \operatorname{div} \boldsymbol{P}_\mathrm{T} = 0 \tag{11.49}$$

gilt. Wir können (11.48) und (11.49) auch als verallgemeinerte Definition von Longitudinal- und Transversalwellen auffassen. Wir wollen zunächst die longitudinalen Wellen näher betrachten.

In einem Dielektrikum ohne Ladungsträger oder anderweitige Raumladung $\varrho$ muß die Divergenz der dielektrischen Verschiebung verschwinden

$$\operatorname{div} \boldsymbol{D} = \varrho = 0 = \varepsilon_0 \varepsilon(\omega) \operatorname{div} \boldsymbol{\mathscr{E}} = \varepsilon(\omega) \frac{\operatorname{div} \boldsymbol{P}}{\varepsilon(\omega) - 1}\,. \tag{11.50}$$

Daraus folgt wegen (11.48), daß eine longitudinale Welle als Eigenlösung für die Frequenz existiert, für die

$$\varepsilon(\omega_\mathrm{L}) = 0 \tag{11.51}$$

ist. Ferner ist

$$\boldsymbol{\mathscr{E}}_\mathrm{L} = -\frac{1}{\varepsilon_0} \boldsymbol{P}_\mathrm{L}\,. \tag{11.52}$$

Der Feld- und der Polarisationsvektor sind also gerade um 180° phasenverschoben. Solche Longitudinalwellen können nicht mit der transversalen Lichtwelle wechselwirken, wohl aber mit Elektronen (siehe Abschn. 11.12).

Die Eigenlösungen für *transversale* Wellen müssen im Zusammenhang mit dem vollständigen Satz der Maxwellschen Gleichungen gefunden werden, da sie mit elektromagnetischen Wellen ($\operatorname{rot} \boldsymbol{\mathscr{E}} \neq \boldsymbol{0}$) koppeln

$$\operatorname{rot} \boldsymbol{\mathscr{E}} = -\mu_0 \dot{\boldsymbol{H}}\,, \quad (\mu \approx 1)\,, \tag{11.53}$$

$$\operatorname{rot} \boldsymbol{H} = \dot{\boldsymbol{D}}\,. \tag{11.54}$$

Mit einem Wellenansatz gemäß (11.47) erhalten wir nach Ersetzen von $\mathscr{E}$ und $D$ durch $P$ mittels der Dielektrizitätskonstanten

$$qP_{y0} - \omega \varepsilon_0 \mu_0 [\varepsilon(\omega) - 1] H_{z0} = 0\,, \tag{11.55}$$

$$-\omega \frac{\varepsilon(\omega)}{\varepsilon(\omega) - 1} P_{y0} + qH_{z0} = 0\,. \tag{11.56}$$

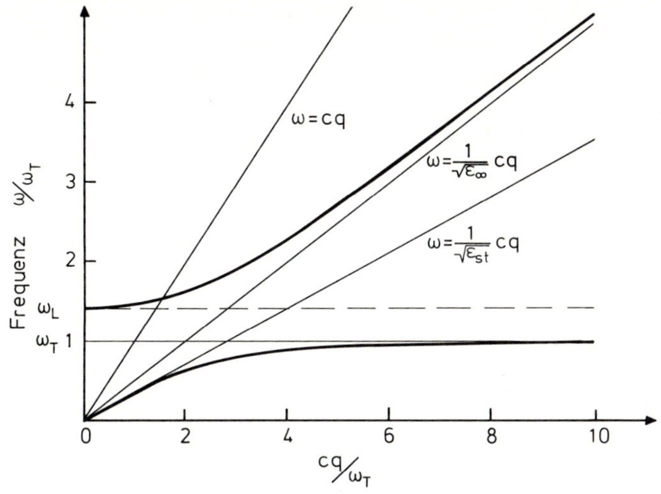


**Abb. 11.5.** Dispersionskurven für ein Phonon-Polariton. Der gezeichnete Bereich der $q$-Werte ist klein gegenüber einem reziproken Gittervektor. Die Gitterdispersion kann deshalb vernachlässigt werden

Das Gleichungssystem hat Eigenlösungen für solche Frequenzen $\omega$, für die die Determinante verschwindet.

$$\omega^2 = \frac{1}{\varepsilon(\omega)} c^2 q^2 . \tag{11.57}$$

Diese Eigenlösungen stellen eine Kopplung von elektromagnetischen und mechanischen Wellen dar. Sie tragen die Bezeichnung *Polaritonen*. Der Verlauf der Polariton-Dispersionsbeziehung (11.57) hängt von der Gestalt von $\varepsilon(\omega)$ ab. Wir wollen die Dispersionsbeziehung für den Fall der Ionengitter bzw. ein System harmonischer Oszillatoren mit der Eigenfrequenz $\omega_0$ näher diskutieren. Wir setzen also in (11.57) den Ausdruck für $\varepsilon(\omega)$ nach (11.37) ohne Dämpfung ein. Es ergeben sich die in Abb. 11.5 gezeichneten Lösungen, die alle transversalen Charakter haben. Für große $q$ strebt der untere Zweig gegen den Grenzwert $\omega_0$, d.h., die Eigenfrequenz des harmonischen Oszillators entspricht der Frequenz der transversalen Welle für große $q$ und wird deshalb im folgenden $\omega_T$ genannt.

Wegen des großen Wertes der Lichtgeschwindigkeit wird allerdings der Wert $\omega_T$ schon in guter Näherung für solche $q$-Werte erreicht, die immer noch sehr klein ($10^{-4}$ $G$) gegen einen reziproken Gittervektor $G$ sind (Abb. 11.5). Wäre die Lichtgeschwindigkeit unendlich, so ergäbe sich nur $\omega_T$ als Lösung. Die Dispersion entsteht also durch die verzögernde Wirkung der endlichen Signalgeschwindigkeit elektromagnetischer Wellen. Die Lösung $\omega_T = \omega_0$ heißt deshalb auch die „unretardierte" Lösung. Zwischen $\omega_T$ und $\omega_L$ hat (11.57) keine Lösung, aber ein zweiter Zweig existiert für $\omega \geqq \omega_L$.

Die in Abb. 11.5 gezeigten Phonon-Polaritonen sind Eigenlösungen des Dielektrikums. Sie lassen sich durch Raman-Streuung beobachten [11.2]. Die korrekte Interpretation eines Absorptionsexperimentes setzt dagegen die Berücksichtigung der Maxwellschen Gleichungen im Innen- und Außenraum und der Grenzbedingungen voraus. Die Grenzbedingungen haben zur Folge, daß sich auch andersartige Polaritonen (siehe auch Abschn. 11.5 und Tafel XIII) als die bisher betrachteten ergeben. Das Problem der Absorption einer dünnen Schicht wurde bereits ohne explizite Berechnung der Eigenlösungen in Abschn. 11.2 gelöst. Dort wurde gezeigt, daß die Absorption einer dünnen Schicht im wesentlichen durch den Verlauf von $\varepsilon_2(\omega)$ bestimmt ist. Das Maximum der Absorption liegt dann also bei der Frequenz $\omega_T$ der transversal optischen Phononen.

Wir hatten gesehen, daß für nicht zu kleine $q$-Werte die Frequenz der transversalen Welle gleich der Resonanzfrequenz $\omega_0$ ist, während die Frequenz der longitudinalen Welle durch die Nullstelle von $\varepsilon_1(\omega)$ gegeben ist. Unter Benutzung von (11.37) $(\gamma \ll \omega_0)$ erhalten wir daraus eine wichtige Beziehung

$$\frac{\omega_L^2}{\omega_T^2} = \frac{\varepsilon_{st}}{\varepsilon_\infty}, \quad \text{(Lyddane-Sachs-Teller-Relation)}, \tag{11.58}$$

die die Aufspaltung der Frequenz zwischen longitudinaler und transversaler Welle angibt. Die physikalische Ursache für die Verschiebung der longitudinalen Frequenz zu höheren Werten ist die Verstärkung der wirksamen Federkonstante durch das die Longitudinalwellen begleitende Feld, siehe (11.52). Ein Kristall, der zwar optische Phononendispersionszweige besitzt (mehr als ein Atom pro Elementarzelle), jedoch wegen des Fehlens einer dynamischen effektiven Ionenladung nicht infrarot-aktiv ist, muß also bei $q=0$ eine Entartung der Frequenzen $\omega_L$ und $\omega_T$ aufweisen. Dies ist z. B. für Silizium der Fall (Abb. 4.4).

## 11.5 Oberflächenwellen eines Dielektrikums

Im letzten Abschnitt hatten wir Eigenschwingungen mit Wellencharakter in einem unendlich ausgedehnten Gitter kennengelernt. Wir wollen als Modell für einen endlichen Festkörper den dielektrischen Halbraum betrachten, dessen Begrenzungsfläche die $x, y$-Ebene sei. Zusätzlich zu den Volumenwellen gibt es dann spezielle Eigenschwingungen, die bezüglich der $x, y$ Koordinate Wellencharakter haben, jedoch senkrecht zur Grenzfläche exponentiell abklingen. Wir wollen zur Vereinfachung nur die unretardierten Lösungen suchen, die man formal durch $c \to \infty$ erhält. Dann ist also stets

$$\operatorname{rot} \mathscr{E} = \mathbf{0}. \tag{11.59}$$

Da wir nicht wieder die schon bekannten longitudinalen Volumenlösungen erhalten wollen, setzen wir abweichend von (11.48) auch

$$\operatorname{div} \mathscr{E} = 0, \quad \text{für} \quad z \neq 0. \tag{11.60}$$

Die beiden Bedingungen (11.59) und (11.60) sind erfüllt, wenn sich $\mathscr{E}$ als Gradient eines Potentials $\varphi$ schreiben läßt, für das die Laplace-Gleichung gilt

$$\Delta \varphi = 0, \quad \text{für} \quad z \neq 0. \tag{11.61}$$

Offenbar wird die Laplace-Gleichung im Außen- und Innenraum durch Oberflächenwellen der Form

$$\varphi = \varphi_0 e^{-q|z|} e^{i(qx - \omega t)} \tag{11.62}$$

erfüllt.

Das zugehörige Feldlinienbild ist in Abb. 11.6 gezeichnet. Im Innern des Dielektrikums $(z<0)$ ist das Feld mit einer Polarisation verknüpft. Für die Existenz der Lösung

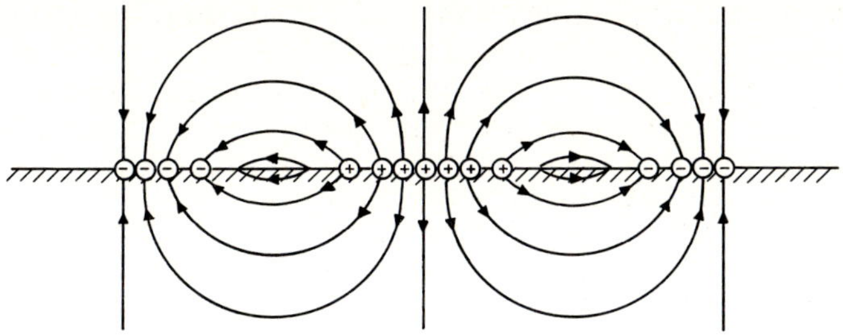

**Abb. 11.6.** Feldlinienbild einer Oberflächenwelle an der ebenen Oberfläche eines Dielektrikums

muß (11.62) zusätzlich noch die Randbedingung der Stetigkeit der Normalkomponente der dielektrischen Verschiebung erfüllen.

$$D_z = -\varepsilon_0 \varepsilon(\omega) \left.\frac{\partial \varphi}{\partial z}\right|_{z \leqq 0} = -\varepsilon_0 \left.\frac{\partial \varphi}{\partial z}\right|_{z \geqq 0} . \tag{11.63}$$

Daraus folgt, daß

$$\varepsilon(\omega) = -1 \tag{11.64}$$

sein muß. Die Frequenz der Oberflächenwelle liegt also unterhalb der longitudinalen Frequenz $\omega_L$ (Abb. 11.4). Für den harmonischen Oszillator und für Ionengitter ergibt sich

$$\omega_S = \omega_T \left( \frac{\varepsilon_{st} + 1}{\varepsilon_\infty + 1} \right)^{1/2} . \tag{11.65}$$

Auch für andere Geometrien als den Halbraum (kleine Kugeln, Ellipsoide, dünne Schicht) lassen sich Oberflächenwellen berechnen. Ihre Frequenz liegt immer zwischen $\omega_T$ und $\omega_L$. Bei Teilchen, deren Abmessungen klein gegen die Wellenlänge sind, macht sich die Existenz von Oberflächenwellen durch eine Lichtabsorption bemerkbar (Abb. 11.7). Die hier berechnete Oberflächenwelle der Ebene ist eine nichtstrahlende Lösung an der Grenzfläche, koppelt also nicht mit dem Lichtfeld. Eine genaue Diskussion unter Berücksichtigung der Retardierung zeigt, daß die Oberflächenwellen nur für $q$-Werte rechts der Lichtgeraden existieren. Eine Beobachtung der Oberflächenwelle

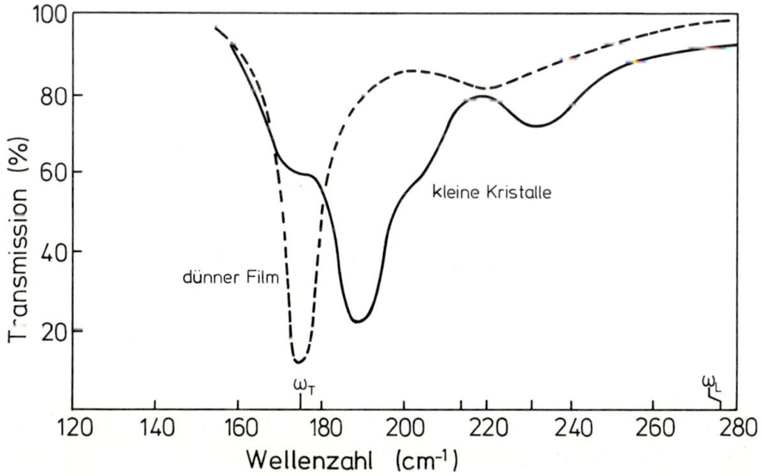


**Abb. 11.7.** Infrarot Absorptionsspektrum eines dünnen NaCl Films und von kleinen NaCl Würfeln von 10 μm Kantenlänge nach *Martin* [11.3]. Die dünne Schicht absorbiert bei $\omega_T = 175\ \text{cm}^{-1}$, vgl. (11.30 u. 41). Die zusätzliche Absorption bei 220 $\text{cm}^{-1}$ wird durch Zwei-Phononen-Prozesse verursacht. Das Maximum der Absorption bei kleinen Teilchen ist deutlich zu höheren Frequenzen verschoben

ermöglicht die Methode der „frustrierten" Totalreflexion" (Tafel XIII). Auch geladene Teilchen (Elektronen) wechselwirken mit den Oberflächenwellen des Dielektrikums (siehe Abschn. 11.12).

## 11.6 Das Reflexionsvermögen des dielektrischen Halbraums

Während die Absorption bei Durchstrahlung einer genügend dünnen Schicht nur vom Imaginärteil von $\varepsilon(\omega)$ bestimmt wird, gehen in das Reflexionsvermögen sowohl Real- als auch Imaginärteil ein. Der Intensitätsreflexionskoeffizient ist – vgl. auch (11.22) –

$$R = \frac{(n-1)^2 + \kappa^2}{(n+1)^2 + \kappa^2}. \tag{11.66}$$

Wir wollen den Verlauf des Reflexionskoeffizienten mit der Frequenz für das Ionengitter diskutieren und betrachten dazu zur Vereinfachung zunächst den Fall kleiner Dämpfung. Dann ist für $\omega < \omega_T$ $\varepsilon(\omega)$ reell, und das Reflexionsvermögen steigt mit Annäherung an den Wert $\omega_T$ an bis auf den Grenzwert $R=1$ (Abb. 11.8). Zwischen $\omega_T$ und $\omega_L$ ist $\varepsilon_1$ reell aber negativ. Deswegen ist der Realteil $n$ der komplexen Brechzahl Null, vgl. (11.19). Das Reflexionsvermögen bleibt also 1. Oberhalb von $\omega_L$ wird $\varepsilon_1 > 0$. Das Reflexionsvermögen fällt deshalb ab und erreicht bei $\varepsilon_1 = +1$ den Wert Null. Bei höheren Frequenzen steigt es wieder auf den Grenzwert $(\sqrt{\varepsilon_\infty} - 1)^2/(\sqrt{\varepsilon_\infty} + 1)^2$. Im Bereich, wo $\varepsilon_1 < 0$ ist, kann die Welle also von außen nicht in das Dielektrikum eindringen.

Diese Aussage wird etwas entschärft im Falle endlicher Dämpfung. Trotzdem bleibt das Reflexionsvermögen zwischen $\omega_T$ und $\omega_L$ hoch. Der gemessene Verlauf für das InAs-Gitter in Abb. 11.8 zeigt dieses Verhalten. Bei Vielfachreflexion an Oberflächen bleibt schließlich nur der Bereich zwischen $\omega_T$ und $\omega_L$ übrig. Daher rührt die Bezeichnung „Reststrahlen", die zur Bezeichnung des Frequenzbandes im Bereich der Gitterabsorption auch in der englischsprachigen Literatur verwendet wird.

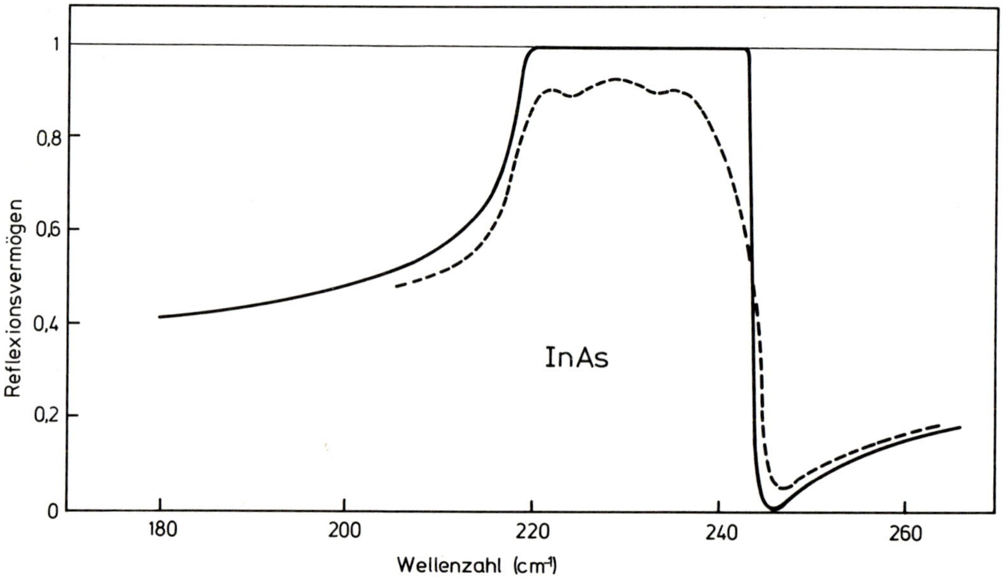


**Abb. 11.8.** Reflexionsvermögen im ungedämpften Fall (theoretisch). Die gestrichelte Linie gibt den experimentell ermittelten Verlauf für ein reales Ionengitter (InAs) an. (Nach *Hass* u. *Henri* [11.4])

# Tafel XII **Infrarot-Spektroskopie**

Für die Spektroskopie im Infrarot(IR)-Spektralbereich hat sich eine besondere experimentelle Technik herausgebildet. Wegen der weitgehenden Undurchlässigkeit von Glas und Quarz für größere Wellenlängen ($\lambda > 4\,\mu m$) werden optische Strahlengänge bevorzugt mit Spiegeln aufgebaut. Bis ins mittlere IR ($10\,\mu m < \lambda < 100\,\mu m$) können in Monochromatoren als dispersive Elemente Prismen aus Alkalihalogeniden (NaF, KCl, KJ usw.) verwendet werden. Ansonsten wird mit metallisch beschichteten Reflexionsgittern gearbeitet. Als Strahlungsquellen dienen bis ins mittlere IR Stäbe aus Siliziumkarbid („Globar") oder aus Zirkon- und Yttriumoxid („Nernststift"), die elektrisch auf Gelbglut geheizt werden. Im fernen IR ($\lambda > 200\,\mu m$), wo Quarz wieder durchlässig wird, finden Hg-Hochdrucklampen Anwendung. Auch die Synchrotronstrahlung ist – je nach Maschinenauslegung – etwa ab $50\,\mu m$ vorteilhaft.

Als Detektoren werden Thermoelemente, tiefgekühlte Halbleiter-Photowiderstände und pneumatische Detektoren („Golay-Zelle": thermische Ausdehnung eines Gasvolumens) verwendet. Das Maximum der thermischen Strahlung bei Zimmertemperatur liegt ungefähr bei $\lambda = 10\,\mu m$. Diese Hintergrundstrahlung würde jede Messung mit Gleichlicht stören. In IR-Spektrometern (Abb. XII.1) wird deshalb der Strahlengang periodisch unterbrochen („gechoppert") und das so modulierte elektrische Signal am Empfänger mit einem schmalbandigen und/oder phasenempfindlichen Verstärker („Lock-In" Verstärker) auf der betreffenden Modulationsfrequenz nachgewiesen. Häufig werden Zweistrahl-Spektrometer verwendet, bei denen ein Referenzstrahl mit dem Meßstrahl, der durch die Probe geht, verglichen wird. In Abb. XII.1 werden beide Strahlen über einen Sektorspiegel, der abwechselnd den Referenzstrahl durchläßt und über einen Spiegelsektor den Meßstrahl reflektiert, phasenverschoben auf den Detektor gebracht. Die den Intensitäten entsprechenden, zueinander phasenverschobenen elektrischen Signale werden elektronisch getrennt und verglichen.

Da im IR nur relativ intensitätsschwache Strahlungsquellen zur Verfügung stehen, hat sich neben der konventionellen Spektroskopie, wo unmittelbar eine Intensitätsverteilung $I(\omega)$ gemessen wird, die *Fourier-Spektroskopie* durchgesetzt. Ihr Vorteil beruht darauf, daß während der Meßzeit das gesamte Spektrum – und nicht nur jeweils ein durch die Auflösung begrenzter Bereich innerhalb von $\Delta\omega$ – datenmäßig erfaßt und verarbeitet wird. Häufig werden, wie in Abb. XII.2 angedeutet, Michelson-Anordnungen verwendet, um das Meßlicht in seine Fourier-Komponenten zu zerlegen. Hierbei kann ein Spiegel des Michelson-Interferometers mit hoher Präzision parallel um einen Maximalbetrag $x_0$ verschoben werden. Beim Durchstrahlen der Probe soll deren Transmission $T(\omega)$, d.h. bei wellenlängenunabhängiger Intensität $I_0$ von der Quelle her,

$$dI = T(\omega) I_0 d\omega \qquad \text{(XII.1)}$$

gemessen werden. In Abhängigkeit von der Spiegelverschiebung $x$ sind die elektrischen Feldstärken der beiden miteinander interferierenden monochromati-

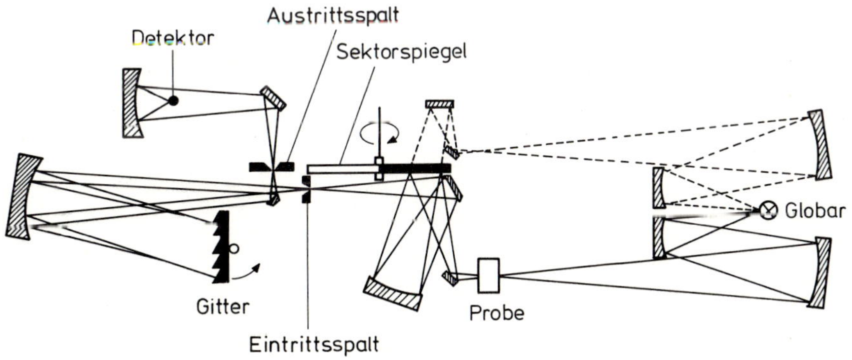


**Abb. XII.1.** Schema eines Gitter-Doppelstrahl-IR-Spektrometers. Der Referenzstrahl (- - -) durchläuft hinter dem sich drehenden Sektorspiegel (Chopper) den gleichen Strahlengang wie der Meßstrahl (—) durch die Probe, deren Absorption gemessen werden soll. Für Reflexionsmessungen muß mittels Spiegel der Meßstrahl an der Probe zur Reflexion gebracht werden. Wegen der atmosphärischen Wasserdampfabsorption durch Molekülschwingungen muß der gesamte Strahlengang mit getrockneter Luft gespült werden

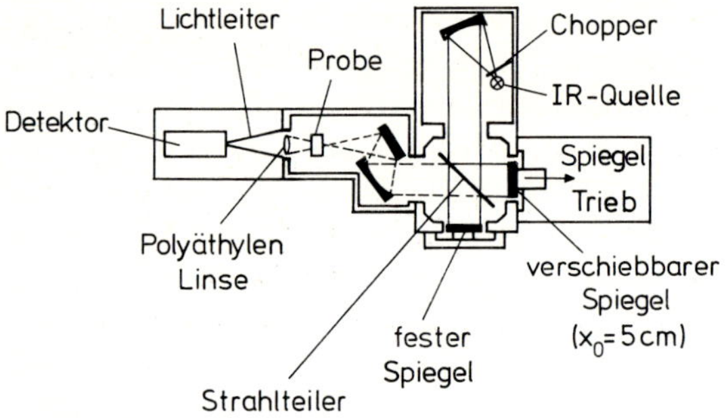


**Abb. XII.2.** Schema eines Fourier-Spektrometers nach dem Michelson-Prinzip

schen Lichtbündel $\mathscr{E}_1 = \sqrt{I_0 T(\omega)} \sin \omega t$ und $\mathscr{E}_2 = \sqrt{I_0 T(\omega)} \sin(\omega t + 2\omega x/c)$.

Vom Empfänger wird also in Abhängigkeit von $x$ im Zeitmittel die Intensität

$$dI(\omega, x) \propto (|\mathscr{E}_1 + \mathscr{E}_2|^2)\, d\omega$$

$$dI(\omega, x) \propto [I_0 T(\omega) + I_0 T(\omega) \cos 2\omega x/c]\, d\omega \qquad \text{(XII.2)}$$

gemessen.

Da die Lichtfrequenzen gleichzeitig verarbeitet werden, empfängt der Detektor bei Beleuchtung mit einem weißen Spektrum $I_0$ in Abhängigkeit von der Spiegelverschiebung $x$:

$$I(x) = \int dI = I_0 \int_0^\infty T(\omega)\, d\omega + I_0 \int_0^\infty T(\omega) \cos(2\omega x/c)\, d\omega\,. \qquad \text{(XII.3)}$$

Der erste Term ergibt eine Konstante $I(\infty)$ und der zweite stellt die Fourier-Transformierte der Transmission $T(\omega)$ dar. Die Messung besteht also darin, den einen Spiegel um $x$ (bis maximal $x_0$) zu verschieben und $I(x)$ zu messen. Die Fourier-Transformation von $[I(x) - I(\infty)]$, die auf Computern durchgeführt wird, ergibt dann unmittelbar das Transmissionsspektrum $T(\omega)$ der Probe. Die Fourier-Transformation wird nur exakt für unendlich große Verschiebungen $x$. Die Ungenauigkeit, d. h. schließlich die Auflösung $\Delta\omega$ dieser Spektroskopie, ist also gegeben durch die maximale Spiegelverschiebung $x_0 (\Delta\omega/c \cong x_0^{-1})$.

# Tafel XIII **Die Methode der frustrierten Totalreflexion**

Bei der Absorption elektromagnetischer Wellen durch einen (kristallinen) Festkörper gilt Wellenzahlerhaltung, d.h., eine Lichtwelle der Frequenz $\omega$ kann nur durch solche Festkörperanregungen absorbiert werden, die einen Wellenzahlvektor $q=\omega/c$ haben. Die in Abschn. 11.5 besprochenen Oberflächenwellen existieren z.B. nur für $q>\omega/c$. Sie lassen sich also in einem gewöhnlichen Absorptionsexperiment nicht nachweisen, wohl aber mit Hilfe der „frustrierten Totalreflexion". Abbildung XIII.1 zeigt eine experimentelle Anordnung nach *Marschall* u. *Fischer* [XIII.1]. Licht wird an der inneren Grenzfläche eines Prismas (hier aus Si) total reflektiert. Parallel zur Oberfläche ist jetzt der Wellenzahlvektor $q_{\|}=(\omega/c)n\sin\alpha$ (mit $n=3{,}42$). Bei sehr kleinem Luftspalt $d$ kann das exponentiell abklingende Feld im Außenraum des Prismas zur Anregung von Oberflächenwellen in einem GaP Kristall verwendet werden. Diese Anregung zeigt sich dann als Einbruch der im Prisma reflektierten Intensität (Abb. XIII.2). Je nach dem gewählten Winkel $\alpha$, also je nach $q_{\|}$, treten die Minima bei verschiedenen Frequenzen auf. So kann man die vollständige Dispersionskurve eines Oberflächenpolaritons ausmessen (Abb. XIII.3). Der theoretische Verlauf der Dispersionskurve läßt sich nach den Überlegungen in Abschn. 11.5 bei vollständiger Berücksichtigung der Maxwell-Gleichungen (retardierte Lösungen) ermitteln.

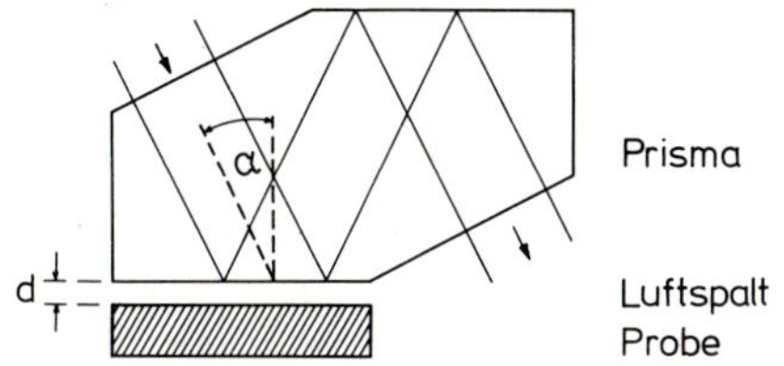


**Abb. XIII.1.** Experimentelle Anordnung zur Beobachtung der frustrierten Totalreflexion

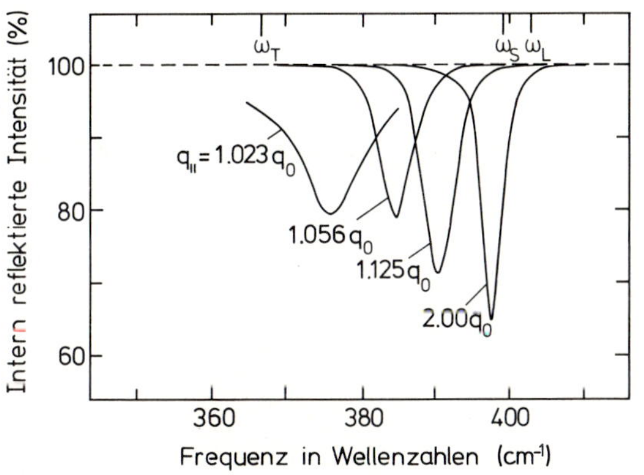


**Abb. XIII.2.** Reflektierte Intensität in der Anordnung nach Abb. XIII.1 als Funktion der Frequenz bei einer GaP Probe. Der Variationsparameter ist der Einfallswinkel $\alpha$. Er bestimmt – zusammen mit der Frequenz – die Parallelkomponente des Wellenzahlvektors $q_{\|}$. Die Minima entstehen durch Ankoppelung an Oberflächenpolaritonen. Zur optimalen Beobachtung muß die Stärke der Koppelung durch Variation des Luftspaltes $d$ an den Wert von $q_{\|}$ angepaßt werden

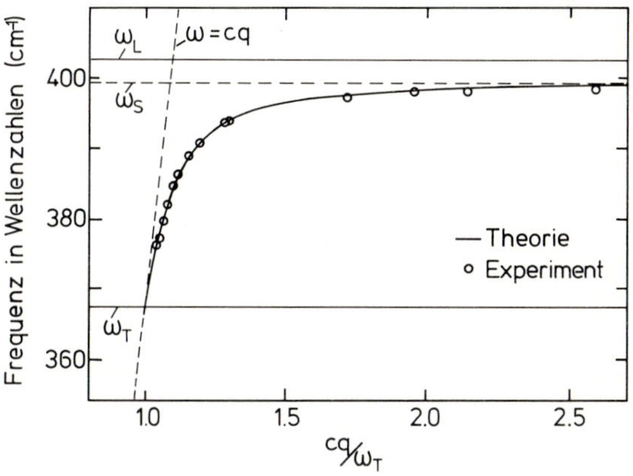


**Abb. XIII.3.** Dispersion von Oberflächenpolaritonen von GaP. $\omega_L$ und $\omega_T$ sind die Frequenzen des longitudinalen bzw. transversalen optischen Phonons, $\omega_S$ die Frequenz des Oberflächenphonons

## Literatur

XIII.1 N. Marschall, B. Fischer: Phys. Rev. Lett. **28**, 811 (1972)

## 11.7 Das lokale Feld

Nur für einen einzelnen Dipol ist das am Ort des Dipols wirksame Feld gleich dem von außen angelegten. Für viele Dipol-Oszillatoren liefern die von den Nachbardipolen ihrerseits erzeugten Felder einen Zusatzbeitrag, der nur im Grenzfall großer Verdünnung, also gerade nicht bei Festkörpern vernachlässigt werden kann. Wählen wir das Feld entlang der $z$-Achse, so ist das *lokal wirksame Feld*

$$\mathscr{E}_{\text{loc}} = \mathscr{E} + \frac{1}{4\pi\varepsilon_0} \sum_i p_i \frac{3z_i^2 - r_i^2}{r_i^5}. \tag{11.67}$$

Die Summe ist dabei über alle Nachbar-Dipole zu erstrecken. Ist $p_i$ das Dipolmoment pro Elementarzelle in einem Ionengitter, so summiert $i$ alle Nachbarzellen. Die Summe in (11.67) ist nur scheinbar kompliziert. Für eine kugelförmige Gestalt und homogene Polarisierung ist nämlich (Aufpunkt im Kugelmittelpunkt)

$$\sum_i p_i \frac{x_i^2}{r_i^5} = p \sum_i \frac{x_i^2}{r_i^5} = p \sum_i \frac{y_i^2}{r_i^5} = p \sum_i \frac{z_i^2}{r_i^5} = \frac{1}{3} p \sum_i \frac{r_i^2}{r_i^5}. \tag{11.68}$$

Die Summe in (11.67) verschwindet also in diesem Falle und das lokale Feld im Kugelmittelpunkt ist gleich dem äußeren. Leider entspricht dieser einfache Fall nicht den typisch experimentellen Bedingungen; denn für die Absorption elektromagnetischer Wellen ist die Voraussetzung homogener Polarisation nur für Kugeln mit einem Durchmesser klein gegen die Lichtwellenlänge gegeben. Aber auch bei der Beschreibung transversaler und longitudinaler Wellen ist die Kugelbetrachtung nützlich. Wir können uns nämlich aus dem Festkörper eine Kugel ausgeschnitten denken, innerhalb der die Polarisation näherungsweise homogen ist und die trotzdem noch viele Elementarzellen umfaßt. Voraussetzung ist dann lediglich, daß die Wellenlänge groß gegen die Elementarzelle ist, was für den Bereich der Wechselwirkung mit Licht zutrifft. Innerhalb der gedachten Kugel verschwindet der Beitrag zum lokalen Feld. Außerhalb der Kugel sind die Abstände zum Zentrum schon so groß, daß man mit einer kontinuierlichen Verteilung der Dipole, also mit einer makroskopischen Polarisation $\boldsymbol{P}$ rechnen kann. Das von dieser Polarisation ausgehende Feld wird durch das Feld der Polarisationsladungen an der Oberfläche der Kugel beschrieben, deren Flächenladungsdichte

$$\varrho_{\text{P}} = -P_n \tag{11.69}$$

gleich der Normalkomponente von $\boldsymbol{P}$ ist. Die Ladung in einem Breitenring (Abb. 11.9) ist dann

$$dq = -P \cos\theta 2\pi a \sin\theta a d\theta \tag{11.70}$$

und deren Feldbeitrag im Zentrum der Kugel

$$d\mathscr{E} = -\frac{1}{4\pi\varepsilon_0} \frac{dq}{a^2} \cos\theta. \tag{11.71}$$

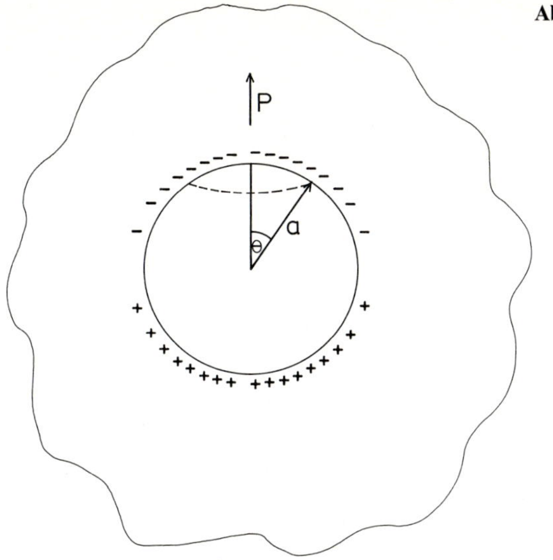


**Abb. 11.9.** Polarisation und lokales Feld

Das gesamte Zusatzfeld $\mathscr{E}_{\mathrm{P}}$ wird damit

$$\mathscr{E}_{\mathrm{P}} = \frac{P}{2\varepsilon_0} \int_0^{\pi} \cos^2\theta \sin\theta d\theta = \frac{1}{3\varepsilon_0} P \tag{11.72}$$

und das lokale Feld

$$\mathscr{E}_{\mathrm{loc}} = \mathscr{E} + \frac{1}{3\varepsilon_0} P . \tag{11.73}$$

Dieses lokale Feld ist für Ionengitter in die Bewegungsgleichung (11.32) und in (11.33) einzusetzen. Anstelle von (11.34) und (11.35) erhält man damit nach einer Umformung

$$s(\omega)\left(\omega_0^2 - \frac{1}{\mu}\frac{\frac{1}{3\varepsilon_0}\frac{N}{V}e^{*2}}{1-\frac{1}{3}\frac{N}{V}\alpha} - \omega^2 - \mathrm{i}\gamma\omega\right) = \frac{e^*}{\mu}\mathscr{E}(\omega)\frac{1}{1-\frac{N}{V}\frac{\alpha}{3}} \tag{11.74}$$

$$P(\omega) = \frac{\frac{N}{V}e^*}{1-\frac{1}{3}\frac{N}{V}\alpha} s(\omega) + \frac{\varepsilon_0\frac{N\alpha}{V}}{1-\frac{1}{3}\frac{N}{V}\alpha}\mathscr{E}(\omega) . \tag{11.75}$$

Die sich hieraus berechnende dielektrische Funktion $\varepsilon(\omega)$ hat die gleiche Gestalt wie in (11.37), nur die Verknüpfung der makroskopischen Größen $\omega_{\mathrm{T}}$, $\varepsilon_{\mathrm{st}}$ und $\varepsilon_{\infty}$ mit den mikroskopischen Eigenschaften des Systems $\omega_0$, $e^*$ ist eine andere.

Betrachten wir als Beispiel den hochfrequenten Grenzfall ($\omega \gg \omega_T$), so ist offenbar wegen $s(\omega) \to 0$

$$\varepsilon_\infty = 1 + \frac{\frac{N}{V}\alpha}{1 - \frac{1}{3}\frac{N}{V}\alpha} \tag{11.76}$$

oder

$$\frac{\varepsilon_\infty - 1}{\varepsilon_\infty + 2} = \frac{1}{3}\frac{N}{V}\alpha \tag{11.77}$$

Diese nach Clausius-Mossotti benannte Formel verknüpft also die Dielektrizitätskonstante mit der elektronischen Polarisierbarkeit im Bereich oberhalb der Gitterresonanz.

## 11.8 Polarisationskatastrophe und Ferroelektrika

Durch die Wirkung des lokalen Feldes vermindert sich die transversale Eigenfrequenz des Gitters – siehe (11.74) –

$$\omega_T^2 = \omega_0^2 - \frac{1}{\mu} \frac{\frac{1}{3\varepsilon_0}\frac{N}{V}e^{*2}}{1 - \frac{1}{3}\frac{N}{V}\alpha}. \tag{11.78}$$

Für genügend große effektive Ionenladung $e^*$, hohe elektronische Polarisierbarkeit $\alpha$ bzw. relativ schwache Kopplung zu den nächsten Nachbarn (kleines $\omega_0$) kann die transversale Frequenz sogar Null werden. Das mit einer Bewegung eines Ions im Gitter erzeugte lokale Feld ist dann so stark, daß die Kräfte zu den nächsten Nachbarn kleiner sind als die durch das lokale Feld hervorgerufenen Kräfte. Diese treiben das Ion weiter, bis es eine neue Gleichgewichtslage findet. Die dabei auftretenden Kräfte sind in der von uns betrachteten harmonischen Näherung nicht erfaßt. Der neue Zustand des Festkörpers ist durch Zerfallen in Kristallbereiche mit permanenter Polarisation gekennzeichnet. Dieser Effekt wird als Polarisationskatastrophe bezeichnet und der dann eintretende neue Zustand in Analogie zum ferromagnetischen Zustand als der „*ferroelektrische*" (obgleich er mit Eisen nichts zu tun hat). Ferroelektrische Stoffe sind die Perowskite (z. B. $BaTiO_3$, $SrTiO_3$) und Hydrogenphosphate oder Arsenate (z. B. $KH_2PO_4$). Der ferroelektrische Zustand kann als ein „eingefrorenes" Transversalphonon aufgefaßt werden. Dieses Einfrieren setzt allerdings voraus, daß die thermische Bewegung des Gitters klein ist. Mit zunehmender Temperatur werden die thermischen Fluktuationen immer größer. Dadurch wird das am Orte eines Ions wirksame Feld immer mehr verkleinert, bis schließlich oberhalb einer kritischen Temperatur $T_c$ die rechte Seite von (11.78) positiv wird. Mit zunehmendem Abstand von der kritischen Temperatur steigt die transversale Frequenz

$$\omega_T^2 \propto T - T_c \,. \tag{11.79}$$

Aufgrund der Lyddane-Sachs-Teller-Relation (11.58) gilt in diesem Bereich für die statische Dielektrizitätskonstante näherungsweise

$$\varepsilon_{ST}^{-1} \propto T - T_c \,. \tag{11.80}$$

Allerdings bleibt in der Praxis die Dielektrizitätskonstante bei Annäherung an $T_c$ endlich. Eine schematische Darstellung dieser Zusammenhänge ist in Abb. 11.10 gegeben.

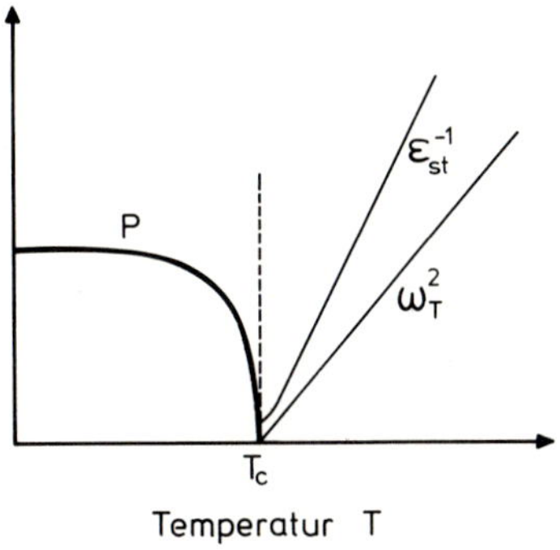


**Abb. 11.10.** Temperaturverlauf der permanenten Polarisation $P$, der reziproken statischen Dielektrizitätskonstante $\varepsilon_{st}^{-1}$ und des Quadrats der transversalen Frequenz $\omega_T^2$ für ein Ferroelektrikum (schematisch)

## 11.9 Das freie Elektronengas

Das dielektrische Verhalten von Metallen, aber auch von Halbleitern mit höherer Elektronenkonzentration, für Frequenzen um den Bereich des sichtbaren Lichtes wird von den kollektiven Anregungen der freien Ladungsträger maßgeblich bestimmt. Die dielektrische Funktion läßt sich ähnlich wie beim Ionengitter aus einer Bewegungsgleichung herleiten. Bezeichnen wir mit $s$ eine homogene Verschiebung des gesamten Elektronengases gegen die Ionenrümpfe, so gilt als Bewegungsgleichung

$$nm\ddot{s} + \gamma\dot{s} = -ne\mathscr{E} \,, \tag{11.81}$$

wobei $n$ die Elektronenkonzentration und $m$ die Elektronenmasse ist. Im Gegensatz zu (11.32) enthält (11.81) keine mechanische Rückstellkraft. Die Dämpfungskonstante $\gamma$ ist jetzt mit der Leitfähigkeit $\sigma$ verknüpft, denn für einen stationären Fluß ($\ddot{s}=0$) gilt

$$j = -en\dot{s} = \frac{n^2e^2}{\gamma}\mathscr{E} \quad \text{also} \quad \sigma = j/\mathscr{E} = \frac{n^2e^2}{\gamma} \,. \tag{11.82}$$

Aus (11.81) wird damit

$$nm\ddot{s} + \frac{n^2e^2}{\sigma}\dot{s} = -ne\mathscr{E} . \tag{11.83}$$

Nach Übergang zur Fourier-Transformierten folgt daraus

$$\left[-nm\omega^2 - \mathrm{i}\frac{n^2e^2}{\sigma(\omega)}\omega\right]s(\omega) = -ne\mathscr{E}(\omega) . \tag{11.84}$$

Dabei muß auch die Leitfähigkeit als eine Funktion der Frequenz betrachtet werden. Ersetzen wir die Verschiebung $s(\omega)$ durch die Polarisation

$$P(\omega) = -ens(\omega) , \tag{11.85}$$

so folgt für die dielektrische Funktion

$$\varepsilon(\omega) = 1 - \frac{\omega_p^2}{\omega^2 + \mathrm{i}\dfrac{\omega_p^2\varepsilon_0}{\sigma(\omega)}\omega} \tag{11.86}$$

mit

$$\omega_p^2 = \frac{ne^2}{m\varepsilon_0} . \tag{11.87}$$

Bei schwacher Dämpfung ist $\omega_p$ gerade die Frequenz, wo $\varepsilon(\omega) = 0$ wird. Sie bezeichnet also die Frequenz einer longitudinalen Eigenschwingung des freien Elektronengases. Diese Eigenschwingungen werden *Plasmonen* genannt. Eine transversale Eigenschwingung gibt es wegen der fehlenden Rückstellkraft nicht, d.h., $\omega_T$ ist gleich Null. Typische Werte für die Plasmon-Energien liegen zwischen 3 und 20 eV. Sie lassen sich aus der Elektronendichte (und einer angenommenen effektiven Masse der Elektronen, Abschn. 9.1) berechnen. Allerdings haben solche Berechnungen nicht viel Wert. In sehr vielen Metallen sind die longitudinalen Eigenschwingungen durch Interbandanregungen (Abschn. 11.10) so stark gedämpft, daß die Plasmonen als Anregung gar nicht mehr definierbar sind. Dort wo sie sich beobachten lassen, ist der Nulldurchgang von $\varepsilon_1(\omega)$ durch Interbandübergänge gegenüber dem freien Elektronengasmodell stark verschoben. Immerhin erlaubt der funktionale Verlauf von $\varepsilon(\omega)$, so wie er sich aus dem Modell des freien Elektronengases ergibt, eine wichtige universelle Eigenschaft der Metalle qualitativ zu verstehen, nämlich das große Reflexionsvermögen. In Abb. 11.11 ist das Reflexionsvermögen für $\hbar\omega_p = 15{,}2$ eV und $\sigma = \sigma(\omega = 0) = 3{,}6 \times 10^5\,(\Omega\,\mathrm{cm})^{-1}$ aufgetragen. Diese Werte gelten für Aluminium, für das das Modell des freien Elektronengases noch am ehesten zutrifft. Zum Vergleich ist die gemessene Reflexionskurve eingetragen. Der Einbruch bei 1,5 eV wird durch einen Interbandübergang verursacht. Er ist auch die Ursache für eine stärkere Dämpfung, wodurch das Reflexionsvermögen im Bereich des sichtbaren Lichtes und bei höheren Frequenzen nur etwa 90 % erreicht.

Eine interessante Anwendungsmöglichkeit der Modellvorstellungen des freien Elektronengases ergibt sich bei Halbleitern (siehe auch Tafel III). Hier läßt sich die

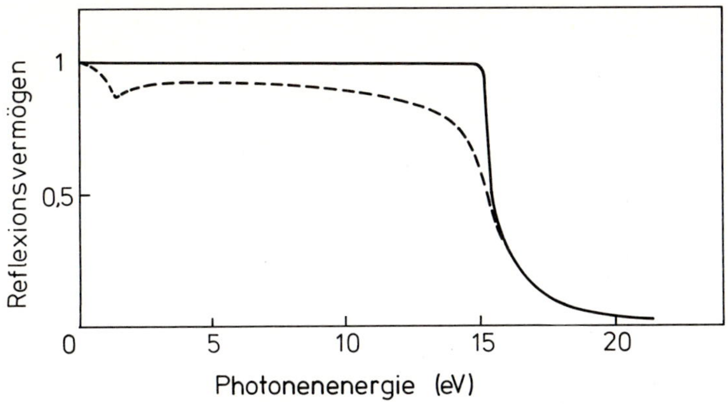


**Abb. 11.11.** Reflexionsvermögen im Modell des freien Elektronengases ($\hbar\omega_p = 15{,}2$ eV, $\sigma = 3{,}6 \cdot 10^5\ \Omega^{-1}\ \mathrm{cm}^{-1}$) und für Aluminium (gestrichelte Linie)

Konzentration freier Elektronen durch Zusätze (siehe Kap. 12) in weiten Grenzen einstellen. Dadurch läßt sich die Plasmakante des Reflexionsvermögens variieren. In Abb. 11.12 ist das Reflexionsvermögen für eine dünne $In_2O_3$ Schicht mit Sn-Zusatz aufgetragen. Eine solche Schicht läßt das sichtbare Licht nahezu ungehindert durch, bietet aber eine wirksame Sperre für infrarote Strahlung. Solche Beschichtungen werden in Na-Dampflampen und für Wärmeschutzfenster eingesetzt [11.5]. Die Beschreibung des Reflexionsvermögens durch das Modell des freien Elektronengases ist hier sehr gut, wenn man die 1 in (11.86) durch das tatsächliche $\varepsilon_\infty$ im Sichtbaren ersetzt. Der Grund ist, daß $In_2O_3$ im Sichtbaren (ohne freie Ladungsträger) keine Absorption aufweist. Die Interbandübergänge beginnen erst bei $\sim 2{,}8$ eV.

Es sei darauf hingewiesen, daß bei Halbleitern neben den Plasmaschwingungen freier Elektronen auch Plasmaschwingungen der Valenzelektronen existieren. Die Anregungsenergie liegt wie bei vielen Metallen zwischen 10 und 20 eV.

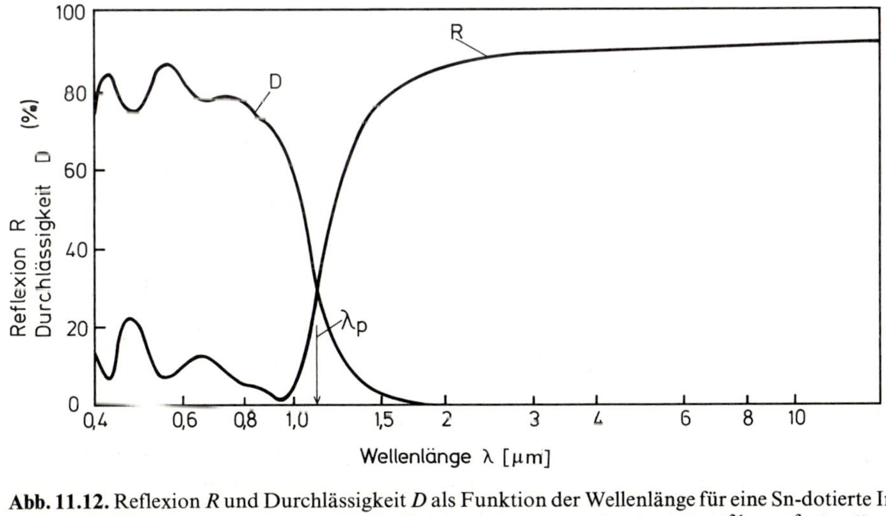


**Abb. 11.12.** Reflexion $R$ und Durchlässigkeit $D$ als Funktion der Wellenlänge für eine Sn-dotierte $In_2O_3$ Schicht. Die Schichtdicke beträgt 0,3 μm und die Elektronenkonzentration ist $1{,}3 \cdot 10^{21}\ \mathrm{cm}^{-3}$. $\lambda_p$ gibt die Lage der Plasmawellenlänge an. (Nach *Frank* et al. [11.5])

## 11.10 Interband-Übergänge

Die im Abschn. 11.9 behandelte kollektive Anregung des freien Elektronengases wurde in einer klassischen Weise behandelt. Dies ist auch in dem einfachen Modell des freien Elektronengases nur möglich, solange man sich nicht für die sog. räumliche Dispersion, d.h. die $\boldsymbol{k}$-Abhängigkeit von $\varepsilon(\omega,\boldsymbol{k})$, interessiert. Andernfalls treten Anregungen von Elektronen ein und desselben nicht vollständig aufgefüllten Bandes hinzu. Man spricht auch von *Intraband-Übergängen*, die das $\varepsilon(\omega,\boldsymbol{k})$ des freien Elektronengases bedingen.

Bei genügend hohen $\omega$ können Übergänge zwischen Zuständen verschiedener Bänder stattfinden. In diesem Fall spricht man von *Interband-Übergängen*. Entsprechend der diskreten Natur der erlaubten und verbotenen Energiebänder muß man eine energetisch diskrete Struktur dieser Anregungsprozesse und des daraus resultierenden $\varepsilon(\omega)$-Verlaufes erwarten. Im Rahmen der Näherung des stark gebundenen Elektrons (Abschn. 7.3) sind diese Interband-Übergänge nichts anderes als Anregungen zwischen besetzten und unbesetzten Energietermen der Kristallatome, wobei infolge der interatomaren Wechselwirkung die diskreten Energieniveaus des Einzelatoms zu Bändern aufgespalten sind. Eine adäquate Beschreibung der daraus resultierenden Funktion $\varepsilon(\omega)$ ergibt sich also durch Summation über alle möglichen Einzelanregungen. Eine Einzelanregung wäre beispielsweise ein Übergang aus einem besetzten $1s$ in ein unbesetztes $2p$ Energieniveau eines Na-Atoms. Die Modifikation durch die Kristallstruktur drückt sich dann aus in der Aufspaltung der $1s$ und $2p$ Niveaus.

Der Zusammenhang zwischen der makroskopischen dielektrischen Funktion $\varepsilon(\omega)$ und dem Elektronen-Anregungsspektrum soll jetzt an Hand einer quantenmechanischen Rechnung näher verdeutlicht werden. Wie in diesem ganzen Kapitel wollen wir auch hier die Wellenlänge des anregenden Lichtes als groß gegen die atomaren Dimensionen (Gitterkonstante) betrachten. Dann kann in der Schrödinger-Gleichung die Ortsabhängigkeit des elektromagnetischen Feldes vernachlässigt werden.

Leider ist auch dann eine direkte störungstheoretische Behandlung der Absorption nicht möglich, da ja der „Störung", nämlich der elektromagnetischen Welle, Energie entzogen wird. Außerhalb der eigentlichen Absorption ist es dagegen erlaubt, die Eigenschaften des quantenmechanischen Systems im Feld störungstheoretisch zu ermitteln.

Wir nehmen dazu an, daß das elektrische Feld die Form

$$\mathscr{E} = \mathscr{E}_{0x}\boldsymbol{e}_x \cos\omega t \tag{11.88}$$

habe. Mit einer solchen Störung ist die zeitabhängige Schrödinger-Gleichung für ein Einelektronenproblem

$$\left\{-\frac{\hbar^2}{2m}\Delta + V(\boldsymbol{r}) - \frac{1}{2}e\mathscr{E}_{0x}x(\mathrm{e}^{\mathrm{i}\omega t}+\mathrm{e}^{-\mathrm{i}\omega t})\right\}\psi(\boldsymbol{r},t) = \mathrm{i}\hbar\dot{\psi}(\boldsymbol{r},t)\,. \tag{11.89}$$

Es seien $\psi_{0i}(\boldsymbol{r},t) = \exp[(\mathrm{i}/\hbar)E_i t]\,\varphi_i(\boldsymbol{r})$ die ungestörten Lösungen, nach denen wir entwickeln können durch den Ansatz

$$\psi(\boldsymbol{r},t) = \sum_i a_i(t)\,\mathrm{e}^{-(\mathrm{i}/\hbar)E_i t}\varphi_i(\boldsymbol{r}) \tag{11.90}$$

mit zeitabhängigen Koeffizienten $a_i(t)$. Wir können jetzt leicht die Zeitableitung von $\psi(\boldsymbol{r},t)$ bilden und in (11.89) zusammen mit dem Ansatz (11.90) einsetzen. Wir bilden ferner noch mit einem beliebigen Zustand $\mathrm{e}^{(\mathrm{i}/\hbar)E_j t}\varphi_j^*(\boldsymbol{r})$ ein Matrixelement aus der ganzen Schrödinger-Gleichung und erhalten unter Benutzung der Orthonormalität der Lösungen des ungestörten Problems

$$i\hbar\dot{a}_j(t) = -\tfrac{1}{2}e\mathscr{E}_{0x}\sum_i \langle j|x|i\rangle a_i(t)(e^{i\omega t}+e^{-i\omega t})e^{i(E_j-E_i)t/\hbar} \qquad (11.91)$$

Wir nehmen an, daß zum Zeitpunkt $t=0$ ein bestimmter Zustand $i$ eingenommen war, so daß $a_i(t=0)=1$ ist, alle anderen Koeffizienten dagegen Null sind. Dann ist

$$a_j(t) = \frac{i}{2\hbar}\,e\mathscr{E}_{0x}\langle j|x|i\rangle \int_0^t (e^{i\omega t}+e^{-i\omega t})e^{i(E_j-E_i)t/\hbar}dt$$

$$= \frac{e}{2\hbar}\,\mathscr{E}_{0x}\langle j|x|i\rangle\left(\frac{e^{i(\omega-\omega_{ji})t}-1}{\omega_{ji}-\omega}+\frac{e^{i(\omega_{ji}-\omega)t}-1}{\omega_{ji}+\omega}\right) \qquad (11.92)$$

wobei wir $\omega_{ji}=(E_j-E_i)/\hbar$ eingeführt haben. Mit diesem Ausdruck für die zeitabhängigen Entwicklungskoeffizienten können wir den Erwartungswert des Dipolmomentes in dem gestörten Zustand $\psi(\mathbf{r},t)$ berechnen, unter Vernachlässigung von quadratischen Termen in den Koeffizienten $a_j(t)$.

$$\langle ex\rangle = \int d\mathbf{r}\,\psi^*(\mathbf{r},t)ex\psi(\mathbf{r},t)$$

$$= ex_{ii} + e\sum_j a_j(t)x_{ij}e^{-i\omega_{ji}t} + a_j^*(t)x_{ij}^*e^{i\omega_{ji}t}$$

$$= ex_{ii} - (e\mathscr{E}_{0x}/\hbar)\sum_j |x_{ij}|^2\,\frac{2\omega_{ji}}{\omega_{ji}^2-\omega_0^2}\,(\cos\omega t - \cos\omega_{ji}t)$$

$$\text{mit}\quad x_{ij} = \int \varphi_i^*(\mathbf{r})x\varphi_j(\mathbf{r})d\mathbf{r} \qquad (11.93)$$

Der erste Term in dieser Gleichung beschreibt einen feldunabhängigen Anteil des Dipolmomentes, der bei inversionssymmetrischen Systemen verschwindet. Der zweite Term ist linear im Feld und enthält einen Anteil, der im Takte des anregenden Feldes schwingt. Er beschreibt also die Polarisierbarkeit des Mediums. Ein weiterer Anteil linear im Feld schwingt mit „atomarer" Frequenz und tritt deshalb bei einer makroskopischen Messung, die über atomare Frequenzen mittelt, nicht in Erscheinung. Gleichung (11.93) gibt uns also den Realteil der Polarisierbarkeit bzw. $\varepsilon_1(\omega)-1$ für alle Frequenzen, mit Ausnahme der Polstellen selbst, wo die Störungsrechnung auch für beliebig kleine Felder zusammenbricht (vgl. 11.92). Es ist jedoch erlaubt, nunmehr von den analytischen Eigenschaften der komplexen Dielektrizitätskonstanten Gebrauch zu machen und die zugehörigen Imaginärteile, welche die Absorption beschreiben, nach der Kramers-Kronig Relation (11.17) zu ermitteln. Ziehen wir z.B. Gleichung (11.41) heran, die bezüglich der Pole dieselbe Struktur wie (11.93) aufweist, so können wir $\varepsilon_2(\omega)$ direkt angeben.

$$\varepsilon_2(\omega) = \frac{\pi e^2}{\varepsilon_0 V}\sum_{ij}|x_{ij}|^2[\delta(\hbar\omega-(E_j-E_i))-\delta(\hbar\omega+(E_j-E_i))]\,. \qquad (11.94)$$

Die Summe über $i$ ist dabei die Summe über alle Anfangszustände des Systems im Volumen $V$ und die Summe über $j$ die Summe über alle Endzustände. Aus (11.94) läßt sich für ein Ensemble von Oszillatoren, die sich in Zuständen mit der Quantenzahl $n$ befinden, der $n$-unabhängige Wert von $\varepsilon_2(\omega)$ in Übereinstimmung mit dem klassischen Wert (11.41) herleiten. Dazu muß man lediglich die Werte für die Matrixelemente eines harmonischen Oszillators $|x_{n,n+1}|^2=(n+1)\hbar/2m\omega_0$ bzw. $|x_{n,n-1}|^2=n\hbar/2m\omega_0$ einsetzen.

Wir merken an, daß anstelle des Matrixelementes der Ortskoordinate $x_{ij}$ häufig das Matrixelement des Impulsoperators $p_{ij} = \mathrm{i}m\omega x_{ij}$ verwendet wird. Dieses wäre auch direkt in unserer Herleitung erschienen, wenn wir anstelle des elektrischen Feldes $\mathscr{E}$ das dazugehörige Vektorpotential $\dot{A} = -\mathscr{E}$ verwendet hätten und den Operator $\not{p}_x (= (\hbar/\mathrm{i})\partial/\partial x$ in der Ortsdarstellung) in der Schrödinger-Gleichung durch $\not{p}_x + A_x$ ersetzt hätten.

Der Ausdruck für $\varepsilon_2(\omega)$ gilt für jedes quantenmechanische System. Speziell für den periodischen Festkörper können wir das Matrixelement des Impulsoperators in (11.94) noch weiter auswerten. Dann können wir nämlich die Zustände (vgl. Abschn. 7.1) durch Bloch-Wellen beschreiben. Zustände werden dann durch die Angabe des Bandes und des $\boldsymbol{k}$-Vektors charakterisiert. Für die Indizierung der Bänder wollen wir die Indizes $i, j$ beibehalten. Die Blochzustände in der Ortsdarstellung lauten damit

$$\begin{aligned} \langle \boldsymbol{r}|i, \boldsymbol{k}_i\rangle &= \frac{1}{\sqrt{V}}\, u_{\boldsymbol{k}_i}(\boldsymbol{r})\mathrm{e}^{\mathrm{i}\boldsymbol{k}_i\cdot \boldsymbol{r}} \\ \langle \boldsymbol{r}|j, \boldsymbol{k}_j\rangle &= \frac{1}{\sqrt{V}}\, u_{\boldsymbol{k}_j}(\boldsymbol{r})\mathrm{e}^{\mathrm{i}\boldsymbol{k}_j\cdot \boldsymbol{r}} . \end{aligned} \tag{11.95}$$

Bei der Berechnung des Matrixelements als Integral über den ganzen Raum können wir dann wie im Abschn. 3.6 die Integration aufspalten in ein Integral über die Zelle und eine Summation über alle Zellen

$$\langle i, \boldsymbol{k}_i|\not{p}|j, \boldsymbol{k}_j\rangle = \langle i, \boldsymbol{k}_i|\not{p}|j, \boldsymbol{k}_j\rangle_{\text{Zelle}} \frac{1}{N} \sum_{\boldsymbol{n}} \mathrm{e}^{\mathrm{i}(\boldsymbol{k}_j - \boldsymbol{k}_i)\cdot \boldsymbol{r}_n} . \tag{11.96}$$

Wie schon in Kap. 3 diskutiert, liefert die Summe nur Beiträge für $\boldsymbol{k}_j = \boldsymbol{k}_i$. Dies ist eine spezielle Form des Wellenzahl- oder Quasiimpulserhaltungssatzes, der uns schon mehrfach als Folge der Gitterperiodizität begegnet ist. Er gilt, wenn man den Wellenzahlvektor des Lichts $k_{\mathrm{L}}$ als klein betrachten kann, d.h. aber für Licht bis weit in den ultravioletten Bereich (vgl. Abschn. 4.5). Optische Übergänge, dargestellt im $\boldsymbol{k}$-Raum, sind also „senkrechte Übergänge" (Abb. 11.13).

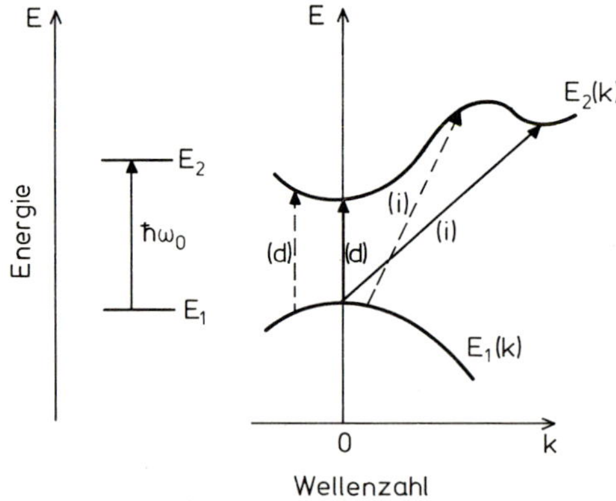


**Abb. 11.13.** Schematische Darstellung direkter (*d*) und indirekter (*i*) Übergänge in einem Bänderschema $E(\boldsymbol{k})$, das aus zwei atomaren Niveaus $E_1$ und $E_2$ des freien Atoms hervorgegangen ist. $E_1(\boldsymbol{k})$ sei ein besetztes und $E_2(\boldsymbol{k})$ ein unbesetztes Band. Die mit ausgezogener Linie gezeichneten Übergänge gehören zu Punkten hoher kombinierter Zustandsdichte. Die Energien der bei den indirekten Übergängen beteiligten Phononen sind vernachlässigt

Mit dem Quasiimpulssatz können wir nun $\varepsilon_2(\omega)$ weiter auswerten. Die Summation über alle Zustände wird nun als Summation über alle $\boldsymbol{k}$ und alle Bänder ausgeführt

$$\varepsilon_2(\omega) = \frac{\pi}{\varepsilon_0} \frac{e^2}{m^2\omega^2} \frac{1}{V} \sum_{ij\boldsymbol{k}} |\langle i, \boldsymbol{k}|\not{p}|j, \boldsymbol{k}\rangle|^2 \delta(E_j - E_i - \hbar\omega) . \tag{11.97}$$

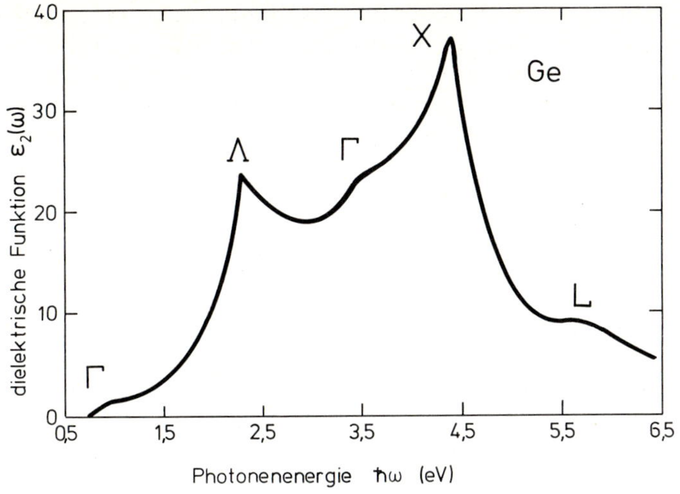


**Abb. 11.14.** Experimentell ermitteltes Spektrum der dielektrischen Funktion $\varepsilon_2(\omega)$ für Germanium. $\Gamma$, $X$ und $L$ bezeichnen Punkte der Brillouin-Zone, denen die entsprechenden kritischen Punkte der kombinierten Zustandsdichte zugeordnet werden. Ein großer Beitrag stammt auch von Übergängen entlang der $\Lambda$-Richtung (entspricht [111]). (Man vergleiche dazu Abb. 7.14.) (Nach *Phillips* [11.6])

Ersetzen wir wieder die Summe über $\boldsymbol{k}$ durch ein Integral, so wird daraus

$$\frac{1}{V}\sum_{\boldsymbol{k}} \Rightarrow \frac{1}{(2\pi)^3}\int d\boldsymbol{k}\,, \tag{11.98}$$

$$\varepsilon_2(\omega) = \frac{\pi}{\varepsilon_0}\frac{e^2}{m^2\omega^2}\frac{1}{(2\pi)^3}\sum_{ij}\int |\langle i,\boldsymbol{k}|\not{p}|j,\boldsymbol{k}\rangle|^2\,\delta(E_j(\boldsymbol{k})-E_i(\boldsymbol{k})-\hbar\omega)d\boldsymbol{k}\,. \tag{11.99}$$

Die $\delta$-Funktion macht aus dem Raumintegral im $\boldsymbol{k}$-Raum ein Flächenintegral über eine Fläche konstanter Energiedifferenz $E_j(\boldsymbol{k})-E_i(\boldsymbol{k})=\hbar\omega$ – vgl. (7.41) –

$$\varepsilon_2(\omega) = \frac{\pi}{\varepsilon_0}\frac{e^2}{m^2\omega^2}\frac{1}{(2\pi)^3}\sum_{ij}\int_{\hbar\omega=E_j-E_i} |\langle i,\boldsymbol{k}|\not{p}|j,\boldsymbol{k}\rangle|^2\frac{df_\omega}{|\mathrm{grad}_{\boldsymbol{k}}[E_j(\boldsymbol{k})-E_i(\boldsymbol{k})]|}\,. \tag{11.100}$$

Der Imaginärteil der dielektrischen Funktion – soweit er von Interband-Übergängen bestimmt ist – setzt sich also aus zwei „Anteilen" zusammen, einem Matrixelementeffekt und einer *„kombinierten Zustandsdichte"*

$$Z_{ij}(\hbar\omega) = \frac{1}{(2\pi)^3}\int_{\hbar\omega=E_j-E_i}\frac{df_\omega}{|\mathrm{grad}_{\boldsymbol{k}}[E_j(\boldsymbol{k})-E_i(\boldsymbol{k})]|}\,. \tag{11.101}$$

Diese Unterteilung ist dann sinnvoll, wenn, wie häufig angenommen, $\langle i,\boldsymbol{k}|\not{p}|j,\boldsymbol{k}\rangle$ keine signifikante $\boldsymbol{k}$-Abhängigkeit zeigt. Die kombinierte Zustandsdichte ist hoch für Energien $\hbar\omega$, bei denen die Differenz aus den Energieflächen bei ein- und demselben $\boldsymbol{k}$-Wert flach verläuft. An diesen Punkten liegen also, wie auch im Abschn. 5.1 für Phonon-Dispersionszweige und im Abschn. 7.5 für elektronische Bänder gezeigt wurde, sogenannte kritische Punkte oder *Van Hove-Singularitäten* vor. Diese kritischen Punkte verursachen die markanten Strukturen im Verlauf von $\varepsilon_2(\omega)$ und damit im optischen Absorptionsspektrum. Als Beispiel ist in Abb. 11.14 das aus experimentellen Daten ermittelte $\varepsilon_2(\omega)$ Spektrum für Ge gezeigt.

Ähnlich wie bei elektronischen Übergängen am freien Atom unterscheiden wir zwischen *erlaubten* und *verbotenen* Übergängen. Erlaubt ist ein Übergang, wenn das Matrixelement, (11.96), nicht verschwindet. Nehmen wir z.B. an, daß bei einem Halbleiter das Minimum des Leitungsbandes und das Maximum des Valenzbandes im $\boldsymbol{k}$-Raum übereinander liegen, dann gilt für die Energie im Leitungsband $E_L$ und im Valenzband $E_V$ die Entwicklung

$$E_L = E_g + \frac{\hbar^2}{2m_L^*}k^2, \qquad E_V = \frac{\hbar^2}{2m_V^*}k^2, \tag{11.102}$$

wobei $m_V^*$ die effektive Masse der Defektelektronen, bzw. die negative elektronische effektive Masse im Valenzband ist. Es ergibt sich für die kombinierte Zustandsdichte

$$E_j - E_i = E_L - E_V = E_g + \frac{\hbar^2}{2}(m_L^{*-1} - m_V^{*-1})k^2 \tag{11.103}$$

und analog zur Berechnung der Zustandsdichte eines freien Elektronengases (Abschn. 6.1) ein Term, der proportional zu $(\hbar\omega - E_g)^{1/2}$ ist. Dieser Term bestimmt den Verlauf von $\varepsilon_2(\omega)$ in der Nähe der Bandkante $E_g$ für den Fall eines erlaubten Überganges.

Verschwindet bei einem verbotenen Übergang das Matrixelement an der Bandkante, so läßt sich in der Nähe das Matrixelement nach $(\hbar\omega - E_g)$ entwickeln; Abbruch nach dem linearen Glied führt also für verbotene Übergänge wegen der wurzelförmigen Abhängigkeit der kombinierten Zustandsdichte zu einer charakteristischen Abhängigkeit $\varepsilon_2(\omega) \sim (\hbar\omega - E_g)^{3/2}$. Wie Abb. 11.15 zeigt, muß man im allgemeinen jedoch auch $\boldsymbol{k}$-Abhängigkeiten des Matrixelementes berücksichtigen, so daß die Diskussion mit der kombinierten Zustandsdichte nur einen qualitativen Anhaltspunkt liefern kann.

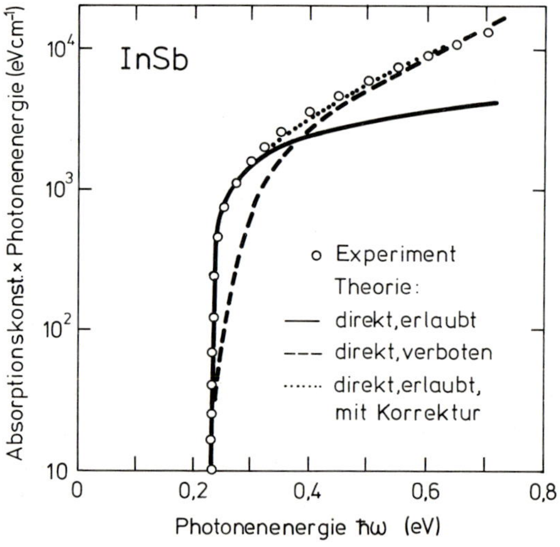


**Abb. 11.15.** Produkt aus Photonenenergie $\hbar\omega$ und Absorptionskonstante über der Photonenenergie für InSb. Die experimentell ermittelten Punkte (nach *Gobeli* u. *Fan* [11.7]) sind verglichen mit Rechnungen für einen direkten erlaubten bzw. verbotenen Übergang. Die beste Beschreibung ergibt sich, wenn bei einem erlaubten Übergang das Matrixelement korrigiert wird ($\boldsymbol{k}$-Abhängigkeit) und Nicht-Parabolizität des Leitungsbandes berücksichtigt wird. (Nach *Johnson* [11.8])

Bislang haben wir die Elektron-Phonon Wechselwirkung außer acht gelassen. In besserer Näherung kann jedoch das Phonon-System des Kristalls bei einem optischen Übergang nicht als entkoppelt betrachtet werden. Die Matrixelemente (11.96) enthalten dann statt der reinen elektronischen Wellenfunktionen $\langle E_i, \boldsymbol{k}_i|$ die Gesamtwellenfunktion $\langle E_i, \boldsymbol{k}_i; \omega_{\boldsymbol{q}}, \boldsymbol{q}|$ des gekoppelten Elektron-Phonon-Systems, und die Störung muß neben dem Lichtfeld $\boldsymbol{A}(\omega)$ auch die Wechselwirkung mit dem Phononensystem berücksichtigen. Im Teilchenbild veranschaulicht, haben wir es also mit einer 3-Teilchen-Wechselwirkung zwischen Photon, Elektron und Phonon zu tun. Übergänge dieser Art liefern wesentlich geringere Beiträge als die bisher betrachteten „Zwei-Teilchenstöße".

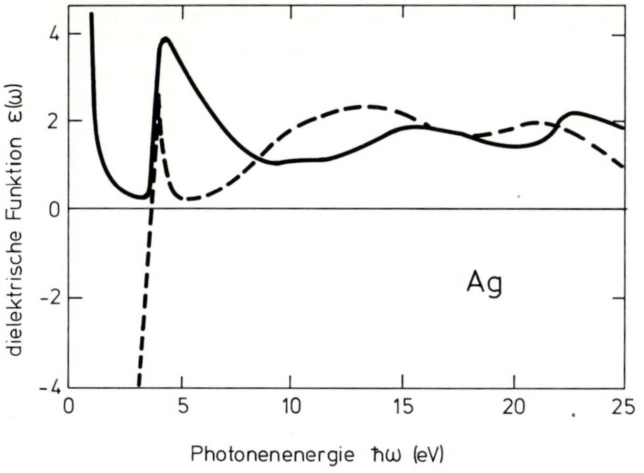

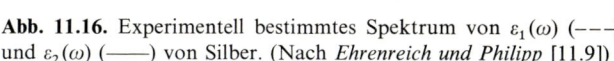

**Abb. 11.16.** Experimentell bestimmtes Spektrum von $\varepsilon_1(\omega)$ (– – –) und $\varepsilon_2(\omega)$ (——) von Silber. (Nach *Ehrenreich und Philipp* [11.9])

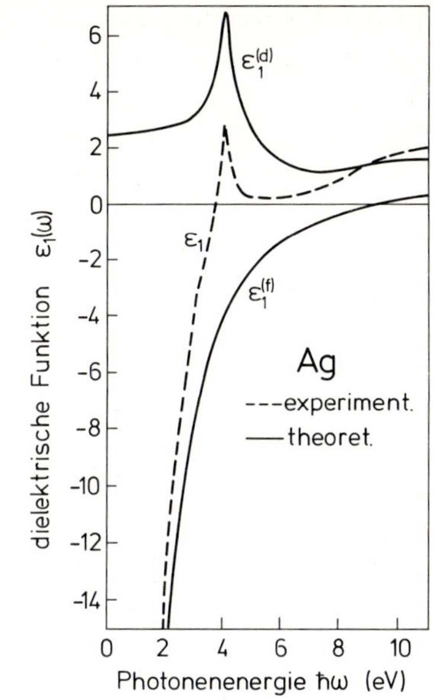


**Abb. 11.17.** Mathematische Zerlegung des experimentell bestimmten $\varepsilon_1(\omega)$-Spektrums von Ag aus Abb. 11.16 in einen Anteil $\varepsilon_1^{(f)}$, der auf das „freie" Elektronengas zurückzuführen ist, und einen Anteil $\varepsilon_1^{(d)}$, der von Interband-Übergängen aus $d$-Zuständen herrührt

Sie verlangen auch wieder Erhaltung der Wellenzahl $\boldsymbol{k}$ und Energieerhaltung:

$$E_j - E_i = \hbar\omega \pm \hbar\omega_{\boldsymbol{q}}, \tag{11.104}$$

$$\boldsymbol{k}_j - \boldsymbol{k}_i = \boldsymbol{k}_{\mathrm{L}} \pm \boldsymbol{q}. \tag{11.105}$$

Die Energieerhaltung (11.104) bedeutet nur eine geringfügige Modifikation gegenüber direkten Übergängen, da für Phononen $\hbar\omega_{\boldsymbol{q}}$ typischerweise um etwa zwei Größenordnungen kleiner ist als die elektronischen Übergangsenergien $(E_j - E_i)$ an kritischen Punkten. Da jedoch Phononen $\boldsymbol{q}$-Vektoren aus der gesamten Brillouin-Zone beisteuern können, sind indirekte Übergänge wegen (11.105) zwischen beliebigen Anfangs- und Endzuständen der Brillouin-Zone möglich. In Abb. 11.13 sind solche indirekten Übergänge [bezeichnet mit $(i)$] ohne Berücksichtigung der vernachlässigbar kleinen Phononenenergien $\hbar\omega_{\boldsymbol{q}}$ eingezeichnet. Markant können solche Übergänge – natürlich nur bei nicht überlagerten direkten Übergängen – zum $\varepsilon_2(\omega)$-Spektrum beitragen, wenn sie zwischen kritischen Punkten des Valenz- bzw. Leitungsbandes stattfinden. Bei Ge handelt es sich beim Einsatz der Interband-Absorption um eine sog. „indirekte Bandkante", da das Minimum des Leitungsbandes bei $L$ (Abb. 7.13) und das Maximum des Valenzbandes bei $\Gamma$ liegt. Allerdings liegt der erste direkte Übergang $\Gamma_{25'} \to \Gamma_{2'}$ bei Ge energetisch nur wenig höher.

Daß Interband-Übergänge auch bei Metallen einen wesentlichen Beitrag zu den optischen Spektren liefern, zeigt das Beispiel des Silbers in Abb. 11.16 u. 11.17. Ähnlich wie im Falle des Kupfers liegen bei Silber die energetisch relativ scharfen $d$-Bänder unterhalb des Fermi-Niveaus. Übergänge aus diesen $d$-Bändern in Bereiche hoher Zustandsdichte oberhalb des Fermi-Niveaus sind verantwortlich für die Strukturen in Abb. 11.16, die dem Beitrag des „freien" Elektronengases $\varepsilon_1^{\mathrm{f}}(\omega)$ (Abb. 11.17) überlagert sind. Auf diese Übergänge ist die charakteristische Farbe einiger „Edelmetalle" (Ag, Cu, Au) zurückzuführen. Man beachte ferner, daß durch den überlagerten Interband-Übergang der Nulldurchgang von $\varepsilon_1(\omega)$ und damit die „Plasmafrequenz" stark verschoben wird.

## 11.11 Exzitonen

Bei tiefen Temperaturen findet man an Halbleitern beim Einsatz der optischen Absorption in der Nähe der Bandkantenenergie $E_g$ nur in Ausnahmefällen einen Verlauf von $\varepsilon_2(\omega)$, wie er in Abb. 11.14 dargestellt ist. Häufig beobachtet man einen scharf strukturierten Einsatz der optischen Absorption, so wie in Abb. 11.18 GaAs gezeigt. Diese Strukturen beruhen auf der Anregung sogenannter Exzitonen. Exzitonen sind Elektron-Loch-Paare, die sich durch die anziehende Coulomb-Wechselwirkung zwischen einem Elektron, das aus einem Valenzbandzustand angeregt wurde, und dem im Valenzband zurückbleibenden Loch bilden können.

Die einfachste mathematische Beschreibung eines solchen exzitonischen Zustandes wird durch das sog. Wasserstoffmodell geliefert, in dem sich die möglichen Energiezustände $E_{n,\boldsymbol{K}}$ des aneinandergebundenen Elektron-Loch-Paares im wesentlichen durch die Bohrschen Eigenzustände ergeben:

$$E_{n,\boldsymbol{K}} = E_g - \frac{\mu^* e^4}{32\pi^2\hbar^2\varepsilon^2\varepsilon_0^2}\,\frac{1}{n^2} + \frac{\hbar^2 K^2}{2(m_L^* + m_V^*)}\,. \tag{11.106}$$

$E_g$ tritt als Summand auf, weil der Energienullpunkt in die obere Valenzbandkante gelegt wurde. Im Gegensatz zu den Eigenwerten des Wasserstoffatoms muß in (11.106) statt der Elektronenmasse natürlich die reduzierte effektive Masse $\mu^*$ der effektiven Massen von Elektronen ($m_L^*$) und Löchern ($m_V^*$) auftreten. Ferner muß die Dielektrizitätskonstante $\varepsilon_0$ des Vakuums durch die Dielektrizitätskonstante $\varepsilon$ des Halbleitermaterials modifiziert werden, um der Abschirmung durch die Umgebung Rechnung zu tragen. Da ein solches Elektron-Loch-Paar sich quasi-frei im Kristall bewegen kann, muß in der Gesamtenergie dieses Zweiteilchensystems auch die kinetische Energie des Schwerpunktes – dritter Term in (11.106) – auftreten, wobei $\boldsymbol{K}$ der der Schwerpunktsbewegung beider Teilchen entsprechende Wellenvektor ist. Man beachte, daß es sich in (11.106) um Zweiteilchen-Energieniveaus handelt, die nicht ohne weiteres in ein Bänderschema eingezeichnet werden dürfen, in dem ja Einteilchenenergien aufgetragen sind. Jedoch können bei der Anregung eines Elektrons die Energiezustände $E_{n,\boldsymbol{K}}$, die knapp unterhalb der Bandkan-

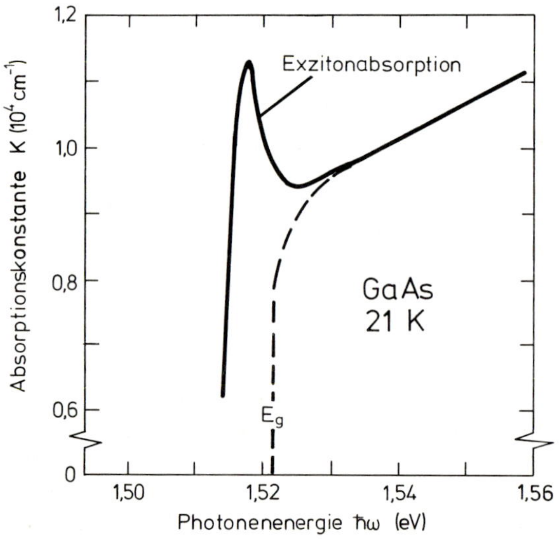


**Abb. 11.18.** Absorptionskonstante von GaAs gemessen bei 21 K (durchgezogene Kurve) in der Nähe der Bandlückenenergie $E_g$. Der gestrichelte geschätzte Verlauf ergäbe sich ohne das Vorhandensein von Exzitonenanregungen (Nach *Sturge* [11.10])

te einsetzen, erreicht werden, ehe die Anregung ins Leitungsband, d. h. die Ionisierung des Exzitons (Abtrennung von Elektron und Loch), stattfindet. Da $\varepsilon$ bei Halbleitern von der Größenordnung 10 ist, ist das Exzitonenspektrum für $\boldsymbol{K}=\mathbf{0}$ ein stark komprimiertes Wasserstoffspektrum, dessen Bindungsenergien unterhalb von 0,1 eV liegen. Die räumliche Ausdehnung der Elektronen- und Lochwellenfunktion dieses Exzitons ist aus demselben Grunde weitaus größer als beim Wasserstoffatom (etwa 10 Bohr-Radien). Dies rechtfertigt im nachhinein die Anwendung des einfachen Wasserstoffmodells mit einer makroskopischen Dielektrizitätskonstanten. Im Germanium berechnet man für den niedrigsten direkten Übergang bei $\Gamma$ und $\boldsymbol{K}=\mathbf{0}$ eine exzitonische Bindungsenergie $E_{\mathrm{EX}}$ von

$$E_{\mathrm{EX}}=-\frac{\mu^* e^4}{32\pi^2\hbar^2\varepsilon^2\varepsilon_0^2}=-0{,}0017\,\mathrm{eV} \tag{11.107}$$

und einen Bohrschen Exzitonenradius von $47\times10^{-8}$ cm. Der experimentelle Wert für die Bindungsenergie ist $-0{,}0025$ eV. In einem optischen Absorptionsexperiment können natürlich nur exzitonische Zustände mit $\boldsymbol{K}\cong\mathbf{0}$, (11.107), angeregt werden, da, wie schon oben angeführt, Lichtquanten nur einen vernachlässigbar kleinen Wellenzahlvektor übertragen können. Wegen des geringen Energieabstandes der Exzitonzustände von der Bandkante $E_g$ nach (11.107) müssen Messungen, die den exzitonischen Charakter der optischen Absorption zeigen sollen, bei tiefen Temperaturen geschehen. Die hier besprochenen, sog. schwach-gebundenen Exzitonen werden auch als *Mott-Wannier-Exzitonen* bezeichnet. Der Vollständigkeit halber sei erwähnt, daß in Molekül-, Edelgas- und Ionenkristallen sog. *Frenkel-Exzitonen* beobachtet werden. Ihre Bindungsenergie liegt im Bereich von 1 eV und im Gegensatz zu den Mott-Wannier-Exzitonen ist die Wellenfunktion des Elektron-Loch-Paares an einem Atom bzw. Molekül lokalisiert.

## 11.12 Dielektrische Energieverluste von Elektronen

Zur Untersuchung dielektrischer Eigenschaften hat sich neben optischen Methoden die inelastische Streuung von Elektronen etabliert. Beim Durchgang durch Materie erleiden Elektronen charakteristische Energieverluste. Sie können durch Stöße und Resonanzanregungen mit den einzelnen Atomen zustande kommen. Dieser Anteil ist beim Festkörper jedoch klein gegenüber den sog. dielektrischen Energieverlusten. Ihre Beschreibung kann in einem quasiklassischen Modell erfolgen. Sie entstehen nämlich durch die Dämpfung des elektrischen Feldes, welches das Elektron begleitet. Von einem festen Punkt im Festkörper aus betrachtet ist das Feld eines vorbeifliegenden Elektrons zeitabhängig und enthält deshalb in der Fourier-Analyse ein breites Frequenzspektrum. Die einzelnen Fourier-Komponenten erfahren im Dielektrikum eine Dämpfung und der Energieverlust pro Volumen ist mit $\mathscr{E}$ und $D$ aus (11.3) und (11.4)

$$\mathrm{Re}\left\{\int_{-\infty}^{\infty}\mathscr{E}\dot{D}\,dt\right\}=\mathrm{Re}\left\{2\pi\mathrm{i}\int_{-\infty}^{\infty}\omega\mathscr{E}(\omega)D^*(\omega)\,d\omega\right\}. \tag{11.108}$$

Diese Energie kann nur aus der kinetischen Energie der Elektronen bezogen werden. Das Elektron wirkt als Quelle einer dielektrischen Verschiebung. Deren Fourierkomponenten lassen sich aus den Bahndaten des Elektrons bestimmen. Die entsprechende Berechnung wollen wir hier nicht durchführen. Der Einfluß des Festkörpers auf die

Verluste zeigt sich aber schon, wenn wir in (11.108) $\mathscr{E}(\omega)$ durch $D(\omega)/\varepsilon(\omega)$ ersetzen

$$\operatorname{Re}\left\{\int_{-\infty}^{\infty} \mathscr{E}\dot{D}\,dt\right\} = -2\pi \int_{-\infty}^{\infty} \omega \operatorname{Im}\left\{\frac{1}{\varepsilon(\omega)}\right\} \frac{|D(\omega)|^2}{\varepsilon_0}\,d\omega \tag{11.109}$$

In diesem klassischen Bild gibt es zunächst noch keine diskreten Energieverluste. Wir können aber jeder Frequenz $\omega$ einen diskreten Energieverlust $\hbar\omega$ zuschreiben. Die Spektralfunktion

$$I(\omega) \propto -\omega \operatorname{Im}\left\{\frac{1}{\varepsilon(\omega)}\right\}, \qquad \omega > 0 \tag{11.110}$$

beschreibt dann die Verteilung der Energieverluste. Diese Verlustfunktion hat für den Fall des freien Elektronengases eine sehr einfache und anschauliche Interpretation. Setzen wir nämlich die Dielektrizitätskonstante des freien Elektronengases nach (11.86) ein, so erhalten wir

$$I(\omega) \propto \omega \operatorname{Im}\left\{\frac{\omega^2 + \mathrm{i}\dfrac{\omega_p^2\varepsilon_0}{\sigma}\omega}{\omega_p^2 - \omega^2 - \mathrm{i}\dfrac{\omega_p^2\varepsilon_0}{\sigma}\omega}\right\}. \tag{11.111}$$

Machen wir wieder für den Fall schwacher Dämpfung von der Darstellung durch eine $\delta$-Funktion Gebrauch nach (11.41), so erhalten wir

$$I(\omega) \propto \tfrac{\pi}{2}[\delta(\omega-\omega_p) - \delta(\omega+\omega_p)], \tag{11.112}$$

d.h. einen Pol bei der Frequenz der longitudinalen Plasmawelle. Wir hatten schon gesehen, daß für Aluminium die Beschreibung als freies Elektronengas besonders gut zutrifft. Deshalb sind die Plasmaverluste in diesem Fall besonders schön ausgeprägt (siehe Abb. 11.19). Aber auch bei vielen anderen Materialien hat die Verlustfunktion ein deutliches Maximum, welches dann in Gedanken an das Modell des freien Elektronengases als „Plasmonverlust“ bezeichnet wird.

Man kann leicht einsehen, daß eine maximale Wechselwirkung zwischen Elektron und Plasmawelle dann gegeben ist, wenn die Geschwindigkeit des Elektrons mit der Phasengeschwindigkeit der longitudinalen Wellen übereinstimmt. Wie ein Wellenreiter gibt dann das Elektron kontinuierlich Energie ab. Eine quantitative Betrachtung der Resonanzbedingung

$$\omega/k = v_{\mathrm{el}} \tag{11.113}$$

führt zum Ergebnis, daß für $\hbar\omega_p = 15\,\mathrm{eV}$ und eine Elektronen-Primärenergie von 20 keV $k \sim 2{,}7 \times 10^{-2}\,\text{Å}^{-1}$ ist, also klein gegen die Abmessungen der Brillouin-Zone. Das ist auch die Rechtfertigung für die Vernachlässigung der $k$-Abhängigkeit in $\varepsilon(\omega)$. Durch eine Messung der Energieverluste ist es also möglich, „optische“ Daten von Festkörpern zu ermitteln. Diese Methode der Energieverlustspektroskopie hat den Vorteil, daß ein breiter Spektralbereich zugänglich ist (vgl. Tafel XI).

Elektrische Felder im Festkörper werden nicht nur von Elektronen im Festkörper, sondern auch von Elektronen außerhalb des Festkörpers in der Nähe der Oberfläche des-

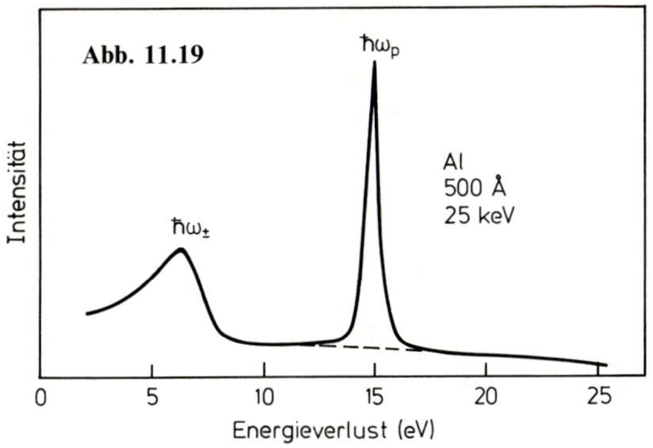


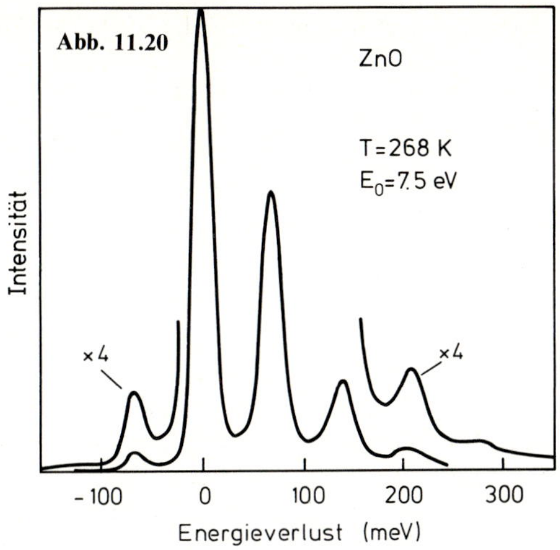


**Abb. 11.20.** Energieverluste von 7,5 eV-Elektronen nach Reflexion an einem Zinkoxidkristall [11.12]. Die Anregungen sind Oberflächenphononen, wie wir sie in Abschn. 11.5 kennengelernt haben. Man kann zeigen, daß die $q$-Werte der mit Elektronen angeregten Phononen zwar klein gegen die Ausdehnung der Brillouin-Zone, aber groß gegen die $q$-Werte von Licht sind. Polariton-Dispersion (Abb. 11.5) wird deshalb nicht beobachtet (vgl. auch Tafel XIII)

**Abb. 11.19.** Energieverlustspektrum von 25 keV Elektronen nach Durchtritt durch eine 500 Å-dicke Aluminiumschicht (nach *Geiger* u. *Wittmaack* [11.11]). Der Volumenplasmonverlust ist mit $\hbar\omega_p$ bezeichnet, $\hbar\omega_{\pm}$ bezeichnet die Oberflächenplasmonverluste an den beiden (mit einer Oxidschicht bedeckten) Grenzflächen der Folie. Für eine nähere Beschreibung der experimentellen Anordnung siehe Tafel XI

selben erzeugt. Der Abschirmfaktor für das Feld ist dann allerdings nicht $1/\varepsilon(\omega)$, sondern $1/[\varepsilon(\omega)+1]$. Entsprechend wird die Verlustfunktion

$$I(\omega) \propto -\omega \, \mathrm{Im}\left\{\frac{1}{\varepsilon(\omega)+1}\right\}. \tag{11.114}$$

Die Verluste werden als Oberflächenverluste bezeichnet. Die Polstelle der Verlustfunktion im Falle schwacher Dämpfung liegt jetzt bei $\varepsilon_1(\omega) = -1$. Dies war aber gerade die Existenzbedingung für eine Oberflächenwelle des Dielektrikums. Außerhalb des Mediums regen Elektronen also die in Abb. 11.6 dargestellten Oberflächenwellen (Phononen und Plasmonen) an. Auch solche Verluste lassen sich beobachten. In Abb. 11.19 sind z. B. Oberflächenplasmonen für den Fall einer dünnen Schicht sichtbar. In Abb. 11.20 ist das Verlustspektrum durch Anregung von Oberflächenphononen dargestellt.

Das Elektron kann auch Energie aufnehmen, wenn die Temperatur ausreicht, den ersten angeregten Zustand des Phonons mit ausreichender Wahrscheinlichkeit zu besetzen. Der Wellenzahlvektor der angeregten Oberflächenphononen ist bei Anregung durch Elektronen viel größer als bei der Anregung durch Licht (Tafel XIII), allerdings immer noch klein gegen einen reziproken Gittervektor. Das ergibt sich hier aus der Bedingung, daß für optimale Anregung die Phasengeschwindigkeit der Oberflächenwelle $\omega/q$ gleich der Komponente der Elektronengeschwindigkeit parallel zur Oberfläche $v_{\parallel}$ sein sollte. Für 5 eV Elektronen und 45° Einfallswinkel errechnet sich z. B. $q_{\parallel} \approx 1 \cdot 10^{-2}\,\text{Å}^{-1}$.

# 12. Halbleiter

Im Abschn. 9.2 hatten wir gelernt, daß nur ein partiell gefülltes elektronisches Band zum elektrischen Strom beitragen kann. Vollständig gefüllte Bänder leisten ebensowenig einen Beitrag zur elektrischen Leitfähigkeit wie vollständig leere und ein Material, das nur vollständig gefüllte und vollständig leere Bänder aufweist, ist demnach ein Isolator. Ist der Abstand zwischen der Oberkante des höchsten gefüllten Bandes (Valenzband) und der Unterkante des niedrigsten leeren Bandes (Leitungsband) nicht zu groß (z. B. $\sim 1$ eV), so macht sich bei nicht zu niedrigen Temperaturen die Aufweichung der Fermi-Verteilung bemerkbar: Ein kleiner Bruchteil der Zustände in der Nähe der Oberkante des Valenzbandes bleibt unbesetzt und die entsprechenden Elektronen befinden sich im Leitungsband. Sowohl diese Elektronen als auch die im Valenzband entstandenen Löcher können elektrischen Strom tragen. In diesem Falle spricht man von einem Halbleiter. In Abb. 12.1 sind die Unterschiede zwischen Metall, Halbleiter und Isolator noch einmal schematisch dargestellt.

Die Besonderheit halbleitender Materialien gegenüber Metallen liegt darin, daß die elektrische Leitfähigkeit durch geringfügige Materialzusätze um viele Größenordnungen variiert werden kann. Auch läßt sich durch solche Zusätze der Elektronen- oder Löchercharakter der Leitfähigkeit bestimmen. Auf dieser Besonderheit basiert die gesamte Festkörperelektronik. Wegen ihrer Wichtigkeit wollen wir deshalb den Halbleitern ein besonderes Kapitel widmen.

## 12.1 Daten einiger wichtiger Halbleiter

Die Ausbildung der Bandstruktur der typischen Elementhalbleiter Diamant (C), Si und Ge hatten wir uns schon im Abschn. 7.3 veranschaulicht: Durch Mischung der *s*- und

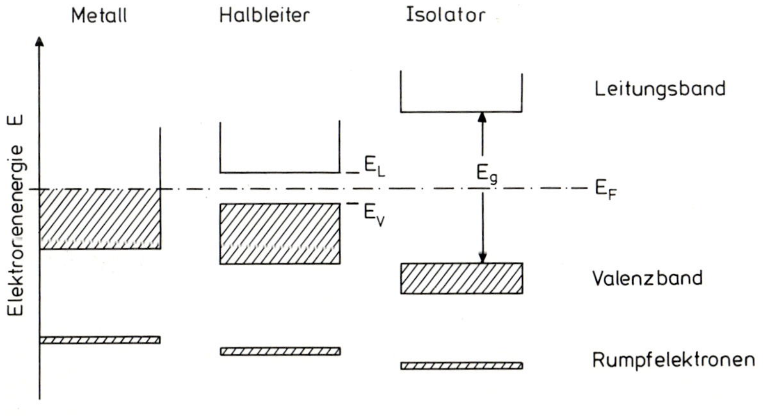


**Abb. 12.1.** Termschema für Metall, Halbleiter und Isolator. Metalle haben auch bei $T=0$ K ein teilweise besetztes (schraffiert) Band. Bei Halbleitern bzw. Isolatoren liegt das Fermi-Niveau zwischen dem besetzten Valenzband und dem unbesetzten Leitungsband

$p$-Wellenfunktionen ergibt sich ein tetraedrisches Bindungsorbital ($sp^3$), das im Bereich des Gleichgewichts-Bindungsabstandes zu einer Aufspaltung in ein bindendes und ein antibindendes Orbital führt. Die bindenden Orbitale bilden das Valenzband, die antibindenden das Leitungsband (Abb. 7.9). Die Aufteilung der insgesamt vier $s$- und $p$-Elektronen auf bindende und antibindende Orbitale führt zur vollständigen Auffüllung des Valenzbandes bei vollständig leerem Leitungsband. Das Ergebnis ist also ein Isolator wie Diamant bzw. bei kleinerer Energielücke zwischen Valenz- und Leitungsband ein Halbleiter wie Silizium oder Germanium.

| | $E_g(T=0\,\mathrm{K})$ | $E_g(T=300\,\mathrm{K})$ |
|---|---|---|
| | [eV] | |
| Si | 1,17 | 1,12 |
| Ge | 0,75 | 0,67 |

**Tabelle 12.1.** Energiebreite der Lücke (verbotenes Band) zwischen Valenz- und Leitungsband bei Germanium und Silizium

Aus der Darstellung in Abb. 7.9 läßt sich sofort ein wichtiger Sachverhalt für die Energielücke zwischen Valenz- und Leitungsband ablesen: Die Größe der Energielücke muß eine Temperaturabhängigkeit zeigen. Mit wachsender Temperatur vergrößert sich wegen der thermischen Ausdehnung der Gitterabstand. Dann muß sich auch die Aufspaltung zwischen bindenden und antibindenden Zuständen verringern, also die Bandlücke verkleinern. Bei genauerer Betrachtung muß allerdings neben diesem Effekt auch der Einfluß der Gitterschwingungen auf $E_g$ berücksichtigt werden. Insgesamt ergibt sich bei Zimmertemperatur eine lineare Abhängigkeit der Bandlücke von der Temperatur und bei sehr niedrigen Temperaturen eine quadratische Abhängigkeit.

Während in der Darstellung der Abb. 7.9 die wichtigen Halbleiter Si und Ge ein qualitativ ähnliches Bild liefern, sind in der $E(\boldsymbol{k})$-Darstellung, d. h. im reziproken Raum, die elektronischen Bänder aufgrund der verschiedenen atomaren Eigenschaften ($3s$, $3p$ bzw. $4s$, $4p$ Wellenfunktionen) durchaus verschieden. Die Unterschiede lassen sich aus Abb. 12.2 erkennen. Die Kurven entstammen Rechnungen, die an experimentelle Größen wie Bandabstand, Lage der kritischen Punkte und effektive Masse (Bandkrümmung) angepaßt wurden.

Aus diesen $E(\boldsymbol{k})$-Darstellungen längs Richtungen hoher Symmetrie im $\boldsymbol{k}$-Raum folgt, daß beide Halbleiter sog. indirekte Halbleiter sind: Der minimale Abstand (Bandlücke $E_g$) zwischen Leitungs- und Valenzband ist für Zustände mit verschiedenen $\boldsymbol{k}$-Vektoren gegeben ($\Gamma$, d. h. $\boldsymbol{k}=(0,0,0)$, im Valenzband und $\boldsymbol{k}$ auf [111] bei Ge bzw. $\boldsymbol{k}$ auf [100] bei Si im Leitungsband). Leitungselektronen im Leitungsband, die sich auf den energetisch niedrigsten Zuständen befinden, haben also bei Si $\boldsymbol{k}$-Vektoren auf den [100]-Richtungen und bei Ge solche auf den [111]-Richtungen. Diese Bereiche des $\boldsymbol{k}$-Raumes, in denen sich also Leitungselektronen bei Si und Ge befinden, sind in Abb. XV.2 dargesstellt.

Die Flächen konstanter Energie in diesem Bereich sind Ellipsoide um die [111] bzw. [100]-Richtung, falls man $E(\boldsymbol{k})$ nur bis zur parabolischen Näherung, d. h. bis zu quadratischen Gliedern in $k$ betrachtet. In der Hauptachsendarstellung (große Hauptachsen sind [100] bei Si und [111] bei Ge) sind die Energieflächen der Leitungselektronen also

$$E(\boldsymbol{k})=\hbar^2\left(\frac{k_x^2+k_y^2}{2m_t^*}+\frac{k_z^2}{2m_l^*}\right)=\text{const}\,. \tag{12.1}$$

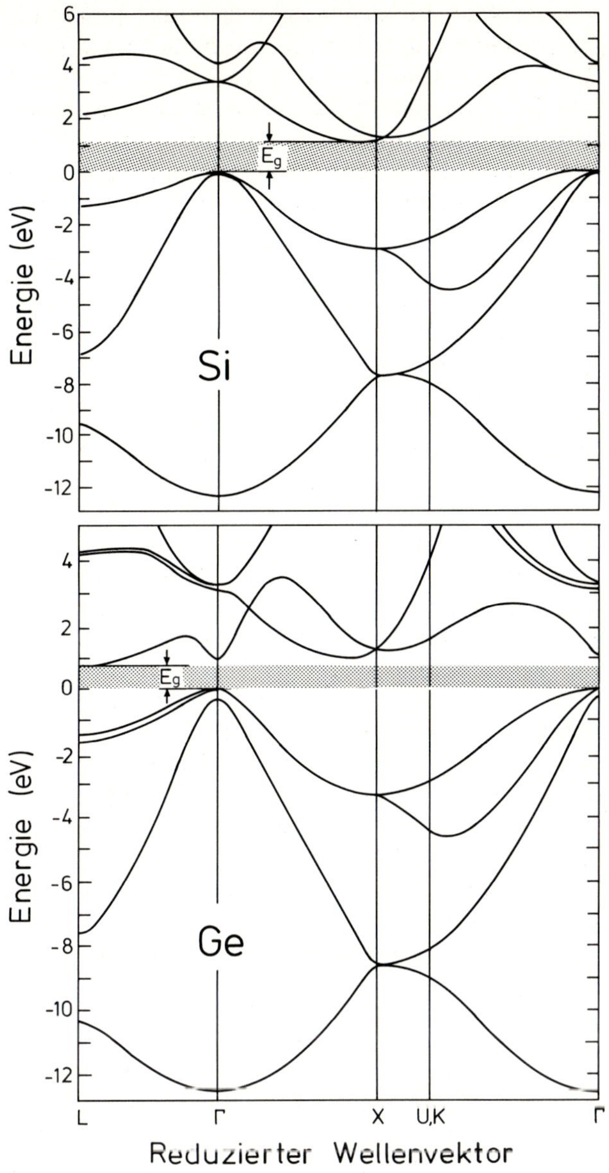


**Abb. 12.2.** Die Bandstrukturen von Silizium und Germanium. Für Ge ist auch die Spin-Bahnaufspaltung berücksichtigt. (Nach *Chelikowsky* u. *Cohen* [12.1].) Beide Halbleiter sind sogenannte indirekte Halbleiter, d.h., das Maximum des Valenzbandes und das Minimum des Leitungsbandes liegen an verschiedenen Stellen der Brillouin-Zone. Das Minimum des Leitungsbandes liegt bei Silizium auf der $\Gamma X = [100]$-Richtung und bei Germanium auf der $\Gamma L = [111]$-Richtung. Man beachte die Ähnlichkeit der Bandverläufe für Ge mit denen aus Abb. 7.13, die aus andersartigen Rechnungen stammen

Hierbei heißen $m_t^*$ und $m_l^*$ die „transversale" bzw. „longitudinale" effektive Masse. Der Nullpunkt der Energieskala ist in das Minimum des Leitungsbandes gelegt worden.

Bezogen auf die Elementarmasse $m$ des Elektrons folgen aus Messungen der Zyklotronresonanz die Werte in Tabelle 12.2.

Ein detailliertes Studium (siehe Tafel XV „Zyklotronresonanz") der Eigenschaften von Löchern in Si und Ge zeigt, daß die Struktur des Valenzbandmaximums in der Nähe von $\Gamma(\boldsymbol{k}=0)$ komplizierter ist, als aus Abb. 12.2 zu ersehen ist: Neben den auch in Abb. 12.2 zu erkennenden zwei Valenzbändern mit verschieden starker Krümmung bei $\Gamma$ existiert ein weiteres Valenzband, das von den beiden anderen nur um einen kleinen Betrag $\Delta = 0{,}29$ eV bei Ge bzw. $\Delta = 0{,}044$ eV bei Si abgespalten ist. Diese Aufspaltung

**Tabelle 12.2.** Verhältnisse der transversalen ($m_t^*$) und longitudinalen ($m_l^*$) effektiven Masse zur Masse $m$ des freien Elektrons für Silizium und Germanium

| | $m_t^*/m$ | $m_l^*/m$ |
|---|---|---|
| Si | 0,19 | 0,98 |
| Ge | 0,082 | 1,57 |

zweier Bänder rührt her von der Spin-Bahn-Wechselwirkung, die in den Rechnungen für Si in Abb. 12.2a nicht berücksichtigt ist. Es ergibt sich also für Si und Ge in der Nähe von $\Gamma$ der in Abb. 12.3 qualitativ dargestellte Verlauf der Valenzbänder. In „parabolischer" Näherung lassen sich drei verschiedene effektive Massen von Löchern bei $\Gamma$ angeben, die zum Ladungstransport beitragen. Entsprechend den verschiedenen Bandkrümmungen spricht man von schweren und leichten Defektelektronen mit den Massen $m^*_{\mathrm{SD}}$ bzw. $m^*_{\mathrm{LD}}$. Die Defektelektronen (Löcher) des abgespaltenen Bandes werden oft als „split-off" Löcher mit der Masse $m^*_{\mathrm{SOD}}$ bezeichnet.

Da offenbar die Ausbildung des $sp^3$ Hybrids in der chemischen Bindung von Si und Ge wesentlich für die halbleitenden Eigenschaften ist, liegt es nahe, halbleitende Eigenschaften auch bei anderen Materialien mit tetraedrischer Kristallstruktur, d.h. mit $sp^3$ Hybridisierung, zu vermuten. Aufgrund dieser Überlegung kommt man dann folgerichtig zu einer anderen wichtigen Klasse von Halbleitern, den *III–V-Halbleitern*, die als Verbindungshalbleiter aus Elementen der III. und der V. Gruppe des Periodensystems aufgebaut sind. Vertreter sind InSb, InAs, InP, GaP, GaAs, GaSb und AlSb. Bei diesen Verbindungskristallen liegt eine gemischt ionogen-kovalente Bindung vor (vgl. Kap. 1). Die Mischbindung kann man sich vorstellen als Überlagerung zweier Grenzstrukturen, der *ionischen*, bei der durch Elektronenübertritt vom Ga zum As eine Ionenstruktur $\mathrm{Ga^+As^-}$ entsteht, und der *kovalenten*, bei der infolge Elektronenübertritt vom As zum Ga sowohl Ga als auch As nun vier Elektronen in der äußeren Schale haben und somit genau wie Si und Ge einen $sp^3$ Hybrid ausbilden können. Letztere kovalente Struktur ist offenbar stärker in der Mischbindung vertreten, denn sonst läge kein tetraedrisch gebundener Kristall mit ZnS-Struktur vor.

Im Gegensatz zu den Elementhalbleitern haben die wichtigsten Vertreter der III–V-Halbleiter eine sog. direkte Bandlücke, d.h., Valenzbandmaximum und Leitungsbandminimum liegen beide bei $\Gamma$ (Abb. 12.4). Ebenso wie bei den tetraedrischen Elementhalbleitern gibt es auch hier drei verschiedene Valenzbänder mit einer qualitativ ähnlichen

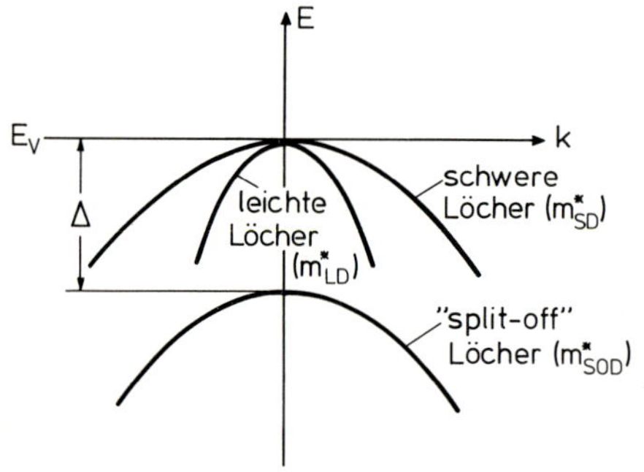


▲ **Abb. 12.3.** Bandstruktur (qualitativ) in der Nähe der Oberkante des Valenzbandes von Silizium bzw. Germanium unter Berücksichtigung der Spin-Bahn-Wechselwirkung. $\Delta$ ist die Spin-Bahnaufspaltung

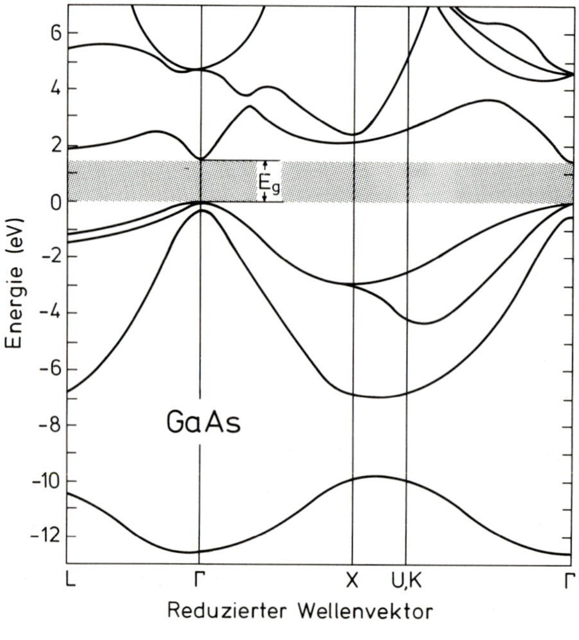


**Abb. 12.4.** Bandstruktur von GaAs als eines typischen III–V-Halbleiters. (Nach *Chelikowsky* u. *Cohen* [12.1]) ▶

| | $E_g(0\ K)$ | $E_g(300\ K)$ | $m_n^*/m$ | $m_{LD}^*/m$ | $m_{SD}^*/m$ | $m_{SOD}^*/m$ | $\Delta$ |
|---|---|---|---|---|---|---|---|
| | [eV] | | | | | | [eV] |
| GaAs | 1,52 | 1,43 | 0,07 | 0,12 | 0,68 | 0,2 | 0,34 |
| GaSb | 0,81 | 0,78 | 0,047 | 0,06 | 0,3 | 0,14 | 0,8 |
| InSb | 0,24 | 0,18 | 0,015 | 0,021 | 0,39 | 0,11 | 0,82 |
| InAs | 0,43 | 0,35 | 0,026 | 0,025 | 0,41 | 0,08 | 0,43 |
| InP | 1,42 | 1,35 | 0,073 | 0,078 | 0,4 | 0,15 | 0,11 |

**Tabelle 12.3.** Bandlücke $E_g$, effektive Masse $m^*$ und Spin-Bahnaufspaltung $\Delta$ für einige III–V Halbleiter: $m$ Masse des freien Elektrons. $m_n^*$ effektive Masse der Elektronen, $m_{LD}^*$ effektive Masse der leichten Löcher, $m_{SD}^*$ der schweren Löcher, $m_{SOD}^*$ der "split-off" Löcher

Gestalt bei $\Gamma$ (Abb. 12.3). Wichtige Daten einiger III–V-Halbleiter mit direkter Bandlücke sind in Tabelle 12.3 zusammengestellt.

Der Vollständigkeit halber sei erwähnt, daß GaP und AlSb eine indirekte Bandlücke (ähnlich Si und Ge) von 2,32 eV bzw. 1,65 eV bei $T=0$ K haben.

Ähnliche Überlegungen wie im Falle der III–V-Verbindungen führen auch zu einem Verständnis der sog. II–VI-Halbleiter, zu denen z. B. ZnO (3,2 eV), ZnS (3,6 eV), CdS (2,42 eV), CdSe (1,74 eV) und CdTe (1,45 eV) gehören. In Klammern sind jeweils die direkten Bandlücken $E_g$ bei 300 K angegeben. Auch hier liegt eine gemischt ionogen-kovalente Bindung vor, jedoch mit mehr ionischem Anteil als bei den III–V-Halbleitern. Die Kristallstruktur ist entweder die der III–V-Halbleiter (ZnS) oder die des Wurtzits (Abschn. 2.5). In beiden Fällen liegt eine tetraedrische Nahordnung vor, die auf die $sp^3$ Hybridisierung der Bindungspartner zurückzuführen ist.

## 12.2 Ladungsträgerdichte im intrinsischen Halbleiter

Gemäß der Definition der Beweglichkeit im Abschn. 9.5 läßt sich die elektrische Leitfähigkeit $\sigma$ eines Halbleiters, in dem Elektronen und Löcher den Stromtransport tragen, schreiben als

$$\sigma = |e|(n\mu_n + p\mu_p)\,. \tag{12.2}$$

Hierbei sind $\mu_n$ und $\mu_p$ die Beweglichkeiten der Elektronen bzw. Löcher und $n$ bzw. $p$ die entsprechenden Volumenkonzentrationen der Ladungsträger. Die Schreibweise in (12.2) trägt bereits der Tatsache Rechnung, daß man in erster Näherung eine $\boldsymbol{k}$- bzw. Energieabhängigkeit der Größen $\mu_n$ und $\mu_p$ vernachlässigt, weil man im allgemeinen nur Ladungsträger betrachten muß, die sich im parabolischen Teil der Bänder befinden, wo die effektive Massennäherung (d. h. $m_n^*$ und $m_p^*$ konstant) gilt. Wegen des verschiedenen Vorzeichens der Driftgeschwindigkeit $\boldsymbol{v}$ und der elektrischen Ladung $e$ von Löchern und Elektronen tragen beide Ladungsträgersorten gleichsinnig zu $\sigma$ bei.

Im Gegensatz zur metallischen Leitfähigkeit bewirkt die bei Halbleitern vorhandene Bandlücke $E_g$, die zur Erzeugung „freier" Ladungsträger thermisch „übersprungen" werden muß, eine starke Abhängigkeit der Ladungsträgerkonzentrationen $n$ und $p$ von der Temperatur $T$.

Als *intrinsisch* bezeichnet man einen Halbleiter, bei dem „freie" Elektronen und Löcher nur durch elektronische Anregungen aus dem Valenzband ins Leitungsband zustande kommen. (Im Abschn. 12.3 werden zusätzlich Anregungen aus Störstellen betrachtet.) Wie in jedem Festkörper muß natürlich auch im Halbleiter die Besetzung der Energieniveaus der Fermi-Statistik $f(E, T)$ (Abschn. 6.3) gehorchen, d. h.

$$n = \int_{E_L}^{\infty} D_L(E) f(E, T) dE \,, \tag{12.3a}$$

und für Löcher

$$p = \int_{-\infty}^{E_V} D_V(E) [1 - f(E, T)] dE \,. \tag{12.3b}$$

Eigentlich sollten die Integrale bis zur oberen bzw. unteren Kante der Bänder laufen. Da jedoch die Fermi-Funktion $f(E, T)$ genügend stark abfällt, können die Integrale bis ins Unendliche durchgeführt werden. $D_L(E)$ und $D_V(E)$ sind die Zustandsdichten im Leitungs- bzw. Valenzband, für die im Bereich der parabolischen Näherung ($m^*$ konstant) gilt [vgl. (6.11)]:

$$D_L(E) = \frac{(2m_n^*)^{3/2}}{2\pi^2 \hbar^3} \sqrt{E - E_L} \,, \quad (E > E_L) \,; \tag{12.4a}$$

$$D_V(E) = \frac{(2m_p^*)^{3/2}}{2\pi^2 \hbar^3} \sqrt{E_V - E} \,, \quad (E < E_V) \,. \tag{12.4b}$$

Die Dichte im Bereich des verbotenen Bandes $E_V < E < E_L$ ist natürlich gleich null. Da im intrinsischen Halbleiter alle „freien" Elektronen im Leitungsband aus Zuständen im Valenzband stammen, muß die Zahl der Löcher $p$ gleich der Zahl der Elektronen $n$ sein. Es ergeben sich also Verhältnisse wie in Abb. 12.5. Wenn die effektiven Massen $m_n^*$ und $m_p^*$ und damit die Zustandsdichten $D_L$ und $D_V$ gleich sind, muß das Fermi-Niveau $E_F$ in der Mitte des verbotenen Bandes liegen. Für voneinander verschiedene $D_L$ und $D_V$ verschiebt sich $E_F$ geringfügig zu der einen oder anderen Bandkante hin, damit die Besetzungsintegrale (12.3) gleich werden.

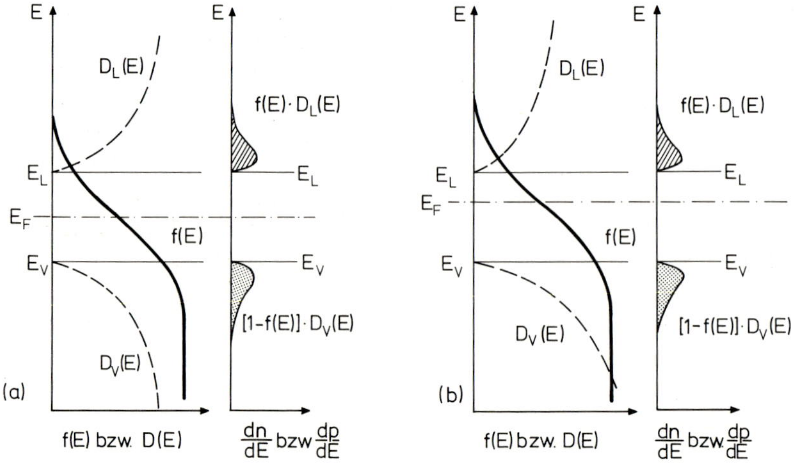


**Abb. 12.5.** (**a**) Fermi-Funktion $f(E)$, Zustandsdichte $D(E)$ und Elektronen- ($n$) bzw. Löcherkonzentration ($p$) in Leitungs- und Valenzband für den Fall, daß die Zustandsdichten in Leitungs- und Valenzband gleich sind (schematisch). (**b**) Dieselbe Figur für den Fall ungleicher Zustandsdichten in Leitungs- und Valenzband. Wieder muß die Zahl der Löcher gleich der Zahl der Elektronen sein. Deswegen liegt jetzt das Fermi-Niveau nicht mehr in der Mitte zwischen Leitungs- und Valenzband und seine Lage ist temperaturabhängig

Da die „Aufweichungszone" der Fermi-Funktion ($\sim 2kT$) bei üblichen Temperaturen klein ist gegen den Bandabstand ($\sim 1$ eV), läßt sich innerhalb der Bänder ($E > E_L$ bzw. $E < E_V$) die Fermi-Funktion $f(E, T)$ durch die Boltzmann-Besetzungswahrscheinlichkeit annähern; d.h., für das Leitungsband gilt:

$$\frac{1}{\exp\left(\frac{E-E_F}{kT}\right)+1} \sim \exp\left(-\frac{E-E_F}{kT}\right) \ll 1 \quad \text{für} \quad E-E_F \gg 2kT. \tag{12.5}$$

Damit folgt für die Elektronenkonzentration $n$ im Leitungsband nach (12.3a) und (12.4a)

$$n = \frac{(2m_n^*)^{3/2}}{2\pi^2\hbar^3} e^{E_F/kT} \int_{E_L}^{\infty} \sqrt{E-E_L} \cdot e^{-E/kT} dE. \tag{12.6}$$

Mittels der Substitution $X_L = (E-E_L)/kT$ ergibt sich die Darstellung:

$$n = \frac{(2m_n^*)^{3/2}}{2\pi^2\hbar^3} (kT)^{3/2} \cdot \exp\left(-\frac{E_L-E_F}{kT}\right) \int_0^{\infty} X_L^{1/2} e^{-X_L} dX_L. \tag{12.7}$$

Über eine analoge Rechnung für das Valenzband folgen schließlich die Darstellungen:

$$n = 2\left(\frac{2\pi m_n^* kT}{h^2}\right)^{3/2} \exp\left(-\frac{E_L-E_F}{kT}\right) = N_{\text{eff}}^{\text{L}} \exp\left(-\frac{E_L-E_F}{kT}\right), \tag{12.8a}$$

$$p = 2\left(\frac{2\pi m_p^* kT}{h^2}\right)^{3/2} \exp\left(\frac{E_V-E_F}{kT}\right) = N_{\text{eff}}^{\text{V}} \exp\left(\frac{E_V-E_F}{kT}\right). \tag{12.8b}$$

Man sieht, daß geringe Konzentrationen freier Ladungsträger im Halbleiter näherungsweise die Beschreibung mit der Boltzmann-Statistik [Näherung der Fermi-Statistik für $(E-E_F) \gg 2kT$] zulassen. Vergleicht man Abb. 12.5 mit den Darstellungen des Potentialtopfmodells in Kap. 6, so läßt sich das Leitungsband formal als ein Potentialtopf auffassen, bei dem das Fermi-Niveau $E_F$ weit ($\gg kT$) unterhalb des Potentialtopfbodens $E_L$ liegt.

Die Schreibweise der Gln. (12.8a u. b) mit Hilfe der sogenannten *effektiven Zustandsdichten* $N_{\text{eff}}^{\text{L}}$ bzw. $N_{\text{eff}}^{\text{V}}$ läßt weiter die formale Interpretation zu, daß man sich das gesamte Leitungsband bzw. Valenzband durch ein einziges Energieniveau $E_L$ bzw. $E_V$ (Bandkanten) mit der Zustandsdichte $N_{\text{eff}}^{\text{L}}$ bzw. $N_{\text{eff}}^{\text{V}}$ (temperaturabhängig!) charakterisiert denkt, dessen Besetzungsdichte $n$ bzw. $p$ mittels Boltzmann-Faktoren (Energie jeweils von $E_F$ gezählt) geregelt wird. Diese Näherung, die häufig für Halbleiter Gültigkeit hat, nennt man die *Näherung der Nichtentartung*. Durch hohe Konzentration von Störstellen (Abschn. 12.3) kann man auch in Halbleitern sehr hohe Ladungsträgerdichten erzeugen. Dann bricht diese Näherung zusammen und man spricht von *entarteten Halbleitern*.

Aus Gln. (12.8a u. b) läßt sich folgende, allgemein gültige Beziehung ableiten ($E_g = E_L - E_V$):

$$n \cdot p = N_{\text{eff}}^{\text{L}} \cdot N_{\text{eff}}^{\text{V}} e^{-E_g/kT} = 4\left(\frac{kT}{2\pi\hbar^2}\right)^3 (m_n^* m_p^*)^{3/2} \cdot e^{-E_g/kT}. \tag{12.9}$$

**Tabelle 12.4.** Bandlücke $E_g$ und Eigenleitungskonzentration $n_i$ für Germanium, Silizium und Galliumarsenid bei 300 K

| | $E_g$ [eV] | $n_i$ [cm$^{-3}$] |
|---|---|---|
| Ge | 0,67 | $2{,}4 \times 10^{13}$ |
| Si | 1,1 | $1{,}5 \times 10^{10}$ |
| GaAs | 1,43 | $5 \quad \times 10^{7}$ |

Diese Gleichung besagt, daß für einen speziellen Halbleiter, der vollständig charakterisiert ist durch seine absolute Bandlücke $E_g$ und die effektiven Massen $m_n^*$ und $m_p^*$ im Leitungs- und Valenzband, Elektronen- und Löcherkonzentration sich in Abhängigkeit von der Temperatur nach Art eines „*Massenwirkungsgesetzes*" einstellen.

Nehmen wir weiter an, daß wir es mit einem intrinsischen Halbleiter ($n=p$) zu tun haben, dann hängt die sogenannte intrinsische Ladungsträgerkonzentration $n_i$ wie folgt von der Temperatur ab:

$$n_i = p_i = \sqrt{N_{\text{eff}}^{\text{L}} N_{\text{eff}}^{\text{V}}}\, e^{-E_g/2kT} = 2\left(\frac{kT}{2\pi\hbar^2}\right)^{3/2} (m_n^* m_p^*)^{3/4} e^{-E_g/2kT} . \tag{12.10}$$

Für die wichtigen Materialien Ge, Si und GaAs sind die Werte für $n_i$ und $E_g$ in Tabelle 12.4 zusammengestellt.

Nach (12.8a u. b) stellt sich bei gegebener Temperatur das Fermi-Niveau in einem intrinsischen Halbleiter so ein, daß Ladungsneutralität gegeben ist, d. h.

$$n = p = N_{\text{eff}}^{\text{L}} e^{-E_{\text{L}}/kT} e^{E_{\text{F}}/kT} = N_{\text{eff}}^{\text{V}} e^{E_{\text{V}}/kT} e^{-E_{\text{F}}/kT} , \tag{12.11}$$

$$e^{2E_{\text{F}}/kT} = \frac{N_{\text{eff}}^{\text{V}}}{N_{\text{eff}}^{\text{L}}} e^{(E_{\text{V}}+E_{\text{L}})/kT} , \tag{12.12}$$

$$E_{\text{F}} = \frac{E_{\text{L}}+E_{\text{V}}}{2} + \frac{kT}{2} \ln (N_{\text{eff}}^{\text{V}}/N_{\text{eff}}^{\text{L}}) = \frac{E_{\text{L}}+E_{\text{V}}}{2} + \frac{3}{4} kT \ln (m_p^*/m_n^*) . \tag{12.13}$$

Falls effektive Zustandsdichten bzw. effektive Massen, d. h. also auch Bandkrümmungen von Leitungs- und Valenzband, gleich wären, läge im intrinsischen Halbleiter das Fermi-Niveau genau mitten im verbotenen Band, und dies für alle Temperaturen. Sind die effektiven Zustandsdichten in Leitungsband und Valenzband verschieden, so liegt die Fermi-Funktion asymmetrisch zu den Bandkanten $E_{\text{L}}$ und $E_{\text{V}}$ (Abb. 12.5) und das Fermi-Niveau zeigt eine schwache Temperaturabhängigkeit gemäß (12.13).

## 12.3 Dotierung von Halbleitern

Die intrinsische Ladungsträgerkonzentration $n_i$ von $1{,}5 \times 10^{10}\,\text{cm}^{-3}$ (bei 300 K) für Si reicht bei weitem nicht aus, um die in der Praxis erforderlichen Stromdichten in Halbleiterbauelementen zu erzeugen. Über Größenordnungen höhere Konzentrationen als $n_i$ lassen sich durch Dotieren, d. h. Einbau von elektrisch aktiven Störstellen, in einem Halbleiter erzeugen. Die meisten Halbleiter (außer Ge) lassen sich als Einkristalle überhaupt nicht so rein züchten, daß man intrinsische Leitfähigkeit beobachten könnte. Unbeabsichtigte Dotierung erzeugt bei den reinsten, heute käuflichen GaAs-Einkristallen z. B. Ladungsträgerdichten im Bereich von $10^{16}\,\text{cm}^{-3}$ (bei 300 K) im Vergleich zur entsprechenden intrinsischen Konzentration von $n_i = 5 \times 10^7\,\text{cm}^{-3}$.

Elektrisch aktive Störstellen in einem Halbleiter erhöhen entweder die Konzentration „freier" Elektronen oder „freier" Löcher, indem sie Elektronen an das Leitungsband abgeben oder aus dem Valenzband aufnehmen. Man nennt diese Störstellen dann *Donatoren* bzw. *Akzeptoren*. Ein Donator in einem Si-Gitter entsteht z. B., wenn man in ein Si-Gitter statt eines IV-wertigen Si-Atoms ein fünfwertiges Atom wie P bzw. As oder Sb einbaut. Bei diesen Fremdatomen liegt statt der $3s^2 3p^2$ Si-Konfiguration eine $s^2 p^3$ Konfiguration in der äußeren Schale vor. Um die tetraedrische Bindungsstruktur eines

$sp^3$ Hybrids im Gitter anzunehmen, sind beim fünfwertigen Atom nur die Elektronen $s^2p^2$ erforderlich; ein überschüssiges Elektron der $p$-Schale findet „keinen Platz" in der kovalenten $sp^3$ Hybridbindung. Man kann sich dieses Elektron als schwach gebunden an den positiv geladenen Donator-Rumpf, der – tetraedrisch gebunden – ein Si-Atom im Gitter vertritt, vorstellen (Abb. 12.6a).

Näherungsweise läßt sich eine solche fünfwertige Donatorstörstelle im Si-Gitter als ein einwertiger, positiver Rumpf vorstellen, an den ein Elektron gebunden ist, das abgetrennt werden kann und sich dann „frei" im Gitter bewegen kann; d.h., bei Ionisation wird dieses Elektron aus einem Störstellenniveau ins Leitungsband angeregt. Die Donatorstörstelle läßt sich also als wasserstoffartiges Zentrum beschreiben, bei dem die Coulomb-Anziehung zwischen Kern und Valenzelektron durch das Vorhandensein der Si-Elektronen in der Umgebung abgeschirmt wird.

Um die Anregungs- und Ionisationsenergie des überschüssigen Phosphor-Elektrons abzuschätzen, kann man die Abschirmung durch das umgebende Si in grober Näherung durch Einsetzen der Dielektrizitätskonstante des Si ($\varepsilon_{\mathrm{Si}}=11{,}7$) in die Energieterme des Wasserstoffatoms berücksichtigen. Die Energieterme des Wasserstoff-Leuchtelektrons

$$E_n^{\mathrm{H}}=\frac{m_e e^4}{2(4\pi\varepsilon_0\hbar)^2}\,\frac{1}{n^2} \tag{12.14}$$

ergeben mit $n=1$ eine Ionisierungsenergie von 13,6 eV. Für das P-Donatorzentrum muß die Masse $m_e$ des freien Elektrons durch die effektive Masse $m_n^*=0{,}3m_e$ eines Si-Leitungselektrons und die Dielektrizitätskonstante $\varepsilon_0$ des Vakuums durch $\varepsilon_0\cdot\varepsilon_{\mathrm{Si}}$ ersetzt werden. Damit folgt für die Ionisierungsenergie des Donators $E_{\mathrm{d}}$ ein Wert von $\sim 30$ meV. Das Energieniveau $E_{\mathrm{D}}$ des Donatorelektrons im gebundenen Zustand sollte also etwa 30 meV unter der Leitungsbandkante $E_{\mathrm{L}}$ liegen. Einen noch kleineren Wert erhält man für Germanium. Dort ist $\varepsilon_{\mathrm{Ge}}=15{,}8$ und $m_n^*\sim 0{,}12m_e$. Es ergibt sich hier die Abschätzung $(E_{\mathrm{L}}-E_{\mathrm{D}})\approx 6$ meV. Die Situation ist im Bänderschema der Abb. 12.7 dargestellt. Eingezeichnet ist nur der Grundzustand des Donators. Zwischen diesem Grundzustand und der Leitungsbandkante existieren noch angeregte Zustände [$n>1$ in (12.14)], die, immer dichter liegend, in das Kontinuum des Leitungsbandes übergehen. Die Situation ist sehr ähnlich der des H-Atoms, wo dem Leitungsbandkontinuum die ungebundenen

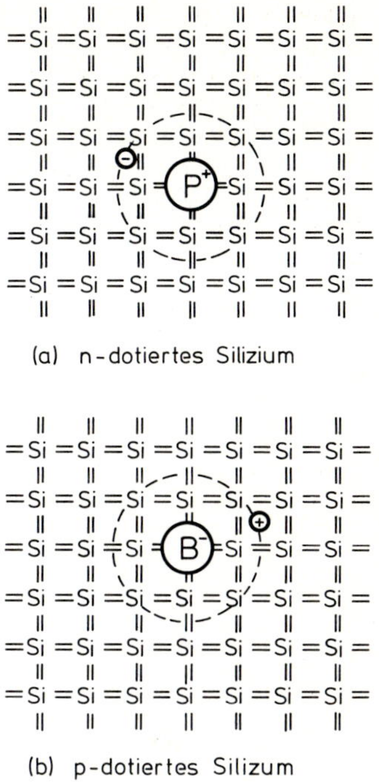


**Abb. 12.6a, b.** Schematische Darstellung der Wirkung eines Donators (**a**) bzw. eines Akzeptors (**b**) in einem Silizium-Gitter. Das fünfwertige Phosphor-Atom wird anstelle eines Silizium-Atoms im Gitter eingebaut. Das fünfte Elektron des Phosphor-Atoms wird zur Bindung nicht benötigt und ist nur schwach an das Phosphor-Atom gebunden. Die Bindungsenergie läßt sich abschätzen, wenn man das System als ein in ein Dielektrikum eingebettetes Wasserstoff-Modell behandelt. Der Fall des Akzeptors (**b**) läßt sich analog beschreiben: Das dreiwertige Bor nimmt ein zusätzliches Elektron aus dem Silizium-Gitter auf. Dadurch entsteht ein Loch im Valenzband, das um das negativ geladene Fremdatom kreist. Gitterabstand und Ausdehnung des Störzentrums sind nicht maßstabgetreu. In Wirklichkeit ist der Durchmesser des 1. Bohrschen Radius der „Störstellenbahn" etwa zehnmal so groß wie der Gitterabstand

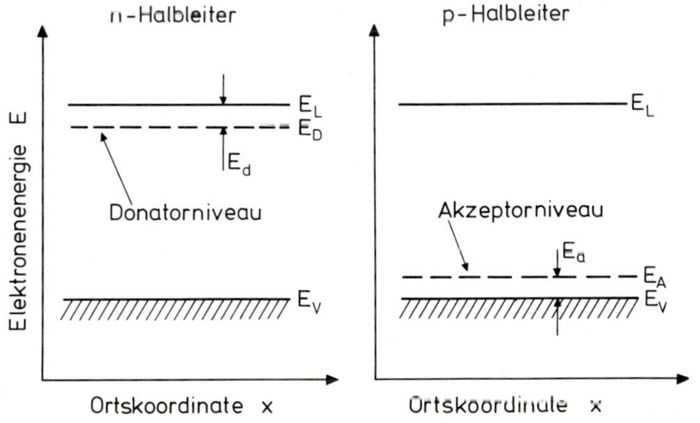


**Abb. 12.7.** Qualitative Lage der Grundzustandsniveaus von Donatoren und Akzeptoren in bezug auf die Unterkante des Leitungsbandes $E_{\mathrm{L}}$ bzw. die Oberkante des Valenzbandes $E_{\mathrm{V}}$. $E_{\mathrm{d}}$ und $E_{\mathrm{a}}$ sind die Ionisierungsenergien der Donatoren bzw. Akzeptoren

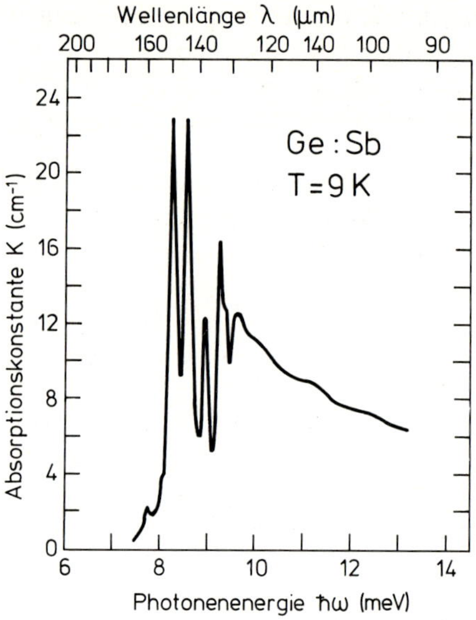


**Abb. 12.8.** Optisches Absorptionsspektrum eines Sb-Donators in Germanium, gemessen bei $T=9\,\mathrm{K}$. (Nach *Reuszer* u. *Fischer* [12.2])

Zustände oberhalb des Vakuumniveaus entsprechen. Die energetische Lage dieser angeregten Zustände läßt sich z. B. aus optischen Spektren erschließen. Abbildung 12.8 zeigt ein Absorptionsspektrum des Sb-Donators in Ge. Die Banden unterhalb von 9,6 meV entsprechen Anregungen aus dem Grundzustand in höhere, angeregte Zustände. Das Spektrum ist komplizierter, als aus dem beschriebenen Wasserstoffmodell folgen würde, da durch die Kristallumgebung teilweise Entartungen von Wasserstofftermen aufgehoben werden. Oberhalb von 9,6 meV geht die Anregung in das Kontinuum des Leitungsbandes.

Wie aus dem experimentellen Beispiel der Abb. 12.8 zu entnehmen ist, gestattet die einfache Beschreibung eines Donatorzentrums durch das H-Atommodell die Abschätzung der Größenordnung der Ionisierungsenergie $E_\mathrm{d}$. Im Rahmen dieses Modells müßten alle Donatorstörstellen P, As, Sb usw. in ein und demselben Halbleitermaterial die gleiche Ionisierungsenergie $E_\mathrm{d}$ ergeben. Die experimentell ermittelten Werte $E_\mathrm{d}$ in Tabelle 12.5 zeigen jedoch, daß Abweichungen von Donator zu Donator gefunden werden.

Es verwundert nicht, daß die summarische Beschreibung der abschirmenden Wirkung der Halbleiterelektronen durch eine Dielektrizitätskonstante zu einfach ist, um die Feinheiten der Atomistik zu verstehen.

Daß die Beschreibung durch eine makroskopische Dielektrizitätskonstante dennoch so gut an die wirklichen Werte für $E_\mathrm{d}$ heranführt, liegt daran, daß durch die Abschirmung die Wellenfunktion des Donator-Valenzelektrons über sehr viele Gitterkonstanten

| | P | As | Sb |
|---|---|---|---|
| | [meV] | | |
| Si | 45 | 49 | 39 |
| Ge | 12 | 12,7 | 9,6 |

**Tabelle 12.5.** Abstand einiger Donatorenniveaus vom Leitungsband $E_\mathrm{d}$ für Silizium und Germanium

„verschmiert" wird. Einsetzen der Halbleiterdielektrizitätskonstanten $\varepsilon_{HL}$ in die Formel für den Bohrschen Radius

$$r = \varepsilon_0 \varepsilon_{HL} \frac{h^2}{\pi m_n^* e^2} \tag{12.15}$$

bläht diesen um $\varepsilon_{HL}$ ($\approx 12$ für Si) im Vergleich zum (Wasserstoff) Bohr-Radius auf.

Das gebundene Valenzelektron der Donatorstörstelle ist also über größenordnungsmäßig $10^3$ Gitteratome „verschmiert".

Baut man in das Gitter eines IV-wertigen Elementhalbleiters (Si, Ge) ein dreiwertiges Fremdatom (B, Al, Ga, In) ein, so kann der für die tetraedrische Bindung verantwortliche $sp^3$-Hybrid leicht ein Elektron aus dem Valenzband unter Zurücklassung eines Defektelektrons aufnehmen (Abb. 12.6). Solche Störstellen heißen *Akzeptoren.* Ein Akzeptor ist bei sehr tiefen Temperaturen neutral. Er wird ionisiert, indem bei genügender Energiezufuhr ein Elektron energetisch aus dem Valenzband in das sog. Akzeptorenniveau angehoben wird. Akzeptoren haben also den Ladungscharakter „von neutral nach negativ", während Donatoren von neutral nach positiv ionisiert werden. Das in der Nähe eines ionisierten Akzeptors entstandene Defektelektron befindet sich im abgeschirmten Coulomb-Feld der ortsfesten, negativen Störstelle und die Abtrennenergie, die zur Erzeugung eines „freien" Loches im Valenzband aufgewendet werden muß, kann wie beim Donator mit Hilfe des Wasserstoffmodells abgeschätzt werden. Die Verhältnisse bei Donatoren und Akzeptoren entsprechen sich bis auf das Vorzeichen der Ladung grundsätzlich. Tabelle 12.6 zeigt, daß die Ionisierungsenergien $E_a$ für Akzeptoren in der Realität ähnlich denen für Donatoren sind. Mit Donatoren dotierte Halbleiter heißen *n*- und mit Akzeptoren dotierte Materialien *p*-Halbleiter.

| | B [meV] | Al | Ga | In |
|---|---|---|---|---|
| Si | 45 | 57 | 65 | 16 |
| Ge | 10,4 | 10,2 | 10,8 | 11,2 |

**Tabelle 12.6.** Abstand $E_a$ einiger Akzeptorenniveaus vom Valenzband für Silizium und Germanium

Die niedrigsten Verunreinigungskonzentrationen, die man heute bei Halbleitereinkristallen erreichen kann, liegen in der Größenordnung von $10^{12}\,\mathrm{cm}^{-3}$. Ge mit einer intrinsischen Ladungsträgerkonzentration $n_i$ von $2{,}4 \times 10^{13}$ $\mathrm{cm}^{-3}$ (bei 300 K) ist also als bei Zimmertemperatur intrinsisches Material erhältlich, während Si ($n_i = 1{,}5 \times 10^{10}\,\mathrm{cm}^{-3}$ bei 300 K) bei Zimmertemperatur nicht intrinsische Leitfähigkeit zeigt. Neben den hier besprochenen, elektrisch aktiven Störstellen kann ein Halbleiter natürlich noch eine Vielzahl von Fremdatomen und Defekten besitzen, die nicht ionisiert werden können und sich deshalb in der elektrischen Leitfähigkeit nicht zeigen.

## 12.4 Ladungsträgerdichte in dotierten Halbleitern

Im dotierten Halbleiter kann ein Elektron im Leitungsband entweder aus dem Valenzband oder aus einer ionisierten Donatorstörstelle stammen, bzw. ein Loch im Valenzband einem Elektron in einer negativ geladenen (ionisierten) Akzeptorstörstelle entspre-

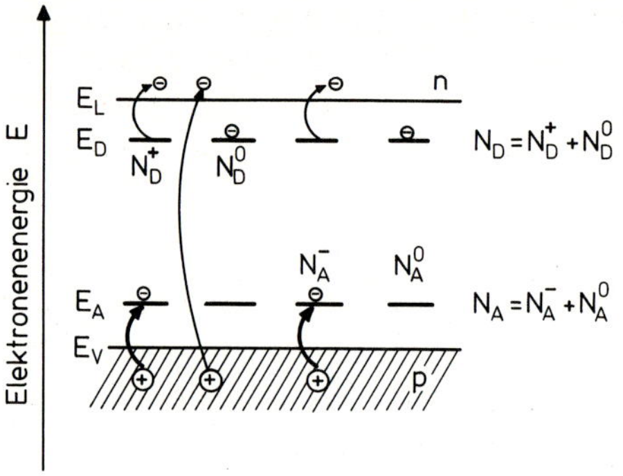


**Abb. 12.9.** Erklärung der in $n$- und $p$-Halbleitern üblichen Bezeichnungen für Ladungsträger- und Störstellenkonzentrationen: $n$ und $p$ sind die Konzentrationen von „freien" Elektronen und Löchern. Die Gesamtkonzentration $N_D$ und $N_A$ von Donatoren und Akzeptoren setzt sich zusammen aus den Dichten von neutralen $N_D^0$ bzw. $N_A^0$ und ionisierten Donatoren $N_D^+$ bzw. Akzeptoren $N_A^-$. Elektronen im Leitungsband ($n$) und Löcher im Valenzband ($p$) rühren entweder von Band–Band Anregungen oder aus Störstellen her

chen. Für einen nichtentarteten Halbleiter muß trotzdem die Besetzung im Leitungs- bzw. Valenzband nach der Boltzmann-Näherung (12.8a u. b) geregelt sein. Es gilt deshalb auch für den dotierten Halbleiter das sog. „Massenwirkungsgesetz"

$$n \cdot p = N_{\text{eff}}^{\text{L}} N_{\text{eff}}^{\text{V}} \, \text{e}^{-E_g/kT} , \tag{12.9}$$

in dem die Lage des Fermi-Niveaus $E_F$ nicht mehr auftritt. Im Vergleich zum intrinsischen Halbleiter regelt sich die Lage von $E_F$ nach einer nun etwas komplizierten „Neutralitätsbedingung", die auch der Ladung in den Störstellen Rechnung trägt: Die im folgenden verwendeten Bezeichnungen sind in Abb. 12.9 schematisch dargestellt. Die Dichte aller vorhandenen Donatoren $N_D$ bzw. aller Akzeptoren $N_A$ setzt sich zusammen aus der Dichte $N_D^0$ bzw. $N_A^0$ der Donatoren bzw. Akzeptoren, die neutral sind, und der Dichte $N_D^+$ der ionisierten Donatoren (dann positiv geladen) bzw. $N_A^-$ der ionisierten Akzeptoren (negativ geladen). Im homogenen Halbleiter muß die negative Ladungsträgerdichte $n+N_A^-$ durch eine gleichgroße positive Ladungsträgerdichte $p+N_D^+$ (siehe Abb. 12.9) kompensiert sein. Folgende Neutralitätsbedingung regelt also die Lage des Fermi-Niveaus $E_F$ im homogen dotierten Halbleiter:

$$n + N_A^- = p + N_D^+ , \tag{12.16}$$

wobei gilt

$$N_D = N_D^0 + N_D^+ , \tag{12.17a}$$

$$N_A = N_A^0 + N_A^- . \tag{12.17b}$$

Für übliche Störstellenkonzentrationen ($10^{13}$–$10^{17}\,\text{cm}^{-3}$), bei denen sich die einzelnen Donatoren oder Akzeptoren noch nicht beeinflussen, gilt in guter Näherung für die Besetzung der Donatoren mit Elektronen ($n_D$) bzw. der Akzeptoren mit Löchern ($p_A$):

$$n_D = N_D^0 = N_D[1 + \exp(E_D - E_F)/kT]^{-1} , \tag{12.18a}$$

$$p_A = N_A^0 = N_A[1 + \exp(E_F - E_A)/kT]^{-1} . \tag{12.18b}$$

Eine geringfügige Modifikation der Fermi-Funktion (Multiplikation des Exponentialterms mit 1/2), die der Möglichkeit des Einfangs nur eines Elektrons, jedoch unabhängig von seiner Spinstellung, Rechnung trägt, wird hier nicht betrachtet.

Der allgemeine Fall, der sowohl Donatoren als auch Akzeptoren gleichzeitig berücksichtigt, kann nur numerisch behandelt werden. Im folgenden beschränken wir uns deshalb auf die Behandlung eines reinen *n-Halbleiters*, in dem nur Donatoren vorhanden sind; es müssen dann folgende Gleichungen zur Berechnung der Ladungsträgerkonzentration herangezogen werden:

$$n = N_{\text{eff}}^{\text{L}}\, \mathrm{e}^{-(E_{\text{L}}-E_{\text{F}})/kT}\,, \tag{12.8a}$$

$$N_{\text{D}} = N_{\text{D}}^{0} + N_{\text{D}}^{+}\,, \tag{12.17a}$$

$$N_{\text{D}}^{0} = N_{\text{D}}[1+\exp(E_{\text{D}}-E_{\text{F}})/kT]^{-1}\,. \tag{12.18a}$$

„Freie“ Elektronen im Leitungsband können nur aus Donatoren oder aus dem Valenzband stammen, d. h.

$$n = N_{\text{D}}^{+} + p\,. \tag{12.19}$$

Als weitere Vereinfachung nehmen wir an, daß der Hauptbeitrag zur Leitfähigkeit von den Donatoren herrührt, d.h., daß $N_{\text{D}}^{+} \gg n_i$ $(n\cdot p = n_i^2)$ angenommen werden kann. Dies ist z. B. für Si ($n_i = 1{,}5\times 10^{10}\,\text{cm}^{-3}$ bei 300 K) schon bei relativ geringen Dotierungen gegeben. Für diesen einfachen Fall gilt statt (12.19)

$$n \approx N_{\text{D}}^{+} = N_{\text{D}} - N_{\text{D}}^{0}\,, \tag{12.20}$$

d. h. mit (12.18a):

$$n \approx N_{\text{D}}\left(1 - \frac{1}{1+\exp[(E_{\text{D}}-E_{\text{F}})/kT]}\right). \tag{12.21}$$

$E_{\text{F}}$ läßt sich hier mit Hilfe von (12.8a) ausdrücken durch

$$(n/N_{\text{eff}}^{\text{L}})\,\mathrm{e}^{E_{\text{L}}/kT} = \mathrm{e}^{E_{\text{F}}/kT}\,, \tag{12.22}$$

d. h.

$$n \approx \frac{N_{\text{D}}}{1+\mathrm{e}^{E_{\text{d}}/kT}\, n/N_{\text{eff}}^{\text{L}}}\,, \tag{12.23}$$

wobei $E_{\text{d}} = E_{\text{L}} - E_{\text{D}}$ der energetische Abstand des Donatorenniveaus von der Leitungsbandkante ist. Auflösen von (12.23) nach $n$ ergibt:

$$n + \frac{n^2}{N_{\text{eff}}^{\text{L}}}\,\mathrm{e}^{E_{\text{d}}/kT} \approx N_{\text{D}}\,. \tag{12.24}$$

Die physikalisch sinnvolle Lösung ist

$$n \approx 2N_{\text{D}}\left(1+\sqrt{1+4\frac{N_{\text{D}}}{N_{\text{eff}}^{\text{L}}}\,\mathrm{e}^{E_{\text{d}}/kT}}\right)^{-1}. \tag{12.25}$$

Diese Beziehung für die Leitungselektronenkonzentration im $n$-Halbleiter ergibt folgende Grenzfälle:

I) Wenn die Temperatur $T$ so klein wird, daß

$$4(N_D/N_{eff}^L)\,e^{E_d/kT} \gg 1 \tag{12.26}$$

ist, dann ergibt sich

$$n \approx \sqrt{N_D N_{eff}^L}\,e^{-E_d/2kT}\,. \tag{12.27}$$

In diesem Bereich, wo noch genügend viele Donatoren ihr Valenzelektron enthalten, d.h. nicht ionisiert sind, spricht man von *Störstellenreserve*. Man beachte die Ähnlichkeit von (12.27) mit (12.10): Statt der Valenzbandgrößen $N_{eff}^V$ und $E_V$ sind nur die entsprechenden Donatorgrößen $N_D$ und $E_D$ (d.h. statt $E_g$ hier $E_d$) einzusetzen. In diesem Temperaturbereich hängt die Elektronenkonzentration wie bei einem intrinsischen Halbleiter exponentiell von der Temperatur $T$ ab, wobei nur statt $E_g$ die wesentlich kleinere Donator-Ionisationsenergie $E_d$ eingeht. Der hier abgehandelte Grenzfall reiner $n$-Dotierung wird in der Praxis kaum realisiert. Meistens sind auch geringere Mengen von Akzeptoren vorhanden, wodurch die quantitativen Relationen verändert werden.

II) Für Temperaturen $T$, bei denen gilt

$$4(N_D/N_{eff}^L)\,e^{E_d/kT} \ll 1\,, \tag{12.28}$$

ergibt (12.25)

$$n \approx N_D = \text{const}\,, \tag{12.29}$$

d.h., die Konzentration von Elektronen im Leitungsband hat die maximal erreichbare Konzentration von Donatoren erreicht; alle Donatoren sind ionisiert, man spricht vom *Erschöpfungszustand*. In erster Näherung spielen Elektronen, die aus dem Valenzband angeregt sind, noch keine Rolle.

III) Erst bei weiterer Steigerung der Temperatur nimmt die Konzentration der über die Lücke $E_g$ angeregten Elektronen zu und wird irgendwann die aus Störstellen freigesetzte Elektronendichte überwiegen. Der $n$-Halbleiter verhält sich jetzt wie ein intrinsischer Halbleiter und man spricht in diesem Temperaturbereich vom *intrinsischen Bereich* der Trägerkonzentration. Die verschiedenen Bereiche der Ladungsträgerkonzentration sind mit der entsprechenden Lage des Fermi-Niveaus $E_F$ in Abb. 12.10 dargestellt.

Für die Lage des Fermi-Niveaus $E_F$ in Abhängigkeit von der Temperatur, die hier nicht explizit ausgerechnet wurde, gilt eine analoge Diskussion wie im Falle des intrinsischen Halbleiters. Im Bereich der Störstellenreserve stelle man sich nur die Valenzbandkante durch das Donatorenniveau repräsentiert vor. Im Bereich sehr hoher Temperaturen, d.h. im intrinsischen Bereich, gelten die Gesetzmäßigkeiten des intrinsischen Halbleiters.

Bei $n$-dotiertem Si mit einer Phosphor-Donatorenkonzentration von $3 \times 10^{14}\,\text{cm}^{-3}$ erstreckt sich der Erschöpfungsbereich zwischen etwa 45 K und 500 K, d.h., bei Zimmertemperatur sind unter diesen Umständen schon alle Donatoren ionisiert. Abbildung 12.11 zeigt als experimentelles Beispiel die aus Hall-Effekt-Messungen bestimmten Elektronenkonzentrationen $n(T)$ in $n$-dotiertem Ge für Störstellenkonzentrationen zwischen $10^{13}\,\text{cm}^{-3}$ und $10^{18}\,\text{cm}^{-3}$. Die in Abb. 12.10 qualitativ gezeigten Zusammenhänge sind klar zu erkennen.

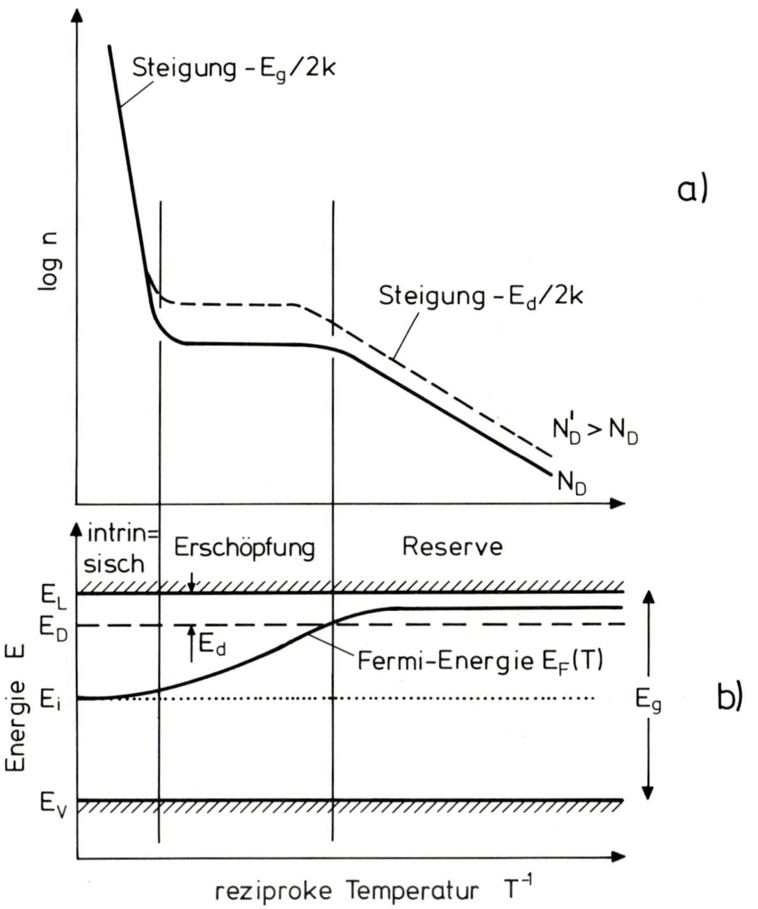


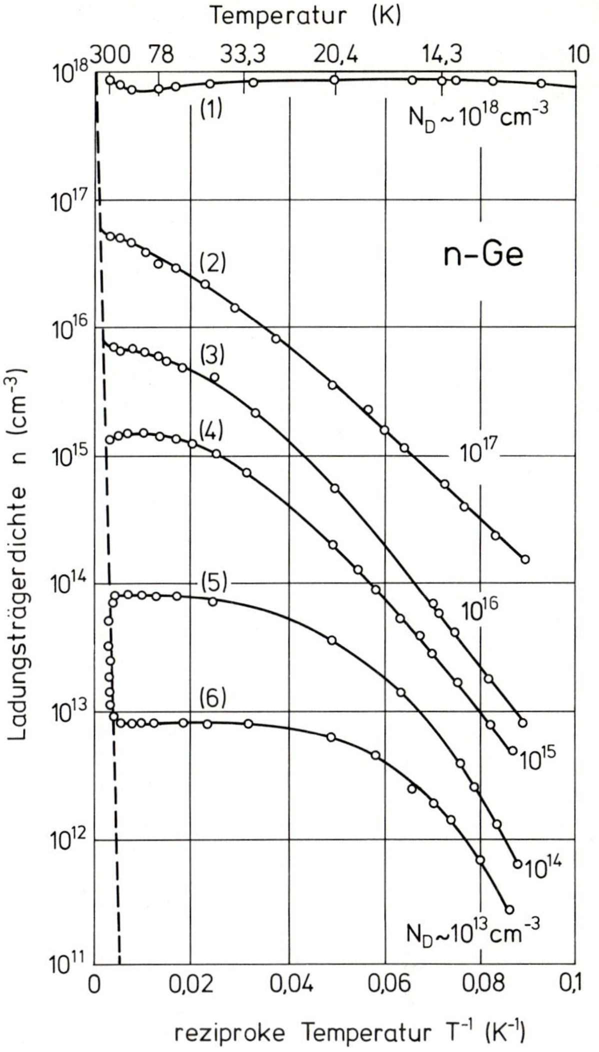


**Abb. 12.10.** (**a**) Qualitative Abhängigkeit der Elektronenkonzentration $n$ im Leitungsband eines $n$-Halbleiters von der Temperatur für zwei verschiedene Donatorkonzentrationen $N'_D > N_D$. $E_g$ ist die Breite des verbotenen Bandes und $E_d$ die Ionisierungsenergie der Donatorstörstelle.
(**b**) Qualitative Lage der Fermi-Energie $E_F(T)$ bei demselben Halbleiter in Abhängigkeit von der Temperatur. $E_L$ und $E_V$ sind die Unterkante bzw. Oberkante von Leitungs- bzw. Valenzband, $E_D$ die Lage des Donatorniveaus und $E_i$ die intrinsische Energie, wo das Fermi-Niveau im intrinsischen Halbleiter liegt

**Abb. 12.11.** Durch Hall-Effekt (siehe Tafel XIV) gemessene Konzentration $n$ freier Elektronen in $n$-Germanium. Für die Proben (*1*) bis (*6*) variiert die Donatorkonzentration $N_D$ zwischen $10^{18}$ und $10^{13}$ cm$^{-3}$. Die im intrinsischen Bereich vorliegende Elektronenkonzentration als Funktion der Temperatur ist gestrichelt eingezeichnet. (Nach *Conwell* [12.3])

## 12.5 Leitfähigkeit von Halbleitern

Wie schon im Abschn. 9.5 genauer diskutiert, ist für die Berechnung der elektrischen Leitfähigkeit $\sigma$ als Funktion der Temperatur $T$ eine zusätzliche Betrachtung der Beweglichkeit erforderlich. Für einen Halbleiter müssen dabei sowohl die Elektronen im unteren Leitungsbandbereich (Konzentration: $n$, Beweglichkeit: $\mu_n$) und die Löcher nahe der oberen Valenzbandkante ($p, \mu_p$) berücksichtigt werden. Die Stromdichte $\boldsymbol{j}$ im isotropen Halbleiter (nicht-tensorielle Leitfähigkeit $\sigma$) ist also

$$\boldsymbol{j} = e(n\mu_n + p\mu_p)\mathscr{E}\,. \tag{12.30}$$

Im Gegensatz zum Metall, wo nur Elektronen an der Fermi-Kante berücksichtigt werden müssen, d. h. $\mu = \mu(E_\mathrm{F})$ (siehe Abschn. 9.5), sind die Beweglichkeiten $\mu_n$ und $\mu_p$ beim Halbleiter als Mittelwerte über die von Elektronen bzw. Löchern besetzten Zustände im unteren Leitungsband bzw. oberen Valenzband aufzufassen. In nichtentarteten Halbleitern kann in diesen Bereichen die Fermi-Statistik durch die Boltzmann-Statistik angenähert werden. Im Rahmen dieser Näherung liefert diese Mittelung, die im vorliegenden Zusammenhang nicht näher ausgeführt wird,

$$\mu_n = \frac{1}{m_n^*} \cdot \frac{\langle \tau(\boldsymbol{k}) v^2(\boldsymbol{k}) \rangle}{\langle v^2(\boldsymbol{k}) \rangle} e\,. \tag{12.31}$$

Hierbei ist $v(\boldsymbol{k})$ die im elektrischen Feld $\mathscr{E}$ vorliegende Geschwindigkeit eines Elektrons im Punkt $\boldsymbol{k}$ des reziproken Raumes und $\tau(\boldsymbol{k})$ seine zugehörige Relaxationszeit (genauere Definition im Abschn. 9.4). Für Defektelektronen sind in (12.31) diese Größen an entsprechenden Stellen des Valenzbandes zu nehmen und die effektive Masse $m_n^*$ der Elektronen durch die der Löcher zu ersetzen.

Statt einer rigorosen Lösung der Boltzmann-Gleichung und einer exakten weiteren Betrachtung von (12.31) beschränken wir uns im vorliegenden Zusammenhang ähnlich wie für Metalle (Abschn. 9.5) auf eine mehr qualitative Diskussion der Streuprozesse, die Elektronen bzw. Löcher im Halbleiter erleiden. Elektronen und Löcher verhalten sich hierbei qualitativ gleichwertig. Stark vereinfacht folgt aus (12.31) eine Proportionalität der Beweglichkeit zur Relaxationszeit ($\mu \propto \tau$), die für Metalle nach (9.58b) exakt gegeben ist. Da $\tau$ auch proportional zur mittleren freien Flugzeit zwischen zwei Stößen ist, folgt

$$\frac{1}{\tau} \sim \Sigma \cdot \langle v \rangle\,, \tag{12.32}$$

wobei $\Sigma$ den Streuquerschnitt für Elektronen bzw. Löcher an einem Streuzentrum darstellt. $\langle v \rangle$ ist im Gegensatz zu Metallen (Abschn. 9.5) als thermischer Mittelwert (nach Boltzmann-Statistik) über alle Elektronen- bzw. Löchergeschwindigkeiten im unteren Leitungsband- bzw. oberen Valenzbandbereich zu betrachten. Gleichung (12.32) gibt im wesentlichen die Stoßwahrscheinlichkeit für Elektronen bzw. Löcher an. Wegen der Gültigkeit der Boltzmann-Statistik gilt im Halbleiter

$$\langle v \rangle \propto \sqrt{T}\,. \tag{12.33}$$

Betrachten wir nun *Streuung an akustischen Phononen*, so kann man wie bei Metallen (Abschn. 9.5) den Streuquerschnitt $\Sigma_\mathrm{Ph}$ durch das Quadrat der mittleren Schwingungsamplitude $\langle s^2(\boldsymbol{q}) \rangle$ eines Phonons ($\boldsymbol{q}, \omega_{\boldsymbol{q}}$) abschätzen, d.h., für Temperaturen $T \gg \Theta$, der

Debye-Temperatur, folgt (Abschn. 9.5)

$$M\omega_{\boldsymbol{q}}^2\langle s^2(\boldsymbol{q})\rangle = kT, \tag{12.34a}$$

$$\Sigma_{\mathrm{Ph}} \sim T. \tag{12.34b}$$

Wegen (12.32, 33) folgt somit die Abschätzung

$$\mu_{\mathrm{Ph}} \sim T^{-3/2}. \tag{12.35}$$

Zusätzlich zur hier betrachteten üblichen Streuung an Phononen können in piezoelektrischen Halbleitern (z. B. III–V und II–VI Verbindungen) markante Beiträge von Streuung an Phononen herrühren, die mit einer Polarisation behaftet sind (piezoelektrische Streuung). Ferner können Ladungsträger an optischen Phononen höherer Energie gestreut werden. In diesem Fall wird die Beschreibung außerordentlich kompliziert, da die Relaxationszeitnäherung (Abschn. 9.4) weitgehend zusammenbricht.

In Halbleitern spielt insbesondere *die Streuung an geladenen Störstellen* (ionisierte Donatoren oder Akzeptoren) eine wichtige Rolle. Ein an einer punktförmigen, geladenen Störstelle „vorbeifliegender" Ladungsträger unterliegt dabei der Coulomb-Wechselwirkung und der Streuquerschnitt $\Sigma_{\mathrm{St}}$ für diese „Rutherford-Streuung" ist

$$\Sigma_{\mathrm{St}} \propto \langle v\rangle^{-4}, \tag{12.36}$$

wobei für seine Geschwindigkeit der thermische Mittelwert $\langle v\rangle \propto \sqrt{T}$ angenommen wird. Gleichung (12.36) folgt aus einer klassischen oder quantenmechanischen Berechnung des Streuprozesses (siehe einschlägige Lehrbücher der Mechanik oder Quantenmechanik). Da die Gesamtstreuwahrscheinlichkeit ferner proportional zur Konzentration $N_{\mathrm{St}}$ der Störstellen sein muß, folgt mit (12.32, 33 und 36)

$$\frac{1}{\tau_{\mathrm{St}}} \propto N_{\mathrm{St}}/T^{3/2}, \tag{12.37}$$

bzw. für die Beweglichkeit, sofern nur Streuung an geladenen Störstellen vorliegt,

$$\mu_{\mathrm{St}} \propto T^{3/2}. \tag{12.38}$$

Die reziproke Gesamtbeweglichkeit bei Vorliegen von Störstellen- und Phononenstreuung ergibt sich durch Summation der reziproken Beweglichkeiten aus (12.35) und (12.38), d.h., qualitativ ergibt sich ein Verlauf wie in Abb. 12.12 dargestellt. Abbildung

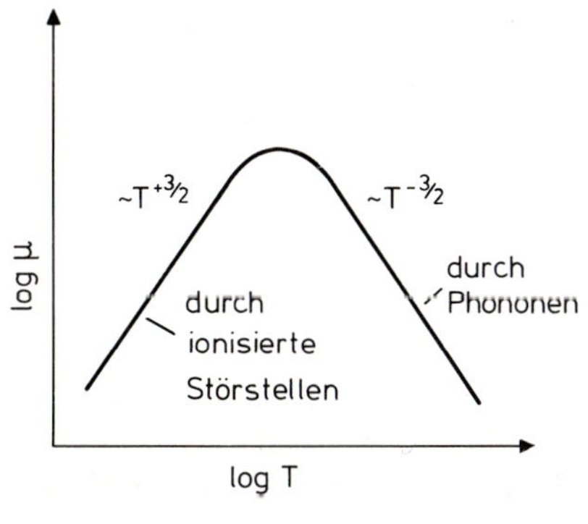


**Abb. 12.12.** Schematische Abhängigkeit der Beweglichkeit $\mu$ in einem Halbleiter von der Temperatur bei Streuung an Phononen und an geladenen Störstellen

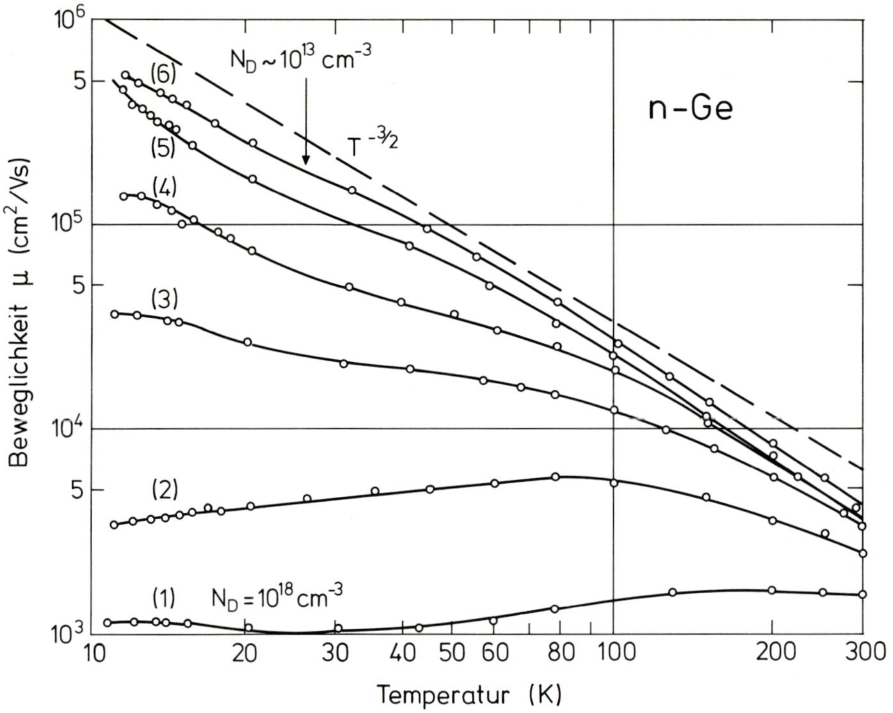


**Abb. 12.13.** Experimentell ermittelte Abhängigkeit der Beweglichkeit $\mu$ freier Elektronen von der Temperatur. Für die Proben (1) bis (6) variiert die Donatorkonzentration $N_D$ zwischen $10^{18}$ und $10^{13}$ cm$^{-3}$. Es handelt sich um die Proben, die auch für die Messungen in Abb. 12.11 verwendet wurden. (Nach *Conwell* [12.3])

12.13 zeigt die aus Hall-Effekt- und Leitfähigkeitsmessungen ermittelte experimentelle Abhängigkeit $\mu(T)$ der Elektronenbeweglichkeit für $n$-Ge; für die reinsten Kristalle ($N_D \simeq 10^{13}$ cm$^{-3}$) liegt $\mu(T)$ nahe bei der theoretisch erwarteten Abhängigkeit, (12.35), für reine Phononenstreuung. Mit wachsender Donatorenkonzentration $N_D$ ist der durch (12.38) hinzukommende Störstellenbeitrag (siehe auch Abb. 12.12) zu erkennen.

Abbildung 12.14 zeigt, daß der charakteristische Beweglichkeitsverlauf aus Abb. 12.12 in der Abhängigkeit der Leitfähigkeit von der Temperatur $T$ im Bereich der Störstellenerschöpfung, wo $n(T)$ nahezu konstant ist (Abb. 12.10 u. 11), durchschlägt. Dort zeigt $\sigma(T)$ ein Maximum, während im Bereich der intrinsischen Leitfähigkeit und der Störstellenreserve (kleine $T$) die exponentiellen Abhängigkeiten der Ladungsträgerkonzentration $n(T)$ (Abb. 12.11) die schwache Abhängigkeit der Beweglichkeit $\mu$ von der Temperatur $T$ überdecken. Die experimentellen Ergebnisse der Abb. 12.11, 13 und 14 wurden jeweils an den gleichen Ge-Proben [durchnummeriert mit (1) bis (6)] gewonnen, sodaß die Leitfähigkeit $\sigma$ sich unmittelbar aus $n(T)$ und $\mu(T)$ ausrechnen läßt.

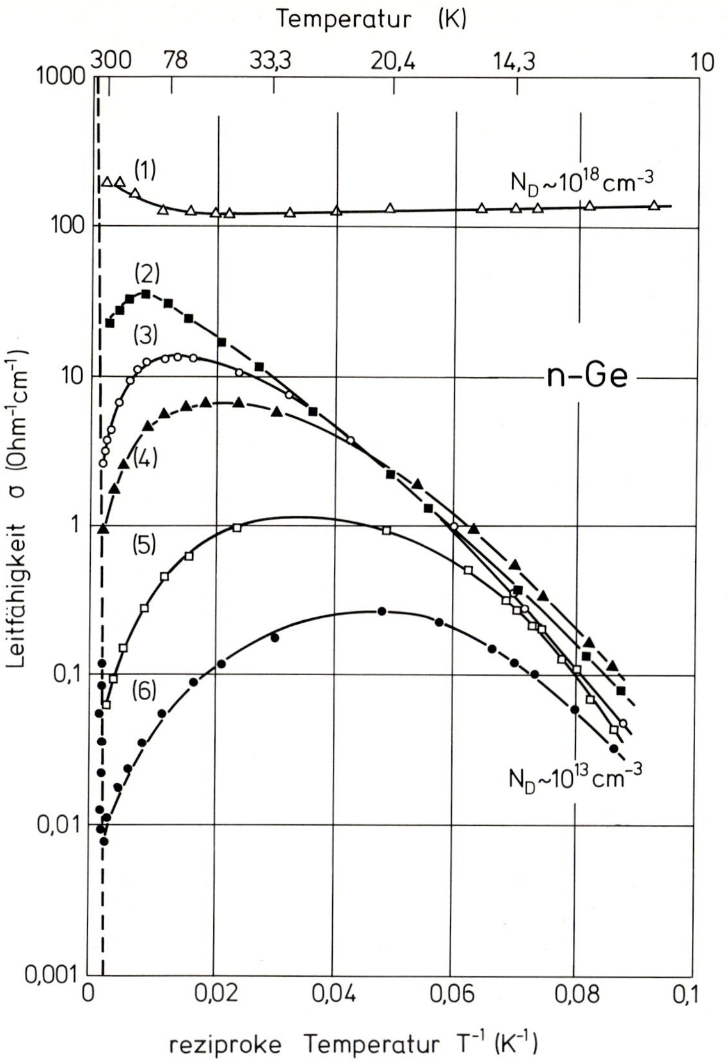


**Abb. 12.14.** Experimentell ermittelte Leitfähigkeit $\sigma$ von $n$-Germanium in Abhängigkeit von der Temperatur. Für die Proben (1) bis (6), die auch für die Messungen in den Abb. 12.11 u. 12.13 verwendet wurden, variiert die Donatorkonzentration $N_D$ zwischen $10^{18}$ und $10^{13}$ cm$^{-3}$. (Nach *Conwell* [12.3])

# Tafel XIV **Hall-Effekt**

Um in der Leitfähigkeit $\sigma = ne\mu$ Trägerkonzentration $n$ und Beweglichkeit $\mu$ getrennt bestimmen zu können, wird neben der Messung der Leitfähigkeit $\sigma$ als zweite Messung die des Hall-Effektes durchgeführt. Hierbei wird durch eine Kristallprobe ein Strom $i$ geschickt und senkrecht zum Strom ein Magnetfeld (magnetische Induktion $\boldsymbol{B}$) angelegt. An zwei gegenüberliegenden Kontakten (senkrecht zu $i$ und $\boldsymbol{B}$) kann dann stromlos ($i_H = 0$ A), d. h. über eine Kompensationsschaltung, eine sog. Hall-Spannung $U_H$ gemessen werden.

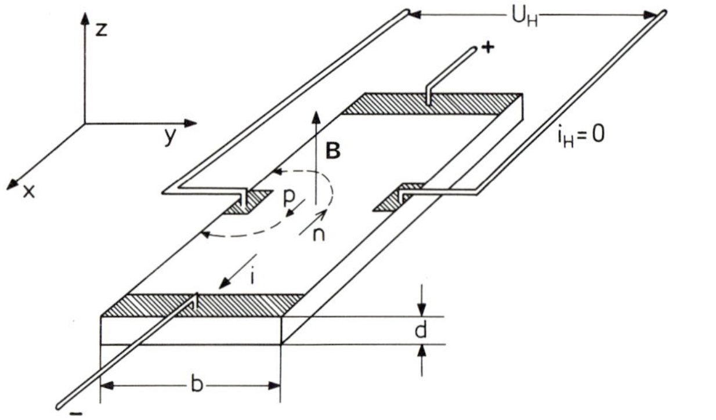


**Abb. XIV.1.** Schema einer Hall-Effekt Messung. Meßgrößen: $\boldsymbol{B}$: magnetische Induktion; $i$: Strom durch die Probe; $U_H$: Hallspannung. Gestrichelt sind Bahnen von Elektronen (Konzentration $n$) und Löchern (Konzentration $p$) angegeben, die durchlaufen würden, falls ohne Kompensationsschaltung für $U_H$ ein Strom $i_H \neq 0$ fließen würde. Bei $i_H = 0$ A werden die Ladungsträger durch die sich aufbauende Hallspannung $U_H$ auf ihrer geradlinigen Bahn (parallel zu $x$) gehalten

Dies ist schematisch in Abb. XIV.1 dargestellt. Weil $U_H$ stromlos gemessen wird, kompensiert die sich an der Probe in $y$-Richtung aufbauende Hallspannung $U_H$ gerade die auch in $y$-Richtung wirkende Lorentz-Kraft auf ein Elektron, das sich in $x$-Richtung mit der Geschwindigkeit $v_x$ bewegt:

$$F_y = e(\boldsymbol{v} \times \boldsymbol{B})_y - eE_y = ev_xB - eE_y = 0\,. \qquad \text{(XIV.1)}$$

Hierbei ist $E_y = U_H/b$ das sog. Hall-Feld. Unter der Annahme, daß nur Elektronen den Strom tragen ($n$-Halbleiter oder Metall) gilt

$$j_x = i/(b \cdot d) = -nev_x \qquad \text{(XIV.2)}$$

und damit folgt

$$E_y = \frac{U_H}{b} = -\frac{1}{ne} j_x B = -\frac{1}{ne}\frac{i \cdot B}{b \cdot d}. \qquad \text{(XIV.3)}$$

Die Größe $R_H = -(ne)^{-1}$ heißt Hallkonstante. Sie kann also durch Messung von $U_H$, $i$ und $B$ gemäß

$$U_H = RiB/d \qquad \text{(XIV.4)}$$

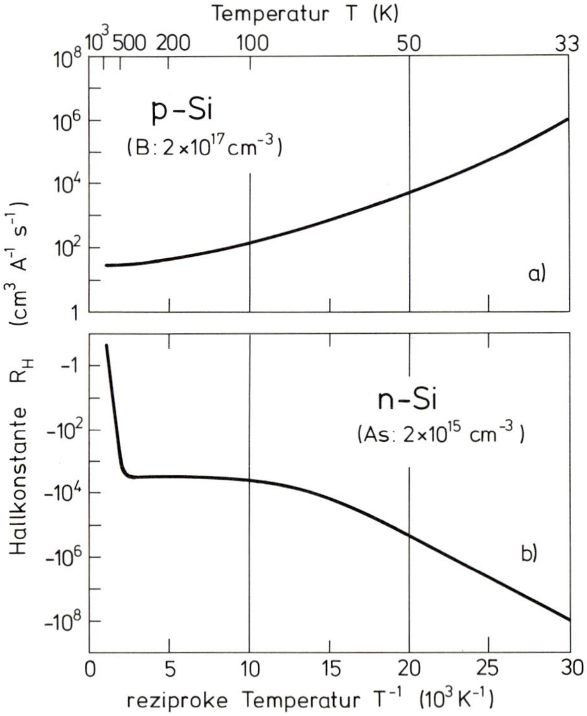


**Abb. XIV.2a, b.** Temperaturabhängigkeit der Hall-Konstanten $R_H$ für $p$-Silizium (**a**) und $n$-Silizium (**b**). Für Temperaturen im Bereich von 1300 K setzt bei $p$-Silizium mit einer Bor-Störstellenkonzentration von $2 \times 10^{17}$ $cm^{-3}$ (**a**) intrinsische Leitfähigkeit ein, die Kurve in Teil (**a**) würde dort einen Nulldurchgang haben und schließlich in den intrinsischen Ast der Abb. XIV.2b einmünden [XIV.1]

bestimmt werden. Ihr Vorzeichen gibt die Art der Ladungsträger (negativ für Elektronen) und ihre Absolutgröße die Ladungsträgerkonzentration $n$ an.

Wird in einem Halbleiter der Strom sowohl durch Elektronen (Konzentration $n$, Beweglichkeit $\mu_n$) als auch durch Löcher (Konzentration $p$, Beweglichkeit $\mu_p$) getragen, so ergibt eine analoge Rechnung folgenden Wert für die Hallkonstante:

$$R_H = \frac{p\mu_p^2 - n\mu_n^2}{e(p\mu_p + n\mu_n)^2}. \qquad \text{(XIV.5)}$$

Abbildung XIV.2 zeigt experimentell ermittelte Hallkonstanten $R_H$ für Bor-dotiertes $p$-Silizium (a) bzw. Arsen-dotiertes $n$-Silizium (b). Da die Hallkonstante bis auf die Elementarladung $e$ die reziproke Ladungsträgerkonzentration wiedergibt, ähnelt der Kurvenverlauf in logarithmischer Auftragung zumindest im Temperaturbereich 33 bis 500 K dem typischen Verlauf der Ladungsträgerdichtekurven für Halbleiter (siehe z. B. Abb. 12.12). Die Steigungen im Bereich 33 bis 50 K sind durch die Ionisierungsenergien der Akzeptoren bzw. Donatoren festgelegt (12.27). Der steil verlaufende Kurvenabschnitt in Abb. XIV.2b bei etwa $10^3$ K zeigt intrinsische Leitfähigkeit durch Elektron-Loch-Paarerzeugung an. Die verschiedenen Vorzeichen von $R_H$ in Abb. XIV.2a, b entsprechen den verschieden geladenen Trägersorten in $p$- und $n$-dotiertem Material.

## Literatur

XIV.1 F.J. Morin, J.P. Maita: Phys. Rev. **96**, 29 (1954)

# Tafel XV **Zyklotron-Resonanz bei Halbleitern**

Effektive Massen von Elektronen ($m_n^*$) und Löchern ($m_p^*$) in Halbleitern werden in einem Zyklotron-Resonanz-Experiment bestimmt, bei dem die Kristallprobe in ein variables statisches Magnetfeld $\boldsymbol{B}$ gebracht wird und in Abhängigkeit von $\boldsymbol{B}$ die Absorption eines Hochfrequenz-Wechselfeldes gemessen wird.

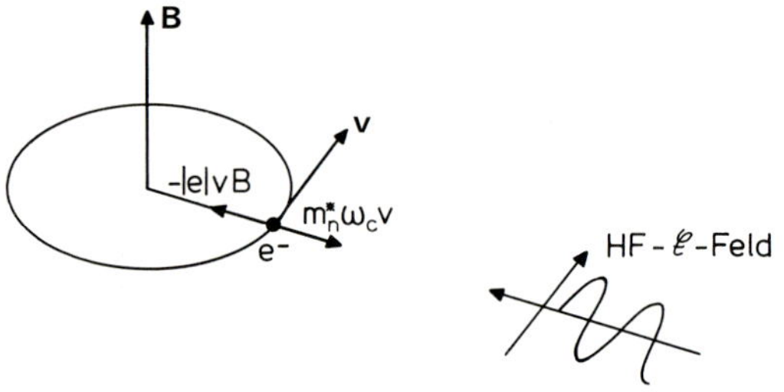


**Abb. XV.1.** Klassische Beschreibung der Zyklotron-Resonanz von Elektronen mit einer effektiven Masse $m_n^*$. Auf einer stabilen Umlaufbahn um das Magnetfeld $\boldsymbol{B}$ halten sich Zentrifugalkraft und Lorentz-Kraft das Gleichgewicht. Im allgemeinen wird das Hochfrequenzfeld $\mathscr{E}_{\mathrm{HF}}$ in seiner Frequenz konstant gehalten und das Magnetfeld $\boldsymbol{B}$ variiert

Elektronen im statischen Magnetfeld bewegen sich im $\boldsymbol{k}$-Raum (Tafel VIII) auf Flächen konstanter Energie in einer Ebene senkrecht zu $\boldsymbol{B}$ um die Magnetfeldachse. Auch im Ortsraum ergibt sich eine geschlossene Bahn, die allerdings, wie die Bahn im $\boldsymbol{k}$-Raum, für Kristallelektronen nicht einfach eine Kreisbahn ist (Abb. XV.1). Absorption des Hochfrequenz-Wechselfeldes tritt ein, wenn die Kreisfrequenz gerade gleich der Umlauffrequenz $\omega_c$ ist ($\omega_c = -eB/m_n^*$). Hierbei sind insbesondere solche Bahnen im $\boldsymbol{k}$-Raum wichtig, bei denen die eingeschlossene Fläche gerade einen extremalen (maximalen oder minimalen) Querschnitt hat. Von solchen Zuständen gibt es nämlich pro Frequenzintervall besonders viele. Die HF-Absorption hat dann also ein deutliches Maximum und man braucht für die Interpretation deshalb nur die „Extremalbahnen" zu diskutieren.

Wir wollen als Beispiel die Zyklotronresonanz an den Halbleitern Si und Ge betrachten. Elektronen und Löcher befinden sich bei einem Halbleiter in der Nähe der Kanten des Leitungsbandes bzw. Valenzbandes. Wie wir in Abb. 12.3 gezeigt hatten, haben die Flächen konstanter Energie um das Leitungsband-Minimum die Form von Ellipsoiden mit Rotationssymmetrie um die [100]- bzw. [111] Richtungen. Bei beliebiger Orientierung des Magnetfeldes gibt es für jedes Ellipsoidpaar entlang der [100]- bzw. [111]-Achsen eine verschiedene Extremalbahn, also eine verschiedene Zyklotronfrequenz. Für Silizium sind das drei verschiedene Werte entsprechend den drei verschiedenen [100]-Achsen und für Germanium vier für die vier [111]-Richtungen im Raume (Abb. XV.2a). Bei Orientierung des Magnetfeldes in einer Symmetrieebene reduziert sich diese Zahl. In Abb. XV.2b sind die Zyklotron-Resonanz-Spektren von *Dresselhaus* et al. [XV.1] gezeigt. Das Magnetfeld lag dabei in der (110)-Ebene. Dann ist die relative Lage zum Magnetfeld für je zwei Ellipsoidpaare gleich und die Zahl der Absorptionsmaxima für Elektronen erniedrigt sich auf zwei bzw. drei.

Zyklotron-Resonanz wird auch für Löcher beobachtet. Ihr Umlaufssinn um das Feld ist umgekehrt. Elektronen und Löcher lassen sich also unterscheiden, wenn man ein zirkular polarisiertes HF-Feld mit Einstrahlrichtung entlang der Richtung des $\boldsymbol{B}$-Feldes verwendet. Elektronen und Löcher absorbieren dann entsprechend ihrem Umlaufsinn nur rechts bzw. links zirkulare HF-Strahlung. In den Absorptionsspektren (Abb. XV.2b) sehen wir, daß zwei Maxima Löchern zugeschrieben werden. Die Interpretation ist hier aber anders als bei den Elektronen. Löcher gibt es im Valenzband-Maximum im Punkte $\Gamma$ der Brillouin-Zone. In einer (vereinfachten) Betrachtung würde man aufgrund der Symmetrie der Brillouin-Zone kugelförmige Energieflächen, also nur eine Zyklotronfrequenz, erwarten. Wie wir in Kap. 12 besprochen haben (siehe auch Abb. 12.4), ist die Bandstruktur am Valenzbandmaximum jedoch komplizierter: es gibt „leichte" und „schwere" Löcher.

Zyklotron-Resonanz kann nur dann beobachtet werden, wenn die Ladungsträger geschlossene Umläufe um das Magnetfeld ohne Stöße mit Phononen oder Störstellen durchlaufen können. Dies ist erfüllt, falls die Relaxationszeit (von der Größenordnung der freien

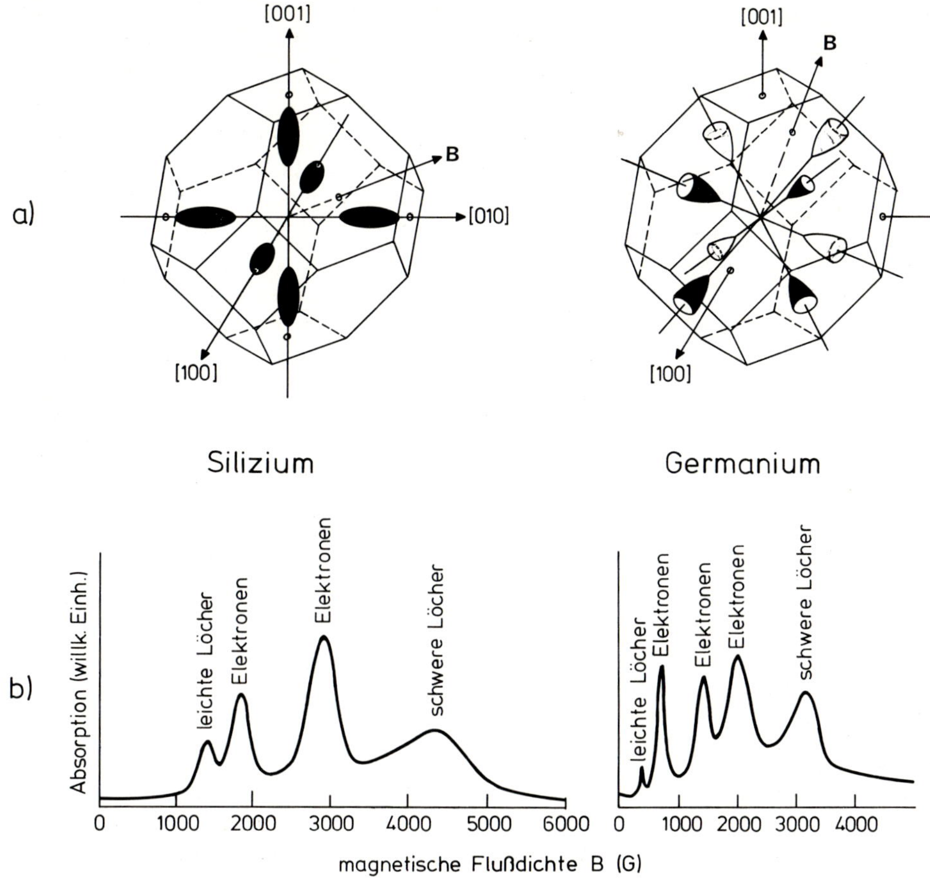


**Abb. XV.2.** (**a**) Flächen konstanter Energie im Leitungsband für Si (links) und Ge (rechts). Elektronen bewegen sich senkrecht zum Magnetfeld in geschlossenen Bahnen auf diesen Flächen. Die Umlauffrequenzen für die verschiedenen Bahnen bei gegebenem Magnetfeld sind i. a. verschieden. Für die spezielle Gestalt der Energieflächen in der Form von Ellipsoiden sind sie allerdings gleich für alle Elektronen *eines* Ellipsoids. Das ist für die Beobachtbarkeit der Zyklotron-Resonanz jedoch nicht wichtig, da in jedem Falle die Extremalbahn (hier Bahn um den größten Querschnitt) zu einem deutlichen Maximum der HF-Absorption führt. Bei allgemeiner Orientierung des Magnetfeldes gäbe es für Si drei und für Ge vier verschiedene Extremalbahnen. (**b**) Zyklotron-Resonanzabsorption für Si und Ge bei einer Orientierung des Magnetfeldes in der (110)-Ebene und einem Winkel von 30° bzw. 60° zur [100]-Richtung (magnetische Flußdichte in Gauß: 1 Gauß $= 10^{-4}$ Tesla $= 10^{-4}\,\mathrm{kg\,s^{-2}\,A}$). In beiden Fällen sind für Elektronen zwei der Extremalbahnen aus Symmetriegründen gleich, und es bleiben 2 bzw. 3 übrig. Die zwei Valenzbänder in $\Gamma$ mit verschiedener Krümmung machen sich durch zwei Löcher, „leichte" und „schwere", bemerkbar. Für die Beobachtung der Zyklotron-Resonanz sind tiefe Temperaturen erforderlich. Elektron-Loch-Paare werden durch Lichteinstrahlung erzeugt. (Nach *Dresselhaus* et al. [XV.1])

Flugzeit) $\tau$ groß gegen die inverse Zyklotronfrequenz $\omega_c^{-1}$ ist. Zyklotron-Resonanz wird deshalb nur an reinen, möglichst ungestörten Kristallen bei tiefer Temperatur (flüssiges He) beobachtet.

## Literatur

XV.1 G. Dresselhaus, A.F. Kip, C. Kittel: Phys. Rev. **98**, 368 (1955)

## 12.6 Der *p–n* Übergang

Die moderne Festkörperphysik ist eng verknüpft mit der Entwicklung der Halbleiterbauelemente, d. h. der Festkörperelektronik. Die Wirkungsweise fast aller Halbleiterbauelemente beruht dabei auf Phänomenen, die auf Inhomogenitäten im Halbleiter zurückzuführen sind. Vor allem inhomogene Konzentrationen von Donator- und Akzeptorstörstellen bewirken interessante Leitfähigkeitsphänomene, die die Konstruktion von Halbleiterbauelementen ermöglichen.

Es ginge über den Rahmen dieses Buches hinaus, solche Halbleiterbauelemente und die zu ihrer Fabrikation benutzten Technologien zu behandeln. Stattdessen sollen einige entscheidende Phänomene wie z. B. die Gleichrichtung durch einen *p–n* Übergang diskutiert werden. Bei einem solchen *p–n* Übergang handelt es sich um einen Halbleiterkristall (vorwiegend Si), der auf der einen Seite *p*-, auf der anderen Seite *n*-leitend dotiert ist (siehe Abb. 12.15). Im einfachsten (in der Realität natürlich nicht zu verwirklichenden) Fall wird der Übergang von der einen in die andere Zone als abrupt angenommen.

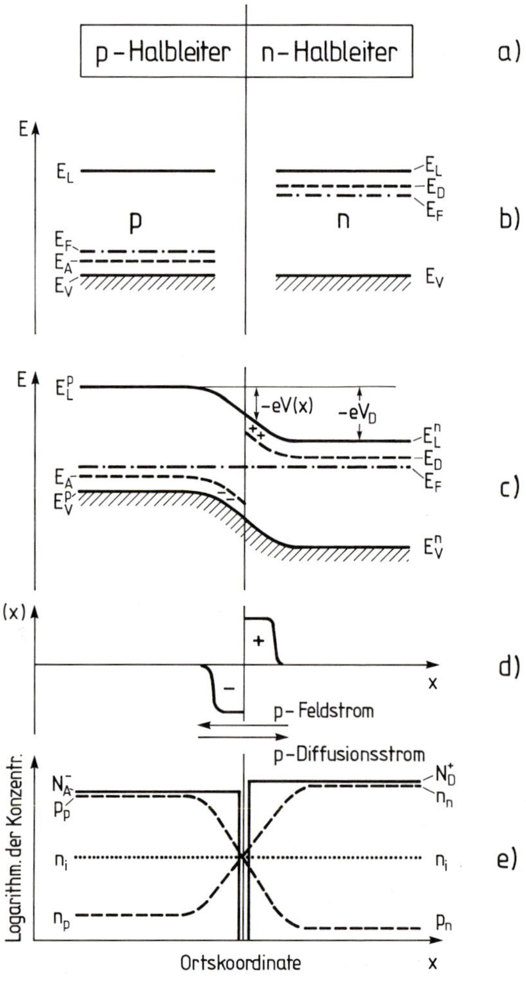


**Abb. 12.15a–e.** Qualitatives Schema eines *p–n* Übergangs im thermischen Gleichgewicht: (**a**) Halbleiterkristall, der auf der einen Seite mit Akzeptoren ($N_A$) und auf der anderen mit Donatoren ($N_D$) dotiert ist. (**b**) Bänderschema der *p*- und *n*-Seite für den gedachten Fall einer totalen Entkopplung beider Seiten. $E_A$ und $E_D$ bezeichnen die Grundzustände der Akzeptoren bzw. Donatoren; $E_F$ ist das Fermi-Niveau. (**c**) Bänderschema des *p–n* Überganges, wenn beide Seiten im thermischen Gleichgewicht miteinander sind. Der Übergang der *p*- in die *n*-Dotierung ist abrupt angenommen. Die Lagen der Leitungs- bzw. Valenzbandkanten tief im *p*-Gebiet werden mit $E_L^p$ bzw. $E_V^p$ und mit $E_L^n$ bzw. $E_V^n$ tief im *n*-Gebiet bezeichnet. $V_D$ heißt Diffusionsspannung. Im Bereich des *p–n* Übergangs stellt sich ein sog. Makropotential $V(x)$ ein. (**d**) Die aus den ionisierten Störstellen sich ergebende ortsfeste Raumbeladung $\varrho(x)$ im Bereich des *p–n* Übergangs. (**e**) Qualitativer Verlauf der Konzentrationen von Akzeptoren $N_A$, Donatoren $N_D$, Löchern *p* und freien Elektronen *n*, $n_i$ ist die intrinsische Ladungsträgerkonzentration. $p_p$ und $p_n$ bezeichnen die Löcherkonzentration tief im *p*- bzw. tief im *n*-Gebiet (entsprechend $n_p, n_n$). Es ist der häufig auftretende Fall betrachtet, daß im Kristallinnern Donatoren und Akzeptoren fast völlig ionisiert sind

In der Praxis werden solche Dotierungsinhomogenitäten mit einer Vielzahl technologischer Prozesse erzeugt. Zum Beispiel können durch Diffusion Akzeptor- und in einen anderen Raumbereich Donatorstörstellen eingebracht werden. Dieses Einbringen von Dotierungsatomen kann ebenfalls über sog. Ionenimplantation geschehen, bei der mit hoher kinetischer Energie (durch hohe elektrische Felder) die entsprechenden Ionen der Dotierungsatome in das Halbleitermaterial „eingeschossen" werden.

Im folgenden soll das Leitfähigkeitsverhalten eines solchen $p$–$n$ Übergangs, bestehend z. B. aus einem Si-Kristall, der in seiner linken Hälfte mit Akzeptoren (z. B. B, Al, Ga) und in seiner rechten Hälfte mit Donatoren (z. B. P, As, Sb) dotiert ist, betrachtet werden. Dazu muß ein solcher inhomogen dotierter Halbleiter erst einmal im thermischen Gleichgewicht, d. h. ohne äußere anliegende Spannung (siehe Abb. 12.15), behandelt werden.

## Der $p$–$n$ Übergang im thermischen Gleichgewicht

Stellen wir uns in einem rein gedanklichen Schritt die beiden Kristallhälften mit $p$- und $n$-Dotierung einmal als nicht verbunden vor (Abb. 12.15b), so liegen die Fermi-Niveaus in beiden Gebieten verschieden hoch auf ein und derselben Energieskala. In Wirklichkeit handelt es sich jedoch um ein und denselben Kristall, der nur einen abrupten Dotierungsübergang aufweist. Das Fermi-Niveau als elektrochemisches Potential muß deshalb beiden Kristallhälften im thermischen Gleichgewicht gemeinsam sein. Im Bereich der Übergangszone zwischen $n$- und $p$-Gebiet muß sich deshalb eine sog. Bandverbiegung, wie in Abb. 12.15c gezeigt, einstellen. Im Rahmen dieser hier durchgeführten quasiklassischen Beschreibung werden die Verhältnisse in der Übergangsschicht also durch ein ortsabhängiges sog. *Makropotential* $V(x)$ beschrieben, das die Verbiegung der Bandstruktur wiedergibt. Diese Beschreibung ist zulässig, weil sich das Potential $V(x)$ nur schwach über einen Kristallatomabstand ändert. Der Krümmung des Makropotentials $V(x)$ entspricht über die Poisson-Gleichung

$$\frac{\partial^2 V(x)}{\partial x^2} = -\frac{\varrho(x)}{\varepsilon\varepsilon_0} \tag{12.39}$$

eine Raumladung $\varrho(x)$. Wie diese Raumladung zustande kommt, ist für den Grenzfall $T \simeq 0$, wo $E_F$ tief im Innern des Kristalls zwischen den Akzeptor- bzw. Donatorniveaus und den Kanten des Valenz- bzw. Leitungsbandes liegt, qualitativ so zu verstehen: Die Verbiegung der Bänder hat zur Folge, daß in der Übergangszone im Bereich des $p$-Gebietes Akzeptoren unter das Fermi-Niveau gedrückt, d. h. mit Elektronen besetzt werden, während im $n$-Gebiet Donatoren über das Fermi-Niveau hinausgehoben werden und somit entleert, d. h. positiv geladen werden. Die aus (12.39) sich ergebende Raumladung besteht also aus ortsfesten ionisierten Akzeptoren bzw. Donatoren, die eine geladene Doppelschicht zu beiden Seiten des Dotierungssprunges zur Folge haben. Im Falle der in Abb. 12.15 gezeigten Störstellenerschöpfung ($T \approx 300$ K, $E_F$ zwischen Störstellenniveaus und Mitte des verbotenen Bandes) rührt die Raumladung daher, daß die Ladung der ortsfesten Akzeptor- und Donatorstörstellen um den Dotierungssprung herum nicht mehr durch die beweglichen Löcher und Elektronen in Valenz- und Leitungsband kompensiert wird. Man spricht deshalb vom sog. Raumladungsbereich oder der sog. Raumladungszone, wo $\varrho(x) \neq 0$ ist. Die mit dieser Raumladungszone zusammenhängenden Konzentrationen der Ladungsträger und Störstellen sind in Abb. 12.15e dargestellt. Weit außerhalb des Raumladungsbereiches sind die Donator- ($N_D^+$ falls geladen) bzw. Akzeptor- ($N_A^-$)

Störstellen durch gleichgroße Elektronen ($n_n$)- bzw. Löcherkonzentrationen ($p_p$) ladungsmäßig kompensiert. Die Indizes $n$ und $p$ besagen, daß es sich um Elektronen bzw. Löcher im $n$- bzw. $p$-Gebiet handelt. Diese Ladungsträger entsprechen den in diesen Gebieten vorgegebenen Dotierungen und sie werden als *Majoritätsladungsträger* bezeichnet. Da Elektronen und Löcher „frei" beweglich sind, diffundieren Elektronen ins $p$-Gebiet und Löcher ins $n$-Gebiet hinein. Dort heißen sie *Minoritätsladungsträger* und ihre Konzentrationen werden mit $n_p$ (Elektronen) und $p_n$ (Löcher) bezeichnet. Im thermischen Gleichgewicht muß dabei in jedem Punkt das sog. Massenwirkungsgesetz ($n_i^2 = n \cdot p$) erfüllt sein.

Für die Konzentrationen der Majoritätsladungsträger (Elektronen im $n$-Gebiet: $n_n$ bzw. Löcher im $p$-Gebiet: $p_p$) gilt nach den Betrachtungen im Abschn. 12.3

$$n_n = N_{\text{eff}}^{\text{L}} \exp\left(-\frac{E_{\text{L}}^n - E_{\text{F}}}{kT}\right), \tag{12.40a}$$

$$p_p = N_{\text{eff}}^{\text{V}} \exp\left(-\frac{E_{\text{F}} - E_{\text{V}}^p}{kT}\right). \tag{12.40b}$$

Weiterhin gilt

$$n_i^2 = n_n p_n = N_{\text{eff}}^{\text{V}} N_{\text{eff}}^{\text{L}} \exp\left(-\frac{E_{\text{L}}^n - E_{\text{V}}^n}{kT}\right). \tag{12.41}$$

Die sich im thermischen Gleichgewicht einstellende *Diffusionsspannung* $V_{\text{D}}$ – die Maximaldifferenz des Makropotentials $V(x)$ (siehe Abb. 12.15c) – hängt somit wie folgt mit den Ladungsträgerdichten zusammen:

$$eV_{\text{D}} = -(E_{\text{V}}^n - E_{\text{V}}^p) = kT \ln \frac{p_p n_n}{n_i^2}. \tag{12.42}$$

Für niedrige Temperaturen im Bereich der Störstellenreserve ist offenbar $|eV_{\text{D}}| \sim E_{\text{g}}$ (Abb. 12.15c). Hierbei sind $E_{\text{V}}^n$ und $E_{\text{V}}^p$ die Valenzbandkanten im $n$- und $p$-Gebiet.

Ein Zustand des Halbleiters, wie er in Abb. 12.15b–e dargestellt ist, muß als *dynamisches Gleichgewicht* aufgefaßt werden, denn Konzentrationsprofile von „freien" Ladungsträgern wie in Abb. 12.15e haben Diffusionsströme (Elektronen von rechts nach links, Löcher von links nach rechts) zur Folge. Auf der anderen Seite ist eine Raumladung wie in Abb. 12.15d mit einem elektrischen Feld $\mathscr{E}(x)$ und deshalb mit Feldströmen von Elektronen und Löchern verknüpft. Die entsprechenden (Ladungs-!)Stromdichten stellen sich wie folgt dar:

$$j^{\text{Diff}} = j_n^{\text{Diff}} + j_p^{\text{Diff}} = e\left(D_n \frac{\partial n}{\partial x} - D_p \frac{\partial p}{\partial x}\right) \tag{12.43}$$

$$j^{\text{Feld}} = j_n^{\text{Feld}} + j_p^{\text{Feld}} = e(n\mu_n + p\mu_p)\mathscr{E}_x. \tag{12.44}$$

Im thermischen (dynamischen) Gleichgewicht kompensieren sich diese Ströme gerade. Im $p$- bzw. $n$-Gebiet werden beständig auf Grund der endlichen Temperatur Elektron-Loch-Paare erzeugt, die wieder rekombinieren. Es gilt

$$j^{\text{Diff}} + j^{\text{Feld}} = 0 \tag{12.45}$$

und damit verschwinden auch die Beiträge der Elektronen und Löcher einzeln, d.h., für Elektronen gilt somit nach (12.43–45):

$$D_n \frac{\partial n}{\partial x} = n\mu_n \frac{\partial V(x)}{\partial x}, \tag{12.46}$$

wobei $\mathscr{E}_x = -\partial V/\partial x$ benutzt wurde.

Betrachtet man nicht wie in (12.40) die Ladungsträgerkonzentrationen weit außerhalb der Raumladungsschicht, wo $E_L^n$ bzw. $E_V^p$ konstant sind, sondern in der Raumladungszone, so wird natürlich die Leitungsbandkante beschrieben durch $[E_L^p - eV(x)]$ und die Konzentration der Elektronen ist ortsabhängig mit

$$n(x) = N_{\text{eff}}^{\text{L}} \exp\left(-\frac{E_L^p - eV(x) - E_F}{kT}\right), \tag{12.47}$$

damit folgt

$$\frac{\partial n}{\partial x} = n \frac{e}{kT} \frac{\partial V}{\partial x} \tag{12.48}$$

bzw. durch Einsetzen in (12.46)

$$D_n = \frac{kT}{e} \mu_n . \tag{12.49}$$

Diese sog. *Einstein-Beziehung* zwischen Trägerdiffusionskonstante und Beweglichkeit gilt immer dann, wenn Diffusionsstrom und Feldstrom von ein und derselben Ladungsträgersorte getragen werden. Die analoge Beziehung zu (12.49) folgt natürlich für Löcher wegen des Verschwindens des Gesamtlöcherstromes.

Eine rigorose mathematische Behandlung des $p$–$n$ Überganges ist nicht einfach, weil in der Poisson-Gleichung (12.39) der genaue Verlauf der Raumladungsdichte $\varrho(x)$ vom Wechselspiel zwischen Diffusions- und Feldstrom [und dieser wiederum von $V(x)$] abhängt. Für einen „abrupten" $p-n$ Übergang, wie er hier betrachtet wird, läßt sich folgende Näherungslösung angeben, die unter dem Namen *„Schottky-Modell" der Raumladungszone* bekannt ist. Denken wir uns den Nullpunkt der $x$-Achse in Abb. 12.15 in den Übergang zwischen $n$- und $p$-Gebiet gelegt, dort wo die Donatoren ($N_D$)- und die Akzeptorenkonzentrationen ($N_A$) abrupt aufeinander stoßen, so gilt für die Raumladung allgemein:

$$\varrho(x>0) = e(N_D^+ - n + p) \quad \text{im } n \text{ Gebiet}, \tag{12.50a}$$

$$\varrho(x<0) = -e(N_A^- + n - p) \quad \text{im } p\text{-Gebiet}. \tag{12.50b}$$

Die ortsabhängigen Konzentrationen $n(x)$, $p(x)$ der „freien" Ladungsträger stellen sich natürlich nach Maßgabe des Abstandes der Leitungsband- bzw. Valenzbandkante zum Fermi-Niveau ein (siehe Abb. 12.15c). Obwohl dieser Abstand sich in der gesamten Raumladungszone allmählich und monoton ändert, ändert sich die Fermi-Funktion und damit die Besetzung in einem Energiebereich von $\sim 2kT(300\,\text{K}) \simeq 0{,}05\,\text{eV}$, der klein ist gegen den Bandabstand, von annähernd null auf ihren Maximalwert. Vernachlässigt man also die sog. „Aufweichungszone“ der Fermi-Verteilung, so läßt sich die Konzentration $N_D^+$ der geladenen, nicht durch freie Elektronen kompensierten Donatoren bzw. die Konzentration der geladenen Akzeptoren $N_A^-$ durch Kastenfunktionen annähern (siehe Abb. 12.15d), d.h., die Raumladungsdichte wird damit

$$\varrho(x)=\begin{cases} 0 & \text{für} \quad x<-d_p \\ -eN_A & \text{für} \quad -d_p<x<0 \\ eN_D & \text{für} \quad 0<x<d_n \\ 0 & \text{für} \quad x>d_n\,. \end{cases} \tag{12.51}$$

Mit dieser stückweise konstanten Raumladungsdichte läßt sich die Poisson-Gleichung z.B. fürs $n$-Gebiet $(0<x<d_n)$

$$\frac{d^2V(x)}{dx^2} \simeq -\frac{eN_D}{\varepsilon\varepsilon_0} \tag{12.52}$$

sehr einfach integrieren. Die Rechnung fürs $p$-Gebiet verläuft natürlich völlig analog. Für elektrisches Feld $\mathscr{E}_x(x)$ und Potential $V(x)$ im $n$-Gebiet der Raumladungszone ergeben sich

$$\mathscr{E}_x(x)=-\frac{e}{\varepsilon\varepsilon_0}N_D(d_n-x) \tag{12.53}$$

bzw.

$$V(x)=V_n(\infty)-\frac{eN_D}{2\varepsilon\varepsilon_0}(d_n-x)^2\,. \tag{12.54}$$

Außerhalb der „Schottky-Raumladungszone“ liegen die Potentiale $V_n(\infty)$ im $n$-Gebiet bzw. $V_p(-\infty)$ im $p$-Gebiet vor (siehe Abb. 12.16c). Man beachte den inversen Verlauf der Energiebandkanten $E_V(x)$ und $E_L(x)$ (Abb. 12.15c) im Vergleich zu dem des Potentials $[E(x)=-eV(x)]$.

Die Längen $d_n$ bzw. $d_p$ geben im Rahmen des Schottky-Modells die Ausdehnung der Raumladungszone ins $n$- bzw. $p$-Gebiet an.

Aus der Ladungsneutralität folgt:

$$N_D d_n = N_A d_p\,; \tag{12.55}$$

und die Kontinuität von $V(x)$ bei $x=0$ verlangt:

$$\frac{e}{2\varepsilon\varepsilon_0}(N_D d_n^2 + N_A d_p^2) = V_n(\infty) - V_p(-\infty) = V_D\,. \tag{12.56}$$

Aus der Diffusionsspannung $V_D$, dem Unterschied zwischen den Lagen der Bandkanten im $p$-und $n$-Gebiet, läßt sich also bei bekannten Störstellenkonzentrationen die Ausdehnung der Randschicht ausrechnen.

Aus (12.55) und (12.56) folgt:

$$d_n = \left( \frac{2\varepsilon\varepsilon_0 V_D}{e} \cdot \frac{N_A/N_D}{N_A + N_D} \right)^{1/2}, \tag{12.57a}$$

$$d_p = \left( \frac{2\varepsilon\varepsilon_0 V_D}{e} \cdot \frac{N_D/N_A}{N_A + N_D} \right)^{1/2}. \tag{12.57b}$$

Da Diffusionspotentiale typischerweise in der Größenordnung von $E_g$, also bei ca. 1 V liegen, ergeben sich bei Störstellenkonzentrationen zwischen $10^{14}$ und $10^{18}\,\mathrm{cm}^{-3}$ Ausdehnungen der Raumladungszonen $d_n$ bzw. $d_p$ zwischen $10^4$ und $10^2$ Å, d.h., es herrschen elektrische Feldstärken zwischen $10^4$ und $10^6$ V/cm in solchen Raumladungszonen.

## Der vorgespannte *p–n* Übergang – Gleichrichtung

Wenn eine zeitlich konstante, äußere elektrische Spannung $U$ an den *p–n* Übergang gelegt wird, so wird das thermische Gleichgewicht gestört, und die Verhältnisse im *p–n* Übergang können als stationärer Zustand nahe am thermischen Gleichgewicht beschrieben werden. Da auf Grund der Verarmung an freien Ladungsträgern (Verarmungszone) die Raumladungszone zwischen $-d_p$ und $d_n$ einen wesentlich höheren elektrischen Widerstand besitzt als die Gebiete außerhalb des $p-n$ Übergangs, fällt bei außen anliegender Spannung $U$ fast der ganze Betrag von $U$ über der Raumladungszone ab, d.h., das Bänderschema der Abb. 12.15 bzw. der Potentialverlauf der Abb. 12.16c ändert sich nur im Bereich der Raumladungszone, außerhalb bleiben $E_L(x)$, $E_V(x)$ und $V(x)$ konstant, also weiterhin waagerecht. Über der Raumladungszone fällt statt der Diffusionsspannung $V_D$ (im Gleichgewicht: $U = 0$ V) nun der Wert

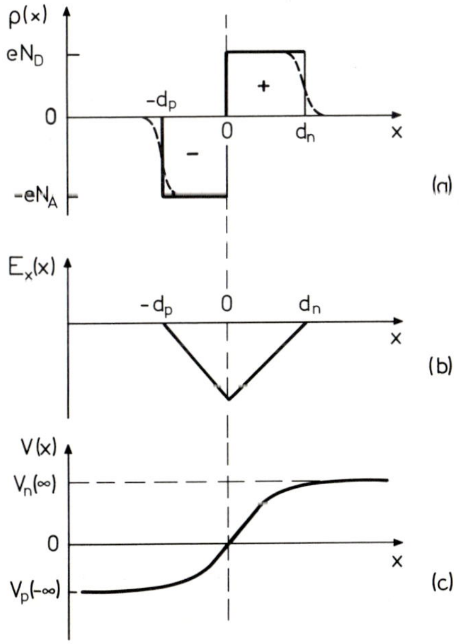


**Abb. 12.16.** Das Schottky-Modell der Raumladungszone eines *p–n* Überganges (bei $x=0$). (**a**) Ortsabhängigkeit der Raumladungsdichte $\varrho(x)$, die aus ionisierten Akzeptoren ($N_A$) bzw. Donatoren ($N_D$) gebildet wird. Der reale Verlauf (gestrichelt) wird durch den rechteckigen (durchgezogen) Verlauf angenähert. (**b**) Verlauf der elektrischen Feldstärke $E_x(x)$. (**c**) Potentialverlauf $V(x)$ im Bereich des *p–n* Übergangs

$$V_n(\infty) - V_p(-\infty) = V_D - U \tag{12.58}$$

ab. Hierbei wird $U$ positiv gezählt, wenn das Potential auf der $p$-Seite gegenüber der $n$-Seite angehoben wird. Die außen anliegende Spannung ändert nun die Ausdehnung der Raumladungszone, denn in (12.57) muß statt $V_D$ die um $U$ verringerte Diffusionsspannung eingesetzt werden, d.h., es folgt:

$$d_n(U) = d_n(U=0)\cdot(1 - U/V_D)^{1/2}, \tag{12.59a}$$

$$d_p(U) = d_p(U=0)\cdot(1 - U/V_D)^{1/2}. \tag{12.59b}$$

Im thermischen Gleichgewicht sind Feld- und Diffusionsstrom von Elektronen entgegengesetzt und gleich, dasselbe gilt für die Löcherströme. Legt man eine äußere Spannung $U$ an, so wird dieses Gleichgewicht gestört. Betrachten wir z.B. die Strombilanz der Elektronen: Hier handelt es sich einerseits um den Feldstrom der Minoritätsladungsträger, der, aus dem $p$-Gebiet (wo Elektronen Minoritätsladungsträger sind) kommend, durch die Diffusionsspannung $V_D$ in das $n$-Gebiet hinübergezogen wird. Weil diese Minoritätsträger im $p$-Gebiet durch fortwährende thermische Generation entstehen, heißt dieser Strom *Generationsstrom* $I_n^{\text{gen}}$. Bei genügend dünner Raumladungszone und genügend geringer Rekombination in dieser wird jedes Elektron, das, vom $p$-Gebiet her kommend, in das Feld der Raumladungszone gerät, von diesem in das $n$-Gebiet hinübergezogen. Dieser Effekt ist weitgehend unabhängig von der Größe der Diffusionsspannung und somit auch von einer äußeren Spannung.

Anders verhält es sich mit dem Diffusionsstrom der Elektronen aus dem $n$-Gebiet, wo die Elektronen Majoritätsladungsträger sind, in das $p$-Gebiet (genannt *Rekombinationsstrom* $I_n^{\text{rec}}$). In dieser Richtung müssen die Elektronen gegen die Potentialschwelle der Diffusionsspannung anlaufen. Der Bruchteil der Elektronen, der die Potentialschwelle überwindet, bestimmt sich nach dem Boltzmann-Faktor $\exp[-e(V_D - U)/kT]$ und ist somit stark abhängig von der außen anliegenden Spannung $U$. Es gelten also bei einer äußeren Spannung $U$ folgende Beziehungen für die Elektronenströme $I_n$ durch den $p$–$n$ Übergang:

$$I_n^{\text{rec}}(U=0) \approx I_n^{\text{gen}}(U \neq 0), \tag{12.60}$$

$$I_n^{\text{rec}} \propto \mathrm{e}^{-e(V_D - U)/kT}, \tag{12.61}$$

d.h. mit (12.60)

$$I_n^{\text{rec}} = I_n^{\text{gen}}\, \mathrm{e}^{eU/kT}, \tag{12.62}$$

und damit für den Gesamtelektronenstrom

$$I_n = I_n^{\text{rec}} - I_n^{\text{gen}} = I_n^{\text{gen}}(\mathrm{e}^{eU/kT} - 1). \tag{12.63}$$

Die gleiche Analyse folgt für die Löcherströme $I_p$, so daß sich für die Kennlinie eines $p$–$n$ Überganges ergibt

$$I(U) = (I_n^{\text{gen}} + I_p^{\text{gen}})\left[\exp\frac{eU}{kT} - 1\right]. \tag{12.64}$$

Der extrem asymmetrische Verlauf dieser typischen Gleichrichter-Kennlinie für beide Polungsrichtungen ist aus Abb. 12.17 zu ersehen.

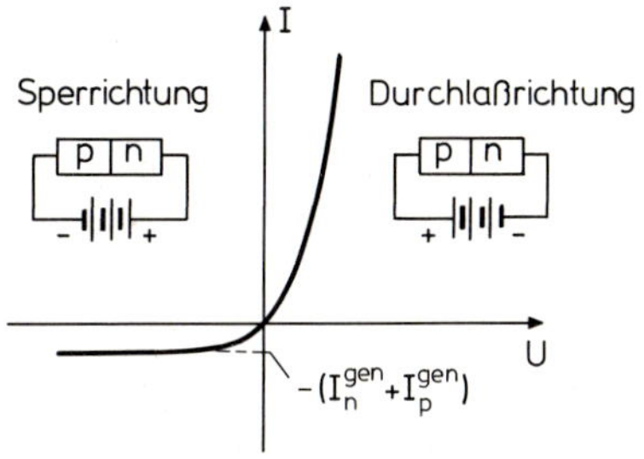


**Abb. 12.17.** Schema der Strom-Spannungs($I-U$)-Kennlinie eines $p$–$n$ Überganges mit entsprechendem Schaltbild. Der maximale Sperrstrom ist durch die Summe der Generationsströme für Elektronen und Löcher gegeben

Um den Sättigungsstrom in Sperrichtung $-(I_n^{\text{gen}} + I_p^{\text{gen}})$ quantitativ zu ermitteln, ist eine etwas genauere Betrachtung des stationären Zustandes bei Anlegen einer Gleichspannung $U$ erforderlich. Wie aus dem Vorherigen folgt, ist für die Störung des thermischen Gleichgewichts vor allem eine Änderung der Diffusionsströme verantwortlich, während in guter Näherung der Einfluß der äußeren Spannung $U$ auf die Feldströme vernachlässigt werden kann. Im Rahmen dieser sog. *Diffusionsstrom-Näherung* genügt es also, nur die Diffusionsströme unter dem Einfluß der Spannung $U$ zu betrachten.

Betrachten wir den $p$–$n$ Übergang in Durchlaßrichtung gepolt (Abb. 12.18), so erhöht sich, wie aus Abb. 12.18b ersichtlich, im Raumladungsgebiet die Trägerkonzentration, wobei nicht mehr das Massenwirkungsgesetz $n \cdot p = n_i^2$ erfüllt ist. Die Fermi-Niveaus weit außerhalb der Raumladungszone unterscheiden sich gerade um die der außen angelegten Spannung $U$ entsprechende Energie $-eU$ (Abb. 12.18a). In der Raumladungszone, wo kein thermisches Gleichgewicht mehr herrscht, kann im Grunde genommen kein Fermi-Niveau mehr definiert werden. Befindet sich der stationäre Zustand, wie hier angenommen, jedoch nahe am thermischen Gleichgewicht, so ist näherungsweise weiterhin eine Beschreibung mit Hilfe der Boltzmann-Statistik möglich, nur müssen statt eines einzigen Fermi-Niveaus jetzt formal zwei sog. Quasi-Fermi-Niveaus für Elektronen (in Abb. 12.18a punktiert) und für Löcher (in Abb. 12.18a gestrichelt) eingeführt werden. Auf weitere Details soll hier nicht eingegangen werden.

Mit der Näherungsannahme, daß innerhalb der Raumladungszone Rekombinationsprozesse von Elektronen mit Löchern vernachlässigt werden können, genügt es, die Änderung der Diffusionsstromdichten am Rande der Raumladungszone, d.h. bei $x = -d_p$ und $x = d_n$, zu betrachten. In diesem nach Shockley benannten Modell für den Fall geringer Ladungsträgerinjektion werden $d_n$ und $d_p$ als konstant angenommen (nicht wie in (12.57) als Funktion von $V_D$); für $d_n$ und $d_p$ werden die Werte des stromlosen Falles benutzt, wie in Abb. 12.18 angedeutet ist. Die Rechnung gestaltet sich dann besonders einfach. Wir beschränken uns auf die Betrachtung der Löcher-Diffusionsstromdichte $j_p^{\text{Diff}}$, da für Elektronen die Rechnung analog verläuft.

Für den Diffusionsstrom bei $x = d_n$ gilt nach (12.43)

$$j_p^{\text{Diff}}(x = d_n) = -eD_p \left.\frac{\partial p}{\partial x}\right|_{x = d_n}. \tag{12.65}$$

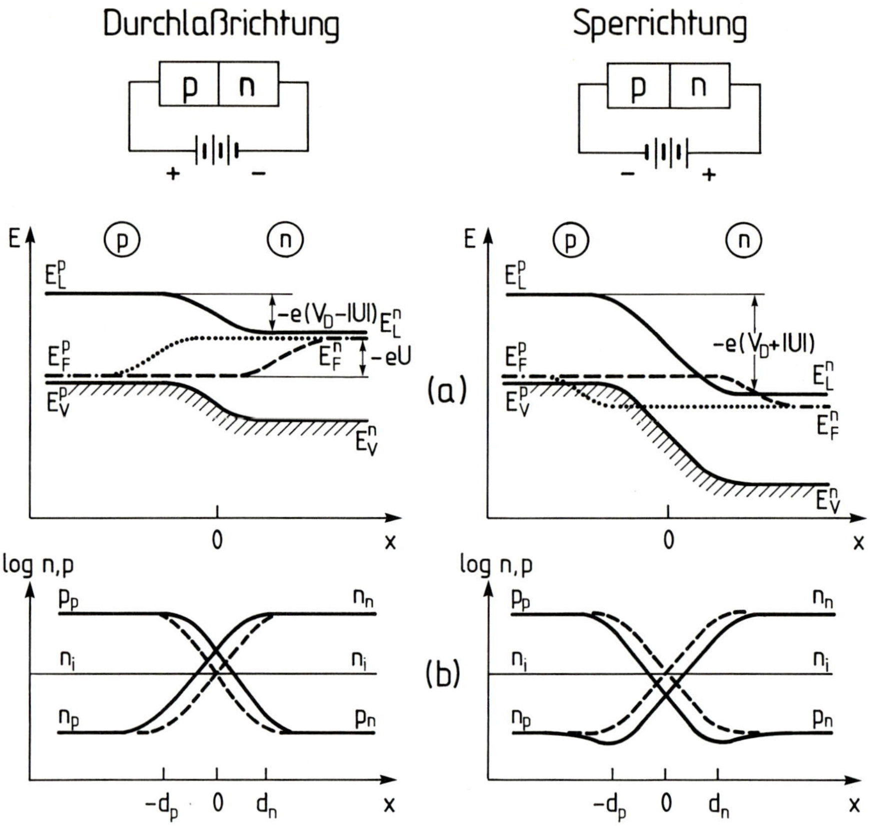


**Abb. 12.18a, b.** Schema eines *p–n* Überganges, der in Durchlaß- bzw. Sperrichtung gepolt ist (Nichtgleichgewichtszustände). (**a**) Bänderschema bei Anliegen einer äußeren Spannung $-U$ bzw. $+U$. Um entsprechende Potentialbeträge $eU$ sind die Fermi-Niveaus $E_F^p$ bzw. $E_F^n$ im *p*- bzw. *n*-Gebiet gegeneinander verschoben. Im Bereich des *p–n* Überganges spaltet das Fermi-Niveau des Gleichgewichts (— · — · —) in sog. Quasi-Fermi-Niveaus für Elektronen (· · ·) und Löcher (– – –) auf. (**b**) Ortsabhängigkeit der Konzentration der Löcher *p* und der Elektronen *n* im vorgespannten *p–n* Übergang (durchgezogen) und ohne Vorspannung im thermischen Gleichgewicht (– – –). $-d_p$ und $d_n$ geben die Ausdehnung der Raumladungszone im thermischen Gleichgewicht, d. h. ohne Vorspannung an. $p_p$ und $p_n$ wie auch $n_p$ und $n_n$ bezeichnen die Konzentrationen tief im *p*- bzw. *n*-Gebiet

Der Konzentrationsgradient $\partial p/\partial x$ kann über die Diffusionstheorie, wie folgt, leicht auf die Erhöhung der Löcherkonzentration bei $x=d_n$ zurückgeführt werden. Die bei $x=d_n$ auf Grund der anliegenden Durchlaßspannung $U$ sich ergebende Löcherkonzentration $p(x=d_n)$ (siehe Abb. 12.18b) folgt nach der Boltzmann-Statistik zu

$$p(x=d_n)=p_p\exp\left(-e\frac{V_D-U}{kT}\right), \tag{12.66}$$

$$p(x=d_n)=p_n\exp(eU/kT). \tag{12.67}$$

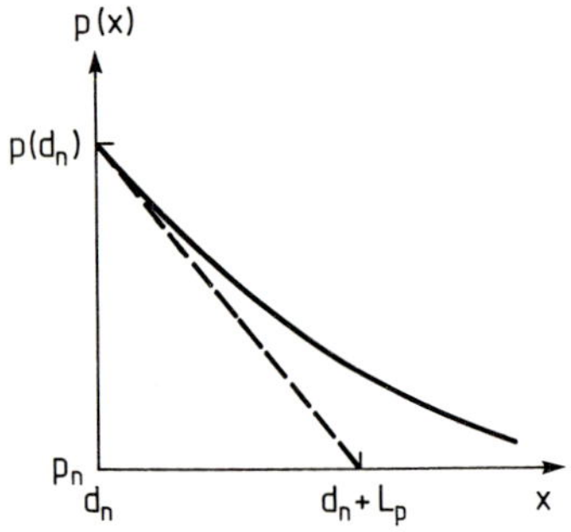


**Abb. 12.18c.** Ortsabhängigkeit der Löcherkonzentration $p(x)$ im vorgespannten *p–n* Übergang außerhalb der Raumladungszone des thermischen Gleichgewichts ($x>d_n$); Ausschnittsvergrößerung der Darstellung in Abb. 12.18b für Polung in Durchlaßrichtung

Hierbei sind $d_n$ bzw. $d_p$ die Ausdehnungen der Raumladungszone im thermischen Gleichgewicht ($U=0$ V). Diese erhöhte Löcherkonzentration führt zu erhöhter Rekombination im *n*-Gebiet, was einen erhöhten Elektronenzustrom zur Folge hat. Weit im *n*-Gebiet wird der Strom also durch Elektronen und weit im *p*-Gebiet durch Löcher getragen.

Auf Grund der Kontinuitätsbeziehung kann sich die Löcherkonzentration in einem Volumenelement nur dadurch ändern, daß Löcher hinein- oder hinausfließen bzw. rekombinieren oder thermisch erzeugt werden. Die Rekombinationsrate ist umso höher, je mehr Löcher über die Gleichgewichtskonzentration $p_n$ hinaus angeregt sind. Mit einer mittleren Lebensdauer $\tau_p$ eines Loches lautet deshalb die Kontinuitätsbeziehung für die

Nichtgleichgewichtsladungsträger:

$$\frac{\partial p}{\partial t} = -\frac{1}{e}\operatorname{div}\boldsymbol{j}_p^{\text{Diff}} - \frac{p-p_n}{\tau_p}. \tag{12.68}$$

Im hier betrachteten stationären Fall muß $\partial p/\partial t = 0$ sein, und es folgt aus (12.65 und 68)

$$\frac{\partial p}{\partial t} = D_p \frac{\partial^2 p}{\partial x^2} - \frac{p-p_n}{\tau_p} = 0, \tag{12.69a}$$

d. h. weiter

$$\frac{\partial^2 p}{\partial x^2} = \frac{1}{D_p \cdot \tau_p}(p-p_n). \tag{12.69b}$$

Diese Diffusionsdifferentialgleichung liefert als Lösung ein Diffusionsprofil.

$$p(x) \sim \exp(-x/\sqrt{D_p \tau_p}). \tag{12.70}$$

Hierbei ist $L_p = \sqrt{D_p \cdot \tau_p}$ die Diffusionslänge für Löcher, längs der die Löcherkonzentration von einem bestimmten Wert, z. B. $p(x=d_n)$ in Abb. 12.18b auf $1/e$ abgenommen hat. Aus (12.70) folgt mittels Abb. 12.18c

$$-\left.\frac{\partial p}{\partial x}\right|_{x=d_n} = \frac{p(x=d_n)-p_n}{L_p}, \tag{12.71}$$

wobei weiter aus (12.67) für den Fall einer von außen angelegten Spannung

$$p(x=d_n)-p_n = p_n[\exp(eU/kT)-1] \tag{12.72}$$

folgt. Aus (12.65, 71 und 72) ergibt sich die durch die äußere Spannung $U$ erzeugte Löcher-Diffusionsstromdichte zu

$$j_p^{\text{Diff}}|_{x=d_n} = \frac{eD_p}{L_p} p_n[\exp(eU/kT)-1]. \tag{12.73}$$

Analoge Rechnungen folgen für den von Elektronen getragenen Diffusionsstrom und die gesamte über den $p$–$n$ Übergang fließende Stromdichte ergibt sich als Summation über diese beiden Anteile. Die Feldströme brauchen, wie oben ausgeführt, nicht berücksichtigt zu werden. Ihre Anteile aus dem $p$-und $n$-Gebiet sind gleich groß wie im thermischen Gleichgewicht und kompensieren den Gleichgewichtsanteil der Diffusionsströme, d. h.:

$$j(U) = \left(\frac{eD_p}{L_p} p_n + \frac{eD_n}{L_n} n_p\right)\left(\exp\frac{eU}{kT} - 1\right). \tag{12.74}$$

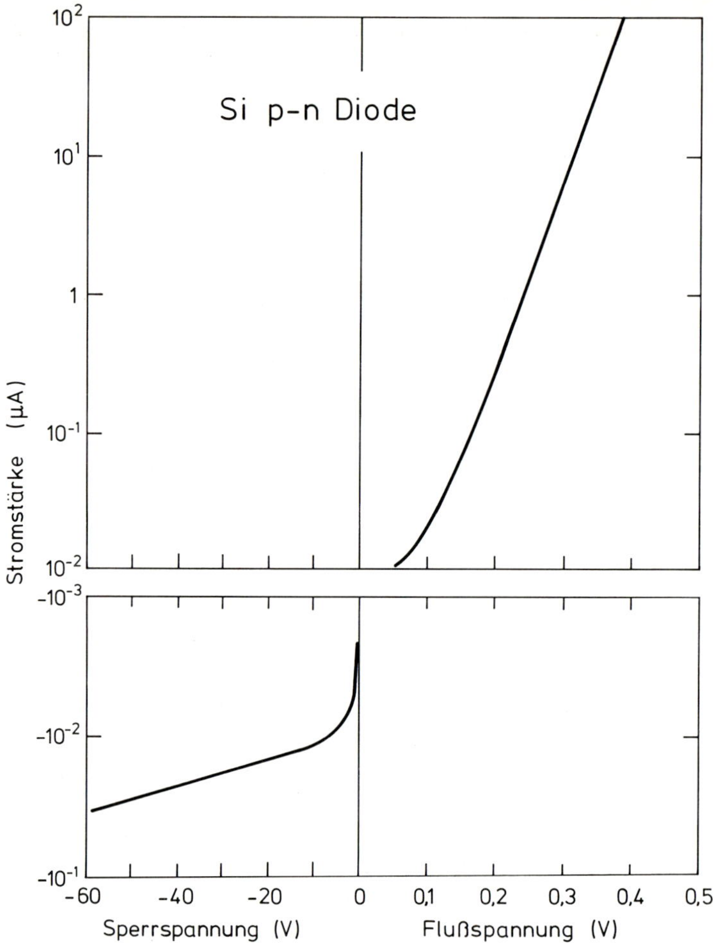


**Abb. 12.19.** Beispiel einer an einem Si *p–n* Übergang gemessenen Strom-Spannungs-Kennlinie. Sperrspannungen und -ströme sind negativ angegeben. (Aus dem Fortgeschrittenen Praktikum des 2. Physikalischen Instituts der RWTH Aachen)

Damit sind die in (12.64) auftretenden Generationsströme zurückgeführt auf die Diffusionskonstanten und Diffusionslängen für Elektronen und Löcher, sowie auf die Minoritätsladungsträgerkonzentrationen $p_n$ und $n_p$. Abbildung 12.19 zeigt eine experimentell ermittelte Strom-Spannungskennlinie $I(U)$ eines *p–n* Überganges. Der schon in Abb. 12.17 gezeigte, qualitative Verlauf einer Gleichrichterkennlinie ist klar zu erkennen.

Legt man eine äußere Spannung $U$ an einen *p–n* Übergang, so ändert sich die räumliche Ausdehnung der Raumladungszone $d_n$ nach (12.59) und damit ändert sich auch die gesamte in der Raumladungszone gespeicherte Ladung

$$Q_{sc} \simeq e N_D d_n(U) \cdot A . \tag{12.75}$$

Diese Beziehung gilt im Rahmen der oben besprochenen „Schottky-Näherung" für den *p–n* Übergang, wobei $A$ die Querschnittsfläche des Überganges (senkrecht zum Stromfluß) und $N_D$ wie oben die Konzentration der Donatoren ist.

Mit dem $p$–$n$ Übergang ist deshalb eine spannungsabhängige *Raumladungskapazität* $C_{sc}$ gegeben:

$$C_{sc} = \left|\frac{dQ_{sc}}{dU}\right| = eN_D A \left|\frac{d}{dU} d_n(U)\right| . \quad (12.76)$$

Aus (12.59a) und (12.57a) folgt:

$$\left|\frac{d}{dU} d_n(U)\right| = \frac{1}{2V_D}\left[\frac{2\varepsilon\varepsilon_0 V_D N_A/N_D}{e(N_A+N_D)} \cdot \frac{1}{1-U/V_D}\right]^{1/2} , \quad (12.77)$$

und damit ergibt sich für die Raumladungskapazität (12.76)

$$C_{sc} = \frac{A}{2}\left[\frac{N_A \cdot N_D}{N_A+N_D} \cdot \frac{2e\varepsilon\varepsilon_0}{(V_D-U)}\right]^{1/2} . \quad (12.78)$$

Wegen dieses Zusammenhanges (12.78), d.h. also

$$C_{sc}^2 \sim \frac{1}{V_D - U} , \quad (12.79)$$

dient die Messung der Raumladungskapazität in Abhängigkeit von der äußeren Spannung häufig zur Bestimmung von Störstellenkonzentrationen.

Abbildung 12.20 zeigt eine experimentell ermittelte Abhängigkeit der Raumladungskapazität von der äußeren Spannung.

Zum Abschluß dieses Kapitels über inhomogen dotierte Halbleiter sei noch kurz das wichtigste Halbleiterbauelement, der *Transistor*, erwähnt. Der klassische Transistor besteht aus zwei hintereinander geschalteten $p$–$n$ Übergängen. Im speziellen Fall eines sog. *npn*-Transistors läßt sich das Bauelement also durch abwechselnde $n$-, $p$- und

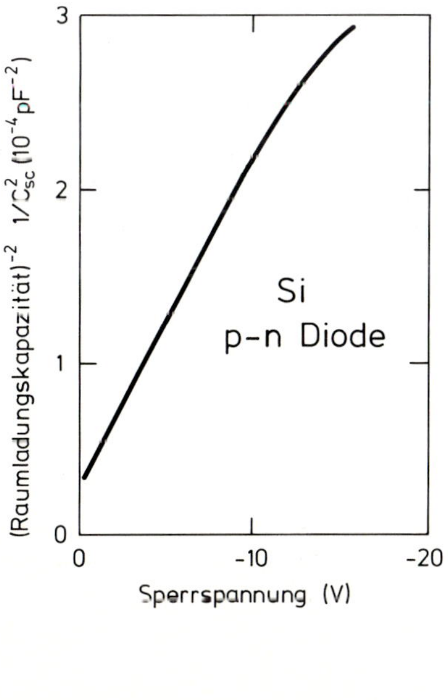


**Abb. 12.20.** Experimentell ermittelte Abhängigkeit der Raumladungskapazität von der Sperrspannung (negativ gewählt) für die in Abb. 12.19 betrachtete Si $p$–$n$ Diode. (Aus dem Fortgeschrittenen Praktikum des 2. Physikalischen Instituts der RWTH Aachen)

schließlich wieder $n$-Dotierung eines Si-Einkristalls herstellen. Drei elektrische Kontakte (Emitter, Basis, Kollektor) an den $n$, $p$ und $n$-Gebieten ermöglichen das Anlegen von Vorspannungen unabhängig an beiden $pn$-Übergängen. Mit einer solchen Anordnung läßt sich der Strom in einem Stromkreis über den Widerstand eines der $pn$-Übergänge steuern. Dazu wird dieser $pn$-Übergang in Sperrichtung vorgespannt und erhält somit einen hohen Widerstand. Der vorgeschaltete $np$-Übergang wird in Flußrichtung vorgespannt. Bei einer geringfügigen Spannungserhöhung an diesem $np$-Übergang wird die Elektronenkonzentration (Minoritätsladungsträger) im $p$-Gebiet angehoben. Wenn der $p$-Bereich räumlich genügend schmal und die Rekombination von Elektronen und Löchern dort gering ist, so diffundieren diese Minoritätsladungsträger in den angrenzenden, gesperrten $pn$-Übergang. Dessen hoher Widerstand wird verringert und der Strom in diesem Kreis mit hohem $pn$-Übergangswiderstand steigt an. Für eine tiefergehende Behandlung von Transistoren und deren Eigenschaften sei auf einschlägige Lehrbücher der Halbleitertechnik verwiesen.

## 12.7 Halbleiterheterostrukturen und Übergitter

Mittels moderner Epitaxiemethoden für Halbleiterschichten wie Molekularstrahlepitaxie (MBE, Tafel XVII) oder metallorganischer Gasphasenepitaxie (MOCVD, Tafel XVII) ist es heute möglich, zwei verschiedene Halbleiter mit unterschiedlichen elektronischen Eigenschaften, insbesondere Bandlücken, aufeinander kristallin abzuscheiden. Besonders für Bauelemente aus III-V Halbleitern wie GaAs, InP u. ä. spielen solche Schichtstrukturen heute eine wichtige Rolle. Hierbei ist weiterhin von Bedeutung, daß mit diesen Epitaxieverfahren auch ternäre oder quaternäre Legierungen des Typs $Al_xGa_{1-x}As$ oder $Ga_xIn_{1-x}As_yP_{1-y}$ abgeschieden werden können, deren Bandlücke dann zwischen denen der entsprechenden binären Verbindungen liegen. Durch gezielte Variation der Komposition $x$ in $Al_xGa_{1-x}As$ kann so die elektronische Bandstruktur kontinuierlich zwischen der des GaAs und der des AlAs „eingestellt" werden. Bei der Komposition $x=0{,}45$ geht hierbei die Legierung von einem direkten Halbleiter (wie GaAs) in einen indirekten Halbleiter (wie AlAs) über (Abb. 11.13). Für die wichtigsten binären Halbleiter und

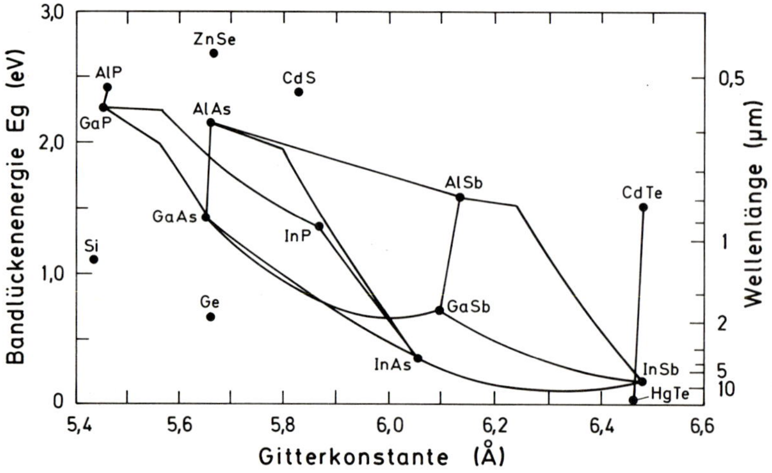


**Abb. 12.21.** Bandlücke $E_g$ wichtiger Element- und binärer Verbindungshalbleiter, aufgetragen gegen die Gitterkonstante bei 300 K. Auf der rechten Abszisse ist die der Bandlückenenergie entsprechende Lichtwellenlänge $\lambda$ angegeben. Die Verbindungslinien zeigen die Verhältnisse bei ternären Verbindungen an, die sich aus Mischung der entsprechenden binären Komponenten ergeben

Elementhalbleiter sind in Abb. 12.21 die Bandlückenenergien bei 300 K gegen den Gitterabstand aufgetragen. Diese Auftragung ist deshalb von besonderem Interesse, weil erwartungsgemäß solche Halbleiter besonders gut und störungsfrei epitaktisch aufeinander aufwachsen, bei denen der Gitterabstand gut übereinstimmt. Aus Abb. 12.21 läßt sich auch entnehmen, wie sich sowohl Bandlücke als auch Gitterabstand ändern, wenn man bei der Epitaxie eine ternäre Komposition zwischen je zwei binären Halbleitern einstellt. Man erkennt leicht, daß die Epitaxie von Ge auf GaAs und umgekehrt, zu besonders guter Gitteranpassung führt, und daß das Legierungssystem GaAlAs eine Variation der Bandlücke zwischen etwa 1,4 und 2,2 eV gestattet, wobei wegen der extrem guten Gitteranpassung der beiden Komponenten GaAs und AlAs hervorragende kristalline Qualität beim Aufwachsen eines Halbleiters auf dem anderen zu erwarten ist. CdTe und HgTe sind auch ausgezeichnete Paare von Halbleitern, die weitgehend störungsfrei aufeinander aufwachsen können. Die Kombination zweier verschiedener epitaktisch aufeinander aufgewachsener Halbleiter nennt man eine Halbleiterheterostruktur. Die Schärfe des Übergangs kann bei geeigneten Epitaxieverfahren (MBE, MOCVD) im Bereich von einer Atomlage liegen. Die Bandlücke ändert sich bei einer solchen Heterostruktur also über Distanzen von atomaren Dimensionen. Wie sieht das elektronische Bänderschema einer Halbleiterheterostruktur somit aus (Abb. 12.22)? Zwei verschiedene Fragen sind zu beantworten: (a) wie müssen Valenzbandkante $E_V$, bzw. Leitungsbandkante $E_L$ beider Halbleiter „aneinander gelegt" werden? Dies ist die Frage nach der sog. Banddiskontinuität $\Delta E_V$ (Abb. 12.22b). (b) Welche Bandverbiegungen stellen sich in den beiden Halbleitern I und II links und rechts des Halbleiterübergangs ein (Abb. 12.22c)? In den weitaus meisten Fällen können beide Fragestellungen getrennt und unabhängig voneinander behandelt werden, weil die relevanten Phänomene auf verschiedenen Energie- und Längenskalen zu betrachten sind. Die Anpassung der beiden Bandstrukturen aneinander findet innerhalb eines Atomabstandes statt. Interatomare Kräfte und Energien sind hierfür entscheidend und die elektrischen Felder sind in der Größenordnung atomarer Felder ($\gtrsim 10^8$ V/cm). Die Bandverbiegung hingegen stellt sich über hunderte von Ångström so ein, daß im thermischen Gleichgewicht das Fermi-Niveau, das tief im Innern beider Halbleiter jeweils durch die Dotierung bestimmt ist, auf beiden Seiten der Halbleitergrenzschicht denselben Wert hat (Abb. 12.22c). Die entscheidende Bedingung ist genau wie beim p–n Übergang, daß die gesamte Heterostruktur im thermischen Gleichgewicht stromlos ist, s. (12.45). Die Bandverbiegungen in Halbleiter I und II sind wie beim p–n Übergang mit Raumladungen verknüpft und die Raumladungs-Feldstärken sind in der Größenordnung von $10^5$ V/cm.

Die wichtigste materialbezogene Kenngröße einer Halbleiterheterostruktur ist also die Valenz- oder Leitungsband-Diskontinuität $\Delta E_V$ oder $\Delta E_L$. Die klassische, jedoch mittlerweile revidierte Annahme war die, daß im Idealfall beide Bänderschemata der Halbleiter so aneinander zu legen sind, daß die Vakuum-Energieniveaus $E_{Vac}$ übereinstimmen. Damit ergäbe sich die Leitungsbanddiskontinuität $\Delta E_L$ als die Differenz der Elektronenaffinitäten $\Delta\chi$ (Abb. 12.22)

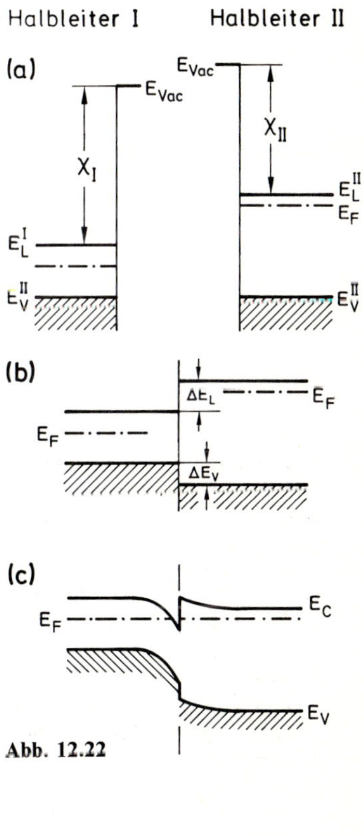


Abb. 12.22

**Abb. 12.22a–c.** Bänderschemata (Einelektronenenergie gegen Ortskoordinate), die sich bei der Bildung einer Heterostruktur aus den Halbleitern I und II ergeben. (**a**) Halbleiter I und II sind als getrennt gedacht. $\chi_I$ und $\chi_{II}$ sind die Elektronenaffinitäten, d.h. die energetischen Abstände zwischen der Vakuumenergie $E_{Vac}$ und der unteren Leitungsbandkante $E_L$. (**b**) Halbleiter I und II sind in Kontakt, jedoch besteht kein thermisches Gleichgewicht, da die Fermi-Niveaus $E_F$ auf beiden Seiten nicht übereinstimmen. $\Delta E_L$ bzw. $\Delta E_V$ sind die Banddiskontinuitäten im Leitungs- und im Valenzband. (**c**) Im thermischen Gleichgewicht müssen die Fermi-Energien $E_F$ im Halbleiter I und II übereinstimmen. Wegen der fest-vorgegebenen Banddiskontinuitäten $\Delta E_L$ und $\Delta E_V$ müssen sich Bandverbiegungen in Halbleiter I und II ausbilden

$$\Delta E_{\mathrm{L}}=\chi_{\mathrm{I}}-\chi_{\mathrm{II}}=\Delta\chi\,. \tag{12.80}$$

Die Elektronenaffinität $\chi$, die Differenz zwischen Vakuumenergie und unterer Leitungsbandkante, ist eine für das Volumen eines Materials theoretisch wohl definierte Größe. Ihre experimentelle Bestimmung aber geschieht über Oberflächenexperimente, bei denen das im Volumen definierte $\chi$ durch Grenzflächendipole (z. B. durch geänderte Atomkoordinaten an der Oberfläche) stark verändert sein kann. Erst recht für die Grenzschicht zwischen zwei Halbleitern kann $\chi$ nicht ohne weiteres von Volumengrößen her abgeleitet werden. Es werden deshalb heute Modelle diskutiert, bei denen in einer idealen, abrupten Halbleiterheterostruktur die elektronischen Bänder so „aneinander gelegt" werden, daß keine atomaren Dipole entstehen, z. B. durch elektronische Grenzflächenzustände oder Ladungstransfer in den chemischen Bindungen an der Grenzschicht. Eine detaillierte theoretische Behandlung dieser Modelle verlangt eine atomistische Beschreibung der elektronischen Eigenschaften der wenigen Atomlagen am Halbleiterheteroübergang. Dies geht über den Rahmen des vorliegenden Buches hinaus. Wir betrachten deshalb die Banddiskontinuität $\Delta E_{\mathrm{L}}$ oder $\Delta E_{\mathrm{V}}$ als phänomenologische Größe, die sich experimentell bestimmen läßt. Einige zur Zeit weitgehend anerkannte Werte sind in Tabelle 12.7 [12.4] aufgelistet. Aus der Kenntnis der Valenzbanddiskontinuität $\Delta E_{\mathrm{V}}$ und der Energie der verbotenen Bänder der beiden Halbleiter läßt sich natürlich sofort die Leitungsbanddiskontinuität $\Delta E_{\mathrm{L}}$ bestimmen.

Die Berechnung der Raumladungszonen geschieht völlig analog zu den Rechnungen am einfachen p–n Übergang (Abschn. 12.6), nur daß sich jetzt positive und negative Raumladung in zwei verschiedenen Halbleitermaterialien I und II mit verschiedenen Dielektrizitätskonstanten $\varepsilon^{\mathrm{I}}$ und $\varepsilon^{\mathrm{II}}$ befinden. Die entsprechenden Bezeichnungen für einen p–n Heteroübergang sind in Abb. 12.23 dargestellt. Die einfachste Beschreibung ist wiederum im Rahmen des Schottky-Modells möglich, bei dem die Raumladungsdichten $-eN_{\mathrm{A}}^{\mathrm{I}}$ bzw. $eN_{\mathrm{D}}^{\mathrm{II}}$ über die Ausdehnungen der Raumladungszonen $d^{\mathrm{I}}$ und $d^{\mathrm{II}}$ als konstant angenommen werden. Die Poissongleichung (12.39 bzw. 52) kann dann wieder stückweise in Halbleiter I und II integriert werden. Man muß nur berücksichtigen, daß sich die gesamte Diffusionsspannung $V_{\mathrm{D}}$ jetzt auf zwei verschiedene Halbleiter, d.h. auf $V_{\mathrm{D}}^{\mathrm{I}}$ und $V_{\mathrm{D}}^{\mathrm{II}}$ aufteilt

**Tabelle 12.7.** Zusammenstellung einiger experimentell bestimmter Valenzband-Diskontinuitäten $\Delta E_{\mathrm{V}}$. (Nach *Margaritondo* und *Perfetti* [12.4])

| Heterostruktur | Valenzband-Diskontinuität $\Delta E_{\mathrm{V}}$ [eV] | Heterostruktur | Valenzband-Diskontinuität $\Delta E_{\mathrm{V}}$ [eV] | Heterostruktur | Valenzband-Diskontinuität $\Delta E_{\mathrm{V}}$ [eV] |
|---|---|---|---|---|---|
| Si-Ge | 0,28 | InAs-Ge | 0,33 | CdTe-α-Sn | 1,1 |
| AlAs-Ge | 0,86 | InAs-Si | 0,15 | ZnSe-Ge | 1,40 |
| AlAs-GaAs | 0,34 | InP-Ge | 0,64 | ZnSe-Si | 1,25 |
| AlSb-GaSb | 0,4 | InP-Si | 0,57 | ZnSe-GaAs | 1,03 |
| GaAs-Ge | 0,49 | InSb-Ge | 0,0 | ZnTe-Ge | 0,95 |
| GaAs-Si | 0,05 | InSb-Si | 0,0 | ZnTe-Si | 0,85 |
| GaAs-InAs | 0,17 | CdS-Ge | 1,75 | GaSe-Ge | 0,83 |
| GaP-Ge | 0,80 | CdS-Si | 1,55 | GaSe-Si | 0,74 |
| GaP-Si | 0,80 | CdSe-Ge | 1,30 | CuBr-GaAs | 0,85 |
| GaSb-Ge | 0,20 | CdSe-Si | 1,20 | CuBr-Ge | 0,7 |
| GaSb-Si | 0,05 | CdTe-Ge | 0,85 | | |

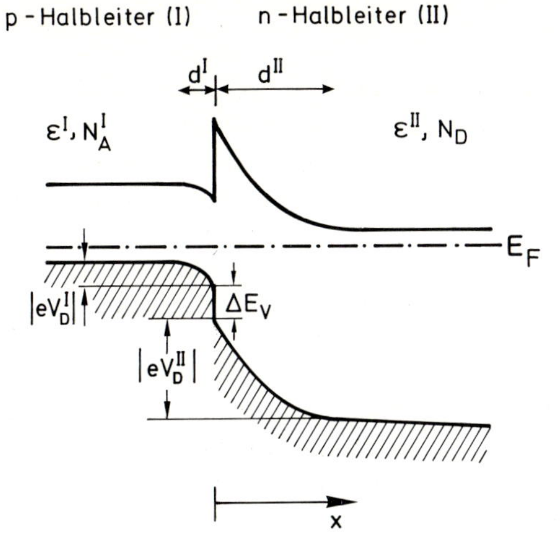


**Abb. 12.23.** Bänderschema eines Halbleiter-Heteroüberganges; Halbleiter I mit dielektrischer Funktion $\varepsilon^{\mathrm{I}}$ ist p-dotiert mit einer Akzeptorkonzentration $N_{\mathrm{A}}^{\mathrm{I}}$, Halbleiter II mit dielektrischer Funktion $\varepsilon^{\mathrm{II}}$ ist n-dotiert mit einer Donatorkonzentration $N_{\mathrm{D}}^{\mathrm{II}}$. Die Raumladungszonen haben die Ausdehnungen $d^{\mathrm{I}}$ bzw. $d^{\mathrm{II}}$; die mit den Raumladungszonen verbundenen Diffusionsspannungen sind $V_{\mathrm{D}}^{\mathrm{I}}$ bzw. $V_{\mathrm{D}}^{\mathrm{II}}$. $\Delta E_{\mathrm{V}}$ ist die Valenzbanddiskontinuität. Ein solcher Heteroübergang bestehend aus einem p-Halbleiter mit kleinerer und einem n-Halbleiter mit größerer Bandlücke wird auch als p−N-Heteroübergang bezeichnet (klein p wegen kleiner Bandlücke, groß N wegen großer Bandlücke)

$$V_{\mathrm{D}} = V_{\mathrm{D}}^{\mathrm{I}} + V_{\mathrm{D}}^{\mathrm{II}} . \tag{12.81}$$

Gleiches gilt auch für eine von außen an den p–n Heteroübergang angelegte Spannung

$$U = U^{\mathrm{I}} + U^{\mathrm{II}} . \tag{12.82}$$

Um die beiden Lösungen der Poissongleichung am Heteroübergang ($x=0$) aneinander anzuschließen, ist die Kontinuität der dielektrischen Verschiebung

$$\varepsilon_0 \varepsilon^{\mathrm{I}} \mathscr{E}^{\mathrm{I}}(x=0) = \varepsilon_0 \varepsilon^{\mathrm{II}} \mathscr{E}^{\mathrm{II}}(x=0) \tag{12.83}$$

zu berücksichtigen. Für die Dicken der Raumladungszonen in Halbleiter I und II ergeben sich zu (12.57) analoge Formeln:

$$d^{\mathrm{I}} = \left( \frac{2 N_{\mathrm{D}}^{\mathrm{II}} \varepsilon_0 \varepsilon^{\mathrm{I}} \varepsilon^{\mathrm{II}} (V_{\mathrm{D}} - U)}{e N_{\mathrm{A}}^{\mathrm{I}} (\varepsilon^{\mathrm{I}} N_{\mathrm{A}}^{\mathrm{I}} + \varepsilon^{\mathrm{II}} N_{\mathrm{D}}^{\mathrm{II}})} \right)^{1/2} , \tag{12.84a}$$

$$d^{\mathrm{II}} = \left( \frac{2 N_{\mathrm{A}}^{\mathrm{I}} \varepsilon_0 \varepsilon^{\mathrm{I}} \varepsilon^{\mathrm{II}} (V_{\mathrm{D}} \quad U)}{r N_{\mathrm{D}}^{\mathrm{II}} (\varepsilon^{\mathrm{I}} N_{\mathrm{A}}^{\mathrm{I}} + \varepsilon^{\mathrm{II}} N_{\mathrm{D}}^{\mathrm{II}})} \right)^{1/2} . \tag{12.84b}$$

Hierbei wurde ergänzend zu (12.57) noch eine außen anliegende Spannung $U$ berücksichtigt. Die Verteilung der Gesamtspannung auf die beiden Halbleiter ergibt sich zu

$$\frac{V_{\mathrm{D}}^{\mathrm{I}} - U^{\mathrm{I}}}{V_{\mathrm{D}}^{\mathrm{II}} - U^{\mathrm{II}}} = \frac{N_{\mathrm{D}}^{\mathrm{II}} \varepsilon^{\mathrm{II}}}{N_{\mathrm{A}}^{\mathrm{I}} \varepsilon^{\mathrm{I}}} . \tag{12.85}$$

Für den Fall eines einfachen p–n Übergangs ($\varepsilon^{\mathrm{I}} = \varepsilon^{\mathrm{II}}$) ergibt sich natürlich im thermischen Gleichgewicht ($U=0$) gerade wieder (12.57).

Von besonderem Interesse sind Heteroübergänge zwischen verschiedenen Halbleitern mit gleicher Dotierung, sog. isotype Heteroübergänge (z. B. n–n in Abb. 12.22c). In diesem Fall stellt sich wegen der Kontinuitätsbedingung für das Fermi-Niveau auf der Seite des Halbleiters mit geringerem verbotenen Band eine Anreicherungs-Raumladungszone für

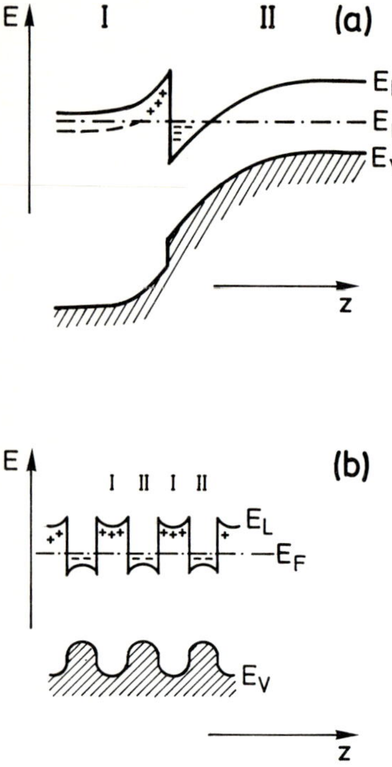


**Abb. 12.24.** (**a**) Modulationsdotierter Heteroübergang, bestehend aus einem hoch n-dotierten Halbleiter I mit großer Bandlücke und einem schwach (oder nahezu intrinsisch) n-dotierten Halbleiter II mit kleiner Bandlücke (N – n-Heteroübergang). (**b**) Bänderschema eines modulationsdotierten Kompositions-Übergitters; die Halbleiterschichten I sind jeweils hoch n-dotiert, während die Schichten des Typs II schwach dotiert oder nahezu intrinsisch sind

Elektronen ein, die zu einer lokal sehr starken Anhebung der Elektronenkonzentration führt. Dies gilt auch, wenn diese Seite der Heterostruktur nur sehr schwach dotiert, d.h. nahezu intrinsisch ist (Abb. 12.24a). Die hohe Konzentration von freien Elektronen in dieser Raumladungszone (Halbleiter II) wird dann ladungsmäßig kompensiert durch die ihr in Halbleiter I gegenüberstehende Verarmungs-Raumladungszone, die infolge der hohen Konzentration ionisierter Donatoren eine starke positive Raumladung trägt. Diese Donatorstörstellen haben ihr Valenzelektron in den energetisch günstigeren Potentialtopf der Anreichungszone in Halbleiter II abgegeben. Auf diese Weise ist die hohe Dichte von freien Elektronen räumlich von den ionisierten Störstellen getrennt, von denen sie stammen. Störstellenstreuung als wichtige Ursache für den elektrischen Widerstand bei tiefen Temperaturen ist deshalb stark unterdrückt für dieses freie Elektronengas. Im homogen dotierten Halbleiter verlangt eine Steigerung der Ladungsträgerkonzentration gleichzeitig eine Erhöhung des Dotierungsgrades und damit verstärkte Störstellenstreuung, was zu einer Erniedrigung der Leitfähigkeit führt. Diese notwendige Verknüpfung von erhöhter Störstellenstreuung mit wachsender Ladungsträgerkonzentration ist nicht gegeben für solche Heterostrukturen wie in Abb. 12.24. Man nennt diese Art der einseitigen Dotierung einer Heterostruktur „Modulationsdotierung". Elektronenbeweglichkeiten einer modulationsdotierten $Al_xGa_{1-x}As$/GaAs-Heterostruktur sind in Abb. 12.25 dargestellt. Wäre die Elektronenbeweglichkeit durch Streuung an ionisierten Störstellen (IS) und Phononen (P) so wie in homogen dotiertem GaAs bestimmt, dann ergäbe sich eine durch diese Prozesse charakteristische Begrenzung, abfallend zu hohen und zu tiefen Temperaturen. Ein Maximum der Beweglichkeit von etwa $4\times10^3$ cm²/Vs würde bei einer Donatorkonzentration $N_D$ von $10^{17}$ cm$^{-3}$ bei etwa 150 K erreicht. Die experimentell ermittelten Beweglichkeiten von modulationsdotierten Strukturen (schattierter Bereich) zeigen jedoch keinen Abfall der Beweglichkeit zu tiefen Temperaturen hin. Bei Temperaturen unterhalb von 10 K werden extrem hohe Beweglichkeiten bis zu $2\times10^6$ cm²/Vs erreicht. Die Beweglichkeitserhöhung bei tiefen Temperaturen kann noch verstärkt werden, wenn eine undotierte $Al_xGa_{1-x}As$ Schicht einer Dicke von etwa 100 Å

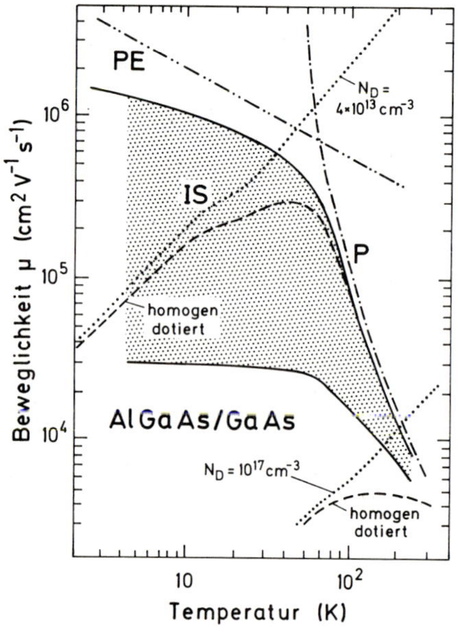


**Abb. 12.25.** Temperaturabhängigkeit der elektronischen Beweglichkeit von quasi-2D Elektronengasen in modulationsdotierten AlGaAs/GaAs Strukturen; der schattierte Bereich umfaßt eine Vielzahl experimenteller Daten. Zum Vergleich sind Beweglichkeitskurven für homogen dotiertes GaAs mit Donatorkonzentrationen $N_D = 4\times10^{13}$ cm$^{-3}$ und $N_D = 10^{17}$ cm$^{-3}$ angegeben (*gestrichelt*). Die Begrenzung der Beweglichkeiten ist durch folgende Mechanismen gegeben: Streuung an ionisierten Störstellen (IS) (···); Phonon-Streuung (P) (–·–); piezoelektrische Streuung (PE) (–··–). (Nach *Markoç* [12.5])

zwischen dem hoch $n$-dotierten AlGaAs und dem sehr schwach dotierten GaAs bei der Epitaxie eingeschoben wird. Auf diese Weise werden Stoßprozesse an Störstellen unmittelbar am Halbleiterübergang ausgeschaltet.

Für $n$-Dotierungen des AlGaAs im Bereich von $10^{18}$ $cm^{-3}$ liegen typische Dicken der Elektronen-Anreicherungsschicht im Bereich von 50 bzw. 100 Å. Die freien Elektronen sind hierbei in $z$-Richtung (senkrecht zum Heteroübergang) in einen schmalen, dreieckigen Potentialtopf eingesperrt (Abb. 12.24a). Sie können sich nur parallel zur Heterostruktur frei bewegen. Die Wellenfunktion eines solchen Elektrons hat also nur parallel zur Heterostruktur Blochwellen-Charakter, senkrecht dazu (längs $z$) erwartet man Quantierungseffekte wie für Elektronen in einem Potentialkasten (Abschn. 6.1).

Gleichartige Effekte wie die an der einfachen modulationsdotierten Heterostruktur (Abb. 12.24a) treten auf, wenn man epitaktisch zwei spiegelbildlich zueinander liegende Heterostrukturen oder gar eine ganze Serie von Schichten aus Halbleitern I und II mit unterschiedlicher Bandlücke aufeinander aufwachsen läßt (Abb. 12.24b). Es bildet sich dann in der Bandstruktur eine Serie von sogenannten „Quantentöpfen" aus, in denen sich die freien Elektronen des Leitungsbandes ansammeln. Man nennt eine solche Struktur wie in Abb. 12.24b ein *Kompositionsübergitter*, da dem Kristallgitter eine künstlich erzeugte größere periodische Struktur von Potentialtöpfen überlagert ist. Man spricht weiter von einem modulationsdotierten Übergitter, wenn wie in Abb. 12.24b nur der Halbleiter I mit der größeren Bandlücke hoch n-dotiert ist, der Halbleiter II mit der kleineren Lücke hingegen sehr schwach dotiert ist. Die freien Elektronen in den Quantentöpfen des Halbleiters II sind wiederum von den Donatorstörstellen in Halbleiter I, von denen sie stammen, räumlich getrennt. Störstellenstreuung wird stark herabgesetzt und es werden senkrecht zur Übergittertranslation ($z$-Achse) extrem hohe Tieftemperaturbeweglichkeiten wie in Abb. 12.25 gefunden. Die in Abb. 12.24b eingezeichneten Bandkrümmungen, positiv in Halbleiter I und negativ in Halbleiter II, entsprechen dem Vorzeichen der Raumladung im jeweiligen Gebiet. Eine eindeutige Verknüpfung ist über die Poisson-Gleichung (12.39) gegeben. Sind die Quantentöpfe in Abb. 12.24b genügend eng, d.h. ist ihre Ausdehnung in $z$-Richtung kleiner oder in der Größenordnung von 100 Å, so treten wiederum wie in engen Raumladungszonen (Abb. 12.24a) Quantisierungseffekte in $z$-Richtung deutlich in Erscheinung.

Diese sogenannte $z$-Quantisierung wird unmittelbar klar, wenn wir die zeitunabhängige Schrödinger-Gleichung für ein Kristallelektron betrachten, das wie in Abb. 12.24a und b in einer Richtung ($z$-Achse) „eingesperrt" ist, während senkrecht dazu fast freie Beweglichkeit gegeben ist. Das Potential $V$ ist dann nur eine Funktion von $z$ und mit den drei effektiven Massenkomponenten $m_x^*$, $m_y^*$, $m_z^*$ ergibt sich

$$\left[-\frac{\hbar^2}{2}\left(\frac{1}{m_x^*}\frac{\partial^2}{\partial x^2}+\frac{1}{m_y^*}\frac{\partial^2}{\partial y^2}+\frac{1}{m_z^*}\frac{\partial^2}{\partial z^2}\right)-eV(z)\right]\psi(\boldsymbol{r})=E\psi(\boldsymbol{r})\,. \tag{12.86}$$

Durch einen Ansatz der Form

$$\psi(\boldsymbol{r})=\varphi_j(z)\mathrm{e}^{\mathrm{i}k_x x+\mathrm{i}k_y y}=\varphi_j(z)\mathrm{e}^{\mathrm{i}\boldsymbol{k}_{\|}\cdot\boldsymbol{r}}\,, \tag{12.87}$$

der der freien Beweglichkeit parallel zu den Schichten (mit Wellenvektor $\boldsymbol{k}_{\|}$) Rechnung trägt, separiert sich (12.86) in zwei getrennte Differentialgleichungen

$$\left[-\frac{\hbar^2}{2m_z^*}\frac{\partial^2}{\partial z^2}-eV(z)\right]\varphi_j(z)=\varepsilon_j\varphi_j(z)\,,\quad \text{und} \tag{12.88}$$

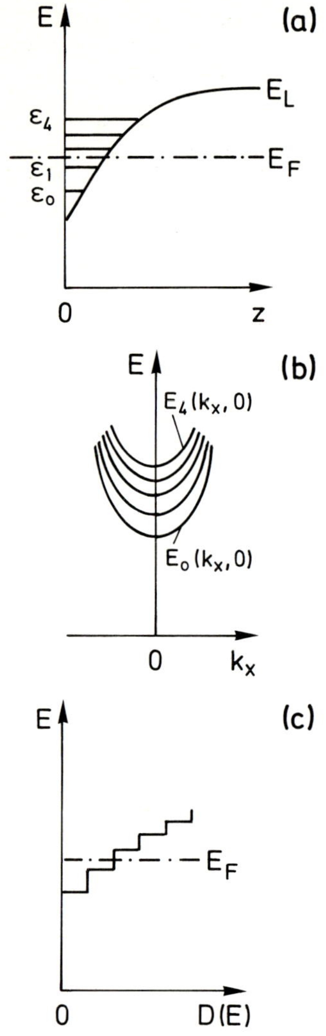


**Abb. 12.26a–c.** Quantisierung eines quasi-2D-Elektronengases in einem dreieckigen Potentialwall, der sich in einer starken Anreicherungsrandschicht an einem Heteroübergang bei $z=0$ ergibt. (**a**) Verlauf der Leitungsbandkante $E_L(z)$; $E_F$ ist das Fermi-Niveau. $\varepsilon_1, \varepsilon_2, \ldots$ sind die Energieniveaus, die sich aus der Quantisierung der Einelektronenzustände längs $z$ ergeben. (**b**) Energieparabeln der Subbänder, aufgetragen längs $k_x$ einem Wellenvektor in der Ebene der freien Beweglichkeit senkrecht zu $z$. (**c**) Zustandsdichte des in Subbändern gequantelten quasi-2D-Elektronengases

$$\left(-\frac{\hbar^2}{2m_x^*}\frac{\partial^2}{\partial x^2}-\frac{\hbar^2}{2m_y^*}\frac{\partial^2}{\partial y^2}\right)e^{ik_x x+ik_y y}=E_{xy}e^{ik_x x+ik_y y}. \qquad (12.89)$$

Gleichung (12.89) liefert als Lösungen Energieeigenwerte, die der freien Bewegung eines Elektrons senkrecht zu $z$ entsprechen

$$E_{xy}=\frac{\hbar^2}{2m_x^*}k_x^2+\frac{\hbar^2}{2m_y^*}k_y^2=\frac{\hbar^2}{2m_\|^*}k_\|^2. \qquad (12.90)$$

Für die Bestimmung von $\varepsilon_j$ muß in (12.88) der genaue Potentialverlauf $V(z)$ bekannt sein. Unter Berücksichtigung der Raumladung hängt $V(z)$ natürlich von der Dichte der freien Elektronen und der ionisierten Donatorrümpfe ab; d.h. über die Elektronendichte gehen die Aufenthaltswahrscheinlichkeitsdichten $|\varphi_j(z)|^2$ mit ins Potential ein. Gleichung (12.88) müßte also selbstkonsistent gelöst werden. In einfacher Näherung jedoch beschreibt man $V(z)$ durch ein starres Rechteck-Kastenpotential (wie in Abschn. 6.1) im Falle der Quantentöpfe (Abb. 12.24b) oder durch ein Dreieckpotential im Falle einer einfachen modulationsdotierten Heterostruktur (Abb. 12.24a). Nimmt man im Falle des Kastenpotentials auch noch unendlich hohe „Potentialwände" an, d.h. einfache stehende Elektronenwellen längs $z$ in diesem Kasten, so folgt gemäß Abschn. 6.1 für die Energieeigenwerte $\varepsilon_j$

$$\varepsilon_i\simeq\frac{\hbar^2\pi^2}{2m_z^*}\frac{j^2}{d_z^2}, \qquad j=1,2,3\ldots, \qquad (12.91)$$

wenn $d_z$ die Ausdehnung des Potentialtopfes in $z$-Richtung ist. Die Gesamtenergieeigenwerte eines solchen in $z$-Richtung gequantelten Elektronenzustandes

$$E_j(\boldsymbol{k}_\|)=\frac{\hbar^2k_\|^2}{2m_\|^*}+\varepsilon_j \qquad (12.92)$$

werden durch eine Schar diskreter Energieparabeln längs $k_x$ und $k_y$, sog. Subbändern beschrieben (Abb. 12.26b). Diese zweidimensionalen (2D) Subbänder besitzen eine konstante Zustandsdichte $D(E)=dZ/dE$, wie leicht zu sehen ist: Analog zu Abschn. 6.1 schließt man, daß im 2D-reziproken Raum der Wellenzahlen $k_x$, $k_y$ die Anzahl der Zustände $dZ$ in einem Ring mit der Dicke $dk$ und Radius $k$ gerade durch

$$dZ=\frac{2\pi k\,dk}{(2\pi)^2} \qquad (12.93)$$

gegeben ist. Wegen $dE=\hbar^2k\,dk/m_\|^*$ erhält man für die Zustandsdichte

$$D=dZ/dE=m_\|^*/\pi\hbar^2=\text{const}, \qquad (12.94)$$

wenn die Spinentartung durch einen Faktor 2 berücksichtigt wird. Die Gesamtzustandsdichte $D(E)$ aller Subbänder ist somit eine Superposition von konstanten Beiträgen, eine Treppenfunktion wie in Abb. 12.26c.

Scharfe parabelförmige Subbänder wie in Abb. 12.26b werden nur dann auftreten, wenn die Energieeigenwerte $\varepsilon_j$ (12.91) scharfe Energieniveaus sind. Dies ist der Fall, falls

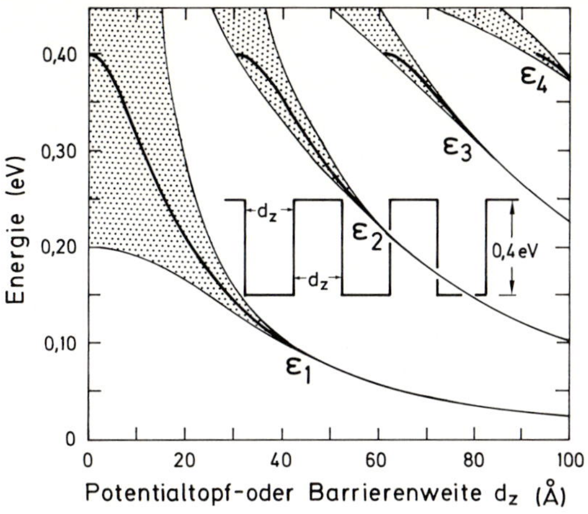


**Abb. 12.27.** Energiezustände von Elektronen, die in rechteckigen Potentialtöpfen des Leitungsbandes eines Kompositionsübergitters „eingesperrt" sind (Einschub); die Potentialtöpfe haben eine Weite $d_z$, die auch ihrem Abstand voneinander entspricht. Für die Rechnung wurde eine elektronische effektive Masse von $m^* = 0{,}1\ m_0$ angenommen. Die scharfen Kurven im schraffierten Gebiet folgen für einzelne Potentialtöpfe mit den entsprechenden Weiten $d_z$; Potentialtöpfe in einem Übergitter führen bei genügend geringem Abstand zu einem Überlapp und damit zu einer Aufspaltung in Bänder (*schraffierte Gebiete*). (Nach *Esaki* [12.6])

es sich um einen einzelnen Potentialtopf im Leitungsband handelt, oder wenn in einem Übergitter die benachbarten Potentialtöpfe so weit voneinander entfernt sind, daß die entsprechenden Wellenfunktionen aus den einzelnen Potentialtöpfen sich nicht überlappen. Wird der Abstand zwischen den Potentialtöpfen so gering (kleiner als 50 bis 100 Å), daß ein merklicher Überlapp zwischen den Wellenfunktionen auftritt, dann führt dies zu einer Aufspaltung in Bänder. Diese Aufspaltung ist völlig analog zu der einzelner atomarer Energieniveaus bei Atomen, die sich in einem Kristallverband befinden (Abschn. 7.3). Abbildung 12.27 zeigt die theoretisch erwartete Aufspaltung der Subbandenergien $\varepsilon_1$, $\varepsilon_2$,... für den Fall eines Rechteck-Übergitters, bei dem die Breite der Potentialtöpfe $d_z$ der räumlichen Entfernung zweier Heteroübergänge entspricht. Man sieht, daß das energetisch tiefste Subband $\varepsilon_1$ unterhalb eines Periodizitätsabstandes von etwa 50 Å merklich verbreitert wird und in ein Band aufspaltet. Für höhere Subbänder tritt die Aufspaltung schon bei größeren Abständen der Potentialtöpfe auf.

Der Effekt der Subbandaufspaltung wird in einem Photolumineszenzexperiment an einem AlGaAs/GaAs Übergitter deutlich sichtbar. Photolumineszenzspektroskopie ist eine wichtige optische Charakterisierungsmethode für Halbleiterheterostrukturen und

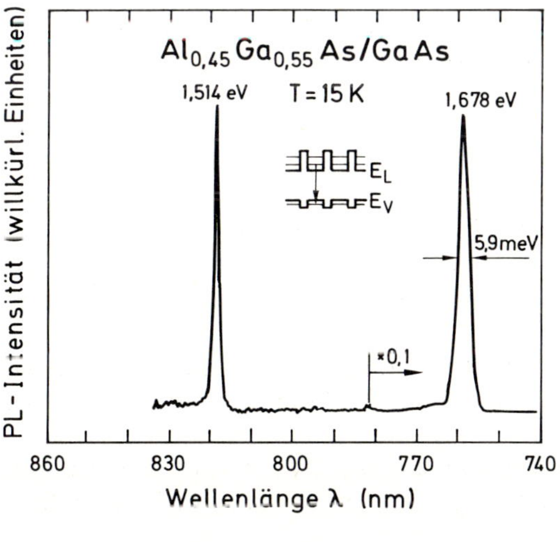


**Abb. 12.28.** Photolumineszenzspektrum eines $Al_xGa_{1-x}As/GaAs$ ($x = 0{,}45$) Übergitters, bestehend aus 40 GaAs Quantentöpfen (Weite $d_z = 34$ Å), die durch AlGaAs Barrieren einer Dicke von 11,2 Å getrennt sind. Meßtemperatur $T = 15$ K, verwendete Laser (Ar)-Strahlung zur Anregung $\lambda = 514$ nm, 30 mW/cm$^{-2}$. Die Bande bei 1,514 eV Photonenenergie entstammt der GaAs-Bufferschicht, die das Übergitter vom semiinsulierenden GaAs-Substrat trennt. Die Bande bei 1,678 eV stellt die Rekombinationsstrahlung zwischen dem untersten Subband im Leitungsband und dem obersten Subband im Valenzband dar (Einschub). (Nach *Kriechbaum* et al. [12.7])

Übergitter. Es handelt sich hierbei um die Umkehrung eines optischen Absorptionsexperimentes: Die Halbleiterstruktur wird mit monochromatischem Laser-Licht einer Photonenenergie oberhalb der Bandkante bestrahlt, d.h. es werden Elektronen-Loch-Paare erzeugt, die die Subbänder des Leitungs- bzw. Valenzbandes des Halbleiters bzw. die entsprechenden exzitonischen Zustände (Abschn. 11.11) besetzen. Im Falle von direkten Halbleitern (Abschn. 12.10) ist die Rekombination der freien Elektronen mit den Defektelektronen mit einer starken Lumineszenzstrahlung verbunden, die im Falle scharfer Subbänder hoch monochromatisch ist und bis auf exzitonische Bindungsenergien (Abschn. 11.11) dem energetischen Abstand der Elektronen-Loch-Subbänder entspricht. Das Experiment muß bei tiefen Temperaturen durchgeführt werden, um die geringe energetische Aufspaltung der Subbandstruktur ($\varepsilon_1, \varepsilon_2, \ldots$) beobachten zu können. Die Beobachtung bei tiefer Temperatur ist auch der Grund dafür, daß Subband-Exzitonen stabil sind und die Rekombinationsstrahlung aus den exzitonischen Elektron-Loch-Zuständen erfolgt. Abbildung 12.28 zeigt ein Photolumineszenzspektrum, das bei 15 K mit Ar-Laser Strahlung (514 nm) an einem $Al_xGa_{1-x}As/GaAs$ ($x=0{,}45$) Übergitter gemessen wurde [12.7]. Das Übergitter besteht aus 40 Potentialtöpfen mit einer Dicke $d_z$ von 34 Å und sehr dünnen Zwischenbarrieren (AlGaAs) mit einer Dicke von jeweils 11,2 Å (Abb. 12.28, Einschub). Dementsprechend zeigt das Photolumineszenzspektrum zwei Emissionslinien, eine sehr scharfe bei 1,54 eV, die vom GaAs Substrat herrührt und in ihrer Schärfe durch die energetische Breite des GaAs-Bandkanten-Exzitons bestimmt ist. Die energetisch höher liegende Linie bei 1,678 eV muß durch energetisch weiter aufgespaltene Subbänder in den GaAs-Potentialtöpfen erklärt werden (Abb. 12.28, Einschub). Ihre größere energetische Breite (5,9 meV) rührt von der Aufspaltung der Subbänder durch Überlapp der entsprechenden Wellenfunktion her.

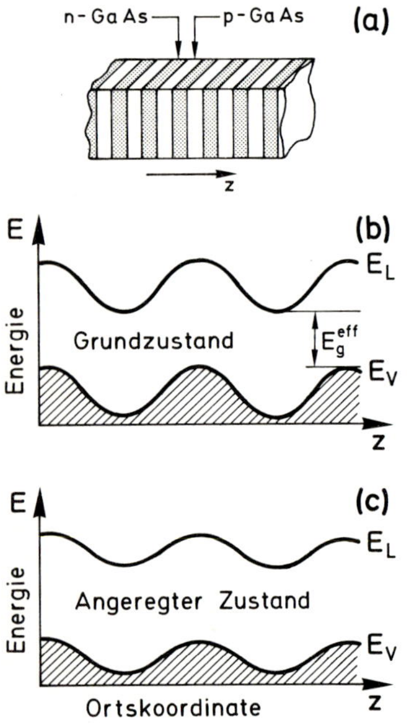


**Abb. 12.29a–c.** Bänderschema eines Dotierungs-(nipi)-Übergitters, bei dem ein- und dasselbe Halbleitermaterial (z.B. GaAs) abwechselnd n- und p-dotiert wird. (**a**) Qualitative räumliche Darstellung der Struktur, (**b**) Bänderschema im thermischen Gleichgewicht, (**c**) Bänderschema bei starker Anregung von Elektron-Loch-Paaren über das thermische Gleichgewicht hinaus

Neben den bisher betrachteten Kompositionsübergittern existiert ein zweiter Typ von Halbleiter-Übergittern, sog. *Dotierungsübergitter*. Hierbei besteht die Übergitterstruktur aus ein und demselben Halbleitermaterial, jedoch ist das Material in periodischer Abfolge abwechselnd n- und p-dotiert. Im Prinzip handelt es sich also um eine periodische Sequenz von p−n Übergängen (Abschn. 12.6). Weil jeweils zwischen den n- und p-Zonen quasi-intrinsische (i) Bereiche vorhanden sind, haben diese Strukturen auch den Namen „nipi-Strukturen". Die Herstellung dieser Gitter geschieht auch in Epitaxieanlagen (MOCVD, MBE etc., Tafel XVII). Während des Wachstums werden abwechselnd p- und n-Dotierungsquellen angeschaltet.

Die interessanten Eigenschaften von nipi-Übergittern zeigen sich in der ortsabhängigen elektronischen Bandstruktur (Abb. 12.29). Wegen der periodischen Abfolge von n- und p-dotierten Gebieten muß einmal die Leitungsband- und dann die Valenzbandkante nahe am Fermi-Niveau liegen. Dies führt zu einer räumlich periodischen Modulation der Bandkanten. Angeregte freie Elektronen (thermisch wie im Nichtgleichgewicht) befinden sich dann in den Leitungsbandminima, während angeregte Defektelektronen räumlich getrennt sich in den Maxima des Valenzbandes ansammeln. Diese räumliche Trennung von Elektronen und Löchern ist verantwortlich dafür, daß die Stoßrate zwischen diesen beiden Teilchen drastisch herabgesetzt wird. Als interessante Eigenschaft resultiert eine extrem hohe Lebensdauer von Elektronen und Löchern gegen Rekombination. Dies wird vor allem deutlich, wenn Elektron-Loch Paare durch Einstrahlen von Licht erzeugt werden. Ein Photostrom kann in solchen nipi-Strukturen wesentlich länger existieren als in homogen dotierten Halbleitern.

Eine andere interessante Eigenschaft von Dotierungsübergittern betrifft die Bandlücke. Trotz weitgehender räumlicher Trennung von Elektronen- und Lochzuständen besteht ein gewisser Überlapp der Wellenfunktionen im Übergangsbereich (i-Bereich).

Daraus resultiert die Möglichkeit optischer Übergänge sowohl in Absorption wie in Emission. Optische Übergänge erscheinen also infolge der Bandmodulation bei Quantenenergien unterhalb der Bandkante des homogen dotierten Halbleiters (Abb. 12.29). nipi-Strukturen haben eine effektive Bandlücke $E_q^{\text{eff}}$, die durch die jeweilige n- und p-Dotierung gezielt eingestellt werden kann. In einfachster Näherung geht man in der theoretischen Beschreibung wie beim $p-n$ Übergang (Abschn. 12.6) von vollständig ionisierten Störstellen aus und verwendet die Schottky-Näherung mit „rechteckigen" Raumladungsverteilungen. Wegen der Verknüpfung von Bandkrümmung mit Raumladungsdichte über die Poisson-Gleichung (12.39) ist unmittelbar einsichtig, daß eine Verringerung der Raumladung eine Abnahme der Bandkrümmung und damit ein Abflachen der Bandmodulation zur Folge hat. Die effektive Bandlücke wird kleiner (Abb. 12.29). Die Raumladung setzt sich zusammen aus ionisierten Donatoren (positiv) und Elektronen im n-Gebiet sowie aus ionisierten Akzeptoren (negativ) und Defektelektronen im p-Gebiet. Genügend hohe Anregung von Elektronen und Löchern, z. B. durch Lichteinstrahlung, verringert also die Raumladung und schwächt die Bandmodulation ab. Bei nipi-Übergittern wird die effektive Bandlücke abhängig von der Anregungsdichte optisch erzeugter Nichtgleichgewichtsladungsträger. Die effektive Bandlücke kann optisch verändert werden. Dies läßt sich leicht in einem Photolumineszenzexperiment (Abb. 12.30) zeigen, bei dem die Rekombinationsstrahlung von optisch angeregten Elektronen und Löcher in Abhängigkeit von der Laser-Anregungsleistung beobachtet wird [12.8]. An einem GaAs nipi-Übergitter mit einer p- und n-Dotierung von etwa $10^{18}$ cm$^{-3}$ und einer Translationsperiode von etwa 800 Å erscheint die Bandkantenlumineszenzlinie bei niedriger Anregungsleistung knapp oberhalb von 1,2 eV (Abb. 12.30), während homogen dotiertes GaAs bei 2 K eine Bandlücke von etwa 1,5 eV hat. Mit wachsender Anregungsleistung verschiebt sich die Lumineszenzlinie zu höheren Energien bis in den Bereich der GaAs-Bandkante, so wie man bei Abnahme der Bandmodulation erwarten würde.

Halbleiterheterostrukturen und Übergitter haben wegen ihrer völlig neuen Eigenschaften, die bei homogenen Halbleitern nicht auftreten, eine „neue Dimension" im Bereich der Mikroelektronik geöffnet. Neue Bauelementkonzepte sowohl im Bereich sehr schneller Schaltungen wie auch in der Optoelektronik werden möglich. Die Entwicklung auf diesem Gebiet ist erst am Anfang [12.9].

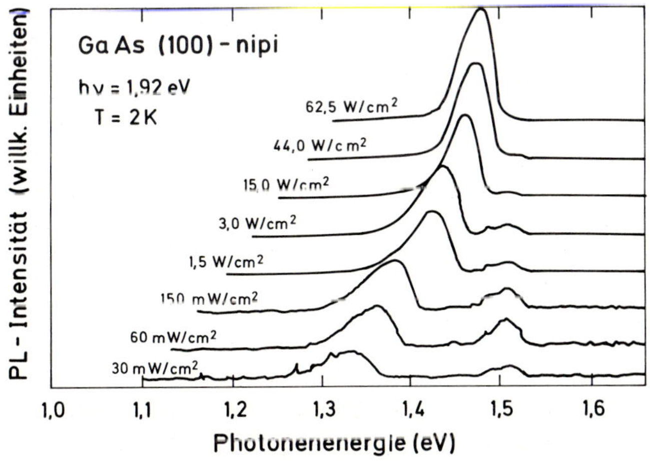


**Abb. 12.30.** Photolumineszenzspektren, gemessen an einem GaAs nipi-Übergitter, das mittels metallorganischer MBE (MOMBE) auf einem GaAs-Wafer mit (100)-Orientierung abgeschieden wurde; p-Dotierung durch Kohlenstoff, n-Dotierung durch Si. Die Spektren wurden mit verschiedenen Anregungsleistungsdichten und einer Photonenenergie von 1,92 eV bei 2 K aufgenommen. (Nach *Heinecke* et al. [12.8])

# Tafel XVI Shubnikov-de Haas Oszillationen und Quanten-Hall-Effekt

Durch die kontrollierte Epitaxie von atomar scharfen Halbleiterheterostrukturen und Übergittern (Abschn. 12.7) ist es möglich geworden, freie Leitungsbandelektronen in quasi-zweidimensionalen (2D)-Quantentopfstrukturen von 50–100 Å (typische Ausdehnung in einer Richtung) „einzusperren". Die hierbei erzeugten quasi-2D Elektronengase zeigen hochinteressante neue physikalische Effekte, vor allem in einem von außen anliegenden starken Magnetfeld. Ein Elektronengas, das sich in einem quasi-2D-Quantentopf befindet, ist längs einer Koordinate ($z$, senkrecht zur Heterozwischenschicht oder zur Schichtenfolge in einem Übergitter) in seiner Bewegung stark eingeschränkt, während in der $x, y$ Ebene senkrecht dazu freie Bewegung möglich ist. Dementsprechend stellen sich die Energieeigenwerte eines Elektrons dar als (Abschn. 12.7):

$$E_j(\boldsymbol{k}_{\|}) = \frac{\hbar^2}{2m_x^*} k_x^2 + \frac{\hbar^2}{2m_y^*} k_y^2 + \varepsilon_j, \quad j = 1, 2, \ldots \tag{XVI.1}$$

wobei $m_x^*$ und $m_y^*$ die effektiven Massenkomponenten in der Ebene der freien Beweglichkeit sind. $\varepsilon_j$ ist ein Spektrum diskreter Energieeigenwerte, das aus der Quantisierung in $z$-Richtung resultiert (12.88). Für einen tiefen, rechteckigen Quantentopf der Dicke $d_z$ nimmt $\varepsilon_j$ z.B. näherungsweise die Werte an, die eindimensionalen, stehenden Elektronenwellen in einem Potentialkasten (Abschn. 6.1) entsprechen (12.91)

$$\varepsilon_j \simeq \frac{\hbar^2 \pi^2}{2m_z^*} \frac{j^2}{d_z^2}, \quad j = 1, 2, 3, \ldots \tag{XVI.2}$$

(XVI.1) beschreibt also ein Spektrum diskreter Energieparabeln längs $k_x$ und $k_y$, sog. Subbänder (Abschn. 12.7). Legt man nun ein starkes Magnetfeld $B$ senkrecht zur $x, y$-Ebene der freien Beweglichkeit an, so wird die Dimensionalität des Elektronengases weiter eingeschränkt. Die Elektronen werden senkrecht zum $B$-Feld auf sog. Zyklotron-Kreisbahnen gezwungen (Tafel XV), auf denen die Umlauffrequenz (Zyklotronfrequenz)

$$\omega_c = -\frac{eB}{m_{\|}^*} \tag{XVI.3}$$

durch das Gleichgewicht zwischen Lorentz-Kraft und Zentrifugalkraft bestimmt ist. $m_{\|}^*$ ist die effektive Masse der Elektronen parallel zur Kreisbewegung (speziell für Isotropie in der Ebene: $m_x^* = m_y^* = m_{\|}^*$). Da eine Kreisbahn in zwei senkrecht zueinander liegende harmonische Schwingungen zerlegt werden kann, sind die quantenmechanischen Energieeigenwerte der Zyklotron-Bewegung die eines harmonischen Oszillators der Eigenfrequenz $\omega_c$. Somit bewirkt das Magnetfeld $B$ eine weitere Quantisierung der Subbänder (XVI.1), die auf Einteilchenenergien

$$E_{j,n,s} = \varepsilon_j + (n + \tfrac{1}{2})\hbar\omega_c + sg\mu_B B \tag{XVI.4}$$

führt. Der letzte Term trägt den beiden möglichen Spineinstellungen im Magnetfeld Rechnung; $s = \pm 1$ ist die Spinquantenzahl, $\mu_B$ das Bohrsche Magneton und $g$ der Landé-Faktor der Elektronen. Die in (XVI.1) dargestellte Quantisierung durch das Magnetfeld wurde in Tafel VIII für das Elektronengas eines Metalles schon auf etwas andere Weise hergeleitet. Hier wie dort führt die durch das $B$-Feld erzeugte Quantisierung in sog. Landau-Niveaus (Energieabstand $\hbar\omega_c$) zu einer Aufspaltung der kontinuierlichen Energieparabeln (Subbänder) in diskrete Energieeigenwerte (Abb. XVI.1b). Für ein spezielles Subband ist ohne Magnetfeld ($B = 0$) die Zustandsdichte wegen der Zweidimensionalität eine Stufenfunktion (Abb. 12.26c). Diese kontinuierliche Funktion spaltet bei endlichem $B$-Feld in eine Reihe von $\delta$-funktionsartigen Spitzen auf, die auf der Energieskala um $\hbar\omega_c$ voneinander entfernt sind. Die Zustände „kondensieren" in scharfe Landau-Niveaus. Weil keine Zustände verloren gehen, müssen soviele Zustände in einem solchen $\delta$-funktionsartigen Landau-Niveau enthalten sein, wie ursprünglich bei $B = 0$ in der Fläche zwischen je zwei Landau-Niveaus vorhanden waren; d.h., der Entartungsgrad $N_L$ eines Landau-Niveaus beträgt

$$N_L = \hbar\omega_c D_0, \tag{XVI.5}$$

wo $D_0$ die Dichte des Subbands bei $B = 0$ ist. Im Vergleich zu (12.94) muß die Aufhebung der Spin-

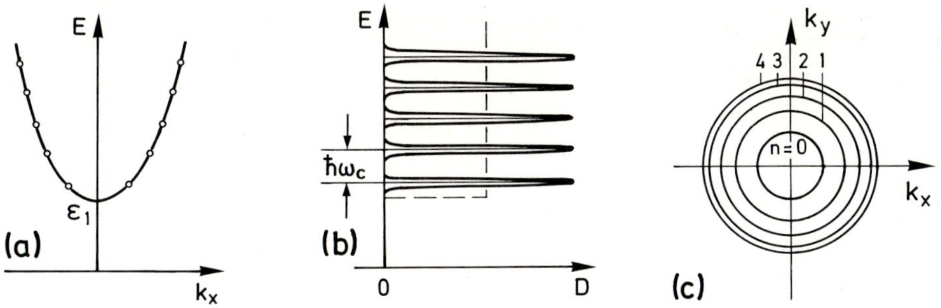


**Abb. XVI.1a–c.** Qualitative Darstellung der Quantelung eines 2D-Elektronengases in einem äußeren Magnetfeld $B$ (senkrecht zur $x, y$ Ebene freier Beweglichkeit). (**a**) Energieparabel des 1. Subbandes (12.92) eines freien 2D-Elektronengases längs $k_x$ (*gestrichelt*). Bei Anlegen eines äußeren Magnetfeldes tritt eine weitere Quantisierung in Form von Landau-Zuständen auf (*Punkte*). (**b**) Zustandsdichte D im 1. Subband des 2D-Elektronengases, ohne Magnetfeld (*gestrichelt*) und mit äußerem Magnetfeld (*durchgezogen*). $\omega_c = -eB/m_{\|}^*$ ist die Zyklotronfrequenz der elektronischen Kreisbahnen senkrecht zum Magnetfeld $B$. (**c**) Darstellung der Landau-Aufspaltung $(n+\frac{1}{2})\hbar\omega_c$ in der $k_x$, $k_y$ Ebene des reziproken Raumes

Entartung im Magnetfeld berücksichtigt werden, d.h. es folgt aus (12.94)

$$D_0 = m_{\|}^*/2\pi\hbar^2 . \qquad \text{(XVI.6)}$$

Damit ergibt sich für den Entartungsgrad eines Landau-Niveaus

$$N_L = eB/h = 2{,}42 \times 10^{19}\ \text{cm}^{-2}\ \text{kG}^{-1} \cdot B . \qquad \text{(XVI.7)}$$

Wenn der Landau-Zustand energetisch unterhalb des Fermi-Niveaus liegt, ist er bei genügend tiefer Temperatur gerade mit $N_L$ Elektronen besetzt. Eine Variation des äußeren Magnetfeldes ändert nun die energetische Aufspaltung $\hbar\omega_c$ der Landau-Niveaus wie auch den Entartungsgrad (XVI.5) jedes Niveaus. Mit wachsender Magnetfeldstärke verschieben sich die Landau-Zustände zu höheren Energien und durchlaufen schließlich das Fermi-Niveau $E_F$. Dabei werden sie entleert, wobei die überzähligen Elektronen jeweils auf dem darunterliegenden Landau-Niveau Platz finden (wegen der angestiegenen Zustandsdichte). Wenn bei genügend tiefer Temperatur die Fermi-Kante scharf ist, hat das Gesamtsystem seine tiefste freie Energie, wenn gerade ein Landau-Niveau das Fermi-Niveau gekreuzt hat. Mit wachsendem $B$-Feld steigt die freie Energie an, bis der nächste Landau-Zustand entleert wird. Dies führt zu Oszillationen der freien Energie als Funktion des äußeren Magnetfeldes. Daraus resultieren verschiedene oszillatorische Effekte, z.B. auch der de Haas-van Alphen Effekt (Tafel VIII). Im vorliegenden Zusammenhang ist besonders der Einfluß auf die elektrische Leitfähigkeit $\sigma$ interessant. Elektrische Leitfähigkeit ist darauf zurückzuführen, daß freie Ladungsträger infinitesimal kleine Energiebeträge im elektrischen Feld aufnehmen können und zusätzlich Streuung an Phononen und Störstellen erfolgt. Wie ist dies im vorliegenden vereinfachten Bild scharfer Landau-Niveaus zu verstehen? Durch die Streuprozesse selbst und durch immer vorhandene Kristalldefekte werden die scharfen Landau-Zustände energetisch verbreitert, so daß kleine Energiebeträge aus dem äußeren Feld aufgenommen werden können. Wenn solch ein verbreitertes Landau-Niveau $E_F$ kreuzt, verringert sich seine Besetzung mit Elektronen; die elektrische Leitfähigkeit nimmt ab. Oszillationen der Elektronendichte in der Nähe von $E_F$ erscheinen unmittelbar als Oszillationen der Leitfähigkeit $\sigma$ (Shubnikov-de Haas Oszillationen). Gemäß Abschn. 8.5 ist die Leitfähigkeit eine Funktion der Besetzung am Fermi-Niveau. Da die Zustandsdichte zwischen je zwei Landau-Niveaus verschwindet, ist für den Magnetfeldbereich, wo diese Landau-Niveaus genügend weit ober- und unterhalb von $E_F$ liegen, die Leitfähigkeit verschwindend gering. Kreuzt bei wachsendem $B$-Feld ein Landau-Niveau das Fermi-Niveau, dann zeigt die Leitfähigkeit eine scharfe Bande, die bei genügend tiefer Temperatur dem verbreiterten Niveau in der Zustandsdichte (Landau-Niveau) entspricht.

Bei einer Meßordnung wie in Abb. XVI.2 (Einschub) lassen sich zwei Leitfähigkeitskomponenten $\sigma_{xx}$

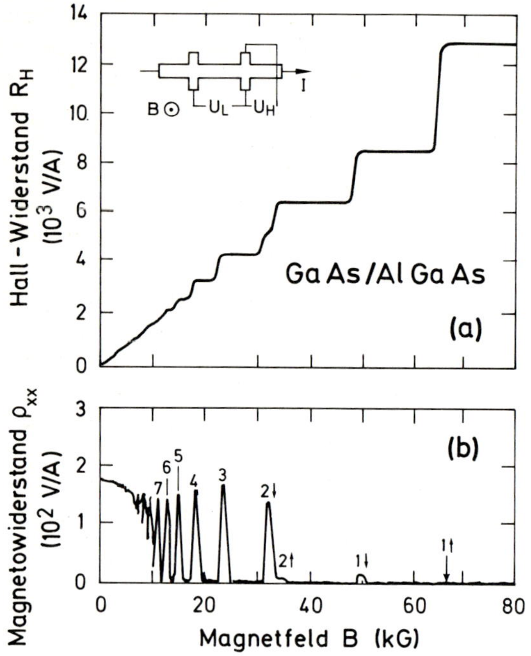


**Abb. XVI.2.** (**a**) Quanten-Hall-Effekt, gemessen bei 4 K am quasi-2D-Elektronengas einer modulationsdotierten AlGaAs/GaAs Heterostruktur; 2D-Elektronendichte $N = 4 \times 10^{11}$ cm$^{-2}$, elektronische Beweglichkeit $\mu = 8{,}6 \times 10^4$ cm$^2$/Vs. Der Hall-Widerstand $R_H = U_H/I$ wird in Abhängigkeit vom Magnetfeld $B$ mit einer Meßanordnung wie im Einschub gezeigt gemessen. (**b**) Shubnikov-de Haas Oszillationen im Magnetowiderstand $\varrho_{xx}$, gemessen wie angedeutet im Einschub durch $U_L/I$ als Funktion des äußeren Magnetfeldes $B$. Die angegebenen Zahlen numerieren die Subbänder, wobei die Pfeile entsprechende Spin-Einstellungen zum $B$-Feld andeuten. (Nach *Paalonen* et al. [XVI.2])

und $\sigma_{xy}$ des allgemeinen Leitfähigkeitstensors ermitteln. Es gilt unter Berücksichtigung von Geometriefaktoren

$$\sigma_{xx} \sim \frac{I}{U_L}, \quad \sigma_{xy} \sim \frac{I}{U_H}, \tag{XVI.8}$$

wobei $I$ der Strom durch die Probe (parallel zur Richtung freier Beweglichkeit und senkrecht zum $B$-Feld) ist, und $U_L$ und $U_H$ jeweils die Spannungsabfälle in Richtung des Stromes bzw. senkrecht (wie bei Hall-Effekt, Tafel XIV) dazu sind. Da Leitfähigkeitstensor $\boldsymbol{\sigma}$ und Widerstandstensor $\boldsymbol{\varrho}$ invers zueinander sind, ergeben sich durch Tensorinversion folgende Relationen

$$\sigma_{xx} = \frac{\varrho_{xx}}{\varrho_{xx}^2 + \varrho_{xy}^2}, \quad \sigma_{xy} = \frac{-\varrho_{xy}}{\varrho_{xx}^2 + \varrho_{xy}^2},$$

$$\sigma_{yy} = \sigma_{xx}, \; \sigma_{yx} = -\sigma_{xy}, \tag{XVI.9a}$$

$$\varrho_{xx} = \frac{\sigma_{xx}^2}{\sigma_{xx}^2 + \sigma_{xy}^2}, \quad \varrho_{xy} = \frac{-\sigma_{xy}}{\sigma_{xx}^2 + \sigma_{xy}^2},$$

$$\varrho_{yy} = \varrho_{xx}, \; \varrho_{yx} = -\varrho_{xy}. \tag{XVI.9b}$$

Aus (XVI.9b) folgt also unmittelbar, daß die in $\sigma_{xx}$ zu erwartende Variation mit dem Magnetfeld $B$ sich bei nicht verschwindendem $\sigma_{xy}$ auch in $\varrho_{xx}$ widerspiegelt. Abbildung XVI.2b zeigt den gemessenen Magnetowiderstand $\varrho_{xx}$ eines 2D-Elektronengases an einer GaAs/AlGaAs Heterostruktur in Abhängigkeit vom Magnetfeld $B$. Die den scharfen Landau-Niveaus entsprechenden Spitzen sind klar aufgelöst; dazwischen zeigt $\varrho_{xx}$ verschwindend kleine Werte. Mittels (XVI.5) läßt sich aus der Distanz zwischen je zwei Widerstandsspitzen die Zustandsdichte der entsprechenden Subbänder ausrechnen.

Die Messung der Nichtdiagonalkomponente $\varrho_{xy}$, die im Prinzip einer Hall-Effekt-Messung entspricht, ergibt den sog. Quanten-Hall-Effekt. Unter Vernachlässigung von Geometriefaktoren gilt

$$\varrho_{xy} \sim \frac{U_H}{I} = R_H. \tag{XVI.10}$$

Hierbei wird $U_H$ wie beim normalen Hall-Effekt (Tafel XIV) stromlos gemessen, und es gilt analog wegen der Kompensation der Lorentz-Kraft durch das Hall-Feld $U_H/b$

$$evB - eU_H/b = 0. \tag{XVI.11}$$

Hierbei ist $b$ der Abstand der „Hall-Kontakte". Wegen der Beziehung für den Strom mit $N$ als 2D-Elektronendichte

$$I = bNev \tag{XVI.12}$$

folgt

$$\varrho_{xy} \sim R_H = \frac{U_H}{I} = \frac{B}{Ne}. \tag{XVI.13}$$

Hierbei kann sich die 2D-Elektronendichte, die den Strom trägt nur in Vielfachen des Entartungsgrades $N_L$ (XVI.7) eines Landau-Niveaus ändern. Es existieren auf der Magnetfeldachse also singuläre Punkte, wo der sog. Hall-Widerstand $R_H$ folgende Werte annimmt

$$R_H = \frac{B}{\nu N_L e} = \frac{h}{e^2}\,\frac{1}{\nu}, \quad \nu = 1,2,3\ldots\,. \qquad \text{(XVI.14)}$$

Eine Meßkurve in Abb. XVI.2a zeigt die entsprechenden sprunghaften Änderungen von $\varrho_{xy}$ mit Plateaus gerade in den Bereichen, wo im Shubnikov-de Haas Effekt $\varrho_{xx}$ verschwindet.

Es sei noch einmal betont, daß die hier dargestellte Ableitung für ein ideales freies Elektronengas in keiner Weise die in Wirklichkeit immer vorhandenen Störungen des Festkörpers (Defekte, Verunreinigungen usw.) berücksichtigt. Gleichung (XVI.14) könnte durch solche Störeffekte merklich modifiziert werden. Nichtsdestotrotz konnte experimentell gezeigt werden, daß die durch (XVI.14) sich ergebenden sprunghaften Änderungen des Hallwiderstandes $R_H$ bzw. $\varrho_{xy}$ mit einer Genauigkeit von $10^{-7}$ an realen Proben verschiedenster Herkunft und Struktur gefunden werden [XVI.1]. Dies führt zur Annahme einer allgemeinen Gesetzmäßigkeit. Man benutzt deshalb mittlerweile die Messung des Quanten-Hall-Effektes zur Präzisionsbestimmung der Feinstrukturkonstanten

$$\alpha = \frac{e^2}{h}\,\frac{\mu_0 c}{2} \approx \frac{1}{137}\,. \qquad \text{(XVI.15)}$$

Nimmt man auf der anderen Seite $\alpha$ als bekannt an (bestimmt durch eine Vielzahl von Präzisionsmessungen), so läßt sich der Quanten-Hall-Effekt mittels (XVI.14) zur Einführung eines Eichnormals für die Widerstandseinheit „Ohm" verwenden.

Es sei weiter darauf hingewiesen, daß die hier vorgestellte einfache Ableitung des Quanten-Hall-Effektes nicht die endliche Breite der in $\varrho_{xy}$ bzw. $R_H$ gemessenen Plateaus erklärt. Hierzu sind zusätzliche Annahmen, z.B. die Existenz lokalisierter Zustände durch Verunreinigung oder Gitterstörungen erforderlich. Eine universelle Theorie, die in voller Allgemeinheit die beobachteten Fakten erklärt, steht zur Zeit noch aus. Dies gilt vor allem auch für den mittlerweile entdeckten Quanten-Hall-Effekt mit gebrochenen Quantenzahlen, bei dem zusätzlich zu den hier betrachteten Plateaus in $\varrho_{xy}$ (XVI.14) noch Stufen bei ungeradzahligen $\nu$-Werten auftreten ($\nu = \frac{1}{3}, \frac{2}{3}, \frac{4}{3}, \ldots$ etc.) [XVI.3].

## Literatur

XVI.1 K.v. Klitzing, G. Dorda, M. Pepper: Phys. Rev. B **28**, 4886 (1983)

XVI.2 M.A. Paalonen, D.C. Tsui, A.C. Gossard: Phys. Rev. B **25**, 5566 (1982)

XVI.3 T. Chakraborty, P. Pietiläinen: *The Fractional Quantum Hall Effect*, Springer Ser. Solid-State Sci., Vol. 85 (Springer, Berlin, Heidelberg 1988)

# Tafel XVII **Halbleiterepitaxie**

In der modernen Halbleiterphysik wie auch in der Bauelementtechnologie spielen in immer stärkerem Maße dünne kristalline Schichten eine wichtige Rolle. Insbesondere Mehrschichtenstrukturen, z. B. Vielfachschichtsysteme von GaAlAs und GaAs oder GaInAs Schichten auf InP sind von Interesse, sowohl um neuartige Phänomene wie den Quanten-Hall-Effekt (Tafel XVI) zu studieren, als auch um schnelle Transistoren und Halbleiter-Laser herzustellen. Zur Erzeugung solcher Halbleiterschichtstrukturen werden Epitaxieverfahren verwendet, die eine präzise Abscheidung bis in atomare Bereiche ermöglichen.

Im Bereich der Grundlagenforschung wird vor allem die sogenannte *Molekularstrahlepitaxie* (molecular beam epitaxy, MBE) angewendet, bei der die Halbleiterschichtstrukturen in einer Ultrahochvakuumkammer epitaktisch wachsen [XVII.1, 2] (Abb. XVII.1). Die Epitaxie besteht prinzipiell im Verdampfen von Materialien wie Ga, Al und Arsen und der Deposition auf Substraten, z. B. GaAs. Ultrahochvakuum (UHV)-Anlagen mit Ausgangsdrücken im Bereich von $10^{-8}$ Pa werden benutzt, um möglichst reine und wohldefinierte Bedingungen sowohl im Molekularstrahl als auch auf der Substratoberfläche zu erreichen. Man schätzt ab, daß es bei $10^{-8}$ Pa einige Stunden dauert, bis eine als rein präparierte Oberfläche eine Monolagen-Adsorbatbedeckung aus dem Restgas hat, wenn jedes auftreffende Atom oder Molekül haften bleibt. Solche UHV-Kammern sind Edelstahlgefäße, in denen die extrem niedrigen Drücke von weniger als $10^{-8}$ Pa (freie Weglänge der Gasmoleküle in der Größenordnung von Metern) durch Ionengetterpumpen oder Turbomolekularpumpen aufrechterhalten werden. Bei Ionengetterpumpen werden die Restgasatome durch hohe elektrische Felder ionisiert und an den entsprechend elektrisch geladenen Elektroden durch aktive Metallfilme (z. B. Ti) chemisorbiert („gegettert"). Bei Turbomolekularpumpen beruht die Pumpwirkung auf dem Impulsaustausch von Gasmolekülen mit schnell rotierenden Turbinenrädern.

Die UHV-Kammer, der Hauptteil einer MBE-Anlage (Abb. XVII.1), ist im Innern mit einem Stickstoff-gekühlten Kryoschild ausgekleidet, um Fremdatome und Moleküle „auszufrieren" und den Restgasdruck weiter herabzusetzen. Das Substratmaterial, z. B. ein GaAs-Wafer, auf dem eine GaAlAs-Schicht abge-

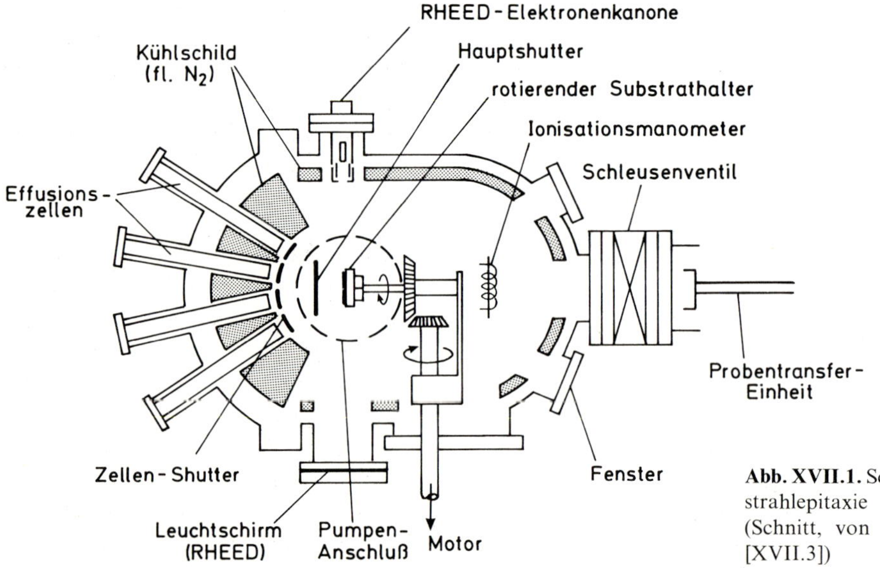


**Abb. XVII.1.** Schema einer UHV-Kammer für Molekularstrahlepitaxie (MBE) von III-V Halbleiterschichten (Schnitt, von oben gesehen). (Nach *Cho* und *Cheng* [XVII.3])

schieden werden soll, ist auf einem rotierenden Substrathalter aufgeklemmt. Während des Wachstums muß das Substrat auf etwa 500 bis 600 °C geheizt werden, um eine genügend hohe Oberflächenbeweglichkeit für die auftreffenden Atome bzw. Moleküle (Ga, $As_4$, Si u.ä.) zu erzielen. Die Zulieferung der Atome bzw. Moleküle für den wachsenden Kristall geschieht aus sogenannten Effusionszellen, in denen die Ausgangsmaterialien, z.B. festes Ga und As bei der GaAs-Epitaxie, durch elektrisches Heizen aus Bornitrid-Tiegeln verdampft werden. Sogenannte Shutter, mechanisch betriebene Klappen, können von außen gesteuert die einzelnen Effusionszellen schließen und öffnen und so die entsprechenden Molekularstrahlen aus- und einschalten. Die Wachstumsgeschwindigkeit der Epitaxieschicht wird durch den Teilchenfluß im Molekularstrahl, d.h. also durch die Tiegeltemperatur gesteuert. Um gezielt wohldefinierte Schichtenfolgen wie bei einem Kompositionsübergitter (Abschn. 12.7) mit atomarer Schärfe abzuscheiden, müssen die Tiegeltemperaturen wie auch die Shutter-Öffnungs- und Schließungszeiten durch Rechnerprogramme gesteuert und kontrolliert werden. Dies ist insbesondere dann erforderlich, wenn eine ternäre oder quaternäre Legierung wie $Ga_{0,45}Al_{0,55}As$ mit fester Zusammensetzung abgeschieden werden soll. Die Homoepitaxie von GaAs-Schichten auf GaAs erfordert keine besonders genaue Steuerung der Molekularstrahlflüsse. Hier kommt die Natur zu Hilfe; stoichiometrisches Wachstum von GaAs ist möglich mit nicht-stoichiometrischer Strahlzusammensetzung. Das Wachstum ist begrenzt durch die Ga-Auftreffrate. Bei einer Wachstumstemperatur zwischen 500 und 600 °C bleibt Arsen nur dann an der wachsenden Oberfläche haften, wenn Ga Atome im Überschuß vorhanden sind; der Haftkoeffizient für As ist nahe eins bei Ga-Überschuß und verschwindend gering bei Ga-Mangel. GaAs Epitaxie geschieht also optimal bei Arsen-Überschuß. Für ein tieferes Verständnis des GaAs-Wachstums in MBE ist weiter von Bedeutung, daß der Arsenmolekularstrahl beim Verdampfen von festem Arsen im Wesentlichen aus $As_4$-Molekülen besteht, die vor dem Einbau in die wachsende Schicht erst durch die thermische Energie der heißen Substratoberfläche in As gespalten werden müssen. Dieser Spaltungsprozeß wird manchmal auch durch thermische Zersetzung an heißem Graphit in sog. Cracker-Zellen vorher ausgeführt, was zu besserer Schichtqualität führt. Wichtige Dotierstoffe in der III-V-MBE sind Si für n- und Be für p-Dotierung. Beide Materialien werden ebenfalls aus Effusionszellen verdampft, die gezielt während des Wachstums über Shutter ein- und ausgeschaltet werden können.

Wie in Abb. XVII.1 dargestellt, ist eine MBE-Anlage üblicherweise mit einer Elektronenkanone und einem Fluoreszenzschirm zur Beobachtung von Elektronenbeugungsbildern (Reflection High Energy Electron Diffraction, RHEED) ausgestattet. Beugungsbilder geben Aufschluß über die kristallographische Struktur der wachsenden Oberfläche. Desweiteren ist natürlich eine Ionisationsmanometerröhre vorhanden, die sowohl eine Messung des Kammerdruckes wie auch der Drücke in den Molekularstrahlen gestattet.

Die in Abb. XVII.1 dargestellte MBE-Anlage ist typisch für die Epitaxie von III-V und II-VI Halbleitern. Si-MBE [XVII.4] wird in ähnlichen Anlagen durchgeführt, nur wird der Si-Molekularstrahl nicht durch thermisches Verdampfen aus Effusionszellen erzeugt, sondern ein festes Si-Target wird durch Elektronenbeschuß so stark erhitzt, daß es verdampft.

Der entscheidende Vorteil von MBE gegenüber Epitaxieverfahren, die bei höherem Druck arbeiten, besteht in der schnellen Umschaltzeit zwischen verschiedenen Quellen und damit in der Möglichkeit, atomar scharfe Dotierungs- und Kompositionsprofile auf einfache Weise zu erzeugen. Eine typische Wachstumsrate von 1 μm/h entspricht etwa 0,3 nm/s und somit dem Wachstum einer Monolage in einer Sekunde. Schaltzeiten zwischen verschiedenen Quellen sollten also merklich unterhalb einer Sekunde liegen.

Solch kurze Umschaltzeiten sind bei dem zweiten wichtigen Epitaxieverfahren der *metallorganischen Gasphasenepitaxie* [XVII.5] (metalorganic chemical vapour deposition, MOCVD) schwerer zu erreichen, da hier das Wachstum in einem Flußreaktor stattfindet, dessen gesamtes Gasvolumen beim Umschalten von einer Quelle auf eine andere ausgetauscht werden muß. Gegenüber MBE besitzt MOCVD den besonders für industrielle Anwendungen interessanten Vorteil einer leichten Steuerbarkeit der Quellen über Gasflußregler. Weiterhin erlauben die gasförmigen Quellen einen weithin kontinuierlichen Betrieb der Anlage.

Das Prinzip des MOCVD Prozesses sei am Beispiel der Epitaxie von GaAs erklärt. Es handelt sich hierbei um die Abscheidung von festem GaAs aus gasförmigen Materialien, die Ga und As enthalten. Häufig werden $AsH_3$ und das metallorganische Gas Trimethylgallium [$TMG = Ga(CH_3)_3$] verwendet. Die Gesamtreaktion, die über komplizierte Zwischenschritte abläuft schreibt sich

$$[Ga(CH_3)_3]_{gas} + [AsH_3]_{gas} \rightarrow [GaAs]_{fest} + [3\,CH_4]_{gas}\,. \qquad \text{(XVII.1)}$$

$AsH_3$ wird hierbei unmittelbar aus der Gasflasche über ein geregeltes Gasflußventil in den aus Quarz bestehenden Reaktor geleitet (Abb. XVII.2a). Die metallorganische Komponente TMG befindet sich in einem Kolben, in dem der TMG Dampfdruck durch ein Temperaturbad eingestellt wird. Wasserstoff ($H_2$) wird als Trägergas durch diesen Kolben geleitet und transportiert das TMG zum Reaktor. Desweiteren erlaubt eine Spülgasleitung das Spülen der gesamten Anordnung mit $H_2$. Die bei der Reaktion nicht verbrauchten Komponenten, bzw. die Reaktionsprodukte werden am Ende des Reaktors abgepumpt, wobei ein Zerlegungsofen das gefährliche, überschüssige $AsH_3$ zerlegt. Das Pumpsystem erlaubt auch den Betrieb des Reaktors bei niedrigen Drücken (sog. Niedrigdruck MOCVD). Hierdurch können z.B. die Umschaltzeiten zwischen verschiedenen Quellen verringert werden und Vorteile der MBE gewonnen werden. Außer den eigentlichen Quellen für das Wachstum des Grundmaterials ($AsH_3$ und TMG) werden natürlich Gasleitungen für Dotiergase wie $SiH_4$, $(C_2H_5)_2Te$, $(C_5H_5)_2Mg$ zwecks Si, Te bzw. Mg Dotierung benötigt. Für das Wachstum von ternären und quaternären III-V Legierungen sind außerdem weitere Gaszufuhrleitungen erforderlich. Gebräuchliche Metallorganika sind hier z.B. Trimethylaluminium $(CH_3)_3Al$, Trimethylantimon $(CH_3)_3Sb$, Trimethylindium $(CH_3)_3In$ u.ä. Für das Wachstum von Phosphor-

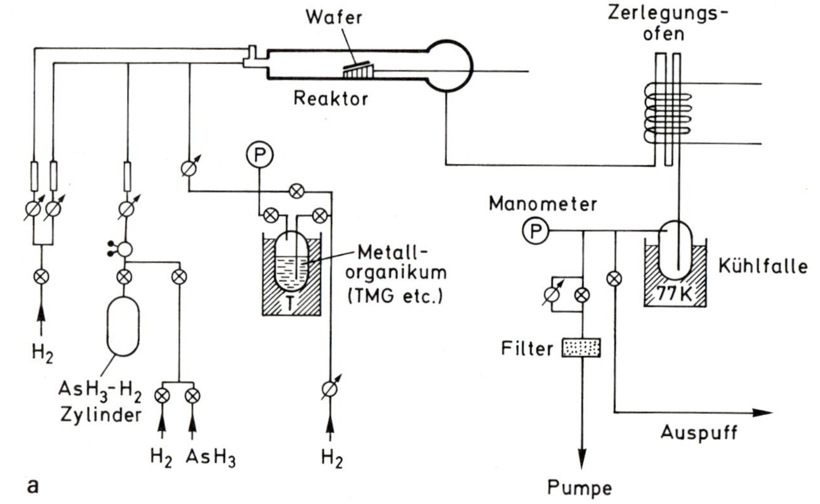


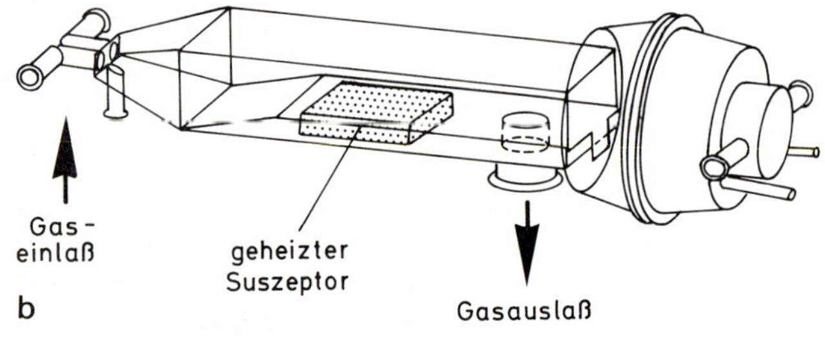


**Abb. XVII.2a,b.** Schema einer Epitaxie-Apparatur zur metallorganischen Abscheidung (MOCVD) von III-V Halbleiterschichten (**a**) Gesamtübersicht (**b**) Reaktor aus Quarzglas (typische Länge 50 cm); der Suszeptor zur Aufnahme des zu beschichtenden Wafers wird während des Wachstums auf 700–1200 K geheizt. (Nach *Heinecke* et al. [XVII.6])

komponenten wie InP, GaP wird als Hydrid Phosphin $PH_3$ verwendet. Abbildung XVII.2b zeigt eine mögliche Bauform für einen Flußreaktor. Der zu beschichtende Wafer ruht auf dem sog. Graphitsuszeptor, der während der Epitaxie eine Wachstumstemperatur zwischen 600 und 800 °C haben muß. Die Heizung erfolgt über Strahlung, über direkten elektrischen Stromfluß oder über Mikrowellenverluste.

Verglichen mit MBE stellt der Wachstumsprozeß bei MOCVD ein wesentlich komplexeres Geschehen dar. Oberhalb der wachsenden Schicht strömt Gas vorbei. Aus dieser strömenden Schicht diffundieren die Reaktionskomponenten zur Oberfläche. Dort und in der Gasphase geschehen Zersetzungsreaktionen, z.B. wird $AsH_3$ sowohl durch Stöße in der Gasphase wie auch an der Oberfläche selbst zersetzt. Nachdem die nötigen Oberflächenreaktionen, u.a. Einbau des abgespaltenen As in das wachsende Kristallgitter, abgelaufen sind, werden die Reaktionsprodukte, z.B. $CH_4$ wieder durch Diffusion von der Oberfläche weg in den abfließenden Gasstrom transportiert. MOCVD Wachstum wird also maßgeblich bestimmt durch Transport hin und weg von der Oberfläche und durch Oberflächenreaktionen, sog. Oberflächenkinetik. Dies zeigt sich sehr klar, wenn man im MOCVD-Prozeß die Wachstumsrate als Funktion der Substrattemperatur aufträgt (Abb. XVII.3). Es ergeben sich typische Abhängigkeiten, die zu niedrigen Temperaturen hin einen exponentiellen Abfall wie $\exp(-E_{act}/kT)$ zeigen, der durch Oberflächenreaktionen kinetisch begrenzt ist. Typische Aktivierungsenergien $E_{act}$ in diesem Bereich liegen bei etwa 1 eV pro Atom. Bei welchen Temperaturen dieser kinetisch begrenzte Bereich liegt, hängt von den verwendeten Quellmaterialien ab. Während für das thermisch stabilere TMG der exponentielle Abfall zwischen misch stabilere TMG der exponentielle Abfall unterhalb von 850 K beobachtet wird, tritt er bei Verwendung des leichter zerfallenden Triethylgalliums [TEG, ren oberhalb des kinetisch begrenzten Bereiches zeigt die Wachstumsrate ein Plateau, dessen Höhe von den Bedingungen der Hin- und Wegdiffusion abhängt (z.B. Strömungsgeschwindigkeit im Reaktor). Hier ist das Wachstum durch die Transportprozesse in der Gasphase begrenzt. Zu noch höheren Temperaturen hin wird wieder ein Abfall der Wachstumsrate beobachtet (Abb. XVII.3). Für diesen Abfall liegt vermutlich kein

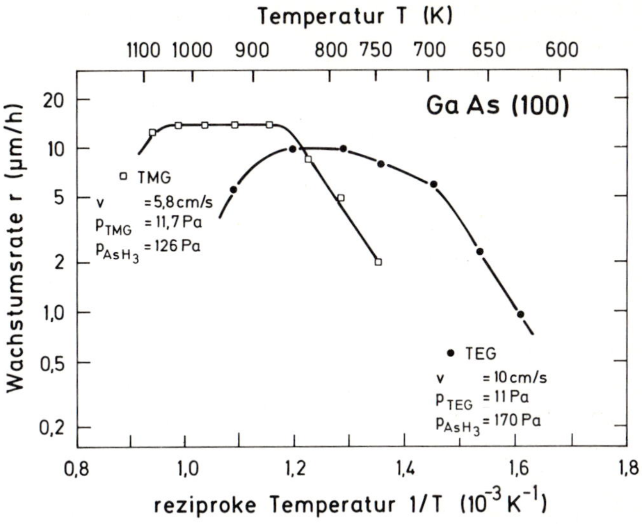


**Abb. XVII.3.** Wachstumsraten für GaAs-Schichten bei der metallorganischen Gasphasen (MOCVD)-Abscheidung aus $AsH_3$ und Trimethylgallium (TMG) bzw. Triethylgallium (TEG); GaAs Wafer-Orientierung (100). Es sind jeweils die Gasstromgeschwindigkeiten $v$ und die Partialdrücke $p_{TEG}$, $p_{TMG}$ bzw. $p_{AsH_3}$ mitangegeben. Der Totaldruck ist in beiden Experimenten $10^4$ Pa. (Nach *Plass* et al. [XVII.7])

prozeßinhärenter Grund vor. Ein Verlust von Reaktanten aus dem Gasstrom durch Abscheidung an den Reaktorwänden wird angenommen.

Durch geschickte Prozeßführung in der Niedrigdruck MOCVD und durch besondere Ventilkonstruktionen werden heute so kurze Umschaltzeiten erreicht, daß auch in MOCVD atomar scharfe Heteroübergänge von einem Halbleiter zu einem anderen erzeugt werden können.

Eine dritte moderne Epitaxiemethode, die sogenannte metallorganische MBE (MOMBE) oder auch manchmal CBE (chemical beam epitaxy) genannt, vereinigt Vorteile von MBE und MOCVD in sich [XVII.8]. Wie in MBE dient ein UHV-System (Abb. XVII.1) als Wachstumskammer. Als Quellmaterialien werden jedoch wie in MOCVD Gase verwendet, die über Leitungen und gesteuerte Ventile von außen in die UHV-Kammer eingelassen werden. Im Innern dienen speziell konstruierte Einlaßsysteme (Kapillaren) dazu, Molekularstrahlen zu formen, die auf die zu beschichtende Substratfläche gerichtet sind. Für das Wachstum von GaAs werden z.B. $AsH_3$ und Triethylgallium [$(C_2H_5)_3Ga$, TEG] verwendet. Während jedoch im MOCVD-Reaktor Stöße im Gasraum oberhalb der heißen Substratfläche zu einer signifikanten Vorzerlegung des $AsH_3$ führen, fällt dieser Mechanismus wegen des verschwindend geringen Hintergrunddruckes aus. In MOMBE muß deshalb das $AsH_3$ in der Einlaßkapillare selbst thermisch vorzerlegt werden.

Bei allen metallorganischen Epitaxieprozessen ist Kohlenstoff, der aus der Zerlegung der Metallorganika stammt, eine markante Verunreinigung, die meist als Akzeptor auf As Plätzen eingebaut zu p-Leitung führt (obwohl C auch als Donator auf Ga-Plätzen eingebaut werden kann). Dieser C-Einbau wird umso stärker, je niedriger die verwendeten Drücke bei der Epitaxie sind. In MOMBE können niedrigdotierte p-GaAs-Schichten deshalb nur mit TEG und nicht wie in MOCVD auch mit TMG abgeschieden werden.

## Literatur


XVII.1 M.A. Herman, H. Sitter: *Molecular Beam Epitaxy*, Springer Ser. Mat. Sci., Vol. 7 (Springer, Berlin, Heidelberg 1988)

XVII.2 E.H.C. Parker (Hrsg.): *The Technology and Physics of Molecular Beam Epitaxy* (Plenum, New York 1985)

XVII.3 A.Y. Cho, K.Y. Cheng: Appl. Phys. Lett. **38**, 360 (1981)

XVII.4 E. Kasper, H.-J. Herzog, H. Dämbkes, Th. Richter: Growth Mode and Interface Structure of MBE grown SiGe structures, in *Two-Dimensional Systems: Physics and New Devices*, ed. by G. Bauer, F. Kuchar, H. Heinrich, Springer Ser. Solid-State Sci., Vol. 67, (Springer, Berlin, Heidelberg 1986)

XVII.5 Proc. ICMOVPE I, J. Crystal Growth **55** (1981) Proc. ICMOVPE II, J. Crystal Growth **68** (1984), W. Richter: Physics of Metal Organic Chemical Vapour Deposition, in *Festkörperprobleme* XXVI (Advances in Solid State Physics 26) ed. by P. Grosse (Vieweg, Braunschweig 1986) p. 335

XVII.6 H. Heinecke, E. Veuhoff, N. Pütz, M. Heyen, P. Balk: J. Electron. Mat. **13**, 815 (1984)

XVII.7 C. Plass, H. Heinecke, O. Kayser, H. Lüth, P. Balk: J. Crystal Growth (im Druck)

XVII.8 H. Lüth: Metalorganic Molecular Beam Epitaxy (MOMBE), in Proc. ESSDERC 1986, Cambridge, GB, Inst. Phys. Conf. Ser. **82**, 135 (1986)

# **Literaturverzeichnis** zur Ergänzung und Vertiefung


### Literatur zu Kapitel 1

*Spezielle Literatur*

1.1 L. Pauling: *The Nature of the Chemical Bond*, 3rd ed. (Cornell University Press, Ithaca, NY 1960)
1.2 S. Göttlicher: Acta Cryst. B **24**, 122 (1968)
1.3 Y.W. Yang, P. Coppens: Solid State Commun. **15**, 1555 (1974)
1.4 S.P. Walch, W.A. Goddard, III: Surface Sci. **72**, 645 (1978)

*Weiterführende Literatur*

Ballhausen, C.J., Gray, H.B.: *Molecular Orbital Theory.* (Benjamin, New York, Amsterdam 1964)
Cartmell, E., Fowles, G.W.A.: *Valency and Molecular Structure* 2nd ed. (Butterworths, London 1961)
Coulson, C.A.: *Valence*, 2nd ed. (Oxford University Press, Oxford 1961)
Hartmann, H.: *Theorie der chemischen Bindung* (Springer, Berlin, Göttingen, Heidelberg 1954)
Pauling, L.: *Die Natur der chemischen Bindung* (Chemie-Verlag, Weinheim 1964)
Philips, J.C.: *Covalent Bonding in Crystals, Molecules and Polymers* (The University of Chicago Press, Chicago 1969)
Slater, J.C.: *Quantum Theory of Molecules and Solids* (McGraw-Hill, New York 1963)
Vinogradov, S.N., Linell, R.H.: *Hydrogen Bonding* (Van Nostrand Reinhold, New York 1971)

### Literatur zu Kapitel 2

*Spezielle Literatur*

2.1 K. Urban, P. Kramer, M. Wilkens: Quasikristalle. Phys. Bl. **42**, 373 (1986)

*Weiterführende Literatur*

Burzlaff, H., Thiele, G. (Hrsg.): *Kristallographie – Grundlagen und Anwendungen* (Thieme, Stuttgart 1977), insbesondere:
Burzlaff, H., Zimmermann, H.: „Symmetrielehre", Bd. I
Hamermesh, M.: *Group Theory and Its Application to Physical Problems* (Addison-Wesley/Pergamon, London-Paris, 1962)
Heine, V.: *Group Theory in Quantum Mechanics* (Pergamon Press, London, Paris 1960)
Koster, G.F., Dimmock, J.O., Wheeler, R.G., Statz, H.: *Properties of the 42 Point Groups* (MIT Press, Cambridge, MA 1963)
Streitwolf, H.: *Gruppentheorie in der Festkörperphysik* (Akademische Verlagsgesellschaft, Leipzig 1967)

Tinkham, M.: *Group Theory and Quantum Mechanics* (McGraw-Hill, New York 1964)
Vainshtein, B.K.: *Modern Crystallography I*, Springer Series in Solid-State Sciences, Vol. 15 (Springer, Berlin, Heidelberg, New York 1981)

## Literatur zu Kapitel 3

*Spezielle Literatur*

3.1 W. Marshall, S.W. Lovesey: *Theory of Thermal Neutron Scattering* (Clarendon Press, Oxford 1971)
3.2 L.D. Landau, E.M. Lifschitz: *Lehrbuch der theoretischen Physik*, Bd. VIII: „Elektrodynamik der Kontinua" (Akademie Verlag, Berlin 1974) S. 436ff.
3.3 J.B. Pendry: *Low Energy Electron Diffraction* (Academic Press, London, New York 1974)

*Weiterführende Literatur*

Bacon, G.F.: *Neutron Diffraction*, 2nd ed. (Oxford University Press, Oxford 1962)
Dachs, H. (ed.): *Neutron Diffraction*, Topics in Current Physics, Vol. 6 (Springer, Berlin, Heidelberg, New York 1978)
Kleber, W.: *Einführung in die Kristallographie*, 10. Aufl. (VEB, Berlin 1972)
Lovesey, S., Springer, T. (eds.): *Dynamics of Solids and Liquids by Neutron Scattering*, Topics in Current Physics, Vol. 3 (Springer, Berlin, Heidelberg, New York 1977)
Pinsker, Z.G.: *Dynamical Scattering of X-Rays in Crystals*, Springer Series in Solid-State Sciences, Vol. 3 (Springer, Berlin, Heidelberg, New York 1978)
Sellin, A. (ed.): *Structure and Collisions of Ions and Atoms*, Topics in Current Physics, Vol. 5 (Springer, Berlin, Heidelberg, New York 1978)
Summer Course on Material Science, Antwerp 1969: "Modern Diffraction and Imaging Techniques in Material Science", ed. by S. Amelinckx, R. Gevers, G. Remaut, J. Van Landuyt (North Holland, Amsterdam 1970)

## Literatur zu Kapitel 4

*Spezielle Literatur*

4.1 M. Born, R. Oppenheimer: Ann. Phys. (Leipzig) **84**, 457 (1927)
4.2 G. Leibfried: In *Handbuch der Physik*, Vol. 7/1 (Springer, Berlin, Göttingen, Heidelberg 1955) S. 104
4.3 G. Dolling: In *Inelastic Scattering of Neutrons in Solids and Liquids*, Vol. II, ed. and printed by (Intern. Atomic Energy Agency, Vienna 1963) p. 37

*Weiterführende Literatur*

Bak, T.A.: *Phonons and Phonon Interactions* (Benjamin, New York 1964)
Bilz, H., Kress, W.: *Phonon Dispersion Relations in Insulators*, Springer Series in Solid-State Sciences, Vol. 10 (Springer, Berlin, Heidelberg, New York 1979)
Born, M., Huang, K.H.: *Dynamical Theory of Crystal Lattices* (Clarendon Press, Oxford 1954)

Leibfried, G., Breuer, N.: *Point Defects in Metals I, Introduction to the Theory*, Springer Tracts Mod. Phys. **81** (Springer, Berlin, Heidelberg, New York 1977)

Ludwig, W.: *Recent Developments in Lattice Theory*, Springer Tracts Mod. Phys. **43** (Springer, Berlin, Heidelberg, New York 1967)

Maradudin, A.A., Montroll, E.W., Weiss, G.H.: "Theory of Lattice Dynamics in the Harmonic Approximation" in *Solid State Physics, Advances and Applications*, ed. by H. Ehrenreich, F. Seitz, D. Turnbull (Academic Press, New York, London 1971) Suppl. 3

Wallis, R.F. (ed.): *Lattice Dynamics*, Konf. Kopenhagen 1964 (Plenum Press, New York 1965)

## Literatur zu Kapitel 5

*Spezielle Literatur*

5.1 G. Dolling, R.A. Cowley: Proc. R. Soc. London **88**, 463 (1966)

5.2 *American Institute of Physics Handbook*, 3rd ed. (McGraw-Hill, New York 1972) pp. 4–115

5.3 Wei Chen, D.L. Mills: Phys. Rev. B**36**, 6269 (1987)

5.4 H. Ibach: Phys. Status. Solidi. **31**, 625 (1969)

5.5 R.W. Powell, C.Y. Ho, P.E. Liley: NSRDS-N13S8 (1966)

5.6 R. Berman, P.G. Klemens, F.E. Simon, T.M. Fry: Nature **166**, 865 (1950)

*Weiterführende Literatur*

Rosenberg, H.M.: *Low Temperature Solid-State Physics* (Clarendon Press, Oxford 1963)

## Literatur zu Kapitel 6

*Spezielle Literatur*

6.1 A. Sommerfeld, H. Bethe: *Elektronentheorie der Metalle*, Heidelberger Taschenbuch Bd. 19 (Springer, Berlin, Heidelberg, New York 1967)

6.2 Landolt Börnstein, Neue Serie III, 6 (Springer, Berlin, Heidelberg, New York 1971)

6.3 C.A. Bailey, P.L. Smith: Phys. Rev. **114**, 1010 (1959)

6.4 N.F. Mott: Can. J. Phys. **34**, 1356 (1956); Nuovo Cimento [10] **7**, Suppl. 312 (1958)

6.5 D.E. Eastman: Phys. Rev. B**2**, 1 (1970)

*Weiterführende Literatur*

Grosse, P.: *Freie Elektronen in Festkörpern* (Springer, Berlin, Heidelberg, New York 1979)

## Literatur zu Kapitel 7

*Spezielle Literatur*

7.1 W. Shockley: *Electrons and Holes in Semiconductors* (Van Nostrand, New York 1950)

7.2 L.P. Howard: Phys. Rev. **109**, 1927 (1958)

7.3 B. Segall: Phys. Rev. **124**, 1797 (1961)

7.4 R. Courths, S. Hüfner: Physics Reports **112**, 55 (1984)

7.5 H. Eckhardt, L. Fritsche, J. Noffke: J. Phys. F**14**, 97 (1984)

7.6 F. Herman, R.L. Kortum, C.D. Kuglin, J.L. Shay: In *II–VI Semiconducting Compounds*, ed. by D.G. Thomas (Benjamin, New York 1967)

7.7 T.H. Upton, W.A. Goddard, C.F. Melius: J. Vac. Sci. Technol. **16**, 531 (1979)

*Weiterführende Literatur*

Brillouin, L.: *Wave Propagation in Periodic Structures* (Academic Press, New York 1960)

Callaway, J.: *Energy Band Theory* (Academic Press, New York 1964)

Harrison, W.A.: *Pseudopotentials in the Theory of Metals* (Benjamin, New York 1966)

Herrmann, R., Preppernau, U.: *Elektronen im Kristall* (Springer, Wien, New York 1979)

Jones, H.: *The Theory of Brillouin-Zones and Electronic States in Crystals* (North-Holland, Amsterdam 1962)

Loucks, T.L.: *Augmented Plane Wave Method* (Benjamin, New York 1967)

Madelung, O.: *Introduction to Solid-State Theory*, Springer Series in Solid State Sciences, Vol. 2 (Springer, Berlin, Heidelberg, New York 1978)

Skriver, H.L.: *The LMTO Method*, Springer Ser. Solid-State Sci., Vol. 41 (Springer, Berlin, Heidelberg, New York 1984)

Wilson, A.H.: *The Theory of Metals*, 2nd ed. (Cambridge University Press, London, New York 1965)

## Literatur zu Kapitel 8

*Spezielle Literatur*

8.1 R.M. White: *Quantum Theory of Magnetism*, Springer Ser. Solid-State Sci., Vol. 32 (Springer, Berlin, Heidelberg, New York 1983);
siehe auch D.C. Mattis: *The Theory of Magnetism I and II*, Springer Ser. Solid-State Sci., Vol. 17 and 55 (Springer, Berlin, Heidelberg, New York 1988 und 1985);
T. Moriya: *Spin Fluctuations in Itinerant Electron Magnetism*, Springer Ser. Solid-State Sci., Vol. 56 (Springer, Berlin, Heidelberg, New York 1985)

8.2 J.F. Janak: Phys. Rev. B**16**, 255 (1977)

8.3 J. Callaway, C.S. Wang: Phys. Rev. B**7**, 1096 (1973)

8.4 P. Weiss, G. Foex: Arch. Sci. Natl. **31**, 89 (1911)

8.5 P. Weiss, R. Porrer: Ann. Phys. **5**, 153 (1926)

8.6 H.A. Mook, D. McK. Paul: Phys. Rev. Lett. **54**, 227 (1985)

*Weiterführende Literatur*

Chakravarty, A. S.: *Introduction to the Magnetic Properties of Solids* (Wiley, New York 1980)

Crangle, J.: *The Magnetic Properties of Solids* (Arnold, London 1977)

## Literatur zu Kapitel 9

*Spezielle Literatur*

9.1 P. Drude: Ann. Phys. (Leipzig) **1**, 566 (1900)

9.2 E. Grüneisen: Ann. Phys. (Leipzig) (5) **16**, 530 (1933)

9.3 D.K.C. McDonald, K. Mendelssohn: Proc. R. Soc. Edinburgh Sect. A **202**, 103 (1950)

9.4 J. Linde: Ann. Phys. (Leipzig) **5**, 15 (1932)

9.5 J.M. Ziman: *Principles of the Theory of Solids* (Cambridge University Press, London 1964)

*Weiterführende Literatur*

Blatt, F.J.: *Physics of Electronic Conduction in Solids* (McGraw-Hill, New York 1968)
Buckel, W.: *Supraleitung – Grundlagen und Anwendungen* (Physik Verlag, Weinheim 1972)
Busch, G., Schade, H.: *Vorlesungen über Festkörperphysik* (Birkhäuser, Basel 1973)
Madelung, O.: *Introduction to Solid-State Theory*, Springer Series in Solid-State Sciences, Vol. 2 (Springer, Berlin, Heidelberg, New York 1978)
Nag, B.R.: *Electron Transport in Compound Semiconductors*, Springer Series in Solid-State Sciences, Vol. 11 (Springer, Berlin, Heidelberg, New York 1980)
Smith, A.C., Janak, J.F., Adler, R.B.: *Electronic Conduction in Solids* (McGraw-Hill, New York 1967)
Ziman, J.M.: *Electrons and Phonons* (Clarendon Press, Oxford 1960)

## Literatur zu Kapitel 10

*Spezielle Literatur*

10.1 H.K. Onnes: Akad. van Wetenschappen (Amsterdam) **14**, 113, 818 (1911)
10.2 J. Bardeen, L.N. Cooper, J.R. Schrieffer: Phys. Rev. **108**, 1175 (1957)
10.3 N.E. Phillips: Phys. Rev. **114**, 676 (1959)
10.4 W. Meissner, R. Ochselfeld: Naturwissenschaften **21**, 787 (1933)
10.5 F. London, and H. London: Z. Physik **96**, 359 (1935)
10.6 L.N. Cooper: Phys. Rev. **104**, 1189 (1956)
10.7 H. Fröhlich: Phys. Rev. **79**, 845 (1950)
10.8 P.L. Richards, M. Tinkham: Phys. Rev. **119**, 575 (1960)
10.9 I. Giaever, K. Megerle: Phys. Rev. **122,** 1101 (1961)
10.10 E. Maxwell: Phys. Rev. **86**, 235 (1952);
B. Serin, C.A. Reynolds, C. Lohman: Phys. Rev. **86**, 162 (1952);
J.M. Lock, A.B. Pippard, D. Schoenberg: Proc. Cambridge Phil. Soc. **47**, 811 (1951)
10.11 V.L. Ginzburg, L.D. Landau: JETP USSR **20**, 1064 (1950);
siehe auch V.L. Ginzburg: Nuovo Cimento **2**, 1234 (1955)
10.12 A.C. Rose-Innes, E.H. Rhoderick: *Introduction to Superconductivity* (Pergamon, Oxford 1969) p. 52
10.13 R. Doll, M. Näbauer: Phys. Rev. Lett. **7**, 51 (1961)
10.14 B.S. Deaver Jr., W.M. Fairbank: Phys. Rev. Lett. **7**, 43 (1961)
10.15 T. Kinsel, E.A. Lynton, B. Serin: Rev. Mod. Phys. **36**, 105 (1964)
10.16 J. Schelten, H. Ullmeier, G. Lippmann, W. Schmatz: In *Low Temperature Physics* – LT13, Vol. 3, ed. by K.D. Timmerhaus, W.J.O'Sullivan, E.F. Hammel (Plenum, New York 1972) pp.54
10.17 J.G. Bednorz, K.A. Müller: Z. Phys. B**64**, 189 (1986)
10.18 M.K. Wu, J.R. Ashburn, C.J. Tornq, P.H. Hor, R.L. Meng, L. Gao, Z.J. Huang, Y.Q. Wang, C.W. Chu: Phys. Rev. Lett. **58**, 908 (1987)
10.19 M. Tokumoto, M. Hirabayashi, H. Ihara, K. Murata, N. Terada, Kiyoshi Senzaki, Y. Kimura: Jap. J. App. Phys. **26**, L517 (1987)
10.20 T. Ekino, J. Akimitsu: Jap. J. Appl. Phys. **26**, L452 (1987)
10.21 T. Takahashi, F. Maeda, S. Hosoya, M. Sato: Jap. J. Appl. Phys. **26**, L349 (1987)
10.22 L.F. Mattheiss: Phys. Rev. Lett. **58**, 1028 (1987)
10.23 K. Takegahara, H. Harima, A. Yanase: Jap. J. Appl. Phys. **26**, L352 (1987)

*Weiterführende Literatur*

Buckel, W.: *Supraleitung*, Grundlagen und Anwendungen (Physik Verlag, Weinheim 1972)
De Gennes, P.G.: *Superconductivity of Metals and Alloys* (Benjamin, New York 1966)
Huebener, R.P.: *Magnetic Flux Structures in Superconductors*, Springer Ser. Solid-State Sci., Vol. 6 (Springer, Berlin, Heidelberg, New York 1979)
Kuper, Ch.G.: *An Introduction to the Theory of Superconductivity* (Clarendon, Oxford 1968)
Lynton, E.A.: *Superconductivity* (Methuen's Monographs on Physical Subjects, London 1964). Deutsche Übersetzung: (Bibliographisches Institut, Mannheim 1966)
Rickayzen, G.: *Theory of Superconductivity* (Wiley, New York 1965)
Rose-Innes, A.C., Rhoderick, E.H.: *Introduction to Superconductivity* (Pergamon, Braunschweig 1969)
Stolz, H.: *Supraleitung* (Vieweg, Braunschweig 1979)
Tinkham, M.: *Introduction to Superconductivity* (McGraw-Hill, New York 1975)

## Literatur zu Kapitel 11

*Spezielle Literatur*

11.1 B. Schrader, W. Meier: *Raman/IR Atlas organischer Verbindungen*, Bd. 1 (Verlag Chemie, Weinheim 1974)
11.2 L.H. Henry, J.J. Hopfield: Phys. Rev. Lett. **15**, 964 (1965)
11.3 T.P. Martin: Phys. Rev. B**1**, 3480 (1970)
11.4 M. Hass, B.W. Henri: J. Phys. Chem. Sol. **23**, 1099 (1962)
11.5 G. Frank, E. Kauer, H. Köstlin: Phys. Blätter, **34**, 106 (1978)
11.6 J.C. Phillips: In *Solid State Physics*, Vol. 18, ed. by F. Seitz, P. Turnbull (Academic Press, New York 1966) p. 55
11.7 G.W. Gobeli, H.Y. Fan: In Semiconductor Research, 2. Quarterly Report, Purdue Univ. (1956)
11.8 E.J. Johnson: In *Semiconductor and Semimetals*, Vol. 3, ed. by R.K. Willardson, A.C. Beer (Academic Press, New York, London 1967) p. 171
11.9 H. Ehrenreich, H.R. Philipp: Phys. Rev. **128**, 1622 (1962)
11.10 M.D. Sturge: Phys. Rev. **127**, 768 (1962)
11.11 J. Geiger, K. Wittmaack: Z. Phys. **195**, 44 (1966)
11.12 H. Ibach: Phys. Rev. Lett. **24**, 1416 (1970)

*Weiterführende Literatur*

Abeles, F. (ed.): *International Colloquium on Optical Properties and Electronic Structure of Metals and Alloys* (North-Holland, Amsterdam 1966)
Cho, K. (ed.): *Excitons*, Topics in Current Physics, Vol. 14 (Springer, Berlin, Heidelberg, New York 1979)
Fröhlich, H.: *Theory of Dielectrics* (Clarendon Press, Oxford 1958)
Geiger, J.: *Elektronen und Festkörper* (Vieweg, Braunschweig 1968)
Greenaway, D.L., Harbeke, G.: *Optical Properties and Band Structure of Semiconductors* (Pergamon Press, Oxford 1968)
Haken, H., Nikitine, S. (eds.): *Excitons at High Densities*, Springer Tracts in Modern Physics **73** (Springer, Berlin, Heidelberg, New York 1975)

Mitra, S.S., Nudelman, S. (eds.): *Far Infrared Properties of Solids* (Plenum Press, New York, London 1970)

Nakajima, S., Toyozawa, Y., Abe, R.: *The Physics of Elementary Excitations*, Springer Series in Solid-State Sciences, Vol. 12 (Springer, Berlin, Heidelberg, New York 1980)

Nudelman, S., Mitra, S.S. (eds.): *Optical Properties of Solids* (Plenum Press, New York, London 1969)

Willardson, R.K., Beer, A.C. (eds.): *Semiconductors and Semimetals*, Vol. 3, Optical Properties of III–V-Compounds (Academic Press, New York, London 1968)

## Literatur zu Kapitel 12

*Spezielle Literatur*

12.1 J.R. Chelikowsky, M.L. Cohen: Phys. Rev. B**14**, 556 (1976)

12.2 J.H. Reuszer, P. Fischer: Phys. Rev. **135**, A1125 (1964)

12.3 E.M. Conwell: Proc. IRE **40**, 1327 (1952)

12.4 G. Margaritondo, P. Perfetti: The problem of Heterojunction Band Discontinuities, in *Heterojunction Band Discontinuities, Physics and Device Applications*, ed. by F. Capasso, G. Margaritondo (North Holland, Amsterdam 1987) p. 59ff.

12.5 H. Morkoç: Modulation-doped $Al_xGa_{1-x}As/GaAs$ Heterostructures, in *The Technology and Physics of Molecular Beam Epitaxy*, ed. by E.H.C. Parker (Plenum, New York 1985) p. 185ff.

12.6 L. Esaki: Compositional Superlattices, in *The Technology and Physics of Molecular Beam Epitaxy*, ed. by E.H.C. Parker (Plenum, New York 1985) p. 185ff.

12.7 M. Kriechbaum, K.E. Ambrosch, E.J. Fantner, H. Clemens, G. Bauer: Phys. Rev. B**30**, 3394 (1984)

12.8 H. Heinecke, K. Werner, M. Weyers, H. Lüth, P. Balk: J. Crystal Growth **81**, 270 (1987)

12.9 F. Capasso (ed.): *Physics of Quantum Electron Devices*, Springer Ser. in Electronics and Photonics, Vol. 28 (Springer, Berlin, Heidelberg, New York 1989)

*Weiterführende Literatur*

Allan, G., Bastard, G., Boccara, N., Lanoo, M., Voos, M. (eds.): *Heterojunctions and Semiconductor Superlattices* (Springer, Berlin, Heidelberg, New York 1986)

Bauer, G., Kuchar, F., Heinrich, H. (eds.): *Two-dimensional Systems: Physics and New Devices*, Springer Ser. Solid-State Sci., Vol. 67 (Springer, Berlin, Heidelberg, New York 1986)

Brauer, W., Streitwolf, H.W.: *Theoretische Grundlagen der Halbleiterphysik* (Akademie-Verlag, Berlin 1976)

Buchreihe: *Halbleiter-Elektronik*, hrsg. v. W. Heywang, R. Müller (Springer, Berlin, Heidelberg, New York) Bd. 1–20

Capasso, F., Margaritondo, G. (eds.): *Heterojunction Band Discontinuities, Physics and Device Applications* (North Holland, Amsterdam 1987)

Chang, L.L., Ploog, K. (eds.): *Molecular Beam Epitaxy and Heterostructures*, NATO ASI Series E, No. 87 (Martinus Nijhoff, Dordrecht 1985)

Lannoo, M., Bourgoin, J.: *Point Defects in Semiconductors* I und II, Springer Ser. Solid-State Sci., Vols. 22 und 35 (Springer, Berlin, Heidelberg, New York 1981 und 1983)

Madelung, O.: *Grundlagen der Halbleiterphysik*, Heidelberger Taschenbuch Bd. 71 (Springer, Berlin, Heidelberg, New York 1970)

Nizzoli, F., Rieder, K.-H., Willis, R.F. (eds.): *Dynamical Phenomena at Surfaces, Interfaces and Superlattices*, Springer Ser. Surf. Sci., Vol. 3 (Springer, Berlin, Heidelberg, New York 1985)

Parker, E.H.C. (ed.): *The Technology and Physics of Molecular Beam Epitaxy* (Plenum, New York 1985)

Reggiani, L. (ed.): *Hot-Electron Transport in Semiconductors*, Topics Appl. Phys., Vol. 58 (Springer, Berlin, Heidelberg, New York 1985)

Seeger, K.: Semiconductor Physics, 4th ed., Springer Ser. Solid-State Sci., Vol. 40 (Springer, Berlin, Heidelberg, New York 1988)

Shklovskii, B., Efros, A.L.: *Electronic Properties of Doped Semiconductors*, Springer Ser. Solid-State Sci., Vol. 45 (Springer, Berlin, Heidelberg, New York 1984)

Shockley, W.: *Electrons and Holes in Semiconductors* (Van Nostrand, Princeton 1950)

Spenke, E.: *Elektronische Halbleiter* (Springer, Berlin, Heidelberg, New York 1965)

Sze, S.M.: *Physics of Semiconductor Devices*, 2nd ed. (Wiley, New York 1969)

Ueta, M., Kanzaki, H., Kobayashi, K., Toyozawa, Y., Hanamura E.: *Excitonic Processes in Solids*, Springer Ser. Solid-State Sci., Vol. 60 (Springer, Berlin, Heidelberg, New York 1986)

# Sachverzeichnis